U0168410

国际电气工程先进技术译丛

概率机器人

[美] 塞巴斯蒂安·特龙（Sebastian Thrun）
[德] 沃尔弗拉姆·比加尔（Wolfram Burgard） 著
[美] 迪特尔·福克斯（Dieter Fox）

曹红玉　谭　志　史晓霞　等译

机 械 工 业 出 版 社

本书对概率机器人学这一新兴领域进行了全面的介绍。概率机器人学依赖统计技术表示信息并进行决策，容纳了当今大多数机器人应用中必然存在的不确定性，是机器人学的一个重要分支。本书包括了基础知识、定位、地图构建、规划与控制四大部分。本书共 17 章，每章的最后都提供了习题和动手实践的项目。本书专注于算法，对于每种算法，均提供了伪代码、完整的数学推导、实验结果及算法优缺点分析。

本书适合作为从事机器人，特别是移动机器人研究和开发的科技人员的参考书，也可以作为高等院校计算机、控制、电子等专业研究生的教材。

Probabilistic Robotics/Sebastian Thrun，Wolfram Burgard and Dieter Fox/
ISBN：978-0-262-20162-9

北京市版权局著作权合同登记　图字：01-2010-5385 号。

图书在版编目（CIP）数据

概率机器人/（美）塞巴斯蒂安·特龙（Sebastian Thrun），（德）沃尔弗拉姆·比加尔（Wolfram Burgard），（美）迪特尔·福克斯（Dieter Fox）著；曹红玉等译. —北京：机械工业出版社，2017.5（2023.8 重印）

（国际电气工程先进技术译丛）

书名原文：Probabilistic Robotics

ISBN 978-7-111-50437-5

Ⅰ.①概…　Ⅱ.①塞…　②沃…　③迪…　④曹…　Ⅲ.①机器人　Ⅳ.①TP242

中国版本图书馆 CIP 数据核字（2017）第 012478 号

机械工业出版社（北京市百万庄大街 22 号　邮政编码 100037）

策划编辑：王　欢　责任编辑：王　欢

责任校对：刘志文　封面设计：马精明

责任印制：郜　敏

北京富资园科技发展有限公司印刷

2023 年 8 月第 1 版第 9 次印刷

169mm×239mm · 32.25 印张 · 517 千字

标准书号：ISBN 978-7-111-50437-5

定价：99.00 元

凡购本书，如有缺页、倒页、脱页，由本社发行部调换

电话服务	网络服务
服务咨询热线：010-88361066	机 工 官 网：www.cmpbook.com
读者购书热线：010-68326294	机 工 官 博：weibo.com/cmp1952
010-88379203	金 书 网：www.golden-book.com
封面无防伪标均为盗版	教育服务网：www.cmpedu.com

译者序

原书英文版是由美国的麻省理工学院出版社于2006年出版的。本书对概率机器人学这一新兴领域进行了全面的介绍。概率机器人学依赖统计技术表示信息并进行决策，以容纳当今大多数机器人应用中必然存在的不确定性，是机器人学的一个重要分支。本书专注于算法，对于每种算法，均提供了伪代码、完整的数学推导、实验结果及算法优缺点分析；各部分自成体系，并包括了一些概率与统计的基本知识，且避免使用太过先进的数学技术。本书并不是就某一主题进行肤浅的和非数学的阐述，因此，对于普通读者来说，跳过数学推导部分来理解本书有时还是有困难的。

本书由三位作者共同完成。三位作者都是机器人领域的著名专家。

Sebastian Thrun 博士，计算机科学家，美国斯坦福大学计算机科学系兼职研究教授，美国谷歌公司会士，入选德国国家工程院和德国科学院，德国普朗克奖获得者。他曾任美国斯坦福大学计算机科学和电气工程系全职教授、人工智能实验室主任，开发过机器人导游、机器人矿工等多个人工智能项目；曾任美国谷歌公司副总裁，是美国谷歌公司 X 实验室创始人，从事谷歌无人驾驶汽车和谷歌眼镜的研发。现为美国 Udacity 公司的共同创始人兼 CEO，是大型网络开放课程（Massive Open On-line Courses，MOOC）的积极倡导者和创立人。他把统计学引入机器人学，开拓了概率机器人学领域，从此概率技术成为机器人学的主流技术，并在无数商业领域得到广泛应用。

Wolfram Burgard 博士，德国弗莱堡大学计算机科学系全职教授，自主智能系统实验室主任，入选欧洲协调委员会人工智能学会会士和美国人工智能学会会士，是德国莱布尼茨奖获得者，研究领域为人工智能和移动机器人。

Dieter Fox 博士，美国华盛顿大学计算机科学与工程系教授，机器人学和状态估计实验室主任，入选 IEEE 会士和美国人工智能学会会士，曾任美国英特尔研究实验室主任，主要研究人工智能、机器人学和概率状态估计。

本书是概率机器人学的一部经典著作，内容很全面，也是移动机器人学科领域的必读书籍。

本书的内容适用于每一位机器人领域的学生、研究者和技术人员，以及应用统计学与传感器的非机器人领域的从业者。本书也可以用于教学。教学时，每章需要一两个课时。并且，有些章节也可以跳过或重新排序讲授。本书每章都提供了一些习题和动手实践的项目，根据这些指导亲自动手实践，会令读者受益匪浅。

为使机器人能够应对环境、传感器、执行机构、内部模型、近似算法等所带来的不确定性，本书致力于用概率的方法明确地表示不确定性，并研究机器人感知和机器人规划与控制的不确定性，以降低机器人系统的不确定性，使机器人能工作于应用环境中，完成定位、地图构建、规划与控制。

本书包括了基础知识、定位、地图构建、规划与控制四大部分，共17章。

第1~6章是本书的基础知识。第1章是本书的绪论。第2~4章介绍了构成本书介绍的所有算法的数学基础，是整本书的数学基础。第5、6章提出了移动机器人的概率模型。从许多方面来讲，这两章都是传统机器人模型的概率泛化。它们形成了本书后续内容的数学基础。

第7、8章对移动机器人定位问题进行了讨论。这两章将前面两章所讨论的概率模型和基本的估计算法结合起来。

第9~13章讨论关于机器人地图构建的更复杂问题。如前所述，它们都是基于前面章节所讨论的算法，但是其中很多情况下要利用介绍的技巧来适应问题的复杂性。

第14~17章是对概率规划和控制问题的讨论，首先介绍了几项基本技术，然后分别介绍了用概率方法控制机器人的实际算法。第17章从概率的角度对机器人探测问题进行了讨论。

全书由曹红玉统稿，使得本书各部分具有一致的语言风格。曹红玉博士翻译了本书的第9~13章，并审核了本书全文；谭志博士后翻译了本书的第7、8和14~17章；史晓霞博士翻译了本书的第1~6章。另外参加本书翻译工作的还有刘静、史成坤、李自亮、胡琦、张丹、曾祥宇、郭卫东、陈雯柏、李智勇、张振江、董秋伟、夏磊、张裕婷、王根英、李卫、郭毅峰、刘梅、高淑英、马宁。

尽管我们非常努力，翻译难免会有一些错误。如有不妥之处，敬请读者批评指正。

机械工业出版社为本书的出版做出了大量细致的工作和贡献，在此深表感谢。另外，衷心感谢我们的家人，他们的爱和奉献使我们最终能够完成本书的翻译工作。

译　者

2016年12月

原书前言

本书对概率机器人学这一新兴领域进行了全面的介绍。概率机器人学与感知和控制机器人有关，是机器人学的一个分支。它依赖统计技术去表示信息和制定决策。这样做，可以接纳在当今大多数机器人应用中引起的不确定性。近几年，概率技术已经成为机器人算法设计的主导范式之一。本书第一次将这一领域的一些主要技术进行了全面的介绍。

本书专注于算法。本书中的所有算法都是基于一个单一的总体数学基础：贝叶斯理论及其推论——贝叶斯滤波。这种统一的数学体系是概率算法的核心。

在写这本书时，我们已经尽可能保持技术细节的完整。每章描写一个或多个主要算法。对每一种算法，我们提供了以下四项内容：①伪码的示例实现；②从基本定理开始的完整的数学推导（使每个算法的不同假设都很清晰）；③实验结果（有助于进一步理解本书中的算法）；④本书中每一个算法优缺点的详细讨论（从一个专业人员的视角）。对每一个不同的算法都进行这样的开发，是一件辛苦的工作。即使跳过数学推导部分（读者常会这样），对于普通读者来说，理解这本书有时还是有困难的。我们希望细心的读者能对本书有深入的理解，因为本书并不是就某一主题进行肤浅的和非数学的阐述。

本书是我们（包括几位作者、我们的学生以及同行）在该领域数十年的研究成果。我们从1999年开始写这本书，本打算用几个月的时间完成这本书。但是，5年过去了，初稿中的内容几乎没有被保留下来的。通过这本书的写作，我们学到的信息和决策理论远比我们当初以为的要多得多。并且，我们学到的大量理论也已经在本书中进行了阐述。

本书是写给学生、研究者和机器人技术从业者的。我们相信，任何人要构建机器人都要开发软件。因此，本书的内容适用于每一位机器人专家。同时，应用统计学专家及与客观世界的传感器数据有关的非机器人学领域的人们，也会对本书感兴趣。为使本书广泛服务于具有不同技术背景的读者，我们力图做到使本书尽可能地自成体系。如果读者具有一些线性代数、概率论和数理统计的基础知识对理解本书内容是非常有帮助的，不过我们还是介绍了一些概率的基本定律的入门知识，并且本书全文避免使用太过先进的数学技术。

本书也可以用于教学。每一章都提供了一些习题和动手实践的项目。将本书用于教学时，每一章都要用一两个课时。有些章节可以跳过或者根据需要重新排序进行讲授；事实上，在我们自己的教学工作中，我们通常从本书的中间部分（第7章）开始教授。我们建议学习本书的同时应根据每章最后的指导亲自动手实践。在机器人技术领域，没有什么比亲自动手更重要的了。

尽管我们非常努力，本书中还是会有一些技术错误。有一部分错误在本书第三次印刷时已经更正。我们还会在本书的网站上继续修订，与本书有关的其他内容也会放在网站上。网站网址为 www. probabilistic-robotics. org。

希望你喜欢这本书！

Sebastian Thrun
Wolfram Burgard
Dieter Fox

致 谢

如果没有我们的朋友、家人、学生和同行的帮助与支持，这本书就不可能问世。在这里我们无法将他们一一列举出来。

本书的大部分素材是与以前和现在的学生及博士后合作的结果。特别感谢 Rahul Biswas、Matthew Deans、Frank Dellaert、James Diebel、Brian Gerkey、Dirk Hähnel、JohnathanKo、、Cody Kwok、John Langford、Lin Liao、David Lieb、Benson Limketkai、Michael Littman、Yufeng Liu、Andrew Lookingbill、Dimitris Margaritis、Michael Montemerlo、Mark Moors、Mark Paskin、Joelle Pineau、Charles Rosenberg、Nicholas Ro、Aaron Dhon、Jamie Schulte、Dirk Schulz、David Stavens、CyrillStachniss 和 Chieh-Chih Wang，还有我们实验室的所有其他成员。Greg Armstrong、Grinnell More、Tyson Sawyer 和 Walter Steiner 为我们的机器人多年来的运转起到了重要的作用。

我们的大多数研究都是在美国宾夕法尼亚州匹兹堡的卡内基梅隆大学进行的，我们非常感谢与卡内基梅隆大学的前同事和朋友启发灵感的讨论。我们也对德国波恩大学的 Armin Cremers 表示感谢，是他将我们三人带进他的科研团队，并实现了我们的精彩合作。

感谢我们的众多同事，在我们的研究过程中，他们的意见和见解是非常有帮助的。特别感谢 Gary Bradski、Howie Choset、Henrik Christensen、Hugh Durrant-Whyte、Nando de Freitas、ZoubinGharamani、Geoffrey Gordon、Steffen Gutmann、Andrew Howards、Leslie Kaelbling、Daphne Koller、Kurt Konolige Ben Kuipers、John Leonard、Tom Mitchell、Kevin Murphy、Eduardo Nebot、Paul Newman、Andrew Y. Ng、Reid Simmons、Satinder Singh、GauravSukhatme、Juan Tardos、Ben Wegbreit 和 Alex Zelinskyy，他们给予了我们多年的反馈。

衷心感谢 Anita Araneda、Gal Elidan、Udo Frese、Gabe Hoffmann、John Leonard、Benson Limketkai、Rudolph van der Merwe、Anna Petrovskaya、Bob Wang 和 Stefan Williams，在本书的初稿阶段给了我们全面的建议。Chris Manning 为本书提供了 Latex 模板，Bob Prior 对本书的出版起了重要的作用。

还有一些机构和公司为本书的出版提供了巨大的资金和技术支持。我们特别感谢美国国防部高级研究计划局（DARPA）对以下项目的支持：TMR、MARS、LAGR、SDR、MICA 和 CoABS。我们还要感谢美国国家科学基金会 CAREER、ITR 及 CISE 专项计划的财政支持；感谢德国研究基金会（the German Research Foundation）；感谢欧洲委员会（the European Commission）。还有以下一些公司和个人捐赠提供了大量的财政支持：美国安卓（Android）、德国博世（Bosch）、美国戴姆勒-克莱斯勒（DaimlerChrysler）、美国英特尔（Intel）、美国谷歌（Google）、美国微软（Microsoft）、美国莫尔达维多风险投资（Mohr Davidow Ventures）、韩国三星（Samsung）和大众美国（Volkswagen of America）公司。我们还要特别感谢 John Blitch、Doug Gage、Sharon Heise、James Hendler、Larry Jackel、Alex Krott、Wendell Sykes 和 Ed Van Reuth，他们长年给予我们充分的挑战和指导。当然，本书中表达的是作者的观点和结论。这些观点和结论不代表我们的任何赞助商的政策或承诺。

衷心感谢我们的家人，他们的爱和奉献使我们能够完成如此巨大的工作。我们特别感谢 Petra Dierkes-Thrun、Anja Gross-Burgard 和 Carsten Burgard 及 Luz、Sofia和 Karla Fox 给予的爱和支持。

目 录

第I部分 基础知识

第Ⅱ部分 定 位

第Ⅲ部分 地图构建

第Ⅰ部分

基础知识

第1章 绪　论

1.1 机器人学中的不确定性

机器人学是一门通过计算机控制设备来感知和操纵客观世界的科学。成功的机器人系统实例包括，用于行星探测的移动机器人平台、装配线上的工业机械臂、自主车和辅助外科医生的机械手等。机器人系统处于客观世界中，通过传感器感知周围环境的信息，并通过机械力控制环境。

而大部分机器人技术尚处于“婴儿期”，“智能”操纵设备的思想拥有改变世界的巨大潜能。如果汽车都能安全地自动驾驶，让车祸成为过去的概念，不是很好吗？如果是由机器人而不是由人来清理如切尔诺贝利的核灾难现场，不是很好吗？如果家里由智能助手来完成家庭修理和维护任务，不是很好吗？

为了完成这些任务，机器人必须能接纳客观世界中存在的大量的不确定因素。有许多因素导致机器人的不确定性。

首先，也是最重要的，机器人环境（robot environment）本来就是不可预测的。在良好的结构化环境（如装配生产线）中，其不确定程度是较低的；但是，对于高速公路和家庭这样的环境，环境是高度动态的而且在许多方面是无法预测的。尤其机器人工作在人类附近时，这种不确定性相当高。

传感器（sensor）受限于它们所能感知的信息。这种局限来自于很多因素。传感器的量程和分辨率受到一些物理限制。例如，相机不能看到墙后面的物体，并且相机图片的空间分辨率也是有限的。传感器还受到噪声的限制，它会以不可预知的方式干扰传感器测量，从而影响信息的提取，最后传感器会坏掉。检测出有故障的传感器是非常困难的。

机器人的执行机构（robot actuation）包括电动机。电动机在一定程度上是不可预测的。其不确定性来自如控制噪声、磨损及机械故障的影响。有些执行机构，如重型工业机器人手臂，是非常准确和可靠的。但其他的，如低价的移动机器人，则是非常不可靠的。

还有一些不确定性是由机器人软件导致的。世界的所有内部模型（internal model）都是近似模型。模型是真实世界的抽象。因此，模型只是部分地模拟机器人及其环境的基本物理过程。模型误差是一种不确定性的根源，而这在机器人研究中经常会被忽略掉，尽管事实是，最先进的机器人系统使用的大多数机器人模型是相当粗略的。

不确定性还可以由近似算法（algorithmic approximation）引起。机器人是实时系统，这就限制了可执行的计算次数。许多流行的算法都是近似算法，它们通过牺牲精度而得到实时响应。

不确定性的水平取决于应用的领域。在一些机器人应用中，如装配流水线，人们可以巧妙地设计这个系统，使得不确定性只是一个不重要的因素。相反，应用于家庭环境或其他星球上的机器人，就不得不处理大量的不确定性。尽管这些机器人的传感器及其内部模型都不能为其提供足够让它做出绝对肯定的正确决策的信息，但机器人还是必须工作的。随着机器人正在走向开放的世界，那么不确定性问题就成为智能机器人系统设计时的主要绊脚石。处理不确定性可能是迈向具有鲁棒性的现实世界机器人系统的最重要一步。

于是，有了本书。

1.2 概率机器人学

本书对概率机器人学（probabilistic robotics）进行了全面的论述。概率机器人学是机器人学中相对较新的方向，它致力于研究机器人感知和行为的不确定性。概率机器人的主要思想就是用概率理论的运算去明确地表示这种不确定性。换句话说，不再只依赖可能出现的情况的单一的“最好推测”，而是用概率算法来表示在整个推测空间的概率分布信息。这样做，就可以以数学上合理的方式来表示模糊性和置信度。可以根据存在的不确定性选择相对鲁棒的控制方式，当相应的控制方式是较好的选择时，概率机器人技术甚至可以主动选择以减少机器人的不确定性。这样，概率算法大大降低了不确定性。因此概率算法胜过许多现实应用中的可选技术。

下面将用两个有意思的例子来阐述概率机器人：一个是有关机器人感知的；另一个是有关机器人规划和控制的。

第一个例子是移动机器人定位（mobile robot localization）。机器人定位，就是相对外部的参考系来估计机器人坐标的问题。给定了环境地图，机器人需要参照传感器数据，定位自己在地图上的相对位置。这种情况如图 1.1 所示。已知环境中有三个相同的门，机器人的任务就是要通过检测和运动找到自己在哪。

这种特定的定位问题被称为全局定位（global localization）。在全局定位中，机器人被放置在已知的环境中的某处，然后从头开始确定自己的位置。概率范式通过在整个位置空间上的一个概率密度函数来表示机器人的瞬时置信度（belief）。如图 1.1a 所示，在所有位置具有相同的分布。现在假定机器人进行了第一次传感器测量并知道它自己在门附近。概率技术利用这个信息来更新置信度。图 1.1b 给出了“后验”置信度。在靠近门的位置概率较大，而靠近墙处概率较小。注意这种分布具有三个尖峰，分别对应环境中三个完全相同的门。因此，机器人并不知道自己在哪。相反，现在它有三个不同的假设，而这些假设根据给定的传感器数据看起来同样合理。这里也会发现机器人给不靠近门的位置也分配了正的概率。这是检测时固有不确定性的自然结果：机器人在看到门这件事情上会犯错——但这会是一个非常小的非零概率。有能力保持低概率假设对于实现鲁棒性是不可或缺的。

现在假定机器人是移动的。图 1.1c 给出了运动对机器人置信度的影响。置信度已经沿运动的方向移动。它也拥有一个较大的范围，这反映了由机器人运动引入的不确定性。图 1.1d 给出了观察另一扇门后的置信度。这个观察动作使这里的算法将大概率放在了一扇门附近的位置上，机器人现在相当确信自己在哪了。最后，图 1.1e给出了机器人继续沿着走廊运动的置信度。

这个例子阐明了概率范式的很多方面。机器人感知问题用概率来描述，就是一个状态估计问题。定位实例使用了被称为贝叶斯滤波（Bayes filter）的算法来进行机器人定位空间上的后验估计。信息的表达方式是概率密度函数。函数的更新表示通过传感器测量获得了信息，或者信息在处理过程中丢失导致增加了机器人的不确定性。

第二个例子将介绍机器人规划和控制的领域。正如刚才所说，概率算法能计算机器人的瞬间不确定性。但是概率算法也能预知未来的不确定性，并在决定正确的控制选择时，对未来不确定性进行考虑。这样的一个算法叫海岸导航（coastal navigation）。海岸导航的例子如图 1.2 所示。图中给出了一个真实建筑物的二维地图。图中将估计路径与真实路径进行比较：发散是刚刚讨论的机器人运动不确定性的结果。有趣的见解是，不是所有的轨迹所导致的不确定性水平都相同。图 1.2a 所示的路径引导通过相对空旷的空间，剥夺了能帮助机器人保持

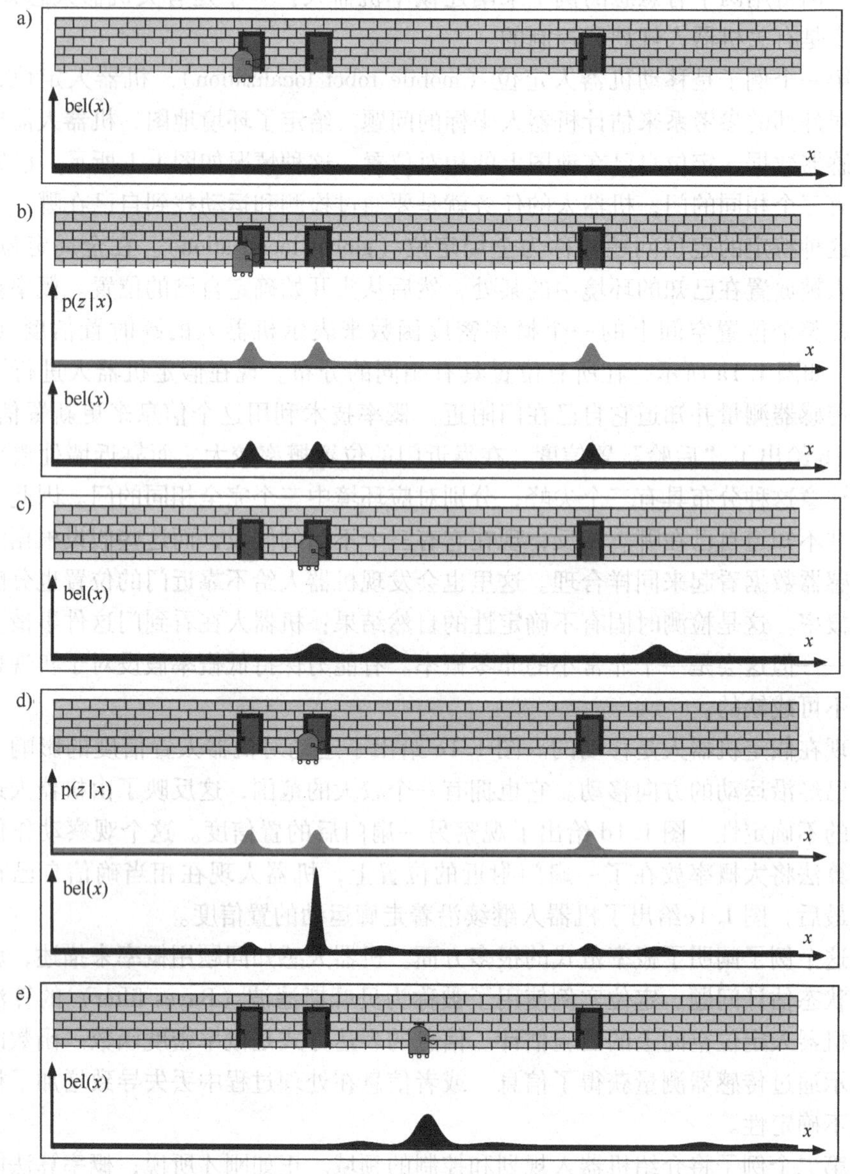

图 1.1　马尔可夫定位（Markov localization）的基本思想——在空间中移动的移动机器人（马尔可夫定位技术将在本书第 7 章和第 8 章深入讨论）

定位的特征。图 1.2b 给出了另一个路径。该轨迹寻找一个独特的角落，然后为了保持定位，“拥抱”墙壁。并不奇怪，后者路径会减少不确定性，因此到达目标位置的机会实际上更高些。

a)

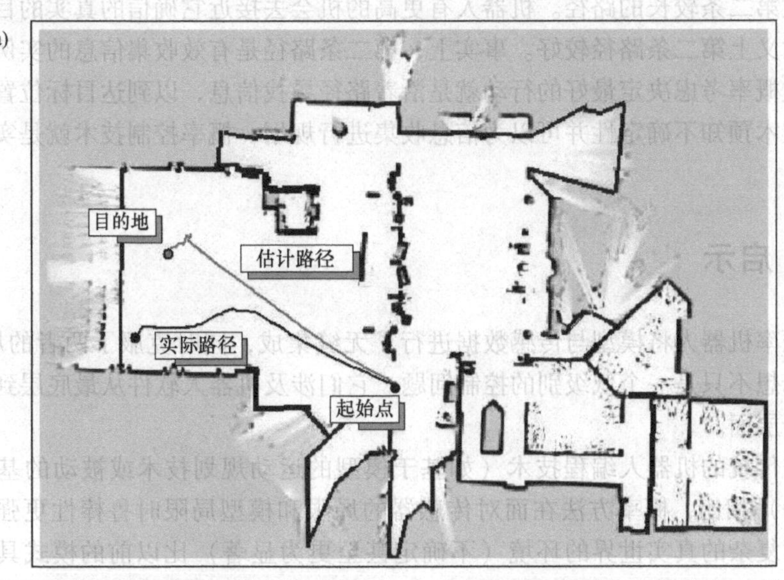

b)

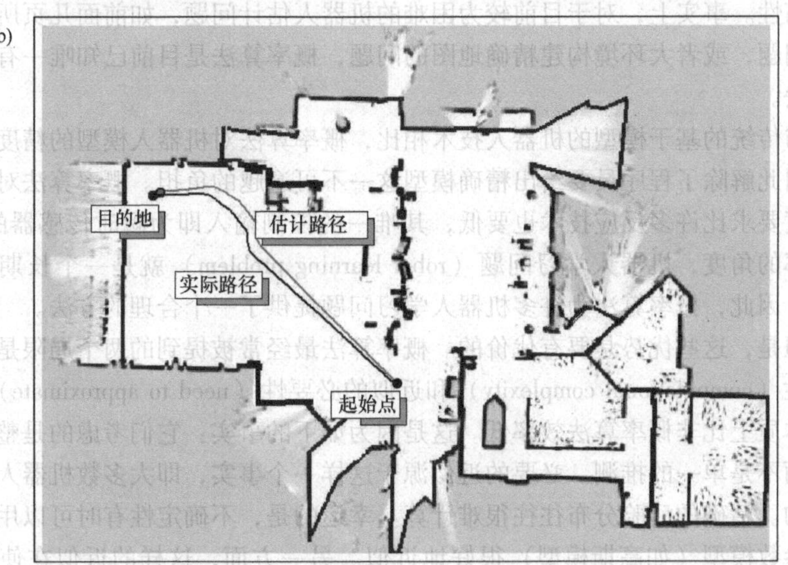

图 1.2 海岸导航（coastal navigation）算法的结果（海岸导航算法将在本书第 16 章讨论。该图由美国麻省理工学院的 Nicholas Roy 提供）

a）在开放的无特性空间导航的机器人可能会迷路

b）停留在附近已知的障碍物处可以避免迷路

这个例子阐述了适当考虑了影响机器人控制的不确定性的许多方法之一。在例子中，仅为了减少不确定性，沿着一个轨迹的可能不确定性的预见使得机器人更喜欢第二条较长的路径。机器人有更高的机会去接近它确信的真实的目标，在这个意义上第二条路径较好。事实上，第二条路径是有效收集信息的实例。机器人通过概率考虑决定最好的行动就是沿着路径寻找信息，以到达目标位置。概率规划技术预知不确定性并可以为信息收集进行规划，概率控制技术就是实现这些规划。

1.3 启示

概率机器人将模型与传感数据进行了无缝集成，同时克服了两者的局限性。这些思想不只是一个低级别的控制问题。它们涉及机器人软件从最底层到最高层的各个层面。

与传统的机器人编程技术（如基于模型的运动规划技术或被动的基于行为的方法）相比，概率方法在面对传感器的局限和模型局限时鲁棒性更强。这使它们对复杂的真实世界的环境（不确定甚至更为显著）比以前的模式具有更好的伸缩性。事实上，对于目前较为困难的机器人估计问题，如前面几页所讨论的定位问题，或者大环境构建精确地图的问题，概率算法是目前已知唯一有效的解决方法。

与传统的基于模型的机器人技术相比，概率算法对机器人模型的精度要求较低，因此解除了程序员要给出精确模型这一不可逾越的负担。概率算法对传感器的精度要求比许多反应技术也要低，其唯一的控制输入即为瞬时传感器的输入。从概率的角度，机器人学习问题（robot learning problem）就是一个长期的估计问题。因此，概率算法为许多机器人学习问题提供了一个合理的方法。

但是，这些优势是要有代价的。概率算法最经常被提到的两个局限是计算的复杂性（computational complexity）和近似的必要性（need to approximate）。概率算法本质上比非概率算法效率低。这是因为如下的事实：它们考虑的是整个概率密度而不是单一的推测。必要的近似源于这样一个事实，即大多数机器人世界是连续的。精确的后验分布往往很难计算。幸运的是，不确定性有时可以用一个紧凑的参数模型（如高斯模型）很好地近似。另一方面，这样的近似在使用中太过粗略，必须使用更复杂的表达。

计算机硬件方面的最近发展让我们能以便宜的价格实现前所未有的每秒浮点运算次数（Floating-point Operations Per Second，FLOPS）。这种发展当然有助于概率机器人领域。并且最近的研究已经成功地提高了概率算法的计算效率，对于较为困难的机器人问题，本书都给出了深入的描述。尽管如此，计算的挑战仍然存在。本书将重新审视这个讨论的许多方面，并对具体的概率解决方案分析其优点和缺点。

1.4 本书导航

本书由以下四个主要部分组成：

• 第 2 ~4 章介绍了构成本书中描述的所有算法基础的最基本的数学体系和主要算法。这几章是本书的数学基础。

• 第 5、6 章提出了移动机器人的概率模型。在许多方面，这两章都是传统机器人模型的概率泛化。它们形成了之后的机器人内容的数学基础。

• 第 7、8 章对移动机器人定位问题进行了讨论。这两章将前面两章所讨论的概率模型和基本的估计算法结合起来。

• 第 9 ~13 章讨论了关于机器人地图构建的更复杂问题。如前所述，它们都是基于前面章节所讨论的算法，但是其中很多要利用技巧来适应该问题的复杂性。

• 第 14 ~17 章是对概率规划和控制问题的讨论。开始先介绍了几个基本技术，然后分别介绍了用概率方法控制机器人的实际算法。最后一章，也就是第 17 章，从概率的角度对机器人探测问题进行了讨论。

本书最好按顺序从开始到结束进行阅读。但是，本书也试图使每一章能独立地说明问题。被称作"…的数学推导"的频繁出现的部分，可以在第一次阅读时安全跳过而不会影响本书内容的连贯性。

1.5 概率机器人课程教学

用于课堂教学时，并不建议按顺序讲授每一章，除非学生对抽象的数学概念有强烈的喜好。粒子滤波器要比高斯滤波器更容易讲解，学生对移动机器人定位问题比对复杂滤波算法更有兴趣。在实际教学中，作者通常从第 2 章开始，然后直接进入第 7 章和第 8 章；当讲到定位时，再回到第 3 ~6 章所需要的内容处；也会早早地讲授第 14 章，让同学们在一门课中尽早地接触规划和控制问题。

老师们可以从本书的网址 www. probabilistic-robotics. org 免费下载课件和动画，向学生阐明本书的各种算法。并且，也欢迎发给作者任何对讲授概率机器人课程有帮助的班级教学网址和相关资料。

讲授本书内容，您最好亲自动手执行任务。机器人技术方面没有什么比设计一个实际的机器人更具有教育意义的了。也没有人比自然更能说明机器人学领域存在的诱惑和挑战。

1.6 文献综述

机器人技术领域已经经历了软件设计的一系列范式。第一个主要范式出现在20世纪70年代中期，称为基于模型的范式（model-based paradigm）。基于模型的范式始于对一连续空间的高自由度机器人控制这一困难问题的一系列研究（Reif，1979）。并最终形成文本，如Schwartz等的机器人运动复杂性的分析，Canny（1987）的第一个单指数通用运动规划算法和Latombe（1991）的关于基于模型的运动规划领域开创性的介绍文字（更多的里程碑式的贡献将在本书第14章进行讨论）。早期工作大部分都忽略了不确定性的问题，即使在广泛开始将随机性作为技术去解决较困难的运动规划问题时（Kavraki等，1996）。相反，假定是给定了环境和机器人的完整且精确的模型，并且机器人是确定的。模型必须是足够精确的，剩余的不确定性由一个低级运动控制器管理。许多运动规划技术为机械臂的控制简单地产生了一个参考轨迹，尽管如潜在领域（Potential Field）（Khatib，1986）和导航函数（navigation function）（koditschek，1987）的思想提供了对不可预见的反应机制——只要它能检测。早期技术的应用，如果有，则只限于能够足够精确检测或设计的不确定性的环境。

当检测反馈缺乏变成机器人学研究者的重要关注点时，该领域在20世纪80年代中期发生的根本的变化。怀着强烈的信念，基于行为的机器人技术（behavior-based robotics）摒弃了任何内部模型的思想。相反，该模型是与物理环境相互作用的情境化代理（situated agent）（Kaelbling和Rosenschein，1991），造成了机器人运动（一种经常被称为紧急行为（emergent behavior）的现象（Steels，1991））中的复杂性。因此，检测起了至关重要的作用，同时内部模型遭到摒弃（Brooks，1990）。

对这一领域的研究热情被早期的成功所激发，远远超过了传统的基于模型的运动规划算法。其中之一是“成吉思汗”——由Brooks开发的六足机器人（1986）。即使在崎岖的地形，一个相对简单的有限状态自动机就能控制这个机器人的步态。这个技术成功的关键就在于检测：控制完全由机器人传感器所感知的环境的相互作用驱动。早期的一些工作主要是通过环境反馈的巧妙利用来创建一个看似复杂的机器人（Connell，1990）。最近，一种真空清洁机器人（IRobots Inc，2004）获得商业上的成功，其软件遵循基于行为的范式。

由于缺乏内部模型和对简单控制机制的关注，许多机器人系统只能完成相对简单的任务，这时瞬时传感器信息对确定正确的控制是足够的。认识到这个局限性，最近这一领域的工作包含了混合控制（hybrid control）架构（Arkin，1998），由基于行为的技术提供低级控制，而较高级的抽象层面上的协调由基于模型的规划来完成。目前这样的混合架构在机器人研究中是很普遍的。这些与由 Gat（1998）提出的三层架构的开创性工作没有什么不同，它起源于“沙基机器人（Shakey the Robot）”（Nillson，1984）。

现代概率机器人学从20世纪90年代中期已经出现，尽管其根源要追溯到卡尔曼滤波器的发明（Kalman，1960）。在很多方面，概率机器人既是基于模型的技术又是基于行为的技术。概率机器人有模型，但这些模型对于控制来说是不完整的也是不充分的。概率机器人也有传感器测量，但对于控制来说也是不完整和不充分的。通过将模型和传感器测量两者相整合，就可以设计出控制行为。统计学为整合模型和传感器测量提供了数学方法。

接下来的章节将对概率机器人领域的许多主要进展进行了讨论。这一领域的基石包括，由 Smith 和 Cheeseman（1986）提出的用于分析高维感知问题的卡尔曼滤波器的出现，由 Elfes（1987）和 Moravec（1988）提出的占用栅格地图的发明，Kaelbling 等人（1998）对局部可观测规划技术的重新引入。在过去的十年中已经看到了技术的爆炸：粒子滤波器已经变得非常流行（Dellaert 等，1999），研究者们以贝叶斯信息处理为重点研究新的编程方法（Thrun，2000b；Lebeltel 等，2004；Park 等，2005）。与此发展齐头并进的是由概率算法驱动的实体机器人系统，如由 Durrant-Whyte（1996）设计的用于货物装卸的工业机械机器人、博物馆的娱乐机器人（Burgard 等，1999a；Thrun 等，2000a；Siegwart 等，2003）、用于医护和保健的机器人（Pineau 等，2003d）。对于大量采用概率技术用于移动机器人控制的开源软件包，Montemerlo 等人已进行了介绍（2003a）。

商业机器人领域也处于一个转折点。在每年的世界机器人调查中，机器人联合国和国际机器人学同盟（United Nations and the International Federation of Robotics）2004年发现每年全世界的机器人市场增加19%。更为显著的是市场部分的变化，其显示了由工业应用到服务机器人和消费类产品的坚实过渡。

第 2 章 递归状态估计

2.1 引言

概率机器人技术的核心就是由传感器数据来估计状态的思路。状态估计解决的是从不能直接观测但可以推断的传感器数据中估计数量的问题。在许多机器人应用中，如果仅知道一定的数量，去确定做什么相对来说是比较容易的。例如，如果机器人的确定位置和所有附近的障碍都已知，那么去移动一个运动机器人相对来说是很容易的。不幸的是，这些变量不是能够直接测量的。相反，一个机器人必须依赖它的传感器来收集这些信息。传感器仅携带这些数量的部分信息，并且其测量会被干扰破坏。状态估计旨在从数据中找回状态变量。概率状态估计算法在可能的状态空间上计算置信度分布。在本书的介绍中，已经遇到了概率状态估计的一个实例：移动机器人定位。

本章的目标就是引入基于传感器数据进行状态估计的基本术语和数学工具。

- 2.2 节介绍了本书用到的基本概率概念。
- 2.3 节描述了机器人环境相互作用的形式化模型，提出了本书使用的一些关键术语。
- 2.4 节介绍了贝叶斯滤波，它是状态估计的递归算法。它是本书提出的几乎每一项技术的基础。
- 2.5 节讨论在实现贝叶斯滤波时引起的表示的和计算的问题。

2.2 概率的基本概念

这部分将使读者熟悉贯穿本书的基本符号和概率事实。在概率机器人建模时，如传感器测量、控制、机器人的状态及其环境这些都作为随机变量。随机变量（random variable）可以取多个值，且它们是根据具体的概率定律来取值的。概率推理就是一个过程，在这个过程中计算由其他随机变量和所观测数据推导随机变量的相关定律。

令 X 表示一个随机变量，x 表示 X 的某一特定值。随机变量的典型例子就是掷硬币（coin flip），这里 X 可以取正面或反面（head 或 tail）。如果 X 所取的所

有值的空间是离散的，即如果 X 是掷硬币的结果，写为

$$p(X=x) \tag{2.1}$$

以此来表示随机变量 X 具有 x 值的概率。例如，一个一般硬币 $p(X=\text{head})=p(X=\text{tail})=\frac{1}{2}$。离散概率和为 1，即

$$\sum_x p(X=x)=1 \tag{2.2}$$

概率永远为非负值，即 $p(X=x)\geqslant 0$。

为了简化符号，在可能时通常省略随机变量的明确表示，而是使用常见的缩写 $p(x)$ 代替 $p(X=x)$。

本书中的大部分技术都是在连续空间提出估计和制定决策。连续空间的特点是随机变量可以取连续值。除非特别说明，本书假定所有的连续随机变量都拥有概率密度函数（Probability Density Function，PDF）。普通密度函数都是具有均值 μ 和方差 σ^2 的一维正态分布（normal distribution）。正态分布的概率密度函数可用下面的高斯函数给出：

$$p(x)=(2\pi\sigma^2)^{-\frac{1}{2}}\exp\left\{-\frac{1}{2}\frac{(x-\mu)^2}{\sigma^2}\right\} \tag{2.3}$$

正态分布在本书中起了很重要的作用。本书经常将其缩写为 $\mathcal{N}(x;\ \mu,\ \sigma^2)$，它指出了随机变量及其均值和方差。

正态分布式（2.3）假定 x 是一个标量值。但是，$\boldsymbol{x}$ 经常是一个多维矢量。矢量的正态分布被称为多元的（multivariate）。多元正态分布的密度函数有以下形式：

$$p(\boldsymbol{x})=\det(2\pi\boldsymbol{\Sigma})^{-\frac{1}{2}}\exp\left\{-\frac{1}{2}(\boldsymbol{x}-\boldsymbol{\mu})^{\mathrm{T}}\boldsymbol{\Sigma}^{-1}(\boldsymbol{x}-\boldsymbol{\mu})\right\} \tag{2.4}$$

式中，$\boldsymbol{\mu}$ 为均值矢量；$\boldsymbol{\Sigma}$ 为一个半正定对称矩阵（positive semidefinite and symmetric）称为协方差矩阵（covariance matrix）；上标 T 是向量转置符号。此概率密度函数中指数的参数 $\boldsymbol{x}$ 是二次的，该二次函数的参数是 $\boldsymbol{\mu}$ 和 $\boldsymbol{\Sigma}$。

读者应该花些时间理解式（2.4）是式（2.3）的严格泛化；如果 x 为标量且 $\Sigma=\sigma^2$，则两个定义是等效的。

式（2.3）和式（2.4）是概率密度函数的例子。正如离散概率分布和总为 1，一个概率密度函数的积分也总是等于 1，即

$$\int p(x)\,\mathrm{d}x=1 \tag{2.5}$$

但是，与离散概率不同，概率密度函数上限不局限于 1。本书将交替地使用术语概率（probability）、概率密度（probability density）和概率密度函数（probability density function）。这里默认假定所有连续随机变量都是可测的，也假定所

有连续分布都真实地拥有密度。

两个随机变量 X 和 Y 的联合分布（joint distribution）由下式给出：

$$p(x,y)=p(X=x,Y=y) \tag{2.6}$$

这个表达式描述了随机变量 X 取值为 x 并且 Y 取值为 y 这一事件的概率。如果 X 和 Y 相互独立（independent），有

$$p(x,y)=p(x)p(y) \tag{2.7}$$

随机变量经常携带其他随机变量的信息。假定已经知道 Y 的值是 y，想知道基于以上事实条件 X 为 x 的概率。这样的概率表示为

$$p(x\mid y)=p(X=x\mid Y=y) \tag{2.8}$$

称为条件概率（conditional probability）。如果 $p(y)>0$，则条件概率定义为

$$p(x\mid y)=\frac{p(x,y)}{p(y)} \tag{2.9}$$

如果 X 和 Y 相互独立，则有

$$p(x\mid y)=\frac{p(x)p(y)}{p(y)}=p(x) \tag{2.10}$$

换句话说，如果 X 和 Y 是相互独立的，则 Y 不会有任何关于 X 值的信息。如果对 X 感兴趣则知道 Y 值没有任何帮助。独立性及其推广（条件独立）在本书中起着重要的作用。

从条件概率和概率测量公理得出的一个有趣事实经常被称为全概率定理（theorem of total probability）：

$$p(x)=\sum_{y}p(x\mid y)p(y) \quad \text{（离散情况）} \tag{2.11}$$

$$p(x)=\int p(x\mid y)p(y)\,\mathrm{d}y \quad \text{（连续情况）} \tag{2.12}$$

如果 $p(x|y)$ 或 $p(y)$ 为零，定义乘积 $p(x\mid y)p(y)$ 将为零，与其他因子的值无关。

同样重要的是贝叶斯准则（Bayes rule），该定理将条件概率 $p(x\mid y)$ 与其“逆”概率 $p(y\mid x)$ 联系起来。如此处所阐述的，准则要求 $p(y)>0$：

$$p(x\mid y)=\frac{p(y\mid x)p(x)}{p(y)}=\frac{p(y\mid x)p(x)}{\sum_{x'}p(y\mid x')p(x')} \quad \text{（离散）} \tag{2.13}$$

$$p(x\mid y)=\frac{p(y\mid x)p(x)}{p(y)}=\frac{p(y\mid x)p(x)}{\int p(y\mid x')p(x')\,\mathrm{d}x'} \quad \text{（连续）} \tag{2.14}$$

贝叶斯准则在概率机器人（和通常情况下的概率推理）中起着主导作用。如果 x 是一个希望由 y 推测出来的数值，则概率 $p(x)$ 称为先验概率分布（prior probability distribution）。其中，y 称为数据（data），也就是传感器测量值。分布

$p(x)$ 总结了在综合数据 y 之前已经有的关于 x 的信息。概率 $p(x \mid y)$ 称为在 X 上的后验概率分布（posterior probability distribution）。如式（2.14）所示，贝叶斯准则为利用“逆”条件概率 $p(y \mid x)$ 和先验概率 $p(x)$ 一起去计算后验概率 $p(x \mid y)$ 提供了一种方便的方法。换句话说，如果想从传感器数据 y 推断 x 的值，贝叶斯准则允许通过逆概率去计算，即假定 x 事件发生时得到数据 y 的概率。在机器人学中，概率 $p(y \mid x)$ 经常被称为生成模型（generative model），因为在一定的抽象层面上，它表示状态变量 X 如何引起了检测数据 Y。

一个应注意的重点是贝叶斯准则的分母，$p(y)$ 不依赖 x。因此，式（2.13）和式（2.14）中的因子 $p(y)^{-1}$ 对任何 x 的后验概率 $p(x \mid y)$ 都是相同的。由于这个原因，$p(y)^{-1}$ 经常写成贝叶斯准则中的归一化变量，通常用 η 表示，为

$$p(x \mid y) = \eta p(y \mid x) p(x) \tag{2.15}$$

这种表示法的优点在于它的简洁性。对于在某些数学推导中可能增长很快的归一化常数，不是显式地提供精确的公式，仅用一个归一化符号 η 表示最终结果必须归一为 1。本书中，这种类型的归一化将用 η（或者 η'，η''，…）表示。重点：在不同公式中将自由地用同一个 η 来表示归一化，即使它们的实际值是不相等的。

可以看到，以任意随机变量（如变量 Z）为条件的迄今为止讨论过的条件概率都非常巧妙。例如，只要 $p(y \mid z) > 0$，关于 $Z = z$ 的贝叶斯准则有

$$p(x \mid y, z) = \frac{p(y \mid x, z) p(x \mid z)}{p(y \mid z)} \tag{2.16}$$

类似地，可以得到以其他变量 z 为条件的相互独立的随机变量条件联合概率定律：

$$p(x, y \mid z) = p(x \mid z) p(y \mid z) \tag{2.17}$$

这种关系被称为条件独立（condition independence）。读者很容易证明，式（2.17）等价于

$$p(x \mid z) = p(x \mid z, y) \tag{2.18}$$

$$p(y \mid z) = p(y \mid z, x) \tag{2.19}$$

条件独立在概率机器人中起着重要的作用。它适用于任何时候——如果另一个变量 z 是已知的，而变量 y 没有关于 x 的任何信息。条件独立并不意味着（绝对的）独立，即

$$p(x, y \mid z) = p(x \mid z) p(y \mid z) \nRightarrow p(x, y) = p(x) p(y) \tag{2.20}$$

反过来一般也不成立，绝对独立并不意味着条件独立：

$$p(x, y) = p(x) p(y) \nRightarrow p(x, y \mid z) = p(x \mid z) p(y \mid z) \tag{2.21}$$

但是，特殊情况下，条件独立和绝对独立可能是一致的。

许多概率算法要求计算概率分布的特性或者统计。随机变量 X 的期望值

（expectation）可以由下式给定：

$$E[X] = \sum_x xp(x) \quad （离散） \tag{2.22}$$

$$E[X] = \int xp(x)\,\mathrm{d}x \quad （连续） \tag{2.23}$$

并不是所有的随机变量都拥有有限的期望；但是那些没有有限期望的随机变量与本书无关。

期望是随机变量的线性函数。具体来说，对任意数值 a 和 b，有

$$E[aX+b] = aE[X]+b \tag{2.24}$$

X 的协方差可由下式求得：

$$\mathrm{Cov}[X] = E[X-E[X]]^2 = E[X^2]-E[X]^2 \tag{2.25}$$

协方差衡量的是偏离均值的二次方期望。如上所述，多元正态分布 $\mathcal{N}(x;\ \mu,\ \Sigma)$ 均值为 μ，协方差为 Σ。

本书重要的最后一个概念是熵（entropy）。一个概率分布的熵可由下式给出：

$$H_p(x) = E[-\log_2 p(x)] \tag{2.26}$$

可导出

$$H_p(x) = -\sum_x p(x)\log_2 p(x) \tag{2.27}$$

$$H_p(x) = -\int p(x)\log_2 p(x)\,\mathrm{d}x \tag{2.28}$$

熵的概念起源于信息理论。熵是 x 所携带的期望信息。离散情况下，假定 $p(x)$ 是观测 x 的概率，则 $-\log_2 p(x)$ 就是使用最佳编码对 x 进行编码所需的比特数。本书中，熵将用在机器人信息的收集，用以表达机器人在执行具体行动时可能接收到的信息。

2.3 机器人环境交互

图 2.1 所示为机器人与环境的交互。环境（environment）或世界（world）是拥有内部状态的动态系统。机器人可以利用传感器获得其环境的相关信息。但是，传感器是有噪声的，通常有很多信号不能直接检测。因此，机器人保持着关于其环境状态的一个内部置信度，在图中左侧显示。

机器人也可以通过执行机构影响其环境。这种影响经常是不可预测的。因此，每一个控制行为都会影响环境的状态，并对机器人状态的内部置信度有影响。

接下来将会对这种交互进行更正式的描述。

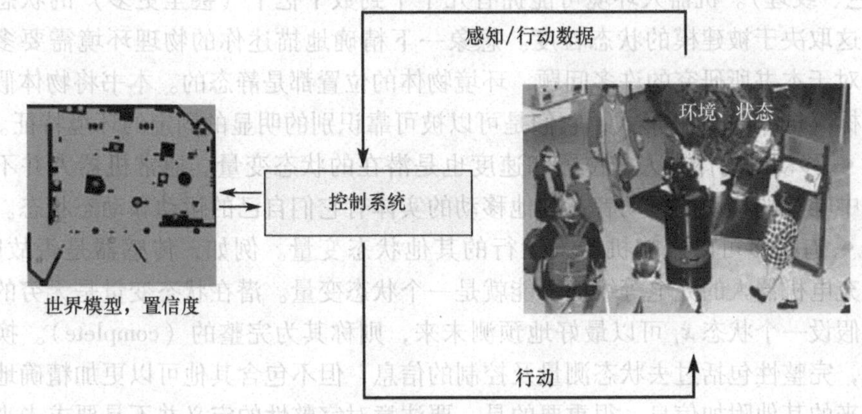

图 2.1　机器人与环境的交互

2.3.1　状态

环境特征以状态（state）来表征。本书认为状态是所有会对未来产生影响的机器人及其环境的所有方面因素。某些状态变量往往随时间变化，如机器人附近的人的行踪。其他状态变量则往往保持静态，如大多数建筑的墙的位置。与静态状态（static state）或不变的状态相区别，变化的状态称为动态状态（dynamic state）。状态也包括关于机器人本身的变量，如机器人的位姿、速度、传感器是否正常运行等。

在本书中，状态用 $\boldsymbol{x}$ 表示，尽管 $\boldsymbol{x}$ 所包含的具体变量取决于上下文。时间 t 的状态表示为 $\boldsymbol{x}_t$。本书使用的典型状态变量如下：

• 机器人位姿（pose），包含机器人相对于全局坐标系的位置和方向。刚性移动机器人拥有 6 个这样的状态变量：3 个直角坐标值，3 个角度方向（俯仰、横滚和偏航）。1 台平面上的刚性机器人，其位姿通常由 3 个变量给定：2 个平面的位置坐标及其朝向（偏航）。

• 机器人操作中，机器人位姿包括有关机器人执行机构配置（configuration of the robot's actuators）的变量。例如，它们可能包括转动关节的关节角度。机器人胳膊的自由度由每个时间点所对应的一维配置表来表示，它是机器人运动状态的一部分。机器人配置经常被称为是运动学状态（kinematic state）。

• 机器人速度和角速度通常被认为是动态状态（dynamic state）。在空间移动的刚性机器人以 6 个速度变量来表征，与每一个位姿变量对应。在本书中，动态状态的作用很小。

• 环境中周围物体的位置和特征也是状态变量。一个物体可能是一棵树、一堵墙或者是较大表面上的一个像素。这些物体的特征可能是它们呈现的外观

(颜色、纹理)。机器人环境可能拥有几十个到数十亿个(甚至更多)的状态变量,这取决于被建模的状态粒度。想象一下精确地描述你的物理环境需要多少位!对于本书所研究的许多问题,环境物体的位置都是静态的。本书将物体假设为地标(landmarks)形式,它们是可以被可靠识别的明显的固定的环境特征。

• 移动的物体和人的位置和速度也是潜在的状态变量。通常机器人并不是环境中唯一的移动的行动者。其他移动的实体有它们自己的运动和动态状态。

• 有很多可以影响机器人运行的其他状态变量。例如,传感器是否故障、一个充电机器人的充电等级都可能就是一个状态变量。潜在状态变量是无穷的!

假设一个状态 x_t 可以最好地预测未来,则称其为完整的(complete)。换句话说,完整性包括过去状态测量及控制的信息,但不包含其他可以更加精确地预测未来的其他附加信息。很重要的是,要注意对完整性的定义并不是要求未来是一个关于状态的确定(deterministic)函数。未来可以是随机的,但是没有先于 x_t 的状态变量可以影响未来状态的随机变化,除非这种依赖通过状态 x_t 起作用。满足这些条件的暂态过程通常称为马尔可夫链(Markov chain)。

状态完整性的概念主要是理论上的重要性。实际上,对任何一个实际的机器人系统不可能指定一个完整的状态。一个完整的状态不仅包括对未来有影响的环境的所有方面,而且也包括机器人本身、计算机内存的内容以及周围人造成的信息垃圾等。其中有些是很难获得的。现实的实现是挑选所有状态变量的小子集,如上面所列的那些。这样的状态叫作不完整状态(incomplete state)。

在大多数机器人应用中,状态是连续的,意味着 x_t 定义在连续空间上。连续状态空间的很好的实例就是机器人位姿,即相对于外部坐标系统的位置和方向。有时,状态是离散的。一个离散状态空间的实例就是模拟一个传感器是否有故障的(二进制)状态变量。既包含离散又包含连续变量的状态空间称为混合(hybrid)状态空间。

对于大多数有趣的机器人问题,状态随着时间变化。本书中的时间将是离散的,即所有感兴趣的事件将在离散时间步长 $t=0$,1,2…上发生。如果机器人操作起始于某一确定的时间点,则将该时刻表示为 $t=0$。

2.3.2 环境交互

在机器人及其环境之间存在两种基本的交互类型:机器人通过执行机构影响环境的状态,同时它通过传感器收集有关状态的信息。两类交互可以同时出现,但为了解释方便,本书将它们分开。交互的情况如图 2.1 所示。

• 环境传感器测量。感知是一个过程,通过这个过程机器人利用传感器获得环境状态的信息。例如,机器人可能采用摄像机图像、测距扫描或者查询其触觉传感器来接收有关环境状态的信息。这种感知交互的结果叫作测量(measurement)，尽管有时也称它为观察（observation）或者认知（percept）。通常情况下，传感器测量会有一些延迟，因此它们提供的是刚才的状态信息。

- 控制动作改变世界的状态。它们通过积极地对机器人环境施加作用力来实现。控制动作（control action）的实例包括机器人运动和物体的操纵。即使机器人自身不执行动作，状态通常还是会改变。因此，为了一致性，假定机器人总是执行一个控制动作，即使它选择不开动任何电动机。实际上，机器人连续地执行控制，同时进行测量。

假想一个机器人可以保持所有过去的传感器测量和控制动作的记录。这些记录称为数据（data)，不管它们是否被存储。根据环境交互的两种类型，机器人获得两种不同的数据流。

- 环境测量数据提供了环境的暂态信息。测量数据的例子包括摄像机图像、测距扫描等。大部分时候，将简单地忽略小的计时影响（例如，大部分激光传感器以很高的速度顺序扫描环境，但只简单地假设测量是对应于一个指定的时间点)。在时间 t 的测量数据表示为 z_t。

在本书的大部分内容中，都简单地假定机器人在一个时间点进行一次测量。这种假设主要是为了概念上的方便，因为本书中几乎所有的算法都能针对机器人容易地扩展成在一个时间点上进行次数变化的测量。即，如下概念：

$$z_{t_1:t_2} = z_{t_1}, z_{t_1+1}, z_{t_1+2}, \cdots, z_{t_2} \tag{2.29}$$

这表示从时间 t_1 到 t_2 获得的所有测量的集合。其中 $t_1 \leqslant t_2$。

- 控制数据携带环境中关于状态改变（change of state）的信息。在移动的机器人里，控制数据的典型例子就是机器人的速度。设机器人的速度为 10cm/s，并持续 5s，表明在执行这个动作指令后，机器人的位姿大约比指令执行前向前了 50cm。因此，控制传达了有关状态变化的信息。

控制数据的另一个来源是里程表（odometer)。里程表是测量机器人轮子运行的传感器。这样它们传达了状态变化的信息。虽然里程表是传感器，但仍将里程视为控制数据，因为它们测量了控制动作的影响。

控制数据用 $\boldsymbol{u}_t$ 表示。变量 $\boldsymbol{u}_t$ 总是与时间间隔（$t-1$；t］内状态的变化有关。和以前一样，对 $t_1 \leqslant t_2$ 的控制数据顺序用 $\boldsymbol{u}_{t_1:t_2}$ 表示：

$$\boldsymbol{u}_{t_1:t_2} = \boldsymbol{u}_{t_1}, \boldsymbol{u}_{t_1+1}, \boldsymbol{u}_{t_1+2}, \cdots, \boldsymbol{u}_{t_2} \tag{2.30}$$

从技术上来说，因为时间推移等同于控制信息，即使机器人不执行具体的控制动作，环境仍可能改变。因此假定每一时间步长 t 只有一个控制数据项，并包含合理的动作“什么都不做（do-nothing)”。

测量和控制之间的不同是很关键的，因为从现有的资料来看，两种类型的数据发挥了本质上不同的作用。环境感知提供了环境状态的信息，因此往往会增加机器人的信息。另一方面，由于机器人执行机构的固有噪声和机器人环境的随机性，运动往往会引起信息的丢失。这样的区分绝不是试图将行动和感知在时间上分开。相反地，感知和控制是同时发生的。这样的分离严格来说是为了方便。

2.3.3 概率生成法则

状态和测量的演变由概率法则支配。通常，状态 $\boldsymbol{x}_t$ 是随机地由状态 $\boldsymbol{x}_{t-1}$ 产生的。因此，指定生成 $\boldsymbol{x}_t$ 的概率分布是有意义的。乍一看，状态 $\boldsymbol{x}_t$ 的出现可能是以所有过去的状态、测量和控制为条件的。因此，表征状态演变的概率法则可以由以下形式的概率分布给出：$p(\boldsymbol{x}_t \mid \boldsymbol{x}_{0:t-1}, z_{1:t-1}, \boldsymbol{u}_{1:t})$。注意，没有特别的动机，这里假定机器人首先执行一个控制动作 $\boldsymbol{u}_1$，然后得到一个测量 z_1。

重要的见解如下：如果状态 $\boldsymbol{x}$ 是完整的，那么它是所有以前时刻发生的所有状态的充分总结。具体来说，$\boldsymbol{x}_{t-1}$ 是直到 $t-1$ 时刻的控制和测量的一个充分统计量，即 $\boldsymbol{u}_{1:t-1}$ 和 $z_{1:t-1}$。上面提到的所有变量，仅控制 $\boldsymbol{u}_t$ 关心是否知道状态 $\boldsymbol{x}_{t-1}$。

用概率的术语，这个见解可由以下等式表达：

$$p(\boldsymbol{x}_t \mid \boldsymbol{x}_{0:t-1}, z_{1:t-1}, \boldsymbol{u}_{1:t}) = p(\boldsymbol{x}_t \mid \boldsymbol{x}_{t-1}, \boldsymbol{u}_t) \tag{2.31}$$

由这个等式表达的特性就是条件独立（conditional independence）。它表明如果知道了第三组变量（条件变量）的值，则该变量就是独立于其他变量的。本书将普遍利用条件独立。这也是为什么本书中提到的许多算法都易于计算的基本原因。

读者可能也想为产生测量值的过程建立模型。再次重申，如果 $\boldsymbol{x}_t$ 是完整的，就有了如下很重要的条件独立：

$$p(z_t \mid \boldsymbol{x}_{0:t}, z_{1:t-1}, \boldsymbol{u}_{1:t}) = p(z_t \mid \boldsymbol{x}_t) \tag{2.32}$$

换句话说，用状态 $\boldsymbol{x}_t$ 足以预测（有潜在噪声的）测量 z_t。如果 $\boldsymbol{x}_t$ 是完整的，则任何其他变量的信息，如过去的测量、控制、抑或过去的状态，是与之无关的。

这个讨论对关于两个生成的条件概率 $p(\boldsymbol{x}_t \mid \boldsymbol{x}_{t-1}, \boldsymbol{u}_t)$ 和 $p(z_t \mid \boldsymbol{x}_t)$ 是开放的。概率 $p(\boldsymbol{x}_t \mid \boldsymbol{x}_{t-1}, \boldsymbol{u}_t)$ 是状态转移概率（state transition probability）。它指出环境状态作为机器人控制 $\boldsymbol{u}_t$ 的函数如何随着时间变化。机器人的环境是随机的，这一点可由 $p(\boldsymbol{x}_t \mid \boldsymbol{x}_{t-1}, \boldsymbol{u}_t)$ 是一个概率分布而不是一个确定函数的事实来反映。有时状态转移分布不依赖时间 t，此时可以将之记为 $p(\boldsymbol{x}' \mid \boldsymbol{u}, \boldsymbol{x})$。这里 $\boldsymbol{x}'$ 是次态，$\boldsymbol{x}$ 是现态。

概率 $p(z_t \mid \boldsymbol{x}_t)$ 叫做测量概率（measurement probability）。它也可以不依赖时间 t，此时记为 $p(\boldsymbol{z} \mid \boldsymbol{x})$。测量概率指定概率法则，根据该法则测量 $\boldsymbol{z}$ 由环境状态 $\boldsymbol{x}$ 产生。将测量认为是状态的有噪声预测是恰当的。

状态转移概率和测量概率一起描述机器人及其环境组成的动态随机系统。图 2.2所示的动态贝叶斯网络显示了由这些概率定义的状态和测量的演变。时刻 t 的状态随机地依赖 $t-1$ 时刻的状态和控制 $\boldsymbol{u}_t$。测量 z_t 随机地依赖时刻 t 的状态。

这样的时间生成模型也称为隐马尔可夫模型（Hidden Markov Model，HMM）或者动态贝叶斯网络（Dynamic Bayes Network，DBN）。

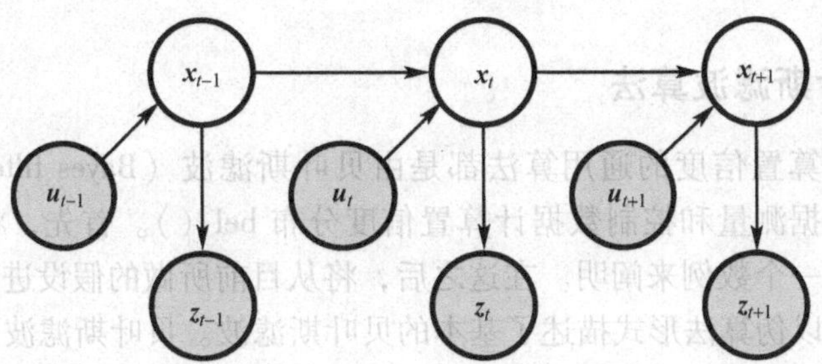

图 2.2　表征控制、状态和测量演变特征的动态贝叶斯网络

2.3.4　置信分布

概率机器人中另一个主要概念是置信度（belief）。置信度反映了机器人有关环境状态的内部信息。本书已经讨论过状态不能直接测量。例如，在一些全局坐标系中机器人的位姿可能是 $x_t = \langle 14.12,\ 12.7,\ 45°\rangle$，但是因为位姿（即使用 GPS）不能直接测量，通常机器人不知道自己的位姿。而机器人是必须要从数据中推测出其位姿的。因此要从位姿的内部置信度（belief）识别出真正的状态。文献中与置信度含义相同的术语有信息的状态（state of knowledge）和信息状态（information state），不要将它们与后面要讨论的信息向量和信息矩阵相混淆。

概率机器人通过条件概率分布表示置信度。对于真实的状态，置信度分布为每一个可能的假设分配一个概率（或者概率密度值）。置信度分布是以可获得数据为条件的关于状态变量的后验概率。这里用 $\text{bel}(\boldsymbol{x}_t)$ 表示状态变量 $\boldsymbol{x}_t$ 的置信度，其为下式后验概率的缩写：

$$\text{bel}(\boldsymbol{x}_t) = p(\boldsymbol{x}_t \mid z_{1:t}, \boldsymbol{u}_{1:t}) \tag{2.33}$$

这个后验是时刻 t 下状态 $\boldsymbol{x}_t$ 的概率分布，以所有过去测量 $z_{1:t}$ 和所有过去控制 $\boldsymbol{u}_{1:t}$ 为条件。

读者可能注意到，默认置信度是在综合了测量 z_t 后得到的。有时，可以证明在刚刚执行完控制 $\boldsymbol{u}_t$ 之后，综合 z_t 之前计算后验是有用的。这样的后验可以表示如下：

$$\overline{\text{bel}}(\boldsymbol{x}_t) = p(\boldsymbol{x}_t \mid z_{1:t-1}, \boldsymbol{u}_{1:t}) \tag{2.34}$$

在概率滤波的框架下，该概率经常被称为预测（prediction）。该术语反映了一个事实：$\overline{\text{bel}}(\boldsymbol{x}_t)$ 是基于以前状态的后验，在综合时刻 t 的测量之前，预测了时刻 t 的状态。由 $\overline{\text{bel}}(\boldsymbol{x}_t)$ 计算 $\text{bel}(\boldsymbol{x}_t)$ 称为修正（correction）或测量更新（measurement update）。

2.4 贝叶斯滤波

2.4.1 贝叶斯滤波算法

大多数计算置信度的通用算法都是由贝叶斯滤波（Bayes filter）算法给出的。该算法根据测量和控制数据计算置信度分布 bel（）。首先，将阐述其基本算法，然后用一个数例来阐明。在这之后，将从目前所做的假设进行数学推导。

程序 2.1 以伪算法形式描述了基本的贝叶斯滤波。贝叶斯滤波是递归的，也就是说，时刻 t 的置信度 $\mathrm{bel}(\boldsymbol{x}_t)$ 由时刻 $t-1$ 的置信度 $\mathrm{bel}(\boldsymbol{x}_{t-1})$ 来计算。其输入是时刻 $t-1$ 的置信度，和最近的控制作用 $\boldsymbol{u}_t$ 及最近的一次测量 z_t。其输出就是时刻 t 的置信度 $\mathrm{bel}(\boldsymbol{x}_t)$。程序 2.1 仅给出了贝叶斯滤波算法的一次迭代：更新规则（update rule）。该更新规则递归应用，由前面计算的置信度 $\mathrm{bel}(\boldsymbol{x}_{t-1})$ 计算下一个置信度 $\mathrm{bel}(\boldsymbol{x}_t)$

```
1:    Algorithm Bayes_filter(bel(x_{t-1}), u_t, z_t):
2:        for all x_t do
3:            \overline{bel}(x_t) = ∫ p(x_t | u_t, x_{t-1}) bel(x_{t-1}) dx_{t-1}
4:            bel(x_t) = η p(z_t | x_t) \overline{bel}(x_t)
5:        endfor
6:        return bel(x_t)
```

程序 2.1 基本的贝叶斯滤波算法

贝叶斯滤波算法具有两个基本的步骤。在第 3 行，它处理控制 $\boldsymbol{u}_t$。通过基于状态 $\boldsymbol{x}_{t-1}$ 的置信度和控制 $\boldsymbol{u}_t$ 来计算状态 $\boldsymbol{x}_t$ 的置信度。具体来说，机器人分配给状态 $\boldsymbol{x}_t$ 的置信度 $\overline{\mathrm{bel}}(\boldsymbol{x}_t)$ 通过两个分布（分配给 $\boldsymbol{x}_{t-1}$ 的置信度和由控制 $\boldsymbol{u}_t$ 引起的从 $\boldsymbol{x}_{t-1}$ 到 $\boldsymbol{x}_t$ 的转移概率）的积分（求和）得到。读者可能看出这种更新步骤与式（2.12）具有相似性。正如上文所述，这种更新步骤叫作控制更新（control update）或者预报（prediction）。

贝叶斯滤波的第二个步骤叫作测量更新（measurement update）。在第 4 行，贝叶斯滤波算法用已经观测到的测量 z_t 的概率乘以置信度 $\overline{\mathrm{bel}}$（$\boldsymbol{x}_t$）。对每一个假想的后验状态 $\boldsymbol{x}_t$ 都这样做。在真实推导基本滤波方程时这会更明显，乘积结果通常不再是一个概率。它的总和可能不为 1。因此，结果需要通过归一化常数 η 进行归一化。这样导出最后的置信度$\mathrm{bel}(\boldsymbol{x}_t)$，在算法的第 6 行返回。

为了递归地计算后验置信度，算法需要一个时刻 $t=0$ 的初始置信度 $\mathrm{bel}(\boldsymbol{x}_0)$ 作为边界条件。如果知道 $\boldsymbol{x}_0$ 的确定值，$\mathrm{bel}(\boldsymbol{x}_0)$ 应该用一个点式群体分布进行初始化，该点式群本分布将所有概率集中在 $\boldsymbol{x}_0$ 的修正值周围，而其他点的概率为 0。如果将初始值 $\boldsymbol{x}_0$ 完全忽略，$\mathrm{bel}(\boldsymbol{x}_0)$ 可使用在 $\boldsymbol{x}_0$ 邻域上的均匀分布（或者狄氏分布的相关分布）来进行初始化。初始值 $\boldsymbol{x}_0$ 的部分信息可以用非均匀分布来表达，但实际上全部知道和全部未知的两种情况是最普遍的。

贝叶斯滤波算法仅能对非常简单的估计问题用这里所叙述的形式实现，具体来说，我们必须以闭式的形式执行第 3 行的积分和第 4 行的乘法，或者必须限制在有限的状态空间，因此第 3 行的积分就成为一个（有限）求和。

2.4.2 实例

这里阐述的贝叶斯滤波算法是基于图 2.3 所示的情况的，该图给出了一个利用摄像机来估计门的状态的机器人。为了使问题简单，假定门处于两种可能状态的一种——开（open）或者关（closed），且只有机器人能改变门的状态。下面进一步假定机器人不知道门的初始状态。它将相同的先验概率分配给门的这两种可能状态：

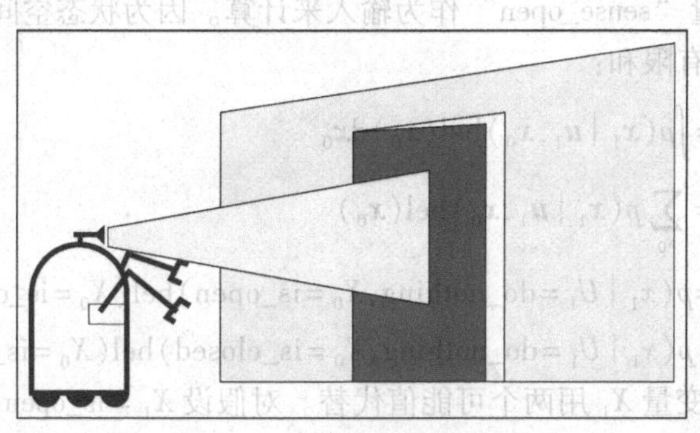

图 2.3　估计门状态的移动机器人

$$\mathrm{bel}(X_0=\mathrm{open})=0.5$$
$$\mathrm{bel}(X_0=\mathrm{closed})=0.5$$

现在假定机器人传感器是有噪声的。噪声特性通过下面的条件概率来表征：

$$p(Z_t=\mathrm{sense\_open}\mid X_t=\mathrm{is\_open})=0.6$$
$$p(Z_t=\mathrm{sense\_closed}\mid X_t=\mathrm{is\_open})=0.4$$

和

$$p(Z_t=\mathrm{sense\_open}\mid X_t=\mathrm{is\_closed})=0.2$$

$p(Z_t = \text{sense\_closed} \mid X_t = \text{is\_closed}) = 0.8$

这些概率表明机器人传感器在检测门是关着时相对来说是可靠的，因为错误的概率是0.2。但是，当门是开着时，它具有0.4的错误概率。

最后，假设机器人使用操作器把门拉开。如果门已经开了，它就保持开着。如果是关着的，机器人有0.8的概率将它打开：

$p(X_t = \text{is\_open} \mid U_t = \text{push},\ X_{t-1} = \text{is\_open}) = 1$

$p(X_t = \text{is\_closed} \mid U_t = \text{push},\ X_{t-1} = \text{is\_open}) = 0$

$p(X_t = \text{is\_open} \mid U_t = \text{push},\ X_{t-1} = \text{is\_closed}) = 0.8$

$p(X_t = \text{is\_closed} \mid U_t = \text{push},\ X_{t-1} = \text{is\_closed}) = 0.2$

它也可以选择不使用操作器，这种情况下世界的状态是不会改变的。这可以通过下面的条件概率来描述：

$p(X_t = \text{is\_open} \mid U_t = \text{do\_nothing},\ X_{t-1} = \text{is\_open}) = 1$

$p(X_t = \text{is\_closed} \mid U_t = \text{do\_nothing},\ X_{t-1} = \text{is\_open}) = 0$

$p(X_t = \text{is\_open} \mid U_t = \text{do\_nothing},\ X_{t-1} = \text{is\_closed}) = 0$

$p(X_t = \text{is\_closed} \mid U_t = \text{do\_nothing},\ X_{t-1} = \text{is\_closed}) = 1$

假定在时刻 $t=1$ 时，机器人没有采取任何控制动作，但是它检测到门是开着的。作为结果的后面的置信度可由贝叶斯滤波利用先前的置信度 $\text{bel}(\boldsymbol{x}_0)$，控制 $u_1 = \text{do\_nothing}$ 和测量“sense_open”作为输入来计算。因为状态空间是有限的，第3行的积分结果是有限和：

$$
\begin{aligned}
\overline{\text{bel}}(\boldsymbol{x}_1) &= \int p(\boldsymbol{x}_1 \mid \boldsymbol{u}_1, \boldsymbol{x}_0)\,\text{bel}(\boldsymbol{x}_0)\,\mathrm{d}\boldsymbol{x}_0 \\
&= \sum_{x_0} p(\boldsymbol{x}_1 \mid \boldsymbol{u}_1, \boldsymbol{x}_0)\,\text{bel}(\boldsymbol{x}_0) \\
&= p(x_1 \mid U_1 = \text{do\_nothing}, X_0 = \text{is\_open})\,\text{bel}(X_0 = \text{is\_open}) + \\
&\quad\ p(x_1 \mid U_1 = \text{do\_nothing}, X_0 = \text{is\_closed})\,\text{bel}(X_0 = \text{is\_closed})
\end{aligned}
$$

现在将状态变量 X_1 用两个可能值代替。对假设 $X_1 = \text{is\_open}$，可以得到

$$
\begin{aligned}
\overline{\text{bel}}(X_1 = \text{is\_open}) &= p(X_1 = \text{is\_open} \mid U_1 = \text{do\_nothing}, X_0 = \text{is\_open})\,\text{bel}(X_0 = \text{is\_open}) + \\
&\quad\ p(X_1 = \text{is\_open} \mid U_1 = \text{do\_nothing}, X_0 = \text{is\_closed})\,\text{bel}(X_0 = \text{is\_closed}) \\
&= 1 \times 0.5 + 0 \times 0.5 = 0.5
\end{aligned}
$$

同样地，对于 $X_1 = \text{is\_closed}$，得到

$$
\begin{aligned}
\overline{\text{bel}}(X_1 = \text{is\_closed}) &= p(X_1 = \text{is\_closed} \mid U_1 = \text{do\_nothing}, X_0 = \text{is\_open})\,\text{bel}(X_0 = \text{is\_open}) + \\
&\quad\ p(X_1 = \text{is\_closed} \mid U_1 = \text{do\_nothing}, X_0 = \text{is\_closed})\,\text{bel}(X_0 = \text{is\_closed}) \\
&= 0 \times 0.5 + 1 \times 0.5 = 0.5
\end{aligned}
$$

不应该对置信度 $\overline{\text{bel}}(\boldsymbol{x}_1)$ 等于先前的置信度 $\text{bel}(\boldsymbol{x}_0)$ 的事实感到奇怪，因为动作“do_nothing”没有影响世界的状态；在这个例子里世界随时间的变化是由自身

完成的。

但是综合测量改变了置信度。贝叶斯滤波算法的第 4 行意味着

$$\mathrm{bel}(\boldsymbol{x}_1)=\eta p(Z_1=\mathrm{sense\_open}\mid \boldsymbol{x}_1)\ \overline{\mathrm{bel}}\ (\boldsymbol{x}_1)$$

对两种可能的情况，$X_1=\mathrm{is\_open}$ 和 $X_1=\mathrm{is\_closed}$，得到

$$\begin{aligned}\mathrm{bel}(X_1=\mathrm{is\_open})&\\&=\eta p(Z_1=\mathrm{sense\_open}\mid X_1=\mathrm{is\_open})\overline{\mathrm{bel}}(X_1=\mathrm{is\_open})\\&=\eta 0.6\times 0.5=0.3\eta\end{aligned}$$

和

$$\begin{aligned}\mathrm{bel}(X_1=\mathrm{is\_closed})&\\&=\eta p(Z_1=\mathrm{sense\_open}\mid X_1=\mathrm{is\_closed})\overline{\mathrm{bel}}(X_1=\mathrm{is\_closed})\\&=\eta 0.2\times 0.5=0.1\eta\end{aligned}$$

现在很容易计算归一化因子 η：

$$\eta=(0.3+0.1)^{-1}=2.5$$

因此，有

$$\mathrm{bel}(X_1=\mathrm{is\_open})=0.75$$

$$\mathrm{bel}(X_1=\mathrm{is\_closed})=0.25$$

现在对下一步很容易进行这个计算的迭代。正如读者容易证明的，对于$u_2=\mathrm{push}$ 和$Z_2=\mathrm{sense_open}$，得到

$$\overline{\mathrm{bel}}(X_2=\mathrm{is\_open})=1\times 0.75+0.8\times 0.25=0.95$$

$$\overline{\mathrm{bel}}(X_2=\mathrm{is\_closed})=0\times 0.75+0.2\times 0.25=0.05$$

和

$$\mathrm{bel}(X_2=\mathrm{is\_open})=\eta 0.6\times 0.95\approx 0.983$$

$$\mathrm{bel}(X_2=\mathrm{is\_closed})=\eta 0.2\times 0.05\approx 0.017$$

在这点上，机器人相信门开着的概率是 0.983。

乍一看，简单地接受世界状态和相应行为的假设，这个概率可能显得足够高。但这种方法可能会导致不必要的较高代价。如果把一个关着的门误认为是开着的将会付出代价（例如机器人会撞上门）。在决策制定过程中考虑两个假设是必要的，因为它们只能是其中一种。想象一架自动驾驶飞机不撞毁的感知概率是 0.983。

2.4.3　贝叶斯滤波的数学推导

贝叶斯滤波算法的正确性由归纳法说明。为了这样做，必须说明它正确地由上一步的对应后验 $p(\boldsymbol{x}_{t-1}\mid \boldsymbol{z}_{1:t-1},\ \boldsymbol{u}_{1:t-1})$ 计算了后验分布 $p(\boldsymbol{x}_t\mid \boldsymbol{z}_{1:t},\ \boldsymbol{u}_{1:t})$。在将时刻 $t=0$ 的置信度 $\mathrm{bel}(\boldsymbol{x}_0)$ 正确初始化的假设下，正确性可由推导得出。

这里的推导要求 $\boldsymbol{x}_t$ 是完整的，正如第 2. 3. 1 节所定义的，它要求控制是随机可选的。推导的第一步涉及贝叶斯准则［式（2. 16)］在目标后验的应用：

$$
\begin{aligned}
p(\boldsymbol{x}_t \mid z_{1:t}, \boldsymbol{u}_{1:t}) &= \frac{p(z_t \mid \boldsymbol{x}_t, z_{1:t-1}, \boldsymbol{u}_{1:t})\, p(\boldsymbol{x}_t \mid z_{1:t-1}, \boldsymbol{u}_{1:t})}{p(z_t \mid z_{1:t-1}, \boldsymbol{u}_{1:t})} \\
&= \eta p(z_t \mid \boldsymbol{x}_t, z_{1:t-1}, \boldsymbol{u}_{1:t})\, p(\boldsymbol{x}_t \mid z_{1:t-1}, \boldsymbol{u}_{1:t})
\end{aligned}
\tag{2.35}
$$

现在利用状态是完整的这一假设。在 2. 3. 1 节中，定义如果没有优于 $\boldsymbol{x}_t$ 的变量影响未来状态的随机发展，就说状态 $\boldsymbol{x}_t$ 是完整的。具体来说，如果（假想地）知道状态 $\boldsymbol{x}_t$，感兴趣的是预报测量 z_t，没有过去测量或者控制提供附加信息。在数学上，这种情况可以用下面的条件独立来表达：

$$
p(z_t \mid \boldsymbol{x}_t, z_{1:t-1}, \boldsymbol{u}_{1:t}) = p(z_t \mid \boldsymbol{x}_t) \tag{2.36}
$$

这种叙述是条件独立（conditional independence）的又一个例子。它允许将式（2. 35)简化如下：

$$
p(\boldsymbol{x}_t \mid z_{1:t}, \boldsymbol{u}_{1:t}) = \eta p(z_t \mid \boldsymbol{x}_t)\, p(\boldsymbol{x}_t \mid z_{1:t-1}, \boldsymbol{u}_{1:t}) \tag{2.37}
$$

因此

$$
\mathrm{bel}(\boldsymbol{x}_t) = \eta p(z_t \mid \boldsymbol{x}_t)\, \overline{\mathrm{bel}}(\boldsymbol{x}_t) \tag{2.38}
$$

该式由程序 2. 1 的贝叶斯滤波算法的第 4 行实现。

接下来，利用式（2. 12）推广 $\overline{\mathrm{bel}}(\boldsymbol{x}_t)$：

$$
\begin{aligned}
\overline{\mathrm{bel}}(\boldsymbol{x}_t) &= p(\boldsymbol{x}_t \mid z_{1:t-1}, \boldsymbol{u}_{1:t}) \\
&= \int p(\boldsymbol{x}_t \mid \boldsymbol{x}_{t-1}, z_{1:t-1}, \boldsymbol{u}_{1:t})\, p(\boldsymbol{x}_{t-1} \mid z_{1:t-1}, \boldsymbol{u}_{1:t})\, \mathrm{d}\boldsymbol{x}_{t-1}
\end{aligned}
\tag{2.39}
$$

又一次，采用状态是完整的这个假设。这意味着如果知道 $\boldsymbol{x}_{t-1}$，过去的测量和控制不会传递任何关于状态 $\boldsymbol{x}_t$ 的信息，因此有

$$
p(\boldsymbol{x}_t \mid \boldsymbol{x}_{t-1}, z_{1:t-1}, \boldsymbol{u}_{1:t}) = p(\boldsymbol{x}_t \mid \boldsymbol{x}_{t-1}, \boldsymbol{u}_t) \tag{2.40}
$$

这里保留控制变量 $\boldsymbol{u}_t$，因为它不能先于状态 $\boldsymbol{x}_{t-1}$。事实上，读者应该很快说服自己 $p(\boldsymbol{x}_t \mid \boldsymbol{x}_{t-1}, \boldsymbol{u}_t) \neq p(\boldsymbol{x}_t \mid \boldsymbol{x}_{t-1})$。

最后，要注意，对于任意所选的控制，可以从条件变量集 $p(\boldsymbol{x}_{t-1} \mid z_{1:t-1},\ \boldsymbol{u}_{1:t})$ 中安全地将控制 $\boldsymbol{u}_t$ 省略。因此有递归更新方程：

$$
\overline{\mathrm{bel}}(\boldsymbol{x}_t) = \int p(\boldsymbol{x}_t \mid \boldsymbol{x}_{t-1}, \boldsymbol{u}_t)\, p(\boldsymbol{x}_{t-1} \mid z_{1:t-1}, \boldsymbol{u}_{1:t-1})\, \mathrm{d}\boldsymbol{x}_{t-1} \tag{2.41}
$$

读者可容易证明，这个方程可由程序 2. 1 的贝叶斯滤波算法的第 3 行来实现。

总之，贝叶斯滤波算法以到时间 t 的测量和控制数据为条件来计算状态 $\boldsymbol{x}_t$ 的后验。推导假设世界是马尔可夫的，也就是状态是完整的。

该算法的任何具体实现都需要三个概率分布：初始置信度 $p(\boldsymbol{x}_0)$、测量概率 $p(z_t \mid \boldsymbol{x}_t)$ 和状态转移概率 $p(\boldsymbol{x}_t \mid \boldsymbol{u}_t,\ \boldsymbol{x}_{t-1})$。现在仍然不能为真实的机器人系统指定这些概率密度。但之后将会在本书第 5 章介绍 $p(\boldsymbol{x}_t \mid \boldsymbol{u}_t,\ \boldsymbol{x}_{t-1})$，在第 6 章介

绍 $p(z_t \mid x_t)$。这里也需要置信度 bel(x_t)，并将在本书第 3 章和第 4 章讨论。

2.4.4　马尔可夫假设

马尔可夫假设（Markov assumption）或者完整状态假设（complete state assumption）在本书提到的资料中起着根本性的作用。如果知道当前状态 x_t，马尔可夫假设设定过去和未来数据都是独立的。为了看一下这个假设有多么苛刻，下面分析移动机器人定位的例子。在移动机器人定位中，x_t 是机器人的位姿，贝叶斯滤波用于估计相对于固定地图的位姿。下面的因素可能对传感器读数有系统的影响，因此它们会扰乱马尔可夫假设。因素如下：

- x_t 中未包括的未建模动态环境因素（如移动的人和他们对定位实例中的传感器测量的影响）。
- 概率模型 $p(z_t \mid x_t)$ 和 $p(x_t \mid u_t, x_{t-1})$ 的不精确性（如地图中定位机器人的误差）。
- 使用置信函数的近似表示引起的近似误差（如下面将讨论的栅格或高斯）。
- 影响多个控制的机器人控制软件中的软件变量（如"目标位置"变量典型地影响着整个控制指令序列）。

原则上，这些变量可以包含在状态表示中。但是，在降低贝叶斯滤波算法的计算复杂性方面，不完整的状态表示往往比完整的状态表示更好。实际上，会发现贝叶斯滤波对这种扰乱有很惊人的鲁棒性。但是，作为一个一般的经验法则，定义状态 x_t 时应该谨慎考虑，以使未建模状态变量的影响具有接近随机的效果。

2.5　表示法和计算

在概率机器人中，贝叶斯滤波能以几种不同的方式实现。如下面两章将介绍的，存在很多技术和由贝叶斯滤波推导出的算法。每个这样的技术依赖有关测量、状态转移概率和初始置信度的不同假定。然后这些假定会引起不同类型的后验分布，计算的算法具有不同的计算特性。作为一般性的法则，计算置信度的确切技术仅存在于高度具体的情况；在一般的机器人问题中，置信度必定是近似的。近似的性质对算法复杂性有很重要的影响。因为对所有机器人问题没有统一的最好的答案，找到一个合适的近似经常是具有挑战性的问题。

当选择一个近似时，必须权衡一系列特性：

1）计算效率。一些近似，如下面要进一步讨论的线性高斯近似，使得在空间维数的多项式时间内计算状态的置信度成为可能。另外一些近似可能需要的时间是空间维数的指数函数。下面要进一步讨论的基于粒子的技术，有任意时间（any-time）的特点，使它们牺牲精确性来换取计算效率。

2）近似的精度。一些近似比其他近似更紧密地接近更宽广的分布范围。例如，线性高斯近似局限于单峰分布，而直方图表示法虽然精度有限，但它可以近似多模态分布。粒子表示法可以近似相当广泛的分布，但是获得期望的精度而需要的粒子数可能是很大的。

3）易于实施。实现概率算法的困难取决于许多因素，如测量概率 $p(z_t \mid \boldsymbol{x}_t)$ 和状态转移概率 $p(\boldsymbol{x}_t \mid \boldsymbol{u}_t, \boldsymbol{x}_{t-1})$ 的形式。粒子表示法对复杂非线性系统往往可以非常简单地实现——这是它最近流行的原因之一。

接下来的两章将介绍具体的实现算法，这与前面描述的条件相当不同。

2.6 小结

本章介绍了机器人中贝叶斯滤波的基本思想，将之作为一种手段来估算环境和机器人的状态。

- 为机器人及其环境的交互建立了一个耦合的动态系统模型，机器人通过选择控制来操纵环境，并且它能通过传感器感知环境。
- 在概率机器人中，机器人及其环境的动态以两种概率法则，即状态转移分布和测量分布的形式为特点。状态转移分布描述状态如何随时间变化的特征，可能作为机器人控制的效果。测量分布描述测量如何由状态控制的特征。两个法则都是概率性的，从而导致了状态演变和检测的固有不确定性。
- 机器人的置信度（belief）是对给定所有过去的传感器测量和所有过去控制的环境状态（包括机器人状态）的一个后验分布。贝叶斯滤波是计算机器人置信度的最基本的算法。贝叶斯滤波是递归的；时刻 t 的置信度由时刻 $t-1$ 的置信度来计算。
- 贝叶斯滤波做了一个马尔可夫假设（Markov assumption），根据这个假设，状态是过去的完整总结。这个假设意味着置信度足以表示机器人的过去历史。在机器人研究中，马尔可夫假设通常仅是一种近似。在它被扰乱的条件下，要去辨识条件。
- 贝叶斯滤波不是一个实际的算法，不能用数字计算机实现，所以概率算法使用可处理的近似。这样的近似可根据不同的标准对它们的精确性、效率和易于实现性进行评估。

接下来的两章讨论了两种通用的由贝叶斯导出的递归状态估计技术。

2.7 文献综述

在很多有关概率和统计的入门教材中都涵盖了本章的基本统计知识。

DEGroot（1975）、Subrahmaniam（1979）和 Thorp（1966）的一些早期经典文献提供了这些知识的简单介绍。在（Feller，1968；Casella 和 Berger，1990；Tanner，1996）和（Devroye 等，1996；Duda 等，2000）中可以找到更进一步的叙述。机器人环境交互范式在机器人学中是很普遍的。Russell 和 Norvig（2002）从人工智能的角度进行了讨论。

2.8 习题

1. 机器人使用一个可以测量 0 ~ 3m 距离的传感器。为了简化，假定真实的距离在这个范围中均匀分布。很不幸的是，传感器会坏掉。当传感器故障时，不管传感器的锥形测量范围内实际测距结果应该是多少，其输出测距值均小于 1m。已知对于传感器故障的先验概率是 $p = 0.01$。

设想机器人查询了 N 次传感器，每次测量值都小于 1m。对于 $N = 1, 2, \cdots, 10$ 的传感器故障的后验概率是多少？用公式表示相关的概率模型。

2. 设想住在一个白天天气为晴、多云或者雨的地方。天气转移函数是如下的转移表所示的马尔可夫链：

		明天将是……		
		晴	多云	雨
今天是……	晴	0.8	0.2	0
	多云	0.4	0.4	0.2
	雨	0.2	0.6	0.2

（a）设第 1 天是晴（Day1 = sunny），接下来第 2 天是多云、第 3 天是多云、第 4 天是雨天（Day2 = cloudy、Day3 = cloudy、Day4 = rainy）的概率是多少？

（b）根据这个状态转移函数写出一个能随机产生“天气”序列的仿真器。

（c）使用你的仿真器确定这个马尔可夫链的平稳分布。平稳分布衡量任意一天是晴、多云或雨的概率。

（d）你能制定一个闭式方案来根据上面的状态转移矩阵计算平稳分布吗？

（e）平稳分布的熵是多少？

（f）利用贝叶斯准则，计算给定今天天气时昨天天气的概率表。提供数值概率即可，可以依赖本练习中前面问题的结果。

（g）假设将季节加入到该模型中。上面的状态转移函数仅能应用于夏天，而不同的模型将应用于冬天、春天和秋天。这会扰乱这个过程的马尔可夫特性吗？解释你的答案。

3. 假设不能直接观测天气，但是可以依靠传感器。问题是传感器本身是有噪声的。其测量受到下面的测量模型控制：

		传感器观测到……		
		晴	多云	雨
实际天气是……	晴	0.6	0.4	0
	多云	0.3	0.7	0
	雨	0	0	1

(a) 设第 1 天是晴（这是一个已知事实），传感器观测到的接下来的 4 天为多云、多云、雨、晴，则第 5 天用传感器预测为晴的概率是多少？

(b) 再一次，假定已知第 1 天是晴。在第 2 ~ 4 天，传感器测量为晴、晴、雨。对第 2 ~ 4 天，当天最可能的天气是怎样的？用两种方式回答问题：一种是只有讨论那天的数据是可用的；另一种是基于后见之明的，未来几天的数据也是可用的。

(c) 考虑同一种情况（第 1 天晴，第 2 ~ 4 天的测量分别是晴、晴、雨）。对第 2 ~ 4 天的天气最有可能是什么样的？这个最可能序列的概率是多少？

4. 在这个练习中将把贝叶斯准则应用到高斯情况。假设是一个位于长直道路上的移动机器人。位置 x 将是简单地沿着这条路的某个位置。现在假设最初，认为位置 $x_{\text{init}} = 1000\text{m}$，但碰巧知道这个估计是不确定的。基于这种不确定性，用高斯建立方差为 $\sigma^2_{\text{init}} = 900\text{m}^2$ 的初始置信度模型。

为了得到关于位置的更多信息，查询一个 GPS 接收器。GPS 告诉位置是 $z_{\text{GPS}} = 1100\text{m}$。已知该 GPS 接收器的误差方差为 $\sigma^2_{\text{init}} = 100\text{m}^2$。

(a) 写出先验 $p(x)$ 和测量 $p(z \mid x)$ 的概率密度函数。

(b) 使用贝叶斯准则，后验 $p(x \mid z)$ 是多少？你能证明它是一个高斯分布吗？

(c) 测量 $x_{\text{GPS}} = 1100\text{m}$ 怎样得出先验和 GPS 接收器的误差概率信息？

线索：这是一个处理二次表达式的练习。

5. 由式 (2.17) 推导式 (2.18) 和式 (2.19)，以及本书叙述的概率法则。

6. 证明式 (2.25)。这个等式的意义是什么？

第3章 高斯滤波

3.1 引言

本章描述一个重要的递归状态估计器家族，统称为高斯滤波（Gaussian filter）。从历史上来看，各种高斯滤波成为连续空间的贝叶斯滤波中最早、最容易处理的工具。尽管有一些缺点，但它们仍是目前为止最流行的。

所有的高斯技术共享了基本思想，即置信度用多元正态分布表示。在式（2.4）中已经介绍了多元正态分布的定义，为了方便这里重申如下：

$$p(\boldsymbol{x}) = \det(2\pi\boldsymbol{\Sigma})^{-\frac{1}{2}}\exp\left\{-\frac{1}{2}(\boldsymbol{x}-\boldsymbol{\mu})^{\mathrm{T}}\boldsymbol{\Sigma}^{-1}(\boldsymbol{x}-\boldsymbol{\mu})\right\} \tag{3.1}$$

$\boldsymbol{x}$ 的密度用两个参数——均值 $\boldsymbol{\mu}$ 和方差 $\boldsymbol{\Sigma}$，来表征。均值 $\boldsymbol{\mu}$ 是一个向量，它与状态 $\boldsymbol{x}$ 的维数相同。协方差是对称半正定的二次型。其维数等于状态 $\boldsymbol{x}$ 的维数的二次方。因此，协方差元素个数取决于状态向量元素个数的二次方。

用高斯函数表示后验具有很重要的影响。更重要的是，高斯是单峰的，有单一的极大值。这样的后验是机器人学中很多跟踪问题的特点，后验以小的不确定性聚集在真实状态周围。对很多全局估计问题，由于许多很不同的假设存在，每一个假设都形成其自己的后验模式，因此高斯后验匹配性并不好。

高斯滤波中参数均值和方差称为矩参数（moments parameterization）。这是因为均值和方差是概率分布的一阶矩和二阶矩；正态分布的其他矩都是零。本章也讨论其他参数，称作正则参数（canonical parameterization），或者有时也叫本质参数（natural parameterization）。这两种参数，即矩参数和正则参数，功能上是等效的，因为从一种转换成另一种存在双射映射。但是，这些也会引起滤波算法的计算特性上的不同。正如将介绍的，正则参数和本质参数最好被认为是对偶的：看起来在一种参数中容易计算的在另一种参数中难于计算，反之亦然。

本章介绍两种基本的高斯滤波算法。

- 3.2 节描写了卡尔曼滤波，对具有线性动态测量函数的有限阶问题利用矩参数来实现贝叶斯滤波。
- 3.3 节将卡尔曼滤波扩展到非线性问题中，即扩展卡尔曼滤波。
- 3.4 节描写了一种不同的非线性卡尔曼滤波，即无迹卡尔曼滤波。
- 3.5 节描写了信息滤波，即利用高斯正则参数的卡尔曼滤波的对偶滤波算法。

3.2 卡尔曼滤波

3.2.1 线性高斯系统

可能实现贝叶斯滤波的最好的研究技术就是卡尔曼滤波（Kalman Filter, KF）。KF 是由 Swerling（1958）和 Kalman（1960）作为线性高斯系统（linear Gaussian system）中的预测和滤波技术而发明的，是用矩来定义的。KF 实现了对连续状态的置信度计算。它不适用于离散或混合状态空间。

KF 用矩参数表示置信度：在时刻 t，置信度用均值 $\boldsymbol{\mu}_t$ 和方差 $\boldsymbol{\Sigma}_t$ 表达。如果除了贝叶斯滤波的马尔可夫假设以外，还具有如下三个特性，则后验就是高斯（Gaussian）的。

1）状态转移概率 $p(\boldsymbol{x}_t \mid \boldsymbol{u}_t,\ \boldsymbol{x}_{t-1})$ 必须是带有随机高斯噪声的参数的线性函数，可由下式表示：

$$\boldsymbol{x}_t = \boldsymbol{A}_t \boldsymbol{x}_{t-1} + \boldsymbol{B}_t \boldsymbol{u}_t + \boldsymbol{\varepsilon}_t \tag{3.2}$$

式中，$\boldsymbol{x}_t$ 和 $\boldsymbol{x}_{t-1}$ 为状态向量；$\boldsymbol{u}_t$ 为时刻 t 的控制向量。本书中的这些向量都是列向量，形式为

$$\boldsymbol{x}_t = \begin{pmatrix} x_{1,t} \\ x_{2,t} \\ \vdots \\ x_{n,t} \end{pmatrix} \quad 和 \quad \boldsymbol{u}_t = \begin{pmatrix} u_{1,t} \\ u_{2,t} \\ \vdots \\ u_{m,t} \end{pmatrix} \tag{3.3}$$

式（3.2）中，$\boldsymbol{A}_t$ 和 $\boldsymbol{B}_t$ 为矩阵。$\boldsymbol{A}_t$ 为 $n \times n$ 的方阵，n 为状态向量 $\boldsymbol{x}_t$ 的维数。$\boldsymbol{B}_t$ 为 $n \times m$ 的矩阵，m 为控制向量 $\boldsymbol{u}_t$ 的维数。将状态和控制向量分别乘以矩阵 $\boldsymbol{A}_t$ 和 $\boldsymbol{B}_t$，状态转移函数与其参数呈线性关系。因此，KF 假设线性系统是动态的。

式（3.2）中的随机变量 $\boldsymbol{\varepsilon}_t$ 是一个高斯随机向量，表示由状态转移引入的不确定性。其维数与状态向量维数相同，均值为 0，方差用 R_t 表示。式（3.2）的状态转移概率称为线性高斯（linear Gaussian），反映了它与带有附加高斯噪声的自变量呈线性。技术上，在式（3.2）中也包括一个恒定附加项，因为它在将要讨论的资料里不起任何作用，所以这里省略。

式（3.2）定义了状态转移概率 $p(\boldsymbol{x}_t \mid \boldsymbol{u}_t,\ \boldsymbol{x}_{t-1})$。这个概率可由式（3.2）代入到多元正态分布的定义式（3.1）来得到。后验状态的均值由 $\boldsymbol{A}_t \boldsymbol{x}_{t-1} + \boldsymbol{B}_t \boldsymbol{u}_t$ 给定，方差由 $\boldsymbol{R}_t$ 给定：

$$p(\boldsymbol{x}_t \mid \boldsymbol{u}_t, \boldsymbol{x}_{t-1}) = \det(2\pi \boldsymbol{R}_t)^{-\frac{1}{2}} \exp\left\{ -\frac{1}{2} (\boldsymbol{x}_t - \boldsymbol{A}_t \boldsymbol{x}_{t-1} - \boldsymbol{B}_t \boldsymbol{u}_t)^{\mathrm{T}} \boldsymbol{R}_t^{-1} (\boldsymbol{x}_t - \boldsymbol{A}_t \boldsymbol{x}_{t-1} - \boldsymbol{B}_t \boldsymbol{u}_t) \right\} \tag{3.4}$$

2）测量概率 $p(z_t \mid \boldsymbol{x}_t)$ 也与带有高斯噪声的自变量呈线性关系：

$$z_t = \boldsymbol{C}_t \boldsymbol{x}_t + \boldsymbol{\delta}_t \tag{3.5}$$

式中，$\boldsymbol{C}_t$为 $k \times n$ 的矩阵，k 为测量向量 z_t的维数；向量 $\boldsymbol{\delta}_t$为测量噪声。$\boldsymbol{\delta}_t$的分布是均值为0、方差为 $\boldsymbol{Q}_t$的多变量高斯分布。因此测量概率由下面的多元正态分布给定：

$$p(z_t \mid \boldsymbol{x}_t) = \det(2\pi \boldsymbol{Q}_t)^{-\frac{1}{2}} \exp\left\{-\frac{1}{2}(z_t - \boldsymbol{C}_t \boldsymbol{x}_t)^{\mathrm{T}} \boldsymbol{Q}_t^{-1} (z_t - \boldsymbol{C}_t \boldsymbol{x}_t)\right\} \tag{3.6}$$

3）最后，初始置信度 $\mathrm{bel}(\boldsymbol{x}_0)$ 必须是正态分布的。这里用 $\boldsymbol{\mu}_0$ 表示置信度的均值，用 $\boldsymbol{\Sigma}_0$ 表示方差：

$$\mathrm{bel}(\boldsymbol{x}_0) = p(\boldsymbol{x}_0) = \det(2\pi \boldsymbol{\Sigma}_0)^{-\frac{1}{2}} \exp\left\{-\frac{1}{2}(\boldsymbol{x}_0 - \boldsymbol{\mu}_0)^{\mathrm{T}} \boldsymbol{\Sigma}_0^{-1} (\boldsymbol{x}_0 - \boldsymbol{\mu}_0)\right\} \tag{3.7}$$

这三个假设足以确保后验 $\mathrm{bel}(\boldsymbol{x}_t)$ 在任何时刻 t 总符合高斯分布。下面将以KF 数学推导的方式（见3.2.4节）给出非平凡结果的证明。

3.2.2 卡尔曼滤波算法

程序3.1描述了KF算法（Kalman filter algorithm）。KF表示均值为$\boldsymbol{\mu}_t$、方差为$\boldsymbol{\Sigma}_t$的在时刻t的置信度 $\mathrm{bel}(\boldsymbol{x}_t)$。KF的输入就是$t-1$时刻的置信度，其均值和方差分别用$\boldsymbol{\mu}_{t-1}$和$\boldsymbol{\Sigma}_{t-1}$表示。为了更新这些参数，KF需要控制向量$\boldsymbol{u}_t$和测量向量$z_t$。输出的是时刻$t$的置信度，均值为$\boldsymbol{\mu}_t$，方差为$\boldsymbol{\Sigma}_t$。

```
1:  Algorithm Kalman_filter(μ_{t-1}, Σ_{t-1}, u_t, z_t):
2:      μ̄_t = A_t μ_{t-1} + B_t u_t
3:      Σ̄_t = A_t Σ_{t-1} A_t^T + R_t
4:      K_t = Σ̄_t C_t^T (C_t Σ̄_t C_t^T + Q_t)^{-1}
5:      μ_t = μ̄_t + K_t (z_t - C_t μ̄_t)
6:      Σ_t = (I - K_t C_t) Σ̄_t
7:      return μ_t, Σ_t
```

程序3.1 线性高斯状态转移和测量的KF算法

在第2行和第3行，计算预测的置信度$\bar{\boldsymbol{\mu}}$和$\bar{\boldsymbol{\Sigma}}$，用于表示一步后的在综合测量向量$z_t$之前的置信度$\overline{\mathrm{bel}}(\boldsymbol{x}_t)$。这个置信度通过综合控制 $\boldsymbol{u}_t$获得。均值利用式（3.2）的状态转移函数的确定性的版本进行计算，状态向量$\boldsymbol{x}_{t-1}$用均值向量$\boldsymbol{\mu}_{t-1}$代替。方差是通过线性矩阵A_t考虑了当前状态依赖前一状态的事实进行计算的。因为方差是一个二次型的，所以该矩阵两次相乘得到方差。

通过综合向量 z_t，第 4 行到第 6 行接下来将置信度 $\overline{\text{bel}}(\boldsymbol{x}_t)$ 转换成期望的置信度 $\text{bel}(\boldsymbol{x}_t)$。第 4 行计算的变量矩阵 $\boldsymbol{K}_t$ 叫作卡尔曼增益（Kalman gain）矩阵。它明确了测量综合到新的状态估计的程度，该方式将在 3.2.4 节更清楚地介绍。第 5 行通过根据卡尔曼增益矩阵 $\boldsymbol{K}_t$、真实测量向量 z_t 的偏差及根据式（3.5）的测量概率预测的测量量进行调节来处理均值。这里的关键概念是更新（innovation），是指在真实测量向量 z_t 和第 5 行的期望测量量 $\boldsymbol{C}_t\bar{\boldsymbol{\mu}}_t$ 之间的不同。最后，后验置信度的方差用第 6 行计算，调整由测量引起的信息增益。

KF 计算是相当高效的。对于当前最好的算法，对维数为 $d \times d$ 矩阵求逆的复杂性可近似为 $O(d^{2.4})$。正如这里所述，KF 算法的每一次迭代下界近似为 $O(k^{2.4})$。这里 k 是测量向量 z_t 的维数。这个（近似）立方的复杂性源于第 4 行的矩阵求逆。甚至对于后面将要讨论的某些稀疏更新，由于第 6 行的乘法（矩阵 $\boldsymbol{K}_t\boldsymbol{C}_t$ 可以是稀疏的），它也至少是 $O(n^2)$，这里 n 是状态空间的维数。在许多应用——如后面章节讨论的机器人地图构建应用——测量空间比状态空间维数要低，更新由 $O(n^2)$ 控制。

3.2.3　例证

图 3.1 所示的 KF 算法的图例是一个简单的一维定位案例。假设机器人沿着图 3.1 所示水平轴移动。令机器人定位的先验由图 3.1a 所示的正态分布给定。机器人查询其位置传感器（如 GPS），返回测量值，如图 3.1b 所示的以尖峰为中心的黑色高斯曲线。这个黑色高斯分布说明这个测量：峰值是由传感器指示的值；宽度（方差）与测量的不确定性有关。将先验与测量结合，经过程序 3.1 的第 4 ~6 行，得到图 3.1c 所示的黑色高斯分布。该置信度的均值在两个初始均值之间，其不确定性半径比两个有贡献的高斯分布的要小。剩余不确定性比有贡献的高斯分布要小的事实可能是违反直觉的，但它是 KF 中信息集成的一般特点。

接下来，假定机器人移向右边。其不确定性由于状态转移是随机的事实而增长。程序 3.1 给出的第 2、3 行提供给了图 3.1d 粗线所示的高斯分布。这个高斯分布由机器人移动的量来改变，因为刚刚解释的原因，这条曲线也会变宽。机器人接收图 3.1e 所示的黑色高斯分布的第二个测量，它引起图 3.1f 黑色所示的后验。

如本例所示，KF 交替执行测量更新（measurement update step）（第 5 ~7 行）和预测（prediction step）。测量更新过程将传感器数据综合进当前的置信度，预测过程根据动作来修改置信度。测量更新过程减少机器人置信度的不确定性，而预测过程增加机器人置信度的不确定性。

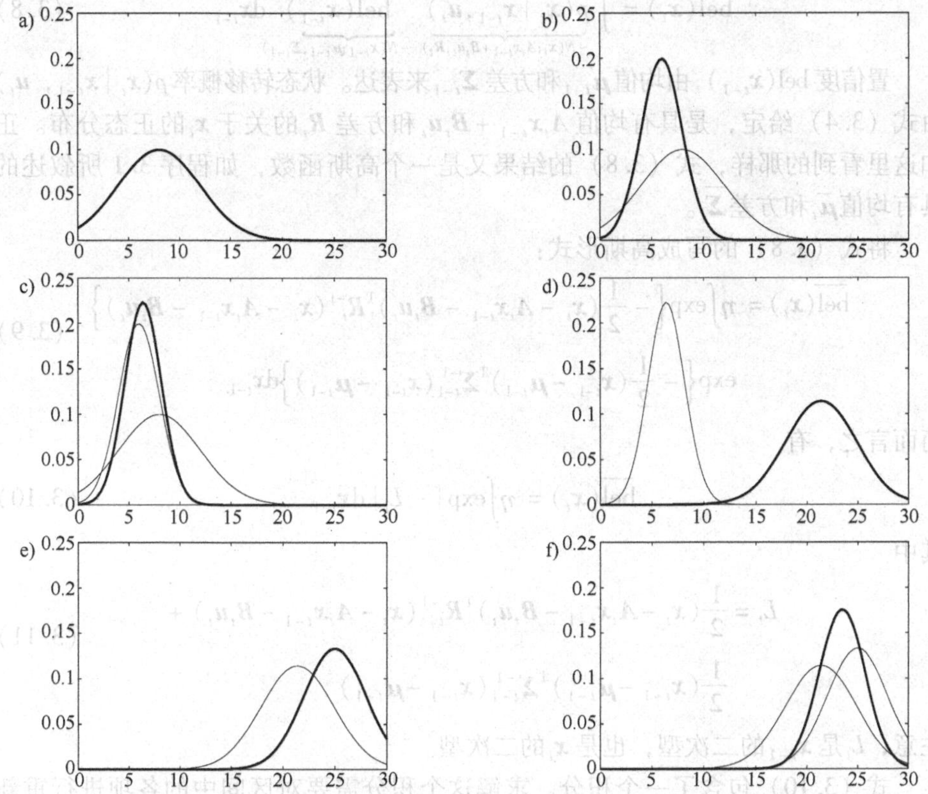

图 3.1　KF 算法的图例（注：原书误排为图 3.2）

a）初始置信度　b）具有相关不确定性的测量（粗线）　c）利用 KF 算法将测量综合到置信度后的置信度　d）移动到右边（这会引入不确定性）后的置信度　e）具有相关不确定性的新的测量　f）结果置信度

3.2.4　卡尔曼滤波的数学推导

本节将推导程序 3.1 给出的 KF 算法。本节的目的是为了使内容更完整，刚开始学习时可以略过。

先给出的 KF 的推导过程主要是为了练习如何处理二次表达式。例如，当两个高斯函数相乘时，指数相加。因为两个初始的指数是二次的，这就是产生的总和。余下的内容就是将结果分解成一种形式，从而得到希望的参数。

第 1 部分：预测

推导从第 2、3 行开始，置信度 $\overline{\mathrm{bel}}(\boldsymbol{x}_t)$ 由上一时刻的置信度 $\mathrm{bel}(\boldsymbol{x}_{t-1})$ 计算。第 2 行和第 3 行实现了本书式（2.41）描述的更新步骤，这里为了读者方便重申如下：

$$\overline{\text{bel}}(\boldsymbol{x}_t) = \int \underbrace{p(\boldsymbol{x}_t \mid \boldsymbol{x}_{t-1}, \boldsymbol{u}_t)}_{\sim N(\boldsymbol{x}_t; \boldsymbol{A}_t\boldsymbol{x}_{t-1}+\boldsymbol{B}_t\boldsymbol{u}_t, \boldsymbol{R}_t)} \underbrace{\text{bel}(\boldsymbol{x}_{t-1})}_{\sim N(\boldsymbol{x}_{t-1}; \boldsymbol{\mu}_{t-1}, \boldsymbol{\Sigma}_{t-1})} \, \mathrm{d}\boldsymbol{x}_{t-1} \tag{3.8}$$

置信度 $\text{bel}(\boldsymbol{x}_{t-1})$ 由均值$\boldsymbol{\mu}_{t-1}$和方差$\boldsymbol{\Sigma}_{t-1}$来表达。状态转移概率$p(\boldsymbol{x}_t \mid \boldsymbol{x}_{t-1}, \boldsymbol{u}_t)$由式（3.4）给定，是具有均值$\boldsymbol{A}_t\boldsymbol{x}_{t-1}+\boldsymbol{B}_t\boldsymbol{u}_t$和方差$\boldsymbol{R}_t$的关于$\boldsymbol{x}_t$的正态分布。正如这里看到的那样，式（3.8）的结果又是一个高斯函数，如程序 3.1 所叙述的具有均值$\bar{\boldsymbol{\mu}}_t$和方差$\bar{\boldsymbol{\Sigma}}_t$。

将式（3.8）的写成高斯形式：

$$\begin{aligned}\overline{\text{bel}}(\boldsymbol{x}_t) = \eta \int &\exp\left\{-\frac{1}{2}(\boldsymbol{x}_t - \boldsymbol{A}_t\boldsymbol{x}_{t-1} - \boldsymbol{B}_t\boldsymbol{u}_t)^{\mathrm{T}}\boldsymbol{R}_t^{-1}(\boldsymbol{x}_t - \boldsymbol{A}_t\boldsymbol{x}_{t-1} - \boldsymbol{B}_t\boldsymbol{u}_t)\right\} \\ &\exp\left\{-\frac{1}{2}(\boldsymbol{x}_{t-1} - \boldsymbol{\mu}_{t-1})^{\mathrm{T}}\boldsymbol{\Sigma}_{t-1}^{-1}(\boldsymbol{x}_{t-1} - \boldsymbol{\mu}_{t-1})\right\}\mathrm{d}\boldsymbol{x}_{t-1}\end{aligned} \tag{3.9}$$

简而言之，有

$$\overline{\text{bel}}(\boldsymbol{x}_t) = \eta \int \exp\{-L_t\}\,\mathrm{d}\boldsymbol{x}_{t-1} \tag{3.10}$$

其中

$$\begin{aligned}L_t = &\frac{1}{2}(\boldsymbol{x}_t - \boldsymbol{A}_t\boldsymbol{x}_{t-1} - \boldsymbol{B}_t\boldsymbol{u}_t)^{\mathrm{T}}\boldsymbol{R}_t^{-1}(\boldsymbol{x}_t - \boldsymbol{A}_t\boldsymbol{x}_{t-1} - \boldsymbol{B}_t\boldsymbol{u}_t) + \\ &\frac{1}{2}(\boldsymbol{x}_{t-1} - \boldsymbol{\mu}_{t-1})^{\mathrm{T}}\boldsymbol{\Sigma}_{t-1}^{-1}(\boldsymbol{x}_{t-1} - \boldsymbol{\mu}_{t-1})\end{aligned} \tag{3.11}$$

注意，L_t是$\boldsymbol{x}_{t-1}$的二次型，也是$\boldsymbol{x}_t$的二次型。

式（3.10）包含了一个积分。求解这个积分需要对区间中的各项进行重新排序，一开始看起来可能是违反直觉的方式。具体来说，这里将L_t分解成两个函数，即$L_t(\boldsymbol{x}_{t-1}, \boldsymbol{x}_t)$ 和$L_t(\boldsymbol{x}_t)$：

$$L_t = L_t(\boldsymbol{x}_{t-1}, \boldsymbol{x}_t) + L_t(\boldsymbol{x}_t) \tag{3.12}$$

这个分解是对L_t的各项进行重新排序的结果。分解步骤的关键目标是不依赖$\boldsymbol{x}_{t-1}$而将L_t中的变量分成两部分，从而移动后面的$\boldsymbol{x}_{t-1}$的积分变量。

这可以从下面的转换说明：

$$\begin{aligned}\overline{\text{bel}}(\boldsymbol{x}_t) &= \eta \int \exp\{-L_t\}\,\mathrm{d}\boldsymbol{x}_{t-1} \\ &= \eta \int \exp\{-L_t(\boldsymbol{x}_{t-1}, \boldsymbol{x}_t) - L_t(\boldsymbol{x}_t)\}\,\mathrm{d}\boldsymbol{x}_{t-1} \\ &= \eta \exp\{-L_t(\boldsymbol{x}_t)\}\int \exp\{-L_t(\boldsymbol{x}_{t-1}, \boldsymbol{x}_t)\}\,\mathrm{d}\boldsymbol{x}_{t-1}\end{aligned} \tag{3.13}$$

当然，存在很多方法将L_t分解成符合标准的两部分。主要是要选择$L_t(\boldsymbol{x}_{t-1}, \boldsymbol{x}_t)$，以便式（3.13）中的积分值不依赖$\boldsymbol{x}_t$。如果成功地定义了这样一个函数$L_t(\boldsymbol{x}_{t-1}, \boldsymbol{x}_t)$，则关于估计$\boldsymbol{x}_t$的置信度分布问题，$L_t(\boldsymbol{x}_{t-1}, \boldsymbol{x}_t)$ 的完全积分就简单地成为一个常数。常数通常在归一化常数 η 下获得，因此通过这样的分解，能够将该常数包

含在 η 里（现在上述 η 有不同的真实值）：

$$\overline{\mathrm{bel}}(\boldsymbol{x}_t)=\eta\exp\{-L_t(\boldsymbol{x}_t)\} \tag{3.14}$$

从而该分解可从置信度式（3.10）中消除积分。这个结果仅是一个二次函数的归一化指数，是一个高斯函数。

现在来完成这个分解。寻找 $\boldsymbol{x}_{t-1}$ 的二次型函数 $L_t(\boldsymbol{x}_{t-1}, \boldsymbol{x}_t)$（这个函数也将依赖 $\boldsymbol{x}_t$，但这点这里并不关心）。为了确定二次型的系数，计算 L_t 的一二阶导数：

$$\frac{\partial L_t}{\partial \boldsymbol{x}_{t-1}}=-\boldsymbol{A}_t^{\mathrm{T}}\boldsymbol{R}_t^{-1}(\boldsymbol{x}_t-\boldsymbol{A}_t\boldsymbol{x}_{t-1}-\boldsymbol{B}_t\boldsymbol{u}_t)+\boldsymbol{\Sigma}_{t-1}^{-1}(\boldsymbol{x}_{t-1}-\boldsymbol{\mu}_{t-1}) \tag{3.15}$$

$$\frac{\partial^2 L_t}{\partial \boldsymbol{x}_{t-1}^2}=\boldsymbol{A}_t^{\mathrm{T}}\boldsymbol{R}_t^{-1}\boldsymbol{A}_t+\boldsymbol{\Sigma}_{t-1}^{-1}=:\boldsymbol{\Psi}_t^{-1} \tag{3.16}$$

$\boldsymbol{\Psi}_t$ 定义了 $L_t(\boldsymbol{x}_{t-1}, \boldsymbol{x}_t)$ 的曲率。令 L_t 的一阶导数为 0，有

$$\boldsymbol{A}_t^{\mathrm{T}}\boldsymbol{R}_t^{-1}(\boldsymbol{x}_t-\boldsymbol{A}_t\boldsymbol{x}_{t-1}-\boldsymbol{B}_t\boldsymbol{u}_t)=\boldsymbol{\Sigma}_{t-1}^{-1}(\boldsymbol{x}_{t-1}-\boldsymbol{\mu}_{t-1}) \tag{3.17}$$

现在这个表达式用于求解 $\boldsymbol{x}_{t-1}$，有

$$\begin{aligned}
&\Leftrightarrow \boldsymbol{A}_t^{\mathrm{T}}\boldsymbol{R}_t^{-1}(\boldsymbol{x}_t-\boldsymbol{B}_t\boldsymbol{u}_t)-\boldsymbol{A}_t^{\mathrm{T}}\boldsymbol{R}_t^{-1}\boldsymbol{A}_t\boldsymbol{x}_{t-1}=\boldsymbol{\Sigma}_{t-1}^{-1}\boldsymbol{x}_{t-1}-\boldsymbol{\Sigma}_{t-1}^{-1}\boldsymbol{\mu}_{t-1}\\
&\Leftrightarrow \boldsymbol{A}_t^{\mathrm{T}}\boldsymbol{R}_t^{-1}\boldsymbol{A}_t\boldsymbol{x}_{t-1}+\boldsymbol{\Sigma}_{t-1}^{-1}\boldsymbol{x}_{t-1}=\boldsymbol{A}_t^{\mathrm{T}}\boldsymbol{R}_t^{-1}(\boldsymbol{x}_t-\boldsymbol{B}_t\boldsymbol{u}_t)+\boldsymbol{\Sigma}_{t-1}^{-1}\boldsymbol{\mu}_{t-1}\\
&\Leftrightarrow (\boldsymbol{A}_t^{\mathrm{T}}\boldsymbol{R}_t^{-1}\boldsymbol{A}_t+\boldsymbol{\Sigma}_{t-1}^{-1})\boldsymbol{x}_{t-1}=\boldsymbol{A}_t^{\mathrm{T}}\boldsymbol{R}_t^{-1}(\boldsymbol{x}_t-\boldsymbol{B}_t\boldsymbol{u}_t)+\boldsymbol{\Sigma}_{t-1}^{-1}\boldsymbol{\mu}_{t-1}\\
&\Leftrightarrow \boldsymbol{\Psi}_t^{-1}\boldsymbol{x}_{t-1}=\boldsymbol{A}_t^{\mathrm{T}}\boldsymbol{R}_t^{-1}(\boldsymbol{x}_t-\boldsymbol{B}_t\boldsymbol{u}_t)+\boldsymbol{\Sigma}_{t-1}^{-1}\boldsymbol{\mu}_{t-1}\\
&\Leftrightarrow \boldsymbol{x}_{t-1}=\boldsymbol{\Psi}_t[\boldsymbol{A}_t^{\mathrm{T}}\boldsymbol{R}_t^{-1}(\boldsymbol{x}_t-\boldsymbol{B}_t\boldsymbol{u}_t)+\boldsymbol{\Sigma}_{t-1}^{-1}\boldsymbol{\mu}_{t-1}]
\end{aligned} \tag{3.18}$$

因此，现在将二次型函数 $L_t(\boldsymbol{x}_{t-1}, \boldsymbol{x}_t)$ 定义如下：

$$\begin{aligned}L_t(\boldsymbol{x}_{t-1},\boldsymbol{x}_t)=&\frac{1}{2}(\boldsymbol{x}_{t-1}-\boldsymbol{\Psi}_t[\boldsymbol{A}_t^{\mathrm{T}}\boldsymbol{R}_t^{-1}(\boldsymbol{x}_t-\boldsymbol{B}_t\boldsymbol{u}_t)+\boldsymbol{\Sigma}_{t-1}^{-1}\boldsymbol{\mu}_{t-1}])^{\mathrm{T}}\boldsymbol{\Psi}^{-1}\\&(\boldsymbol{x}_{t-1}-\boldsymbol{\Psi}_t[\boldsymbol{A}_t^{\mathrm{T}}\boldsymbol{R}_t^{-1}(\boldsymbol{x}_t-\boldsymbol{B}_t\boldsymbol{u}_t)+\boldsymbol{\Sigma}_{t-1}^{-1}\boldsymbol{\mu}_{t-1}])\end{aligned} \tag{3.19}$$

很明显，这不是唯一一种满足式（3.12）分解的二次型函数，但是，$L_t(\boldsymbol{x}_{t-1}, \boldsymbol{x}_t)$ 是正态分布通用的负指数二次型形式。事实上，下式是一个变量为 $\boldsymbol{x}_{t-1}$ 的有效概率密度函数（Probability Density Function，PDF）：

$$\det(2\pi\boldsymbol{\Psi})^{-\frac{1}{2}}\exp\{-L_t(\boldsymbol{x}_{t-1},\boldsymbol{x}_t)\} \tag{3.20}$$

读者很容易证明，该函数具有式（3.1）定义的形式。从本书的式（2.5）可知 PDF 总和为 1，因此有

$$\int\det(2\pi\boldsymbol{\Psi})^{-\frac{1}{2}}\exp\{-L_t(\boldsymbol{x}_{t-1},\boldsymbol{x}_t)\}\,\mathrm{d}\boldsymbol{x}_{t-1}=1 \tag{3.21}$$

可得出

$$\int\exp\{-L_t(\boldsymbol{x}_{t-1},\boldsymbol{x}_t)\}\,\mathrm{d}\boldsymbol{x}_{t-1}=\det(2\pi\boldsymbol{\Psi})^{\frac{1}{2}} \tag{3.22}$$

应特别注意的是，这个积分值是独立于目标变量 $\boldsymbol{x}_t$ 的。因此，对于计算 $\boldsymbol{x}_t$ 分布的问题，这个积分是常数。将该常数归入到归一化因子 η，式（3.13）整理如下：

$$
\begin{aligned}
\overline{\mathrm{bel}}(\boldsymbol{x}_t) &= \eta \exp\{-L_t(\boldsymbol{x}_t)\}\int \exp\{-L_t(\boldsymbol{x}_{t-1},\boldsymbol{x}_t)\}\,\mathrm{d}\boldsymbol{x}_{t-1} \\
&= \eta \exp\{-L_t(\boldsymbol{x}_t)\}
\end{aligned} \tag{3.23}
$$

这个分解确立了式（3.14）的正确性。请注意归一化因子 η 在两行中是不同的。

还要确定函数 $L_t(\boldsymbol{x}_t)$，该函数是式（3.11）中定义的 L_t 与式（3.19）中定义的 $L_t(\boldsymbol{x}_{t-1},\ \boldsymbol{x}_t)$ 之差：

$$
\begin{aligned}
L_t(\boldsymbol{x}_t) &= L_t - L_t(\boldsymbol{x}_{t-1},\boldsymbol{x}_t) \\
&= \frac{1}{2}(\boldsymbol{x}_t - \boldsymbol{A}_t\boldsymbol{x}_{t-1} - \boldsymbol{B}_t\boldsymbol{u}_t)^{\mathrm{T}}\boldsymbol{R}_t^{-1}(\boldsymbol{x}_t - \boldsymbol{A}_t\boldsymbol{x}_{t-1} - \boldsymbol{B}_t\boldsymbol{u}_t) + \\
&\quad \frac{1}{2}(\boldsymbol{x}_{t-1} - \boldsymbol{\mu}_{t-1})^{\mathrm{T}}\boldsymbol{\Sigma}_{t-1}^{-1}(\boldsymbol{x}_{t-1} - \boldsymbol{\mu}_{t-1}) - \\
&\quad \frac{1}{2}(\boldsymbol{x}_{t-1} - \boldsymbol{\Psi}_t[\boldsymbol{A}_t^{\mathrm{T}}\boldsymbol{R}_t^{-1}(\boldsymbol{x}_t - \boldsymbol{B}_t\boldsymbol{u}_t) + \boldsymbol{\Sigma}_{t-1}^{-1}\boldsymbol{\mu}_{t-1}])^{\mathrm{T}}\boldsymbol{\Psi}^{-1} \\
&\quad (\boldsymbol{x}_{t-1} - \boldsymbol{\Psi}_t[\boldsymbol{A}_t^{\mathrm{T}}\boldsymbol{R}_t^{-1}(\boldsymbol{x}_t - \boldsymbol{B}_t\boldsymbol{u}_t) + \boldsymbol{\Sigma}_{t-1}^{-1}\boldsymbol{\mu}_{t-1}])
\end{aligned} \tag{3.24}
$$

可以很快地证明 $L_t(\boldsymbol{x}_t)$ 实际上是不依赖 $\boldsymbol{x}_{t-1}$ 的。将 $\boldsymbol{\Psi}_t = (\boldsymbol{A}_t^{\mathrm{T}}\boldsymbol{R}_t^{-1}\boldsymbol{A}_t + \boldsymbol{\Sigma}_{t-1}^{-1})^{-1}$ 替换回来，乘以上面的项。为了方便，包含 $\boldsymbol{x}_{t-1}$ 的项如下（$\boldsymbol{x}_{t-1}$ 的二次型用双线表示）。

$$
\begin{aligned}
L_t(\boldsymbol{x}_t) = & \underline{\underline{\frac{1}{2}\boldsymbol{x}_{t-1}^{\mathrm{T}}\boldsymbol{A}_t^{\mathrm{T}}\boldsymbol{R}_t^{-1}\boldsymbol{A}_t\boldsymbol{x}_{t-1}}}\ \underline{-\boldsymbol{x}_{t-1}^{\mathrm{T}}\boldsymbol{A}_t^{\mathrm{T}}\boldsymbol{R}_t^{-1}(\boldsymbol{x}_t - \boldsymbol{B}_t\boldsymbol{u}_t)} + \frac{1}{2}(\boldsymbol{x}_t - \boldsymbol{B}_t\boldsymbol{u}_t)^{\mathrm{T}}\boldsymbol{R}_t^{-1}(\boldsymbol{x}_t - \boldsymbol{B}_t\boldsymbol{u}_t) + \\
& \underline{\underline{\frac{1}{2}\boldsymbol{x}_{t-1}^{\mathrm{T}}\boldsymbol{\Sigma}_{t-1}^{-1}\boldsymbol{x}_{t-1}}}\ \underline{-\boldsymbol{x}_{t-1}^{\mathrm{T}}\boldsymbol{\Sigma}_{t-1}^{-1}\boldsymbol{\mu}_{t-1}} + \frac{1}{2}\boldsymbol{\mu}_{t-1}^{\mathrm{T}}\boldsymbol{\Sigma}_{t-1}^{-1}\boldsymbol{\mu}_{t-1} - \\
& \underline{\underline{\frac{1}{2}\boldsymbol{x}_{t-1}^{\mathrm{T}}(\boldsymbol{A}_t^{\mathrm{T}}\boldsymbol{R}_t^{-1}\boldsymbol{A}_t + \boldsymbol{\Sigma}_{t-1}^{-1})\boldsymbol{x}_{t-1}}}\ \underline{+\boldsymbol{x}_{t-1}^{\mathrm{T}}[\boldsymbol{A}_t^{\mathrm{T}}\boldsymbol{R}_t^{-1}(\boldsymbol{x}_t - \boldsymbol{B}_t\boldsymbol{u}_t) + \boldsymbol{\Sigma}_{t-1}^{-1}\boldsymbol{\mu}_{t-1}]} - \\
& \frac{1}{2}[\boldsymbol{A}_t^{\mathrm{T}}\boldsymbol{R}_t^{-1}(\boldsymbol{x}_t - \boldsymbol{B}_t\boldsymbol{u}_t) + \boldsymbol{\Sigma}_{t-1}^{-1}\boldsymbol{\mu}_{t-1}]^{\mathrm{T}}(\boldsymbol{A}_t^{\mathrm{T}}\boldsymbol{R}_t^{-1}\boldsymbol{A}_t + \boldsymbol{\Sigma}_{t-1}^{-1})^{-1} \\
& [\boldsymbol{A}_t^{\mathrm{T}}\boldsymbol{R}_t^{-1}(\boldsymbol{x}_t - \boldsymbol{B}_t\boldsymbol{u}_t) + \boldsymbol{\Sigma}_{t-1}^{-1}\boldsymbol{\mu}_{t-1}]
\end{aligned} \tag{3.25}
$$

现在可以很容易地看到包含 $\boldsymbol{x}_{t-1}$ 的所有项将抵消。对此不应该感到意外，因为这是构建 $L_t(\boldsymbol{x}_{t-1},\ \boldsymbol{x}_t)$ 带来的结果。

$$
\begin{aligned}
L_t(\boldsymbol{x}_t) = & + \frac{1}{2}(\boldsymbol{x}_t - \boldsymbol{B}_t\boldsymbol{u}_t)^{\mathrm{T}}\boldsymbol{R}_t^{-1}(\boldsymbol{x}_t - \boldsymbol{B}_t\boldsymbol{u}_t) + \frac{1}{2}\boldsymbol{\mu}_{t-1}^{\mathrm{T}}\boldsymbol{\Sigma}_{t-1}^{-1}\boldsymbol{\mu}_{t-1} - \\
& \frac{1}{2}[\boldsymbol{A}_t^{\mathrm{T}}\boldsymbol{R}_t^{-1}(\boldsymbol{x}_t - \boldsymbol{B}_t\boldsymbol{u}_t) + \boldsymbol{\Sigma}_{t-1}^{-1}\boldsymbol{\mu}_{t-1}]^{\mathrm{T}}(\boldsymbol{A}_t^{\mathrm{T}}\boldsymbol{R}_t^{-1}\boldsymbol{A}_t + \boldsymbol{\Sigma}_{t-1}^{-1})^{-1}[\boldsymbol{A}_t^{\mathrm{T}}\boldsymbol{R}_t^{-1}(\boldsymbol{x}_t - \boldsymbol{B}_t\boldsymbol{u}_t) + \boldsymbol{\Sigma}_{t-1}^{-1}\boldsymbol{\mu}_{t-1}]
\end{aligned} \tag{3.26}
$$

并且，$L_t(\boldsymbol{x}_t)$ 是 $\boldsymbol{x}_t$ 的二次型。这个结论意味着 $\overline{\mathrm{bel}}(\boldsymbol{x}_t)$ 的确服从正态分布。分布的均值和方差当然是 $L_t(\boldsymbol{x}_t)$ 的极小值和曲率，通过计算 $L_t(\boldsymbol{x}_t)$ 关于 $\boldsymbol{x}_t$ 的一阶导数和二阶导数很容易获得：

$$\frac{\partial L_t(\boldsymbol{x}_t)}{\partial \boldsymbol{x}_t} = \boldsymbol{R}_t^{-1}(\boldsymbol{x}_t - \boldsymbol{B}_t\boldsymbol{u}_t) - \boldsymbol{R}_t^{-1}\boldsymbol{A}_t(\boldsymbol{A}_t^{\mathrm{T}}\boldsymbol{R}_t^{-1}\boldsymbol{A}_t + \boldsymbol{\Sigma}_{t-1}^{-1})^{-1}[\boldsymbol{A}_t^{\mathrm{T}}\boldsymbol{R}_t^{-1}(\boldsymbol{x}_t - \boldsymbol{B}_t\boldsymbol{u}_t) + \boldsymbol{\Sigma}_{t-1}^{-1}\boldsymbol{\mu}_{t-1}]$$
$$= [\boldsymbol{R}_t^{-1} - \boldsymbol{R}_t^{-1}\boldsymbol{A}_t(\boldsymbol{A}_t^{\mathrm{T}}\boldsymbol{R}_t^{-1}\boldsymbol{A}_t + \boldsymbol{\Sigma}_{t-1}^{-1})^{-1}\boldsymbol{A}_t^{\mathrm{T}}\boldsymbol{R}_t^{-1}](\boldsymbol{x}_t - \boldsymbol{B}_t\boldsymbol{u}_t) -$$
$$\boldsymbol{R}_t^{-1}\boldsymbol{A}_t(\boldsymbol{A}_t^{\mathrm{T}}\boldsymbol{R}_t^{-1}\boldsymbol{A}_t + \boldsymbol{\Sigma}_{t-1}^{-1})^{-1}\boldsymbol{\Sigma}_{t-1}^{-1}\boldsymbol{\mu}_{t-1} \tag{3.27}$$

程序 3.2 所示的求逆引理（inversion lemma）允许将第一个因子作如下表达：

$$\boldsymbol{R}_t^{-1} - \boldsymbol{R}_t^{-1}\boldsymbol{A}_t(\boldsymbol{A}_t^{\mathrm{T}}\boldsymbol{R}_t^{-1}\boldsymbol{A}_t + \boldsymbol{\Sigma}_{t-1}^{-1})^{-1}\boldsymbol{A}_t^{\mathrm{T}}\boldsymbol{R}_t^{-1} = (\boldsymbol{R}_t + \boldsymbol{A}_t\boldsymbol{\Sigma}_{t-1}\boldsymbol{A}_t^{\mathrm{T}})^{-1} \tag{3.28}$$

Inversion Lemma. For any invertible quadratic matrices R and Q and any matrix P with appropriate dimensions, the following holds true

$$(R + P\,Q\,P^T)^{-1} \quad = \quad R^{-1} - R^{-1}\,P\,(Q^{-1} + P^T\,R^{-1}\,P)^{-1}\,P^T\,R^{-1}$$

assuming that all above matrices can be inverted as stated.

Proof. Define $\Psi = (Q^{-1} + P^T\,R^{-1}\,P)^{-1}$. It suffices to show that

$$(R^{-1} - R^{-1}\,P\,\Psi\,P^T\,R^{-1})\,(R + P\,Q\,P^T) \quad = \quad I$$

This is shown through a series of transformations:

$$\begin{aligned}
&= \underbrace{R^{-1}\,R}_{=I} + R^{-1}\,P\,Q\,P^T - R^{-1}\,P\,\Psi\,P^T\,\underbrace{R^{-1}\,R}_{=I} \\
&\quad - R^{-1}\,P\,\Psi\,P^T\,R^{-1}\,P\,Q\,P^T \\
&= I + R^{-1}\,P\,Q\,P^T - R^{-1}\,P\,\Psi\,P^T - R^{-1}\,P\,\Psi\,P^T\,R^{-1}\,P\,Q\,P^T \\
&= I + R^{-1}\,P\,[Q\,P^T - \Psi\,P^T - \Psi\,P^T\,R^{-1}\,P\,Q\,P^T] \\
&= I + R^{-1}\,P\,[Q\,P^T - \Psi\,\underbrace{Q^{-1}\,Q}_{=I}\,P^T - \Psi\,P^T\,R^{-1}\,P\,Q\,P^T] \\
&= I + R^{-1}\,P\,[Q\,P^T - \underbrace{\Psi\,\Psi^{-1}}_{=I}\,Q\,P^T] \\
&= I + R^{-1}\,P\,\underbrace{[Q\,P^T - Q\,P^T]}_{=0} = I
\end{aligned}$$

程序 3.2 （特定的）求逆引理［又称为谢尔曼/莫里森公式（Sherman/Morrison formula）］

因此要求的导数由下式给出：

$$\frac{\partial L_t(\boldsymbol{x}_t)}{\partial \boldsymbol{x}_t} = (\boldsymbol{R}_t + \boldsymbol{A}_t\boldsymbol{\Sigma}_{t-1}\boldsymbol{A}_t^{\mathrm{T}})^{-1}(\boldsymbol{x}_t - \boldsymbol{B}_t\boldsymbol{u}_t) - \boldsymbol{R}_t^{-1}\boldsymbol{A}_t(\boldsymbol{A}_t^{\mathrm{T}}\boldsymbol{R}_t^{-1}\boldsymbol{A}_t + \boldsymbol{\Sigma}_{t-1}^{-1})^{-1}\boldsymbol{\Sigma}_{t-1}^{-1}\boldsymbol{\mu}_{t-1} \tag{3.29}$$

当一阶微分为零时得到 $L_t(\boldsymbol{x}_t)$ 的极小值。

$$(\boldsymbol{R}_t + \boldsymbol{A}_t\boldsymbol{\Sigma}_{t-1}\boldsymbol{A}_t^{\mathrm{T}})^{-1}(\boldsymbol{x}_t - \boldsymbol{B}_t\boldsymbol{u}_t) = \boldsymbol{R}_t^{-1}\boldsymbol{A}_t(\boldsymbol{A}_t^{\mathrm{T}}\boldsymbol{R}_t^{-1}\boldsymbol{A}_t + \boldsymbol{\Sigma}_{t-1}^{-1})^{-1}\boldsymbol{\Sigma}_{t-1}^{-1}\boldsymbol{\mu}_{t-1} \tag{3.30}$$

求解目标变量 $\boldsymbol{x}_t$，可以得到相当紧凑的结果：

$$\begin{aligned}\boldsymbol{x}_t &= \boldsymbol{B}_t\boldsymbol{u}_t + \underbrace{(\boldsymbol{R}_t + \boldsymbol{A}_t\boldsymbol{\Sigma}_{t-1}\boldsymbol{A}_t^{\mathrm{T}})^{-1}\boldsymbol{R}_t^{-1}\boldsymbol{A}_t}_{\boldsymbol{A}_t + \boldsymbol{A}_t\boldsymbol{\Sigma}_{t-1}\boldsymbol{A}_t^{\mathrm{T}}\boldsymbol{R}_t^{-1}\boldsymbol{A}_t}\underbrace{(\boldsymbol{A}_t^{\mathrm{T}}\boldsymbol{R}_t^{-1}\boldsymbol{A}_t + \boldsymbol{\Sigma}_{t-1}^{-1})^{-1}\boldsymbol{\Sigma}_{t-1}^{-1}}_{(\boldsymbol{\Sigma}_{t-1}\boldsymbol{A}_t^{\mathrm{T}}\boldsymbol{R}_t^{-1}\boldsymbol{A}_t + \boldsymbol{I})^{-1}}\boldsymbol{\mu}_{t-1} \\ &= \boldsymbol{B}_t\boldsymbol{u}_t + \boldsymbol{A}_t\underbrace{(\boldsymbol{I} + \boldsymbol{\Sigma}_{t-1}\boldsymbol{A}_t^{\mathrm{T}}\boldsymbol{R}_t^{-1}\boldsymbol{A}_t)(\boldsymbol{\Sigma}_{t-1}\boldsymbol{A}_t^{\mathrm{T}}\boldsymbol{R}_t^{-1}\boldsymbol{A}_t + \boldsymbol{I})^{-1}}_{=\boldsymbol{I}}\boldsymbol{\mu}_{t-1} \\ &= \boldsymbol{B}_t\boldsymbol{u}_t + \boldsymbol{A}_t\boldsymbol{\mu}_{t-1}\end{aligned} \tag{3.31}$$

因此，在考虑了运动指令 $\boldsymbol{u}_t$后置信度$\overline{\mathrm{bel}}(\boldsymbol{x}_t)$ 的均值为 $\boldsymbol{B}_t\boldsymbol{u}_t + \boldsymbol{A}_t\boldsymbol{\mu}_{t-1}$。这证明了程序 3.1 所示 KF 算法第 2 行的正确性。

现在通过计算 $L_t(\boldsymbol{x}_t)$ 的二阶导数可得到第 3 行：

$$\frac{\partial^2 L_t(\boldsymbol{x}_t)}{\partial \boldsymbol{x}_t^2} = (\boldsymbol{A}_t\boldsymbol{\Sigma}_{t-1}^{-1}\boldsymbol{A}_t^{\mathrm{T}} + \boldsymbol{R}_t)^{-1} \tag{3.32}$$

这是二次函数 $L_t(\boldsymbol{x}_t)$ 的曲率，其逆矩阵就是置信度$\overline{\mathrm{bel}}(\boldsymbol{x}_t)$ 的协方差。

总结以上内容，发现 KF 算法第 2 行和第 3 行中的预测步骤的确执行了贝叶斯滤波的预测步骤。为了完成这项任务，第一步将置信度$\overline{\mathrm{bel}}(\boldsymbol{x}_t)$ 的指数分解成两个函数 $L_t(\boldsymbol{x}_{t-1}, \boldsymbol{x}_t)$ 和 $L_t(\boldsymbol{x}_t)$。然后发现 $L_t(\boldsymbol{x}_{t-1}, \boldsymbol{x}_t)$ 仅通过一个常数因子改变预测的置信度$\overline{\mathrm{bel}}(\boldsymbol{x}_t)$，该常数因子可归入归一化常数 η。最后，确定$L_t(\boldsymbol{x}_t)$函数，并导出 KF 预测$\overline{\mathrm{bel}}(\boldsymbol{x}_t)$ 的均值$\boldsymbol{\mu}_t$和协方差$\boldsymbol{\Sigma}_t$。

第 2 部分：测量更新

现在要推导 KF 算法中的第 4 ~ 6 行（见程序 3.1）的测量更新。从本书式（2.38)所描述的考虑了测量的通用贝叶斯滤波机制开始。这里以注释的形式重申如下：

$$\mathrm{bel}(\boldsymbol{x}_t) = \eta \underbrace{p(z_t \mid \boldsymbol{x}_t)}_{\sim\mathcal{N}(z_t;\boldsymbol{C}_t\boldsymbol{x}_t,\boldsymbol{Q}_t)} \underbrace{\overline{\mathrm{bel}}(\boldsymbol{x}_t)}_{\sim\mathcal{N}(\boldsymbol{x}_t;\bar{\boldsymbol{\mu}}_t,\bar{\boldsymbol{\Sigma}}_t)} \tag{3.33}$$

显然$\overline{\mathrm{bel}}(\boldsymbol{x}_t)$ 的均值和协方差由$\bar{\boldsymbol{\mu}}_t$和$\bar{\boldsymbol{\Sigma}}_t$给定。式（3.6）定义的测量概率 $p(z_t \mid \boldsymbol{x}_t)$也是正态的，其均值为 $\boldsymbol{C}_t\boldsymbol{x}_t$，方差为 $\boldsymbol{Q}_t$。以下结果以指数形式给出：

$$\mathrm{bel}(\boldsymbol{x}_t) = \eta\exp\{-J_t\} \tag{3.34}$$

其中

$$J_t = \frac{1}{2}(z_t - \boldsymbol{C}_t\boldsymbol{x}_t)^{\mathrm{T}}\boldsymbol{Q}_t^{-1}(z_t - \boldsymbol{C}_t\boldsymbol{x}_t) + \frac{1}{2}(\boldsymbol{x}_t - \bar{\boldsymbol{\mu}}_t)^{\mathrm{T}}\bar{\boldsymbol{\Sigma}}_t^{-1}(\boldsymbol{x}_t - \bar{\boldsymbol{\mu}}_t) \tag{3.35}$$

该函数是 $\boldsymbol{x}_t$的二次型，因此 $\mathrm{bel}(\boldsymbol{x}_t)$ 是一个高斯分布。为了计算它的参数，再一次计算 J_t关于 $\boldsymbol{x}_t$的一二阶导数：

$$\frac{\partial J}{\partial \boldsymbol{x}_t} = -\boldsymbol{C}_t^{\mathrm{T}}\boldsymbol{Q}_t^{-1}(z_t - \boldsymbol{C}_t\boldsymbol{x}_t) + \bar{\boldsymbol{\Sigma}}_t^{-1}(\boldsymbol{x}_t - \bar{\boldsymbol{\mu}}_t) \tag{3.36}$$

$$\frac{\partial^2 J}{\partial \boldsymbol{x}_t^2} = \boldsymbol{C}_t^{\mathrm{T}}\boldsymbol{Q}_t^{-1}\boldsymbol{C}_t + \bar{\boldsymbol{\Sigma}}_t^{-1} \tag{3.37}$$

上式的第二项是 bel(x_t) 的协方差的逆，有

$$\boldsymbol{\Sigma}_t=(C_t^{\mathrm{T}}Q_t^{-1}C_t+\bar{\boldsymbol{\Sigma}}_t^{-1})^{-1} \tag{3.38}$$

bel(x_t) 的均值是这个二次型函数的极小值，现在可通过将 J_t的一阶导数等于0（同时用$\boldsymbol{\mu}_t$替换 x_t） 去计算：

$$C_t^{\mathrm{T}}Q_t^{-1}(z_t-C_t\boldsymbol{\mu}_t)=\bar{\boldsymbol{\Sigma}}_t^{-1}(\boldsymbol{\mu}_t-\bar{\boldsymbol{\mu}}_t) \tag{3.39}$$

等式左边表达式可如下变换：

$$\begin{aligned}C_t^{\mathrm{T}}Q_t^{-1}(z_t-C_t\boldsymbol{\mu}_t)&=C_t^{\mathrm{T}}Q_t^{-1}(z_t-C_t\boldsymbol{\mu}_t+C_t\bar{\boldsymbol{\mu}}_t-C_t\bar{\boldsymbol{\mu}}_t)\\&=C_t^{\mathrm{T}}Q_t^{-1}(z_t-C_t\bar{\boldsymbol{\mu}}_t)-C_t^{\mathrm{T}}Q_t^{-1}C_t(\boldsymbol{\mu}_t-\bar{\boldsymbol{\mu}}_t)\end{aligned} \tag{3.40}$$

将上式代入式（3.39），得

$$C_t^{\mathrm{T}}Q_t^{-1}(z_t-C_t\bar{\boldsymbol{\mu}}_t)=\underbrace{(C_t^{\mathrm{T}}Q_t^{-1}C_t+\bar{\boldsymbol{\Sigma}}_t^{-1})}_{=\boldsymbol{\Sigma}_t^{-1}}(\boldsymbol{\mu}_t-\bar{\boldsymbol{\mu}}_t) \tag{3.41}$$

因此，得

$$\boldsymbol{\Sigma}_tC_t^{\mathrm{T}}Q_t^{-1}(z_t-C_t\bar{\boldsymbol{\mu}}_t)=\boldsymbol{\mu}_t-\bar{\boldsymbol{\mu}}_t \tag{3.42}$$

现在定义卡尔曼增益（Kalman gain）为

$$K_t=\boldsymbol{\Sigma}_tC_t^{\mathrm{T}}Q_t^{-1} \tag{3.43}$$

则得到

$$\boldsymbol{\mu}_t=\bar{\boldsymbol{\mu}}_t+K_t(z_t-C_t\bar{\boldsymbol{\mu}}_t) \tag{3.44}$$

这就证明了程序3.1所示的KF算法的第5行的正确性。

式（3.43）中定义的卡尔曼增益是$\boldsymbol{\Sigma}_t$的函数。这与利用K_t计算算法第6行的$\boldsymbol{\Sigma}_t$这个事实是有分歧的。接下来的转换说明了如何用方差$\boldsymbol{\Sigma}_t$以外的其他方差表示K_t。从式（3.43）中K_t的定义开始证明：

$$\begin{aligned}K_t&=\boldsymbol{\Sigma}_tC_t^{\mathrm{T}}Q_t^{-1}\\&=\boldsymbol{\Sigma}_tC_t^{\mathrm{T}}Q_t^{-1}\underbrace{(C_t\bar{\boldsymbol{\Sigma}}_tC_t^{\mathrm{T}}+Q_t)(C_t\bar{\boldsymbol{\Sigma}}_tC_t^{\mathrm{T}}+Q_t)^{-1}}_{=I}\\&=\boldsymbol{\Sigma}_t(C_t^{\mathrm{T}}Q_t^{-1}C_t\bar{\boldsymbol{\Sigma}}_tC_t^{\mathrm{T}}+C_t^{\mathrm{T}}\underbrace{Q_t^{-1}Q_t}_{=I})(C_t\bar{\boldsymbol{\Sigma}}_tC_t^{\mathrm{T}}+Q_t)^{-1}\\&=\boldsymbol{\Sigma}_t(C_t^{\mathrm{T}}Q_t^{-1}C_t\bar{\boldsymbol{\Sigma}}_tC_t^{\mathrm{T}}+C_t^{\mathrm{T}})(C_t\bar{\boldsymbol{\Sigma}}_tC_t^{\mathrm{T}}+Q_t)^{-1}\\&=\boldsymbol{\Sigma}_t(C_t^{\mathrm{T}}Q_t^{-1}C_t\bar{\boldsymbol{\Sigma}}_tC_t^{\mathrm{T}}+\underbrace{\bar{\boldsymbol{\Sigma}}_t^{-1}\bar{\boldsymbol{\Sigma}}_t}_{=I}C_t^{\mathrm{T}})(C_t\bar{\boldsymbol{\Sigma}}_tC_t^{\mathrm{T}}+Q_t)^{-1}\\&=\boldsymbol{\Sigma}_t\underbrace{(C_t^{\mathrm{T}}Q_t^{-1}C_t+\bar{\boldsymbol{\Sigma}}_t^{-1})}_{=\boldsymbol{\Sigma}_t^{-1}}\bar{\boldsymbol{\Sigma}}_tC_t^{\mathrm{T}}(C_t\bar{\boldsymbol{\Sigma}}_tC_t^{\mathrm{T}}+Q_t)^{-1}\\&=\underbrace{\boldsymbol{\Sigma}_t\boldsymbol{\Sigma}_t^{-1}}_{=I}\bar{\boldsymbol{\Sigma}}_tC_t^{\mathrm{T}}(C_t\bar{\boldsymbol{\Sigma}}_tC_t^{\mathrm{T}}+Q_t)^{-1}\\&=\bar{\boldsymbol{\Sigma}}_tC_t^{\mathrm{T}}(C_t\bar{\boldsymbol{\Sigma}}_tC_t^{\mathrm{T}}+Q_t)^{-1}\end{aligned} \tag{3.45}$$

上式证明了KF算法的第4行的正确性。

第6行是利用卡尔曼增益 K_t 表达方差得到的。程序 3.1 给出的基于式（3.38）的定义计算的优点在于能避免状态方差阵的求逆。这对 KF 应用于高维状态空间是很重要的。

这里又一次利用程序 3.2 给出的求逆引理（inversion lemma）进行转换。这里重新利用式（3.38）的符号表示：

$$(\bar{\boldsymbol{\Sigma}}_t^{-1}+\boldsymbol{C}_t^{\mathrm{T}}\boldsymbol{Q}_t^{-1}\boldsymbol{C}_t)^{-1}=\bar{\boldsymbol{\Sigma}}_t-\bar{\boldsymbol{\Sigma}}_t\boldsymbol{C}_t^{\mathrm{T}}(\boldsymbol{Q}_t+\boldsymbol{C}_t\bar{\boldsymbol{\Sigma}}_t\boldsymbol{C}_t^{\mathrm{T}})^{-1}\boldsymbol{C}_t\bar{\boldsymbol{\Sigma}}_t \tag{3.46}$$

得到下面的方差表达式：

$$\begin{aligned}\boldsymbol{\Sigma}_t&=(\boldsymbol{C}_t^{\mathrm{T}}\boldsymbol{Q}_t^{-1}\boldsymbol{C}_t+\bar{\boldsymbol{\Sigma}}_t^{-1})^{-1}\\&=\bar{\boldsymbol{\Sigma}}_t-\bar{\boldsymbol{\Sigma}}_t\boldsymbol{C}_t^{\mathrm{T}}(\boldsymbol{Q}_t+\boldsymbol{C}_t\bar{\boldsymbol{\Sigma}}_t\boldsymbol{C}_t^{\mathrm{T}})^{-1}\boldsymbol{C}_t\bar{\boldsymbol{\Sigma}}_t\\&=\Big[\boldsymbol{I}-\underbrace{\bar{\boldsymbol{\Sigma}}_t\boldsymbol{C}_t^{\mathrm{T}}(\boldsymbol{Q}_t+\boldsymbol{C}_t\bar{\boldsymbol{\Sigma}}_t\boldsymbol{C}_t^{\mathrm{T}})^{-1}}_{\boldsymbol{K}_t,\text{见式}(3.45)}\boldsymbol{C}_t\Big]\bar{\boldsymbol{\Sigma}}_t\\&=(\boldsymbol{I}-\boldsymbol{K}_t\boldsymbol{C}_t)\bar{\boldsymbol{\Sigma}}_t\end{aligned} \tag{3.47}$$

这就实现了正确性的证明，因为它说明了 KF 算法的第 6 行的正确性。

3.3 扩展卡尔曼滤波

3.3.1 为什么要线性化

观测是状态的线性函数，并且下一个状态是以前状态的线性函数，这两个假设对 KF 的正确性是很重要的。高斯随机变量的任何线性变换都将导致另一个高斯随机变量，这个结论在 KF 算法的推导中起着很重要的作用。KF 的效率是基于这样一个事实，即所得高斯参数可由闭式计算。

本章和下面章节将阐述使用一维高斯随机变量的变换所表示的不同密度的特性。图 3.2a 给出了这样一个随机变量的线性变换。右下图显示随机变量的密度 $X\sim\mathcal{N}(x;\mu,\sigma^2)$。假设 X 经过线性变换 $y=ax+b$，如右上图所示。结果随机变量 Y，服从均值为 $a\mu+b$，方差为 $a^2\sigma^2$ 的高斯分布。该高斯分布如图 3.2a 左上图中的灰色部分所示。读者可能注意到这个例子与 KF 当 $X=x_{t-1}$ 和 $Y=x_t$ 但没有附加噪声变量时的下一个状态更新密切相关，见式（3.2）。

不幸的是，实际上状态转移和测量很少是线性的。例如，具有恒定线速度和角速度的移动机器人的典型运动轨迹是圆，这是不能用线性状态转移来描述。这一观察，和单峰置信度的假设一起，使普通 KF，讨论到目前为止，不适用于除了最平凡的机器人问题外的其他所有问题。

扩展卡尔曼滤波（Extended Kalman Filter，EKF），放宽了其中的一个假设：线性化假设。这里假设状态转移概率和测量概率分别由非线性（nonlinear）函数 g 和 h 控制：

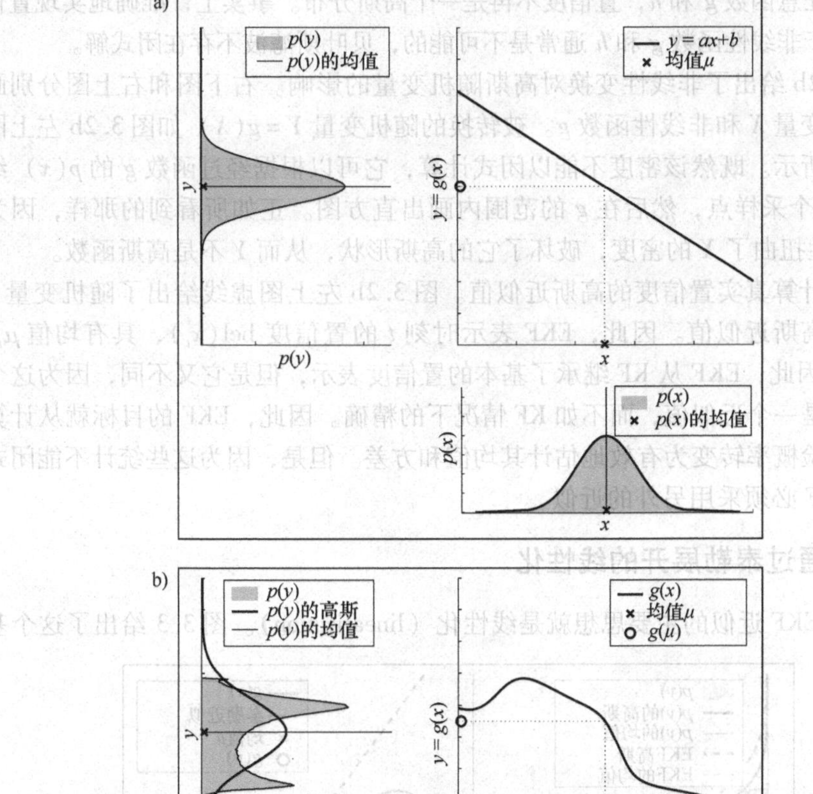

图 3.2　高斯随机变量的线性的和非线性的变换（右下图给出了原始随机变量 X 的密度；这个随机变量经过右上图所示的函数（均值的变换已用虚线示出）变换；结果随机变量 Y 的密度在左上图）

a）线性　b）非线性

$$x_t = g(u_t, x_{t-1}) + \varepsilon_t \tag{3.48}$$

$$z_t = h(x_t) + \delta_t \tag{3.49}$$

这个模型是严格基于式（3.2）和式（3.5）所假设的 KF 归纳出的线性高斯模型。函数 g 取代了式（3.2）中的矩阵 A_t 和 B_t，h 取代了（3.5）中的 C_t。不幸的是，对于任意函数 g 和 h，置信度不再是一个高斯分布。事实上，准确地实现置信度更新对于非线性函数 g 和 h 通常是不可能的，贝叶斯滤波不存在闭式解。

图 3.2b 给出了非线性变换对高斯随机变量的影响。右下图和右上图分别画出了随机变量 X 和非线性函数 g。被转换的随机变量 $Y=g(X)$ 如图 3.2b 左上图灰色部分所示。既然该密度不能以闭式计算，它可以根据经过函数 g 的 $p(x)$ 绘制 500000 个采样点，然后在 g 的范围内画出直方图。正如所看到的那样，因为 g 的非线性扭曲了 X 的密度，破坏了它的高斯形状，从而 Y 不是高斯函数。

EKF 计算真实置信度的高斯近似值。图 3.2b 左上图虚线给出了随机变量 Y 的密度的高斯近似值。因此，EKF 表示时刻 t 的置信度 $\text{bel}(x_t)$，具有均值 μ_t，方差 Σ_t。因此，EKF 从 KF 继承了基本的置信度表示，但是它又不同，因为这个置信度只是一个近似值，而不如 KF 情况下的精确。因此，EKF 的目标就从计算精确的后验概率转变为有效地估计其均值和方差。但是，因为这些统计不能闭式计算，EKF 必须采用另外的近似。

3.3.2 通过泰勒展开的线性化

基于 EKF 近似的主要思想就是线性化（linearization）。图 3.3 给出了这个基

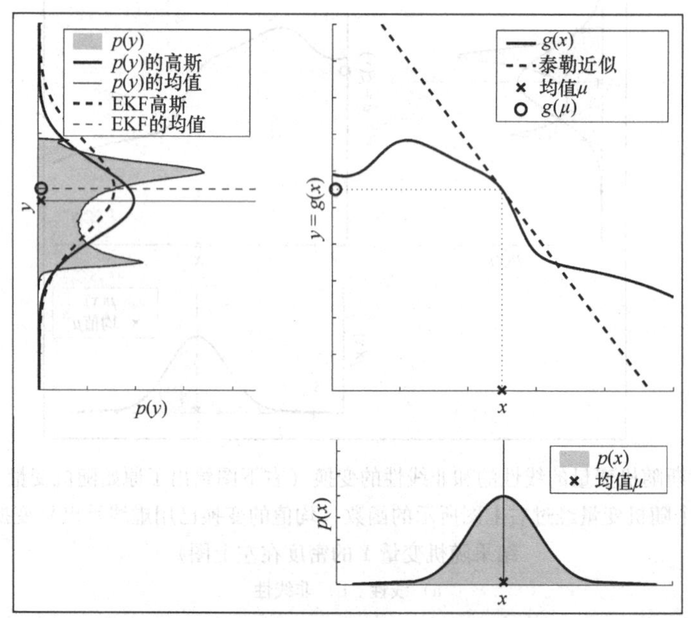

图 3.3　EKF 应用的线性化图例［不是让高斯经过非线性函数 g 变换，而是经过函数 g 的线性近似函数变换；线性函数在原始高斯均值处与 g 相切；所得的高斯如左上图虚线所示；线性化引入了一个近似误差，如图所示，用线性化高斯（虚线）和由高度准确的蒙特卡罗估计计算的高斯（实线）之间的不匹配表示］

本概念。线性化通过一个在高斯函数的均值处与非线性函数 g 相切的线性函数去近似 g（右上图虚线所示）。将高斯通过这个线性近似映射成一个高斯密度，如左上图虚线所示。左上图的实线表示蒙特卡罗近似的均值和方差。这两个高斯函数之间的不匹配是由 g 的线性近似而引起的误差。

然而线性化的主要优点在于它的效率。蒙特卡罗对高斯的估计是将 500000 个点经过 g 变换，然后计算其均值和方差。另一方面，EKF 所应用的线性化只要求确定近似函数，随后对结果高斯进行闭式计算。事实上，一旦 g 进行了线性化，EKF 的置信度传播机制与 KF 的置信度传播机制是等效的。

当涉及测量函数 h 时，该技术也应用于高斯乘法。再说一次，EKF 通过一个与 h 相切的线性函数来近似 h，从而保持后验置信度的高斯特性。

对非线性函数进行线性化有很多种方法。EKF 利用称为（一阶）泰勒展开（Taylor expansion）的方法。泰勒展开根据 g 的值和斜率构造一个函数 g 的线性近似函数。斜率可由以下偏导数给出：

$$g'(\boldsymbol{u}_t,\boldsymbol{x}_{t-1}) := \frac{\partial g(\boldsymbol{u}_t,\boldsymbol{x}_{t-1})}{\partial \boldsymbol{x}_{t-1}} \tag{3.50}$$

很明显，g 的值及其斜率依赖 g 的自变量。选择自变量的逻辑就是选择在线性化点的最有可能的状态。对于高斯函数，最可能的状态就是后验的均值 $\boldsymbol{\mu}_{t-1}$。换句话说，g 用其在 $\boldsymbol{\mu}_{t-1}$（和在 u_t）的值近似，以及在 $\boldsymbol{\mu}_{t-1}$ 和 u_t 处与 g 的斜率呈正比的线性展开，得到

$$\begin{aligned} g(\boldsymbol{u}_t,\boldsymbol{x}_{t-1}) &\approx g(\boldsymbol{u}_t,\boldsymbol{\mu}_{t-1}) + \underbrace{g'(\boldsymbol{u}_t,\boldsymbol{\mu}_{t-1})}_{=:G_t}(\boldsymbol{x}_{t-1}-\boldsymbol{\mu}_{t-1}) \\ &= g(\boldsymbol{u}_t,\boldsymbol{\mu}_{t-1}) + \boldsymbol{G}_t(\boldsymbol{x}_{t-1}-\boldsymbol{\mu}_{t-1}) \end{aligned} \tag{3.51}$$

写成高斯形式，状态转移概率可由下式近似：

$$\begin{aligned} p(\boldsymbol{x}_t \mid \boldsymbol{u}_t,\boldsymbol{x}_{t-1}) \approx{}& \det(2\pi\boldsymbol{R}_t)^{-\frac{1}{2}}\exp\left\{-\frac{1}{2}[\boldsymbol{x}_t - g(\boldsymbol{u}_t,\boldsymbol{\mu}_{t-1}) - \boldsymbol{G}_t(\boldsymbol{x}_{t-1}-\boldsymbol{\mu}_{t-1})]^{\mathrm{T}}\right. \\ & \left.\boldsymbol{R}_t^{-1}[\boldsymbol{x}_t - g(\boldsymbol{u}_t,\boldsymbol{\mu}_{t-1}) - G_t(\boldsymbol{x}_{t-1}-\boldsymbol{\mu}_{t-1})]\right\} \end{aligned} \tag{3.52}$$

注意，$\boldsymbol{G}_t$ 为 $n\times n$ 矩阵，n 代表状态的维数。该矩阵经常叫作雅可比（Jacobian）矩阵。雅可比矩阵的值取决于 $\boldsymbol{u}_t$ 和 $\boldsymbol{\mu}_{t-1}$，因此不同时刻是不同的。

EKF 实现了测量函数 h 的精确的线性化。在 $\bar{\boldsymbol{\mu}}_t$ 处（即机器人认为该时刻最可能的状态）进行泰勒展开，将函数 h 线性化：

$$\begin{aligned} h(\boldsymbol{x}_t) &\approx h(\bar{\boldsymbol{\mu}}_t) + \underbrace{h'(\bar{\boldsymbol{\mu}}_t)}_{=:H_t}(\boldsymbol{x}_t-\bar{\boldsymbol{\mu}}_t) \\ &= h(\bar{\boldsymbol{\mu}}_t) + \boldsymbol{H}_t(\boldsymbol{x}_t-\bar{\boldsymbol{\mu}}_t) \end{aligned} \tag{3.53}$$

式中，$h'(\boldsymbol{x}_t) = \dfrac{\partial h(\boldsymbol{x}_t)}{\partial \boldsymbol{x}_t}$，写成高斯函数，有

$$p(z_t \mid x_t) = \det(2\pi \boldsymbol{Q}_t)^{-\frac{1}{2}} \exp\left\{ -\frac{1}{2}[z_t - h(\bar{\boldsymbol{\mu}}_t) - \boldsymbol{H}_t(\boldsymbol{x}_t - \bar{\boldsymbol{\mu}}_t)]^{\mathrm{T}} \boldsymbol{Q}_t^{-1}[z_t - h(\bar{\boldsymbol{\mu}}_t) - \boldsymbol{H}_t(\boldsymbol{x}_t - \bar{\boldsymbol{\mu}}_t)] \right\} \tag{3.54}$$

3.3.3 扩展卡尔曼滤波算法

1: **Algorithm Extended_Kalman_filter**($\mu_{t-1}, \Sigma_{t-1}, u_t, z_t$):

2: $\bar{\mu}_t = g(u_t, \mu_{t-1})$

3: $\bar{\Sigma}_t = G_t\, \Sigma_{t-1}\, G_t^T + R_t$

4: $K_t = \bar{\Sigma}_t\, H_t^T (H_t\, \bar{\Sigma}_t\, H_t^T + Q_t)^{-1}$

5: $\mu_t = \bar{\mu}_t + K_t(z_t - h(\bar{\mu}_t))$

6: $\Sigma_t = (I - K_t\, H_t)\, \bar{\Sigma}_t$

7: *return* μ_t, Σ_t

程序 3.3 EKF 算法

程序 3.3 给述了 EKF 算法。这种算法在很多方面都与程序 3.1 给出的 KF 算法类似。最重要的不同如下：

	KF	EKF
状态预测（第 2 行）	$\boldsymbol{A}_t\boldsymbol{\mu}_{t-1} + \boldsymbol{B}_t\boldsymbol{u}_t$	$g(\boldsymbol{u}_t,\ \boldsymbol{\mu}_{t-1})$
测量预测（第 5 行）	$\boldsymbol{C}_t\bar{\boldsymbol{\mu}}_t$	$h(\bar{\boldsymbol{\mu}}_t)$

也就是说，KF 的线性预测在 EKF 中由其非线性扩展代替。并且，EKF 使用雅可比矩阵 $\boldsymbol{G}_t$和 $\boldsymbol{H}_t$取代 KF 中对应的线性系统矩阵 $\boldsymbol{A}_t$、$\boldsymbol{B}_t$和 $\boldsymbol{C}_t$。雅可比矩阵 $\boldsymbol{G}_t$与矩阵 $\boldsymbol{A}_t$、$\boldsymbol{B}_t$相对应，雅可比矩阵 $\boldsymbol{H}_t$与矩阵 $\boldsymbol{C}_t$相对应。EKF 的详细实例将在本书第 7 章给出。

3.3.4 扩展卡尔曼滤波的数学推导

EKF 的数学推导与 3.2.4 节的 KF 推导类似，因此这里仅做概略地叙述。预测用下式［由式（3.8）变换得到］计算：

$$\overline{\mathrm{bel}}(\boldsymbol{x}_t) = \int \underbrace{p(\boldsymbol{x}_t \mid \boldsymbol{x}_{t-1},\ \boldsymbol{u}_t)}_{\sim \mathcal{N}(\boldsymbol{x}_t;\, g(\boldsymbol{u}_t, \boldsymbol{\mu}_{t-1}) + \boldsymbol{G}_t(\boldsymbol{x}_{t-1} - \boldsymbol{\mu}_{t-1}),\, \boldsymbol{R}_t)} \quad \underbrace{\mathrm{bel}(\boldsymbol{x}_{t-1})}_{\sim \mathcal{N}(\boldsymbol{x}_{t-1};\, \boldsymbol{\mu}_{t-1}, \boldsymbol{\Sigma}_{t-1})} \,\mathrm{d}\boldsymbol{x}_{t-1} \tag{3.55}$$

该 EKF 的预测分布与式（3.8）中所叙述的 KF 的预测分布类似。高斯分布 $p(\boldsymbol{x}_t \mid \boldsymbol{x}_{t-1},\ \boldsymbol{u}_t)$ 可以在式（3.52）中找到。函数 L_t由下式［由式（3.11）变换得到］给出：

$$L_t=\frac{1}{2}[\boldsymbol{x}_t-g(\boldsymbol{u}_t,\boldsymbol{\mu}_{t-1})-\boldsymbol{G}_t(\boldsymbol{x}_{t-1}-\boldsymbol{\mu}_{t-1})]^{\mathrm{T}}\boldsymbol{R}_t^{-1}[\boldsymbol{x}_t-g(\boldsymbol{u}_t,\boldsymbol{\mu}_{t-1})-\boldsymbol{G}_t(\boldsymbol{x}_{t-1}-\boldsymbol{\mu}_{t-1})]$$
$$+\frac{1}{2}(\boldsymbol{x}_{t-1}-\boldsymbol{\mu}_{t-1})^{\mathrm{T}}\boldsymbol{\Sigma}_{t-1}^{-1}(\boldsymbol{x}_{t-1}-\boldsymbol{\mu}_{t-1}) \tag{3.56}$$

跟前面一样，上式是$\boldsymbol{x}_{t-1}$和$\boldsymbol{x}_t$的二次型函数。如式（3.12）所示，将L_t分解成$L_t(\boldsymbol{x}_{t-1},\ \boldsymbol{x}_t)$和$L_t(\boldsymbol{x}_t)$两部分：

$$L_t(\boldsymbol{x}_{t-1},\boldsymbol{x}_t)=\frac{1}{2}(\boldsymbol{x}_{t-1}-\boldsymbol{\Phi}_t[\boldsymbol{G}_t^{\mathrm{T}}\boldsymbol{R}_t^{-1}(\boldsymbol{x}_t-g(\boldsymbol{u}_t,\boldsymbol{\mu}_{t-1})+\boldsymbol{G}_t\boldsymbol{\mu}_{t-1})+\boldsymbol{\Sigma}_{t-1}^{-1}\boldsymbol{\mu}_{t-1}])^{\mathrm{T}}\boldsymbol{\Phi}^{-1}$$
$$(\boldsymbol{x}_{t-1}-\boldsymbol{\Phi}_t[\boldsymbol{G}_t^{\mathrm{T}}\boldsymbol{R}_t^{-1}(\boldsymbol{x}_t-g(\boldsymbol{u}_t,\boldsymbol{\mu}_{t-1})+\boldsymbol{G}_t\boldsymbol{\mu}_{t-1})+\boldsymbol{\Sigma}_{t-1}^{-1}\boldsymbol{\mu}_{t-1}]) \tag{3.57}$$

其中

$$\boldsymbol{\Phi}_t=(\boldsymbol{G}_t^{\mathrm{T}}\boldsymbol{R}_t^{-1}\boldsymbol{G}_t+\boldsymbol{\Sigma}_{t-1}^{-1})^{-1} \tag{3.58}$$

因此，有

$$L_t(\boldsymbol{x}_t)=\frac{1}{2}(\boldsymbol{x}_t-g(\boldsymbol{u}_t,\boldsymbol{\mu}_{t-1})+\boldsymbol{G}_t\boldsymbol{\mu}_{t-1})^{\mathrm{T}}\boldsymbol{R}_t^{-1}(\boldsymbol{x}_t-g(\boldsymbol{u}_t,\boldsymbol{\mu}_{t-1})+\boldsymbol{G}_t\boldsymbol{\mu}_{t-1})+$$
$$\frac{1}{2}(\boldsymbol{x}_{t-1}-\boldsymbol{\mu}_{t-1})^{\mathrm{T}}\boldsymbol{\Sigma}_{t-1}^{-1}(\boldsymbol{x}_{t-1}-\boldsymbol{\mu}_{t-1})-$$
$$\frac{1}{2}[\boldsymbol{G}_t^{\mathrm{T}}\boldsymbol{R}_t^{-1}(\boldsymbol{x}_t-g(\boldsymbol{u}_t,\boldsymbol{\mu}_{t-1})+\boldsymbol{G}_t\boldsymbol{\mu}_{t-1})+\boldsymbol{\Sigma}_{t-1}^{-1}\boldsymbol{\mu}_{t-1}]^{\mathrm{T}}$$
$$\boldsymbol{\Phi}_t[\boldsymbol{G}_t^{\mathrm{T}}\boldsymbol{R}_t^{-1}(\boldsymbol{x}_t-g(\boldsymbol{u}_t,\boldsymbol{\mu}_{t-1})+\boldsymbol{G}_t\boldsymbol{\mu}_{t-1})+\boldsymbol{\Sigma}_{t-1}^{-1}\boldsymbol{\mu}_{t-1}] \tag{3.59}$$

读者很容易证明，令$L_t(\boldsymbol{x}_t)$的一阶导数为零，就得到更新$\boldsymbol{\mu}_t=g(\boldsymbol{u}_t,\ \boldsymbol{\mu}_{t-1})$，与式（3.27）到式（3.31）的推导类似。二阶导数由$(\boldsymbol{R}_t+\boldsymbol{G}_t\boldsymbol{\Sigma}_{t-1}\boldsymbol{G}_t^{\mathrm{T}})^{-1}$给出［见式（3.32）］。

测量更新推导也与3.2.4节的KF测量更新的推导类似。与式（3.33）类似，对EKF有

$$\mathrm{bel}(\boldsymbol{x}_t)=\eta\ \underbrace{p(z_t\mid \boldsymbol{x}_t)}_{\sim\mathcal{N}(z_t;h(\bar{\boldsymbol{\mu}}_t)+\boldsymbol{H}_t(\boldsymbol{x}_t-\bar{\boldsymbol{\mu}}_t),\boldsymbol{Q}_t)}\ \underbrace{\overline{\mathrm{bel}}(\boldsymbol{x}_t)}_{\sim\mathcal{N}(\boldsymbol{x}_t;\bar{\boldsymbol{\mu}}_t,\bar{\boldsymbol{\Sigma}}_t)} \tag{3.60}$$

使用式（3.53）的线性化状态变换函数，得到指数［见式（3.35）]：

$$J_t=\frac{1}{2}(z_t-h(\bar{\boldsymbol{\mu}}_t)-\boldsymbol{H}_t(\boldsymbol{x}_t-\bar{\boldsymbol{\mu}}_t))^{\mathrm{T}}\boldsymbol{Q}_t^{-1}(z_t-h(\bar{\boldsymbol{\mu}}_t)-\boldsymbol{H}_t(\boldsymbol{x}_t-\bar{\boldsymbol{\mu}}_t)) \tag{3.61}$$
$$+\frac{1}{2}(\boldsymbol{x}_t-\bar{\boldsymbol{\mu}}_t)^{\mathrm{T}}\bar{\boldsymbol{\Sigma}}_t^{-1}(\boldsymbol{x}_t-\bar{\boldsymbol{\mu}}_t)$$

结果均值和方差为

$$\boldsymbol{\mu}_t=\bar{\boldsymbol{\mu}}_t+\boldsymbol{K}_t(z_t-h(\bar{\boldsymbol{\mu}}_t)) \tag{3.62}$$

$$\boldsymbol{\Sigma}_t=(\boldsymbol{I}-\boldsymbol{K}_t\boldsymbol{H}_t)\bar{\boldsymbol{\Sigma}}_t \tag{3.63}$$

卡尔曼增益为

$$K_t = \bar{\Sigma}_t H_t^{\mathrm{T}} (H_t \bar{\Sigma}_{t-1} H_t^{\mathrm{T}} + Q_t)^{-1} \tag{3.64}$$

这些等式的推导与式（3.36）~式（3.47）的推导类似。

3.3.5 实际考虑

对于机器人学，EKF已经成为很流行的状态估计工具。其优势在于既简单又有较高的计算效率。对于KF的情况，每次更新都需要时间 $O(k^{2.4}+n^2)$。式中，k 为测量向量 z_t 的维数；n 为状态向量 x_t 的维数。其他的算法，如接下来要讨论的粒子滤波器，需要的时间是 $O(e^n)$。

EKF较高的计算效率归功于用多元高斯分布表示置信度。一个高斯是一种单峰的，它可以被认为是用不确定椭圆表示的单一估计。在许多实际问题中，高斯分布是鲁棒估计的。本书后面将讨论将KF应用于1000维或更多维的状态空间中。EKF已成功用于解决大量违反基本假设的状态估计问题。

由于EKF使用线性泰勒展开对状态变换和测量进行近似，所以受到了很大局限。在许多机器人问题中，状态变换和测量都是非线性的。EKF所应用的线性近似是否具有优势主要取决于两个因素：被近似的局部非线性化程度和不确定程度。图3.4a、b给出的例子说明了对不确定性的依赖。这里，两个高斯随机变量都经过同一个非线性函数（见图3.3）变换。而两个高斯函数都有相同的均值，图a所示的变量比图b所示的不确定性要高。因为泰勒展开仅依赖均值，所以两个高斯函数都经过同样的线性近似。两个图中左上图的灰色部分显示由蒙特卡罗计算的结果随机变量的密度。较宽高斯得到的密度要比较窄的不确定性小的高斯函数得到的密度更扭曲。概率密度的高斯近似如图实线所示。虚线所示为线性化的高斯估计。与由蒙特卡罗近似得到的高斯函数的比较阐述了一个事实——较高的不确定性通常会导致结果随机变量的均值和方差估计更不精确。

决定线性高斯近似好坏的另一个因素就是函数 g 的局部非线性，如图3.5所示，存在两个具有经过同一非线性函数变换的同一变量的高斯分布。图a中，高斯的均值落入比图b所示的更非线性的区域。高斯的精确蒙特卡罗估计（左上图实线）和线性近似（虚线）之间的不匹配说明较高非线性导致较大的近似误差。显然EKF低估了结果密度的传播。

有时，可能人们会想追求多个不同的假设。例如，一个机器人对它在哪可能有两种不同的假设，但是这两个假设的算术平均值不可能是竞争者。这样的情况需要后验置信度的多峰表示。在所讨论的形式中，EKF是不能表示这样的多峰置信度的。EKF的常见扩展是利用高斯的混合或者高斯的和来表示后验。高斯的混合可能是如下形式：

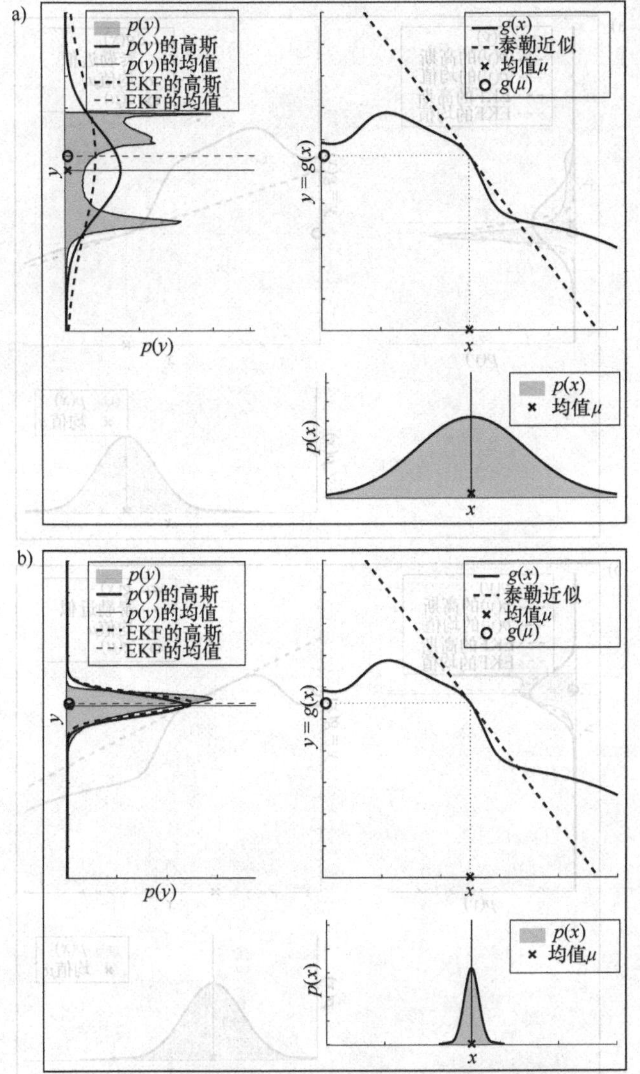

图 3.4　近似的好坏与不确定性的依赖关系［两个高斯分布（右下图）具有相同的均值，并经过相同的非线性函数（右上图）变换；左上图实线表示由密度抽取的高斯分布，虚线表示由 EKF 应用的线性化得到的高斯分布；左上图高斯分布的不确定性越高，得到的随机变量密度扭曲越大（灰色部分）］

$$\mathrm{bel}(\boldsymbol{x}_t)=\frac{1}{\sum_l\boldsymbol{\psi}_{t,l}}\sum_l\boldsymbol{\psi}_{t,l}\det(2\pi\boldsymbol{\Sigma}_{t,l})^{-\frac{1}{2}}\exp\left\{-\frac{1}{2}(\boldsymbol{x}_t-\boldsymbol{\mu}_{t,l})^{\mathrm{T}}\boldsymbol{\Sigma}_{t,l}^{-1}(\boldsymbol{x}_t-\boldsymbol{\mu}_{t,l})\right\}\tag{3.65}$$

式中，$\boldsymbol{\psi}_{t,l}$为满足 $\boldsymbol{\psi}_{t,l}\geqslant 0$ 的混合参数。这些参数作为混合部分的权值。它们是以相应高斯为条件的观测的似然估计。利用这样混合表示的 EKF 称为多假设（扩

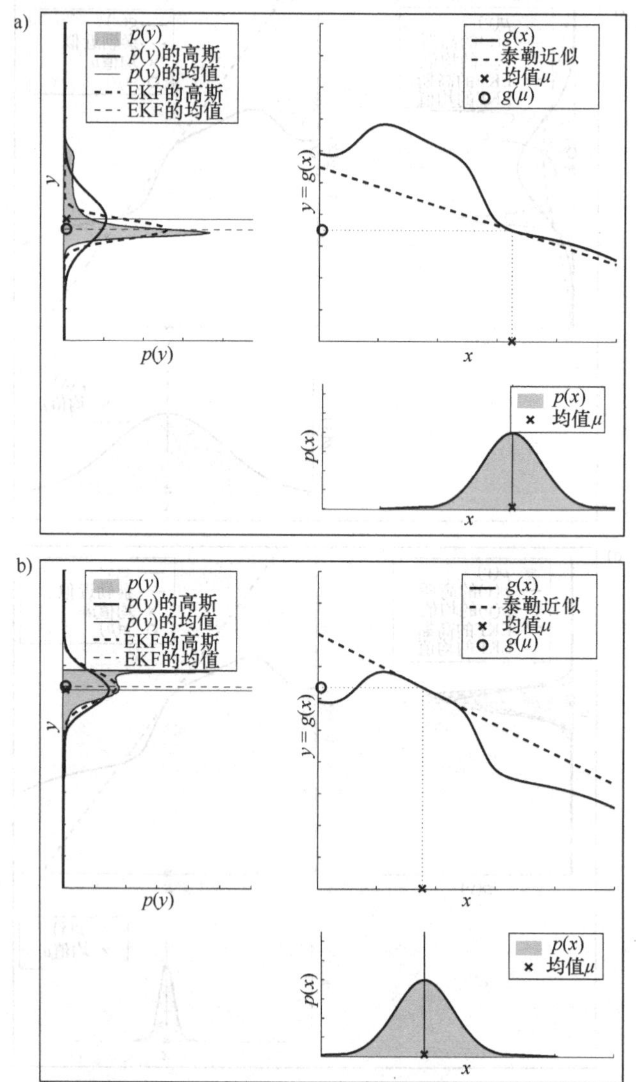

图 3.5　近似的好坏与函数 g 局部非线性的依赖关系［两个高斯分布（右下图）具有相同的协方差，且经过相同的函数（右上图）变换；EKF 所应用的线性近似如右上图虚线所示；左上图实线所示为由高度精确的蒙特卡罗估计得到的高斯分布；虚线所示为由 EKF 线性化得到的高斯分布］

展）卡尔曼滤波［Multi-Hypothesis（Extended）Kalman Filter，MHEKF］。

总之，如果非线性函数在估计均值处近似为线性，那么 EKF 通常是比较好的方法，EKF 能够以足够高的精度近似后验置信度。并且，机器人确定性越低，其高斯置信度越宽，则其状态转移和测量函数受到非线性的影响越大。实际中应用EKF时，保持状态估计小的不确定性是很重要的。

3.4 无迹卡尔曼滤波

EKF采用泰勒级数展开是将高斯变换线性化的最好方法。为了得到较好的结果，也经常采用另外两种方法。其中一种是矩匹配（moments matching）。由此产生的滤波器被称为假定密度滤波器（Assumed Density Filter，ADF）。在该方法中，线性化是通过保留后验分布的真实均值和协方差的方法来计算的（EKF不是这种情况）。另一种线性化方法被称为无迹卡尔曼滤波（Unscented Kalman Filter，UKF），它通过使用加权统计线性回归过程实现随机线性化。现在不加数学推导地讨论UKF算法。希望读者阅读本章文献综述中提到的文献以获得更多细节。

3.4.1 通过无迹变换实现线性化

图3.6给出了UKF的线性化示例，称为无迹变换（unscented transform）。它

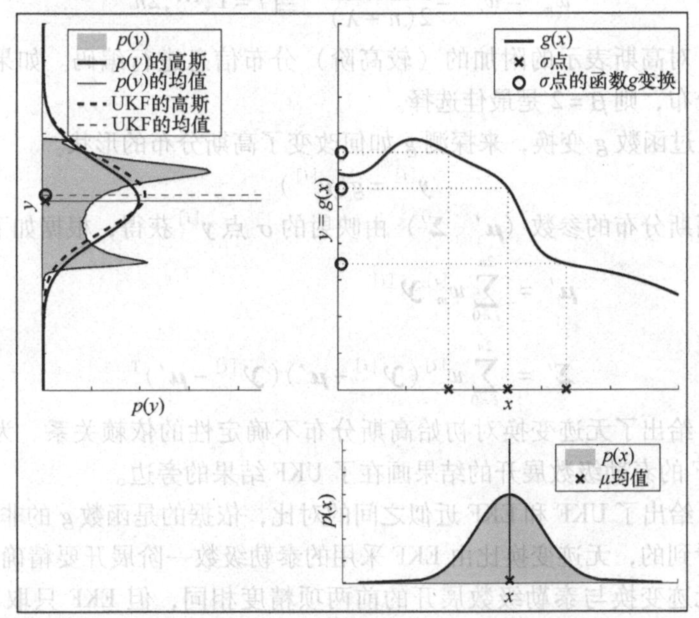

图3.6　UKF的线性化示例［滤波器首先从n维（本例中$n=1$）高斯中提取$2n+1$个加权σ点。这些σ点经过非线性函数g变换。然后由线性化的高斯函数从映射的σ点（右上图的小圆）提取得到。正如EKF，线性化会引起一个近似误差，图中用线性化高斯（虚线）和由高精度的蒙特卡罗估计计算的高斯（实线）之间的不匹配示出］

不是通过泰勒级数展开去近似函数 g，而是由 UKF 明确地从高斯中提取所谓的 σ 点，并将它们经过函数 g 进行变换。通常情况下，这些 σ 点位于均值处及对称分布于主轴的协方差处（每维两个）。对于具有均值 $\boldsymbol{\mu}$ 和方差 $\boldsymbol{\Sigma}$ 的 n 维高斯分布，结果 $2n+1$ 个 σ 点 $\boldsymbol{\chi}^{[i]}$ 根据如下规则进行选择：

$$\begin{aligned} \boldsymbol{\chi}^{[0]} &= \boldsymbol{\mu} \\ \boldsymbol{\chi}^{[i]} &= \boldsymbol{\mu} + \left(\sqrt{(n+\lambda)\boldsymbol{\Sigma}}\right)_i \quad i=1,\cdots,n \\ \boldsymbol{\chi}^{[i]} &= \boldsymbol{\mu} - \left(\sqrt{(n+\lambda)\boldsymbol{\Sigma}}\right)_{i-n} \quad i=n+1,\cdots,2n \end{aligned} \tag{3.66}$$

式中，$\lambda=\alpha^2(n+\kappa)-n$，$\alpha$ 和 κ 为确定 σ 点分布在均值多远的范围内的比例参数。每个 σ 点 $\boldsymbol{\chi}^{[i]}$ 有两个与之相关的权值。一个权值 $w_m^{[i]}$，计算均值时使用，另一个权值 $w_c^{[i]}$，计算高斯的协方差时使用。

$$\begin{aligned} w_m^{[0]} &= \frac{\lambda}{n+\lambda} \\ w_c^{[0]} &= \frac{\lambda}{n+\lambda} + (1-\alpha^2+\beta) \\ w_m^{[i]} &= w_c^{[i]} = \frac{1}{2(n+\lambda)} \quad \text{当 } i=1,\cdots,2n \end{aligned} \tag{3.67}$$

选择参数 β 对高斯表示的附加的（较高阶）分布信息进行编码。如果分布是精确的高斯分布，则 $\beta=2$ 是最佳选择。

σ 点经过函数 g 变换，来探测 g 如何改变了高斯分布的形状。

$$\boldsymbol{y}^{[i]} = g(\boldsymbol{\chi}^{[i]}) \tag{3.68}$$

结果高斯分布的参数（$\boldsymbol{\mu}'$ $\boldsymbol{\Sigma}'$）由映射的 σ 点 $\boldsymbol{y}^{[i]}$ 获得，根据如下：

$$\begin{aligned} \boldsymbol{\mu}' &= \sum_{i=0}^{2n} w_m^{[i]} \boldsymbol{\mathcal{Y}}^{[i]} \\ \boldsymbol{\Sigma}' &= \sum_{i=0}^{2n} w_c^{[i]} (\boldsymbol{\mathcal{Y}}^{[i]} - \boldsymbol{\mu}')(\boldsymbol{\mathcal{Y}}^{[i]} - \boldsymbol{\mu}')^{\mathrm{T}} \end{aligned} \tag{3.69}$$

图 3.7 给出了无迹变换对初始高斯分布不确定性的依赖关系。为了进行比较，将 EKF 的泰勒级数展开的结果画在了 UKF 结果的旁边。

图 3.8 给出了 UKF 和 EKF 近似之间的对比，依据的是函数 g 的非线性特性。正如这里看到的，无迹变换比由 EKF 采用的泰勒级数一阶展开要精确。事实上，可以证明无迹变换与泰勒级数展开的前两项精度相同，但 EKF 只取了前一项。但是，应该注意，EKF 和 UKF 都可以通过采用更高阶项进行修正。

3.4.2 无迹卡尔曼滤波算法

程序 3.4 给出的 UKF 算法采用了无迹变换。输入和输出与 EKF 算法一致。第 2 行使用了式（3.66）来确定以前置信度的 σ 点，用 γ 表示 $\sqrt{(n+\lambda)}$。这些

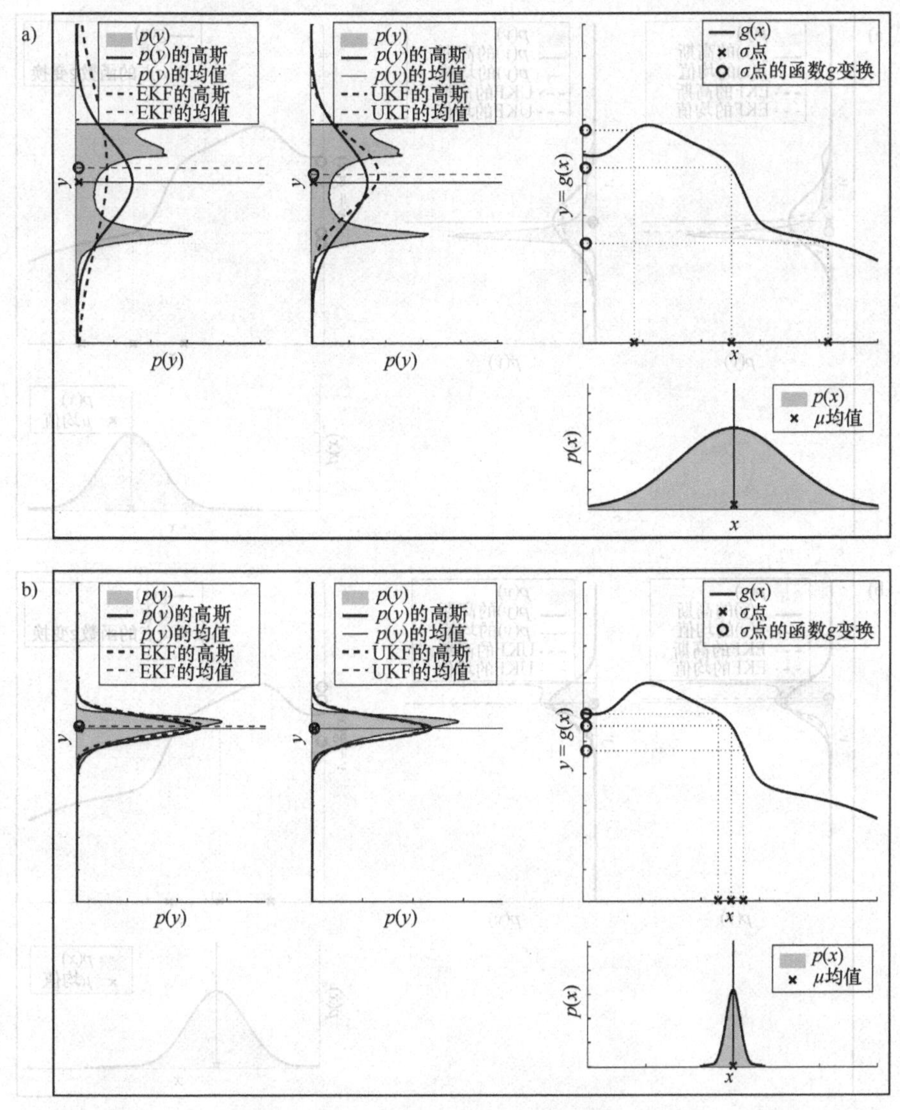

图 3.7　依据原始高斯分布的不确定性得到的 UKF 的线性化结果［为了便于比较，也给出了 EKF 的线性化结果（见图 3.4）。与由 EKF 产生的虚线的高斯分布相比，由 UKF 产生的虚线高斯分布与实线的高斯分布具有更高的相似性，可以发现无迹变换引起较小的近似误差］

点通过第 3 行无噪声的预测状态传播。预测的均值和方差由结果的 σ 点计算（第 4 行和第 5 行）。在第 5 行，为了建立附加的预测噪声不确定性的模型（与程序 3.3 给出的 EKF 算法的第 3 行做比较），$\boldsymbol{R}_t$ 加到了 σ 点的方差上。这里，假定预测噪声 $\boldsymbol{R}_t$ 是附加的。本书第 7 章将提出一种 UKF 算法，它更精确地实现

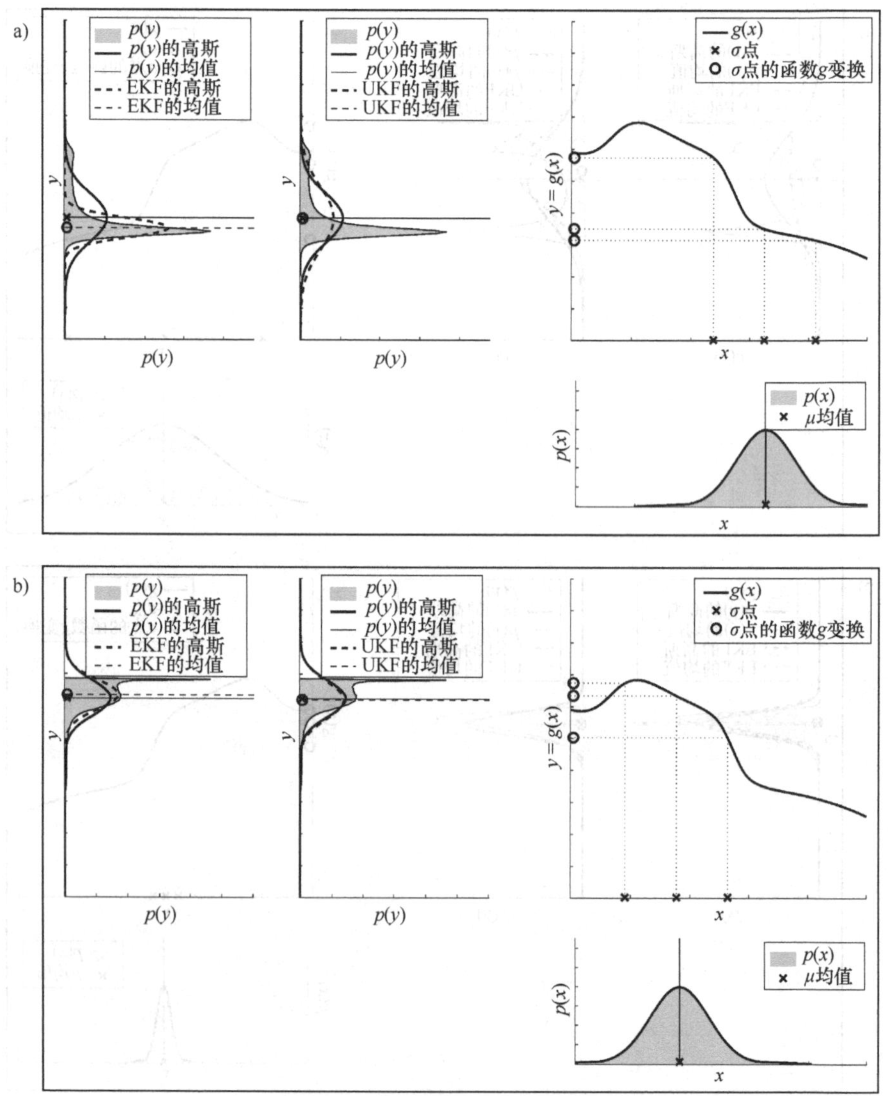

图 3.8 依据初始高斯函数的均值得到的 UKF 线性化结果［为了比较也给出了 EKF 线性化的结果（见图 3.5）。与比由 EKF 产生的虚线的高斯分布相比，由 UKF 产生的虚线高斯分布与实线高斯分布具有更高的相似性，σ 点线性化引起较小的近似误差］

了预测和测量噪声项的估计。

新的 σ 点集合由第 6 行的预测高斯分布来获得。这个 σ 点集合 $\bar{\chi}_t$ 现在获取了预测步后的全局不确定性。在第 7 行，对每一个 σ 点计算一个预测的观测值。σ 点的结果观测值 $\bar{Z}_t$ 用来计算预测的观测值 $\hat{z}_t$ 和其不确定性 S_t。矩阵 Q_t 是附加测量

1: **Algorithm Unscented_Kalman_filter**($\mu_{t-1}, \Sigma_{t-1}, u_t, z_t$):

2: $\mathcal{X}_{t-1} = (\mu_{t-1} \quad \mu_{t-1} + \gamma\sqrt{\Sigma_{t-1}} \quad \mu_{t-1} - \gamma\sqrt{\Sigma_{t-1}})$

3: $\bar{\mathcal{X}}_t^* = g(u_t, \mathcal{X}_{t-1})$

4: $\bar{\mu}_t = \sum_{i=0}^{2n} w_m^{[i]} \bar{\mathcal{X}}_t^{*[i]}$

5: $\bar{\Sigma}_t = \sum_{i=0}^{2n} w_c^{[i]} (\bar{\mathcal{X}}_t^{*[i]} - \bar{\mu}_t)(\bar{\mathcal{X}}_t^{*[i]} - \bar{\mu}_t)^T + R_t$

6: $\bar{\mathcal{X}}_t = (\bar{\mu}_t \quad \bar{\mu}_t + \gamma\sqrt{\bar{\Sigma}_t} \quad \bar{\mu}_t - \gamma\sqrt{\bar{\Sigma}_t})$

7: $\bar{\mathcal{Z}}_t = h(\bar{\mathcal{X}}_t)$

8: $\hat{z}_t = \sum_{i=0}^{2n} w_m^{[i]} \bar{\mathcal{Z}}_t^{[i]}$

9: $S_t = \sum_{i=0}^{2n} w_c^{[i]} (\bar{\mathcal{Z}}_t^{[i]} - \hat{z}_t)(\bar{\mathcal{Z}}_t^{[i]} - \hat{z}_t)^T + Q_t$

10: $\bar{\Sigma}_t^{x,z} = \sum_{i=0}^{2n} w_c^{[i]} (\bar{\mathcal{X}}_t^{[i]} - \bar{\mu}_t)(\bar{\mathcal{Z}}_t^{[i]} - \hat{z}_t)^T$

11: $K_t = \bar{\Sigma}_t^{x,z} \ S_t^{-1}$

12: $\mu_t = \bar{\mu}_t + K_t(z_t - \hat{z}_t)$

13: $\Sigma_t = \bar{\Sigma}_t - K_t \ S_t \ K_t^T$

14: *return* μ_t, Σ_t

程序 3.4　UKF 算法（变量 n 表示状态向量的维数）

噪声的协方差矩阵。注意，$\boldsymbol{S}_t$ 表示的是与程序 3.3 中 EKF 算法的第 4 行 $\boldsymbol{H}_t\bar{\boldsymbol{\Sigma}}_t\boldsymbol{H}_t^{\mathrm{T}} + \boldsymbol{Q}_t$ 相同的不确定性。第10行确定状态和观测之间的互协方差，该结果又用于在第 11 行计算卡尔曼增益 $\boldsymbol{K}_t$。互协方差 $\bar{\boldsymbol{\Sigma}}_t^{x,z}$ 与 EKF 算法的第4 行的 $\bar{\boldsymbol{\Sigma}}_t\boldsymbol{H}_t^{\mathrm{T}}$ 项有关。考虑到这一点，它直接表明第 12、13 行实现的估计更新与 EKF 算法实现的更新形式上是对等的。

UKF 算法的渐近复杂性与 EKF 的相同。实际上，EKF 往往比 UKF 稍快一些。即使被常数因子减缓，UKF 仍然是非常高效的。并且，UKF 继承了线性无迹变换的优点。对于纯线性系统，由 UKF 产生的估计与由卡尔曼滤波产生的估计是相同的。对于非线性系统，UKF 的结果与 EKF 的结果相同或者比后者要好，EKF 的改进依赖非线性和先验状态不确定性的范围。在许多实际应用中，EKF

和 UKF 之间的差异不大。

UKF 的另一个优点是，它不需要计算雅可比矩阵，而雅可比矩阵在某些领域是很难确定的。因此 UKF 也经常被认为是免求导滤波器（derivative-free filter）。

最后，无迹变换与粒子滤波器的基于采样的表示有些类似，粒子滤波器的内容将在本书第 4 章进行讨论。但是，最主要的不同是无迹变换的 σ 点是明确的，而粒子滤波器的样本是随机的。这具有重要的意义。如果分布近似高斯分布，那么 UKF 表示就远比粒子滤波表示更高效。另一方面，如果置信度是高度非高斯的，那么 UKF 表示就具有很大局限性，滤波实现会很差。

3.5 信息滤波

卡尔曼滤波（KF）的对偶滤波算法就是信息滤波（Information Filter，IF）。正像 KF 和它的非线性版本 EKF 和 UKF，IF 用高斯分布表示置信度。因此，标准的 IF 具有和 KF 相同的假设。KF 和 IF 之间的主要不同源于高斯置信度表示的方式。对于一系列 KF 算法，高斯分布都由它们的矩（均值、协方差）表示，IF 以正则参数表示高斯分布，该正则参数由一个信息矩阵和信息向量组成。参数的不同导致了不同的更新等式。具体来说，对一个参数计算是复杂的，而对另一个参数的计算可能是简单的（反之亦然）。正则参数和矩参数经常被认为是对偶的，IF 和 KF 也是如此。

3.5.1 正则参数

多变量高斯分布的正则参数（canonical parameterization）由矩阵 $\boldsymbol{\Omega}$ 和向量 $\boldsymbol{\xi}$ 给定。矩阵 $\boldsymbol{\Omega}$ 是协方差矩阵的逆，即

$$\boldsymbol{\Omega} = \boldsymbol{\Sigma}^{-1} \tag{3.70}$$

$\boldsymbol{\Omega}$ 称为信息矩阵（information matrix），或者有时又叫作精度矩阵（precision matrix）。向量 $\boldsymbol{\xi}$ 叫作信息向量（information vector）。其定义为

$$\boldsymbol{\xi} = \boldsymbol{\Sigma}^{-1}\boldsymbol{\mu} \tag{3.71}$$

很容易看到 $\boldsymbol{\Omega}$ 和 $\boldsymbol{\xi}$ 是高斯分布的两个完全参数。具体来说，高斯分布的均值和协方差很容易运用式（3.70）和式（3.71）的逆运算由正则参数求得：

$$\boldsymbol{\Sigma} = \boldsymbol{\Omega}^{-1} \tag{3.72}$$

$$\boldsymbol{\mu} = \boldsymbol{\Omega}^{-1}\boldsymbol{\xi} \tag{3.73}$$

正则参数常是通过乘以高斯指数导出的。在式（3.1）中，定义了如下的多变量正态分布：

$$p(\boldsymbol{x}) = \det(2\pi\boldsymbol{\Sigma})^{-\frac{1}{2}}\exp\left\{-\frac{1}{2}(\boldsymbol{x}-\boldsymbol{\mu})^{\mathrm{T}}\boldsymbol{\Sigma}^{-1}(\boldsymbol{x}-\boldsymbol{\mu})\right\} \tag{3.74}$$

一个简单的变换序列得出下面的参数：

$$\begin{aligned}p(\boldsymbol{x}) &= \det(2\pi\boldsymbol{\Sigma})^{-\frac{1}{2}}\exp\left\{-\frac{1}{2}\boldsymbol{x}^{\mathrm{T}}\boldsymbol{\Sigma}^{-1}\boldsymbol{x}+\boldsymbol{x}^{\mathrm{T}}\boldsymbol{\Sigma}^{-1}\boldsymbol{\mu}-\frac{1}{2}\boldsymbol{\mu}^{\mathrm{T}}\boldsymbol{\Sigma}^{-1}\boldsymbol{\mu}\right\} \\ &= \underbrace{\det(2\pi\boldsymbol{\Sigma})^{-\frac{1}{2}}\exp\left\{-\frac{1}{2}\boldsymbol{\mu}^{\mathrm{T}}\boldsymbol{\Sigma}^{-1}\boldsymbol{\mu}\right\}}_{\text{const}}\exp\left\{-\frac{1}{2}\boldsymbol{x}^{\mathrm{T}}\boldsymbol{\Sigma}^{-1}\boldsymbol{x}+\boldsymbol{x}^{\mathrm{T}}\boldsymbol{\Sigma}^{-1}\boldsymbol{\mu}\right\}\end{aligned} \tag{3.75}$$

标记“const”的项不依赖 $\boldsymbol{x}$。因此它可以归入归一化因子 η。

$$p(\boldsymbol{x}) = \eta\exp\left\{-\frac{1}{2}\boldsymbol{x}^{\mathrm{T}}\boldsymbol{\Sigma}^{-1}\boldsymbol{x}+\boldsymbol{x}^{\mathrm{T}}\boldsymbol{\Sigma}^{-1}\boldsymbol{\mu}\right\} \tag{3.76}$$

这种形式就促成了高斯的参数由其正则参数 $\boldsymbol{\Omega}$ 和 $\boldsymbol{\xi}$ 表示。

$$p(\boldsymbol{x}) = \eta\ \exp\left\{-\frac{1}{2}\boldsymbol{x}^{\mathrm{T}}\boldsymbol{\Omega}\boldsymbol{x}+\boldsymbol{x}^{\mathrm{T}}\boldsymbol{\xi}\right\} \tag{3.77}$$

正则参数在很多方面要比矩参数简洁。具体来说，高斯的负对数是 $\boldsymbol{x}$ 的二次型函数，具有正则参数 $\boldsymbol{\Omega}$ 和 $\boldsymbol{\xi}$，有

$$-\log p(\boldsymbol{x}) = \text{const} + \frac{1}{2}\boldsymbol{x}^{\mathrm{T}}\boldsymbol{\Omega}\boldsymbol{x} - \boldsymbol{x}^{\mathrm{T}}\boldsymbol{\xi} \tag{3.78}$$

这里“const”是一个常数。注意，这里没有使用 η 表示这个常数，因为概率的负对数不能归一化为1。分布 $p(\boldsymbol{x})$ 的负对数是 $\boldsymbol{x}$ 的二次型，二次项中有参数 $\boldsymbol{\Omega}$，一次项中有参数 $\boldsymbol{\xi}$。事实上，对于高斯分布，$\boldsymbol{\Omega}$ 必须是半正定的，因此 $-\log p(\boldsymbol{x})$ 是具有均值 $\mu = \Omega^{-1}\boldsymbol{\xi}$ 的二次距离函数。这一点通过将式（3.78）的一阶导数置为0很容易证明：

$$\frac{\partial[-\log p(\boldsymbol{x})]}{\partial \boldsymbol{x}} = 0 \Leftrightarrow \boldsymbol{\Omega}\boldsymbol{x} - \boldsymbol{\xi} = 0 \Leftrightarrow \boldsymbol{x} = \boldsymbol{\Omega}^{-1}\boldsymbol{\xi} \tag{3.79}$$

矩阵 $\boldsymbol{\Omega}$ 确定了距离函数以什么样的速度随着 $\boldsymbol{x}$ 的维数的增加而增加。由矩阵 $\boldsymbol{\Omega}$ 加权的二次距离叫作马氏距离（Mahalanobis distance）。

3.5.2 信息滤波算法

程序3.5给出了IF的更新算法。其输入是一个高斯分布，具有正则参数 $\boldsymbol{\xi}_{t-1}$ 和 $\boldsymbol{\Omega}_{t-1}$，表示 $t-1$ 时刻的置信度。像所有贝叶斯滤波，其输入包括控制 $\boldsymbol{u}_t$ 和测量 $\boldsymbol{z}_t$。输出是更新的高斯分布参数 $\boldsymbol{\xi}_t$ 和 $\boldsymbol{\Omega}_t$。

更新的过程涉及矩阵 $\boldsymbol{A}_t$、$\boldsymbol{B}_t$、$\boldsymbol{C}_t$、$\boldsymbol{R}_t$ 和 $\boldsymbol{Q}_t$。这些都在3.2节有定义。信息滤波认为状态转移和测量概率由下面的线性高斯方程控制，最初在式（3.2）和式（3.5）进行了定义：

$$\boldsymbol{x}_t = \boldsymbol{A}_t\boldsymbol{x}_{t-1} + \boldsymbol{B}_t\boldsymbol{u}_t + \boldsymbol{\varepsilon}_t \tag{3.80}$$

$$z_t = \boldsymbol{C}_t\boldsymbol{x}_t + \boldsymbol{\delta}_t \tag{3.81}$$

```
1:    Algorithm Information_filter(ξ_{t-1}, Ω_{t-1}, u_t, z_t):
2:        Ω̄_t = (A_t Ω_{t-1}^{-1} A_t^T + R_t)^{-1}
3:        ξ̄_t = Ω̄_t(A_t Ω_{t-1}^{-1} ξ_{t-1} + B_t u_t)
4:        Ω_t = C_t^T Q_t^{-1} C_t + Ω̄_t
5:        ξ_t = C_t^T Q_t^{-1} z_t + ξ̄_t
6:        return ξ_t, Ω_t
```

程序 3.5 IF 算法

式中，$\boldsymbol{R}_t$和$\boldsymbol{Q}_t$分别为零均值噪声变量$\boldsymbol{\varepsilon}_t$和$\boldsymbol{\delta}_t$的协方差。

如卡尔曼滤波一样，信息滤波需要两步来完成更新：预测和测量更新。预测由程序 3.5 的第 2 行和第 3 行完成。参数$\bar{\boldsymbol{\xi}}_t$和$\bar{\boldsymbol{\Omega}}_t$代表的是在考虑了控制$\boldsymbol{u}_t$后，但在计入测量$z_t$前的$\boldsymbol{x}_t$的高斯置信度。测量更新由第 4 行和第 5 行完成，这里置信度基于测量z_t得到更新。

这样的两步更新在复杂性方面有很大的不同，尤其是如果状态空间有很多维时。预测的步骤，正如程序 3.5 提到的，涉及两个$n \times n$矩阵的求逆，其中n是状态空间的维数。求逆运算大约需要$\boldsymbol{O}(n^{2.4})$时长。在卡尔曼滤波中，预测是增量的，最多需要$\boldsymbol{O}(n^2)$时长；如果一个变量子集仅由一个控制因素影响，或者如果变量变换彼此独立，则它需要的时间更短。测量更新步骤将这些角色互换。在 IF 中测量更新是增量的。最多需要$\boldsymbol{O}(n^2)$时长，如果测量仅包含某一时刻状态变量的一个子集的信息，则它们甚至会更高效。KF 的测量更新比较困难。它需要矩阵求逆，最坏的情况复杂度是$\boldsymbol{O}(n^{2.4})$。这说明了 KF 和 IF 的特性是对偶的。

3.5.3 信息滤波的数学推导

IF 的推导类似 KF。

为了进行预测（prediciton）（见程序 3.5 的第 2、3 行），从 KF 的相关更新等式开始介绍。这些都可以从程序 3.1 给出的第 2 行和第 3 行中找到，为了方便读者，重述如下：

$$\bar{\boldsymbol{\mu}}_t = \boldsymbol{A}_t \boldsymbol{\mu}_{t-1} + \boldsymbol{B}_t \boldsymbol{u}_t \tag{3.82}$$

$$\bar{\boldsymbol{\Sigma}}_t = \boldsymbol{A}_t \boldsymbol{\Sigma}_{t-1} \boldsymbol{A}_t^{\mathrm{T}} + \boldsymbol{R}_t \tag{3.83}$$

根据式（3.72）和式（3.73）的定义，现在 IF 预测直接用正则参数$\boldsymbol{\xi}$和$\boldsymbol{\Omega}$代替矩参数$\boldsymbol{\mu}$和$\boldsymbol{\Sigma}$：

$$\boldsymbol{\mu}_{t-1}=\boldsymbol{\Omega}_{t-1}^{-1}\boldsymbol{\xi}_{t-1} \tag{3.84}$$

$$\boldsymbol{\Sigma}_{t-1}=\boldsymbol{\Omega}_{t-1}^{-1} \tag{3.85}$$

将这些表达式代入到式（3.82）和式（3.83）得到以下一系列预测等式：

$$\overline{\boldsymbol{\Omega}}_t=(\boldsymbol{A}_t\boldsymbol{\Omega}_{t-1}^{-1}\boldsymbol{A}_t^{\mathrm{T}}+\boldsymbol{R}_t)^{-1} \tag{3.86}$$

$$\overline{\boldsymbol{\xi}}_t=\overline{\boldsymbol{\Omega}}_t(\boldsymbol{A}_t\boldsymbol{\Omega}_{t-1}^{-1}\boldsymbol{\xi}_{t-1}+\boldsymbol{B}_t\boldsymbol{u}_t) \tag{3.87}$$

这些等式与程序 3.5 给出的一致。可以看到，预测涉及两个嵌套的潜在大矩阵的求逆。当只有一小部分状态变量受到运动更新的影响时，这些嵌套的求逆可以避免，这方面内容将在本书后面进行讨论。

测量更新（measurement update）的推导更简单些。从 t 时刻的高斯置信度开始，该置信度由式（3.35）提供，再一次重述如下：

$$\mathrm{bel}(\boldsymbol{x}_t)=\eta\exp\left\{-\frac{1}{2}(z_t-\boldsymbol{C}_t\boldsymbol{x}_t)^{\mathrm{T}}\boldsymbol{Q}_t^{-1}(z_t-\boldsymbol{C}_t\boldsymbol{x}_t)-\frac{1}{2}(\boldsymbol{x}_t-\overline{\boldsymbol{\mu}}_t)^{\mathrm{T}}\overline{\boldsymbol{\Sigma}}_t^{-1}(\boldsymbol{x}_t-\overline{\boldsymbol{\mu}}_t)\right\} \tag{3.88}$$

用正则形式表示的高斯分布可由下式给定：

$$\mathrm{bel}(\boldsymbol{x}_t)=\eta\exp\left\{-\frac{1}{2}\boldsymbol{x}_t^{\mathrm{T}}\boldsymbol{C}_t^{\mathrm{T}}\boldsymbol{Q}_t^{-1}\boldsymbol{C}_t\boldsymbol{x}_t+\boldsymbol{x}_t^{\mathrm{T}}\boldsymbol{C}_t^{\mathrm{T}}\boldsymbol{Q}_t^{-1}z_t-\frac{1}{2}\boldsymbol{x}_t^{\mathrm{T}}\overline{\boldsymbol{\Omega}}_t\boldsymbol{x}_t+\boldsymbol{x}_t^{\mathrm{T}}\overline{\boldsymbol{\xi}}_t\right\} \tag{3.89}$$

重新排列指数项，得到

$$\mathrm{bel}(\boldsymbol{x}_t)=\eta\exp\left\{-\frac{1}{2}\boldsymbol{x}_t^{\mathrm{T}}[\boldsymbol{C}_t^{\mathrm{T}}\boldsymbol{Q}_t^{-1}\boldsymbol{C}_t+\overline{\boldsymbol{\Omega}}_t]\boldsymbol{x}_t+\boldsymbol{x}_t^{\mathrm{T}}[\boldsymbol{C}_t^{\mathrm{T}}\boldsymbol{Q}_t^{-1}z_t+\overline{\boldsymbol{\xi}}_t]\right\} \tag{3.90}$$

现在通过合并方括号内的项，得出测量更新等式：

$$\boldsymbol{\xi}_t=\boldsymbol{C}_t^{\mathrm{T}}\boldsymbol{Q}_t^{-1}z_t+\overline{\boldsymbol{\xi}}_t \tag{3.91}$$

$$\boldsymbol{\Omega}_t=\boldsymbol{C}_t^{\mathrm{T}}\boldsymbol{Q}_t^{-1}\boldsymbol{C}_t+\overline{\boldsymbol{\Omega}}_t \tag{3.92}$$

这些方程式与程序 3.5 给出的第 4 行和第 5 行的测量更新方程式是一致的。

3.5.4 扩展信息滤波算法

扩展信息滤波（Extended Information Filter，EIF）将信息滤波扩展到非线性情况。与 EKF 一样，它也是卡尔曼滤波的非线性扩展。程序 3.6 给出了 EIF 算法。预测由第 2 ~4 行实现，测量更新由第 5 ~7 行完成。这些更新等式与线性信息滤波很类似，只是用函数 g 和 h（及它们的雅可比矩阵 $\boldsymbol{G}_t$ 和 $\boldsymbol{H}_t$）代替线性模型 $\boldsymbol{A}_t$、$\boldsymbol{B}_t$ 和 $\boldsymbol{C}_t$。和前面一样，g 和 h 分别表示非线性状态转移函数和测量函数。这些都在式（3.48）和式（3.49）进行了定义，再次重写如下：

$$\boldsymbol{x}_t=g(\boldsymbol{u}_t,\boldsymbol{x}_{t-1})+\boldsymbol{\varepsilon}_t \tag{3.93}$$

$$z_t=h(\boldsymbol{x}_t)+\boldsymbol{\delta}_t \tag{3.94}$$

不幸的是，g 和 h 都需要一个状态作为输入。这就执行了从正则参数恢复状态估计 $\boldsymbol{\mu}$。恢复发生在第 2 行，状态 $\boldsymbol{\mu}_{t-1}$ 由 $\boldsymbol{\Omega}_{t-1}$ 和 $\boldsymbol{\xi}_{t-1}$ 以显式的方式计算。第 5

Algorithm Extended_information_filter($\xi_{t-1}, \Omega_{t-1}, u_t, z_t$):

$\mu_{t-1} = \Omega_{t-1}^{-1}\ \xi_{t-1}$
$\bar{\Omega}_t = (G_t\ \Omega_{t-1}^{-1}\ G_t^T + R_t)^{-1}$
$\bar{\xi}_t = \bar{\Omega}_t\ g(u_t, \mu_{t-1})$
$\bar{\mu}_t = g(u_t, \mu_{t-1})$
$\Omega_t = \bar{\Omega}_t + H_t^T\ Q_t^{-1}\ H_t$
$\xi_t = \bar{\xi}_t + H_t^T\ Q_t^{-1}\ [z_t - h(\bar{\mu}_t) + H_t\ \bar{\mu}_t]$
return ξ_t, Ω_t

程序 3.6　EIF 算法

行利用 EKF 熟知的方程式（见程序 3.3 第 2 行）计算状态$\bar{\boldsymbol{\mu}}_t$。看起来，状态估计的恢复与用正则参数表示滤波器的期望相左。在机器人映射背景下讨论 EIF 的应用时，将重新讨论这个话题。

3.5.5　扩展信息滤波的数学推导

EIF 很容易通过执行上面导出 EKF 的线性化方法而导出。如式（3.51）和式（3.53）所示，EIF 通过泰勒展开来近似函数 g 和 h：

$$g(\boldsymbol{u}_t, \boldsymbol{x}_{t-1}) \approx g(\boldsymbol{u}_t, \boldsymbol{\mu}_{t-1}) + \boldsymbol{G}_t(\boldsymbol{x}_{t-1} - \boldsymbol{\mu}_{t-1}) \tag{3.95}$$

$$h(\boldsymbol{x}_t) \approx h(\bar{\boldsymbol{\mu}}_t) + \boldsymbol{H}_t(\boldsymbol{x}_t - \bar{\boldsymbol{\mu}}_t) \tag{3.96}$$

式中，$\boldsymbol{G}_t$和$\boldsymbol{H}_t$分别为函数 g 和 h 在$\boldsymbol{\mu}_{t-1}$和$\bar{\boldsymbol{\mu}}_t$的雅可比矩阵，即

$$\boldsymbol{G}_t = g'(\boldsymbol{u}_t, \boldsymbol{\mu}_{t-1}) \tag{3.97}$$

$$\boldsymbol{H}_t = h'(\bar{\boldsymbol{\mu}}_t) \tag{3.98}$$

这些定义与 EKF 中的等效。现在预测步骤可由 EKF 算法（见程序 3.3）的第 2、3 行导出，重写如下：

$$\bar{\boldsymbol{\Sigma}}_t = \boldsymbol{G}_t \boldsymbol{\Sigma}_{t-1} \boldsymbol{G}_t^{\mathrm{T}} + \boldsymbol{R}_t \tag{3.99}$$

$$\bar{\boldsymbol{\mu}}_t = g(\boldsymbol{u}_t, \boldsymbol{\mu}_{t-1}) \tag{3.100}$$

用$\boldsymbol{\Omega}_{t-1}^{-1}$替换$\boldsymbol{\Sigma}_{t-1}$，用$\bar{\boldsymbol{\Omega}}_t \bar{\boldsymbol{\xi}}_t$替换$\bar{\boldsymbol{\mu}}_t$，得到 EIF 的预测等式：

$$\bar{\boldsymbol{\Omega}}_t = (\boldsymbol{G}_t \boldsymbol{\Omega}_{t-1}^{-1} \boldsymbol{G}_t^{\mathrm{T}} + \boldsymbol{R}_t)^{-1} \tag{3.101}$$

$$\bar{\boldsymbol{\xi}}_t = \bar{\boldsymbol{\Omega}}_t g(\boldsymbol{u}_t, \boldsymbol{\Omega}_{t-1}^{-1} \boldsymbol{\xi}_{t-1}) \tag{3.102}$$

测量更新由式（3.60）和式（3.61）导出。式（3.61）定义了下面的高斯后验：

$$\mathrm{bel}(\boldsymbol{x}_t) = \eta \exp\left\{ -\frac{1}{2}(z_t - h(\bar{\boldsymbol{\mu}}_t) - \boldsymbol{H}_t(\boldsymbol{x}_t - \bar{\boldsymbol{\mu}}_t))^{\mathrm{T}} \boldsymbol{Q}_t^{-1}\right.$$

$$(z_t - h(\bar{\boldsymbol{\mu}}_t) - \boldsymbol{H}_t(\boldsymbol{x}_t - \bar{\boldsymbol{\mu}}_t)) - \frac{1}{2}(\boldsymbol{x}_t - \bar{\boldsymbol{\mu}}_t)^{\mathrm{T}}\bar{\boldsymbol{\Sigma}}_t^{-1}(\boldsymbol{x}_t - \bar{\boldsymbol{\mu}}_t)\Big\} \tag{3.103}$$

乘以指数并对这些项重新排序，得到下面后验的表达式：

$$\begin{aligned}\mathrm{bel}(\boldsymbol{x}_t) &= \eta\exp\Big\{-\frac{1}{2}\boldsymbol{x}_t^{\mathrm{T}}\boldsymbol{H}_t^{\mathrm{T}}\boldsymbol{Q}_t^{-1}\boldsymbol{H}_t\boldsymbol{x}_t + \boldsymbol{x}_t^{\mathrm{T}}\boldsymbol{H}_t^{\mathrm{T}}\boldsymbol{Q}_t^{-1}[z_t - h(\bar{\boldsymbol{\mu}}_t) + \boldsymbol{H}_t\bar{\boldsymbol{\mu}}_t] \\ &\quad -\frac{1}{2}\boldsymbol{x}_t^{\mathrm{T}}\bar{\boldsymbol{\Sigma}}_t^{-1}\boldsymbol{x}_t + \boldsymbol{x}_t^{\mathrm{T}}\bar{\boldsymbol{\Sigma}}_t^{-1}\bar{\boldsymbol{\mu}}_t\Big\} \\ &= \eta\exp\Big\{-\frac{1}{2}\boldsymbol{x}_t^{\mathrm{T}}[\boldsymbol{H}_t^{\mathrm{T}}\boldsymbol{Q}_t^{-1}\boldsymbol{H}_t + \bar{\boldsymbol{\Sigma}}_t^{-1}]\boldsymbol{x}_t \\ &\quad + \boldsymbol{x}_t^{\mathrm{T}}[\boldsymbol{H}_t^{\mathrm{T}}\boldsymbol{Q}_t^{-1}[z_t - h(\bar{\boldsymbol{\mu}}_t) + \boldsymbol{H}_t\bar{\boldsymbol{\mu}}_t] + \bar{\boldsymbol{\Sigma}}_t^{-1}\bar{\boldsymbol{\mu}}_t]\Big\}\end{aligned} \tag{3.104}$$

$\bar{\boldsymbol{\Sigma}}_t^{-1} = \bar{\boldsymbol{\Omega}}_t$，由上述表达式得到下面的信息形式：

$$\begin{aligned}\mathrm{bel}(\boldsymbol{x}_t) = \eta\exp\Big\{&-\frac{1}{2}\boldsymbol{x}_t^{\mathrm{T}}[\boldsymbol{H}_t^{\mathrm{T}}\boldsymbol{Q}_t^{-1}\boldsymbol{H}_t + \bar{\boldsymbol{\Omega}}_t]\boldsymbol{x}_t \\ &+ \boldsymbol{x}_t^{\mathrm{T}}[\boldsymbol{H}_t^{\mathrm{T}}\boldsymbol{Q}_t^{-1}[z_t - h(\bar{\boldsymbol{\mu}}_t) + \boldsymbol{H}_t\bar{\boldsymbol{\mu}}_t] + \bar{\boldsymbol{\xi}}_t]\Big\}\end{aligned} \tag{3.105}$$

现在可以通过合并中括号中的项得到测量更新方程：

$$\boldsymbol{\Omega}_t = \bar{\boldsymbol{\Omega}}_t + \boldsymbol{H}_t^{\mathrm{T}}\boldsymbol{Q}_t^{-1}\boldsymbol{H}_t \tag{3.106}$$

$$\boldsymbol{\xi}_t = \bar{\boldsymbol{\xi}}_t + \boldsymbol{H}_t^{\mathrm{T}}\boldsymbol{Q}_t^{-1}[z_t - h(\bar{\boldsymbol{\mu}}_t) + \boldsymbol{H}_t\bar{\boldsymbol{\mu}}_t] \tag{3.107}$$

3.5.6 实际考虑

当将IF应用到机器人时，与KF相比有几个优点。例如，在IF中表示全局不确定性是很简单的：简单地设置 $\boldsymbol{\Omega}=0$。当使用矩参数时，这样的全局不确定性意味着无限大的方差。当传感器测量携带的信息是有关所有状态变量的一个严格子集时，这就很成问题，而这种情况在机器人学中是要经常面对的。各种EKF是做了特殊规定来处理此类情况。在本书后面要讨论的许多应用中，IF往往比KF更稳定。

正如本书后面章节要介绍的，IF及其几种扩展方法使机器人能够进行信息整合，而不是立即将信息转化成概率。这在涉及成百甚至更多变量的复杂估计问题时具有很大的优势。对这样的大问题，KF的整合引出几个计算问题，因为任何新的信息流都需要通过大系统的变量来传播。对IF进行适当的修改，通过简单地将新的信息局部地添加到系统可避开这个问题。但是，这不是这里所讨论的简单的IF特性，本书第12章将讨论这种滤波。

IF相对KF的另一个优点源于它对多机器人问题的自然适应性。多机器人问题经常涉及将分散采集的传感器数据进行融合。这样的融合通常由贝叶斯准则完成。当用对数形式表示时，贝叶斯准则变成了加法。如上文所述，IF的正则参数将概率以对数形式表示。因此，信息融合通过将多机器人的信息相加来获得。

因此，IF 经常能以完全分散的形式，以任意时延、任意顺序进行信息融合。虽然利用矩参数也可能做到——毕竟它们表示同样的信息，但这样做必要的开销要高得多。尽管有这样的优势，但 IF 在多机器人系统的应用仍有很多未开发的部分。本书第 12 章将重提多机器人的话题。

IF 的优势被某些重要的局限性所抵消。EIF 的主要缺点就是应用于非线性系统时，在更新这一步骤中需要重新获得状态估计。如果如此实现的话，需要信息矩阵的逆。在 IF 的预测步骤需要更多的矩阵求逆。在许多机器人问题中，EKF 不涉及同等规模的矩阵求逆。对高维状态空间，一般认为在计算上 IF 逊色于 KF。这就是为什么 EKF 比 EIF 更受欢迎的原因之一。

如本书后面将提到的，这些局限不一定适于解决具有结构的信息矩阵问题。在许多机器人学问题中，状态变量的交互是局部的，因此信息矩阵可能是稀疏的。这样的稀疏不会转化成（协）方差的稀疏。

IF 可以被想象成图形，如果信息矩阵相应非对角元素是非零值的，则状态之间是有关系的。稀疏信息矩阵对应稀疏图形，事实上，这样的图形通常被认为是高斯的马尔可夫随机域（Markov random fields）。有许多算法可以高效地执行该域的基本更新和估计方程，这些算法常统称为循环置信传播（loopy belief propagation）算法。本书将涉及一个信息矩阵是（近似的）稀疏的地图构建问题，并将研究解决该问题的 EIF，它比 KF 和非稀疏信息滤波更高效。

3.6 小结

本章介绍了高效的贝叶斯滤波算法，它用多元高斯分布表示后验。要注意如下几点：

- 高斯分布可以以两种不同的方式表示——矩参数和正则参数。矩参数（moments parameterization）由高斯的均值（一阶矩）和（协）方差（二阶矩）组成。正则的或本质参数由信息矩阵和信息向量组成。两种参数彼此之间都是对偶的。通过矩阵求逆，可以由一个参数得到另一个参数。

- 贝叶斯滤波可以通过两种参数实现。当使用矩参数时，即是卡尔曼滤波。卡尔曼滤波的对偶就是信息滤波，它用正则参数表示后验。基于控制的卡尔曼滤波的更新计算是简单的，但实现测量则变得困难很多。信息滤波则相反，实现测量是简单的，但是基于控制的滤波更新是有难度的。

- 对于计算正确后验的两种滤波，要满足三种假设：第一，初始置信度必须是高斯分布的。第二，状态转移概率必须包含一个附加独立高斯噪声的与参数呈线性关系的函数。第三，同样也适用于测量概率。它也必须是与参数呈线性关系且附加了高斯噪声的。满足这些假设的系统叫作线性高斯系统。

• 两种滤波方法都能扩展应用于非线性系统。本章描述的一个技术是计算非线性函数的切线。由于切线是线性的，从而使滤波能够适用。寻找切线的技术叫作泰勒级数展开。执行泰勒级数展开涉及计算目标函数的一阶导数，并对其在特定点进行评估。这个操作的结果就是已知的雅可比矩阵。这样的滤波就叫"扩展的"。

• 无迹卡尔曼滤波利用了不同的线性化技术，叫作无迹变换。它将函数在选定点进行线性化，并计算基于这些点的结果的线性近似。该滤波能在不需要雅可比矩阵的情况下实现，即常提到的无需求导。用于线性系统时，无迹卡尔曼滤波与卡尔曼滤波是等效的，但无迹卡尔曼滤波经常会为非线性系统提供更好的估计。这种滤波的计算复杂性和扩展卡尔曼滤波是相同的。

• 泰勒级数展开和无迹变换的精确性取决于两个因素——系统的非线性程度和后验的宽度。如果能相对高准确性地知道系统状态，扩展滤波往往会得到好的结果，因此剩余的（协）方差很小。不确定性越大，由线性化引起的误差越高。

• 高斯滤波算法的主要优点之一体现在计算上，即更新需要的时间是状态空间维数的多项式。不过本书第4章所描述技术并非如此。高斯算法的主要缺点是单峰高斯分布方面的局限。

• 高斯向多峰后验的扩展称为多假设卡尔曼滤波（multi-hypothesis Kalman filter）。此滤波用混合高斯分布表示后验，只是高斯分布的加权和。更新该滤波的机制需要分裂和融合或修剪单个高斯分布。多假设卡尔曼滤波能很好地解决具有离散数据关联的问题，而这类问题在机器人学中经常出现。

• 在多元高斯架构里，卡尔曼滤波和信息滤波具有互不相关的优点和缺点。但是，卡尔曼滤波及其非线性扩展的扩展卡尔曼滤波远比信息滤波更流行。

本章资料的选择是基于当今机器人学主流技术的。还存在大量的高斯滤波的变形和扩展形式，它们致力于解决各种滤波的局限和缺点。

本书的很多算法都是基于卡尔曼滤波。许多实际的机器人问题需要利用后验的稀疏结构或者因数分解进行扩展。

3.7　文献综述

卡尔曼滤波由 Swerling（1958）和 Kalman（1960）提出，通常在最小二乘假设下作为最优估计引入，很少作为计算后验分布的方法，虽然在适当的近似假设下这两种观点是一致的。有很多关于卡尔曼滤波和信息滤波的优秀教科书，包括 Maybeck（1990）和 Jazwinsky（1970）的著作。具有数据关联的卡尔曼滤波的当前先进的处理方法由 Bar-Shalom 和 Fortmann（1998）及 Bar-Shalom 和 Li（1998）提供。

反演定理可在 Golub 和 Loan（1986）的文献中找到。根据 Coppersmith 和 Winograd（1990）的文献，矩阵求逆执行时长 $O(n^{2.376})$。这个结果是一系列论文中较新的，对变量消除算法的复杂度 $O(n^3)$ 提出了改进。该系列论文以 Strassen 的开创性论文（1969）为基础，在论文里他提出该算法需要 $O(n^{2.807})$。Cover 和 Thomas（1991）提供了关于信息理论的调查，但关注的是离散系统。无迹卡尔曼滤波归功于 Julier 和 Uhlmann（1997）。无迹卡尔曼滤波与扩展卡尔曼滤波在各种状态估计问题应用的比较可在 van der Merve（2004）的文献中找到。Minka（2001）提出了对矩匹配和假设的高斯混合滤波密度的处理方法。

3.8 习题

1. 在本题及下面的练习中，请为一个简单的动态系统——在线性环境中按线性动态运动的汽车，设计一个卡尔曼滤波。为了简单起见，假定 $\Delta t=1$。t 时刻汽车的位置由 x_t 给定。其速度为 $\dot{x}_t$，加速度为 $\ddot{x}_t$；符合均值为 0，协方差为 $\sigma^2=1$ 的高斯分布，假定可以任意设定每个时间点的加速度。

（a）对卡尔曼滤波来说什么是最小的状态向量（从而所得系统是马尔可夫的）？

（b）对状态向量，设计状态转移概率 $p(x_t \mid u_t, x_{t-1})$。提示：这个转移函数将具有线性矩阵 $\boldsymbol{A}$ 和 $\boldsymbol{B}$，以及噪声（协）方差 R［见式（3.4）和程序 3.1］。

（c）实现卡尔曼滤波的状态预测步骤。假定已知在时刻 $t=0$，$x_0=\dot{x}_0=\ddot{x}_0=0$。计算时间 $t=1, 2, \cdots, 5$ 的状态分布。

（d）在一个图中对每一个 t 值，画出 x 和 $\dot{x}$ 的联合后验，x 为横轴，$\dot{x}$ 为纵轴。对每一个后验，画出一个不确定性椭圆（uncertainty ellipse），它是由距均值有一个标准偏差的点组成的椭圆。提示：如果没有数学库，可以通过分析协方差矩阵的特征值来产生这些椭圆。

（e）随着 $t\to\infty$，x_t和 $\dot{x}_t$之间的相关性会如何？

2. 现在将测量问题加进本书的卡尔曼滤波。假定在 t 时刻，收到一个 x 的噪声观测值。期待的知道是传感器测量的实际位置。但是，测量被具有协方差 $\sigma^2=10$ 的高斯噪声破坏了。

（a）定义测量模型。提示：需要定义一个矩阵 $\boldsymbol{C}$ 和另一个矩阵 $\boldsymbol{Q}$［见式（3.6）和程序 3.1］。

（b）实现测量更新。假定在时刻 $t=5$，观测到一个测量 $z=5$。在更新卡尔曼滤波前和更新卡尔曼滤波后声明高斯估计的参数。画出综合测量前后的不确定性椭圆（参考前文对如何画出不确定性椭圆的说明）。

3.3.2.4 节推导了卡尔曼滤波的预测步。这一步通常由 Z 变换或傅里叶变换利用卷积定理得到。重新使用变换推导预测步。注意：本练习需要变换和卷积的知识，本书无详细介绍。

4. 本章指出，扩展卡尔曼滤波的线性化是一个近似值。为了了解该近似有多差，请解决如下一个例子。假定有一个在平面环境操作的移动机器人。其状态是它的 x-y 位置和它的全局航向 θ。假设已知确切的 x 和 y，但是方向 θ 是未知的。这可以通过如下的初始估计得到反映：

$$\mu = (0 \quad 0 \quad 0) \qquad \Sigma = \begin{pmatrix} 0.01 & 0 & 0 \\ 0 & 0.01 & 0 \\ 0 & 0 & 10000 \end{pmatrix}$$

（a）在机器人向前移动 $d=1$ 个单位后，用图绘制机器人位姿后验的最好模型。假定在这个练习中，机器人可不受噪声影响完美地移动。因此，移动后机器人的期望位置将为

$$\begin{pmatrix} x' \\ y' \\ \theta' \end{pmatrix} = \begin{pmatrix} x + \cos\theta \\ y + \sin\theta \\ \theta \end{pmatrix}$$

在得到图形中忽略 θ，只画出 x-y 坐标的后验。

（b）现在将这个运动作为扩展卡尔曼滤波的预测步骤。为此，必须定义一个状态转移函数并将其线性化。然后，必须利用线性化模型得到一个机器人位姿的新的高斯估计。请为每一步骤给出准确的数学等式并陈述得到的高斯分布。

（c）画出高斯不确定性的椭圆并与凭借直觉得到解决方案进行比较。

（d）现在考虑测量问题。测量量将是有噪声的机器人在 x 坐标轴的投影，协方差 $Q=0.01$。那么指定测量模型。现在将测量量应用到直觉后验，并正式地利用标准扩展卡尔曼滤波工具进行扩展卡尔曼滤波估计。给出扩展卡尔曼滤波的准确结果，并将其与直觉分析结果进行比较。

（e）讨论后验估计和由扩展卡尔曼滤波产生的高斯分布之间的差异。这些差异有多显著？可以改变什么使近似更准确？如果初始方向已知，但不知道机器人的 y 坐标，会发生什么？

5. 程序 3.1 给出的卡尔曼滤波在运动和测量模型中缺少一个常数附加项。将该算法扩展成包含这样的项。

6. （通过实例）证明在多变量高斯分布（d 维）中稀疏信息矩阵的存在，它将所有的 d 个变量用 ε 接近于 1 的相关系数来关联起来。如果除了常数个元素外，其他每一行和每一列的元素都为 0，则这个信息矩阵是稀疏的。

第 4 章 非参数滤波

一种流行的能代替高斯的方法是非参数滤波（nonparametric filters）。与各种高斯滤波不同，非参数滤波不依赖确定的后验函数。不过，非参数滤波通过有限数量的值来近似后验，每一个值大致与状态空间的一个区域有关。一些非参数的贝叶斯滤波依赖状态空间的分解，每一个这样的值都与状态空间的一个紧凑子区域的后验密度的累积概率相关。另一些则随机采样后验分布来近似状态空间。所有情况下，用来近似后验的大量参数是可以改变的。近似质量取决于表示后验的参数的数量。随着参数的数量趋于无穷，非参数技术往往会一致收敛于正确的后验值——在特定的平滑假设下。

本章讨论两种非参数方法，它们以有限多的值来近似连续空间的后验。第一种方法是将状态空间分解成有限多个区域，并用直方图表示后验。一个直方图分配给每一个区域一个单一的累积概率；它们是对连续密度的最好的分段定常近似。第二种方法用有限多个样本表示后验。结果滤波称为粒子滤波（particle filter），并且其在机器人学中变得极为流行。

上述这两种方法，直方图和粒子滤波，不需要对后验密度进行强参数化假设。特别地，它们能很好地表示复杂的多峰置信度。因此，当机器人必须处理全局不确定性问题，或者要面对会产生独立、不同假设的数据关联问题时，通常会选择直方图或粒子滤波。但是，这些方法的表达能力是以增加计算复杂性为代价的。

幸运的是，本章所描写的两种非参数化方法使得根据后验的（有疑问的）复杂性来调整参数的数量成为可能。当后验复杂性较低时（如聚焦于一个单一的具有小幅不确定性的状态），它们仅使用很少的参数。对于复杂的后验，如具有分散在状态空间的多种模式的后验，所涉及的参数就会非常多。

能在线调节参数数量来表示后验的技术叫作自适应（adaptive）技术。如果在进行置信度计算时，能基于可用的计算资源进行调节则称为资源自适应（resource-adaptive）技术。资源自适应技术在机器人学中有重要的作用。它们能使机器人进行实时决策，而不用考虑可用的计算资源。由于能够基于可用的计算资源在线地调节粒子的数量，粒子滤波经常被作为资源自适应算法来执行。

4.1 直方图滤波

直方图滤波（Histogram filter）将状态空间分解成有限的区域，并用一个单一的概率值表示每一个区域的累积后验。应用于有限空间时，该滤波被称为离散贝叶斯滤波（discrete Bayes filter）；应用于连续空间时，通常称之为直方图滤波。首先，将讨论离散贝叶斯滤波，然后讨论它在连续状态空间的应用。

4.1.1 离散贝叶斯滤波算法

离散贝叶斯滤波应用于有限状态空间，这里随机变量 X_t 可取有限多个值。本书 2.4.2 节已讨论过机器人估计门开的概率时遇到了离散贝叶斯滤波问题。后面章节讨论的机器人地图构建问题也涉及离散随机变量。例如，占用栅格地图构建算法假定环境的每一个位置要么是占用的，要么是空闲的，相应的随机变量是二值的，它可以取两个不同值。因此，有限的状态空间在机器人学中起着很重要的作用。

1: **Algorithm Discrete_Bayes_filter**($\{p_{k,t-1}\}, u_t, z_t$):
2:   *for all k do*
3:     $\bar{p}_{k,t} = \sum_i p(X_t = x_k \mid u_t, X_{t-1} = x_i)\, p_{i,t-1}$
4:     $p_{k,t} = \eta\, p(z_t \mid X_t = x_k)\, \bar{p}_{k,t}$
5:   *endfor*
6:   *return* $\{p_{k,t}\}$

程序 4.1　离散贝叶斯滤波（$\boldsymbol{x}_i$，$\boldsymbol{x}_k$ 代表独立的状态）

程序 4.1 给出了离散贝叶斯滤波的伪码。将程序 2.1 中通用贝叶斯滤波中的积分用有限项和代替，得出了该代码。变量 $\boldsymbol{x}_i$ 和 $\boldsymbol{x}_k$ 代表独立状态，为有限多个的。时刻 t 的置信度是对每一个状态 $\boldsymbol{x}_k$ 的概率分布，用 $p_{k,t}$ 表示。因此算法的输入就是离散的概率分布 $\{p_{k,t}\}$，以及最新的控制量 $\boldsymbol{u}_t$ 和测量量 z_t。第 3 行计算预测，仅基于控制来计算新状态的置信度。然后为了综合测量，这个预测在第 4 行进行更新。离散贝叶斯滤波在许多信号处理领域是很流行的，它通常被认为是隐马尔可夫模型（Hidden Markov Model，HMM）的正向传递。

4.1.2 连续状态

特别有趣的将是，离散贝叶斯滤波作为一种近似推理工具应用在连续状态空间。正如上面所提到的，这样的滤波称为直方图滤波。图 4.1 给出了一个直方图滤波如何表示一个随机变量及其非线性变换。图中还给出了经过一个非线性函数的高斯直方图映射。原始的高斯分布具有 10 组（bin）。其映射概率分布也是如此，但是在结果概率分布中，有两组概率很接近 0，图中未给出。为了比较，图 4.1 也给出了正确的连续分布。

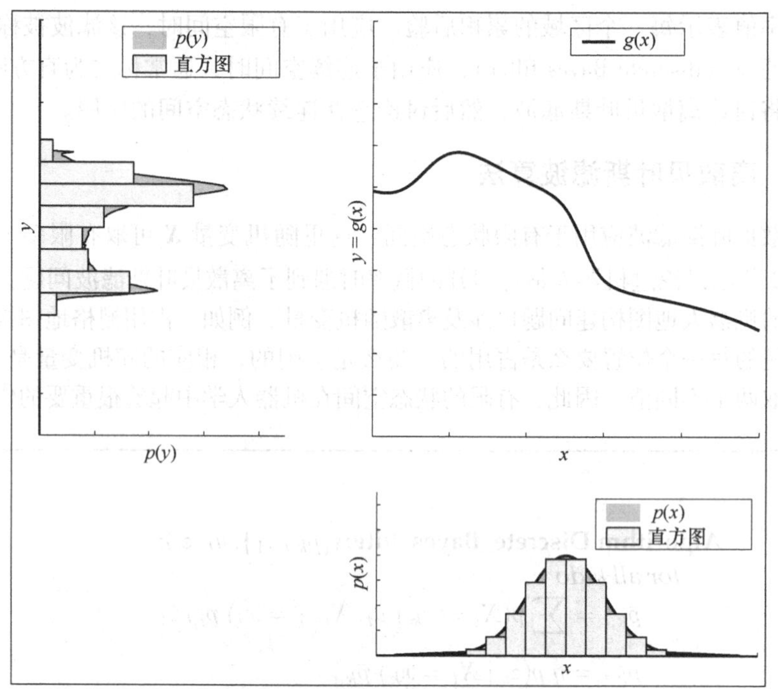

图 4.1 连续随机变量的直方图（右下图灰色阴影部分显示出连续随机变量 X 的密度。该密度的直方图近似用浅灰色表示。随机变量经过右上图所绘的函数变换。结果随机变量 Y 的密度和直方图近似画在了左上图。结果随机变量的直方图是由 X 的直方图的每个直方区经过非线性变换计算得来）

直方图滤波将连续状态空间分解成有限位，或者区域：

$$\mathrm{dom}(X_t) = x_{1,t} \cup x_{2,t} \cup \cdots x_{k,t} \tag{4.1}$$

式中，X_t为描述机器人状态在时刻 t 的常见随机变量。函数 $\mathrm{dom}(X_t)$ 表示状态空间，它是 X_t所有可能取值的域。每一个 $x_{k,t}$ 描述一个凸区域。这些区域一起组成状态空间的分区。对每一个 $i \neq k$，有 $x_{i,t} \cap x_{k,t} = \varnothing$，$\cup_k x_{k,t} = \mathrm{dom}(X_t)$。

连续状态空间一个简单的分解就是多维栅格，这里每一个 $x_{k,t}$ 就是一个栅格单元。通过分解的粒度，可能权衡精度和计算效率。细粒度分解比粗粒度分解引起的近似误差要小，但要以增加计算复杂度为代价。

正如已经讨论的，离散贝叶斯滤波为每一个区域 $x_{k,t}$ 分配一个概率 $p_{k,t}$。在每个区域里，离散贝叶斯滤波不会再携带更多的关于置信度分布的信息。因此，后验就成了一个分段常数概率密度函数，它为区域 $x_{k,t}$ 中的每一个状态 $\boldsymbol{x}_t$ 分配了相同的概率。

$$p(x_t) = \frac{p_{k,t}}{|x_{k,t}|} \tag{4.2}$$

式中，$|x_{k,t}|$ 为区域 $x_{k,t}$ 的绝对值。

如果状态空间的确是离散的，则条件概率 $p(x_{k,t} \mid \boldsymbol{u}_t, x_{i,t-1})$ 和 $p(z_t \mid x_{k,t})$ 就是已

知的，算法可以如陈述的一样实现。在连续状态空间中，通常给定密度 $p(\boldsymbol{x}_t \mid \boldsymbol{u}_t,\ \boldsymbol{x}_{t-1})$ 和 $p(z_t \mid \boldsymbol{x}_t)$，它们是针对每个状态定义的（而不是状态空间中的区域）。对于每一个区域 $x_{k,t}$ 是很小的而且具有相同尺寸的情况，通常可以用这个区域的代表取代 $x_{k,t}$ 来近似表示密度。例如，可以利用 $x_{k,t}$ 的平均状态进行“探究（probe）”。

$$\hat{x}_{k,t} = |x_{k,t}|^{-1} \int_{x_{k,t}} \boldsymbol{x}_t \mathrm{d}\boldsymbol{x}_t \tag{4.3}$$

然后简单地取代

$$p(\boldsymbol{z}_t \mid x_{k,t}) \approx p(\boldsymbol{z}_t \mid \hat{x}_{k,t}) \tag{4.4}$$

$$p(x_{k,t} \mid \boldsymbol{u}_t, x_{i,t-1}) \approx \boldsymbol{\eta} \, |x_{k,t}| \, p(\hat{x}_{k,t} \mid \boldsymbol{u}_t, \hat{x}_{i,t-1}) \tag{4.5}$$

这些近似就是式（4.2）中离散贝叶斯滤波片段均匀解释的结果，与扩展卡尔曼滤波使用的泰勒近似类似。

4.1.3　直方图近似的数学推导

为了解释式（4.4）是一个合理的近似，首先注意 $p(z_t \mid x_{k,t})$ 可以用下面的积分表示：

$$\begin{aligned}
p(\boldsymbol{z}_t \mid x_{k,t}) &= \frac{p(\boldsymbol{z}_t, x_{k,t})}{p(x_{k,t})} \\
&= \frac{\int_{x_{k,t}} p(\boldsymbol{z}_t, \boldsymbol{x}_t) \mathrm{d}\boldsymbol{x}_t}{\int_{x_{k,t}} p(\boldsymbol{x}_t) \mathrm{d}\boldsymbol{x}_t} \\
&= \frac{\int_{x_{k,t}} p(\boldsymbol{z}_t \mid \boldsymbol{x}_t) p(\boldsymbol{x}_t) \mathrm{d}\boldsymbol{x}_t}{\int_{x_{k,t}} p(\boldsymbol{x}_t) \mathrm{d}\boldsymbol{x}_t} \\
&\overset{(4.2)}{=} \frac{\int_{x_{k,t}} p(\boldsymbol{z}_t \mid \boldsymbol{x}_t) \frac{p_{k,t}}{|x_{k,t}|} \mathrm{d}\boldsymbol{x}_t}{\int_{x_{k,t}} \frac{p_{k,t}}{|x_{k,t}|} \mathrm{d}\boldsymbol{x}_t} \qquad (4.6) \\
&= \frac{\frac{p_{k,t}}{|x_{k,t}|}}{\frac{p_{k,t}}{|x_{k,t}|}} \frac{\int_{x_{k,t}} p(\boldsymbol{z}_t \mid \boldsymbol{x}_t) \mathrm{d}\boldsymbol{x}_t}{\int_{x_{k,t}} 1 \mathrm{d}\boldsymbol{x}_t} \\
&= \frac{\int_{x_{k,t}} p(\boldsymbol{z}_t \mid \boldsymbol{x}_t) \mathrm{d}\boldsymbol{x}_t}{\int_{x_{k,t}} 1 \mathrm{d}\boldsymbol{x}_t} \\
&= |x_{k,t}|^{-1} \int_{x_{k,t}} p(\boldsymbol{z}_t \mid \boldsymbol{x}_t) \mathrm{d}\boldsymbol{x}_t
\end{aligned}$$

这个表达式是式（4.2）片段均匀分布模型下期望概率的确切表述。如果现在对 $\boldsymbol{x}_t \in x_{k,t}$ 用 $p(\boldsymbol{z}_t \mid \hat{x}_{k,t})$ 近似 $p(\boldsymbol{z}_t \mid \boldsymbol{x}_t)$，有

$$\begin{aligned} p(\boldsymbol{z}_t \mid x_{k,t}) &\approx |x_{k,t}|^{-1} \int_{x_{k,t}} p(\boldsymbol{z}_t \mid \hat{x}_{k,t}) \mathrm{d}\boldsymbol{x}_t \\ &= |x_{k,t}|^{-1} p(\boldsymbol{z}_t \mid \hat{x}_{k,t}) \int_{x_{k,t}} 1 \mathrm{d}\boldsymbol{x}_t \\ &= |x_{k,t}|^{-1} p(\boldsymbol{z}_t \mid \hat{x}_{k,t}) |x_{k,t}| \\ &= p(\boldsymbol{z}_t \mid \hat{x}_{k,t}) \end{aligned} \tag{4.7}$$

这是式（4.4）所说的近似。

式（4.5）中 $p(x_{k,t} \mid \boldsymbol{u}_t, x_{i,t-1})$ 的近似推导稍微有点儿复杂，因为区域出现在平衡杆的两边。与上面的变换类似，得

$$\begin{aligned} & p(x_{k,t} \mid \boldsymbol{u}_t, x_{i,t-1}) \\ &= \frac{p(x_{k,t}, x_{i,t-1} \mid \boldsymbol{u}_t)}{p(x_{i,t-1} \mid \boldsymbol{u}_t)} \\ &= \frac{\int_{x_{k,t}} \int_{x_{i,t-1}} p(\boldsymbol{x}_t, \boldsymbol{x}_{t-1} \mid \boldsymbol{u}_t) \mathrm{d}\boldsymbol{x}_t, \mathrm{d}\boldsymbol{x}_{t-1}}{\int_{x_{i,t-1}} p(\boldsymbol{x}_{t-1} \mid \boldsymbol{u}_t) \mathrm{d}\boldsymbol{x}_{t-1}} \\ &= \frac{\int_{x_{k,t}} \int_{x_{i,t-1}} p(\boldsymbol{x}_t \mid \boldsymbol{u}_t, \boldsymbol{x}_{t-1}) p(\boldsymbol{x}_{t-1} \mid \boldsymbol{u}_t) \mathrm{d}\boldsymbol{x}_t \mathrm{d}\boldsymbol{x}_{t-1}}{\int_{x_{i,t-1}} p(\boldsymbol{x}_{t-1} \mid \boldsymbol{u}_t) \mathrm{d}\boldsymbol{x}_{t-1}} \end{aligned} \tag{4.8}$$

现在利用马尔可夫假设，即 $\boldsymbol{x}_{t-1}$ 和 $\boldsymbol{u}_t$ 之间是独立的，因此 $p(\boldsymbol{x}_{t-1} \mid \boldsymbol{u}_t) = p(\boldsymbol{x}_{t-1})$：

$$\begin{aligned} & p(x_{k,t} \mid \boldsymbol{u}_t, x_{i,t-1}) \\ &= \frac{\int_{x_{k,t}} \int_{x_{i,t-1}} p(\boldsymbol{x}_t \mid \boldsymbol{u}_t \boldsymbol{x}_{t-1}) p(\boldsymbol{x}_{t-1}) \mathrm{d}\boldsymbol{x}_t \mathrm{d}\boldsymbol{x}_{t-1}}{\int_{x_{i,t-1}} p(\boldsymbol{x}_{t-1}) \mathrm{d}\boldsymbol{x}_{t-1}} \\ &= \frac{\int_{x_{k,t}} \int_{x_{i,t-1}} p(\boldsymbol{x}_t \mid \boldsymbol{u}_t, \boldsymbol{x}_{t-1}) \frac{p_{i,t-1}}{|x_{i,t-1}|} \mathrm{d}\boldsymbol{x}_t \mathrm{d}\boldsymbol{x}_{t-1}}{\int_{x_{i,t-1}} \frac{p_{i,t-1}}{|x_{i,t-1}|} \mathrm{d}\boldsymbol{x}_{t-1}} \\ &= \frac{\int_{x_{k,t}} \int_{x_{i,t-1}} p(\boldsymbol{x}_t \mid \boldsymbol{u}_t, \boldsymbol{x}_{t-1}) \mathrm{d}\boldsymbol{x}_t, \mathrm{d}\boldsymbol{x}_{t-1}}{\int_{x_{i,t-1}} 1 \mathrm{d}\boldsymbol{x}_{t-1}} \\ &= |x_{i,t-1}|^{-1} \int_{x_{k,t}} \int_{x_{i,t-1}} p(\boldsymbol{x}_t \mid \boldsymbol{u}_t, \boldsymbol{x}_{t-1}) \mathrm{d}\boldsymbol{x}_t \mathrm{d}\boldsymbol{x}_{t-1} \end{aligned} \tag{4.9}$$

如果现在像以前一样用 $p(\hat{x}_{k,t} \mid \boldsymbol{u}_t, \hat{x}_{i,t-1})$ 近似 $p(\boldsymbol{x}_t \mid \boldsymbol{u}_t, \boldsymbol{x}_{t-1})$，可以得到下面的近似。注意归一化因子 η 在确定近似是一种有效的概率分布时是很必要的：

$$\begin{aligned} & p(x_{k,t} \mid \boldsymbol{u}_t, x_{i,t-1}) \\ & \approx \boldsymbol{\eta} \mid x_{i,t-1} \mid^{-1} \int_{x_{k,t}} \int_{x_{i,t-1}} p(\hat{x}_{k,t} \mid \boldsymbol{u}_t, \hat{x}_{i,t-1}) \mathrm{d}\boldsymbol{x}_t \mathrm{d}\boldsymbol{x}_{t-1} \\ & = \boldsymbol{\eta} \mid x_{i,t-1} \mid^{-1} p(\hat{x}_{k,t} \mid \boldsymbol{u}_t, \hat{x}_{i,t-1}) \int_{x_{k,t}} \int_{x_{i,t-1}} 1 \mathrm{d}\boldsymbol{x}_t \mathrm{d}\boldsymbol{x}_{t-1} \\ & = \boldsymbol{\eta} \mid x_{i,t-1} \mid^{-1} p(\hat{x}_{k,t} \mid \boldsymbol{u}_t, \hat{x}_{i,t-1}) \mid x_{k,t} \mid \mid x_{i,t-1} \mid \\ & = \boldsymbol{\eta} \mid x_{k,t} \mid p(\hat{x}_{k,t} \mid \boldsymbol{u}_t, \hat{x}_{i,t-1}) \end{aligned} \tag{4.10}$$

如果所有区域大小相等（意味着 $|x_{k,t}|$ 对所有 k 都是相同的），可以简单地忽略因子 $|x_{k,t}|$，将它合并入归一化因子中。则结果的离散贝叶斯滤波与程序 4.1 列出的算法是等效的。如果按上述实现，辅助变量 $\bar{p}_k$ 不会构成一个概率分布，因为它们没有归一化（将第 3 行与式（4.10）相比）。但是，归一化发生在第 4 行，因此输出的参数的确是一个有效的概率分布。

4.1.4 分解技术

在机器人技术中，连续状态空间的分解技术具有两个基本的特点：静态（static）和动态（dynamic）。静态技术取决于固定分解的，该分解是事先选定的，并不考虑要近似的后验的形状。动态技术要使该分解适应特定形状的后验分布。静态技术通常易于实现，但是浪费计算资源。

动态分解技术最主要的一个例子就是密度树（density trees）家族。密度树将状态空间进行递归分解，以这种方式调节分辨率以适应后验概率。这种分解的直观感觉就是分解的程度是一个关于后验概率的函数：区域越有可能不相关，那么分解越粗糙。图 4.2 给出了静态栅格表示和密度树表示之间的不同。由于密度树的更紧凑表示，所以在使用相同位数的情况下，密度树的近似质量更高。如密度树这样的动态技术，经常可以降低几个数量级的计算复杂性，但它们需要额外的工作。

与动态分解类似的效果可通过选择更新（selective updating）实现。当对一个用栅格表示的后验进行更新时，选择技术只更新所有栅格单元的一小部分。这种方法的常见实际应用是仅对这些后验概率超出用户指定阈值的栅格单元进行更新。

选择更新可以被看成是混合分解，它将状态空间分解成一个细粒度栅格和一个包括所有没有被选择更新程序选择的区域组成的一个大集合。这种情况下，它可以被看成是一种动态分解技术，因为要基于后验分布的形状，在线地做出决定在更新期间要考虑哪些栅格单元。选择更新技术可以将更新置信度的计算量减小几个数量级。它们使在三维或更多维空间利用栅格分解方法成为可能。

移动机器人技术的相关文献经常将空间拓扑（topological）表示法和度量

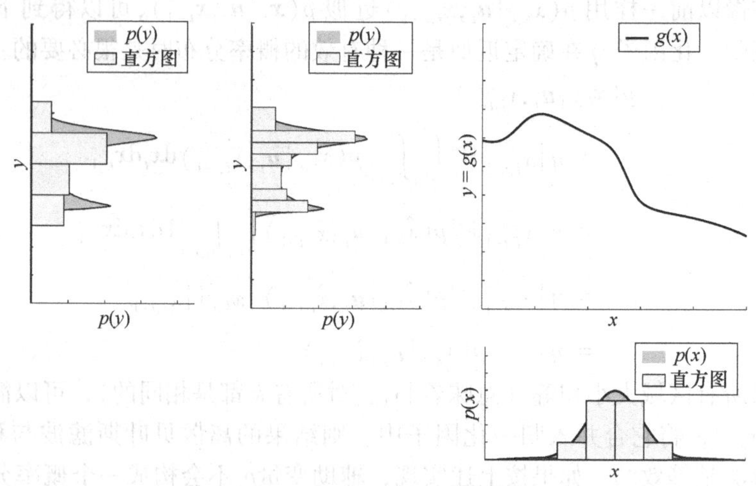

图 4.2 动态分解和静态分解［左上图所示为随机变量 y 的静态直方图近似，利用 10 组覆盖 y 的域（其中 6 个概率接近 0）。上中图所示为同样的随机变量的树表示，组数相同］

（metric）表示法区分开。而这些术语的清晰定义并不存在，拓扑表示法经常被认为是粗糙的图形表示，图中的结点与环境的有效位置（或特征）有关。对于室内环境，这样的位置可能与交叉路口、丁字路口、死角等有关。因此这种分解依赖环境的布局情况。另外的方法是使用规则排列的栅格分解状态空间。这样的分解不依赖环境特征的形状和位置。栅格表示法通常被认为是度量表示法，但是，严格地说，它是嵌入的度量空间，而不是分解空间。在移动机器人技术中，栅格表示法的空间分辨率往往要高于拓扑表示法的。例如，本书第 7 章的一些例子使用了 10cm 或更小尺寸的栅格单元进行分解。这样提高了精确性，但以增加计算量为代价。

4.2 静态二值贝叶斯滤波

机器人技术中的某些问题表达为不随时间变化的二值状态的最优估计问题。这些问题通过二值贝叶斯滤波（binary Bayes filter）来阐述。如果一个机器人从传感器测量的序列中估计环境的一个固定的二值数，此时这类问题就产生了。例如，一个机器人可能想知道门是开着的还是关着的，并认为在检测期间门的状态不改变。使用静态二值贝叶斯滤波的另一个例子是占用栅格地图（occupancy grid maps），并将在本书第 9 章介绍。

当状态静止时，置信度就仅是测量的函数：

$$\mathrm{bel}_t(\boldsymbol{x}) = p(\boldsymbol{x} \mid z_{1:t}, \boldsymbol{u}_{1:t}) = p(\boldsymbol{x} \mid z_{1:t}) \tag{4.11}$$

这里状态有两个可能值，用 $\boldsymbol{x}$ 和 $\neg\boldsymbol{x}$ 表示。具体来说，有 $\mathrm{bel}_t(\neg\boldsymbol{x})=1-\mathrm{bel}_t(\boldsymbol{x})$。状态 $\boldsymbol{x}$ 不含时间项反映了状态不会改变的事实。

自然的，这类二值估计问题可以利用程序 4.1 的离散贝叶斯滤波来处理。但是，置信度通常由一个概率比的对数（log odds ratio）来实现。状态 $\boldsymbol{x}$ 的概率（odds）定义为此事件的概率除以该事件不发生的概率

$$\frac{p(\boldsymbol{x})}{p(\neg\boldsymbol{x})}=\frac{p(\boldsymbol{x})}{1-p(\boldsymbol{x})} \tag{4.12}$$

概率对数就是这个表达式的对数

$$l(\boldsymbol{x}):=\log\frac{p(\boldsymbol{x})}{1-p(\boldsymbol{x})} \tag{4.13}$$

概率对数假设值为 $-\infty\sim\infty$。用于更新以概率对数表示的置信度的贝叶斯滤波计算很简洁。它避免了概率接近 0 或 1 引起的截断问题。

程序 4.2 给出了其基本的更新算法。这种算法是加法。事实上，任何对测量做出反应的变量的递增和递减都可以解释为贝叶斯滤波的概率对数形式。该二值贝叶斯滤波利用一个反向测量模型（inverse measurement model）$p(\boldsymbol{x}\mid z_t)$ 代替熟悉的前向模型 $p(z_t\mid\boldsymbol{x})$。反向测量模型将关于（二值）状态变量的一个分布指定为测量 z_t 的一个函数。

```
1:  Algorithm binary_Bayes_filter(l_{t-1}, z_t):
2:      l_t = l_{t-1} + log p(x|z_t)/(1-p(x|z_t)) - log p(x)/(1-p(x))
3:      return l_t
```

$$l_t=l_{t-1}+\log\frac{p(x|z_t)}{1-p(x|z_t)}-\log\frac{p(x)}{1-p(x)}$$

程序 4.2　具有反向测量模型的概率对数形式的二值贝叶斯滤波（这里 l_t 是状态变量的后验置信度的概率对数，该二值状态变量不随时间改变）

反向模型经常用于测量比二值状态更复杂的情况。这种情况的一个实例就是从相机图像中估计门是否为关的问题。这里状态很简单，但需要进行所有测量的空间却是很大的。通过设计一个函数根据相机图像来计算门为关着的概率，要比描述所有相机图像中显示门为关着的分布更容易些。换句话说，实现一个反向传感器模型比前向传感器模型更容易。

正如读者容易根据式（4.13）概率对数的定义证明，置信度 $\mathrm{bel}_t(\boldsymbol{x})$ 可以根据概率比对数 l_t 通过下面的方程来求得：

$$\mathrm{bel}_t(\boldsymbol{x})=1-\frac{1}{1+\exp\{l_t\}} \tag{4.14}$$

为了证明二值贝叶斯滤波算法的正确性，简要重申基本的贝叶斯滤波方程，并明

确的贝叶斯归一化方法：

$$
\begin{aligned}
p(\boldsymbol{x} \mid z_{1:t}) &= \frac{p(z_t \mid \boldsymbol{x}, z_{1:t-1})\, p(\boldsymbol{x} \mid z_{1:t-1})}{p(z_t \mid z_{1:t-1})} \\
&= \frac{p(z_t \mid \boldsymbol{x})\, p(\boldsymbol{x} \mid z_{1:t-1})}{p(z_t \mid z_{1:t-1})}
\end{aligned} \tag{4.15}
$$

现在将贝叶斯准则应用于测量模型 $p(z_t \mid \boldsymbol{x})$：

$$
p(z_t \mid \boldsymbol{x}) = \frac{p(\boldsymbol{x} \mid z_t)\, p(z_t)}{p(\boldsymbol{x})} \tag{4.16}
$$

同时得到

$$
p(\boldsymbol{x} \mid z_{1:t}) = \frac{p(\boldsymbol{x} \mid z_t)\, p(z_t)\, p(\boldsymbol{x} \mid z_{1:t-1})}{p(\boldsymbol{x})\, p(z_t \mid z_{1:t-1})} \tag{4.17}
$$

用类似的方法，得出对立事件$\neg\, \boldsymbol{x}$：

$$
p(\neg\, \boldsymbol{x} \mid z_{1:t}) = \frac{p(\neg\, \boldsymbol{x} \mid z_t)\, p(z_t)\, p(\neg\, \boldsymbol{x} \mid z_{1:t-1})}{p(\neg\, \boldsymbol{x})\, p(z_t \mid z_{1:t-1})} \tag{4.18}
$$

用式（4.18）除以式（4.17）可以将各种难以计算的概率抵消：

$$
\begin{aligned}
\frac{p(\boldsymbol{x} \mid z_{1:t})}{p(\neg\, \boldsymbol{x} \mid z_{1:t})} &= \frac{p(\boldsymbol{x} \mid z_t)}{p(\neg\, \boldsymbol{x} \mid z_t)} \frac{p(\boldsymbol{x} \mid z_{1:t-1})}{p(\neg\, \boldsymbol{x} \mid z_{1:t-1})} \frac{p(\neg\, \boldsymbol{x})}{p(\boldsymbol{x})} \\
&= \frac{p(\boldsymbol{x} \mid z_t)}{1 - p(\boldsymbol{x} \mid z_t)} \frac{p(\boldsymbol{x} \mid z_{1:t-1})}{1 - p(\boldsymbol{x} \mid z_{1:t-1})} \frac{1 - p(\boldsymbol{x})}{p(\boldsymbol{x})}
\end{aligned} \tag{4.19}
$$

用 $l_t(\boldsymbol{x})$ 表示置信度 $\mathrm{bel}_t(\boldsymbol{x})$ 的概率比对数。时刻 t 的置信度概率对数由式（4.19）的对数给出：

$$
\begin{aligned}
l_t(\boldsymbol{x}) &= \log \frac{p(\boldsymbol{x} \mid z_t)}{1 - p(\boldsymbol{x} \mid z_t)} + \log \frac{p(\boldsymbol{x} \mid z_{1:t-1})}{1 - p(\boldsymbol{x} \mid z_{1:t-1})} + \log \frac{1 - p(\boldsymbol{x})}{p(\boldsymbol{x})} \\
&= \log \frac{p(\boldsymbol{x} \mid z_t)}{1 - p(\boldsymbol{x} \mid z_t)} - \log \frac{p(\boldsymbol{x})}{1 - p(\boldsymbol{x})} + l_{t-1}(\boldsymbol{x})
\end{aligned} \tag{4.20}
$$

这里 $p(\boldsymbol{x})$ 是状态 $\boldsymbol{x}$ 的先验（prior）概率。在式（4.20）中，每个测量更新涉及先验（以概率对数形式）的求和。先验也定义为处理传感器测量前的初始置信度的概率对数：

$$
l_0(\boldsymbol{x}) = \log \frac{p(\boldsymbol{x})}{1 - p(\boldsymbol{x})} \tag{4.21}
$$

4.3 粒子滤波

4.3.1 基本算法

粒子滤波（particle filter）是贝叶斯滤波的另一种非参数实现。与直方图滤波一样，粒子滤波以有限个参数来近似后验。但是，这些参数生成的方式不同，它们填充的状态空间也不同。粒子滤波的主要思想是用一系列从后验得到的随机状态采样表示后验 $\mathrm{bel}(\boldsymbol{x}_t)$。图 4.3 给出了该思想应用于一种高斯分布的情况。与用一个参数形式表示分布（即用指数函数定义正态分布的密度）不同，粒子滤波用一系列来自该分布的样本来表示一个分布。这样的表示法是近似的，但它是非参数的，因此可以表示比高斯分布更广泛的分布空间。基于样本表示法的另一个优点就是其建模随机变量的非线性变换的能力，如图 4.3 所示。

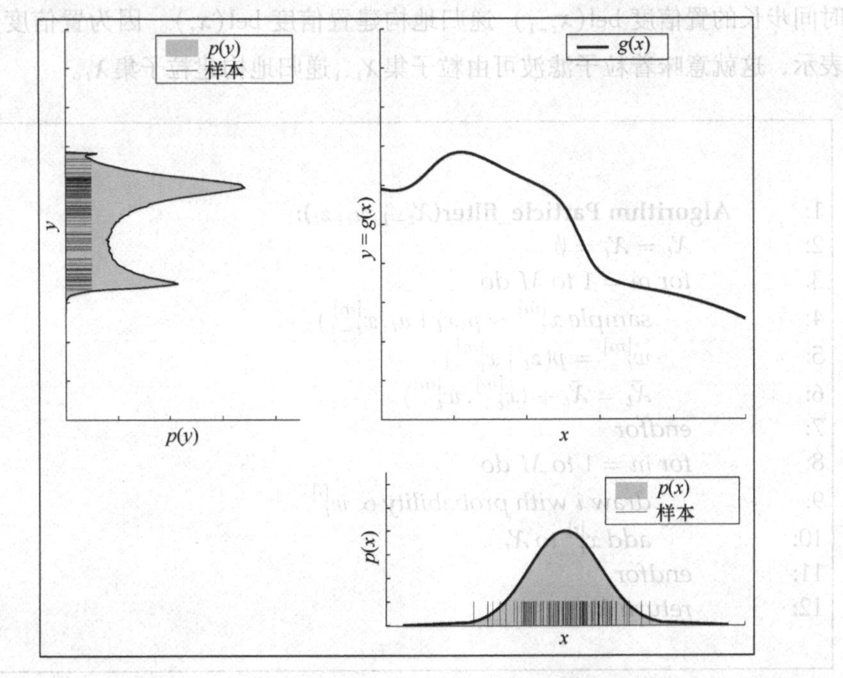

图 4.3　粒子滤波所用的“粒子”表示法（右下图显示由高斯随机变量 X 得到的样本。这些样本都经过右上图所示的非线性函数变换。结果样本按照随机变量 Y 分布）

粒子滤波中，后验分布的样本叫作粒子（particles），有

$$\mathcal{X}_t := \boldsymbol{x}_t^{[1]}, \boldsymbol{x}_t^{[2]}, \cdots, \boldsymbol{x}_t^{[M]} \tag{4.22}$$

每一个粒子 $\boldsymbol{x}_t^{[m]}$（$1 \leqslant m \leqslant M$）是状态在时刻 t 的一个具体的实例。换句话说，一个粒子就是根据真实世界状态在时刻 t 的一种可能假设。这里 M 代表粒子集 $\mathcal{X}_t$ 的粒子数量。实际上，粒子数 M 通常很大，如 $M = 1000$。一些实现中 M 是 t 或其他与置信度 $\mathrm{bel}(\boldsymbol{x}_t)$ 相关的其他数量的函数。

粒子滤波的直观感觉就是用一系列粒子 $\mathcal{X}_t$ 来近似置信度 $\mathrm{bel}(\boldsymbol{x}_t)$。理想情况下，状态假设 $\boldsymbol{x}_t$ 包含在粒子集 $\mathcal{X}_t$ 中的可能性与其贝叶斯滤波的后验 $\mathrm{bel}(\boldsymbol{x}_t)$ 成比例：

$$\boldsymbol{x}_t^{[m]} \sim p(\boldsymbol{x}_t \mid \boldsymbol{z}_{1:t}, \boldsymbol{u}_{1:t}) \tag{4.23}$$

作为式（4.23）的结果，状态空间的一个子区域被样本填充得越密集，真实状态落入该区域的可能性越大。正如下面将要讨论的，对于标准粒子滤波算法，只有当$M \rightarrow \infty$时，式（4.23）才得以保证。对于有限的M，粒子来自稍微不同的分布。实际上，这个不同可以忽略，只要粒子数量不是太小（如$M \geqslant 100$）。

像到目前为止所讨论的所有其他贝叶斯滤波算法一样，粒子滤波算法由上一个时间步长的置信度$\text{bel}(\boldsymbol{x}_{t-1})$递归地构建置信度$\text{bel}(\boldsymbol{x}_t)$。因为置信度由粒子集表示，这就意味着粒子滤波可由粒子集$\mathcal{X}_{t-1}$递归地构建粒子集$\mathcal{X}_t$。

1: **Algorithm Particle_filter**($\mathcal{X}_{t-1}, u_t, z_t$):
2: $\quad \bar{\mathcal{X}}_t = \mathcal{X}_t = \emptyset$
3: $\quad$ *for* $m = 1$ *to* M *do*
4: $\qquad$ *sample* $x_t^{[m]} \sim p(x_t \mid u_t, x_{t-1}^{[m]})$
5: $\qquad w_t^{[m]} = p(z_t \mid x_t^{[m]})$
6: $\qquad \bar{\mathcal{X}}_t = \bar{\mathcal{X}}_t + \langle x_t^{[m]}, w_t^{[m]} \rangle$
7: $\quad$ *endfor*
8: $\quad$ *for* $m = 1$ *to* M *do*
9: $\qquad$ *draw* i *with probability* $\propto w_t^{[i]}$
10: $\qquad$ *add* $x_t^{[i]}$ *to* $\mathcal{X}_t$
11: $\quad$ *endfor*
12: $\quad$ *return* $\mathcal{X}_t$

程序 4.3 粒子滤波算法（基于重要性采样的贝叶斯滤波的一个变种）

粒子滤波算法的基本变种见程序4.3。该算法的输入是粒子集$\mathcal{X}_{t-1}$和最新的控制$\boldsymbol{u}_t$及最新的测量z_t。算法首先构造一个暂时的粒子集$\bar{\mathcal{X}}$，表示置信度$\overline{\text{bel}}(\boldsymbol{x}_t)$。这通过系统地处理输入粒子集$\mathcal{X}_{t-1}$中的每个粒子$\boldsymbol{x}_{t-1}^{[m]}$完成。随后，它将这些粒子转换为粒子集$\mathcal{X}_t$，用它近似后验分布$\text{bel}(\boldsymbol{x}_t)$。详细说明如下：

1）第4行基于粒子$\boldsymbol{x}_{t-1}^{[m]}$和控制$\boldsymbol{u}_t$产生时刻$t$的假想状态$\boldsymbol{x}_t^{[m]}$。所得样本用$\boldsymbol{m}$标注，表示它是由$\mathcal{X}_{t-1}$中的第$m$个粒子产生的。这一步包括从状态转移分布$p(\boldsymbol{x}_t \mid \boldsymbol{u}_t, \boldsymbol{x}_{t-1})$中采样。为了实现这一步，必须能从这个分布中采样。有M步迭代后得到的粒子集就是$\overline{\text{bel}}(\boldsymbol{x}_t)$的滤波表示。

2）第5行为每个粒子$\boldsymbol{x}_t^{[m]}$计算所谓的重要性因子（importance factor），用$w_t^{[m]}$表示。重要因子用于将测量z_t合并到粒子集中。因此，重要性是测量z_t在

粒子 $\boldsymbol{x}_t^{[m]}$ 下的概率，用 $w_t^{[m]}=p(\boldsymbol{z}_t\mid\boldsymbol{x}_t^{[m]})$ 给定。如果将 $w_t^{[m]}$ 解释为粒子的权值（weight），则加权的粒子集（近似）表示贝叶斯滤波的后验 $\mathrm{bel}(\boldsymbol{x}_t)$。

3）粒子滤波算法的真实“技巧”见程序4.3的第8~11行。这里实现了所谓的重采样（resampling）或者重要性采样（importance sampling）。算法由从暂时集 $\bar{\mathcal{X}}_t$ 中抽取替换 M 个粒子。抽取每个粒子的概率由其权值给定。重采样将 M 个粒子的粒子集变换成同样大小的粒子集。通过将重要性权重合并到再采样过程，粒子的分布发生变化：在采样前，它们按 $\overline{\mathrm{bel}}(\boldsymbol{x}_t)$ 分布；在重采样后，它们（近似）按照后验 $\mathrm{bel}(\boldsymbol{x}_t)=\eta p(\boldsymbol{z}_t\mid\boldsymbol{x}_t^{[m]})\overline{\mathrm{bel}}(\boldsymbol{x}_t)$ 分布。事实上，得到的样本集通常有许多重复，因为粒子是替换得到的。更重要的是，不包含在 $\mathcal{X}_t$ 中的粒子往往就是具有较低权重的粒子。

重采样对迫使粒子回归后验 $\mathrm{bel}(\boldsymbol{x}_t)$ 有重要的作用。事实上，粒子滤波的另一个版本（通常是略次的）并不进行重采样，而是为每个粒子维护一个权重，权重初始化为1并按以下乘法更新。

$$w_t^{[m]}=p(\boldsymbol{z}_t\mid\boldsymbol{x}_t^{[m]})w_{t-1}^{[m]} \tag{4.24}$$

这样的粒子滤波算法仍然能够近似后验，但是其中的一些粒子会以低后验概率结束。因此，这就需要更多的粒子，而粒子的多少取决于后验的形状。重采样步骤是一种基于达尔文适者生存（survival of the fittest）思想的概率实现：它将粒子集重新聚集在状态空间中具有高后验概率的区域。这样，它就将滤波算法的计算资源集中在状态空间中最受关注的区域。

4.3.2 重要性采样

对粒子滤波的推导，会证明更详细地讨论重采样步骤是很有用的。

直观地说，面对的问题是计算概率密度函数 f 的期望，但是仅给定了由不同概率密度函数 g 产生的样本。例如，可能对 $x\in A$ 的期望感兴趣，那么将这个概率表达成 g 上的一个期望。这里 I 是指示函数，如果论点是真，则为 I 为1；否则为0。

$$\begin{aligned} E_f[I(x\in A)] &= \int f(x)I(x\in A)\,\mathrm{d}x \\ &= \int \underbrace{\frac{f(x)}{g(x)}}_{=:w(x)} g(x)I(x\in A)\,\mathrm{d}x \\ &= E_g[w(x)I(x\in A)] \end{aligned} \tag{4.25}$$

这里 $w(x)=\dfrac{f(x)}{g(x)}$ 是一个加权因子，它说明 f 和 g 之间的“不匹配”。为了保证这个方程正确，需要保证 $f(x)>0\rightarrow g(x)>0$。

重要性采样算法采用这种转换。图4.4a给出了概率分布的密度函数 f，以后叫作目标分布（target distribution）。这之前，要做的就是从函数 f 中获得一个样

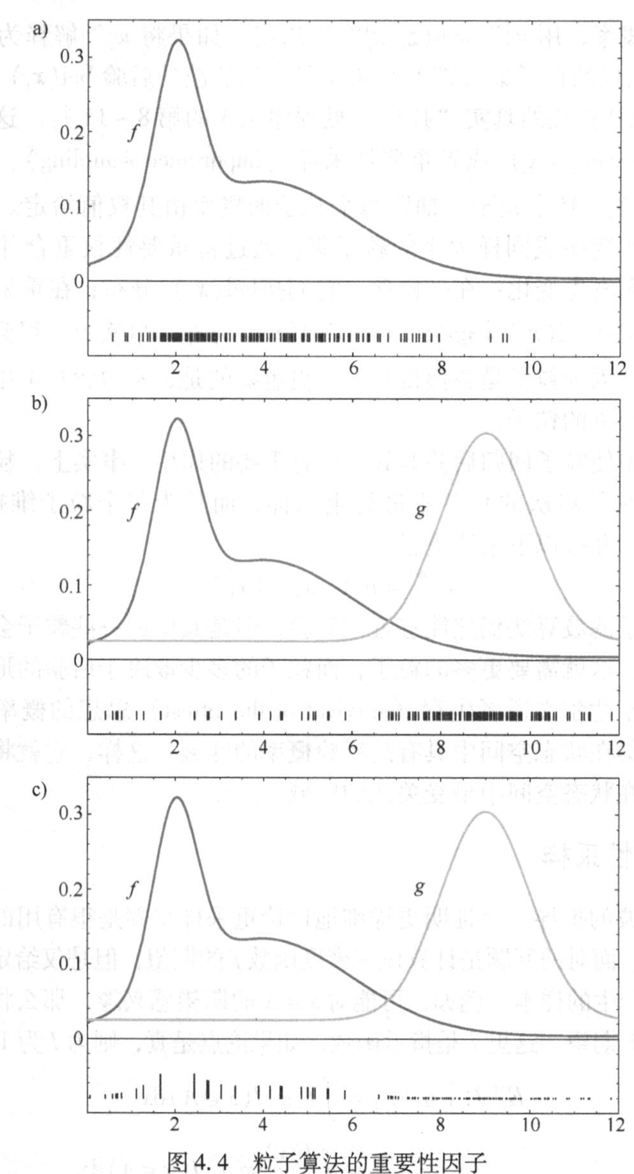

图 4.4 粒子算法的重要性因子

a）寻求近似目标密度 f　b）并不是从 f 直接采样，而是从另外的密度 g 中产生样本；g 的样本如图所示　c）f 的样本由每个样本 x 加权 $f(x)/g(x)$ 获得（粒子滤波中，f 与置信度 $\text{bel}(\boldsymbol{x}_t)$ 对应，g 与置信度 $\overline{\text{bel}}(\boldsymbol{x}_t)$ 对应）

本。但是，从 f 中直接采样是不可能的。相反，如图 4.4b 所示由密度 g 产生粒子。与密度 g 相关的分布称为建议分布（proposal distribution）。对密度 g 必须有 $f(x)>0 \to g(x)>0$。这样，为了对应从 f 中采样可能产生的任意状态；当从 g 中采样时，以非零的概率来产生粒子。但是，结果的粒子集，如图 4.4b 所示，是依照 g 分布，

而不是依照 f 分布。具体来说，对任何区间 $A\subseteq \mathrm{dom}(X)$（或者更一般地，任何波莱尔集 A）根据实验结果计算，落入 A 中的粒子收敛于 g 在 A 上的积分。

$$\frac{1}{M}\sum_{m=1}^{M} I(x^{[m]}\in A)\rightarrow \int_{A} g(x)\,\mathrm{d}x \tag{4.26}$$

为了抵消 f 和 g 之间的不同，粒子 $x^{[m]}$ 可用下式的商加权：

$$w^{[m]}=\frac{f(x^{[m]})}{g(x^{[m]})} \tag{4.27}$$

如图 4.4c 所示，竖条信号表示权重的大小。权重是每个粒子的非归一化的概率质量。具体来说，有

$$\left[\sum_{m=1}^{M} w^{[m]}\right]^{-1}\sum_{m=1}^{M} I(x^{[m]}\in A)\,w^{[m]}\rightarrow \int_{A} f(x)\,\mathrm{d}x \tag{4.28}$$

这里，第一项是所有权重的归一化。换句话说，即使从密度 g 中产生了粒子，适当地来加权粒子也可以收敛得到密度 f。可以证明，在温和的条件下，该近似对任意集 A 都收敛到期望的 $E_f[I(x\in \mathrm{A})]$。很多情况下，收敛速率为 $O\left(\frac{1}{\sqrt{M}}\right)$，这里 M 是样本数。常数因子依赖 $f(x)$ 和 $g(x)$ 的相似度。

在粒子滤波中，密度 f 对应目标置信度 $\mathrm{bel}(\boldsymbol{x}_t)$。$\mathcal{X}_{t-1}$ 的粒子服从 $\mathrm{bel}(\boldsymbol{x}_{t-1})$ 分布，在这样的（渐近正确的）假设下，密度 g 对应如下的乘积分布：

$$p(\boldsymbol{x}_t\mid \boldsymbol{u}_t,\boldsymbol{x}_{t-1})\,\mathrm{bel}(\boldsymbol{x}_{t-1}) \tag{4.29}$$

再说一次，这个分布就是建议分布。

4.3.3　粒子滤波的数学推导

为了以数学方法推导粒子滤波，将粒子认为是状态序列的样本是很有用的，即

$$\boldsymbol{x}_{0:t}^{[m]}=\boldsymbol{x}_0^{[m]},\boldsymbol{x}_1^{[m]},\cdots,\boldsymbol{x}_t^{[m]} \tag{4.30}$$

修改算法是很容易的，可以简单地把粒子 $\boldsymbol{x}_t^{[m]}$ 追加到产生的状态样本序列 $\boldsymbol{x}_{0:t-1}^{[m]}$ 中。这个粒子滤波在所有状态序列上计算后验：

$$\mathrm{bel}(\boldsymbol{x}_{0:t})=p(\boldsymbol{x}_{0:t}\mid \boldsymbol{u}_{1:t},\boldsymbol{z}_{1:t}) \tag{4.31}$$

而不是计算置信度 $\mathrm{bel}(\boldsymbol{x}_t)=p(\boldsymbol{x}_t\mid \boldsymbol{u}_{1:t},\boldsymbol{z}_{1:t})$。诚然，所有状态序列的空间是巨大的，用粒子去覆盖它通常也不是一个好主意。但是，这不是问题，因为这个定义只是为了推导出程序 4.3 中的粒子滤波算法。

类似本书 2.4.3 节 $\mathrm{bel}(\boldsymbol{x}_t)$ 的推导，可以获得后验 $\mathrm{bel}(\boldsymbol{x}_{0:t})$。具体来说有

$$\begin{aligned}
p(\boldsymbol{x}_{0:t}\mid \boldsymbol{z}_{1:t},\boldsymbol{u}_{1:t}) &\overset{\text{贝叶斯}}{=} \eta p(z_t\mid \boldsymbol{x}_{0:t},\boldsymbol{z}_{1:t-1},\boldsymbol{u}_{1:t})\,p(\boldsymbol{x}_{0:t}\mid \boldsymbol{z}_{1:t-1},\boldsymbol{u}_{1:t})\\
&\overset{\text{马尔可夫}}{=} \eta p(z_t\mid \boldsymbol{x}_t)\,p(\boldsymbol{x}_{0:t}\mid \boldsymbol{z}_{1:t-1},\boldsymbol{u}_{1:t})\\
&= \eta p(z_t\mid \boldsymbol{x}_t)\,p(\boldsymbol{x}_t\mid \boldsymbol{x}_{0:t-1},\boldsymbol{z}_{1:t-1},\boldsymbol{u}_{1:t})\,p(\boldsymbol{x}_{0:t-1}\mid \boldsymbol{z}_{1:t-1},\boldsymbol{u}_{1:t})
\end{aligned}$$

$$\overset{\text{马尔可夫}}{=} \eta p(z_t \mid \boldsymbol{x}_t) p(\boldsymbol{x}_t \mid \boldsymbol{x}_{t-1}, \boldsymbol{u}_t) p(\boldsymbol{x}_{0:t-1} \mid z_{1:t-1}, \boldsymbol{u}_{1:t-1}) \tag{4.32}$$

注意在这个推导中没有积分符号，这是在后验中保持所有状态而不是如本书 2.4.3 节只保持最近状态的结果。

现在用归纳法进行推导。初始条件无须证明，假定第一个粒子集由采样先验 $p(\boldsymbol{x}_0)$ 获得。假设时刻 $t-1$ 时的粒子集按 $\mathrm{bel}(\boldsymbol{x}_{0:t-1})$ 分布。对该集中的第 m 个粒子 $\boldsymbol{x}_{0:t-1}^{[m]}$，算法第 4 步得到的样本 $\boldsymbol{x}_t^{[m]}$ 由建议分布产生：

$$p(\boldsymbol{x}_t \mid \boldsymbol{x}_{t-1}, \boldsymbol{u}_t) \mathrm{bel}(\boldsymbol{x}_{0:t-1}) = p(\boldsymbol{x}_t \mid \boldsymbol{x}_{t-1}, \boldsymbol{u}_t) p(\boldsymbol{x}_{0:t-1} \mid z_{1:t-1}, \boldsymbol{u}_{1:t-1}) \tag{4.33}$$

$$\begin{aligned} w_t^{[m]} &= \frac{\text{目标分布}}{\text{建议分布}} = \frac{\eta p(z_t \mid \boldsymbol{x}_t) p(\boldsymbol{x}_t \mid \boldsymbol{x}_{t-1}, \boldsymbol{u}_t) p(\boldsymbol{x}_{0:t-1} \mid z_{1:t-1}, \boldsymbol{u}_{1:t-1})}{p(\boldsymbol{x}_t \mid \boldsymbol{x}_{t-1}, \boldsymbol{u}_t) p(\boldsymbol{x}_{0:t-1} \mid z_{0:t-1}, \boldsymbol{u}_{0:t-1})} \\ &= \eta p(z_t \mid \boldsymbol{x}_t) \end{aligned} \tag{4.34}$$

因为重采样以与权重成比例的概率发生，所以常数 η 不起作用。重采样粒子的概率与 $\omega_t^{[m]}$ 成比例，产生的粒子实际上按建议分布和权重 $\omega_t^{[m]}$ 的乘积分布：

$$\eta w_t^{[m]} p(\boldsymbol{x}_t \mid \boldsymbol{x}_{t-1}, \boldsymbol{u}_t) p(\boldsymbol{x}_{0:t-1} \mid z_{0:t-1}, \boldsymbol{u}_{0:t-1}) = \mathrm{bel}(\boldsymbol{x}_{0:t}) \tag{4.35}$$

注意，这里的常数 η 与式（4.34）中的不同。程序 4.4 给出的算法遵循简单的观测，如果 $\boldsymbol{x}_{0:t}^{[m]}$ 服从 $\mathrm{bel}(\boldsymbol{x}_{0:t})$ 分布，则状态样本 $\boldsymbol{x}_t^{[m]}$（一般来说）服从$\mathrm{bel}(\boldsymbol{x}_t)$ 分布。

```
Algorithm Low_variance_sampler(𝒳_t, 𝒲_t):
    𝒳̄_t = ∅
    r = rand(0; M^{-1})
    c = w_t^{[1]}
    i = 1
    for m = 1 to M do
        U = r + (m − 1) · M^{-1}
        while U > c
            i = i + 1
            c = c + w_t^{[i]}
        endwhile
        add x_t^{[i]} to 𝒳̄_t
    endfor
    return 𝒳̄_t
```

程序 4.4　粒子滤波的低方差重采样［该算法程序使用一个单一随机数从具有权值的粒子集 χ 中采样，而粒子重采样的概率仍与其权值成比例；并且，抽样器是高效的：采样 M 个粒子需要时间为 $O(M)$］

正如接下来要讨论的，推导仅对 $M\to\infty$ 是正确的，因为考虑了归一化常数的松弛性。但是，即使是对有限的 M，它也解释了粒子滤波背后的直观感觉。

4.3.4　粒子滤波的实际考虑和特性

密度提取

粒子滤波下的样本集表示了连续置信度的离散近似。但是，许多应用需要获得连续估计。也就是说，需要的不是粒子所表示的状态点估计，而是状态空间的所有点。从这样的样本中提取一个连续密度的问题称为密度估计。下面仅非正式地介绍一些密度估计方法。

图 4.5 给出了从粒子中提取密度的不同方法。图 a 所示为由标准例子（转自图 4.3 所示曲线）的变换高斯的密度和粒子。从这样的粒子中提取密度的简单高效的方法是计算高斯近似（Gaussian approximation），如图 4.5b 所示的虚线。此种情况下，由粒子提取出的高斯几乎与真正的密度的高斯近似是一致的（实线）。

很显然，高斯近似只抓住了密度的基本特性。如果密度是单峰的，它是唯一恰当的。多峰样本分布需要更复杂的技术，如 K-均值聚类（k-means clustering），它用混合高斯近似一个密度。另一种方法如图 4.5c 所示。这里，离散直方图（histogram）叠加到状态空间，每一位的概率由落入其范围的粒子的权值相加进行计算。和直方图滤波一样，这种技术的重要缺点是，其空间复杂度是维数的指数。另一方面，直方图可以表示多峰分布，可以进行非常高效的计算，任何状态的密度可以不受粒子数量的影响及时进行提取。

直方图表示法的空间复杂度可以通过本章 4.1.4 节讨论的由粒子产生的密度树（density tree）有效地降低。但是，密度树是以提取状态空间任意点密度时的更昂贵的查找为代价的（树深度的对数）。

核密度估计（kernel density estimation）是将粒子集转化为连续密度的另一种方法。这里，每一个粒子被用作是一个所谓核的中心，全局密度由核密度混合给定。图 4.5d 给出了一个混合密度，它是利用在每一个粒子处放置一个高斯核的方法得到的。核密度估计的优点是它的平滑性和算法的简洁性。但是，计算每一个点的密度的复杂度与粒子数或核的个数呈线性关系。

实际应用中应该采用哪种密度提取技术？这取决于具体面对的问题。例如，在许多机器人应用中，处理能力是很有限的，粒子的均值为控制机器人提供了足够的信息。其他应用，如主动定位，则依赖状态空间不确定性的更复杂的信息。这种情况下，直方图或混合高斯是较好的选择。由多机器人收集的信息组合有时需要基于不同样本集合的密度乘积。密度树或者核密度估计能较好地适用于这种情形。

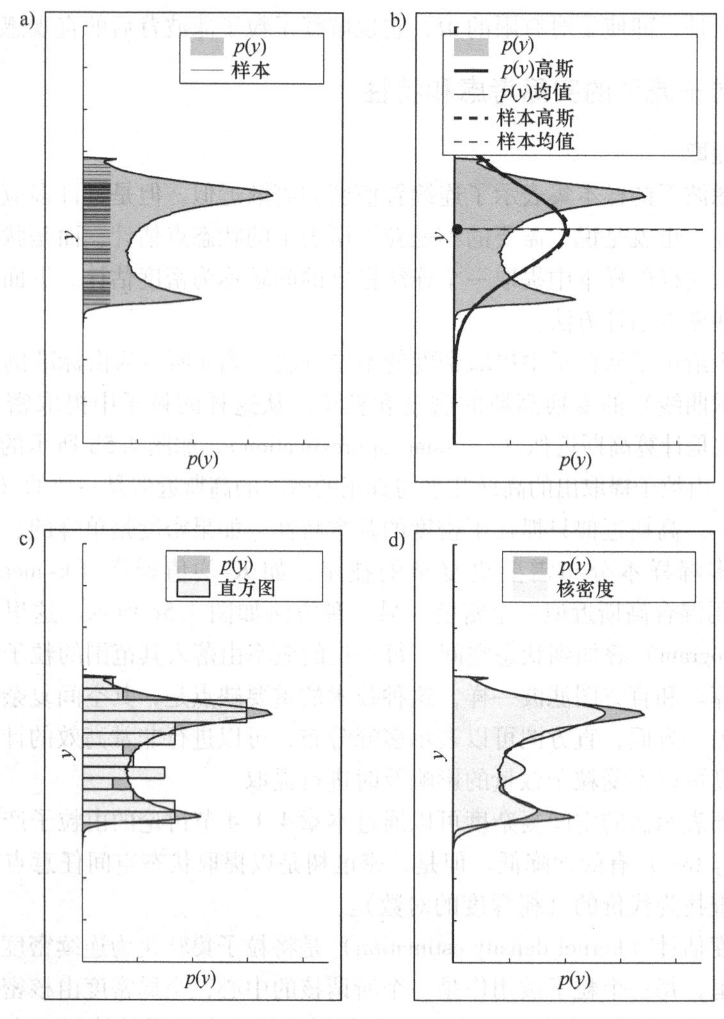

图 4.5 从粒子中提取密度的不同方法（选择近似主要依赖特定的应用和计算资源）
a）密度和近似样本集 b）高斯近似（均值和方差） c）直方图近似 d）核密度估计

抽样方差

粒子滤波误差的一个重要来源与随机采样固有变化有关。每当有限样本数量来自概率密度时，从这些样本提取的统计特性与初始密度的统计特性就会稍有不同。例如，如果采样一个高斯随机变量，那么样本的均值和方差与初始随机变量的均值和方差会不同。因随机采样引起的变化称为采样方差（variance）。

设想有两个相同的机器人，具有相同的高斯置信度，执行相同的无噪声动作。显然，两个机器人在执行完这个动作后应该有相同的置信度。为了模拟这种情况，反复从高斯密度中进行抽样并对它们进行一个非线性变换。图 4.6 给出了产生的样本和它们的核密度估计及真实的置信度（灰色部分）。图 4.6a 所示的都是从高斯中采集 25 个样本得到。与期望的结果不同，一些核密度估计与真实

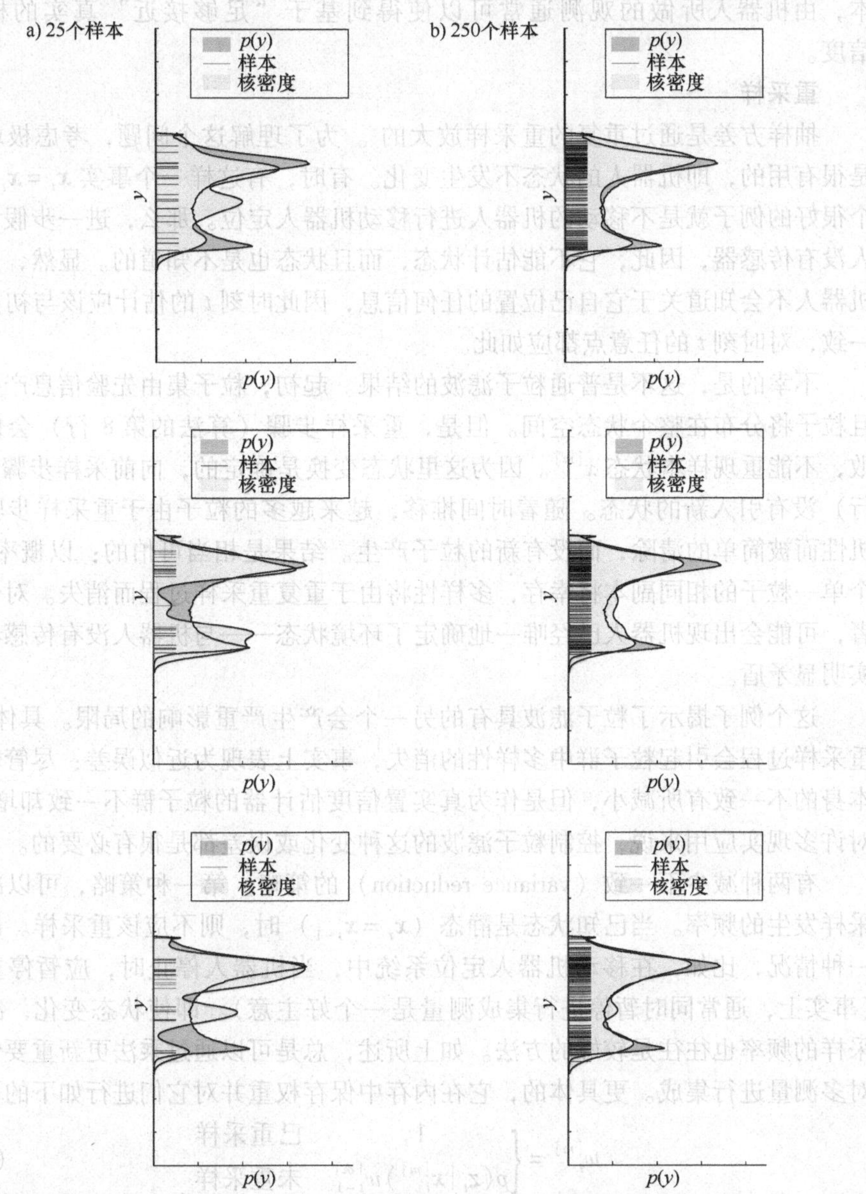

图 4.6　随机采样引起的不一致［样本来自高斯并通过一个非线性函数变换；样本和核估计由重采集 25 个点（图 a）和 250 个点（图 b）得到；每一行给出了一个随机实验］

密度显著不同，并且在不同核密度之间存在很大的变异。幸运的是，抽样方差随着样本数目减小。图 4.6b 所示的是由 250 个样本得到的典型结果。显然，样本数量越大，近似就更准确，变异就更小。实际上，如果选择足够多的样本，由机器人所做的观测通常可以使得到基于“足够接近”真实的样本置信度。

重采样

抽样方差是通过重复的重采样放大的 。为了理解这个问题，考虑极端情况是很有用的，即机器人的状态不发生变化。有时，有这样一个事实 $\boldsymbol{x}_t=\boldsymbol{x}_{t-1}$。一个很好的例子就是不移动的机器人进行移动机器人定位。那么，进一步假设机器人没有传感器，因此，它不能估计状态，而且状态也是不知道的。显然，这样的机器人不会知道关于它自己位置的任何信息，因此时刻 t 的估计应该与初始估计一致，对时刻 t 的任意点都应如此。

不幸的是，这不是普通粒子滤波的结果。起初，粒子集由先验信息产生，并且粒子将分布在整个状态空间。但是，重采样步骤（算法的第 8 行）会偶尔失败，不能重现样本状态 $x^{[m]}$。因为这里状态变换是确定的，向前采样步骤（第 4 行）没有引入新的状态。随着时间推移，越来越多的粒子由于重采样步骤的随机性而被简单的清除，而没有新的粒子产生。结果是相当可怕的：以概率 1，M 个单一粒子的相同副本将幸存，多样性将由于重复重采样过程而消失。对于旁观者，可能会出现机器人已经唯一地确定了环境状态——与机器人没有传感器的事实明显矛盾。

这个例子揭示了粒子滤波具有的另一个会产生严重影响的局限。具体来说，重采样过程会引起粒子群中多样性的消失，事实上表现为近似误差：尽管粒子集本身的不一致有所减小，但是作为真实置信度估计器的粒子群不一致却增加了。对许多现实应用来说，控制粒子滤波的这种变化或误差都是很有必要的。

有两种减少不一致（variance reduction）的策略。第一种策略，可以减少重采样发生的频率。当已知状态是静态（$\boldsymbol{x}_t=\boldsymbol{x}_{t-1}$）时，则不应该重采样。即这样一种情况，比如，在移动机器人定位系统中，当机器人停止时，应暂停重采样（事实上，通常同时暂停进行集成测量是一个好主意）。即使状态变化，减少重采样的频率也往往是较好的方法。如上所述，总是可以通过乘法更新重要性因子对多测量进行集成。更具体的，它在内存中保存权重并对它们进行如下的更新：

$$w_t^{[m]}=\begin{cases}1 & \text{已重采样}\\ p(\boldsymbol{z}_t\mid\boldsymbol{x}_t^{[m]})\,w_{t-1}^{[m]} & \text{未重采样}\end{cases}\tag{4.36}$$

决定何时重采样是复杂的，需要实践经验。重采样太频繁往往会增加损失多样性的风险。如果采样太不频繁，可能会损失在低概率区域的许多样本。确定是否应该执行重采样的标准方法是测量权值的变化。权值的变化与基于样本的表示方法的效率相关。如果所有权值都一致，那么变化为0，则不必执行重采样。另一方面，如果权值是面向小数量样本的，则权值变化会很高，必须执行重采样。

减少采样误差的第二种策略叫作低方差采样（low variance sampling）。程序4.4给出了一个低方差采样的实现方法。其基本思想并不是在重采样过程中选择彼此独立的样本（如程序4.3给出的基本粒子滤波的情况），其选择涉及一个顺序随机过程。

该算法不是选择 M 个随机数和选择与这些随机数对应的粒子，而是计算一个单一的随机数并根据这个数选择样本，但是仍满足概率与样本权值成比例。这可以通过在区间［0；M^{-1}］抽取一个随机数 r 得到。这里 M 是时刻 t 的抽取的样本的个数。程序4.4给出的算法这样选择粒子：反复将固定值 M^{-1} 加到 r 上，并根据这个结果选择粒子。［0；1］上的任意数 U 恰恰对应一个粒子，即粒子 i 为

$$i = \underset{j}{\operatorname{argmin}} \sum_{m=1}^{j} w_t^{[m]} \geqslant U \tag{4.37}$$

程序4.4所示程序中while循环完成两个任务：计算该等式右边的和；检查 i 是否是第一个粒子的索引，对应的权值和是否超出 U。在第12行进行选择。这个过程如图4.7所示。

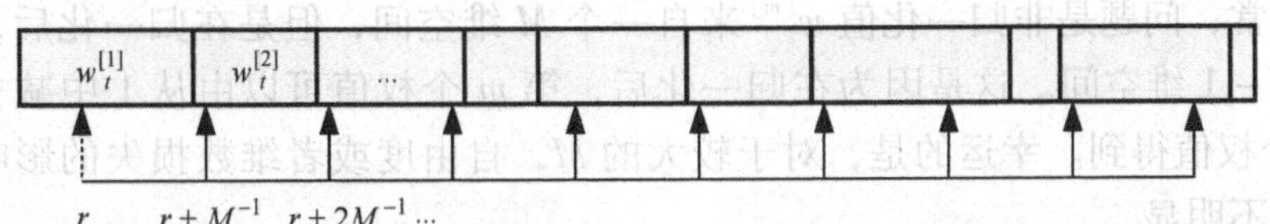

图4.7 低方差重采样过程的原理（选择一个随机数 r，然后选择与 $U=r+(m-1)M^{-1}$ 相对应的粒子，这里 $m=1$，…，M）

低方差采样的优点有三个方面的。第一，与独立随机采样相比，它以更有序的形式覆盖了样本空间。这很明显基于这样的事实：非独立采样按部就班地循环通过所有粒子，而不是随机独立地进行选择。第二，如果所有的样本都具有相同的重要性因子，那么结果样本集 $\bar{\mathcal{X}}_t$ 等效于 $\mathcal{X}_t$，如果在重采样时没有将观测集成到 $\mathcal{X}_t$，则不会有样本丢失。第三，低方差采样复杂度为 $O(M)$。对独立采样来说，想得到相同的复杂性是困难的；一旦已经得到一个随机数，明显需要对每一个粒子进行 $O(\log M)$ 搜索，则整个重采样过程复杂度为 $O(M\log M)$。当采用粒子滤波时，必须计算时间的长短，高效实施的重采样过程往往可以大大提升实际性能。因此，机器人技术领域中粒子滤波的实现往往依赖刚才讨论的机制。

有关高效采样的文献有很多。另一种流行的方法是分层采样（stratified sampling）。在该方法中，粒子分组成子集。对这些集合的采样分两步完成。第一步，基于子集中包含的粒子总权值来确定每个子集的样本数。第二步，单个样本随机地来自每一个子集，如采用低方差重采样。当机器人以单一粒子滤波器追踪多个不同假设时，这种技术具有较低的采样方差，执行效果往往很好。

采样偏差

即使实际仅采用有限多个粒子也会在后验估计中引入系统偏差（bias）。那么下面考虑 $M=1$ 个粒子的极端情况。在这种情况下，程序 4.3 第 3 ~ 7 行的循环只被执行一次，$\bar{\mathcal{X}}_t$将仅包含一个单一粒子，采样自运动模型。关键点是，重采样步骤（程序 4.3 的第 8 ~ 11 行）现在确定地接受这个样本，而不管它的重要性因子 $w_t^{[m]}$ 是多大。因此测量概率 $p(\boldsymbol{z}_t \mid \boldsymbol{x}_t^{[m]})$ 对更新结果不起作用，$\boldsymbol{z}_t$ 也是。从而，如果 $M=1$，粒子滤波由概率 $p(\boldsymbol{x}_t \mid \boldsymbol{u}_{1:t})$ 而不是期望后验 $p(\boldsymbol{x}_t \mid \boldsymbol{u}_{1:t},\ \boldsymbol{z}_{1:t})$ 产生粒子。它完全忽略了所有的测量。这是如何发生的呢?

罪魁祸首是重采样步骤中隐含的归一化过程。当采样与权值成比例时（见程序 4.3 所示第 9 行），如果 $M=1$，$w_t^{[m]}$ 就成为自己的归一化因子：

$$p(\text{第 9 行 } \boldsymbol{x}_t^{[m]}) = \frac{w_t^{[m]}}{w_t^{[m]}} = 1 \tag{4.38}$$

通常，问题是非归一化值 $w_t^{[m]}$ 来自一个 M 维空间，但是在归一化后，则停留在 $M-1$ 维空间。这是因为在归一化后，第 m 个权值可以由从 1 中减去其他 $M-1$个权值得到。幸运的是，对于较大的 M，自由度或者维数损失的影响变得越来越不明显。

粒子缺乏

即使有大量的粒子，但是在正确的状态附近没有粒子的情况也是有可能发生的。这个问题称为粒子缺乏（particle deprivation）问题。它大多发生在粒子数太少不足以覆盖所有相关高似然区域。但是，有人可能会说在任何粒子滤波中都会发生，与粒子集的大小 M 没有关系。

随着随机采样的变化会导致粒子缺乏；不走运的随机数列可能去除真实状态附近所有的粒子。在每一个采样步骤，这种情况发生的概率比 0 要大些（尽管它通常是小到 M 的指数）。因此，只要运行粒子滤波的时间足够长，最终也会得到一个必定错误的估计。

实际上，这种性质的问题只会在 M 相对于高似然状态空间来说很小时出现。解决粒子缺乏问题的普遍方法，是在每一个重采样过程后，将少数随机产生的粒子加到所得的粒子集中，而不管运动的真实序列和测量指令。这样的方法论可以减少（但不是解决）粒子缺乏问题，但它是以不正确的后验估计为代价的。增加随机样本方法的优点在于简洁性：在粒子滤波中加入随机数需要进行的必要的软件修改是很小的。作为一个经验法则，加入随机样本应被视为最后的手段，如果所有其他解决粒子缺乏问题的技术都失败时，才采用这种方法。处理粒子缺乏的另一种方法将在本书第8章机器人定位问题中进行讨论。

讨论表明，基于样本的表示法的质量，随着样本数量的增长而增长。因此，重要问题是对一个特定的估计问题要用多少个样本。不幸的是，这个问题并没有完美的答案，它经常需要用户确定所需的样本数。作为一个经验法则，样本个数主要取决于状态空间的维数和由粒子滤波近似分布的不确定性。例如，均匀分布比集中在状态空间的小区域的分布需要更多的样本。对样本大小的更详细讨论，将在本书后面章节有关机器人定位和映射的内容中给出。

4.4 小结

本章介绍了两种非参数贝叶斯滤波：直方图滤波和粒子滤波。非参数化滤波通过有限多个值近似后验。在系统模型和后验形状中等情况的假设下，随着表示后验的值的个数趋于无穷，两者都具有近似误差一致收敛到0的特性。

• 直方图滤波将状态空间分解为有限多个凸区域。该方法用一个单一的数值来表示每个区域的累积后验概率。

• 机器人技术中有很多分解技术。具体来说，有分解粒度依赖或不依赖环境结构两种技术。当分解粒度依赖环境的结构时，得到的算法常被称为“拓扑”。

• 分解技术可分为静态的和动态的。静态分解要提前进行，而不管置信度的形状。动态分解依赖分解状态空间时机器人置信度的特性，常常试图按后验概率成比例地提高空间分辨率。动态分解往往能给出较好的结果，但是它们实现起来更困难。

• 另一种非参数技术是粒子滤波。粒子滤波用从后验提取的状态的随机样本来表示后验。这样的样本叫作粒子群。粒子滤波极容易实现，也是本书中最通用的贝叶斯滤波算法。

• 有一些特定的策略用于减少粒子滤波的误差。其中，最流行的策略是减少由算法的随机性引起的估计方差的技术和根据后验的复杂性调节粒子数量的技术。

本章和前面章节讨论的滤波算法奠定了本书后面要讨论的概率机器人算法的基础。这里提出的资料表示当今概率机器人技术中许多最流行的算法和表示。

4.5 文献综述

West 和 Harrison（1997）为本章和前面章节讨论的几种技术提供了深度研

究。直方图经用于统计学已有几十年了。Sturges（1926）为直方图近似选择解决方案提出了早期规则，更新的处理方式由 Freedman 和 Diaconis（1981）提供。现代的分析可以在 Scott（1992）的文献中找到。一旦状态空间映射成离散直方图，由此产生的时间推理问题成为一个离散隐马尔可夫模型的实例，这种类型由 Rabiner 和 Juang（1986）推广。在 MacDald 和 Zucchini（1997）及 Elliott 等人（1995）的文献中可以发现两种现代的文本。

粒子滤波可追溯到蒙特卡罗方法的开创者 Metropolis 和 Ulam（1949）的文献；更现代的介绍参看 Rubinstein（1981）的文献。粒子滤波的一部分——采样重要性重采样技术可追溯到由 Rubin（1988）和 Smith 和 Gelfand（1992）撰写的开创性论文。分层抽样是由 Neyman（1943）发明的。粒子滤波已在贝叶斯统计领域得到了广泛研究（Doucet，1998；Kitagawa，1996；Liu 和 Chen，1998；Pitt 和 Shephard，1999）。在人工智能领域，粒子滤波重新被开发，并被命名为适者生存（survival of the fittest）（Kanazawa 等，1995）；计算机视觉领域，由 Isard 和 Blake（1998）发明的称为冷凝（condensation）的算法应用于跟踪问题。目前有关粒子滤波较好的文献由 Doucet 等人撰写（2001）。

4.6 习题

1. 在本习题中，请对前面章节研究的线性动态系统进行一个直方图滤波实现。

(a) 对本书第 3 章的习题 1 所描述的动态系统进行直方图滤波实现。利用滤波为时刻 $t(t=1,2,\cdots,5)$ 的每个值预测后验分布。绘制关于 x 和 $\dot{x}$ 的联合后验，这里 x 是横轴，$\dot{x}$ 为纵轴。

(b) 在直方图滤波中，如本书第 3 章的习题 2 所描述的测量更新步骤，假定在时刻 $t=5$，观测到一个测量 $z=5$。在更新直方图滤波之前和之后说明和绘制后验。

2. 对本书第 3 章习题 4 研究的非线性进行直方图滤波实现。这里，研究的是一个具有 3 个状态变量并具有确定的状态转移的非线性系统。

$$\begin{pmatrix} x' \\ y' \\ \theta' \end{pmatrix} = \begin{pmatrix} x+\cos\theta \\ y+\sin\theta \\ \theta \end{pmatrix}$$

初始状态估计如下：

$$\boldsymbol{\mu} = (0\quad 0\quad 0)\text{和}\boldsymbol{\Sigma} = \begin{pmatrix} 0.01 & 0 & 0 \\ 0 & 0.01 & 0 \\ 0 & 0 & 10000 \end{pmatrix}$$

(a) 为直方图滤波建议一个合适的初始估计，它反应高斯先验的状态信息。

(b) 实现直方图滤波并执行其预测步骤。将产生的后验与 EKF 和直观分析的结果进行比较。从直方图滤波中关于 x-y 坐标的分辨率和方向 θ 能了解到什么？

(c) 将测量归并入估计。像以前一样，测量是机器人坐标 x 的有噪声映射，(协) 方差为 $Q=0.01$。执行这一步骤，计算出结果，绘图并与 EKF 和直觉得到的结果进行比较。

注意：绘制直方图滤波的结果时，可以展示多个密度图，每一张图对应所有 θ 值空间的一个离散片段。

3. 本章讨论了使用单一粒子的效果。粒子滤波时粒子数 $M=2$ 时效果如何？能给出一个影响偏差的例子吗？如果有，是怎样的？

4. 用粒子滤波而不是直方图对习题 1 进行实现，并绘制和讨论结果。

5. 用粒子滤波而不是直方图对习题 2 进行实现，并画出和讨论结果。研究不同粒子数对结果的影响。

第 5 章　机器人运动

5.1　引言

本章和第 6 章将描述实现迄今描述的滤波算法的还缺少的两个组件：运动模型和测量模型。本章集中讨论运动模型。运动模型（motion models）由状态转换概率 $p(\boldsymbol{x}_t \mid \boldsymbol{u}_t, \boldsymbol{x}_{t-1})$ 构成，其在贝叶斯滤波预测中具有重要的作用。本章提供了各种概率运动模型实例，因为它们可用在真实的机器人实现中。本书第 6 章将描述传感器测量的概率模型 $p(\boldsymbol{z}_t \mid \boldsymbol{x}_t)$，该模型对测量更新是很重要的。这里提到的内容对接下来的几章中所描述的算法的实现是必不可少的。

机器人的运动学是本章讨论的中心主题，在过去几十年已被进行了彻底的研究。但是，它几乎都是以确定的形式处理的。概率机器人学将运动方程进行了推广：由于控制噪声或者未建模的外源性影响，控制输出是不确定的。顺应本书的主题，本章将描述概率为，控制结果将用一个后验概率来描述。这样，由此产生的模型将是经得起前面几章描述的概率状态估计技术检验的。

这里集中讨论在平面环境中操作的机器人的移动机器人运动学。这会比运动学中大部分当前应用的处理方法更加具体。这里没有提供操纵运动学模型，也不用讨论机器人动力学模型。但是，这种对资料的限制性选择并不意味着概率思想局限于简单的移动机器人运动学模型。相反，它说明了当前技术发展水平，因为概率技术利用本章所描述的相对基本的模型，已在移动机器人领域取得了巨大的成功。相关文献中更复杂的概率模型（如机器人的动力学概率模型）仍有待开发。无论如何，这样的深入研究也并非是不可实现的。正如本章所阐述的那样，对于确定的机器人执行器模型，通过加入表征机器人驱动存在的不确定性特性的噪声变量而“概率化”。

理论上，合适的概率模型的目标，可能就是为机器人驱动和感知过程中存在的特定不确定性类型建立精确的模型。实际上，相对于首先对不确定结果有所准备，模型的确切形状看起来没那么重要。事实上，在实际应用中已经证明，很成功的模型大大高估了不确定性的程度。这样做所得到的算法对违反马尔可夫假设（本书 2.4.4 节）的情况更具鲁棒性，如未建模的状态和算法近似所带来的影响。后面的章节，在讨论概率机器人算法的真正实现时，将提出这些研究结果。

5.2 预备工作

5.2.1 运动学构型

运动学（kinematics）是描述控制行为对机器人构型产生影响的微积分。一个刚性移动机器人的构型（configuration）通常用6个变量来描述，它的三维直角坐标和相对外部坐标系的三个欧拉角（横滚、俯仰、偏航）。本书提到的内容很大程度上将移动机器人限制在平面环境中，其运动学状态用三个变量描述，简称位姿。

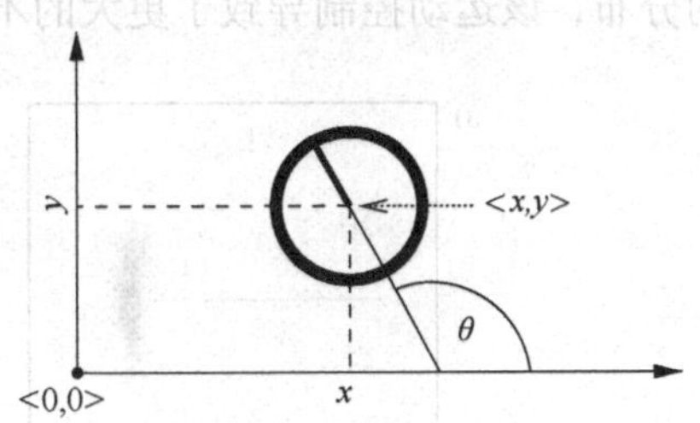

图5.1　在一个全局坐标系统中的机器人位姿

一个平面上操作的移动机器人的位姿（pose）如图5.1所示。它包括相对外部坐标系的二维平面坐标及其方位角。前两个用x和y表示（不要与状态$\boldsymbol{x}_t$混淆），后者用θ表示，机器人的位姿用下面向量描述：

$$\begin{pmatrix} x \\ y \\ \theta \end{pmatrix} \tag{5.1}$$

机器人的方向经常称为方位（bearing）或航向（heading direction）。如图5.1所示，假设机器人方向$\theta=0$为x轴方向，方向$\theta=0.5\pi$为y轴方向。

没有方向的位姿称为位置（location）。位置的概念在本书第6章讨论描述机器人环境的测量时是很重要的。为了简便，本书给出的位置通常用二维向量来表示，指的是一个对象的x-y坐标：

$$\begin{pmatrix} x \\ y \end{pmatrix} \tag{5.2}$$

位姿和环境中对象的位置构成了机器人-环境系统的运动学状态$\boldsymbol{x}_t$。

5.2.2 概率运动学

概率运动学模型或者运动模型（motion model）在移动机器人中起着状态变换模型的作用。这个模型就是大家熟悉的条件密度，即

$$p(\boldsymbol{x}_t \mid \boldsymbol{u}_t, \boldsymbol{x}_{t-1}) \tag{5.3}$$

这里$\boldsymbol{x}_t$和$\boldsymbol{x}_{t-1}$都是机器人位姿（不是它的x坐标），$\boldsymbol{u}_t$是运动控制。这个模型描述了对$\boldsymbol{x}_{t-1}$执行运动控制$\boldsymbol{u}_t$后，机器人取得的运动学状态的后验分布。在实际应

用中，$\boldsymbol{u}_t$有时由机器人的里程计提供。但是，由于概念的原因将把$\boldsymbol{u}_t$称为控制。

图 5.2 给出了在平面环境中运行的一个刚性移动机器人运动模型的两个实例。两种情况下，机器人的初始位姿为$\boldsymbol{x}_{t-1}$。分布$p(\boldsymbol{x}_t \mid \boldsymbol{u}_t, \boldsymbol{x}_{t-1})$以阴影区域显示：位姿越黑，可能性越大。图中，位姿的后验概率被映射到x-y空间；图中缺少机器人的方向维。图 5.2a 中，机器人向前移动一段距离，在这个过程中它可能产生所标示的平移和旋转误差。图 5.2b 给出了一个更复杂的运动控制下得到的分布，该运动控制导致了更大的不确定性范围。

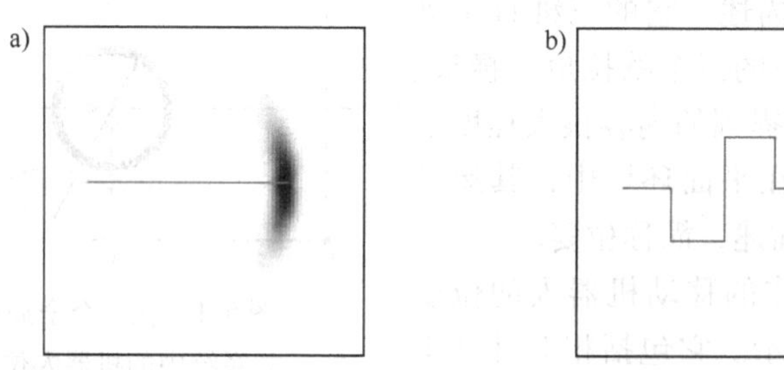

图 5.2　运动模型：执行了实线所示的运动控制后的机器位姿的后验分布（位置越黑，可能性越大；该图映射到 2 维图上；初始密度是 3 维的，考虑了机器人的航向 θ）

本章为平面运行的移动机器人详细地提供了两种特定的概率运动模型$p(\boldsymbol{x}_t \mid \boldsymbol{u}_t, \boldsymbol{x}_{t-1})$。两种模型对应被处理的运动信息类型具有互补性。第一种模型假定运动数据$\boldsymbol{u}_t$指定了机器人电动机的速度指令。许多商业移动机器人（如差分驱动、同步驱动）是由独立的平移和旋转速度驱动，或者最好认为是以这种方式驱动。第二种模型假设机器人具有测距信息。大多数商业平台具有里程计，使用运动信息（走过的距离，旋转的角度）提供测距。综合了这些信息的概率模型与速度模型是有点不同的。

实际上，里程计模型往往比速度模型更精确，一个简单的原因是，大多数商业机器人不能执行与通过计量机器人轮子旋转而获得的精度等级相同的速度控制。但是，里程计信息仅在执行完运动控制后才有能获得，因此它不能用于运动规划。规划算法（如防撞等）必须预测运动的影响。因此，里程计模型通常用于估计，而速度模型用于概率运动规划。

5.3　速度运动模型

速度运动模型（velocity motion model）认为可以通过两个速度——一个旋转的和一个平移的速度，来控制机器人。许多商业机器人提供速度的控制接口，通过此接口程序员可以指定速度。驱动系统通常是通过这种方式控制的，包括差分驱动、阿克曼驱动和同步驱动。这里的模型不包括那些没有非完整约束的驱动系统，如配备了万向轮（Mecanum wheels）的机器人或者有腿机器人。

用 v_t 表示 t 时刻的平移速度（translational velocity），用 ω_t 表示旋转速度（rotational velocity）。因此，有

$$\boldsymbol{u}_t = \begin{pmatrix} v_t \\ \omega_t \end{pmatrix} \tag{5.4}$$

并规定，逆时针旋转（向左转），ω_t 为正；向前运动 v_t 为正。

5.3.1　闭式计算

计算概率 $p(\boldsymbol{x}_t \mid \boldsymbol{u}_t, \boldsymbol{x}_{t-1})$ 的可能算法见程序 5.1。它将初始位姿 $\boldsymbol{x}_{t-1} = (x \quad y \quad \theta)^{\mathrm{T}}$、控制 $\boldsymbol{u}_t = (v \quad \omega)^{\mathrm{T}}$ 和假想的后继位姿 $\boldsymbol{x}_t = (x' \quad y' \quad \theta')^{\mathrm{T}}$ 作为输入。从状态 $\boldsymbol{x}_{t-1}$ 开始，执行控制 $\boldsymbol{u}_t$，输出位姿 $\boldsymbol{x}_t$ 的概率 $p(\boldsymbol{x}_t \mid \boldsymbol{u}_t, \boldsymbol{x}_{t-1})$，假设控制以固定的时间间隔 Δt 执行。参数 $\alpha_1 \sim \alpha_6$ 是机器人特有的运动误差参数。程序 5.1 的算法首先计算无误差机器人的控制；在进行推导时，该计算中各个变量的含义会变得更清晰。参数由 $\hat{v}$ 和 $\hat{\omega}$ 给定。

Algorithm motion_model_velocity(x_t, u_t, x_{t-1}):

$\mu = \frac{1}{2} \frac{(x-x')\cos\theta + (y-y')\sin\theta}{(y-y')\cos\theta - (x-x')\sin\theta}$

$x^* = \frac{x+x'}{2} + \mu(y-y')$

$y^* = \frac{y+y'}{2} + \mu(x'-x)$

$r^* = \sqrt{(x-x^*)^2 + (y-y^*)^2}$

$\Delta\theta = \operatorname{atan2}(y'-y^*, x'-x^*) - \operatorname{atan2}(y-y^*, x-x^*)$

$\hat{v} = \frac{\Delta\theta}{\Delta t} r^*$

$\hat{\omega} = \frac{\Delta\theta}{\Delta t}$

$\hat{\gamma} = \frac{\theta'-\theta}{\Delta t} - \hat{\omega}$

return $\mathbf{prob}(v-\hat{v}, \alpha_1 v^2 + \alpha_2 \omega^2) \cdot \mathbf{prob}(\omega-\hat{\omega}, \alpha_3 v^2 + \alpha_4 \omega^2) \cdot \mathbf{prob}(\hat{\gamma}, \alpha_5 v^2 + \alpha_6 \omega^2)$

程序 5.1　基于速度信息计算 $p(\boldsymbol{x}_t \mid \boldsymbol{u}_t, \boldsymbol{x}_{t-1})$ 的算法［这里假定 $\boldsymbol{x}_{t-1}$ 用向量 $(x \quad y \quad \theta)^{\mathrm{T}}$ 表示；$\boldsymbol{x}_t$ 用向量 $(x' \quad y' \quad \theta')^{\mathrm{T}}$ 表示；$\boldsymbol{u}_t$ 用速度向量 $(v \quad \omega)^{\mathrm{T}}$ 表示；函数 prob(a, b^2) 在自变量 a 均值为0、方差为 b^2 条件下计算概率；这也可以通过利用程序 5.2 给出的算法来实现］

函数 prob(x, b^2) 建立了运动误差的模型。它计算其参数 x 以零为中心方差 b^2 的随机变量下的概率。两种可能的实现方法见程序 5.2，分别对应误差变量为正态分布和三角形分布。

1: **Algorithm prob_normal_distribution**(a, b^2):

2: $\quad$ *return* $\frac{1}{\sqrt{2\pi\, b^2}}\ \exp\left\{-\frac{1}{2}\frac{a^2}{b^2}\right\}$

3: **Algorithm prob_triangular_distribution**(a, b^2):

4: $\quad$ *return* $\max\left\{0, \frac{1}{\sqrt{6}\, b} - \frac{|a|}{6\, b^2}\right\}$

程序 5.2 计算以 0 为中心的正态分布密度和具有方差 b^2 的三角形分布密度的算法

图 5.3 给出了映射到 x-y 空间的速度运动模型的实例。所有三种情况下，机器人设置相同的平移速度和角速度。图 5.3a 所示的是具有中等误差（参数 $\alpha_1 \sim \alpha_6$）情况下得到的分布。图 5.3b 所示的分布是具有更小的角度误差（参数 α_3 和 α_4）但较大的平移误差（参数 α_1 和 α_2）情况下得到的分布。图 5.3c 所示的是具有较大角度误差和较小平移误差情况下得到的分布。

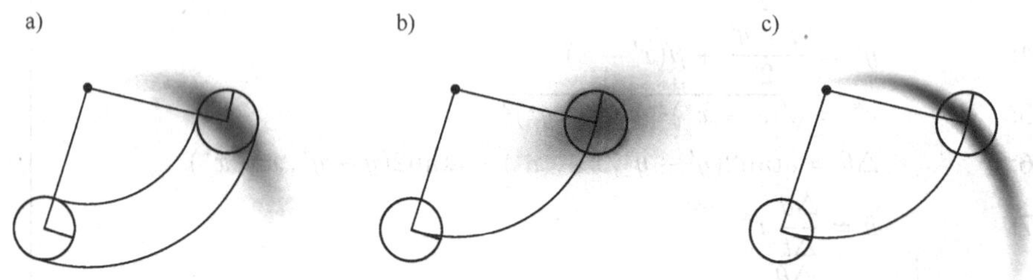

图 5.3 对应不同噪声参数环境的速度运动模型

5.3.2 采样算法

对于粒子滤波（见本书 4.3 节），它足够从运动模型 $p(\boldsymbol{x}_t \mid \boldsymbol{u}_t, \boldsymbol{x}_{t-1})$ 采样，而不是计算任意 $\boldsymbol{x}_t$、$\boldsymbol{u}_t$ 和 $\boldsymbol{x}_{t-1}$ 的后验。来自条件密度的采样与计算密度不同。采样时，给定 $\boldsymbol{u}_t$ 和 $\boldsymbol{x}_{t-1}$，旨在根据运动模型 $p(\boldsymbol{x}_t \mid \boldsymbol{u}_t, \boldsymbol{x}_{t-1})$ 产生一个随机的 $\boldsymbol{x}_t$。当计算密度时，也是给定通过其他方法产生的 $\boldsymbol{x}_t$，旨在计算在 $p(\boldsymbol{x}_t \mid \boldsymbol{u}_t, \boldsymbol{x}_{t-1})$ 下的 $\boldsymbol{x}_t$ 的概率。

程序 5.3 给出的 sample_motion_model_velocity 算法对于固定的控制 $\boldsymbol{u}_t$ 和位姿 $\boldsymbol{x}_{t-1}$ 由 $p(\boldsymbol{x}_t \mid \boldsymbol{u}_t, \boldsymbol{x}_{t-1})$ 产生随机样本。它将 $\boldsymbol{u}_t$ 和 $\boldsymbol{x}_{t-1}$ 作为输入，并根据分布 $p(\boldsymbol{x}_t \mid \boldsymbol{u}_t, \boldsymbol{x}_{t-1})$ 产生一个随机位姿 $\boldsymbol{x}_t$。第 2 ~4 行由噪声“干扰”指挥控制的参数，噪声来自运动学运动模型的误差参数。然后噪声值用来产生样本新的位姿（对应第 5 ~7 行）。因此，采样过程实现了一个简单物理机器人的运动模型，它以一种最简单的方式将控制噪声考虑在预测模型中。图 5.4 给出了这个采样程序的结果。它描述了由 sample_motion_model_velocity 算法产生的 500 个样本。读者可以将此与图 5.3给出的密度图进行对比。

1: **Algorithm sample_motion_model_velocity**(u_t, x_{t-1}):

2: $\hat{v} = v + \textbf{sample}(\alpha_1 v^2 + \alpha_2 \omega^2)$

3: $\hat{\omega} = \omega + \textbf{sample}(\alpha_3 v^2 + \alpha_4 \omega^2)$

4: $\hat{\gamma} = \textbf{sample}(\alpha_5 v^2 + \alpha_6 \omega^2)$

5: $x' = x - \frac{\hat{v}}{\hat{\omega}} \sin\theta + \frac{\hat{v}}{\hat{\omega}}\, sin(\theta + \hat{\omega}\Delta t)$

6: $y' = y + \frac{\hat{v}}{\hat{\omega}} \cos\theta - \frac{\hat{v}}{\hat{\omega}}\, cos(\theta + \hat{\omega}\Delta t)$

7: $\theta' = \theta + \hat{\omega}\Delta t + \hat{\gamma}\Delta t$

8: *return* $x_t = (x', y', \theta')^T$

程序 5.3 由位姿 $\boldsymbol{x}_{t-1} = (x \quad y \quad \theta)^{\mathrm{T}}$ 和控制 $\boldsymbol{u}_t = (v \quad \omega)^{\mathrm{T}}$ 采样位姿 $\boldsymbol{x}_t = (x' \quad y' \quad \theta')^{\mathrm{T}}$ 的算法（注意，这里正在用一个附加的随机项 $\hat{\gamma}$ 干扰最后的方向；变量 $\alpha_1 \sim \alpha_6$ 是运动噪声的参数；函数 sample(b^2) 产生来自具有方差 b^2 以 0 为中心的分布的一个随机样本，如它可以通过程序 5.4 给出的算法来实现）

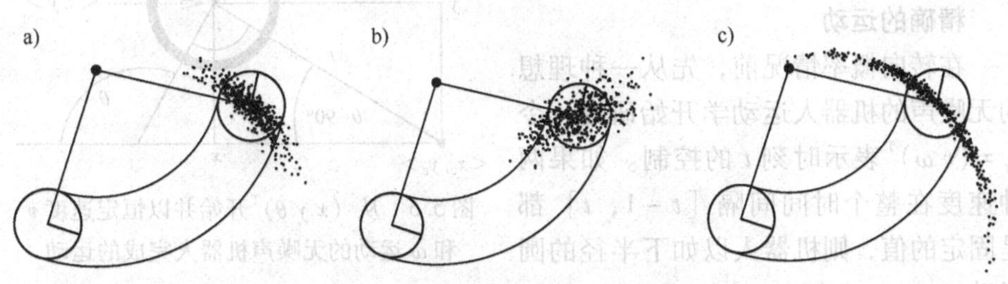

图 5.4 从速度运动模型中采样（使用与图 5.3 相同的参数，每个图都是 500 个样本）

注意到，在很多情况下，采样 $\boldsymbol{x}_t$ 比计算给定 $\boldsymbol{x}_t$ 的密度要容易。这是因为采样仅需要一个物理运动模型的前向仿真。计算一个假想位姿的概率意味着误差参

Algorithm sample_normal_distribution(b^2):

$$\text{return } \frac{1}{2}\sum_{i=1}^{12}\mathbf{rand}(-b, b)$$

Algorithm sample_triangular_distribution(b^2):

$$\text{return } \frac{\sqrt{6}}{2}\left[\mathbf{rand}(-b, b) + \mathbf{rand}(-b, b)\right]$$

程序 5.4 从均值为 0 和方差为 b^2 的（近似）正态分布和三角形分布中采样的算法［参看 Winkler（1995，P293）；函数 rand(x，y）是在［x，y］中均匀分布的一个伪随机数产生器］

数的重新推测，这需要计算物理运动模型的逆。粒子滤波依赖采样的事实使其从实现的角度来看是特别有吸引力的。

5.3.3 速度运动模型的数学推导

下面推导 motion_model_velocity 算法和 sample_motion_model_velocity 算法。像往常一样，对数学细节不感兴趣的读者可跳过本节从 5.4 节继续学习。推导从机器运动产生的模型开始，然后导出采样和对任意 $\boldsymbol{x}_t$、$\boldsymbol{u}_t$ 和 $\boldsymbol{x}_{t-1}$ 计算 $p(\boldsymbol{x}_t \mid \boldsymbol{u}_t, \boldsymbol{x}_{t-1})$ 的公式。

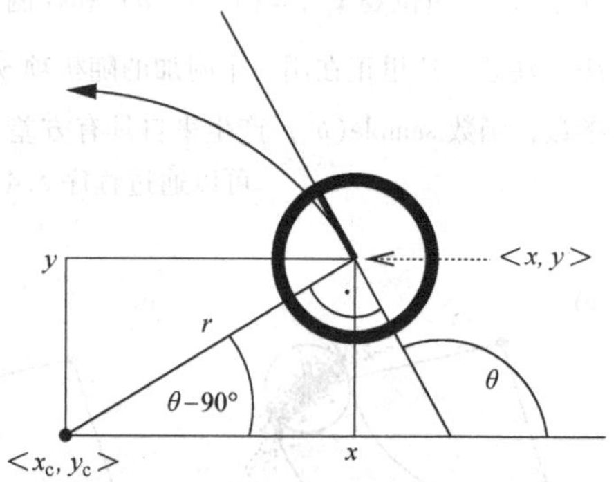

图 5.5 从 $(x\ y\ \theta)^{\mathrm{T}}$ 开始并以恒定速度 v 和 ω 运动的无噪声机器人完成的运动

精确的运动

在转向概率情况前，先从一种理想的无噪声的机器人运动学开始研究。令 $\boldsymbol{u}_t = (v\ \omega)^{\mathrm{T}}$ 表示时刻 t 的控制。如果两种速度在整个时间间隔［$t-1$，t］都是固定的值，则机器人以如下半径的圆运动：

$$r = \left|\frac{v}{\omega}\right| \tag{5.5}$$

这是任意半径为 r 圆形轨迹运动的对象在平移速度 v 和旋转速度 ω 之间都遵

循的一般关系：

$$v=\omega r \tag{5.6}$$

式（5.5）包含机器人根本不旋转（$\omega=0$）的情况，在这种情况下机器人沿直线移动。一条直线对应的圆半径为无穷大，因此注意到 r 应为无穷大。

令 $\boldsymbol{x}_{t-1}=(x\ y\ \theta)^{\mathrm{T}}$ 是机器人的初始位姿，并假定在 Δt 时间内保持速度 $(v\ \omega)^{\mathrm{T}}$ 恒定。很容易看出，圆的中心位于

$$x_c=x-\frac{v}{\omega}\sin\theta \tag{5.7}$$

$$y_c=y+\frac{v}{\omega}\cos\theta \tag{5.8}$$

变量 $(x_c\ y_c)^{\mathrm{T}}$ 表示坐标。运动 Δt 时间后，理想机器人将位于 $\boldsymbol{x}_t=(x'\ y'\ \theta')^{\mathrm{T}}$，且

$$\begin{pmatrix}x'\\y'\\\theta'\end{pmatrix}=\begin{pmatrix}x_c+\frac{v}{\omega}\sin(\theta+\omega\Delta t)\\y_c-\frac{v}{\omega}\cos(\theta+\omega\Delta t)\\\theta+\omega\Delta t\end{pmatrix} \tag{5.9}$$

$$=\begin{pmatrix}x\\y\\\theta\end{pmatrix}+\begin{pmatrix}-\frac{v}{\omega}\sin\theta+\frac{v}{\omega}\sin(\theta+\omega\Delta t)\\\frac{v}{\omega}\cos\theta-\frac{v}{\omega}\cos(\theta+\omega\Delta t)\\\omega\Delta t\end{pmatrix}$$

该表达式的推导遵循简单的三角学：经过 Δt 时间后，无噪声机器人沿着圆的方向已经前进了 $v\Delta t$，这导致其航向转过了 $\omega\Delta t$。同时，其 x 和 y 坐标由圆心在 $(x_c\ y_c)^{\mathrm{T}}$ 的圆周与从 $(x_c\ y_c)^{\mathrm{T}}$ 开始垂直于 $\omega\Delta t$ 的角度的射线的交点来给定。第二次变形是简单地将式（5.8）代入得到的运动方程。

当然，真实的机器人不能从一个速度跳到另一个，也不能在每一个时间间隔内速度保持恒定。为了计算非恒定速度的运动，利用小的时间间隔 Δt，在每一个时间间隔用一个常值近似真实的速度，是很常用的方法。那么（近似）的最后位姿就可以通过使用刚阐述的数学方程连接相应的圆轨迹得到。

真实运动

实际上，机器人的运动是受噪声影响的。真实的速度与给定的速度（或者测量的速度，在机器人有测量速度的传感器的情况下）是不同的。将这种不同建模为以 0 为中心的具有有限方差的随机变量。更精确的，假定实际的速度由下式给定：

$$\begin{pmatrix} \hat{v} \\ \hat{\omega} \end{pmatrix} = \begin{pmatrix} v \\ \omega \end{pmatrix} + \begin{pmatrix} \varepsilon_{\alpha_1 v^2 + \alpha_2 \omega^2} \\ \varepsilon_{\alpha_3 v^2 + \alpha_4 \omega^2} \end{pmatrix} \tag{5.10}$$

这里 ε_{b^2} 是一个方差为 b^2 均值为 0 的误差变量。因此真实速度等于给定的速度加上一些小的，附加的误差（噪声）。在该模型中，误差的标准偏差与给定速度成比例。参数 $\alpha_1 \sim \alpha_4$（$\alpha_i \geqslant 0$，$i=1, 2, \cdots, 4$）是指定的机器人特定的误差参数。它们建立机器人准确性的模型。一个机器人越不精确，这些参数越大。

误差 ε_{b^2} 的两种选择是正态分布和三角形分布。

均值为 0、方差为 b^2 的正态分布（normal distribution）由如下的密度函数给定：

$$\varepsilon_{b^2}(a) = \frac{1}{\sqrt{2\pi b^2}} e^{-\frac{1}{2}\frac{a^2}{b^2}} \tag{5.11}$$

图 5.6a 给出了具有方差 b^2 的正态分布概率密度函数。正态分布通常用来为连续随机过程的噪声建立模型。它的支撑集，即 $p(a)>0$ 的点集 a，是 $\Re$ 。

均值为 0、方差为 b^2 的三角形分布（triangular distribution）由下式给定：

$$\varepsilon_{b^2}(a) = \max\left\{0, \frac{1}{\sqrt{6}b} - \frac{|a|}{6b^2}\right\} \tag{5.12}$$

它仅在（$-\sqrt{6}b$；$\sqrt{6}b$）区间不为零。如图 5.6b 所示，其密度类似一个对称的三角形形状，因此而得名三角形分布。

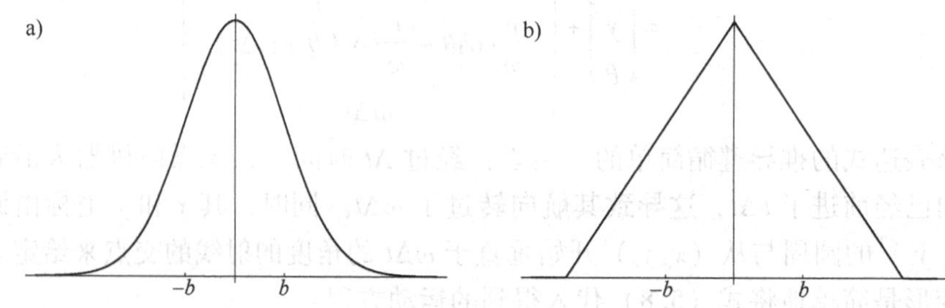

图 5.6 具有方差 b^2 的概率密度函数

a）正态分布 b）三角形分布

因此，在 $\boldsymbol{x}_{t-1} = (x\ y\ \theta)^{\mathrm{T}}$ 执行完运动指令 $\boldsymbol{u}_t = (v\ \omega)^{\mathrm{T}}$ 后的真实位姿 $\boldsymbol{x}_t = (x'\ y'\ \theta')^{\mathrm{T}}$ 的较好的模型为

$$\begin{pmatrix} x' \\ y' \\ \theta' \end{pmatrix} = \begin{pmatrix} x \\ y \\ \theta \end{pmatrix} + \begin{pmatrix} -\frac{\hat{v}}{\hat{\omega}}\sin\theta + \frac{\hat{v}}{\hat{\omega}}\sin(\theta + \hat{\omega}\Delta t) \\ \frac{\hat{v}}{\hat{\omega}}\cos\theta - \frac{\hat{v}}{\hat{\omega}}\cos(\theta + \hat{\omega}\Delta t) \\ \hat{\omega}\Delta t \end{pmatrix} \tag{5.13}$$

上式由式（5.9）中用噪声运动 $(\hat{v}\ \hat{\omega})^{\mathrm{T}}$ 代替给定速度 $\boldsymbol{u}_t=(v\ \omega)^{\mathrm{T}}$ 得到。但是，这个模型仍然不太现实，接下来依次讨论这些原因。

最终方向

以上给出的两个方程式都精确地描述了机器人真实地在一个半径为 $r=\dfrac{\hat{v}}{\hat{\omega}}$ 圆形轨迹上移动时的最终位置。而这个圆弧段的半径和移动的距离是受到控制噪声的影响的，轨迹是圆这个事实并不存在。圆形运动的假设就导致了重大的退化。具体来说，密度 $p(\boldsymbol{x}_t \mid \boldsymbol{u}_t,\ \boldsymbol{x}_{t-1})$ 的支撑集是二维的，是三维位姿中的两维。所有后验位姿都定位为一个三维位姿空间中的二维的事实是仅使用了两个噪声变量 v 和 ω 的直接结果。不幸的是，当将贝叶斯滤波应用于状态估计时，这种退化具有重要的影响。

现实中，当然任何有意义的后验分布都不会退化，且位姿在三维 x、y 和 θ 空间中的变量也能找到。相应地，为了推广运动模型，假设机器人到达它的最终位姿时，旋转 $\hat{\gamma}$。因此，不是根据式（5.13）计算 θ'，而是通过如下两式建模最后的方向：

$$\theta'=\theta+\hat{\omega}\Delta t+\hat{\gamma}\Delta t \tag{5.14}$$

其中

$$\hat{\gamma}=\varepsilon_{\alpha_5}v^2+\alpha_6\omega^2 \tag{5.15}$$

这里 α_5 和 α_6 是确定附加的旋转噪声方差的额外的特定机器人参数。因此，得到的运动模型为

$$\begin{pmatrix}x'\\y'\\\theta'\end{pmatrix}=\begin{pmatrix}x\\y\\\theta\end{pmatrix}+\begin{pmatrix}-\dfrac{\hat{v}}{\hat{\omega}}\sin\theta+\dfrac{\hat{v}}{\hat{\omega}}\sin(\theta+\hat{\omega}\Delta t)\\ \dfrac{\hat{v}}{\hat{\omega}}\cos\theta-\dfrac{\hat{v}}{\hat{\omega}}\cos(\theta+\hat{\omega}\Delta t)\\ \hat{\omega}\Delta t+\hat{\gamma}\Delta t\end{pmatrix} \tag{5.16}$$

$p(\boldsymbol{x}_t \mid \boldsymbol{u}_t,\ \boldsymbol{x}_{t-1})$ 的计算

程序5.1给出的 motion_model_velocity 算法实现了对给定 $\boldsymbol{x}_{t-1}=(x\ y\ \theta)^{\mathrm{T}}$、$\boldsymbol{u}_t=(v\ \omega)^{\mathrm{T}}$ 和 $\boldsymbol{x}_t=(x'\ y'\ \theta')^{\mathrm{T}}$ 值时 $p(\boldsymbol{x}_t \mid \boldsymbol{u}_t,\ \boldsymbol{x}_{t-1})$ 的计算。由于该算法实际上应用了逆运动模型，算法的推导有点复杂。具体来说，motion_model_velocity 算法从位姿 $\boldsymbol{x}_{t-1}$ 和 $\boldsymbol{x}_t$ 及近似的最终旋转 $\hat{\gamma}$，来确定运动参数 $\hat{\boldsymbol{u}}_t=(\hat{v}\ \hat{\omega})^{\mathrm{T}}$。这里的推导可使得读者对为什么需要最终的旋转的原因更清晰：对几乎所有 $\boldsymbol{x}_{t-1}$、$\boldsymbol{u}_t$ 和 $\boldsymbol{x}_t$ 的值，如果不考虑最终旋转，运动概率很容易为零。

计算在时间单元 Δt 内，控制作用 $\boldsymbol{u}_t=(v\ \omega)^{\mathrm{T}}$ 下将机器人位姿从 $\boldsymbol{x}_{t-1}=(x\ y\ \theta)^{\mathrm{T}}$ 变

成位姿 $\boldsymbol{x}_t=(x'\ y'\ \theta')^{\mathrm{T}}$ 的概率 $p(\boldsymbol{x}_t\mid \boldsymbol{u}_t,\ \boldsymbol{x}_{t-1})$。首先，确定将机器人从位姿 $\boldsymbol{x}_{t-1}$ 变到位置（$x'\ y'$）而不管机器人最终方向时所需的控制。接下来，确定机器人要获得方向 θ' 需要最终旋转的 $\hat{\gamma}$。基于这些，然后可很容易计算出想得到的概率 $p(\boldsymbol{x}_t\mid \boldsymbol{u}_t,\ \boldsymbol{x}_{t-1})$。

读者可以回想一下，这里的模型假设机器人在 Δt 内移动速度是恒定的，形成一个圆形的轨迹。对一个从 $\boldsymbol{x}_{t-1}=(x\ y\ \theta)^{\mathrm{T}}$ 移动到 $\boldsymbol{x}_t=(x'\ y')^{\mathrm{T}}$ 的机器人，圆的中心定义为（$x^*\ y^*$）^{T}，并由下式给出：

$$\begin{pmatrix} x^* \\ y^* \end{pmatrix} = \begin{pmatrix} x \\ y \end{pmatrix} + \begin{pmatrix} -\lambda\sin\theta \\ \lambda\cos\theta \end{pmatrix} = \begin{pmatrix} \dfrac{x+x'}{2}+\mu(y-y') \\ \dfrac{y+y'}{2}+\mu(x'-x) \end{pmatrix} \tag{5.17}$$

对某个未知的 $\lambda,\ \mu\in\Re$。第一个等式表示是圆心与机器人初始方向正交；第二个等式是一个简单的约束，圆心位于在（$x\ y$）^{T}和（$x'\ y'$）^{T}之间的中点的一条射线上，并与两坐标之间的连线正交。

通常，式（5.17）有唯一解（除了 $\omega=0$ 的退化情况），这种情况下圆心位于无穷远处。读者可以证明，解为

$$\mu=\frac{1}{2}\ \frac{(x-x')\cos\theta+(y-y')\sin\theta}{(y-y')\cos\theta-(x-x')\sin\theta} \tag{5.18}$$

因此有

$$\begin{pmatrix} x^* \\ y^* \end{pmatrix} = \begin{pmatrix} \dfrac{x+x'}{2}+\dfrac{1}{2}\ \dfrac{(x-x')\cos\theta+(y-y')\sin\theta}{(y-y')\cos\theta-(x-x')\sin\theta}(y-y') \\ \dfrac{y+y'}{2}+\dfrac{1}{2}\ \dfrac{(x-x')\cos\theta+(y-y')\sin\theta}{(y-y')\cos\theta-(x-x')\sin\theta}(x'-x) \end{pmatrix} \tag{5.19}$$

圆的半径可由欧拉距离给定：

$$r^*=\sqrt{(x-x^*)^2+(y-y^*)^2}=\sqrt{(x'-x^*)^2+(y'-y^*)^2} \tag{5.20}$$

并且，现在可计算方向的变化：

$$\Delta\theta=\operatorname{atan2}(y'-y^*,x'-x^*)-\operatorname{atan2}(y-y^*,x-x^*) \tag{5.21}$$

这里 atan2 是弓切线 y/x 扩展到 $\Re^2$ 的常见扩展（大多数编程语言提供了这个函数）。

$$\operatorname{atan2}(y,x)=\begin{cases} \operatorname{atan}(y/x) & x>0 \\ \operatorname{sign}(y)(\pi-\operatorname{atan}(|y/x|)) & x<0 \\ 0 & x=y=0 \\ \operatorname{sign}(y)\pi/2 & x=0,y\neq 0 \end{cases} \tag{5.22}$$

既然假定机器人遵循一个圆形轨迹，沿该圆在 $\boldsymbol{x}_t$ 和 $\boldsymbol{x}_{t-1}$ 之间的平移距离为

$$\Delta\mathrm{dist}=r^*\Delta\theta \tag{5.23}$$

从 $\Delta\mathrm{dist}$ 和 $\Delta\theta$，可以很容易地计算速度 $\hat{v}$ 和 $\hat{\omega}$：

$$\hat{\boldsymbol{u}}_t = \begin{pmatrix} \hat{v} \\ \hat{\omega} \end{pmatrix} = \Delta t^{-1} \begin{pmatrix} \Delta \text{dist} \\ \Delta\theta \end{pmatrix} \tag{5.24}$$

需要获得机器人在 $(x'\ y')^{\mathrm{T}}$ 的最终方向 θ'，根据式（5.14）确定在 Δt 时间内的旋转速度 $\hat{\gamma}$ 为

$$\hat{\gamma} = \Delta t^{-1}(\theta' - \theta) - \hat{\omega} \tag{5.25}$$

运动误差（motion error）是来自 $\hat{\boldsymbol{u}}_t$ 和 $\hat{\gamma}$ 与给定速度 $\boldsymbol{u}_t = (v\ \omega)^{\mathrm{T}}$ 和 $\gamma = 0$ 的偏差，由式（5.24）和式（5.25）定义。

$$v_{\text{err}} = v - \hat{v} \tag{5.26}$$

$$\omega_{\text{err}} = \omega - \hat{\omega} \tag{5.27}$$

$$\gamma_{\text{err}} = \hat{\gamma} \tag{5.28}$$

在式（5.10）和式（5.15）指定的误差模型下，这些误差都具有如下概率：

$$\boldsymbol{\varepsilon}_{\alpha_1 v^2 + \alpha_2 \omega^2}(v_{\text{err}}) \tag{5.29}$$

$$\boldsymbol{\varepsilon}_{\alpha_3 v^2 + \alpha_4 \omega^2}(\omega_{\text{err}}) \tag{5.30}$$

$$\boldsymbol{\varepsilon}_{\alpha_5 v^2 + \alpha_6 \omega^2}(\gamma_{\text{err}}) \tag{5.31}$$

这里 $\boldsymbol{\varepsilon}_{b^2}$ 是一个方差为 b^2 均值为0的误差变量，跟以前一样。因为这里假定不同来源的误差之间是相互独立的，要求得的概率 $p(\boldsymbol{x}_t \mid \boldsymbol{u}_t, \boldsymbol{x}_{t-1})$ 就是这几个误差的乘积：

$$p(\boldsymbol{x}_t \mid \boldsymbol{u}_t, \boldsymbol{x}_{t-1}) = \boldsymbol{\varepsilon}_{\alpha_1 v^2 + \alpha_2 \omega^2}(v_{\text{err}})\, \boldsymbol{\varepsilon}_{\alpha_3 v^2 + \alpha_4 \omega^2}(\omega_{\text{err}})\, \boldsymbol{\varepsilon}_{\alpha_5 v^2 + \alpha_6 \omega^2}(\gamma_{\text{err}}) \tag{5.32}$$

要注意程序5.1给出的 motion_model_velocity 算法的正确性，读者会注意到这个算法实现了上述表达式。具体来说，第2~9行等效式（5.18）~（5.21）、式（5.24）和式（5.25）。第10行实现了式（5.32），将式（5.29）~（5.31）所示误差项代入计算。

采样 $p(\boldsymbol{x}' \mid \boldsymbol{u}, \boldsymbol{x})$

程序5.3给出的采样算法 sample_motion_model_velocity 实现了本节早些所讨论的前向模型。第5~7行与式（5.16）对应。第2~4行计算的噪声值与式（5.10）和式（5.15）对应。

程序5.4给出的 sample_normal_distribution 算法实现对一个正态分布采样的通用近似。这个近似利用中心极限定理，即任意非退化随机变量的平均都收敛到一个正态分布。通过将12个均匀分布求平均，sample_normal_distribution 算法产生近似正态分布的值；尽管技术上，得到的值总是位于 $[-2b, 2b]$。最后程序5.4的 sample_triangular_distribution 算法实现一个三角形分布的采样。

5.4　里程计运动模型

目前所讨论过的速度运动模型都是利用机器人的速度去计算位姿的后验。或

者有人可能想用里程计测量为基础去计算机器人随时间的运动。里程通常可通过整合轮子的编码信息来得到；许多商业机器人在固定的时间间隔（如0.1s）产生这样的积分位姿估计。这就引出了本章讨论的第二个运动模型，里程计运动模型（odometry motion model）。里程计运动模型用距离测量代替控制。

实际经验表明，里程计法虽然仍存在误差，但通常比速度法更精确。两种都存在漂移和打滑，但是速度法还受到实际运动控制器与它（粗糙的）数学模型之间的不匹配的影响。但是，里程计法只有在机器人移动后才是可用的。给出滤波算法是非常容易的，如后面将要讨论的定位和地图构建算法。但它使得信息不能用于精确的运动规划和控制。

5.4.1 闭式计算

技术上，里程计信息就是传感器测量，而不是控制。为了建立作为测量的里程计模型，产生的贝叶斯滤波必须包括作为状态变量的实际速度——这样就增加了状态空间的维数。为了保持状态空间比较小，通常把里程计数据认为是控制信号。这里将里程计测量当作控制处理。产生的模型是当今许多最好的概率机器人系统的核心。

这里定义控制信息的形式。在时间 t，机器人确切的位姿由随机变量 $\boldsymbol{x}_t$ 建模。机器人的里程计估计该位姿；但是，由于漂移和打滑，在机器人的内部里程计使用的坐标和物理世界坐标之间不存在固定的坐标变换。事实上，知道了这个变换将解决机器人定位的问题！

里程计模型使用相对运动信息（relative motion information），该信息由机器人内部里程计测量。更具体地，在时间间隔 $(t-1, t]$ 内，机器人从位姿 $\boldsymbol{x}_{t-1}$ 前进到位姿 $\boldsymbol{x}_t$。里程计反馈了从 $\bar{\boldsymbol{x}}_{t-1}=(\bar{x}\ \bar{y}\ \bar{\theta})^{\mathrm{T}}$到 $\bar{\boldsymbol{x}}_t=(\bar{x}'\ \bar{y}'\ \bar{\theta}')^{\mathrm{T}}$的相对前进。这里“-”代表其是基于机器人内部坐标的，该坐标系与全局世界坐标的关系是未知的。在状态估计中利用这个信息的关键就是 $\bar{\boldsymbol{x}}_{t-1}$和 $\bar{\boldsymbol{x}}_t$之间的相对差（基于对术语“差异”的合适定义）是真实位姿 $\boldsymbol{x}_{t-1}$和 $\boldsymbol{x}_t$ 之间差异的一个很好的估计器。因此，运动信息 $\boldsymbol{u}_t$ 由下式给定：

$$\boldsymbol{u}_t=\begin{pmatrix}\bar{\boldsymbol{x}}_{t-1}\\ \bar{\boldsymbol{x}}_t\end{pmatrix} \tag{5.33}$$

为了提取相对距离，$\boldsymbol{u}_t$ 被转变成三个步骤的序列：旋转、直线运动（平移）和另一个旋转。图5.7给出了这样的分解：初始旋转 δ_{rot1}、平移 δ_{trans} 和第二次旋转 δ_{rot2}。读者很容易证明，每对位置（$\bar{s}\ \bar{s}'$）都具有唯一的参数向量（$\delta_{\mathrm{rot1}}\ \delta_{\mathrm{trans}}\ \delta_{\mathrm{rot2}}$）^{T}，这些参数足以重现 $\bar{s}$ 和 $\bar{s}'$之间的相对运动。因此，δ_{rot1}、δ_{trans} 和 δ_{rot2} 一起足以组成由里程计编码的相对运动的统计量。

概率运动模型假定这三个参数被相对独立的噪声污染。读者会注意到里程计

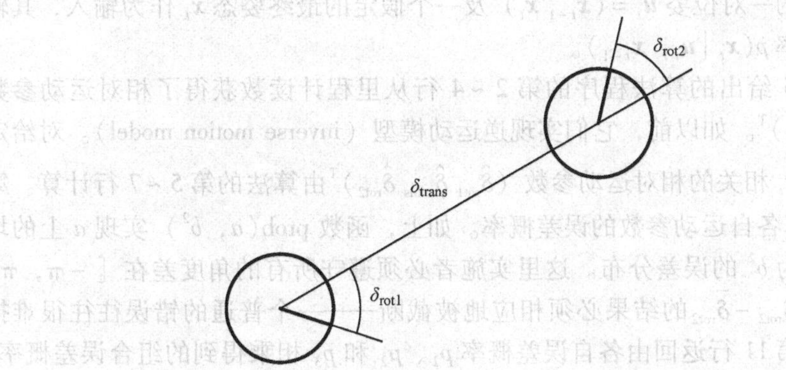

图 5.7 测距模型：在时间间隔 $(t-1,\ t]$ 的机器人运动由一个旋转 δ_{rot1}、平移 δ_{trans} 和第二次旋转 δ_{rot2} 近似（旋转和平移是有噪声的）

运动使用的参数比前面定义的速度向量多一个，因此不用面对导致“最后旋转”所定义的同样的退化问题。

在钻研数学细节之前，先来阐述闭式计算这个密度的基本算法。程序 5.5 给出了由里程计计算 $p(\boldsymbol{x}_t \mid \boldsymbol{u}_t,\ \boldsymbol{x}_{t-1})$ 的算法。该算法将初始位姿 $\boldsymbol{x}_{t-1}$、从机器人

Algorithm motion_model_odometry(x_t, u_t, x_{t-1}):

$\delta_{\text{rot1}} = \text{atan2}(\bar{y}' - \bar{y}, \bar{x}' - \bar{x}) - \bar{\theta}$

$\delta_{\text{trans}} = \sqrt{(\bar{x} - \bar{x}')^2 + (\bar{y} - \bar{y}')^2}$

$\delta_{\text{rot2}} = \bar{\theta}' - \bar{\theta} - \delta_{\text{rot1}}$

$\hat{\delta}_{\text{rot1}} = \text{atan2}(y' - y, x' - x) - \theta$

$\hat{\delta}_{\text{trans}} = \sqrt{(x - x')^2 + (y - y')^2}$

$\hat{\delta}_{\text{rot2}} = \theta' - \theta - \hat{\delta}_{\text{rot1}}$

$p_1 = \textbf{prob}(\delta_{\text{rot1}} - \hat{\delta}_{\text{rot1}}, \alpha_1 \hat{\delta}^2_{\text{rot1}} + \alpha_2 \hat{\delta}^2_{\text{trans}})$

$p_2 = \textbf{prob}(\delta_{\text{trans}} - \hat{\delta}_{\text{trans}}, \alpha_3 \hat{\delta}^2_{\text{trans}} + \alpha_4 \hat{\delta}^2_{\text{rot1}} + \alpha_4 \hat{\delta}^2_{\text{rot2}})$

$p_3 = \textbf{prob}(\delta_{\text{rot2}} - \hat{\delta}_{\text{rot2}}, \alpha_1 \hat{\delta}^2_{\text{rot2}} + \alpha_2 \hat{\delta}^2_{\text{trans}})$

return $p_1 \cdot p_2 \cdot p_3$

程序 5.5 基于里程计信息计算 $p(\boldsymbol{x}_t \mid \boldsymbol{u}_t,\ \boldsymbol{x}_{t-1})$ 的算法［这里控制 $\boldsymbol{u}_t$ 由 $(\bar{x}_{t-1}\ \bar{x}_t)^{\mathrm{T}}$ 给定，$\bar{\boldsymbol{x}}_{t-1} = (\bar{x}\ \bar{y}\ \bar{\theta})^{\mathrm{T}}$，$\bar{\boldsymbol{x}}_t = (\bar{x}'\ \bar{y}'\ \bar{\theta}')^{\mathrm{T}}$］

里程计获得的一对位姿 $u_t = (\bar{x}_{t-1}\ \bar{x}_t)^{\mathrm{T}}$ 及一个假定的最终姿态 x_t 作为输入，其输出是数值概率 $p(x_t \mid u_t,\ x_{t-1})$。

程序 5.5 给出的算法程序的第 2 ~ 4 行从里程计读数获得了相对运动参数 $(\delta_{\mathrm{rot1}}\ \delta_{\mathrm{trans}}\ \delta_{\mathrm{rot2}})^{\mathrm{T}}$。如以前，它们实现逆运动模型（inverse motion model）。对给定位姿 x_{t-1} 和 x_t 相关的相对运动参数（$\hat{\delta}_{\mathrm{rot1}}\ \hat{\delta}_{\mathrm{trans}}\ \hat{\delta}_{\mathrm{rot2}}$）^{T} 由算法的第 5 ~ 7 行计算。第 8 ~ 10 行计算各自运动参数的误差概率。如上，函数 prob(a，b^2）实现 a 上的均值为零方差为 b^2 的误差分布。这里实施者必须遵守所有的角度差在［$-\pi$，π］之间。因此 $\delta_{\mathrm{rot2}} - \bar{\delta}_{\mathrm{rot2}}$ 的结果必须相应地被截断——一个普通的错误往往很难排除。最后，第 11 行返回由各自误差概率 p_1、p_2 和 p_3 相乘得到的组合误差概率。这最后一步假定不同误差源之间是相互独立的。变量 $\alpha_1 \sim \alpha_4$ 是指定机器人运动噪声的机器人特定参数。

图 5.8 给出了不同的误差参数 $\alpha_1 \sim \alpha_4$ 的值所对应的里程计运动模型的例子。图 5.8a 给出了一个典型的分布，而图 5.8b 和 5.8c 所示分布分别表示非常大的平移和旋转误差。读者可能要仔细地将这些与图 5.3 所示的进行比较。两个连续测量之间的时间越短，这些不同运动模型越相似。因此，如果置信度经常更新，如对一个传统的室内机器人（0.1s 更新一次），那么这些运动模型之间的不同就不会很显著。

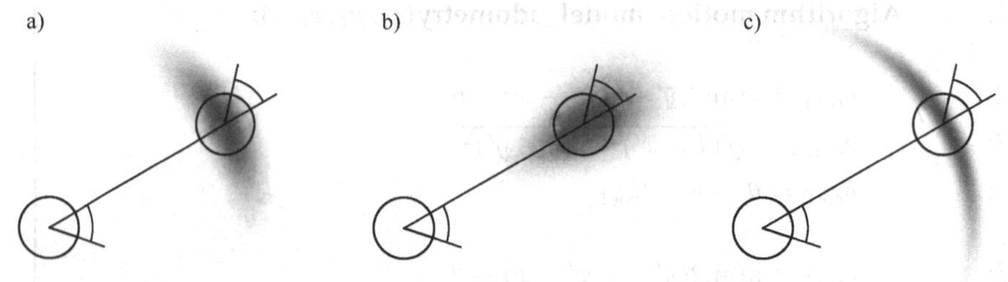

图 5.8　设置不同噪声参数的里程计运动模型

5.4.2　采样算法

如果粒子滤波用于定位，也希望有一个 $p(x_t \mid u_t,\ x_{t-1})$ 的采样算法。回想粒子滤波（见本书 4.3 节）需要 $p(x_t \mid u_t,\ x_{t-1})$ 的样本，而不是对于任意 x_{t-1}，u_t 和 x_t 计算 $p(x_t \mid u_t,\ x_{t-1})$ 的一个闭式表达。程序 5.6 所示的算法 sample_motion_model_odometry 实现了采样方法。它将初始位姿 x_{t-1} 和里程计读数 u_t 作为输入，输出一个随机 x_t 服从 $p(x_t \mid u_t,\ x_{t-1})$ 的分布。它与前面算法不同，因为它随机地推测一个位姿 x_t（第 5 ~ 10 行），而不是计算给定 x_t 的概率。跟以前一样，采样算法 sample_motion_model_odometry 比闭式算法 motion_model_odometry

更容易实现，因为它不需要逆模型。

Algorithm sample_motion_model_odometry(u_t, x_{t-1}):

$$\delta_{\text{rot1}} = \text{atan2}(\bar{y}' - \bar{y}, \bar{x}' - \bar{x}) - \bar{\theta}$$
$$\delta_{\text{trans}} = \sqrt{(\bar{x} - \bar{x}')^2 + (\bar{y} - \bar{y}')^2}$$
$$\delta_{\text{rot2}} = \bar{\theta}' - \bar{\theta} - \delta_{\text{rot1}}$$

$$\hat{\delta}_{\text{rot1}} = \delta_{\text{rot1}} - \textbf{sample}(\alpha_1 \delta_{\text{rot1}}^2 + \alpha_2 \delta_{\text{trans}}^2)$$
$$\hat{\delta}_{\text{trans}} = \delta_{\text{trans}} - \textbf{sample}(\alpha_3 \delta_{\text{trans}}^2 + \alpha_4\ \delta_{\text{rot1}}^2 + \alpha_4\ \delta_{\text{rot2}}^2)$$
$$\hat{\delta}_{\text{rot2}} = \delta_{\text{rot2}} - \textbf{sample}(\alpha_1 \delta_{\text{rot2}}^2 + \alpha_2 \delta_{\text{trans}}^2)$$

$$x' = x + \hat{\delta}_{\text{trans}}\ \cos(\theta + \hat{\delta}_{\text{rot1}})$$
$$y' = y + \hat{\delta}_{\text{trans}}\ \sin(\theta + \hat{\delta}_{\text{rot1}})$$
$$\theta' = \theta + \hat{\delta}_{\text{rot1}} + \hat{\delta}_{\text{rot2}}$$

return $x_t = (x', y', \theta')^T$

程序 5.6　基于里程计信息的从 $p(\boldsymbol{x}_t \mid \boldsymbol{u}_t, \boldsymbol{x}_{t-1})$ 采样的算法［这里时刻 t 的位姿用 $\boldsymbol{x}_{t-1} = (x\ y\ \theta)^{\mathrm{T}}$ 表示；控制是由机器人里程计获得的两个位姿估计的可微分集合，$\boldsymbol{u}_t = (\bar{\boldsymbol{x}}_{t-1}\ \bar{\boldsymbol{x}}_t)^{\mathrm{T}}$，$\bar{\boldsymbol{x}}_{t-1} = (\bar{x}\ \bar{y}\ \bar{\theta})^{\mathrm{T}}$，$\bar{\boldsymbol{x}}_t = (\bar{x}'\ \bar{y}'\ \bar{\theta}')^{\mathrm{T}}$

图 5.9 给出了由 sample_motion_model_odometry 算法产生的样本集的实例，使用与图 5.8 所示模型相同的参数。图 5.10 所示轨迹叠加了多个时间步长的样本集，说明了运动模型“在运行”。该数据已经使用 particle-filter 算法（见程序 4.3）的运动更新方程产生，假定机器人沿着实线所示的路径测距。图 5.10 所示还解释了不确定性是如何随着机器人的移动而增加的。样本遍布在越来越大的空间。

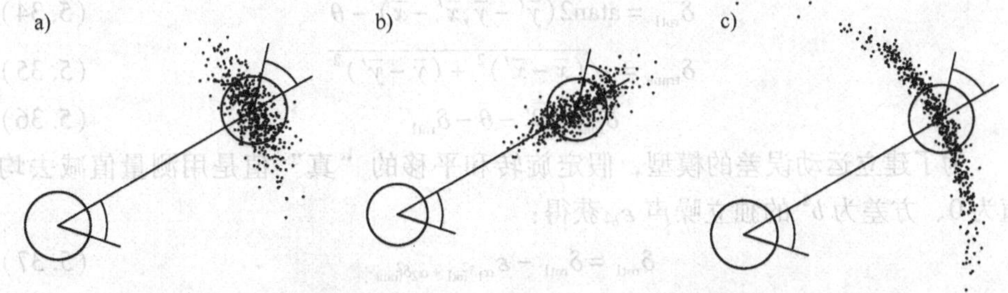

图 5.9　来自里程计运动模型的采样（与图 5.8 的参数相同；每个图都是 500 个样本）

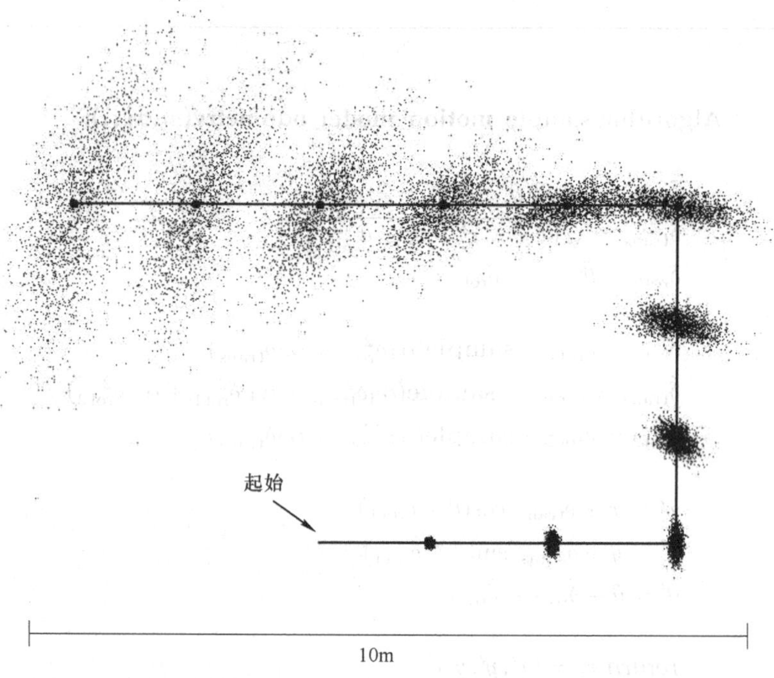

图 5.10　无传感器机器人的位姿置信度的采样近似值（实线显示动作，样本表示不同时间点机器人的置信度）

5.4.3　里程计运动模型的数学推导

算法的推导相对简单直接，第一次阅读可跳过。要推导使用里程计的概率运动模型，请回想在任意两个位姿之间的相对差可由三个串联的基本运动表示：旋转、直线运动（平移）和另一个旋转。下面的方程就表示了如何从里程计读数 $\boldsymbol{u}_t = (\bar{\boldsymbol{x}}_{t-1}\ \bar{\boldsymbol{x}}_t)^{\mathrm{T}}$［其中，$\bar{\boldsymbol{x}}_{t-1} = (\bar{x}\ \bar{y}\ \bar{\theta})^{\mathrm{T}}$，$\bar{\boldsymbol{x}}_t = (\bar{x}'\ \bar{y}'\ \bar{\theta}')^{\mathrm{T}}$］计算两个旋转值和一个平移值。

$$\delta_{\mathrm{rot1}} = \operatorname{atan2}(\bar{y}' - \bar{y}, \bar{x}' - \bar{x}) - \bar{\theta} \tag{5.34}$$

$$\delta_{\mathrm{trans}} = \sqrt{(\bar{x} - \bar{x}')^2 + (\bar{y} - \bar{y}')^2} \tag{5.35}$$

$$\delta_{\mathrm{rot2}} = \bar{\theta}' - \bar{\theta} - \delta_{\mathrm{rot1}} \tag{5.36}$$

为了建立运动误差的模型，假定旋转和平移的“真”值是用测量值减去均值为 0、方差为 b^2 的独立噪声 ε_{b^2} 获得：

$$\delta_{\mathrm{rot1}} = \delta_{\mathrm{rot1}} - \varepsilon_{\alpha_1\delta^2_{\mathrm{rot1}} + \alpha_2\delta^2_{\mathrm{trans}}} \tag{5.37}$$

$$\hat{\delta}_{\mathrm{trans}} = \delta_{\mathrm{trans}} - \varepsilon_{\alpha_3\delta^2_{\mathrm{trans}} + \alpha_4\delta^2_{\mathrm{rot1}} + \alpha_4\delta^2_{\mathrm{rot2}}} \tag{5.38}$$

$$\hat{\delta}_{\text{rot2}} = \delta_{\text{rot2}} - \varepsilon_{\alpha_1 \delta_{\text{rot2}}^2 + \alpha_2 \delta_{\text{trans}}^2} \tag{5.39}$$

与前面一样，ε_{b^2} 是一个均值为 0、方差为 b^2 的噪声变量。参数 $\alpha_1 \sim \alpha_4$ 是针对机器人的误差参数，它们指定运动的累计误差。

因此，实际位置 $\boldsymbol{x}_t$，从 $\boldsymbol{x}_{t-1}$ 经过初始旋转角 $\hat{\delta}_{\text{rot1}}$，跟随平移距离 $\hat{\delta}_{\text{trans}}$，再跟随另一个旋转角 $\hat{\delta}_{\text{rot2}}$ 得到，因此有

$$\begin{pmatrix} x' \\ y' \\ \theta' \end{pmatrix} = \begin{pmatrix} x \\ y \\ \theta \end{pmatrix} + \begin{pmatrix} \hat{\delta}_{\text{trans}} \cos(\theta + \hat{\delta}_{\text{rot1}}) \\ \hat{\delta}_{\text{trans}} \sin(\theta + \hat{\delta}_{\text{rot1}}) \\ \hat{\delta}_{\text{rot1}} + \hat{\delta}_{\text{rot2}} \end{pmatrix} \tag{5.40}$$

算法 sample_motion_model_odometry 实现了式（5.34）~（5.40）。

第 5 ~7 行，算法 motion_model_odometry 相对于初始位姿 $\boldsymbol{x}_{t-1}$，计算假想的位姿 $\boldsymbol{x}_t$ 的运动参数 $\hat{\delta}_{\text{rot1}}$，$\hat{\delta}_{\text{trans}}$ 和 $\hat{\delta}_{\text{rot2}}$。两者的差如下：

$$\delta_{\text{rot1}} - \hat{\delta}_{\text{rot1}} \tag{5.41}$$

$$\delta_{\text{trans}} - \hat{\delta}_{\text{trans}} \tag{5.42}$$

$$\delta_{\text{rot2}} - \hat{\delta}_{\text{rot2}} \tag{5.43}$$

这就是里程计误差，当然假设 $\boldsymbol{x}_t$ 是实际的最终位姿。误差模型式（5.37）~（5.39）意味着这些误差的概率可由上面定义的分布 ε 给定：

$$p_1 = \varepsilon_{\alpha_1 \delta_{\text{rot1}}^2 + \alpha_2 \delta_{\text{trans}}^2} (\delta_{\text{rot1}} - \hat{\delta}_{\text{rot1}}) \tag{5.44}$$

$$p_2 = \varepsilon_{\alpha_3 \delta_{\text{trans}}^2 + \alpha_4 \delta_{\text{rot1}}^2 + \alpha_4 \delta_{\text{rot2}}^2} (\delta_{\text{trans}} - \hat{\delta}_{\text{trans}}) \tag{5.45}$$

$$p_3 = \varepsilon_{\alpha_1 \delta_{\text{rot2}}^2 + \alpha_2 \delta_{\text{trans}}^2} (\delta_{\text{rot2}} - \hat{\delta}_{\text{rot2}}) \tag{5.46}$$

这些概率在算法 motion_model_odometry 的第 8 ~10 行计算，因为假定误差相互独立，所以联合误差概率即为 $p_1 p_2 p_3$（见第 11 行）。

5.5　运动和地图

为了便于讨论 $p(\boldsymbol{x}_t \mid \boldsymbol{u}_t, \boldsymbol{x}_{t-1})$，这里规定机器人在真空中运动。具体来说，这种模型是在缺乏环境特性信息的情况下描述机器人运动的。许多情况下，总是给定一个地图 $\boldsymbol{m}$，它可能包括关于机器人能或不能通过的空间的信息。例如，占用地图（occupancy maps），将在本书第 9 章介绍，该地图区分占用（occupied）区域和闲置（free）区域。机器人的位姿必须一直处在闲置区域。因此，在执行一个控制 $\boldsymbol{u}_t$ 之前、期间和之后，知情的地图会给出关于机器人位姿 $\boldsymbol{x}_t$ 的更多信息。

这种考虑需要运动模型并考虑地图 $\boldsymbol{m}$。用 $p(\boldsymbol{x}_t \mid \boldsymbol{u}_t, \boldsymbol{x}_{t-1}, \boldsymbol{m})$ 表示该模型，说明它除了标准变量外还考虑了地图 $\boldsymbol{m}$。如果 $\boldsymbol{m}$ 携带有关于位姿估计的信息，有

$$p(\boldsymbol{x}_t \mid \boldsymbol{u}_t,\boldsymbol{x}_{t-1}) \neq p(\boldsymbol{x}_t \mid \boldsymbol{u}_t,\boldsymbol{x}_{t-1},\boldsymbol{m}) \tag{5.47}$$

运动模型 $p(\boldsymbol{x}_t \mid \boldsymbol{u}_t, \boldsymbol{x}_{t-1}, \boldsymbol{m})$ 应该给出比无地图运动模型 $p(\boldsymbol{x}_t \mid \boldsymbol{u}_t, \boldsymbol{x}_{t-1})$ 更好的结果。将 $p(\boldsymbol{x}_t \mid \boldsymbol{u}_t, \boldsymbol{x}_{t-1}, \boldsymbol{m})$ 作为基于地图的运动模型（map-based motion model）。基于地图的运动模型计算是指，被放置在地图 $\boldsymbol{m}$ 所表示的环境里的机器人在位姿 $\boldsymbol{x}_{t-1}$ 处执行动作 $\boldsymbol{u}_t$ 到达位姿 $\boldsymbol{x}_t$ 的可能性。不幸的是，闭式计算该运动模型是很困难的。这是因为计算在执行完动作 $\boldsymbol{u}_t$ 后在 $\boldsymbol{x}_t$ 的可能性，必须要考虑在 $\boldsymbol{x}_{t-1}$ 和 $\boldsymbol{x}_t$ 之间存在的未占用路径的概率，这样机器人才有可能执行控制 $\boldsymbol{u}_t$，沿着该未占用路径前进。这是一个复杂的操作。

幸运的是，存在一种基于地图运动模型的高效近似，如果 $\boldsymbol{x}_{t-1}$ 和 $\boldsymbol{x}_t$ 之间的距离很小（如比机器人直径的一半还小）时，它可以运行得很好。该近似将基于地图的运动模型分解成两部分：

$$p(\boldsymbol{x}_t \mid \boldsymbol{u}_t,\boldsymbol{x}_{t-1},\boldsymbol{m}) = \eta \frac{p(\boldsymbol{x}_t \mid \boldsymbol{u}_t,\boldsymbol{x}_{t-1})\,p(\boldsymbol{x}_t \mid \boldsymbol{m})}{p(\boldsymbol{x}_t)} \tag{5.48}$$

式中，η 为常用的归一化因子。通常，$p(\boldsymbol{x}_t)$ 也是均匀的，可以将其归入到常数归一化因子中。然后用无地图估计 $p(\boldsymbol{x}_t \mid \boldsymbol{u}_t, \boldsymbol{x}_{t-1})$ 简单地乘以第二项 $p(\boldsymbol{x}_t \mid \boldsymbol{m})$，第二项表达了位姿 $\boldsymbol{x}_t$ 与地图 $\boldsymbol{m}$ 的“一致性”。对于占用地图，当且仅当机器人被放置在地图的占用栅格单元时才有 $p(\boldsymbol{x}_t \mid \boldsymbol{m})=0$；否则假定 $p(\boldsymbol{x}_t \mid \boldsymbol{m})$ 是一个常数值。通过 $p(\boldsymbol{x}_t \mid \boldsymbol{m})$ 和 $p(\boldsymbol{x}_t \mid \boldsymbol{u}_t, \boldsymbol{x}_{t-1})$ 相乘，得到一个分布，该分布将所有概率分配给与地图一致的姿态 $\boldsymbol{x}_t$，否则它具有与 $p(\boldsymbol{x}_t \mid \boldsymbol{u}_t, \boldsymbol{x}_{t-1})$ 相同的形状。因为 η 可以通过归一化计算，基于地图运动模型的近似可以高效地计算，与无地图运动模型相比没有显著的开销。

程序 5.7 给出了计算和从基于地图的运动模型采样的基本算法。注意采样算法返回一个加权样本，它包括一个与 $p(\boldsymbol{x}_t \mid \boldsymbol{m})$ 成比例的重要性因子。必须注意采样版本的实现，以确保内循环的终止。图 5.11 给出了运动模型的一个例子。图 5.11a 所示的密度是 $p(\boldsymbol{x}_t \mid \boldsymbol{u}_t, \boldsymbol{x}_{t-1})$ 的，是根据速度运动模型计算的。现在假定地图 $\boldsymbol{m}$ 具有一个很长的矩形障碍，如图 5.11b 所示。在机器人要横穿障碍的所有位姿 $\boldsymbol{x}_t$ 处概率 $p(\boldsymbol{x}_t \mid \boldsymbol{m})$ 都为 0。因为实例中机器人是圆形的，则该区域相当于障碍向外扩展了机器人半径这么多——这相当于将障碍从工作空间（workspace）映射到机器人的配置空间（configuration space）或位姿空间（pose space）。图 5.11b 所示的产生的概率 $p(\boldsymbol{x}_t \mid \boldsymbol{u}_t, \boldsymbol{x}_{t-1}, \boldsymbol{m})$ 是 $p(\boldsymbol{x}_t \mid \boldsymbol{m})$ 和 $p(\boldsymbol{x}_t \mid \boldsymbol{u}_t, \boldsymbol{x}_{t-1})$ 的归一化乘积。该概率在扩展的障碍区为 0，在其他地方与 $p(\boldsymbol{x}_t \mid \boldsymbol{u}_t, \boldsymbol{x}_{t-1})$ 成比例。

```
Algorithm motion_model_with_map(x_t, u_t, x_{t-1}, m):
    return p(x_t | u_t, x_{t-1}) · p(x_t | m)
```

```
Algorithm sample_motion_model_with_map(u_t, x_{t-1}, m):
    do
        x_t = sample_motion_model(u_t, x_{t-1})
        π = p(x_t | m)
    until π > 0
    return ⟨x_t, π⟩
```

程序 5.7 利用环境地图 $\boldsymbol{m}$，计算 $p(\boldsymbol{x}_t \mid \boldsymbol{u}_t, \boldsymbol{x}_{t-1}, \boldsymbol{m})$ 的算法

［该算法将以前的运动模型（程序 5.1、5.3、5.5 和 5.6）升级到新的模型，新模型考虑了机器人不能放在地图 $\boldsymbol{m}$ 的占用空间中］

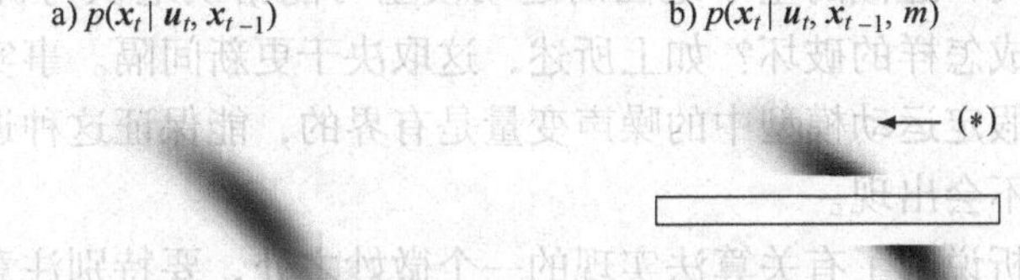

图 5.11 速度运动模型

a）没有地图 b）以地图 $\boldsymbol{m}$ 为条件

图 5.11 所示也为近似的一个问题。标记（ * ）的区域具有非零的似然，因为 $p(\boldsymbol{x}_t \mid \boldsymbol{m})$ 和 $p(\boldsymbol{x}_t \mid \boldsymbol{u}_t, \boldsymbol{x}_{t-1})$ 在这个区域非零。但是，对在这个特殊区域的机器人，它必须穿过墙，但这在真实世界是不可能的。这个错误是只检查了最终位姿 $\boldsymbol{x}_t$ 处模型的连续性的结果，而不是核查了机器人到达目标的路径的连续性的结果。但是，实际上，这样的误差只会出现在相对较大的运动 $\boldsymbol{u}_t$ 中，且对于较高更新频率的系统可以忽略。

为了揭示近似的本质，这里进行简单的推导。式（5.48）可以应用贝叶斯

准则得到

$$p(\boldsymbol{x}_t \mid \boldsymbol{u}_t, \boldsymbol{x}_{t-1}, \boldsymbol{m}) = \eta p(\boldsymbol{m} \mid \boldsymbol{x}_t, \boldsymbol{u}_t, \boldsymbol{x}_{t-1}) p(\boldsymbol{x}_t \mid \boldsymbol{u}_t, \boldsymbol{x}_{t-1}) \tag{5.49}$$

如果用 $p(\boldsymbol{m} \mid \boldsymbol{x}_t)$ 近似 $p(\boldsymbol{m} \mid \boldsymbol{x}_t, \boldsymbol{u}_t, \boldsymbol{x}_{t-1})$，并注意到 $p(\boldsymbol{m})$ 相对要得到的后验是常量，可以得到

$$\begin{aligned} p(\boldsymbol{x}_t \mid \boldsymbol{u}_t, \boldsymbol{x}_{t-1}, \boldsymbol{m}) &= \eta p(\boldsymbol{m} \mid \boldsymbol{x}_t) p(\boldsymbol{x}_t \mid \boldsymbol{u}_t, \boldsymbol{x}_{t-1}) \\ &= \eta \frac{p(\boldsymbol{x}_t \mid \boldsymbol{m}) p(\boldsymbol{m})}{p(\boldsymbol{x}_t)} p(\boldsymbol{x}_t \mid \boldsymbol{u}_t, \boldsymbol{x}_{t-1}) \\ &= \eta \frac{p(\boldsymbol{x}_t \mid \boldsymbol{m}) p(\boldsymbol{x}_t \mid \boldsymbol{u}_t, \boldsymbol{x}_{t-1})}{p(\boldsymbol{x}_t)} \end{aligned} \tag{5.50}$$

这里 η 是归一化因子（注意 η 的值在变换的不同步骤中是不同的）。这种简单的分析表明，基于地图的模型根据以下粗略的假设是有道理的：

$$p(\boldsymbol{m} \mid \boldsymbol{x}_t, \boldsymbol{u}_t, \boldsymbol{x}_{t-1}) = p(\boldsymbol{m} \mid \boldsymbol{x}_t) \tag{5.51}$$

显然，这些表达式是不相等的。当以 $\boldsymbol{m}$ 为条件进行计算时，这里的近似忽略了两项：$\boldsymbol{u}_t$ 和 $\boldsymbol{x}_{t-1}$。通过忽略这两项，就丢弃了与去往 $\boldsymbol{x}_t$ 的机器人路径相关的任何信息。所有的已知就是其最终位姿 $\boldsymbol{x}_t$。当观察到墙后的位姿可能具有非零似然时，已经注意到上面例子中这个忽略所导致的结果。只要初始值和最终值是在未占用空间，近似的基于地图的运动模型可能错误地认为机器人刚刚穿过了墙。这将造成怎样的破坏？如上所述，这取决于更新间隔。事实上，对于足够高的更新率，假定运动模型中的噪声变量是有界的，能保证这种近似是严格的，且这种现象也不会出现。

这个分析说明了有关算法实现的一个微妙之处，要特别注意更新频率。与那些只是偶尔更新的贝叶斯滤波相比，经常更新的贝叶斯滤波可能会产生出根本不同的结果。

5.6 小结

本章推导了在平面上操作的移动机器人的两种基本的概率运动模型。

- 为概率运动模型 $p(\boldsymbol{x}_t \mid \boldsymbol{u}_t, \boldsymbol{x}_{t-1})$ 推导了一个算法，该算法用平移速度和角速度来表示在固定时间间隔 Δt 上执行的控制 $\boldsymbol{u}_t$。在实现这个模型时，意识到需要两个控制噪声参数：一个是平移速度的，一个是旋转速度的。它们不足以产生一个空间填充（非生成）的后验。因此加入了第三个噪声参数，即“最终旋转”。
- 提出了另一种运动模型，它将机器人的里程计作为输入。里程计的测量由三个参数表达：一个初始旋转，然后是一个平移和一个最终旋转。概率运动模型通过假定所有三个参数都受到噪声的影响来实现。注意到，里程计读数在技术

上不是控制量；但是，通过将它们当作控制来用，得到一个较简单的估计问题的公式。

• 对两种运动模型，提出了两类实现：一个是概率 $p(\boldsymbol{x}_t \mid \boldsymbol{u}_t, \boldsymbol{x}_{t-1})$ 以闭式计算，一个是如何产生 $p(\boldsymbol{x}_t \mid \boldsymbol{u}_t, \boldsymbol{x}_{t-1})$ 的样本。闭式表达以 $\boldsymbol{x}_t$，$\boldsymbol{u}_t$ 和 $\boldsymbol{x}_{t-1}$ 为输入，输出为一个数值概率。为了计算这个概率，算法有效地求运动模型的逆，并将实际值与指定的控制参数进行比较。采样模型不需要这样的求逆。相反，它实现了运动模型 $p(\boldsymbol{x}_t \mid \boldsymbol{u}_t, \boldsymbol{x}_{t-1})$ 的前向模型。它将 $\boldsymbol{u}_t$ 和 $\boldsymbol{x}_{t-1}$ 作为输入，根据 $p(\boldsymbol{x}_t \mid \boldsymbol{u}_t, \boldsymbol{x}_{t-1})$ 输出随机量 $\boldsymbol{x}_t$。闭式模型对某些概率算法是必需的。另外一些，特别是粒子滤波采用采样模型。

• 最后，将所有运动模型扩展到综合环境地图。得到的概率 $p(\boldsymbol{x}_t \mid \boldsymbol{u}_t, \boldsymbol{x}_{t-1}, \boldsymbol{m})$ 包含了地图 $\boldsymbol{m}$。该扩展遵循这样的想法，即地图会指出一个机器人可能在的位置，这对是否能从位姿 $\boldsymbol{x}_{t-1}$ 移动到 $\boldsymbol{x}_t$ 是有影响的。得到的算法是近似的，因为这里只检查最终位姿的有效性。

这里讨论的运动模型仅是示例。显然，机器人执行器比仅在平面上操作的移动机器人要丰富得多。即使在移动机器人领域，也存在不能被这里所讨论的模型覆盖的设备。例子包括可以斜着移动的完整机器人或者悬浮汽车。这里的描述也不会考虑机器人的动态，这对较高速度移动的车辆，如高速路上的汽车，是很重要的。这样的机器人大多数都可以类似地建模；只需指定机器人运动的物理规律和指定适当的噪声参数。对于动态模型，需要用捕捉车辆动态的速度向量来扩展机器人状态。这些扩展在很多方面是很简单的。

就测量自我运动而言，作为里程计的替代品或补充，许多机器人依赖惯性传感器去测量运动。本书致力于使用惯性传感器的滤波设计。本书鼓励读者当里程计不足以满足需要时，应用更多的模型和传感器。

5.7　文献综述

这里通过概率要素扩展了特定类型移动机器人的基本动力学方程（Cox and Wilfong，1990）。这里的模型中涵盖的驱动器是差分驱动器，阿克曼（Ackerman）驱动器和同步驱动器（Borenstein 等，1996）。模型不包括的驱动器系统是那些没有非完整约束的驱动器（Latombe，1991），如 Raibert 等人（1986）、Raibert（1991）、Saranli 与 Koditschek（2002）的开创性论文中讨论的装有麦克纳姆轮的机器人（Ilon，1995）抑或有腿机器人。

机器人学已经对机器人运动及机器人与环境的交互进行了比较深入的研究。涵盖运动学和动力学的移动机器人的当代文本要归功于 Murphy（2000c）、Dudek 与 Jenkin（2000）、Siegwart 与 Nourbakhsh（2004）。Cox 与 Wilfong（1990）提供了当时出版的领先研究者的文集。也可参看 Kortenkamp 等人（1998）的文献。机器人动力学和运动学的经典处理由 Craig（1989）、Vukobratović（1989）、Paul（1981）和 Yoshikawa（1990）提出。更现代的描述机器人动力学的文本是由 Featherstone（1987）撰写的。作为环境交互的一种形式的兼容运动由 Mason（2001）研究。地面力学，即轮式机器人与地面的交互作用，已经由 Bekker（1956，1969）和 Wong（1989）的开创性文本研究。车轮与地面相互作用的当代文本可以在 Iagnemma 与 Dubowsky（2004）的论文中找到。将这样的模型推广到概率体系是将来很有前途的研究方向。

5.8　习题

1. 本章所有机器人模型都是关于运动学的。本习题中，应将机器人看作是动态（dynamics）的。考虑一个在一维坐标系中的机器人。其位置由 x 表示，$\dot{x}$ 表示其速度，$\ddot{x}$ 表示其加速度。假定仅控制加速度 $\ddot{x}$。开发一个数学运动模型，计算从初始位姿 x 和速度 $\dot{x}$ 变化到位姿 x' 和速度 $\dot{x}'$ 的后验，假定加速度 $\ddot{x}$ 是给定的加速度和一个具有均值 0、方差 σ^2 的高斯噪声项之和（并假定实际加速度在仿真间隔 Δt 内保持恒定）。x' 和 $\dot{x}'$ 与后验相关吗？请解释为什么如此或为什么不。

2. 再次考虑习题 1 中的动态机器人。为计算从机器人初始位置 x 和初始速度 $\dot{x}$ 到最终位姿 x' 和最终速度 $\dot{x}'$ 的后验分布提供一个数学公式。这个后验值得注意的是什么？

3. 假设控制的机器人在 T 时间间隔具有随机加速度，这里 T 值较大。最终的位置 x 和速度 $\dot{x}$ 是相关的吗？如果是，它们随着 $T\to\infty$ 是完全相关的吗，一个变量是另一个变量的确定函数吗？

4. 现在考虑一个理想自行车（bicycle）的简单运动学模型。两个轮胎直径为 d，并被安装在长度为 l 的框架上。前轮胎绕一个垂直轴线转向，其转角用 α 表示。后轮胎总是与自行车框架平行并且不能转向。

本习题中，机器人的位姿用三个变量定义：相对于外部坐标系，前轮胎中心的 x-y 位置、自行车框架的角度方向 θ（偏航角）。控制是自行车的前向速度 v 和转向角 α，在每一个预测周期内假定其是恒定的。

假定前向速度 v 和转向角 α 均受到高斯噪声影响，提供时间间隔 Δt 的数学预测模型。模型必须预测从一个已知状态开始 Δt 时间后的自行车状态的后验。如果不能找到一个精确的模型，近似它并解释这种近似。

5. 考虑习题 4 的自行车的运动学模型。在同样噪声假设下实现自行车后验位姿的采样函数。

对于你的仿真，可以假定 $l=100\text{cm}$，$d=80\text{cm}$，$\Delta t=1\text{s}$，$|\alpha|\leqslant 80^\circ$，$v\in[0;100]\text{cm/s}$。进一步假定转向角的方差 $\sigma_\alpha^2=25^{\circ 2}$，速度的方差为 $\sigma_v^2=(50\text{cm}^2/\text{s}^2)v^2$。注意速度的方差取决于给定的速度。

对于从原点开始的自行车，画出以下控制参数值产生的采样集：

问题编号	α	v
1	25°	20cm/s
2	-25°	20cm/s
3	25°	90cm/s
4	80°	10cm/s
1	85°	90cm/s

所有图都显示坐标轴及单位。

6. 再一次考虑习题4的自行车的运动学模型。给定初始状态 x、y、θ 和最终的 x' 和 y'（但没有最终的 θ'），提供一个确定最可能的 α、v 和 θ' 值的数学公式。如果你不能找到一个闭式解，请给出近似该值的一种技术。

7. 室内机器人的常用驱动器是完整的（holonomic）。一个完整的机器人具有与其配置（或姿态）的维数相同的可控自由度。在本习题中，请概括操作在平面上的完整机器人的速度模型，假定机器人能控制其前向速度，正交侧向速度和一个旋转角速度。规定向左侧向运动为正值，向右侧向运动为负值。

- 陈述这样一个机器人的数学模型，假定其控制受到独立高斯噪声的影响。
- 给出计算 $p(\boldsymbol{x}_t\mid\boldsymbol{u}_t,\ \boldsymbol{x}_{t-1})$ 的过程。
- 给出采样 $\boldsymbol{x}_t\sim p(\boldsymbol{x}_t\mid\boldsymbol{u}_t,\ \boldsymbol{x}_{t-1})$ 的采样过程。

8. 证明式（5.12）的三角形分布的均值为0，方差为 b^2。给出程序5.4所示的采样算法的同样的证明过程。

第 6 章 机器人感知

6.1 引言

环境测量模型（environment measurement models）包括概率机器人学中仅次于运动模型的第二个特定领域模型。测量模型描述在客观世界生成传感器测量的过程。当今的机器人使用很多不同的传感器形式，如触觉传感器、测距传感器或者相机。模型的特性取决于传感器：成像传感器最好通过投影几何学建立模型，而声呐传感器最好通过描述声波和声波在环境表面上的反射来建立模型。

概率机器人为传感器测量噪声建立模型。这样的模型考虑了机器人传感器固有的不确定性。形式上，测量模型定义为一个条件概率分布 $p(z_t \mid \boldsymbol{x}_t, \boldsymbol{m})$。这里，$\boldsymbol{x}_t$ 是机器人的位姿，z_t 是 t 时刻的测量，$\boldsymbol{m}$ 是环境地图。尽管本章主要阐述测距传感器，但基本原理和公式却不局限于这类传感器。相反，基本原理可以适用于任何类型的传感器，如相机或者基于条形码的地标探测器。

为了用传感器感知环境的移动机器人的基本问题进行阐述，图 6.1a 给出了一个移动机器人在走廊中获得的典型的声呐测距扫描（sonar range scan）。该移动机器人装备了 24 个环形阵列超声波传感器。由各个传感器测量的范围用浅灰色表示，环境地图用黑色表示。大多数测量与测量锥内最近物体的距离相符，但是有些测量却没有检测到任何物体。

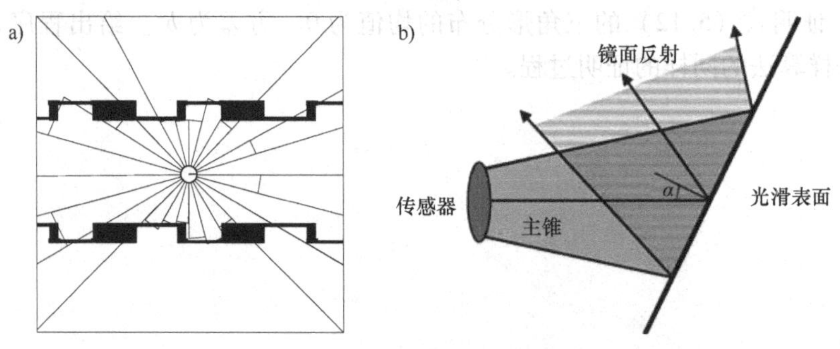

图 6.1 a）机器人对其环境的典型超声波扫描
b）超声波检测的误读（当一个以超过传感器开度角一半的角度
α 向反射平面发射一个声呐信号时，这种现象会发生）

对于声呐，不能可靠测量到附近物体的距离经常被理解成是传感器噪声。这种噪声在技术上是可以预测的：当测量光滑表面（如墙）时，反射通常是镜面（specular）反射。对于声波，墙实际上是一面“镜子”。以某一角度打在一个光滑面，可能会导致不确定。这里回波可能会向另一方向而不是向声呐传感器方向运动，如图 6.1b 所示。这种影响会导致过大（与主锥的最近对象的真实距离相比）的测量距离。这种现象发生的可能性取决于多种属性，如表面材料、表面法线与传感器锥方向之间的夹角、表面的排列、主传感器锥的宽度和声呐传感器的灵敏度。其他误差，如读数位数少，可能是由不同传感器之间的串扰（声音迟缓！）或者由机器人附近没有建模的物体（如人）引起的。

图6.2 给出了一个典型的激光测距扫描（laser range scan），由一个二维激光测距仪获得。激光与声呐类似，激光测距扫描也是主动地发出一个信号，并记录其回波，但是信号是一个激光光束。与声呐的主要不同是，激光提供了更集中的测量束。图 6.2 所示的激光测距是基于渡越时间的，且测量是以 1°为间隔递增的。

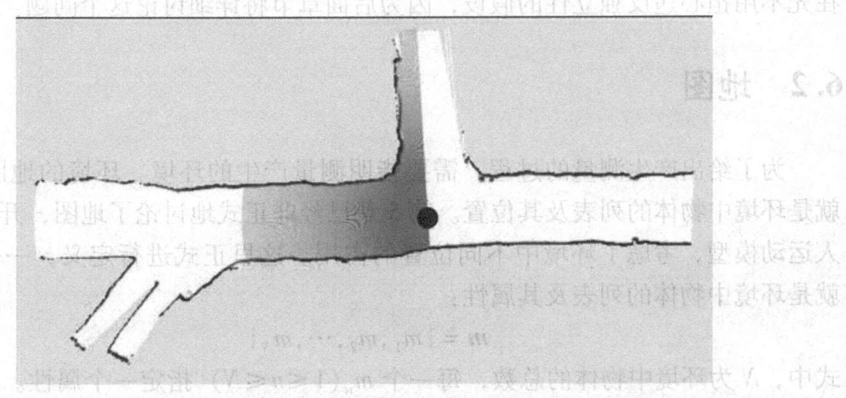

图 6.2　一个典型的激光测距扫描（该图是利用 SICK LMS 激光测距仪获得的；环境是一个煤矿；由德国弗赖堡大学的 Dirk Hähnel 提供）

作为一个经验法则，传感器模型越精确，得到的结果越好——尽管存在一些在本书 2.4.4 节已经讨论过的需要特别重要注意的事项。但是，实际上，建立一个精确的传感器模型几乎是不可能的，这主要是由于物理现象的复杂性。

一个传感器的响应特性通常取决于在概率机器人算法中未能明确给出的变量（如果墙的表面材料，如无特殊原因，这一点通常在机器人地图构建中是不予考虑的）。概率机器人要包容传感器模型的随机误差：将测量过程建模为一个条件概率密度 $p(\boldsymbol{z}_t \mid \boldsymbol{x}_t)$，而不是一个确定的函数 $\boldsymbol{z}_t = f(\boldsymbol{x}_t)$，传感器模型的不确定性可以被包含在模型的不确定部分。概率机器人技术相对于经典机器人技术的主要优势在于，在实际应用中可以使用极其粗糙的模型。但是，当设计一个概率模型时，必须注意捕捉可能影响传感器测量的不同类型的不确定性。

查询时，许多传感器会产生不止一个测量值。例如，相机生成完整的数组（亮度、饱和度、颜色）；类似地，测距传感器通常产生一系列测量值。用 K 表示在一个测量 z_t 内的测量值的数目，即有

$$z_t = \{z_t^1, \cdots, z_t^K\} \tag{6.1}$$

用 z_t^k 表示某一个独立的测量（即一个测距值）。

作为每个单一测量的可能性相乘得到概率 $p(z_t \mid \boldsymbol{x}_t, \boldsymbol{m})$，有

$$p(\boldsymbol{z}_t \mid \boldsymbol{x}_t, \boldsymbol{m}) = \prod_{k=1}^{K} p(z_t^k \mid \boldsymbol{x}_t, \boldsymbol{m}) \tag{6.2}$$

从技术上来说，这相当于每个独立测量束噪声之间的独立性假设（independence assumption）——就像马尔可夫假设认为噪声在所有时刻上都是相互独立的（见本书 2.4.4 节）。该假设仅在理想情况下是正确的。本书 2.4.4 节已经讨论了噪声互相依赖的可能原因。重述一下，依赖的原因通常存在一系列因素：人经常会劣化几个相邻传感器的测量；模型 $\boldsymbol{m}$ 的误差；后验的近似等。但是，现在先不用担心违反独立性的假设，因为后面章节将详细讨论这个问题。

6.2 地图

为了给出产生测量的过程，需要指明测量产生的环境。环境的地图（map）就是环境中物体的列表及其位置。第 5 章已经非正式地讨论了地图，开发了机器人运动模型，考虑了环境中不同位置的占用。这里正式进行定义，一个地图 $\boldsymbol{m}$ 就是环境中物体的列表及其属性：

$$\boldsymbol{m} = \{m_1, m_2, \cdots, m_N\} \tag{6.3}$$

式中，N 为环境中物体的总数，每一个 $m_n (1 \leqslant n \leqslant N)$ 指定一个属性。地图通常基于以下两种方法之一，称为基于特征的（feature-based）和基于位置的（location-based）。在基于特征的地图中，n 是一个特征的索引。m_n 包括特征的属性及特征的笛卡儿位置。在基于位置的地图中，索引号 n 与特定的位置对应。在平面地图中，通常用 $m_{x,y}$ 而不是 m_n 来表示一个地图元素，并明确 $m_{x,y}$ 是指定坐标 (x, y) 的属性。

两种地图都存在优点和缺点。基于位置的地图是有体积的（volumetric），因为它们为环境中的许多位置都提供标签。体积地图不仅包括环境物体的信息，也包括了对象没有物体的信息（如闲置空间）。这与基于特征的地图有很大的不同。基于特征的地图（feature-based maps）仅指明在指定位置（即地图中包含的对象的位置）的环境的形状。特征表示法使调节对象的位置变得简单，如作为一个附加的检测结果。因此，基于特征的地图在机器人地图构建领域很受欢迎。地图用传感器数据来进行构建。本书将涉及两类地图——事实上本书偶尔会

从一种表示法转换到另一种表示法。

一种经典的地图表示法称为占用栅格地图（occupancy grid map），占用栅格地图将在本书第 9 章详细讨论。占用地图是基于位置的：占用栅格地图为每一个 x-y 坐标分配一个二值占用值，指明一个位置是否被一个对象占用。占用栅格地图对移动机器人导航是非常重要的，它们使通过非占用空间寻找路径变得更容易。

本书将淡化客观世界与地图之间的区别。从技术上来说，传感器测量动作是由物理对象而不是这些对象的地图引起的。但是，传统上传感器模型是以地图 $\boldsymbol{m}$ 为条件的，因此这里将采用依据地图进行测量的表示法。

6.3　测距仪的波束模型

测距仪是时下最流行的机器人传感器。因此本章第一个测量模型（measurement model）就是测距仪的近似物理模型。测距仪测量到附近物体的距离。可以沿着一个波束测量距离（这是激光测距仪的很好的运行模型），或者可以在一个测量锥内测量距离（这是超声波传感器的优选模型）。

6.3.1　基本测量算法

这里的模型采用四类测量误差，所有这些对使模型工作很重要。这四类误差包括小的测量噪声、意外对象引起的误差，以及由于未检测到对象引起的误差和随机意外噪声。因此，期望模型 $p(z_t \mid \boldsymbol{x}_t, \boldsymbol{m})$ 是四个密度的混合，每一种密度都与一个特定类型的误差有关。

1. 具有局部测量噪声的正确范围。在一个理想世界中，一个测距仪总是测量位于其测量领域内的最近物体的正确距离。使用 z_t^{k*} 表示由 z_t^k 测量的对象的"真实"距离。在基于位置的地图中，距离 z_t^{k*} 可用射线投射（ray casting）来确定；在基于特征的地图中，它通常是通过在一个测量锥内寻找最近的特征来获得的。但是，即使传感器正确地测量了最近对象的距离，它返回的值也受到误差的影响。该误差由测距传感器的有限分辨率、大气对测量信号的影响等引起。这个测量噪声（measurement noise）通常由一个窄的均值为 z_t^{k*}、标准偏差为 σ_{hit} 的高斯建模。用 p_{hit} 代表高斯。对指定的值 z_t^{k*}，图 6.3a 给出了这个密度 p_{hit}。

实际上，测距传感器测量的值局限于区间 $[0; z_{\max}]$，这里 $z_{\max}$ 表示最大的传感器距离。因此，测量概率由下式给出：

$$p_{\text{hit}}(z_t^k \mid \boldsymbol{x}_t, \boldsymbol{m}) = \begin{cases} \eta \mathcal{N}(z_t^k; z_t^{k*}, \sigma_{\text{hit}}^2) & 0 \leqslant z_t^k \leqslant z_{\max} \\ 0 & \text{其他} \end{cases} \tag{6.4}$$

式中，z_t^{k*} 从 $\boldsymbol{x}_t$ 和 $\boldsymbol{m}$ 经过射线投射计算；$N(z_t^k;\ z_t^{k*},\ \sigma_{\text{hit}}^2)$ 为具有均值 z_t^{k*}、标准

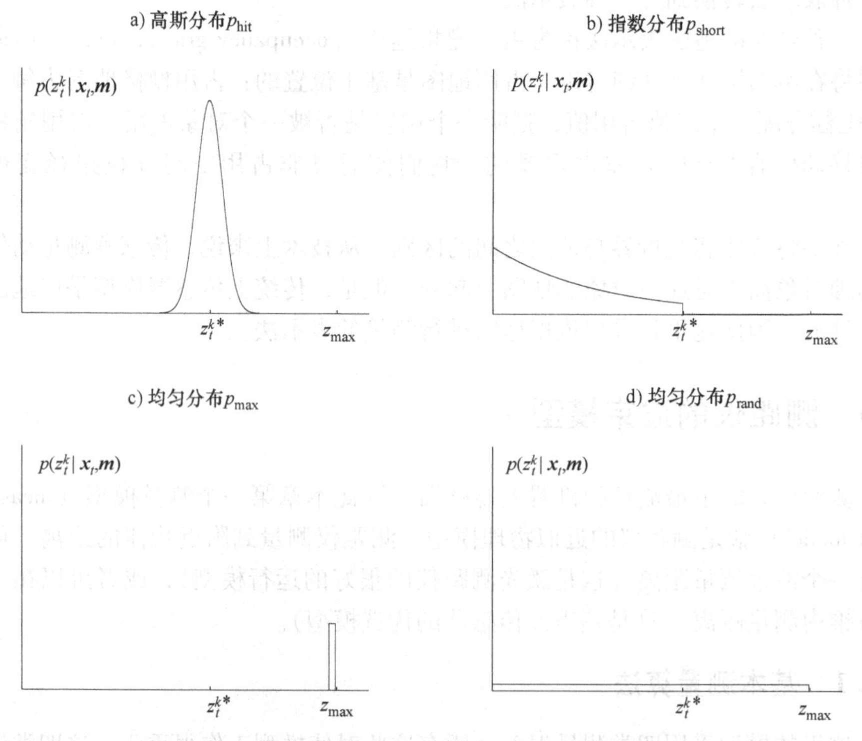

图 6.3 测距仪传感器模型的组成（每个图中横轴都与测量 z_t^k 相关，纵轴与可能性相关）

偏差 σ_{hit} 的单变量正态分布：

$$\mathcal{N}(z_t^k ; z_t^{k*}, \sigma_{hit}^2) = \frac{1}{\sqrt{2\pi\sigma_{hit}^2}} e^{-\frac{1}{2}\frac{(z_t^k - z_t^{k*})^2}{\sigma_{hit}^2}} \tag{6.5}$$

归一化因子 η 为

$$\eta = \left(\int_0^{z_{max}} \mathcal{N}(z_t^k ; z_t^{k*}, \sigma_{hit}^2) \, dz_t^k \right)^{-1} \tag{6.6}$$

标准偏差 σ_{hit} 是测量模型的一个固有的噪声参数。后面将讨论设置这个参数的策略。

2. 意外对象。移动机器人的环境是动态的，而地图 $\boldsymbol{m}$ 是静态的。因此，地图中不包含可能引起测距仪产生惊人的短距离的对象——短距离至少是相对地图来说的。典型的移动对象就是与机器人共享操作空间的人。处理这类对象的一种方法是将它们作为状态向量的一部分来对待并估计它们的位置；另一种更简单的方法是将它们作为传感器噪声来处理。作为传感器噪声来处理，未建模对象具有这样的特性，即它们会导致比 z_t^{k*} 更短而不是更长的距离。

检测到意外对象的可能性随着距离而减少。想象有两个人，他们相互独立且在距离传感器的感知领域内出现的可能性是固定而且相同的。第一个人的距离是 r_1，第二个人的距离是 r_2。不失一般性的，进一步假定 $r_1 < r_2$。则更可能测量到 r_1，而不是 r_2。每当第一个人出现，传感器就会测量到 r_1。而传感器要测量到 r_2，则必须是在第二个人出现且第一个人不在的时候。

这种情况下距离测量的概率在数学上用一个指数分布（exponential distribution）来描述。该分布的参数 $\boldsymbol{\lambda}_{\text{short}}$ 是测量模型的固有参数。根据指数分布的定义，可以得到关于 $p_{\text{short}}(z_t^k \mid \boldsymbol{x}_t, \boldsymbol{m})$ 的如下等式：

$$p_{\text{short}}(z_t^k \mid \boldsymbol{x}_t, \boldsymbol{m}) = \begin{cases} \eta \lambda_{\text{short}} \mathrm{e}^{-\lambda_{\text{short}} z_t^k} & 0 \leqslant z_t^k \leqslant z_t^{k*} \\ 0 & \text{其他} \end{cases} \tag{6.7}$$

与前面情况一样，这里需要一个归一化因子 η，因为指数局限于区间 $[0; z_t^{k*}]$。该区间的累积概率可由下式给出：

$$\begin{aligned} \int_0^{z_t^{k*}} \lambda_{\text{short}} \mathrm{e}^{-\lambda_{\text{short}} z_t^k} \mathrm{d} z_t^k &= -\mathrm{e}^{-\lambda_{\text{short}} z_t^{k*}} + \mathrm{e}^{-\lambda_{\text{short}} 0} \\ &= 1 - \mathrm{e}^{-\lambda_{\text{short}} z_t^{k*}} \end{aligned} \tag{6.8}$$

推导可得

$$\eta = \frac{1}{1 - \mathrm{e}^{-\lambda_{\text{short}} z_t^{k*}}} \tag{6.9}$$

图 6.3b 给出了这个密度。该密度在 z_t^k 范围指数减少。

3. 检测失败。有时环境中障碍会被完全忽略。例如，在声呐传感器遇到了镜面反射时，会经常发生此情况。当用激光测距仪检测到黑色吸光的对象时，或者某些激光系统在明媚的阳光下测量物体时，也会发生检测失败。传感器检测失败（sensor failure）的典型结果是最大距离测量（max-range measurement）问题：传感器返回它的最大允许值 $z_{\max}$。由于这样的事件经常发生，那么在测量模型中明确地建立最大测量范围的模型就很必要。

下面将用一个以 $z_{\max}$ 为中心的点群分布来建立这种情况的模型：

$$p_{\max}(z_t^k \mid \boldsymbol{x}_t, \boldsymbol{m}) = I(z = z_{\max}) = \begin{cases} 1 & z = z_{\max} \\ 0 & \text{其他} \end{cases} \tag{6.10}$$

式中，I 为一个指示函数，当其参数为真时取值为 1，否则取值为 0。技术上，$p_{\max}$ 不具有一个概率密度函数。这是因为 $p_{\max}$ 是一个离散分布。但是，这里不用过多担心，因为评估一个传感器测量概率的数学模型不受密度函数不存在的影响。（图中，简单地将 $p_{\max}$ 用一个很窄的以 $z_{\max}$ 为中心的均匀分布给出，以便能假装密度存在）。

4. 随机测量。最后，测距仪偶尔会产生完全无法解释的测量（unexplainable measurements）。例如，当超声波被几面墙反弹或者它们受到不同传感器之间的串扰时，声呐常产生幻读。为了使之简单化，对于这样的测量，这里将使用一个分布在完整传感器测量范围［0；$z_{\max}$］的均匀分布来建立模型：

$$p_{\text{rand}}(z_t^k \mid \boldsymbol{x}_t, \boldsymbol{m}) = \begin{cases} \dfrac{1}{z_{\max}} & 0 \leqslant z_t^k < z_{\max} \\ 0 & \text{其他} \end{cases} \tag{6.11}$$

图 6.3d 给出了该分布的密度 p_{rand}。

现在这 4 种不同的分布通过四个参数 z_{hit}、z_{short}、$z_{\max}$ 和 z_{rand} 进行加权平均混合，并且 $z_{\text{hit}} + z_{\text{short}} + z_{\max} + z_{\text{rand}} = 1$，有

$$p(z_t^k \mid \boldsymbol{x}_t, \boldsymbol{m}) = \begin{pmatrix} z_{\text{hit}} \\ z_{\text{short}} \\ z_{\max} \\ z_{\text{rand}} \end{pmatrix}^{\mathrm{T}} \cdot \begin{pmatrix} p_{\text{hit}}(z_t^k \mid \boldsymbol{x}_t, \boldsymbol{m}) \\ p_{\text{short}}(z_t^k \mid \boldsymbol{x}_t, \boldsymbol{m}) \\ p_{\max}(z_t^k \mid \boldsymbol{x}_t, \boldsymbol{m}) \\ p_{\text{rand}}(z_t^k \mid \boldsymbol{x}_t, \boldsymbol{m}) \end{pmatrix} \tag{6.12}$$

所有 4 种密度线性组合后得到的典型密度如图 6.4 所示（点群分布 $p_{\max}$ 看作为一个小的均匀密度）。读者可能注意到，所有 4 种基本模型的基本特性在这个组合密度中仍然存在。

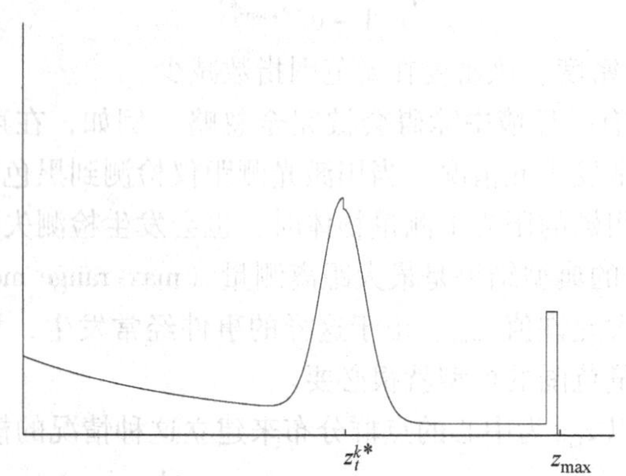

图 6.4 典型混合分布 $p(z_t^k \mid \boldsymbol{x}_t, \boldsymbol{m})$ 的“伪-密度”

测距仪模型可由程序 6.1 给出的 beam_range_finder_model 算法实现。该算法的输入包括，一个完整的距离扫描 $\boldsymbol{z}_t$、机器人姿态 $\boldsymbol{x}_t$ 和地图 $\boldsymbol{m}$。其外循环（第 2 行和第 7 行）根据式（6.2），将各个传感器波束 z_t^k 的似然相乘。第 4 行采用射线投射来为特定的传感器测量计算无噪声距离。各个距离测量 z_t^k 的似然在第 5 行进行计算，这实现了式（6.12）所描述的密度的混合。所有传感器测量 z_t^k 在 $\boldsymbol{z}_t$ 中迭代完成后，算法返回期望的概率 $p(z_t^k \mid \boldsymbol{x}_t, \boldsymbol{m})$。

```
Algorithm beam_range_finder_model(z_t, x_t, m):
    q = 1
    for k = 1 to K do
        compute z_t^{k*} for the measurement z_t^k using ray casting
        p = z_hit · p_hit(z_t^k | x_t, m) + z_short · p_short(z_t^k | x_t, m)
            + z_max · p_max(z_t^k | x_t, m) + z_rand · p_rand(z_t^k | x_t, m)
        q = q · p
    return q
```

程序 6.1　计算距离扫描 z_t 的似然的算法（假定扫描中的各个距离测量之间是条件独立的）

6.3.2　调节固有模型参数

到目前为止还没有阐述如何选择传感器模型参数。这些参数包括混合参数 z_{hit}、z_{short}、z_{max} 和 z_{rand}，还包括参数 σ_{hit} 和 λ_{short}。这里把所有内部参数记为 $\boldsymbol{\Theta}$。显然，任何传感器测量的似然就是 $\boldsymbol{\Theta}$ 的函数。因此，下面将讨论调节模型参数（adjusting model parameters）的算法。

确定固有参数的一种方式就是依赖数据。图 6.5 给出了一个移动机器人走遍一个办公室环境所获得的两组 10 000 个的测量。两图都仅给出了距离测量，期望的距离大约是 3m（2.9 ~ 3.1m）。左图是声呐传感器的数据，右图是激光传感器的相关数据。两图中，x 轴表示计数的个数（1 ~ 10 000），y 轴是传感器测量的距离。

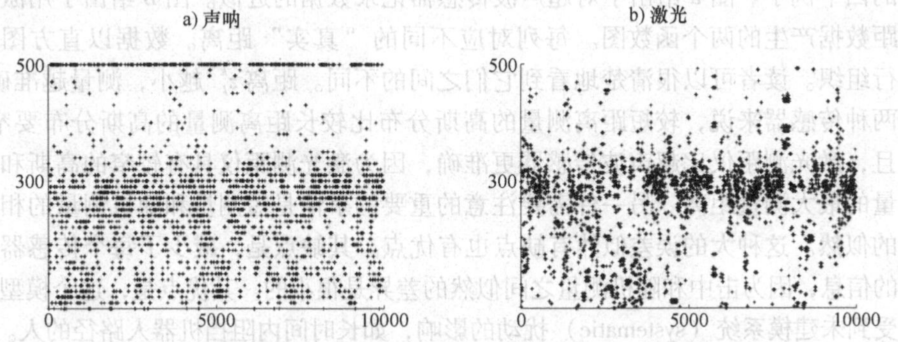

图 6.5　由声呐传感器和激光测距传感器获得的一个办公室环境的典型数据（真实距离为 300cm，最大测程是 500cm）

尽管两种传感器在本质上是不同的，但是两个传感器的大多数测量都接近正确的距离。不过，似乎超声波传感器有更多的测量噪声和检测误差。它经常不能检测到一个障碍，而报告一个最大距离。与此相反，激光测距仪更精确。但是，它偶尔也会有错报的距离数据。

设置固有参数 $\boldsymbol{\Theta}$ 的较好的方式是手工设置：简单地盯着产生的密度直到它与你的经验一致。另一种方法，更有原则性的方式是从实际数据中得到这些参数。这可以通过将参考数据集 $\boldsymbol{Z}=\{z_i\}$（联合位置 $\boldsymbol{X}=\{\boldsymbol{x}_i\}$ 和地图 $\boldsymbol{m}$）的似然最大化得到，这里每一个 z_i 都是真实的测量，$\boldsymbol{x}_i$ 是测量被采纳时的位姿，$\boldsymbol{m}$ 是地图。数据 $\boldsymbol{Z}$ 的似然由下式给出：

$$p(\boldsymbol{Z}\mid\boldsymbol{X},\boldsymbol{m},\boldsymbol{\Theta}) \tag{6.13}$$

这里的目标就是确定使这个似然最大的固有参数 $\boldsymbol{\Theta}$。任何使数据似然最大化的估计或算法称为极大似然（Maximum Likelihood，ML）估计或者简称 *ML* 估计（ML estimator）。

程序 6.2 给出了 learn_intrinsic_parameters 算法，这是计算固有参数的极大似然估计的一种算法。下面将会看到，该算法是期望值极大化（Expectation Maximization，EM）算法的一个实例，是估计极大似然参数的迭代过程。

最初，程序 6.2 给出的 learn_intrinsic_parameters 算法要求对固有参数 σ_{hit} 和 λ_{short} 进行很好的初始化。第 3 ~ 9 行，估计辅助变量。这里，每个 $e_{i,\text{XXX}}$ 表示由“XXX”引起的测量 z_i 的概率，这里“XXX”选自传感器模型的四个方面：hit，short，max 和 random。接着，第 10 ~ 15 行估计固有参数。固有参数是前面所计算的期望的函数。调节固有参数引起期望的改变，因此算法必须是迭代的。但是，实际上迭代收敛很快，十几次迭代通常足以给出很好的结果。

图 6.6 给出了由 learn_intrinsic_parameters 算法计算的极大似然测量模型和数据的四个例子。图 a 给出了对超声波传感器记录数据的近似。图 b 给出了用激光测距数据产生的两个函数图。每列对应不同的“真实”距离。数据以直方图来进行组织。读者可以很清楚地看到它们之间的不同。距离 z_t^{k*} 越小，测量越准确。对两种传感器来说，较短距离测量的高斯分布比较长距离测量的高斯分布要窄。并且，激光测距仪比超声波传感器更准确，因为激光测距仪具有较窄的高斯和较少量的最大测量距离。另一件需要注意的重要的事情是短测量和随机测量的相对高的似然。这种大的误差似然有缺点也有优点。其缺点是，减少了每个传感器读数的信息，因为击中和随机测量之间似然的差异是很小的。其优点是，这个模型不易受到未建模系统（systematic）扰动的影响，如长时间内阻挡机器人路径的人。

图 6.7 给出了从行动学习得来的传感器模型。图 6.7a 所示为一个 180° 的测距扫描。机器人被放置在以前获得的占用栅格地图中，在其真实位姿处。图 6.7b给出了环境地图和测距扫描的似然 $p(z_t\mid\boldsymbol{x}_t,\ \boldsymbol{m})$ 映射到 x-y 空间（通过

Algorithm learn_intrinsic_parameters(Z, X, m):

repeat until convergence criterion satisfied

for all z_i in Z do

$\eta = [\, p_{\text{hit}}(z_i \mid x_i, m) + p_{\text{short}}(z_i \mid x_i, m) + p_{\max}(z_i \mid x_i, m) + p_{\text{rand}}(z_i \mid x_i, m)\,]^{-1}$

calculate z_i^*

$e_{i,\text{hit}} = \eta\, p_{\text{hit}}(z_i \mid x_i, m)$

$e_{i,\text{short}} = \eta\, p_{\text{short}}(z_i \mid x_i, m)$

$e_{i,\max} = \eta\, p_{\max}(z_i \mid x_i, m)$

$e_{i,\text{rand}} = \eta\, p_{\text{rand}}(z_i \mid x_i, m)$

$z_{\text{hit}} = |Z|^{-1} \sum_i e_{i,\text{hit}}$

$z_{\text{short}} = |Z|^{-1} \sum_i e_{i,\text{short}}$

$z_{\max} = |Z|^{-1} \sum_i e_{i,\max}$

$z_{\text{rand}} = |Z|^{-1} \sum_i e_{i,\text{rand}}$

$\sigma_{\text{hit}} = \sqrt{\frac{1}{\sum_i e_{i,\text{hit}}} \sum_i e_{i,\text{hit}}(z_i - z_i^*)^2}$

$\lambda_{\text{short}} = \frac{\sum_i e_{i,\text{short}}}{\sum_i e_{i,\text{short}}\, z_i}$

return $\Theta = \{z_{\text{hit}}, z_{\text{short}}, z_{\max}, z_{\text{rand}}, \sigma_{\text{hit}}, \lambda_{\text{short}}\}$

程序 6.2　从数据中确定基于波束的传感器模型固有参数的算法

在方向 θ 上最大化）的平面图。该位置颜色越深，机器人位于此位置的可能性越大。图中容易看到的，所有具有高的似然的区域都位于走廊。这有点儿令人意外，因为扫描的结果在几何上与走廊上的位置更匹配而不是与房间里的位置。概率群分布在走廊上的事实表明单一传感器扫描不足以确定机器人的确切位姿。这主要是由于走廊的对称性。后验有规则地分布在两条窄的水平带状区的事实是因为事实上机器人的朝向是未知的：每个带状区分别与机器人两个可能的朝向之一对应。

6.3.3　波束模型的数学推导

为了推导极大似然估计，引入辅助变量 c_i，即所谓的一致性变量，是很有用的，c_i 可能取四个值：hit，short，max 和 random。对应着可以产生一个测量 z_i 的四个可能的途径。

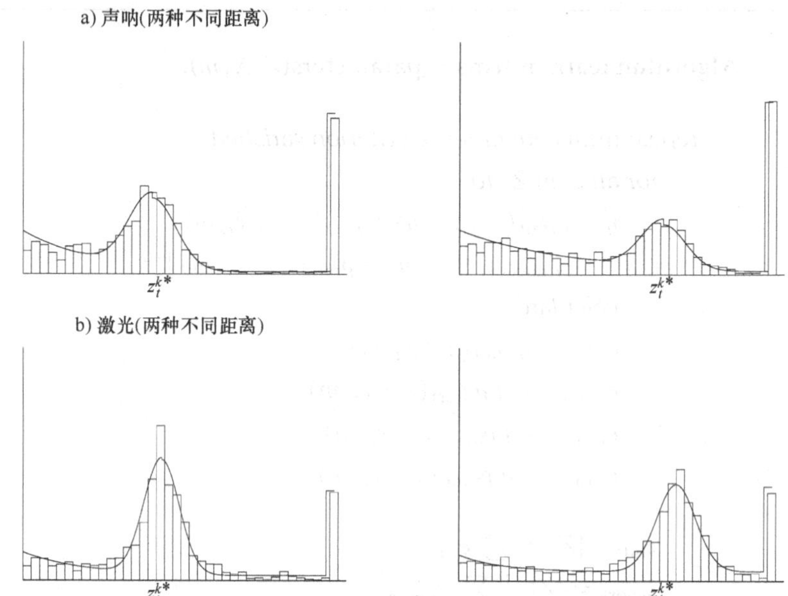

图 6.6 基于声呐数据和激光测距数据的波束模型的近似（左边的传感器模型是用图 6.5 所示的数据集通过极大似然估计得到的）

首先，考虑 c 为已知的情况，则了解了上面四种途径的每一个所对应的测量 z_i。基于 c_i 的值，可以将 $\boldsymbol{Z}$ 分解成四个不相交集：Z_{hit}，Z_{short}，$Z_{\max}$ 和 Z_{rand}。这些一起组成了 $\boldsymbol{Z}$。对固有参数 z_{hit}、z_{short}、$z_{\max}$ 和 z_{rand} 的极大似然估计是简单的归一化系数：

$$
\begin{pmatrix} z_{\text{hit}} \\ z_{\text{short}} \\ z_{\max} \\ z_{\text{rand}} \end{pmatrix} = |\boldsymbol{Z}|^{-1} \begin{pmatrix} |Z_{\text{hit}}| \\ |Z_{\text{short}}| \\ |Z_{\max}| \\ |Z_{\text{rand}}| \end{pmatrix} \tag{6.14}
$$

其他的固有参数 σ_{hit} 和 λ_{short} 的获得如下所述。对数据集 Z_{hit}，从式（6.5）得到：

$$
\begin{aligned}
p(Z_{\text{hit}} \mid \boldsymbol{X}, \boldsymbol{m}, \boldsymbol{\Theta}) &= \prod_{z_i \in Z_{\text{hit}}} p_{\text{hit}}(z_i \mid \boldsymbol{x}_i, \boldsymbol{m}, \boldsymbol{\Theta}) \\
&= \prod_{z_i \in Z_{\text{hit}}} \frac{1}{\sqrt{2\pi\sigma_{\text{hit}}^2}} \mathrm{e}^{-\frac{1}{2}\frac{(z_i - z_i^*)^2}{\sigma_{\text{hit}}^2}}
\end{aligned} \tag{6.15}
$$

这里 z_i^* 是由位姿 $\boldsymbol{x}_i$ 和地图 $\boldsymbol{m}$ 计算的“真实”距离。极大似然估计的经典技巧是将似然函数的对数最大化，而不是直接将似然函数最大化。对数是一个严格单调的函数，因此似然对数的最大化也就是原始似然的最大化。对数似然由下式给出：

a) 激光扫描和部分地图

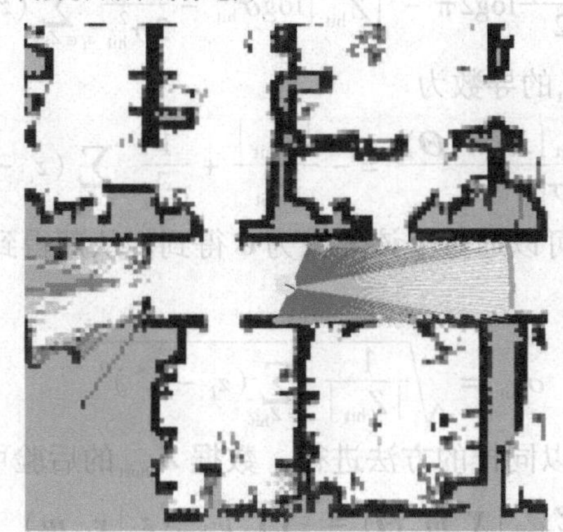

b) 不同位置的似然

图 6.7　感知的概率模型

a) 激光测距扫描，映射到以前获得的地图 $\boldsymbol{m}$ 上

b) 对所有位置 $\boldsymbol{x}_t$ 评估的似然 $p(z_t \mid \boldsymbol{x}_t, \boldsymbol{m})$ 映射到地图上（用灰色表示）

[某位置前面颜色越深，$p(z_t \mid \boldsymbol{x}_t, \boldsymbol{m})$ 越大]

$$\log p(Z_{\text{hit}} \mid \boldsymbol{X}, \boldsymbol{m}, \boldsymbol{\Theta}) = \sum_{z_i \in Z_{\text{hit}}} \left[-\frac{1}{2} \log 2\pi\sigma_{\text{hit}}^2 - \frac{1}{2} \frac{(z_i - z_i^*)^2}{\sigma_{\text{hit}}^2} \right] \tag{6.16}$$

现在它很容易变换成下式：

$$\begin{aligned} & \log p(Z_{\text{hit}} \mid \boldsymbol{X}, \boldsymbol{m}, \boldsymbol{\Theta}) \\ &= -\frac{1}{2} \sum_{z_i \in Z_{\text{hit}}} \left[\log 2\pi\sigma_{\text{hit}}^2 + \frac{(z_i - z_i^*)^2}{\sigma_{\text{hit}}^2} \right] \\ &= -\frac{1}{2} \left[\mid Z_{\text{hit}} \mid \log 2\pi + 2 \mid Z_{\text{hit}} \mid \log \sigma_{\text{hit}} + \sum_{z_i \in Z_{\text{hit}}} \frac{(z_i - z_i^*)^2}{\sigma_{\text{hit}}^2} \right] \end{aligned}$$

$$= -\frac{|Z_{\text{hit}}|}{2}\log 2\pi - |Z_{\text{hit}}|\log\sigma_{\text{hit}} - \frac{1}{2\sigma_{\text{hit}}^2}\sum_{z_i \in Z_{\text{hit}}}(z_i - z_i^*)^2 \tag{6.17}$$

该表达式对固有参数 σ_{hit} 的导数为

$$\frac{\partial \log p(Z_{\text{hit}} \mid \boldsymbol{X},\boldsymbol{m},\boldsymbol{\Theta})}{\partial \sigma_{\text{hit}}} = -\frac{|Z_{\text{hit}}|}{\sigma_{\text{hit}}} + \frac{1}{\sigma_{\text{hit}}^3}\sum_{z_i \in Z_{\text{hit}}}(z_i - z_i^*)^2 \tag{6.18}$$

现在似然对数的极大值可以通过令该导数为 0 得到。从而得到极大似然估计问题的解。

$$\sigma_{\text{hit}} = \sqrt{\frac{1}{|Z_{\text{hit}}|}\sum_{z_i \in Z_{\text{hit}}}(z_i - z_i^*)^2} \tag{6.19}$$

固有参数 λ_{short} 的估计可以同样的方法进行。数据 Z_{short} 的后验可由下式给出：

$$\begin{aligned} p(Z_{\text{short}} \mid \boldsymbol{X},\boldsymbol{m},\boldsymbol{\Theta}) &= \prod_{z_i \in Z_{\text{short}}} p_{\text{short}}(z_i \mid \boldsymbol{x}_i,\boldsymbol{m}) \\ &= \prod_{z_i \in Z_{\text{short}}} \lambda_{\text{short}} \mathrm{e}^{-\lambda_{\text{short}} z_i} \end{aligned} \tag{6.20}$$

对数为

$$\begin{aligned} \log p(Z_{\text{short}} \mid \boldsymbol{X},\boldsymbol{m},\boldsymbol{\Theta}) &= \sum_{z_i \in Z_{\text{short}}} \log\lambda_{\text{short}} - \lambda_{\text{short}} z_i \\ &= |Z_{\text{short}}|\log\lambda_{\text{short}} - \lambda_{\text{short}}\sum_{z_i \in Z_{\text{short}}} z_i \end{aligned} \tag{6.21}$$

该表达式对固有参数 λ_{short} 的一阶导数为

$$\frac{\partial \log p(Z_{\text{short}} \mid \boldsymbol{X},\boldsymbol{m},\boldsymbol{\Theta})}{\partial \lambda_{\text{short}}} = \frac{|Z_{\text{short}}|}{\lambda_{\text{short}}} - \sum_{z_i \in Z_{\text{short}}} z_i \tag{6.22}$$

令上式为 0 得到固有参数 λ_{short} 的极大似然估计：

$$\lambda_{\text{short}} = \frac{|Z_{\text{short}}|}{\sum_{z_i \in Z_{\text{short}}} z_i} \tag{6.23}$$

该推导是假设参数 c_i 已知。现在延伸到 c_i 未知的情况。如将看到的，产生的极大似然估计问题缺少一个闭式解。但是，可以设计一种技术，两步迭代，一步计算 c_i 的期望值，一步计算该期望值下的固有模型参数。如前所述，得到的算法就是期望值最大化（Expectation Maximization，EM）算法的一个实例。

为了导出期望值最大化算法，首先定义数据 $\boldsymbol{Z}$ 的似然函数是很有用的：

$$\begin{aligned} &\log p(\boldsymbol{Z} \mid \boldsymbol{X},\boldsymbol{m},\boldsymbol{\Theta}) \\ &= \sum_{z_i \in \boldsymbol{Z}} \log p(z_i \mid \boldsymbol{x}_i,\boldsymbol{m},\boldsymbol{\Theta}) \\ &= \sum_{z_i \in Z_{\text{hit}}} \log p_{\text{hit}}(z_i \mid \boldsymbol{x}_i,\boldsymbol{m}) + \sum_{z_i \in Z_{\text{short}}} \log p_{\text{short}}(z_i \mid \boldsymbol{x}_i,\boldsymbol{m}) + \\ &\quad \sum_{z_i \in Z_{\max}} \log p_{\max}(z_i \mid \boldsymbol{x}_i,\boldsymbol{m}) + \sum_{z_i \in Z_{\text{rand}}} \log p_{\text{rand}}(z_i \mid \boldsymbol{x}_i,\boldsymbol{m}) \end{aligned} \tag{6.24}$$

该表达式可以用变量 c_i 重写如下：

$$\begin{aligned}\log p(\boldsymbol{Z}\mid\boldsymbol{X},\boldsymbol{m},\boldsymbol{\Theta}) = \sum_{z_i\in\boldsymbol{Z}} & I(c_i=\text{hit})\log p_{\text{hit}}(z_i\mid\boldsymbol{x}_i,\boldsymbol{m})\\ &+I(c_i=\text{short})\log p_{\text{short}}(z_i\mid\boldsymbol{x}_i,\boldsymbol{m})\\ &+I(c_i=\max)\log p_{\max}(z_i\mid\boldsymbol{x}_i,\boldsymbol{m})\\ &+I(c_i=\text{rand})\log p_{\text{rand}}(z_i\mid\boldsymbol{x}_i,\boldsymbol{m})\end{aligned} \tag{6.25}$$

式中，I 为指标函数。既然 c_i 值是未知的，那么常见的是将它们整合起来。换句话说，期望值最大化算法将期望值 $E[\log p(\boldsymbol{Z}\mid\boldsymbol{X},\boldsymbol{m},\boldsymbol{\Theta})]$ 最大化，这里期望是在未知变量 c_i 上取值：

$$\begin{aligned}&E[\log p(\boldsymbol{Z}\mid\boldsymbol{X},\boldsymbol{m},\boldsymbol{\Theta})]\\ &\quad=\sum_i p(c_i=\text{hit})\log p_{\text{hit}}(z_i\mid\boldsymbol{x}_i,\boldsymbol{m})+p(c_i=\text{short})\log p_{\text{short}}(z_i\mid\boldsymbol{x}_i,\boldsymbol{m})+\\ &\quad\quad p(c_i=\max)\log p_{\max}(z_i\mid\boldsymbol{x}_i,\boldsymbol{m})+p(c_i=\text{rand})\log p_{\text{rand}}(z_i\mid\boldsymbol{x}_i,\boldsymbol{m})\\ &\quad=:\sum_i e_{i,\text{hit}}\log p_{\text{hit}}(z_i\mid\boldsymbol{x}_i,\boldsymbol{m})+e_{i,\text{short}}\log p_{\text{short}}(z_i\mid\boldsymbol{x}_i,\boldsymbol{m})+\\ &\quad\quad e_{i,\max}\log p_{\max}(z_i\mid\boldsymbol{x}_i,\boldsymbol{m})+e_{i,\text{rand}}\log p_{\text{rand}}(z_i\mid\boldsymbol{x}_i,\boldsymbol{m})\end{aligned} \tag{6.26}$$

上式用两步实现了最大化。第一步中，认为固有变量 σ_{hit} 和 λ_{short} 是给定的，并关于变量 c_i 计算期望。

$$\begin{pmatrix}e_{i,\text{hit}}\\ e_{i,\text{short}}\\ e_{i,\max}\\ e_{i,\text{rand}}\end{pmatrix}:=\begin{pmatrix}p(c_i=\text{hit})\\ p(c_i=\text{short})\\ p(c_i=\max)\\ p(c_i=\text{rand})\end{pmatrix}=\eta\begin{pmatrix}p_{\text{hit}}(z_i\mid\boldsymbol{x}_i,\boldsymbol{m})\\ p_{\text{short}}(z_i\mid\boldsymbol{x}_i,\boldsymbol{m})\\ p_{\max}(z_i\mid\boldsymbol{x}_i,\boldsymbol{m})\\ p_{\text{rand}}(z_i\mid\boldsymbol{x}_i,\boldsymbol{m})\end{pmatrix} \tag{6.27}$$

归一化因子由下式给定：

$$\begin{aligned}\boldsymbol{\eta}=[&p_{\text{hit}}(z_i\mid\boldsymbol{x}_i,\boldsymbol{m})+p_{\text{short}}(z_i\mid\boldsymbol{x}_i,\boldsymbol{m})+\\ &p_{\max}(z_i\mid\boldsymbol{x}_i,\boldsymbol{m})+p_{\text{rand}}(z_i\mid\boldsymbol{x}_i,\boldsymbol{m})]^{-1}\end{aligned} \tag{6.28}$$

这一步叫作“E 步”，表明计算潜变量 c_i 的期望。剩下一步就很明确了，因为期望将传感器模型的不同组件之间的依赖关系进行了解耦。首先，注意到极大似然混合参数是简单的归一化的期望：

$$\begin{pmatrix}z_{\text{hit}}\\ z_{\text{short}}\\ z_{\max}\\ z_{\text{rand}}\end{pmatrix}=|\boldsymbol{Z}|^{-1}\sum_i\begin{pmatrix}e_{i,\text{hit}}\\ e_{i,\text{short}}\\ e_{i,\max}\\ e_{i,\text{rand}}\end{pmatrix} \tag{6.29}$$

然后极大似然参数 σ_{hit} 和 λ_{short} 通过将式（6.19）和式（6.23）中的硬分配替换为用期望值加权的软分配类似地得到

$$\sigma_{\text{hit}} = \sqrt{\frac{1}{\sum_{z_i \in \mathbf{Z}} e_{i,\text{hit}}} \sum_{z_i \in \mathbf{Z}} e_{i,\text{hit}} (z_i - z_i^*)^2} \tag{6.30}$$

和

$$\lambda_{\text{short}} = \frac{\sum_{z_i \in \mathbf{Z}} e_{i,\text{short}}}{\sum_{z_i \in \mathbf{Z}} e_{i,\text{short}} z_i} \tag{6.31}$$

6.3.4 实际考虑

实际上，从计算的角度来看，计算所有传感器读数的密度是非常复杂的。例如，激光测距扫描仪经常每扫描一次会返回成百个值，扫描速率为每秒几次。因为对每一个波束扫描和每一个可能的姿态都要进行射线投射操作，因此不能总是实时地将整个扫描综合到当前的置信度中。解决这一问题的典型方法就是仅综合所有测量的小子集（如每次激光测距扫描只综合 8 个等间隔测量，而不是 360 个）。这种方法有一种重要的额外好处：因为一次测距扫描中的相邻波束往往不是独立的，这样做，状态估计过程就会变得不易受到相邻测量的相关噪声的影响。

当相邻测量之间的相互依赖性很强时，极大似然模型可能使机器人过于自信，并产生次优的结果。一个简单的补救办法就是用一个“较弱的”项 $p(z_t^k \mid \boldsymbol{x}_t, \boldsymbol{m})^\alpha$（$\alpha<1$）替换 $p(z_t^k \mid \boldsymbol{x}_t, \boldsymbol{m})$。这里直觉就是用一个因子 α 减少由一个传感器测量提取出的信息［这个概率的对数由 $\alpha \log p(z_t^k \mid \boldsymbol{x}_t, \boldsymbol{m})$ 给定］。另一种可能性——仅在这里提到——就是在应用环境中得到固有参数：例如，在移动定位中，通过梯度下降法训练固有参数以便在多个步长后产生好的定位结果。这样的多步方法与上面描述的单步极大似然估计有显著的不同。实际实现中，它能产生更好的结果，请参看 Thrun(1998a) 的相关文献。

基于波束模型的主要计算时间的消耗是射线投射操作。通过预兑现（pre-cashing）射线投射算法和将结果存在内存中，可以将计算 $p(z_t \mid \boldsymbol{x}_t, \boldsymbol{m})$ 所消耗的运行时间大幅减少，以便射线投射操作可由（更快的）查表操作来代替。这种思想的一种好的实现就是将状态空间分解成一个细粒度的三维栅格，对每个栅格单元预先计算距离 z_t^{k*}。这种思想在本书 4.1 节已经研究过。受栅格分辨率的影响，对内存的要求可能是很可观的。在移动机器人定位中，研究发现 15cm 的栅格分辨率和 2°的环境预计算距离，可以使室内定位问题处理得很好。它非常适于中等规格计算机的随机存储器（RAM），并能在在线实现射线投射的平面的应用中获得 10 倍的提速。

6.3.5 波束模型的局限

基于波束的传感器模型，与测距仪的几何学和物理学紧密联系的同时，也具有两个主要的缺点。

具体来说，基于波束的模型表现出缺乏光滑性（lack of smoothness）。在有许多小障碍的混乱环境中，分布 $p(z_t^k \mid \boldsymbol{x}_t, \boldsymbol{m})$ 在 $\boldsymbol{x}_t$ 处是很不光滑的。例如，考虑有许多椅子和桌子的环境（如一个典型的会议室）。如本书第 1 章介绍的机器人会检测到这些障碍物的腿。显然，机器人位姿 $\boldsymbol{x}_t$ 的小变化对传感器波束的正确测距有很大的影响。因此，测量模型 $p(z_t^k \mid \boldsymbol{x}_t, \boldsymbol{m})$ 会在 $\boldsymbol{x}_t$ 处高度不连续。因为方向的小的变化可能会引起 x-y 空间的大位移，所以航向 θ_t 尤其受到影响。

缺乏光滑性有两个后果。第一，任何近似置信度表示法都存在错过正确状态的风险，因为邻近的状态可能具有截然不同的后验似然。这就限制了近似的准确性。近似的准确性如果不满足，将会增加后验的结果误差。第二，由于在这样不光滑模型中有大量的局部极大值，因此用爬坡算法找到最可能的状态容易出现局部极小问题。

基于波束的模型也涉及计算问题。对每一个单一传感器测量 z_t^k 评估 $p(z_t^k \mid \boldsymbol{x}_t, \boldsymbol{m})$ 涉及射线投射，这需要很大的计算量。如上所述，这个问题可以通过在位姿空间的离散栅格上预计算距离得到部分的弥补。这样的方法将计算转移到初始离线阶段。这种算法的优点是在运行时间上是比较快的。但是由于涵盖了一个大的三维空间，因此得到的表格很大。因此，预计算距离的计算成本很高，需要很大的内存。

6.4 测距仪的似然域

6.4.1 基本算法

现在介绍另外一种模型，称为似然域（likelihood field），它克服了上述这些局限。该模型缺乏一个合理的物理解释。事实上，它是一种“特设（ad hoc）”算法，不必计算相对于任何有意义的传感器物理生成模型的条件概率。而且，这种方法在实践中运行效果良好。即使在混乱的空间，得到的后验也更光滑，同时计算更高效。

主要思想就是首先将传感器扫描的终点 z_t 映射到地图的全局坐标空间。这样做，必须了解相对于全局坐标系，机器人的局部坐标系位于何处？机器人传感器光束 z_k 起源于何处？传感器指向何处？照常，令 $\boldsymbol{x}_t = (x \quad y \quad \theta)^{\mathrm{T}}$ 表示机器人在时刻 t 的位姿。保持环境二维图，用 $(x_{k,\mathrm{sens}} \quad y_{k,\mathrm{sens}})^{\mathrm{T}}$ 表示与机器人固连的传感器局部坐标系统的位置，用 $\theta_{k,\text{sens}}$ 表示传感器波束相对于机器人航向的角度。这些值都是传感器特有的。测量 z_t^k 的终点现在经过显然易见的三角变换映射到全局坐标系：

$$\begin{pmatrix} x_{z_t^k} \\ y_{z_t^k} \end{pmatrix} = \begin{pmatrix} x \\ y \end{pmatrix} + \begin{pmatrix} \cos\theta & -\sin\theta \\ \sin\theta & \cos\theta \end{pmatrix} \begin{pmatrix} x_{k,\text{sens}} \\ y_{k,\text{sens}} \end{pmatrix} + z_t^k \begin{pmatrix} \cos(\theta + \theta_{k,\text{sens}}) \\ \sin(\theta + \theta_{k,\text{sens}}) \end{pmatrix} \tag{6.32}$$

这些坐标只有当传感器检测到一个障碍物时才是有意义的。如果测距传感器输出了最大值 $z_t^k = z_{\max}$，则这些坐标在物理世界没有任何意义（即使测量的确携带了信息）。似然域测量模型简单地将最大距离读数丢弃。

与前面讨论的波束模型类似，下面假定三种噪声和不确定性的来源。

1. 测量噪声。由测量过程引起的噪声使用高斯进行建模。在 x-y 空间，它涉及寻找地图上最近的障碍物。令 dist 表示测量坐标 $(x_{z_t^k} \quad y_{z_t^k})^{\mathrm{T}}$ 与地图 $\boldsymbol{m}$ 上最近物体之间的欧氏距离。那么传感器测量的概率可以由一个以 0 为中心的高斯函数给出，该高斯具有传感器噪声：

$$p_{\text{hit}}(z_t^k \mid \boldsymbol{x}_t, \boldsymbol{m}) = \varepsilon_{\sigma_{\text{hit}}}(\text{dist}) \tag{6.33}$$

图 6.8a 给出了一个地图，图 6.8b 给出了在二维空间中测量点 $(x_{z_t^k} \quad y_{z_t^k})^{\mathrm{T}}$ 对应的高斯似然。图中，位置越亮，用测距仪测量到一个物体的可能性越大。现在密度 p_{hit} 可以将由传感器轴正交（归一化）似然域而得到，如图 6.8 所示虚线，得到的函数如图 6.9a 所示。

a) 环境实例

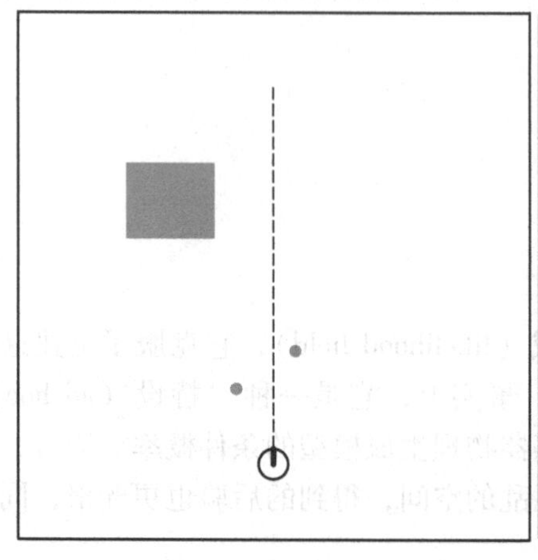

b) 似然域

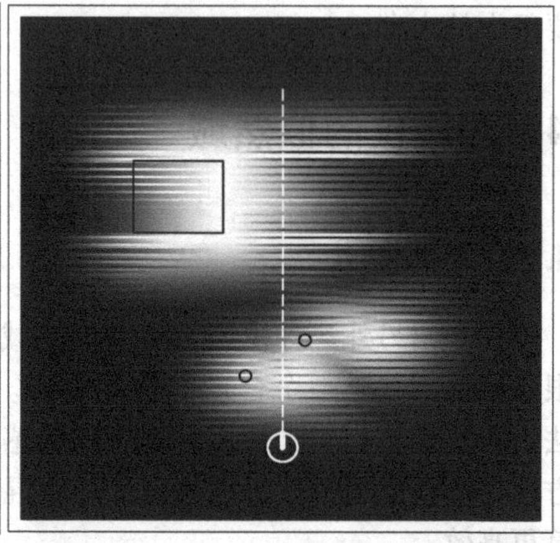

图 6.8　a）具有三个障碍物（灰色）的环境实例（机器人位于图的底部，沿图中虚线进行测量，得到一个测量 z_t^k）
b）障碍物配置的似然域（某位置颜色越深，在该位置探测到障碍物的可能性越小；对指定传感器波束的概率 $p(z_t^k \mid \boldsymbol{x}_t, \boldsymbol{m})$ 如图 6.9 所示）

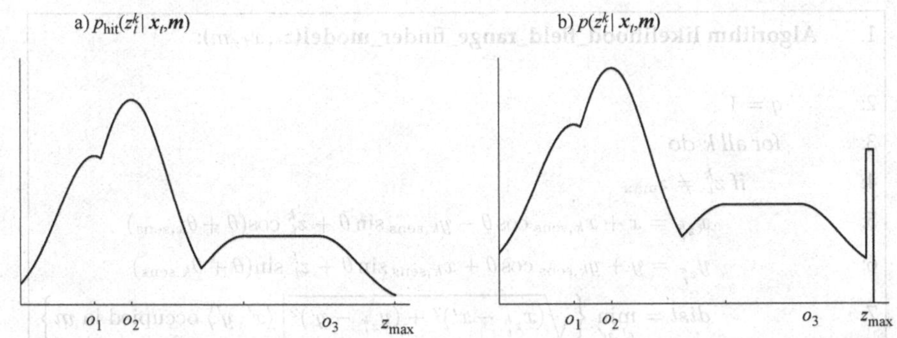

图6.9 a）图6.8所示情况下概率 $p_{hit}(z_t^k)$ 是测量 z_t^k 的函数（传感器波束遇到3个障碍物，分别对应3个最近的点 o_1、o_2 和 o_3）

b）图6.8所示情况下得到传感器概率 $p(z_t^k|\boldsymbol{x}_t, \boldsymbol{m})$［将 $p_{hit}(z_t^k)$ 加上两个均匀分布得到］

2. 测量失败。如前所述，假定最大距离读数具有非常大的似然，可用点群分布 p_{max} 进行建模。

3. 无法解释的随机测量。最后，用一个均匀分布 p_{rand} 为感知中的随机噪声建立模型。

正如基于波束的传感器模型，期望概率 $p(z_t^k|\boldsymbol{x}_t, \boldsymbol{m})$ 集成了所有三种分布：

$$z_{hit}p_{hit} + z_{rand}p_{rand} + z_{max}p_{max} \tag{6.34}$$

式中，使用熟悉的混合权值 z_{hit}、z_{rand} 和 z_{max}。图6.9b给出了一个测量波束与其结果分布 $p(z_t^k|\boldsymbol{x}_t, \boldsymbol{m})$ 的例子。很容易看到这个分布结合了图6.9a所示的 p_{hit}，以及分布 p_{max} 和 p_{rand}。这里所说的调节混合参数大多转移到新模型上。它们可以通过手动调节或者利用极大似然估计得到。图6.8b所示的表示法，将障碍物检测的似然描述成全局 x-y 坐标的函数，叫作似然域。

程序6.3给出了用似然域计算测量概率的算法。读者应该对外循环很熟悉了，它将各个 $p(z_t^k|\boldsymbol{x}_t, \boldsymbol{m})$ 的值相乘，并假定不同传感器波束的噪声是相互独立的。第4行检查传感器读数是否为最大距离读数，如果是则被舍弃。第5~8行处理有趣的情况：会计算 x-y 空间中与最近障碍物的距离（第7行）。在第8行通过将一个正态分布和一个均匀分布混合得到似然结果。跟前面一样，算法程序中函数 prob($dist$，σ_{hit}) 计算以0为中心、标准方差为 σ_{hit} 的高斯分布的关于 dist 的概率。

地图中寻找最近物体（第7行）是算法 likelihood_field_range_finder_model 中最费时的。为了加快速度，预计算似然域是有好处的，因此，计算测量的概率相当于坐标变换后跟着查表。当然，如果利用了离散栅格，查表的结果仅是近似的，因为它有可能返回错误的障碍物坐标。但是，即使是适度栅格，它对概率 $p(z_t^k|\boldsymbol{x}_t, \boldsymbol{m})$ 的影响也是相当小的。

Algorithm likelihood_field_range_finder_model(z_t, x_t, m):

$q = 1$

for all k do

 if $z_t^k \neq z_{\max}$

  $x_{z_t^k} = x + x_{k,\text{sens}} \cos\theta - y_{k,\text{sens}} \sin\theta + z_t^k \cos(\theta + \theta_{k,\text{sens}})$

  $y_{z_t^k} = y + y_{k,\text{sens}} \cos\theta + x_{k,\text{sens}} \sin\theta + z_t^k \sin(\theta + \theta_{k,\text{sens}})$

  $dist = \min\limits_{x',y'} \left\{ \sqrt{(x_{z_t^k} - x')^2 + (y_{z_t^k} - y')^2} \,\middle|\, \langle x', y' \rangle \text{ occupied in } m \right\}$

  $q = q \cdot \left(z_{\text{hit}} \cdot \textbf{prob}(dist, \sigma_{\text{hit}}) + \frac{z_{\text{random}}}{z_{\max}} \right)$

return q

程序 6.3 利用与最近物体的欧氏距离计算测距仪似然的算法［程序中函数 prob($dist$，σ_{hit}）计算在以 0 为中心标准方差为 σ_{hit} 的高斯分布的距离概率］

6.4.2 扩展

基于前面讨论的波束模型的似然域模型的主要优点就是其光滑性。由于欧氏距离上的光滑性，机器人位姿 $\boldsymbol{x}_t$ 的微小改变仅对分布结果 $p(z_t^k \mid \boldsymbol{x}_t, \boldsymbol{m})$ 有很小的影响。另一个主要优点就是预计算是发生在二维而不是三维空间，这增加了预计算信息的紧凑性。

但是，当前模型有三个主要缺点：第一，它不能对人或可能引起短读数的其他动态清晰地建立模型。第二，它在处理传感器时当作好像它们能“看穿墙”。这是因为射线投射操作由近邻函数来替代，这样就不能确定到一个点的路径是否被地图上的一个障碍物所拦截。第三，这里的方法没有考虑地图的不确定性。具体来说，它不能处理地图上高度不确定的或不明确的未探测（unexplored）区域。

基本算法 likelihood_field_range_finder_model 可以被扩展来减弱这些局限的影响。例如，可以将地图占用值分为三类（占用的、空闲的和未知的），而不是前两类。当一个传感器测量 z_t^k 落入到未知类时，其概率 $p(z_t^k \mid \boldsymbol{x}_t, \boldsymbol{m})$ 被认为是一常值 $\frac{1}{z_{\max}}$。得到的概率模型是粗糙的。在未探测空间中，假定每个传感器的测量是同样可能的。

图 6.10 给出了一个地图及对应的似然域。再次说明，x-y 位置的灰度表示接收到传感器读数的似然。读者可能注意到，仅在地图内部采用了距最近障碍物的距离，这与被探索地形相对应。地图外部的 $p(z_t^k \mid \boldsymbol{x}_t, \boldsymbol{m})$ 是一个常值。为了保证计算的高效，预计算细粒度二维栅格的最近物体是值得的。

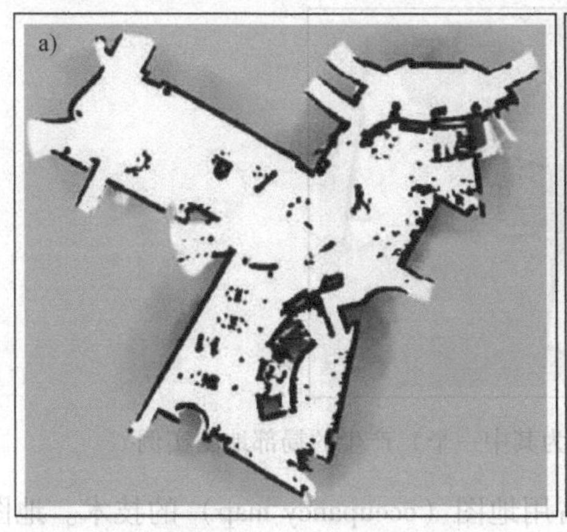

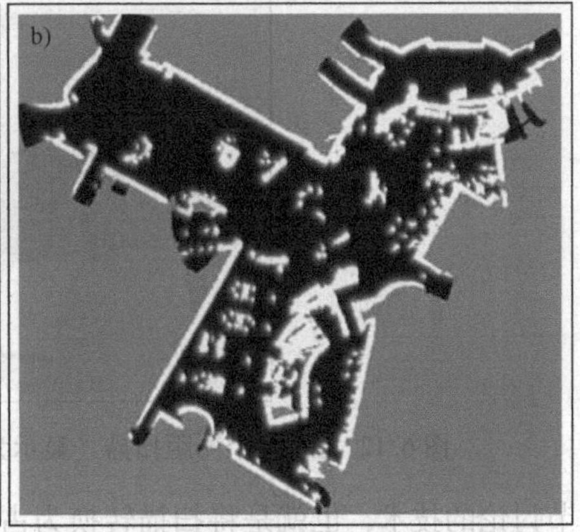

图 6.10　a）San Jose 科技博物馆的占用栅格地图
b）预处理的似然域

可视空间的似然域也可以用最近的扫描定义，事实上它定义了一个局部地图。图 6.11 给出了这样的一个似然域。它在校准独立扫描技术中起着很重要的作用。

a) 传感器扫描

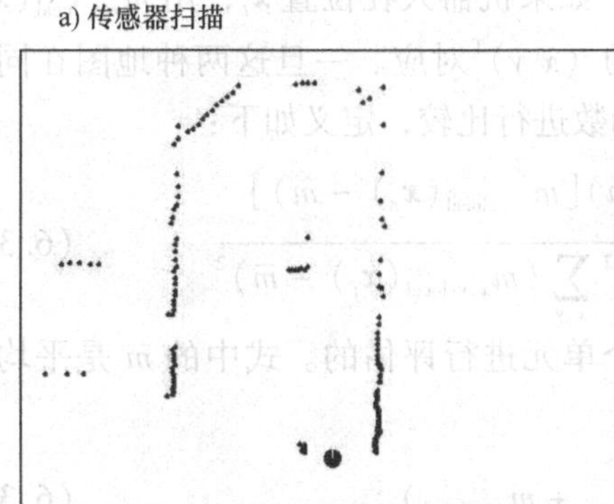

b) 似然域

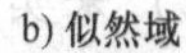

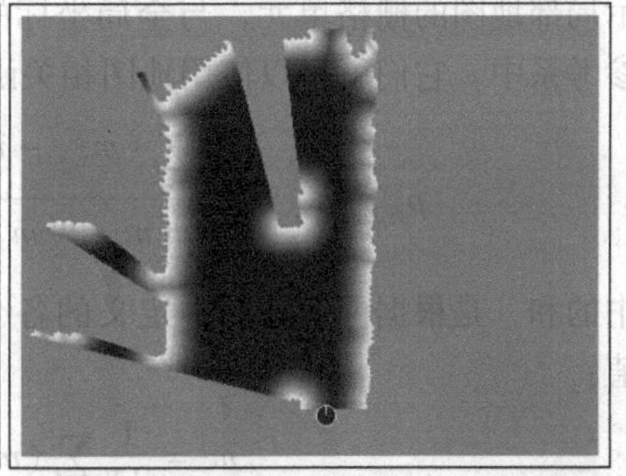

图 6.11　a）传感器扫描（俯视图，机器人放在图的底部，产生一个近似扫描，该扫描由机器人前面的 180 个点组成）
b）由这个传感器扫描产生的似然函数（区域颜色越深，在该位置检测到物体的可能性越小；注意，地图中的阻隔区域是白色的，因此似然估计是可行的）

6.5　基于相关性的测量模型

在估计一个测量和地图之间相关性的有关文献中有很多测距传感器模型。有一种通用的技术被称为地图匹配（map matching）。地图匹配需要用到本书后面

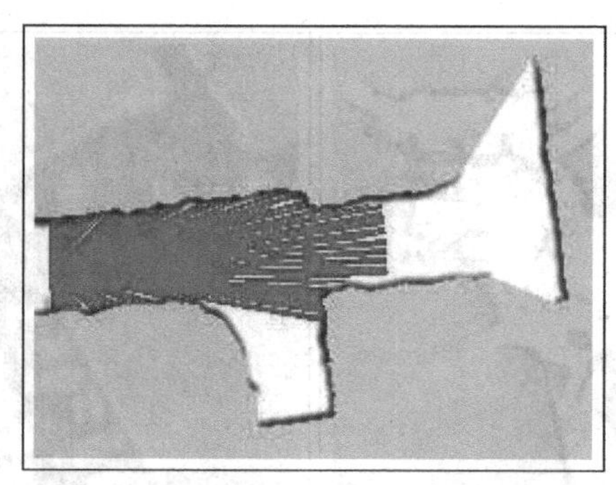

图6.12 由10个测距扫描（显示为其中一个）产生的局部地图实例

章节讨论的技术，也就是将扫描转换为占用地图（occupancy map）的技术。地图匹配方法通常是将少量的连续扫描编制到局部地图（local maps）上，用 $\boldsymbol{m}_{\text{local}}$ 表示。图6.12 给出了这样的一个局部地图，该地图为占用栅格地图。传感器测量模型将局部地图 $\boldsymbol{m}_{\text{local}}$ 与全局地图 $\boldsymbol{m}$ 进行比较，$\boldsymbol{m}_{\text{local}}$ 和 $\boldsymbol{m}$ 越相似，$p(\boldsymbol{m}_{\text{local}} \mid \boldsymbol{x}_t, \boldsymbol{m})$ 越大。因为局部地图是相对于机器人位置的表示，这种比较就要求局部地图的单元被转换到全局地图的坐标系。这样的转换可通过类似似然域模型中使用的传感器测量的坐标变换方法式（6.32）来实现。如果机器人在位置 $\boldsymbol{x}_t$，用 $m_{x,y,\text{local}}(\boldsymbol{x}_t)$ 表示局部地图的栅格单元，与全局坐标的 $(x\ y)^{\mathrm{T}}$ 对应。一旦这两种地图在同样的参考系中，它们就可以使用地图相关函数进行比较，定义如下：

$$\rho_{m,m_{\text{local}},x_t} = \frac{\sum_{x,y}(m_{x,y} - \bar{m})[m_{x,y,\text{local}}(\boldsymbol{x}_t) - \bar{m})]}{\sum_{x,y}(m_{x,y} - \bar{m})^2 \sum_{x,y}(m_{x,y,\text{local}}(\boldsymbol{x}_t) - \bar{m})^2} \tag{6.35}$$

式中的和，是根据两个地图中定义的各个单元进行评估的。式中的 $\bar{m}$ 是平均地图值：

$$\bar{m} = \frac{1}{2N}\sum_{x,y}(m_{x,y} + m_{x,y,\text{local}}) \tag{6.36}$$

式中，N 为局部地图和全局地图之间重叠部分的元素个数。相关性 $\rho_{m,m_{\text{local}},x_t}$ 在 ±1 之间变化。地图匹配说明值

$$p(\boldsymbol{m}_{\text{local}} \mid \boldsymbol{x}_t, \boldsymbol{m}) = \max\{\rho_m, m_{\text{local}}, x_t, 0\} \tag{6.37}$$

这是以全局地图 $\boldsymbol{m}$ 和机器人位姿 $\boldsymbol{x}_t$ 为条件的局部地图的概率。如果局部地图由单一的测距扫描 z_t 产生，这个概率就取代测量概率 $p(z_t \mid \boldsymbol{x}_t, \boldsymbol{m})$。

地图匹配具有许多好的特性：正如似然域模型，它容易计算，尽管不能得到位姿参数 $\boldsymbol{x}_t$ 处的平滑概率。近似似然域（并获得平滑性）的一种方法是用一个高斯平滑核卷积地图 $\boldsymbol{m}$，并在该平滑地图上运行地图匹配。

地图匹配相对似然域最主要的优点，就是它清晰地考虑了两个地图边界的自

由空间；似然域技术仅考虑了扫描的终点，由此定义占用空间（或噪声）的响应。另一方面，许多地图构建技术建立了超越传感器覆盖之外的局部地图。例如，许多技术建立了围绕机器人的环形地图，面积设置比传感器测量范围超出 0.5。这种情况下，存在一种危险，即地图匹配的结果包含了超出实际测量距离的区域，就如同传感器能“穿墙视物”。该副作用可在很多地图匹配技术实现中被发现。

还有一个缺点是地图匹配没有合理的物理解释。相关性是地图之间的归一化二次方距离，并不是测距传感器的噪声特性。

6.6　基于特征的测量模型

6.6.1　特征提取

到目前为止讨论过的传感器模型都是基于原始传感器测量的。还有另一种方法，就是从测量中提取特征。如果将特征提取表示成一个函数 f，从一个距离测量中提取的特征可由 $f(z_t)$ 给出。大多数特征提取器是从高维的传感器测量中提取较少数量的特征。这种方法的主要优点是大大减少了计算的复杂性：高维测量空间的推断可能是昂贵的，而低维特征空间的推断却可以将计算效率提高几个数量级。

特定的特征提取算法的讨论超出了本书的范围。相关文献提供了关于多种传感器特征的内容。对于测距传感器，通常识别直线、角或者局部极小，分别与墙、墙角或者如树干这样的物体相对应。当相机用于导航时，有关相机图像的处理是计算机视觉领域的研究内容。计算机视觉已经开发设计了无数的从相机图像中提取特征的技术。一般的特征包括边、角、独特的图案和独特外观形状。在机器人技术中，通常也会将一些地方定义为特征，如走廊和十字路口。

6.6.2　地标的测量

在许多机器人应用中，特征与物理世界中的不同的物体相对应。例如，室内环境特征可能就是门框或者窗台；室外特征就可能与树干或者建筑物的墙角相对应。在机器人技术中，通常将这些物理对象称为地标（landmarks），这些地标可用于机器人导航。

处理地标最通用的模型认为，传感器能测量地标相对于机器人局部坐标系的距离和方位。这样的传感器叫作距离和方位传感器（range and bearing sensors）。距离/方位传感器的存在不是一个不切实际的假设：任何来自测距扫描的局部特征都伴有距离和方位信息，如同立体视觉检测的视觉特征。另外，特征提取器可以生成一个签名（signature）。本书假定一个签名可以是一个数量值（如一个平均颜色值）；也可以是一个表征观测到的地标类型的整数，或者是一个多维向量来表征一个地标（如高度和颜色）。

如果用 r 表示距离，Φ 表示方位，s 表示签名，则特征向量由一个三维的集合给定

$$f(z_t) = \{\boldsymbol{f}_t^1, \boldsymbol{f}_t^2, \cdots\} = \left\{ \begin{pmatrix} r_t^1 \\ \phi_t^1 \\ s_t^1 \end{pmatrix}, \begin{pmatrix} r_t^2 \\ \phi_t^1 \\ s_t^2 \end{pmatrix}, \cdots \right\} \tag{6.38}$$

每个时间步长能辨识的特征的数量是可变的。但是，许多概率机器人算法假定特征之间是条件独立的。

$$p(f(z_t) \mid \boldsymbol{x}_t, \boldsymbol{m}) = \prod_i p(r_t^i, \phi_t^i, s_t^i \mid \boldsymbol{x}_t, \boldsymbol{m}) \tag{6.39}$$

如果每个独立测量 $(r_t^i \quad \phi_t^i \quad s_t^i)^{\mathrm{T}}$ 中的噪声与其他测量 $(r_t^j \quad \phi_t^j \quad s_t^j)^{\mathrm{T}} (i \neq j)$ 中的噪声是相互独立的，则应用条件独立。在条件独立的假设下，可以一次处理一个特征，如同我们在几个距离测量模型中做过的。这就使得开发算法来实现概率测量模型更容易。

现在设计一个传感器特征模型。本章一开始，已经区分了两类地图之间的不同：基于特征的（feature-based）和基于位置的（location-based）。地标测量模型通常仅适用于基于特征的地图。读者可以回想，这些地图由特征列表组成，$\boldsymbol{m} = \{\boldsymbol{m}_1, \boldsymbol{m}_2, \cdots\}$ 组成。每个特征都具有一个签名和一个位置坐标（location coordinate）。用 $m_{i,x}$ 和 $m_{i,y}$ 表示的特征的位置是其在地图的全局坐标系下的坐标。

无噪声地标传感器的测量向量可以容易地由标准的几何定律描述。用相互独立的距离高斯、方位高斯和签名高斯噪声来为地标感知中的噪声建立模型。由此而得的测量模型对时刻 t 的第 i 个特征与地图中第 j 个地标相关的情况进行了确切的阐述。如往常一样，机器人位姿由 $\boldsymbol{x}_t = (x \ y \ \theta)^{\mathrm{T}}$ 给定。

$$\begin{pmatrix} r_t^i \\ \phi_t^i \\ s_t^i \end{pmatrix} = \begin{pmatrix} \sqrt{(m_{j,x} - x)^2 + (m_{j,y} - y)^2} \\ \operatorname{atan2}(m_{j,y} - y, m_{j,x} - x) - \theta \\ s_j \end{pmatrix} + \begin{pmatrix} \varepsilon_{\sigma_r^2} \\ \varepsilon_{\sigma_\phi^2} \\ \varepsilon_{\sigma_s^2} \end{pmatrix} \tag{6.40}$$

式中，ε_{σ_r}、$\varepsilon_{\sigma_\phi}$ 和 ε_{σ_s} 分别为标准方差为 σ_r、σ_ϕ 和 σ_s 的均值为 0 的高斯误差变量。

6.6.3 已知相关性的传感器模型

距离/方位传感器的一个关键问题就是数据关联问题（data association problem）。当地标不能唯一确定时，这个问题就会出现，因此对于地标的身份存在一些残留的不确定性。为了开发一种距离/方位传感器模型，引入特征 $\boldsymbol{f}_t^i$ 与地图的地标 $\boldsymbol{m}_j$ 的相关变量（correspondence variable）被证明是很有用的。这个变量将由 c_t^i 来表示 $c_t^i \in \{1, \cdots, N+1\}$。$N$ 是地图 $\boldsymbol{m}$ 中的地标数目。如果 $c_t^i = j \leqslant N$，则在

时刻 t 观测到的第 i 个特征与地图的第 j 个地标相对应。用另一句话说，c_t^i就是被观测到的特征的真实身份。唯一的例外出现在 $c_t^i=N+1$，这里特征观测不会与地图 $\boldsymbol{m}$ 中的任何特征对应。这种情况对于处理虚假地标是很重要的；同时它与机器人地图构建主题是高度相关的，机器人地图构建问题中机器人可能会遇到先前没有观测到的地标。

程序 6.4 描写了在已知相关 $c_t^i\leqslant N$ 时，计算特征 $\boldsymbol{f}_t^i$ 的概率的算法。第 3、4 行计算地标的真实距离和方位。然后，测量距离和方位的概率在第 5 行计算，这里假定它们的噪声是相互独立的。读者可以很容易证明，该算法实现了式（6.40）。

```
1:    Algorithm landmark_model_known_correspondence(f_t^i, c_t^i, x_t, m):

2:        j = c_t^i
3:        r̂ = sqrt((m_{j,x} − x)^2 + (m_{j,y} − y)^2)
4:        φ̂ = atan2(m_{j,y} − y, m_{j,x} − x)
5:        q = prob(r_t^i − r̂, σ_r) · prob(φ_t^i − φ̂, σ_φ) · prob(s_t^i − s_j, σ_s)
6:        return q
```

程序 6.4　计算地标测量似然的算法［该算法输入为一个被观测的特征 $\boldsymbol{f}_t^i=(r_t^i\ \phi_t^i\ s_t^i)^{\mathrm{T}}$和特征的真实身份 c_t^i、机器人位姿 $\boldsymbol{x}_t=(x\ y\ \theta)^{\mathrm{T}}$和地图 $\boldsymbol{m}$；其输出是数值概率 $p(\boldsymbol{f}_t^i\mid c_t^i,\ \boldsymbol{m},\ \boldsymbol{x}_t)$］

6.6.4　采样位姿

有时希望对与具有特征身份 c_t^i的一个测量 $\boldsymbol{f}_t^i$ 对应的机器人位姿 $\boldsymbol{x}_t$ 进行采样。在本书第 5 章已经介绍了这样的采样算法，并讨论了机器人运动模型。这样的采样模型也是传感器模型所希望的。例如，当全局定位一个机器人时，产生采样位姿，合并传感器测量从而产生机器人位姿的最初推测，就变得很有用了。

而通常情况下，对与一个传感器测量 $\boldsymbol{z}_t$ 相对应的位姿 $\boldsymbol{x}_t$ 进行采样是困难的。对于地标模型，这里能真实地提供一个有效的采样算法。但是这样的采样仅在进一步假设下才是可能的。具体来说，必须已知先验 $p(\boldsymbol{x}_t\mid c_t^i,\ \boldsymbol{m})$。为了简化，假定这个先验是均匀的（它通常不是！），那么贝叶斯准则认为

$$p(\boldsymbol{x}_t\mid \boldsymbol{f}_t^i,c_t^i,\boldsymbol{m})=\eta p(\boldsymbol{f}_t^i\mid c_t^i,\boldsymbol{x}_t,\boldsymbol{m})p(\boldsymbol{x}_t\mid c_t^i,\boldsymbol{m})=\eta p(\boldsymbol{f}_t^i\mid c_t^i,\boldsymbol{x}_t,\boldsymbol{m}) \tag{6.41}$$

现在，从 $p(\boldsymbol{x}_t\mid \boldsymbol{f}_t^i,\ c_t^i,\ \boldsymbol{m})$的采样可以通过传感器模型 $p(\boldsymbol{f}_t^i\mid c_t^i,\ \boldsymbol{x}_t,\ \boldsymbol{m})$的“逆”获得。程序 6.5 给出了采样位姿 $\boldsymbol{x}_t$ 的算法。该算法是复杂的：即使在无噪声情况下，一个地标观测也不能唯一地确定机器人的位置；相反，机器人可能在地标的圆周上，其直径就是到地标的距离。机器人位姿的不确定性基于这样的事实：距离和方位在机器人位姿的三维空间提供了两种限制。

1: **Algorithm sample_landmark_model_known_correspondence**(f_t^i, c_t^i, m):

2: $j = c_t^i$

3: $\hat{\gamma} = \text{rand}(0, 2\pi)$

4: $\hat{r} = r_t^i + \textbf{sample}(\sigma_r)$

5: $\hat{\phi} = \phi_t^i + \textbf{sample}(\sigma_\phi)$

6: $x = m_{j,x} + \hat{r}\cos\hat{\gamma}$

7: $y = m_{j,y} + \hat{r}\sin\hat{\gamma}$

8: $\theta = \hat{\gamma} - \pi - \hat{\phi}$

9: *return* $(x \;\; y \;\; \theta)^T$

程序 6.5　从一个具有已知身份 c_t^i 的地标测量 $\boldsymbol{f}_t^i = (r_t^i \quad \phi_t^i \quad s_t^i)^{\mathrm{T}}$ 中采样姿态的算法

为了实现一个位姿采样，必须对剩余的自由参数进行采样，它可以确定机器人位于地标周围什么地方。该参数在程序中定为 $\hat{\gamma}$，并在程序第 3 行实现随机选择。第 4 行和第 5 行对被测的距离和方位进行干扰，利用均值和测量都处理为高斯对称的事实。最后，第 6 行到第 8 行恢复与 $\hat{\gamma}$、$\hat{r}$ 和 $\hat{\phi}$ 相对应的位姿。

图 6.13 给出了位姿分布 $p(\boldsymbol{x}_t \mid \boldsymbol{f}_t^i, c_t^i, \boldsymbol{m})$（见图 a），同时也给出了用算法 sample_landmark_model_known_correspondence 得到的一个样本（见图 b）。后验映射到 x-y 空间，它变成了一个围绕被测距离 r_t^i 的一个环。在三维位姿空间中，将环以角度 θ 展开是一个螺旋。

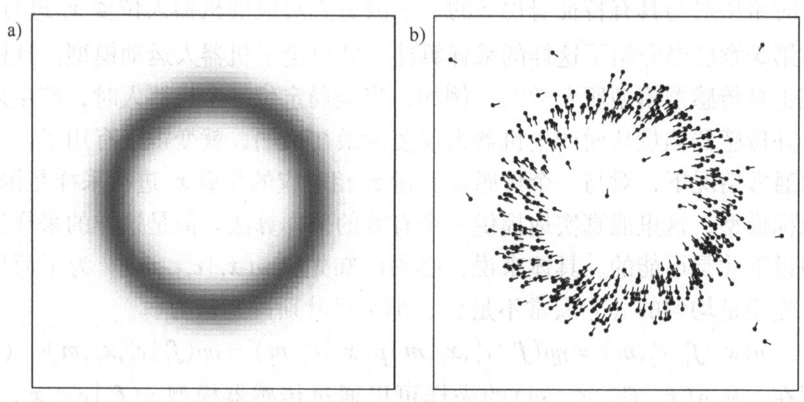

图 6.13　地标检测模型

a）在 5m 距离和 30°相对方位检测到的地标给定的机器人位姿的后验分布（映射到二维）

b）由这样的一个检测生成的机器人位姿样本（直线表示位姿中的方向）

6.6.5 进一步的考虑

两种基于地标测量的算法都是假定已知相关性。未知相关性的情况，将在后面章节介绍未知相关性情况下定位和映射的算法时详细讨论。

有关于地标签名话题的评论是合乎程序的。许多已发表的算法没有利用外观明确的特征。当不提供签名时，所有的地标看起来都是一样的，估计相关变量的数据关联问题就更难了。在这里的模型中已经包含了签名，因为它通常是从传感器测量中很容易提取的有价值的信息源。

如前所述，使用特征而不是完整测量向量的主要动机实质是便于计算：管理几百个特征比管理数十亿个距离测量要容易得多。这里提出的模型是相当粗糙的，它明显没有关注传感器测量过程中的物理规律。尽管如此，模型往往在大多数的应用中运行良好。

很重要的是，从测量到特征的减少是要付出代价的。在机器人相关文献中，对测量向量 z_t 的充分统计量（sufficient statistics）经常采用/误采用特征。令 $\boldsymbol{X}$ 是感兴趣的变量（如一个地图、一个位姿），$\boldsymbol{Y}$ 是可以施加的一些其他信息（如过去传感器的测量），如果下式成立，则 $\boldsymbol{f}$ 是 z_t 的一个充分统计量：

$$p(\boldsymbol{X}|z_t,\boldsymbol{Y})=p(\boldsymbol{X}|f(z_t),\boldsymbol{Y}) \tag{6.42}$$

但是，实际上，因为使用特征而不是全部测量向量，许多信息丢失了。这些丢失的信息使某些问题变得更困难，如确定机器人是否重新访问先前探测的位置的数据关联问题。通过内省很容易理解特征提取的影响：当你睁开眼睛时，环境的可视图像可能足够清楚地告诉你你在哪，即使之前你是全局不确定的。另一方面，如果仅仅检测了某些特征，如门框和窗台的相对位置，那么可能对你在哪的确定性就小很多，信息对全局定位很可能是不够的。

随着高速计算机的出现，特征在机器人技术领域也逐渐失去了重要性。尤其当使用测距传感器时，大多数先进状态算法依赖密集的测量向量，且它们使用密集的基于位置的地图去表示环境。然而，特征对于教学仍然很重要。它们使我们引入了概率机器人学的基本概念，同时即使在地图上是由密集的扫描点集合组成的情况下它们都能对一致性问题等问题进行合适的处理。因此，本书中的许多算法首先以特征表示法描述，然后扩展成使用原始传感器测量的算法。

6.7 实际考虑

这里概述了一系列测量模型。首先，由于在机器人学中的重要性，将重点放在了测距仪的模型上。但是，这里讨论的模型仅是更广泛概率模型的代表。在选择正确模型时，权衡物理现实与在使用这些模型的算法时所期望的特性是很重要的。例如，注意到测距传感器的物理真实模型可能在所谓的机器人位姿下产生的概率不是平滑的，这反过来会引起如粒子滤波的算法问题。因此，物理实际不是选择正确传感器模型的唯一标准；同等重要的标准是模型的优点（对于使用它的算法而言）。

作为一般的经验法则，模型越精确越好。具体来说，从传感器测量中获得的信息越多越好。基于特征的模型提取的信息相对少一些，凭借这一事实，即特征提取器将高维传感器测量映射到较低维空间。因此，基于特征的方法往往产生低劣的结果。该缺点通过基于特征表示法的优越的计算特性得到补偿。

当调整一个测量模型的固有参数时，人为地夸大不确定性往往是有用的。这是因为概率方法的主要限制：为了使概率技术易于计算，必须忽略存在于客观世界中的依赖性，以及引起这些依赖的许多潜在变量。由于针对这样的依赖性没有建模，将来自多个测量的证据整合的算法很快变得过于自信。这样的过分自信（overconfidence）最终会导致错误的结论，这会对结果造成负面的影响。实际上，有减少由传感器传送的信息的很好的办法：通过将测量映射到一个低维特征空间是一种实现它的方法。但是，它受到上述的限制。通过用一个参数 α 将测量模型指数化均匀地衰减信息，正如 6.3.4 节所讨论的，是一个更好的方法，因为它不会在概率算法结果中引入附加方差。

6.8 小结

本章描述了概率测量模型。

- 从测距仪的模型开始——特别是激光测距仪——讨论了测量模型 $p(z_t^k \mid \boldsymbol{x}_t, \boldsymbol{m})$。首先，这样的模型利用射线投射确定特定的地图 $\boldsymbol{m}$ 和位姿 $\boldsymbol{x}_t$ 的 $p(z_t^k \mid \boldsymbol{x}_t, \boldsymbol{m})$ 的形状。这里设计了一个混合模型来描述影响距离测量的多种噪声。

- 为辨识测量模型的固有噪声参数，开发了极大似然技术。由于测量模型是一种混合模型，所以为极大似然估计提供了迭代过程。这里给出的方法是期望最大化算法的一个实例，它交替进行两个步骤，一个步骤是关于测量的误差类型计算期望值的，最大化步骤以闭式的形式找到相对于这些期望而言最好的固有参数集。

- 测距仪的可选测量模型是基于似然域的。该技术使用二维坐标中的最近距离去建立概率 $p(z_t^k \mid \boldsymbol{x}_t, \boldsymbol{m})$ 的模型。注意，这种方法往往会得到较平滑的分布 $p(z_t^k \mid \boldsymbol{x}_t, \boldsymbol{m})$。这是以不期望的副作用为代价的：似然域技术忽略了有关自由空间的信息，并且它在解释距离测量时没有考虑阻隔物。

- 第三种测量模型是基于地图匹配的。地图匹配是将传感器扫描映射到局部地图，并将这些地图与全局地图联系起来。这种方法缺少物理动力，但是能高效地实现。

- 本章讨论了预计算是怎样减少运行时间上的计算负担的。在基于波束的测量模型中，预计算发生在三维；似然域只要求二维的预计算。
- 本章提出了一个基于特征的传感器模型，这种模型下机器人提取附近地标的距离、方位和签名。基于特征的技术从原始传感器测量中提取明显的特征。这样做时，减少了几个数量级的传感器测量维数。
- 在本章的最后，对实际问题的讨论指出了一些在具体实现中可能引起的意想不到的困难。

6.9 文献综述

本章只略去了有关传感器物理模型的很多文献。有关声呐测距传感器更精确的模型可参看 Blahut 等（1991），以及 Grunbaum 等（1992）和 Etter（1996）的文献。激光测距仪的模型由 Ree（2001）的文献介绍过。适当噪声模型的实证讨论可在 Sahin 等人（1998）的文献中找到。相对于这些模型，本章的模型是非常粗糙的。

测距传感器波束模型的早期成果可以在 Moravec（1988）的开创性工作中找到。类似的模型后来由 Burgard 等（1996）应用于移动机器人定位。本章所描述的基于波束的模型和距离测量的预缓存一起首次由 Fox 等（1996b）描述。可似然域已经由 Thrun（2001）先行发表，尽管它们与扫描匹配技术的丰富文献（Besl 和 McKay，1992）密切相关。事实上可以认为它们是由 Konolige 和 Chou（1999）描述的相关模型的一个软变型。计算占用栅格地图之间的关联的方法也是很普遍的。Thrun（1993）计算了两个栅格地图的独立单元之间的误差二次方和。Schiele 和 Crowley（1994）提出了不同模型的比较，包括基于相关的方法。Yamauchi 和 Langley（1997）分析了动态环境中地图匹配的鲁棒性。Duckett 和 Nehmzow（2001）将局部占用栅格转换成能更高效匹配的直方图。

点地标的距离和方位测量的讨论在 SLAM 方面的文献中很常见。或许由 Leonard 和 Durrant-Whyte（1991）第一次提到。在早期的文献中，Crowley（1989）设计了直线物体的测量模型。

6.10 习题

1. 早期应用特征识别的机器人使用放置在环境中的易于识别的人工地标导航。安装这种标记的一个好地方就是天花板（为什么?）。一个经典的例子是视觉标记，假定将以下标记附着在天花板上：

令该标记的地球坐标是 x_m 和 y_m，其相对于全局坐标系统的方向为 θ_m。用 x_r，y_r 和 θ_r 表示机器人的位姿。

现在假定给定一个例程，可以检测立体相机的图像平面中的标记。令 x_i 和 y_i 表示图像平面中标记的坐标，θ_i 表示其角度方向。相机焦距为 f。由投影几何学知道，x-y 空间的每一个位移 d 都将一个比例位移 $d\,\frac{f}{h}$投射到图像平面。（必须在你的坐标系统中做一些选择，使这些选择清晰）。问题如下：

（a）当图像坐标是（x_i，y_i，θ_i），机器人在（x_r，y_r，θ_r）时，数学推导期望标记的位置［全局坐标 x_m，y_m，θ_m］。

（b）给出一个由机器人位姿（x_r，y_r，θ_r）和标记坐标（x_m，y_m，θ_m），计算图像坐标（x_i，y_i，θ_i）的数学公式。

（c）现在假定已知实际的标记坐标（x_m，y_m，θ_m）和图像坐标（x_i，y_i，θ_i），给出确定机器人坐标（x_r，y_r，θ_r）的数学公式。

（d）到目前为止都是假定仅有一个标记。现在假设有多个上述这种（不可分辨的）标记。机器人必须能看到多少个这样的标记才能唯一地确定其位姿？给出这样的配置，并论证为什么这样就足够了。

提示：回答这个问题时不必考虑测量的不确定性。同时，注意标记是对称的。这对问题的答案会有影响。

2. 在本习题中，请将上一个习题中的计算扩展到包括误差协方差。为了简化计算，现在假设一个非对称的标记，可以估计该标记的绝对方向：

同时，为了简化，假设在方向上没有噪声。但是，图像平面的 x-y 估计是有噪声的。具体来说，令测量服从协方差为

$$\boldsymbol{\Sigma}=\begin{pmatrix}\sigma^2 & 0 & 0\\ 0 & \sigma^2 & 0\\ 0 & 0 & 0\end{pmatrix}$$

均值为0的高斯噪声。（其中 σ^2 为正值）计算上述三个问题的相关协方差。问题如下：

（a）给定图像坐标（x_i，y_i，θ_i）和机器人位姿（x_r，y_r，θ_r），则（x_m，y_m，θ_m）值的误差协方差是多少？

（b）给定机器人姿态（x_r，y_r，θ_r）和标记坐标为（x_m，y_m，θ_m），则（x_i，y_i，θ_i）值的误差协方差是多少？

（c）给定标记坐标（x_m，y_m，θ_m）和图像坐标（x_i，y_i，θ_i），则机器人姿态（x_r，y_r，θ_r）值的误差协方差是多少？

注意，不是所有的分布都是高斯的。对于本习题，最好是采用泰勒级数展开去获得一个高斯后验，但是你必须解释是怎样做的。

3. 现在请实现 sample_marker_model 算法的例程，这里将标记位置（x_m，y_m，θ_m）和在图像平面（x_i，y_i，θ_i）感知的标记位置作为输入，产生机器人位姿（x_r，y_r，θ_r）的输出样本。该标记是与习题1相同的不可分辨的标记：

对以下参数（你可以在图上忽略方向 θ_r）产生一个机器人坐标 x_r 和 y_r 的样本图。

问题编号	x_m	y_m	θ_m	x_i	y_i	θ_i	h/f	σ^2
1	0cm	0cm	0°	0cm	0cm	0°	200	0.1cm²
2	0cm	0cm	0°	1cm	0cm	0°	200	0.1cm²
3	0cm	0cm	0°	2cm	0cm	45°	200	0.1cm²
4	0cm	0cm	0°	3cm	0cm	45°	200	1.0cm²
5	50cm	150cm	10°	1cm	6cm	200°	250	0.5cm²

你的所有图应该显示坐标轴及单位。注意，如果你不能设计一个确切的采样器，提供一个近似的，并解释你的近似。

4. 本习题中，你需要使用一个具有声呐传感器（经常在室内机器人技术中用到的类型）的机器人。将传感器放在平整墙面的前面，距离为 d，角度为 Φ。测量传感器检测墙的频率。画出不同的 d 值（以0.5m为增量）和不同 Φ 值（以5°为增量）下的频率，你发现了什么？

第Ⅱ部分

定位

第7章　移动机器人定位：马尔可夫与高斯

本章为移动机器人定位介绍一些具体的算法。移动机器人定位就是确定相对于给定地图环境的机器人位姿的，经常被称为位置估计。移动机器人定位是通用定位问题的一个实例，也是机器人学中最基本的感知问题。几乎所有机器人技术的任务都需要正在被操控的目标位置的信息。本章及后续章节描述的技术同样适用于目标定位任务。

图7.1给出了移动机器人定位问题的图例模型。机器人被给定了环境地图，机器人的目标是，根据给定的环境感知和自身运动，确定自己相对于地图的位置。

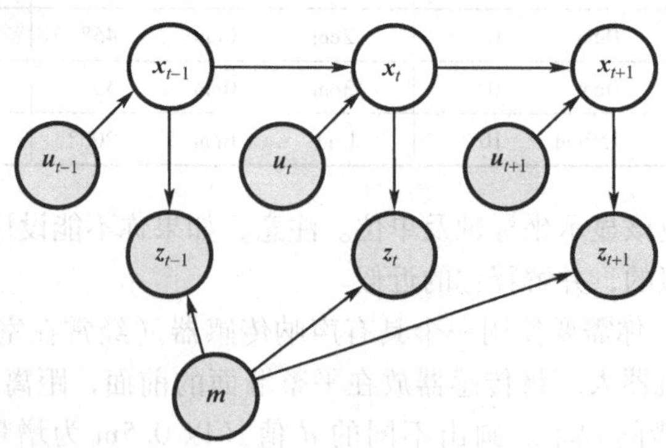

图7.1　移动机器人定位图例模型（阴影节点值已知，即地图 $\boldsymbol{m}$、测量值 $\boldsymbol{z}$、控制 $\boldsymbol{u}$ 已知；定位的目标是推断机器人位姿变量 $\boldsymbol{x}$）

移动机器人定位被看作是解决坐标变换问题。地图以全局坐标系描述，独立于机器人位姿。定位是建立地图坐标系与机器人局部坐标系一致性的过程。知道该坐标变换使机器人能够在自己坐标系里（机器人导航必需的先决条件）表示感兴趣的目标位置。读者容易证明，如果表示机器人位姿的坐标系与地图坐标系相同，那么知道机器人位姿 $x_t = (x \quad y \quad \theta)^T$ 就足以确定这个坐标变换。

不幸的是，在这里，移动机器人定位存在其位姿不能直接感知的问题。换句话说，大多数机器人并不拥有测量位姿的无噪声传感器。因此位姿必须从数据推断。由此引出一个主要的困难：一次机器人测量不足以确定位姿。相反，机器人必须长时间整合数据以确定它的位姿。为了明白为什么这是必需的，只要想象一台机器人位于一幢建筑物内，且该建筑内有许多相似的走廊就够了。而一次传感器测量（如一次测距扫描）通常不足以识别具体是哪条走廊。

对应广泛的地图表示法，研究人员开发了多种定位技术。已经讨论过两种类型的地图：基于特征的地图与基于位置的地图。后者的示例是占用栅格地图，本书后面章节会介绍。一些其他地图类型如图 7.2 所示。该图给出了手绘的二维度量图、图形化的拓扑地图、占用栅格地图、一个天花板的图像镶嵌图（它也可以作为地图使用）。后面章节将研究特定地图类型并讨论从数据获取地图的算法。进行定位要先要假定有一个精确的地图可用。

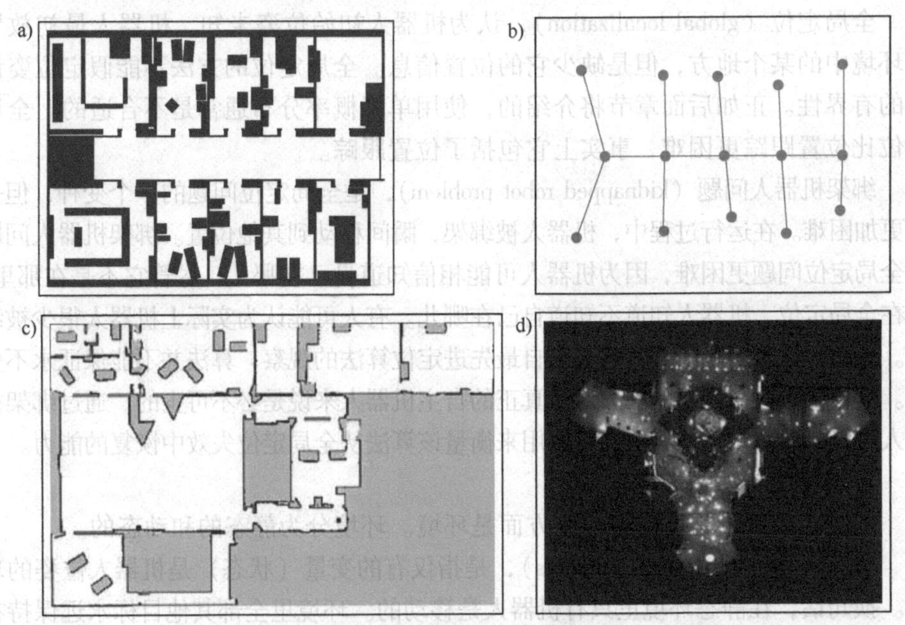

图 7.2　机器人定位使用的地图示例

a）手绘的二维度量图　b）图形化的拓扑地图　c）占用栅格地图

d）一个天花板的影像镶嵌图（由美国佐治亚理工学院 Frank Dellaert 提供）

本章及后续章节提出了一些基本的移动定位概率算法。所有这些算法都是本书第2章介绍的基本贝叶斯滤波的变种。这里会讨论每种表示形式及关联算法的优缺点。本章也通过一系列扩展表达不同的定位问题，下面介绍定位问题的分类。

7.1 定位问题的分类

并不是所有定位问题的难度都是相当的。为了理解一个定位问题的难度，首先简单地讨论定位问题的分类方法。这种分类根据若干重要特性划分定位问题，这些特性涉及环境的性质和机器人可能拥有的有关定位问题的最初信息。

局部定位与全局定位

定位问题是以最初及运行期间可供使用信息的类型为特征的。随着难度的增加，分为三种类型的定位问题。

位置跟踪（position tracking），假定机器人初始（initial）位姿已知，通过适应机器人运动噪声来完成定位机器人。此类噪声影响通常很微弱。因此位置跟踪方法经常依赖位姿误差小的假设。位姿不确定性经常用单峰分布（如高斯分布）来近似。位置跟踪问题是一个局部问题，是因为不确定性是局部的，并且局限于机器人真实位姿附近的区域。

全局定位（global localization），认为机器人初始位姿未知。机器人最初放置在环境中的某个地方，但是缺少它的位置信息。全局定位的方法不能假定位姿误差的有界性。正如后面章节将介绍的，使用单峰概率分布通常是不合适的。全局定位比位置跟踪更困难，事实上它包括了位置跟踪。

绑架机器人问题（kidnapped robot problem），是全局定位问题的一个变种，但是它更加困难。在运行过程中，机器人被绑架，瞬间移动到其他位置。绑架机器人问题比全局定位问题更困难，因为机器人可能相信知道自己在哪儿，尽管它不是在那里。而在全局定位，机器人知道不知道自己在哪儿。有人可能认为实际上机器人很少被绑架。然而，这个问题的现实意义来自最先进定位算法的观察，算法并不能保证永不失效。具备从失效中恢复的能力对于真正的自主机器人来说是必不可少的。通过绑架机器人可以测试一个定位算法，可以用来衡量该算法从全局定位失效中恢复的能力。

静态环境与动态环境

影响定位困难程度的第二个方面是环境。环境分为静态的和动态的。

静态环境（static environments），是指仅有的变量（状态）是机器人位姿的环境。换句话，在静态环境里只有机器人是移动的。环境里全部其他目标永远保持在同一位置。静态环境具有一些很好的数学特性，使得机器人服从高效概率估计。

动态环境（dynamic environments），拥有除机器人外位置或配置随时间变化的物体。特别有趣的是，变化在整个时间上持续，并对一个以上传感器的读数产生影响。不可测量的改变当然与定位无关，那些只影响一个测量的变化最好是被当做噪声对待（见本书 2.4.4 节）。更多持久变化的示例是，人、日光（对安装摄像机的机器人）、可移动的家具、门。很明显，大多数真实的环境是动态的，状态变化发生在不同的速度范围内。

显然，动态环境定位比静态环境定位更困难。主要有两种方法适用于动态环境：第一，状态向量里可能会包括动态实体。因此，可能会调整马尔可夫假设，但是这一方法会带来额外的计算负担和建模复杂性负担。第二，在某些情况下，滤除掉传感器数据以便消除未建模动态因素的破坏作用。该方法将在本书 8.4 节介绍。

被动方法与主动方法

描述不同定位问题的第三个方面涉及这样的事实：定位算法是否控制机器人运动。有如下两种情况：

被动定位（passive localization）的情况。定位模块仅观察机器人运行。机器人通过其他方式控制，并且机器人运动不针对便于定位。例如，机器人可能随意移动或执行它每天的任务。

主动定位（Active localization）算法控制机器人，以便最小化定位误差和/或最小化定位不良机器人进入一个危险地方引起的花费。

主动定位方法往往能产生比被动定位方法更好的定位结果。本书已在引言里讨论了一个示例：海岸导航。图 7.3 给出了第二个示例的情景。此时机器人位于一个对称的走廊，沿走廊导航后，机器人置信度集中在两个对称位姿处。机器人在走廊里时，由于环境的局部对称性使得定位机器人是不可能的。只有它移动进一个房

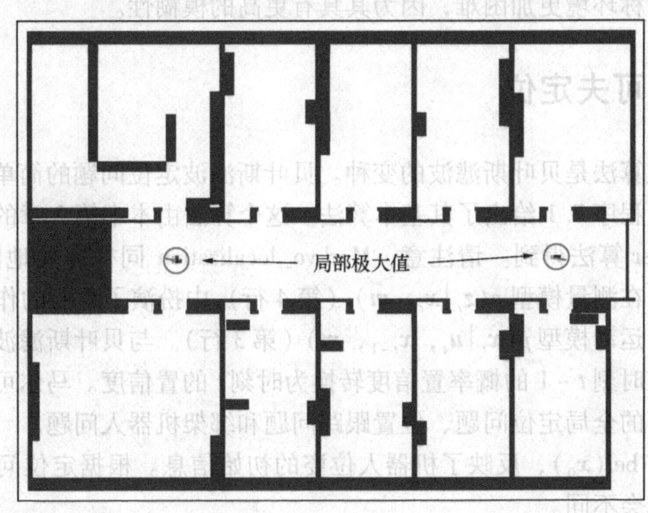

图 7.3　一个局部对称环境里全局定位过程中一个典型置信度的状态的示例
（机器人必须移动进入一个房间以确定它自己的位置）

间才能消除模糊性并确定自身的位姿。这样的情况下，主动定位能给出更好的结果。不是仅等到机器人意外地进入一个房间，而是主动定位识别绝境并从中逃脱。

然而，主动定位方法受到的一个主要限制是需要全过程控制机器人。因此，实际上，只有主动定位技术是不够的。甚至当执行其他任务而不是定位时，机器人也必须能自我定位。一些主动定位技术建立在被动技术之上。其他的一些主动定位技术，当管理一个机器人时，会把任务性能目标和定位目标结合起来。

本章只考虑被动定位算法，主动定位将在本书第 17 章讨论。

单机器人与多机器人

定位问题的第四方面与涉及的机器人数目有关。

单机器人定位（Single-robot localization）是定位研究最常用的方法。它仅仅处理单一机器人。单一机器人定位便于在单一机器人平台上收集所有数据，并且不存在通信问题。

多机器人定位（multi-robot localization）问题来源于机器人团队。乍一看，每一机器人能独立地定位自身，因此多机器人定位问题可以通过单一机器人定位解决。然而，如果机器人能相互探测，定位有可能做得更好。这是因为如果两个机器人的相对位置信息可供使用，一个机器人的看法可以用于影响另一个机器人的看法。多机器人定位问题引出了一些有趣的有意义的问题，即置信表示问题与两者之间的通信属性问题。

上述四方面捕获了移动机器人定位问题的四个最重要特性。还有其他特性会影响问题的难度，如机器人测量提供的信息和运动过程中信息的丢失。而且，对称环境比非对称环境更加困难，因为其具有更高的模糊性。

7.2 马尔可夫定位

概率定位算法是贝叶斯滤波的变种。贝叶斯滤波定位问题的简单应用称为马尔可夫定位。程序 7.1 给出了其基本算法。这个算法由本书第 2 章的程序 2.1 给出的 Bays_filter 算法得到。请注意，Markvo_localization 同样需要地图 $\boldsymbol{m}$ 作为输入。这个地图在测量模型 $p(z_t \mid \boldsymbol{x}_t, \boldsymbol{m})$（第 4 行）中扮演了重要的作用。它经常但不总是并入运动模型 $p(\boldsymbol{x}_t \mid \boldsymbol{u}_t, \boldsymbol{x}_{t-1}, \boldsymbol{m})$（第 3 行）。与贝叶斯滤波一样，马尔可夫定位将在时刻 $t-1$ 的概率置信度转换为时刻 t 的置信度。马尔可夫定位表达了静态环境下的全局定位问题、位置跟踪问题和绑架机器人问题。

初始置信 $\mathrm{bel}(\boldsymbol{x}_0)$，反映了机器人位姿的初始信息。根据定位问题的类型不同，其设置也会不同。

- 位置跟踪。如果初始位姿已知，$\mathrm{bel}(\boldsymbol{x}_0)$ 由一个点式群体分布初始化。令 $\bar{\boldsymbol{x}}_0$ 表示已知的初始位姿。那么有如下等式：

```
1:      Algorithm Markov_localization(bel(x_{t-1}), u_t, z_t, m):
2:          for all x_t do
3:              \overline{bel}(x_t) = ∫ p(x_t | u_t, x_{t-1}, m) bel(x_{t-1}) dx_{t-1}
4:              bel(x_t) = η p(z_t | x_t, m) \overline{bel}(x_t)
5:          endfor
6:          return bel(x_t)
```

程序 7.1 马尔可夫定位

$$\mathrm{bel}(\boldsymbol{x}_0)=\begin{cases}1 & \boldsymbol{x}_0=\overline{\boldsymbol{x}}_0\\0 & \text{其他}\end{cases}\tag{7.1}$$

点式群体分布是离散的，因此没有概率密度。

实际上，初始位姿只是经常已知其近似值。置信 $\mathrm{bel}(\boldsymbol{x}_0)$ 通常由位于中心 $\overline{\boldsymbol{x}}_0$附近的一个窄高斯分布初始化。高斯分布定义见本书式（2.4）。

$$\mathrm{bel}(\boldsymbol{x}_0)=\underbrace{\det(2\pi\boldsymbol{\Sigma})^{-\frac{1}{2}}\exp\left\{-\frac{1}{2}(\boldsymbol{x}_0-\overline{\boldsymbol{x}}_0)^{\mathrm{T}}\boldsymbol{\Sigma}^{-1}(\boldsymbol{x}_0-\overline{\boldsymbol{x}}_0)\right\}}_{\sim\mathcal{N}(\boldsymbol{x}_0;\overline{\boldsymbol{x}}_0,\boldsymbol{\Sigma})}\tag{7.2}$$

式中，$\boldsymbol{\Sigma}$ 为初始位姿不确定性协方差。

- 全局定位。如果初始位姿未知，$\mathrm{bel}(\boldsymbol{x}_0)$ 由在地图上所有合法位姿空间上的均匀分布初始化：

$$\mathrm{bel}(\boldsymbol{x}_0)=\frac{1}{|X|}\tag{7.3}$$

式中，$|X|$为地图里所有位姿空间的体积（勒贝格测度）。

- 其他。机器人位置的不完全信息通常能容易地变换为合适的初始分布。例如，如果已知机器人从门口开始，初始化 $\mathrm{bel}(\boldsymbol{x}_0)$ 时，可将除门口之外的位置均设置成密度为零，而门口位置设置为均匀密度。如果已知机器人处在一个特定的走廊中，初始化 $\mathrm{bel}(\boldsymbol{x}_0)$ 时，可使其在整个走廊面积上均匀分布，而其他地方为零。

7.3 马尔可夫定位图例

作为概率机器人学的激励示例，本书引言已讨论了马尔可夫定位问题。现在使用一个具体的数学框架支持这个示例。图 7.4 给出了具有三张相同门的一维走廊。初始置信度 $\mathrm{bel}(\boldsymbol{x}_0)$ 在所有位姿上是均匀的，即图 7.5a 所示的均匀密度。当机器人查询它的传感器时，发现它在一个门口附近，于是用置信度 $\mathrm{bel}(\boldsymbol{x}_0)$ 乘以 $p(z_t|\boldsymbol{x}_t, \boldsymbol{m})$，见程序第 4 行。图 7.5b 上图所示的密度是为走廊示例绘制的 $p(z_t|\boldsymbol{x}_t, \boldsymbol{m})$；下图所示的密度是将上图密度乘以机器人均匀先验置信度的结果。

此外，结果的置信度是多模的，反映了机器人在该点的残余不确定性。

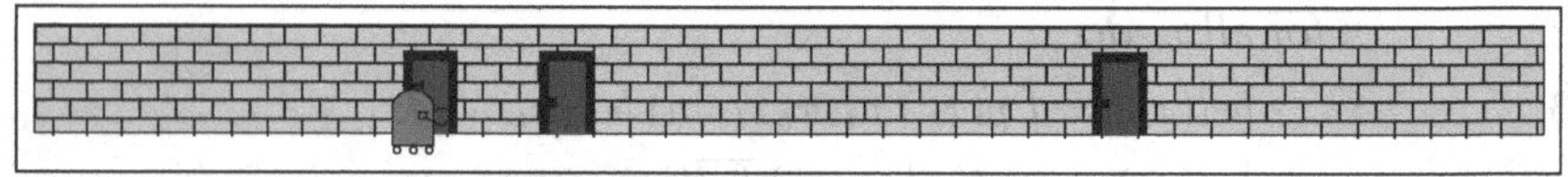

图 7.4　具有三张相同门的一维走廊的移动机器人定位示例（起始时机器人已知运动方向，但位置未知；其目的是进行定位）

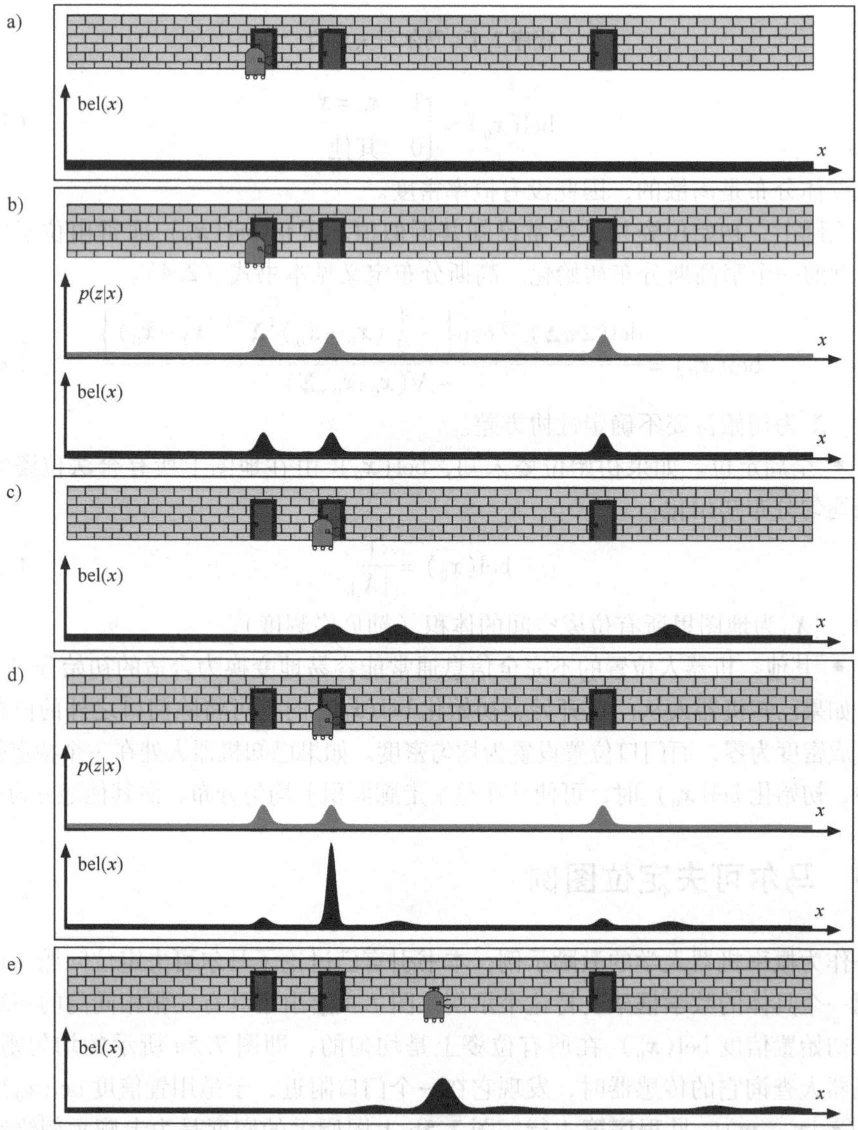

图 7.5　马尔可夫定位算法图例［每个图片描述了机器人在走廊的位置和它的置信 $\mathrm{bel}(\boldsymbol{x})$；图 b 和 d 还给出了观察模型 $p(z_t \mid \boldsymbol{x}_t)$］，即在走廊不同位置看到门的概率］

如图 7. 5c 所示，当机器人向右移动，马尔可夫定位算法程序的第 3 行把置信度与运动模型 $p(\boldsymbol{x}_t \mid \boldsymbol{u}_t, \boldsymbol{x}_{t-1})$ 做卷积运算。运动模型 $p(\boldsymbol{x}_t \mid \boldsymbol{u}_t, \boldsymbol{x}_{t-1})$ 没有集中在单一位姿上，而是集中在期望的无噪声运动结果附近的整个位姿连续区间上。图 7. 5c 所示的直观效果，是卷积的结果，表示了一个变得平坦的移动了的置信度。

图 7. 5d 给出了最后的测量结果。马尔可夫定位算法用感知概率 $p(\boldsymbol{z}_t \mid \boldsymbol{x}_t)$ 乘以当前置信度。这时候，大部分概率质量集中在正确的位姿上，并且机器人十分确信自身的定位。图 7. 5e 给出了机器人沿着走廊移动到更远处后的置信度。

这里可以注意马尔可夫定位不依赖状态空间的基本表示。事实上，马尔可夫定位可以使用本书第 2 章讨论的表示法实现。现在考虑三种不同表示法，并设计实用的算法，以实时定位移动机器人。从卡尔曼滤波开始，用一阶矩和二阶矩表示置信度，然后利用离散的栅格表示法，最后引入使用粒子滤波的算法。

7. 4　扩展卡尔曼滤波定位

扩展卡尔曼滤波（Extended Kalman Filter，EKF）定位算法或简称扩展卡尔曼滤波定位，是马尔可夫定位的一种特定情况。扩展卡尔曼滤波定位用一阶矩和二阶矩表示置信度 $\mathrm{bel}(\boldsymbol{x}_t)$，即均值 $\boldsymbol{\mu}_t$ 和协方差 $\boldsymbol{\Sigma}_t$。基本的扩展卡尔曼滤波算法已在本书 3. 3 节讨论过。扩展卡尔曼滤波定位是实际机器人学问题里的第一个扩展卡尔曼滤波具体实现。

扩展卡尔曼滤波定位算法假定地图由一些特征表示。在任意时刻 t，机器人开始观察到附近特征的距离和方位矢量：$z_t = \{z_t^1, z_t^2, \cdots\}$。下面开始讨论定位算法，该算法中所有特征需唯一地可辨认。唯一地可辨认特征的存在也许不是荒谬的假设。例如，巴黎埃菲尔铁塔是一个地标，绝少与其他地标混淆，全巴黎都能看到。特征的身份利用一致性变量（correspondence variables）的一个集合表达，表示为 c_t^i，每一个 c_t^i 对应一个特征向量 z_t^i。一致性变量已在本书 6. 6 节讨论过。首先假设一致性已知。进而是更一般的情况，即特征之间存在模糊性。第二，更一般的情况应用极大似然估计来估计潜在一致性变量的值，并使用该估计的结果，就好像它是真理一样。

7. 4. 1　图例

图 7. 6 给出了机器人在一维走廊环境里，扩展卡尔曼滤波定位算法利用移动机器人定位示例（与图 7. 4 所示比较）。在扩展卡尔曼滤波里，为适应置信度的

单峰形状，这里提出两个便利假设：第一，假设一致性变量已知。每扇门（1、2 和 3）上贴有独特的标签，并且使用 $p(z_t|\boldsymbol{x}_t, \boldsymbol{m}, c_t)$ 表示测量模型，这里，$\boldsymbol{m}$ 是地图，且 $c_t \in \{1, 2, 3\}$ 是在时刻 t 观察到的门的身份。第二，假设初始位姿相对容易知道。一个典型的原始置信度由图 7.6a 所示的高斯分布表示，集中在门 1 附近的区域，并且高斯分布的不确定性如图 7.6a 所示。当机器人移动到右边，它的置信与运动模型卷积。结果产生的置信是宽度增加了的移动了的高斯分布，如图 7.6b 所示。

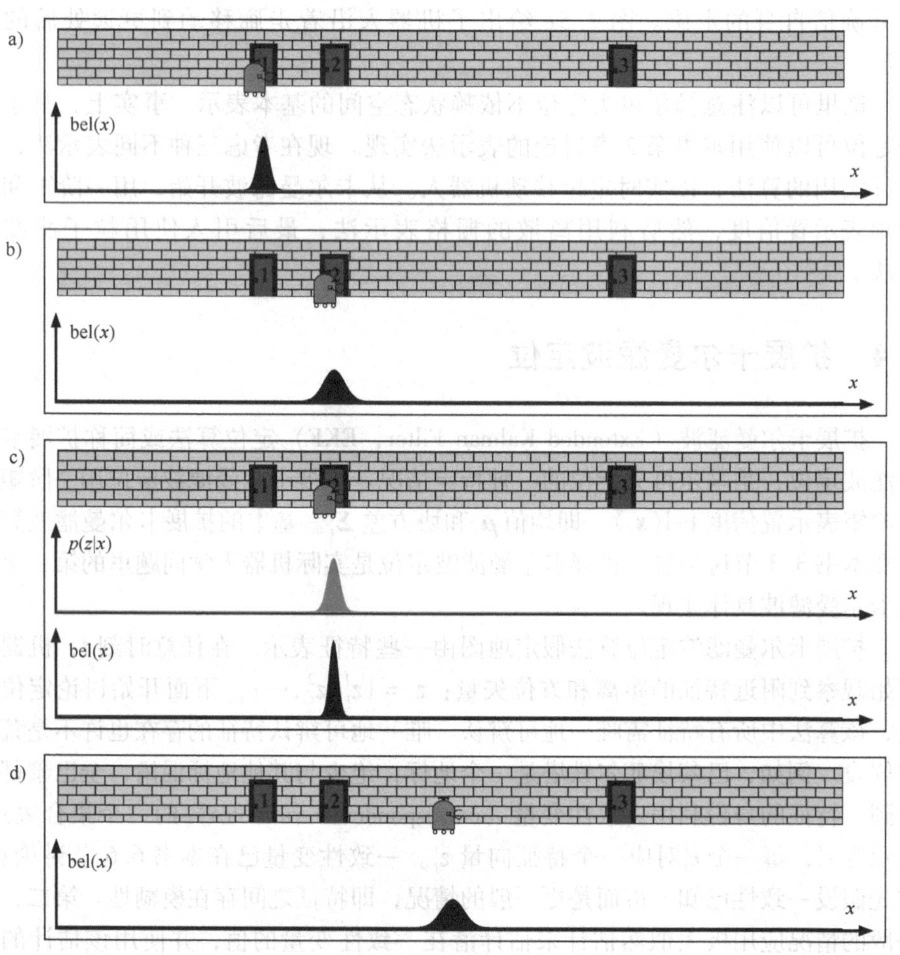

图 7.6 卡尔曼滤波算法在移动机器人定位上的应用（所有密度用单峰高斯分布表示）

现在假设机器人发现它是在门 $c_t = 2$ 前。图 7.6c 所示的上面密度函数将这次观察中 $p(z_t|\boldsymbol{x}_t, \boldsymbol{m}, c_t)$ 形象化，也是一个高斯分布。综合测量概率与机器人置信度产生了图 7.6c 所示的后验概率。注意，结果的置信度的不一致比机器人以

前置信度和观察密度的不一致都要小。这是自然的事情，因为两个独立估计值的整合比每一个孤立的估计值应该使得机器人确定性更高。沿着走廊移动之后，由于扩展卡尔曼滤波继续将运动不确定性合并到机器人置信度，机器人位姿的不确定性再次增加。图 7.6d 给出了其中一个置信度。这个示例给出了有限设置下的卡尔曼滤波。

7.4.2　扩展卡尔曼滤波定位算法

迄今为止，讨论的内容还是相当抽象的。已经假设适当运动与测量模型的可用性，扩展卡尔曼滤波更新中还有若干关键变量未明确。现在讨论基于特征地图的扩展卡尔曼滤波的具体实现。基于特征的地图由多个点地标组成，该内容已在本书 6.2 节讨论过。对于这样的点地标，可使用本书 6.6 节里讨论的通用测量模型。这里采用本书 5.3 节定义的速度运动模型。在继续阅读之前，读者可以花一些时间简单地回顾这些章节里讨论过的基本测量和运动方程。

程序 7.2 给出了 EKF_localization_known_correspondences 算法，即已知一致性的扩展卡尔曼滤波定位算法。这个算法来源于本书第 3 章算法 3.3 给出的扩展卡尔曼滤波。需要 $t-1$ 时刻机器人位姿高斯分布估计，即均值 $\boldsymbol{\mu}_{t-1}$ 与协方差 $\boldsymbol{\Sigma}_{t-1}$，作为它的输入。而且，这里还需要控制 $\boldsymbol{u}_t$、地图 $\boldsymbol{m}$[向量或矩阵]、t 时刻测量的特征集合 $z_t=\{z_t^1,z_t^2,\cdots\}$，以及一致性变量 $c_t=\{c_t^1,c_t^2,\cdots\}$。它的输出是一个新的改进的估计值 $\boldsymbol{\mu}_t$ 和 $\boldsymbol{\Sigma}_t$，以及特征观测的似然 p_{z_t}。算法不能处理直线运动的情况（$\omega_t=0$）。这种特定情况处理留给读者作为练习。

该算法的计算将在以后解释。第 3、4 行计算了线性运动模型的雅可比矩阵。第 5 行确定来自控制的运动噪声协方差矩阵。第 6、7 行实现了一般运动更新。运动之后预测的位姿在第 6 行计算作为 $\bar{\boldsymbol{\mu}}_t$，第 7 行计算相应的不确定性椭圆。测量更新（修正的步骤）是在第 8 ~ 21 行实现。更新的核心是遍历 t 时刻观察到的所有特征 i 的一个循环。在第 10 行，算法将 j 分配给测量向量中第 i 个特征，作为其一致性。然后计算预测的测量 $\hat{z}_t^i$ 和雅可比矩阵 $\boldsymbol{H}_t^i$。利用这个雅可比矩阵，算法确定 $\boldsymbol{S}_t^i$，即预测的测量 $\hat{z}_t^i$ 的不确定性。卡尔曼增益 $\boldsymbol{K}_t^i$ 在第 15 行计算，估计值在第 16、17 行更新，每个特征更新一次。第 19、20 行设置新的位姿估计，第 21 行计算测量似然。在本算法中，计算两角之差时应特别注意，因为结果可能会相差 2π。

7.4.3　扩展卡尔曼滤波定位的数学推导

预测步骤（第 3 ~ 7 行）

扩展卡尔曼滤波定位算法使用本书式（5.13）定义的运动模型。简单地重新叙述这个定义如下：

Algorithm EKF_localization_known_correspondences($\mu_{t-1}, \Sigma_{t-1}, u_t, z_t, c_t, m$):

$\theta = \mu_{t-1,\theta}$

$$G_t = \begin{pmatrix} 1 & 0 & \frac{v_t}{\omega_t}\cos\theta + \frac{v_t}{\omega_t}\cos(\theta + \omega_t \Delta t) \\ 0 & 1 & -\frac{v_t}{\omega_t}\sin\theta + \frac{v_t}{\omega_t}\sin(\theta + \omega_t \Delta t) \\ 0 & 0 & 1 \end{pmatrix}$$

$$V_t = \begin{pmatrix} \frac{-\sin\theta + \sin(\theta + \omega_t \Delta t)}{\omega_t} & \frac{v_t(\sin\theta - \sin(\theta + \omega_t \Delta t))}{\omega_t^2} + \frac{v_t \cos(\theta + \omega_t \Delta t)\Delta t}{\omega_t} \\ \frac{\cos\theta - \cos(\theta + \omega_t \Delta t)}{\omega_t} & -\frac{v_t(\cos\theta - \cos(\theta + \omega_t \Delta t))}{\omega_t^2} + \frac{v_t \sin(\theta + \omega_t \Delta t)\Delta t}{\omega_t} \\ 0 & \Delta t \end{pmatrix}$$

$$M_t = \begin{pmatrix} \alpha_1 v_t^2 + \alpha_2 \omega_t^2 & 0 \\ 0 & \alpha_3 v_t^2 + \alpha_4 \omega_t^2 \end{pmatrix}$$

$$\bar{\mu}_t = \mu_{t-1} + \begin{pmatrix} -\frac{v_t}{\omega_t}\sin\theta + \frac{v_t}{\omega_t}\sin(\theta + \omega_t \Delta t) \\ \frac{v_t}{\omega_t}\cos\theta - \frac{v_t}{\omega_t}\cos(\theta + \omega_t \Delta t) \\ \omega_t \Delta t \end{pmatrix}$$

$\bar{\Sigma}_t = G_t\, \Sigma_{t-1}\, G_t^T + V_t\, M_t\, V_t^T$

$$Q_t = \begin{pmatrix} \sigma_r^2 & 0 & 0 \\ 0 & \sigma_\phi^2 & 0 \\ 0 & 0 & \sigma_s^2 \end{pmatrix}$$

for all observed features $z_t^i = (r_t^i\ \phi_t^i\ s_t^i)^T$ *do*

  $j = c_t^i$

  $q = (m_{j,x} - \bar{\mu}_{t,x})^2 + (m_{j,y} - \bar{\mu}_{t,y})^2$

$$\hat{z}_t^i = \begin{pmatrix} \sqrt{q} \\ \text{atan2}(m_{j,y} - \bar{\mu}_{t,y}, m_{j,x} - \bar{\mu}_{t,x}) - \bar{\mu}_{t,\theta} \\ m_{j,s} \end{pmatrix}$$

$$H_t^i = \begin{pmatrix} -\frac{m_{j,x} - \bar{\mu}_{t,x}}{\sqrt{q}} & -\frac{m_{j,y} - \bar{\mu}_{t,y}}{\sqrt{q}} & 0 \\ \frac{m_{j,y} - \bar{\mu}_{t,y}}{q} & -\frac{m_{j,x} - \bar{\mu}_{t,x}}{q} & -1 \\ 0 & 0 & 0 \end{pmatrix}$$

  $S_t^i = H_t^i\, \bar{\Sigma}_t\, [H_t^i]^T + Q_t$

  $K_t^i = \bar{\Sigma}_t\, [H_t^i]^T [S_t^i]^{-1}$

  $\bar{\mu}_t = \bar{\mu}_t + K_t^i(z_t^i - \hat{z}_t^i)$

  $\bar{\Sigma}_t = (I - K_t^i\, H_t^i)\, \bar{\Sigma}_t$

endfor

$\mu_t = \bar{\mu}_t$

$\Sigma_t = \bar{\Sigma}_t$

$p_{z_t} = \prod_i \det\left(2\pi S_t^i\right)^{-\frac{1}{2}} \exp\left\{-\frac{1}{2}\,(z_t^i - \hat{z}_t^i)^T [S_t^i]^{-1} (z_t^i - \hat{z}_t^i)\right\}$

return μ_t, Σ_t, p_{z_t}

程序 7.2 扩展卡尔曼滤波（EKF）定位算法（适用于基于特征的地图和装配了测距传感器和方位传感器的机器人；这个版本假设具有精确的一致性信息）

$$\begin{pmatrix} x' \\ y' \\ \theta' \end{pmatrix} = \begin{pmatrix} x \\ y \\ \theta \end{pmatrix} + \begin{pmatrix} -\frac{\hat{v}_t}{\hat{\omega}_t}\sin\theta + \frac{\hat{v}_t}{\hat{\omega}_t}\sin(\theta + \hat{\omega}_t \Delta t) \\ \frac{\hat{v}_t}{\hat{\omega}_t}\cos\theta - \frac{\hat{v}_t}{\hat{\omega}_t}\cos(\theta + \hat{\omega}_t \Delta t) \\ \hat{\omega}_t \Delta t \end{pmatrix} \tag{7.4}$$

$\boldsymbol{x}_{t-1} = (x \quad y \quad \theta)^{\mathrm{T}}$和$\boldsymbol{x}_t = (x' \quad y' \quad \theta')^{\mathrm{T}}$分别是在时刻 $t-1$ 和 t 的状态向量。真实的运动使用一个平移速度 $\hat{v}_t$和一个旋转速度 $\hat{\omega}_t$描述。正如式（5.10）已经阐明的，这些速度由运动控制$\boldsymbol{u}_t = (v_t \quad \omega_t)^{\mathrm{T}}$产生，还有附加的高斯白噪声：

$$\begin{pmatrix} \hat{v}_t \\ \hat{\omega}_t \end{pmatrix} = \begin{pmatrix} v_t \\ \omega_t \end{pmatrix} + \begin{pmatrix} \varepsilon_{\alpha_1 v_t^2 + \alpha_2 \omega_t^2} \\ \varepsilon_{\alpha_3 v_t^2 + \alpha_4 \omega_t^2} \end{pmatrix} = \begin{pmatrix} v_t \\ \omega_t \end{pmatrix} + \mathcal{N}(0, \boldsymbol{M}_t) \tag{7.5}$$

根据第 3 章已知，扩展卡尔曼滤波定位维护一个局部后验状态估计，使用均值$\boldsymbol{u}_{t-1}$和协方差$\boldsymbol{\Sigma}_{t-1}$表示。同样，这里可以回想一下扩展卡尔曼滤波的“窍门”在于线性化运动和测量模型。为此，将运动模型分解为一个无噪声分量和一个随机噪声分量。

$$\underbrace{\begin{pmatrix} x' \\ y' \\ \theta' \end{pmatrix}}_{x_t} = \begin{pmatrix} x \\ y \\ \theta \end{pmatrix} + \underbrace{\begin{pmatrix} -\frac{v_t}{\omega_t}\sin\theta + \frac{v_t}{\omega_t}\sin(\theta + \omega_t \Delta t) \\ \frac{v_t}{\omega_t}\cos\theta - \frac{v_t}{\omega_t}\cos(\theta + \omega_t \Delta t) \\ \omega_t \Delta t \end{pmatrix}}_{g(u_t, x_{t-1})} + \mathcal{N}(0, \boldsymbol{R}_t) \tag{7.6}$$

式（7.6）近似式（7.4），通过用执行的控制（$v_t \quad \omega_t$）^{T}代替真实运动（$\hat{v}_t \quad \hat{\omega}_t$）^{T}，加上加性的零均值高斯运动白噪声。因此，式（7.6）左边项将控制作为机器人真实运动来看待。回想本书 3.3 节提到的，扩展卡尔曼滤波通过泰勒展开式线性化近似函数 g。

$$g(\boldsymbol{u}_t, \boldsymbol{x}_{t-1}) \approx g(\boldsymbol{u}_t, \boldsymbol{\mu}_{t-1}) + \boldsymbol{G}_t(\boldsymbol{x}_{t-1} - \boldsymbol{\mu}_{t-1}) \tag{7.7}$$

函数 $g(\boldsymbol{u}_t,\ \boldsymbol{u}_{t-1})$ 通过用已知的期望$\boldsymbol{\mu}_{t-1}$替换未知的准确状态 $\boldsymbol{x}_{t-1}$得到。雅可比矩阵 $\boldsymbol{G}_t$是函数 g 在 $\boldsymbol{u}_t$，$\boldsymbol{\mu}_{t-1}$关于 $\boldsymbol{x}_{t-1}$的导数：

$$\boldsymbol{G}_t = \frac{\partial g(\boldsymbol{u}_t, \boldsymbol{\mu}_{t-1})}{\partial \boldsymbol{x}_{t-1}} = \begin{pmatrix} \frac{\partial x'}{\partial \mu_{t-1,x}} & \frac{\partial x'}{\partial \mu_{t-1,y}} & \frac{\partial x'}{\partial \mu_{t-1,\theta}} \\ \frac{\partial y'}{\partial \mu_{t-1,x}} & \frac{\partial y'}{\partial \mu_{t-1,y}} & \frac{\partial y'}{\partial \mu_{t-1,\theta}} \\ \frac{\partial \theta'}{\partial \mu_{t-1,x}} & \frac{\partial \theta'}{\partial \mu_{t-1,y}} & \frac{\partial \theta'}{\partial \mu_{t-1,\theta}} \end{pmatrix} \tag{7.8}$$

式中，$\boldsymbol{\mu}_{t-1} = (\mu_{t-1,x} \quad \mu_{t-1,y} \quad \mu_{t-1,\theta})^{\mathrm{T}}$表示平均估计，分成三个单独的因子值，

$\frac{\partial x'}{\partial \mu_{t-1,x}}$是 g 的 x'维关于 x 在 $\boldsymbol{\mu}_{t-1}$求导数的缩写。从式（7.6）计算这些导数得到下面矩阵：

$$G_t = \begin{pmatrix} 1 & 0 & \frac{v_t}{\omega_t}(-\cos\mu_{t-1,\theta} + \cos(\mu_{t-1,\theta} + \omega_t \Delta t)) \\ 0 & 1 & \frac{v_t}{\omega_t}(-\sin\mu_{t-1,\theta} + \sin(\mu_{t-1,\theta} + \omega_t \Delta t)) \\ 0 & 0 & 1 \end{pmatrix} \tag{7.9}$$

上式是为了导出附加运动噪声 $\mathcal{N}(0, \boldsymbol{R}_t)$ 的协方差。首先确定控制空间（control space）的噪声协方差矩阵 $\boldsymbol{M}_t$，其直接来自式（7.5）的运动模型，有

$$\boldsymbol{M}_t = \begin{pmatrix} \alpha_1 v_t^2 + \alpha_2 \omega_t^2 & 0 \\ 0 & \alpha_3 v_t^2 + \alpha_3 \omega_t^2 \end{pmatrix} \tag{7.10}$$

式（7.6）的运动模型需要该运动噪声映射到状态空间（state space）。从控制空间到状态空间的转换由另一个线性近似执行。该近似需要的雅可比矩阵用 $\boldsymbol{V}_t$表示，是运动函数 g 在 $\boldsymbol{u}_t$，$\boldsymbol{\mu}_{t-1}$关于运动参数的导数：

$$\boldsymbol{V}_t = \frac{\partial g(\boldsymbol{u}_t, \boldsymbol{\mu}_{t-1})}{\partial \boldsymbol{u}_t} = \begin{pmatrix} \frac{\partial x'}{\partial v_t} & \frac{\partial x'}{\partial \omega_t} \\ \frac{\partial y'}{\partial v_t} & \frac{\partial y'}{\partial \omega_t} \\ \frac{\partial \theta'}{\partial v_t} & \frac{\partial \theta'}{\partial \omega_t} \end{pmatrix}$$

$$= \begin{pmatrix} \frac{-\sin\theta + \sin(\theta + \omega_t \Delta t)}{\omega_t} & \frac{v_t(\sin\theta - \sin(\theta + \omega_t \Delta t))}{\omega_t^2} + \frac{v_t \cos(\theta + \omega_t \Delta t)\Delta t}{\omega_t} \\ \frac{\cos\theta - \cos(\theta + \omega_t \Delta t)}{\omega_t} & -\frac{v_t(\cos\theta - \cos(\theta + \omega_t \Delta t))}{\omega_t^2} + \frac{v_t \sin(\theta + \omega_t \Delta t)\Delta t}{\omega_t} \\ 0 & \Delta t \end{pmatrix} \tag{7.11}$$

乘积 $\boldsymbol{V}_t \boldsymbol{M}_t \boldsymbol{V}_t^{\mathrm{T}}$提供了控制空间运动噪声向状态空间运动噪声的近似映射。在推导中，扩展卡尔曼滤波定位算法的第 6、7 行与程序 3.3 给出的通用扩展卡尔曼滤波算法的预测更新完全一致。

修正步骤（第 8 ~20 行）

为执行修正步骤，扩展卡尔曼滤波定位也需要一个线性化的附加高斯噪声的测量模型。基于特征的地图的测量模型是本书 6.6 节式（6.40）的变形，它通

过一致性变量 c_t 来推测地标身份的信息。令 $j=c_t^i$ 为测量向量中的第 i 个分量所对应的地标的身份，然后有

$$\underbrace{\begin{pmatrix} r_t^i \\ \phi_t^i \\ s_t^i \end{pmatrix}}_{z_t^i} = \underbrace{\begin{pmatrix} \sqrt{(m_{j,x}-x)^2+(m_{j,y}-y)^2} \\ \operatorname{atan2}(m_{j,y}-y, m_{j,x}-x)-\theta \\ m_{j,s} \end{pmatrix}}_{h(x_t,j,m)} + \mathcal{N}(0,Q_t) \tag{7.12}$$

式中，$(\boldsymbol{m}_{j,x}\boldsymbol{m}_{j,y})^{\mathrm{T}}$ 为在 t 时刻探测到的第 i 个地标的坐标；$m_{j,s}$ 为它的（正确）签名。这个测量模型的泰勒近似为

$$h(\boldsymbol{x}_t,j,\boldsymbol{m}) \approx h(\bar{\boldsymbol{\mu}}_t,j,\boldsymbol{m}) + \boldsymbol{H}_t^i(\boldsymbol{x}_t-\bar{\boldsymbol{\mu}}_t) \tag{7.13}$$

式中，$\boldsymbol{H}_t^i$ 为 h 关于机器人位置的雅可比矩阵，由预测的平均 $\bar{\boldsymbol{\mu}}_t$ 计算：

$$\boldsymbol{H}_t^i = \frac{\partial h(\bar{\boldsymbol{\mu}}_t,j,\boldsymbol{m})}{\partial \boldsymbol{x}_t} = \begin{pmatrix} \frac{\partial r_t^i}{\partial \bar{\mu}_{t,x}} & \frac{\partial r_t^i}{\partial \bar{\mu}_{t,y}} & \frac{\partial r_t^i}{\partial \bar{\mu}_{t,\theta}} \\ \frac{\partial \phi_t^i}{\partial \bar{\mu}_{t,x}} & \frac{\partial \phi_t^i}{\partial \bar{\mu}_{t,y}} & \frac{\partial \phi_t^i}{\partial \bar{\mu}_{t,\theta}} \\ \frac{\partial s_t^i}{\partial \bar{\mu}_{t,x}} & \frac{\partial s_t^i}{\partial \bar{\mu}_{t,y}} & \frac{\partial s_t^i}{\partial \bar{\mu}_{t,\theta}} \end{pmatrix}$$

$$= \begin{pmatrix} -\frac{m_{j,x}-\bar{\mu}_{t,x}}{\sqrt{q}} & -\frac{m_{j,y}-\bar{\mu}_{t,y}}{\sqrt{q}} & 0 \\ \frac{m_{j,y}-\bar{\mu}_{t,y}}{q} & -\frac{m_{j,x}-\bar{\mu}_{t,x}}{q} & -1 \\ 0 & 0 & 0 \end{pmatrix} \tag{7.14}$$

式中，用 q 代表 $(m_{j,x}-\bar{\mu}_{t,x})^2+(m_{j,y}-\bar{\mu}_{t,y})^2$。请注意，$\boldsymbol{H}_t^i$ 最后一行全是零。这是因为签名不依赖机器人位姿。退化的影响是观察到的签名 s_t^i 不影响扩展卡尔曼滤波的更新结果。对这一点不应该感到意外，正确的一致性 c_t^i 的信息使得观察到的签名完全不提供信息。

式（7.12）的附加测量噪声的协方差 $\boldsymbol{Q}_t$ 直接来自式（6.40）：

$$\boldsymbol{Q}_t = \begin{pmatrix} \sigma_r^2 & 0 & 0 \\ 0 & \sigma_\phi^2 & 0 \\ 0 & 0 & \sigma_s^2 \end{pmatrix} \tag{7.15}$$

最后，这里会发现基于特征的定位器每次处理多个测量值，但是本书 3.2 节讨论的扩展卡尔曼滤波仅处理单一传感器项。算法依赖一个隐式的条件独立假设，这已在本书 6.6 节介绍式（6.39）时简略地讨论过。本质上，假设所有特征测量概率对给定位姿 $\boldsymbol{x}_t$、地标身份 c_t 和地图 $\boldsymbol{m}$ 是独立的：

$$p(z_t \mid \boldsymbol{x}_t, c_t, \boldsymbol{m}) = \prod_i p(z_t^i \mid \boldsymbol{x}_t, c_t^i, \boldsymbol{m}) \tag{7.16}$$

这通常是一个好的假设，特别是对于静态环境。它使得这里将信息从多个特征逐渐加入滤波器，如同程序 7.2 所示第 9～18 行描述的一样。必须注意，在循环的每次迭代中，位姿估计会更新，否则算法会计算出错误的观察预测值（直觉上来说，这个循环对应具有相互为零运动的多次观察更新）。基于这一点，可以直观地看到，第 8～20 行确实是一个通用扩展卡尔曼滤波修正步骤的实现。

测量似然（第 21 行）

第 21 行计算一个测量 z_t 的似然 $p(z_t \mid c_{1:t}, \boldsymbol{m}, z_{1:t-1}, \boldsymbol{u}_{1:t})$。对于扩展卡尔曼滤波更新该似然不是必要的，但是对于去除异常值或未知一致性的情况是很有用的。假设单个特征向量之间独立，可以将推导限制在单个特征向量 z_t^i 并计算类似式（7.16）的全部似然。对于已知的数据关联 $c_{1:t}$，可以通过对位姿 $\boldsymbol{x}_t$ 积分和省略不相关的条件变量，从预测的置信度 $\overline{\mathrm{bel}}(\boldsymbol{x}_t) = \mathcal{N}(\boldsymbol{x}_t, \bar{\boldsymbol{\mu}}_t, \bar{\boldsymbol{\Sigma}}_t)$ 来计算似然：

$$
\begin{aligned}
& p(z_t^i \mid c_{1:t}, \boldsymbol{m}, z_{1:t-1}, \boldsymbol{u}_{1:t}) \\
&= \int p(z_t^i \mid \boldsymbol{x}_t, c_{1:t}, \boldsymbol{m}, z_{1:t-1}, \boldsymbol{u}_{1:t}) p(\boldsymbol{x}_t \mid c_{1:t}, \boldsymbol{m}, z_{1:t-1}, \boldsymbol{u}_{1:t}) \mathrm{d}\boldsymbol{x}_t \\
&= \int p(z_t^i \mid \boldsymbol{x}_t, c_t^i, \boldsymbol{m}) p(\boldsymbol{x}_t \mid c_{1:t-1}, \boldsymbol{m}, z_{1:t-1}, \boldsymbol{u}_{1:t}) \mathrm{d}\boldsymbol{x}_t \\
&= \int p(z_t^i \mid \boldsymbol{x}_t, c_t^i, \boldsymbol{m}) \; \overline{\mathrm{bel}}(\boldsymbol{x}_t) \mathrm{d}x_t
\end{aligned}
\tag{7.17}
$$

最后积分的左项是假设机器人位置 $\boldsymbol{x}_t$ 信息已知的测量似然。似然由一个高斯分布给出，该高斯分布具有在位置 $\boldsymbol{x}_t$ 的期望的测量均值。该测量表示为 $\hat{z}_t^i$，由测量函数 h 给出。高斯分布的协方差由测量噪声 $\boldsymbol{Q}_t$ 给出。

$$
\begin{aligned}
p(z_t^i \mid \boldsymbol{x}_t, c_t^i, \boldsymbol{m}) &\sim \mathcal{N}(z_t^i; h(\boldsymbol{x}_t, c_t^i, \boldsymbol{m}), \boldsymbol{Q}_t) \\
&\approx \mathcal{N}(z_t^i; h(\bar{\boldsymbol{\mu}}_t, c_t^i, \boldsymbol{m}) + \boldsymbol{H}_t(\boldsymbol{x}_t - \bar{\boldsymbol{\mu}}_t), \boldsymbol{Q}_t)
\end{aligned}
\tag{7.18}
$$

上式是对函数 h 应用泰勒展开式式（7.13）得到的。将这个等式代入式（7.17）并用高斯形式代替 $\overline{\mathrm{bel}}$（$\boldsymbol{x}_t$），可得到下面的测量似然：

$$
\begin{aligned}
& p(z_t^i \mid c_{1:t}, \boldsymbol{m}, z_{1:t-1}, \boldsymbol{u}_{1:t}) \\
&\approx \mathcal{N}(z_t^i; h(\bar{\boldsymbol{\mu}}_t, c_t^i, \boldsymbol{m}) + \boldsymbol{H}_t(\boldsymbol{x}_t - \bar{\boldsymbol{\mu}}_t), \boldsymbol{Q}_t) \otimes \mathcal{N}(\boldsymbol{x}_t; \bar{\boldsymbol{\mu}}_t, \bar{\boldsymbol{\Sigma}}_t)
\end{aligned}
\tag{7.19}
$$

式中，$\otimes$ 为大家熟悉的对变量 $\boldsymbol{x}_t$ 的卷积符号。这个等式揭示了似然函数是两个高斯函数的卷积：一个为测量噪声，另一个为状态不确定性。在本书 3.2 节已经遇到过这个形式的积分，在那里推导了卡尔曼滤波和扩展卡尔曼滤波的运动更新。本积分的闭式解推导完全类似那些推导。具体来说，式（7.19）定义的高斯具有均值 $h(\bar{\boldsymbol{\mu}}_t, c_t^i, \boldsymbol{m})$ 和协方差 $\boldsymbol{H}_t \boldsymbol{\Sigma}_t \boldsymbol{H}_t^{\mathrm{T}} + \boldsymbol{Q}_t$。因此在线性近似下，有下面的测量似然表示式：

$$
p(z_t^i \mid c_{1:t}, \boldsymbol{m}, z_{1:t-1}, \boldsymbol{u}_{1:t}) \sim \mathcal{N}(z_t^i; h(\bar{\boldsymbol{\mu}}_t, c_t^i, \boldsymbol{m}), \boldsymbol{H}_t \bar{\boldsymbol{\Sigma}}_t \boldsymbol{H}_t^{\mathrm{T}} + \boldsymbol{Q}_t)
\tag{7.20}
$$

换言之

$$p(z_t^i \mid c_{1:t}, \boldsymbol{m}, \boldsymbol{z}_{1:t-1}, \boldsymbol{u}_{1:t})$$
$$= \eta \exp\left\{ -\frac{1}{2}(z_t^i - h(\bar{\boldsymbol{\mu}}_t, c_t^i, \boldsymbol{m}))^{\mathrm{T}} [\boldsymbol{H}_t \bar{\boldsymbol{\Sigma}}_t \boldsymbol{H}_t^{\mathrm{T}} + \boldsymbol{Q}_t]^{-1} (z_t^i - h(\bar{\boldsymbol{\mu}}_t, c_t^i, \boldsymbol{m})) \right\} \tag{7.21}$$

用 $\hat{z}_t^i$ 和 $\boldsymbol{S}_t$ 分别代替这个表达式的均值和协方差，就得到了程序7.2给出的扩展卡尔曼滤波算法的第21行。

扩展卡尔曼滤波定位算法现在能容易地改进以适应异常值。标准方法只接受似然通过阈值测试的地标。这通常是一个好办法，高斯分布以指数规律下降，单一异常值能对位姿估计产生巨大的影响。实际上，设定阈值提高了算法鲁棒性的等级，没有阈值，扩展卡尔曼滤波定位将变得脆弱。

7.4.4　物理实现

现在用一个四腿机器人AIBO在足球场RoboCup上定位的仿真来阐述扩展卡尔曼滤波算法。这里，机器人使用6个独特的放置在场地周围的彩色标记定位（见图7.7）。正如程序7.2给出的扩展卡尔曼滤波算法，运动控制 $\boldsymbol{u}_t = (v_t \quad \omega_t)^{\mathrm{T}}$ 由平移和旋转速度建模，观察值 $\boldsymbol{z}_t = (r_t \quad \phi_t \quad s_t)^{\mathrm{T}}$ 测量相对于标记的距离和方位。为简单起见，假定机器人每次仅探测一个地标。

图7.7　足球场RoboCup上的机器人AIBO（在角落和球场中线放置6个标记）

预测步骤（第3~7行）

图7.8给出了扩展卡尔曼滤波定位算法的预测步骤。如图7.8所示，存在预测不确定性，不确定性来自不同运动噪声参数 $\alpha_1 - \alpha_4$，这些参数用于算法第5行。参数 α_2 和 α_3 在所有图中被设定为5%。主要的平移和旋转噪声参数 α_1 和 α_4（见图7.8，从左上角到右下角）被分别设置为（10%，10%）、（30%，10%）、（10%，30%）、（30%，30%）。每张图，机器人执行控制 $\boldsymbol{u}_t = \langle 10\text{cm/s},\ 5°/\text{s}\rangle$

时长为9s，产生长90cm的圆弧并旋转45°。机器人以前的位置估计用以均值$\boldsymbol{u}_{t-1}=\langle 80, 100, 0\rangle$为中心的椭圆表示。

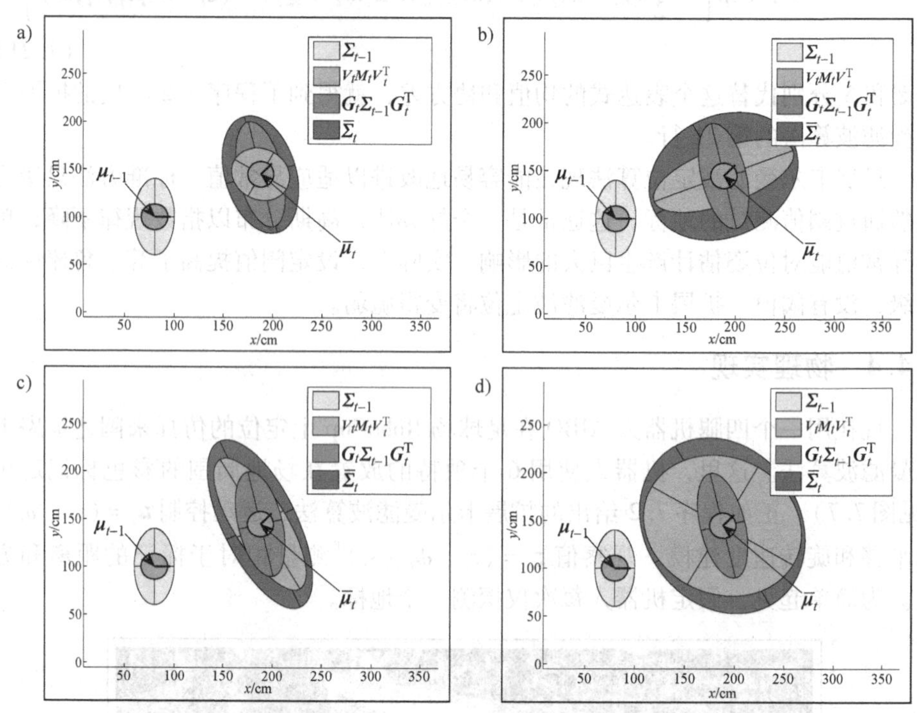

图7.8 扩展卡尔曼滤波算法预测步骤（各图所示是由不同运动噪声参数产生的；机器人初始估计由以$\boldsymbol{\mu}_{t-1}$为中心的椭圆代表；在圆弧上走过90cm向左转过45°后，预测的位置集中于$\bar{\boldsymbol{\mu}}_t$）

a）平移和旋转运动噪声（相对很小） b）高平移噪声（高）

c）高旋转噪声（高） d）平移和旋转噪声（高）

扩展卡尔曼滤波算法通过在无噪声运动假设情况下变换以前的估计来计算预测的均值$\bar{\boldsymbol{\mu}}_t$（第6行）。对应的不确定椭圆$\bar{\boldsymbol{\Sigma}}_t$由两部分组成：一部分是由于初始位置不确定性引起的估计的不确定性，另一部分是由于运动噪声引起的估计的不确定性（第7行）。第一个分量$\boldsymbol{G}_t\boldsymbol{\Sigma}_{t-1}\boldsymbol{G}_t^{\mathrm{T}}$忽略了运动噪声，并通过运动函数的线性近似变换以前不确定性$\boldsymbol{\Sigma}_{t-1}$。回想式（7.8）和式（7.9），这个线性近似由矩阵$\boldsymbol{G}_t$表示，$\boldsymbol{G}_t$是运动函数关于以前机器人位置的雅可比矩阵。

在四个图中，得到的噪声椭圆是完全相同的，因为它们没考虑运动噪声。运动噪声的不确定性由第二个分量$\bar{\boldsymbol{\Sigma}}_{t-1}$建模，由第7行$\boldsymbol{V}_t\boldsymbol{M}_t\boldsymbol{V}_t^{\mathrm{T}}$给出。矩阵$\boldsymbol{M}_t$表示控制空间（第5行）的运动噪声。这个运动噪声矩阵通过乘以$\boldsymbol{V}_t$映射到状态空间，$\boldsymbol{V}_t$是运动函数关于运动控制的雅可比矩阵（第4行）。可以看出，沿着运动方向产生了巨大不确定性（见图7.8b、d），得到的椭圆代表巨大的平移速度误差（$\alpha_1 = 30\%$）。巨大的旋转误差（$\alpha_4 = 30\%$）导致与运动方向正交的巨大不确定性（见图 7.8c、d）。预测的整个不确定性 $\bar{\boldsymbol{\Sigma}}_t$，通过将这两个不确定性分量相加得到。

修正步骤：测量预测（第 8 ~ 14 行）

在修正步骤的第一部分，扩展卡尔曼滤波算法使用已预测的机器人位置和不确定性，来预测测量 $\bar{z}_t$。图 7.9 给出了测量预测。左图给出了预测的机器人位置和不确定性椭圆。真实机器人位置如白色圆所示。现在假设机器人观察到地标在它右前方，用粗线表示。右图给出了测量空间的相应的预测测量和实际测量。预测的测量值 $\bar{z}_t$，是用预测的均值 $\bar{\boldsymbol{\mu}}_t$ 和观察到的地标之间的相对距离和方位计算得来的（第 12 行）。这个预测的不确定性用椭圆 $\boldsymbol{S}_t$ 表示。与状态预测类似，这个不确定性由两个高斯的卷积产生。椭圆 $\boldsymbol{Q}_t$ 代表与测量噪声有关的不确定性（第 8 行）；椭圆 $\boldsymbol{H}_t\bar{\boldsymbol{\Sigma}}_t\boldsymbol{H}_t^{\mathrm{T}}$ 表示由于机器位置的不确定带来的不确定性。机器位置不确定性 $\bar{\boldsymbol{\Sigma}}_t$ 通过乘以 $\boldsymbol{H}_t$ 映射到观察不确定性。$\boldsymbol{H}_t$ 是测量函数关于机器位置的雅可比矩阵（第 13 行）。整个测量预测的不确定性 $\boldsymbol{S}_t$，是这两个椭圆的和（第 14 行）。右图所示的白色箭头为所谓的更新向量（innovation vector）$z_t - \bar{z}_t$，它只是观察

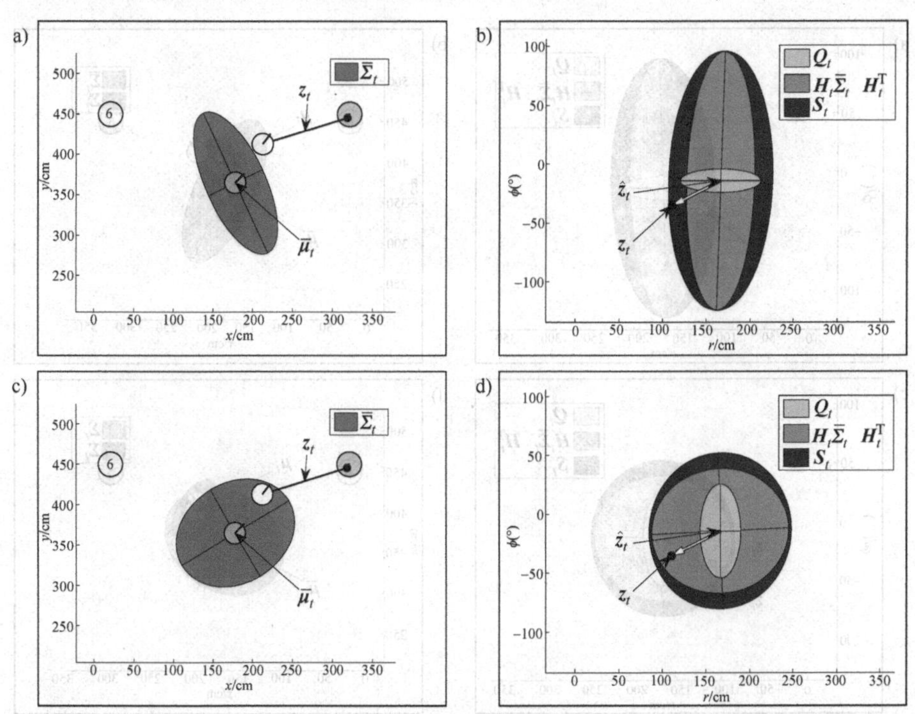

图 7.9　测量预测（图 a、c 给出了两个预测的机器人位置及不确定椭圆；真实的机器人和观测值分别用白色圆与粗线表示；图 b、d 给出了得到的测量预测；白色箭头表示更新，即观察和预测的测量值之差）

的与预测的测量之间的差值。这个向量在后续更新步骤中扮演着重要的角色。它也是由更新向量的似然给定的。更新向量的似然是一个零均值、协方差为 $\boldsymbol{S}_t$ 的高斯（第 21 行）。也就是说，更新向量“越短”（从马哈拉诺必斯距离的意义上说），测量值就越有可能。

修正步骤：估计更新（第 15 ~ 21 行）

扩展卡尔曼滤波定位算法的修正步骤基于更新向量和测量预测的不确定性更新位置估计。图 7.10 给出了这个步骤。为方便起见，图 a、c 所示还是测量预测。图 b、d 所示为位置估计的结果的修正，如白色箭头所示。这些修正向量通过测量更新向量（左图的白色箭头）按比例映射到状态空间（第 16 行）计算得来。这个映射和缩放比例由卡尔曼增益矩阵 $\boldsymbol{K}_t$ 执行，在第 15 行计算。直觉上，测量更新给出了预测的和观察的测量偏差。然后这个偏差映射到状态空间并用来朝着降低测量更新的方向移动位置估计。卡尔曼增益又依比例决定更新向量，由此考虑测量预测的不确定性。观察越确定，卡尔曼增益就越高，因此产生的位置修正就越强大。位置估计的不确定性椭圆又被相似的推理更新（第 17 行）。

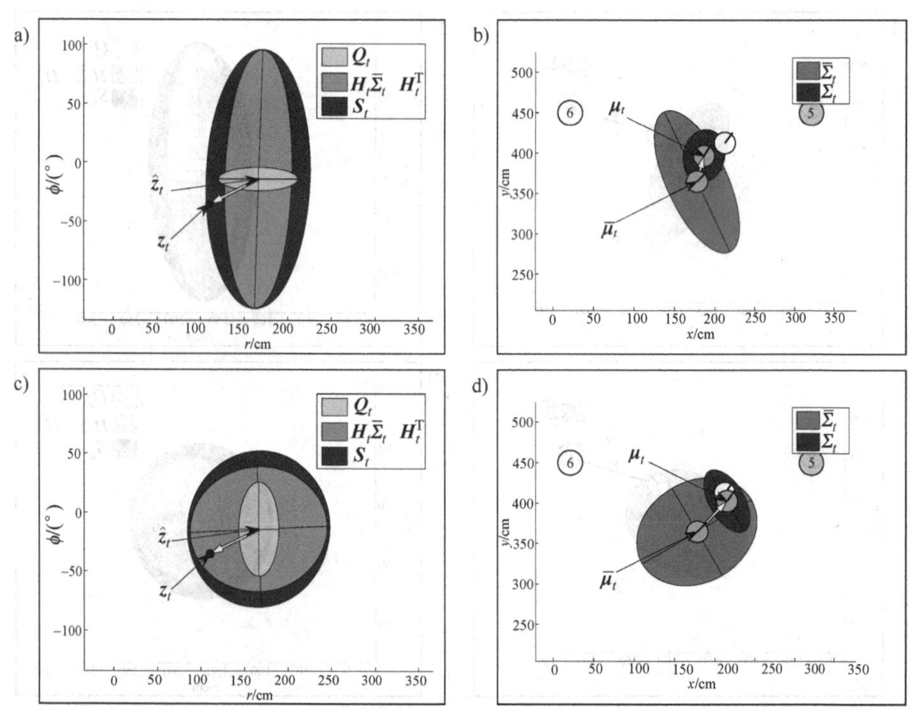

图 7.10 扩展卡尔曼滤波算法的修正步骤（左图所示为测量预测；右图所示为结果的修正；更新均值估计并减小位置不确定性椭圆）

示例序列

图 7.11 给出了扩展卡尔曼滤波更新的两个序列，它们使用不同的观察不确定性。图 a、c 所示为机器人轨迹按照运动控制（虚线）和作为结果的真实轨迹（实线），地标探测由细线表示。图 a 所示的测量值噪声较少。图 b、d 所示虚线为使用扩展卡尔曼滤波定位算法估计的路径。正如预期的，图 a、b 所示的测量不确定性较小，因此导致了较小的不确定性椭圆和较小的估计误差。

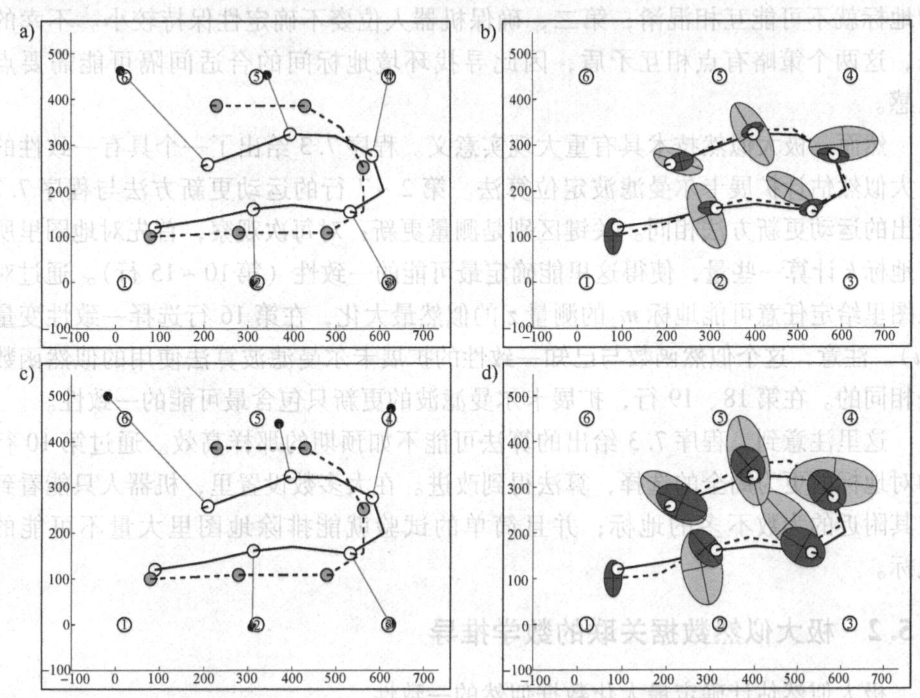

图 7.11　基于扩展卡尔曼滤波定位［图 a、b 使用高精度的地标探测传感器，图 c、d 使用精度稍低的地标探测传感器；图 a、c 所示虚线表示根据运动控制估计的机器人轨迹，实线表示由这些控制导致的真实的机器人运动，在五个位置进行的地标探测用细线表示；图 b、d 所示虚线表示修正后的机器人轨迹，以及计入地标探测之前（浅灰，$\bar{\boldsymbol{\Sigma}}_t$）和之后（深灰，$\boldsymbol{\Sigma}_t$）的不确定性］

7.5 估计一致性

7.5.1 未知一致性的扩展卡尔曼滤波定位

迄今为止讨论的扩展卡尔曼滤波定位仅适用于地标一致性可以绝对肯定的确定的情况。实际上，这是很少见的情况。因此，在定位过程中，大多数实现是在定位过程中确定地标身份的。本书中，将遇到若干策略处理一致性问题。所有策略中，最简单的策略被称为极大似然一致性（maximum likelihood correspondence），该方法首先确定一致性变量的最可能值，然后理所当然使用这个值。

如果对一致性变量有很多等可能的假设，极大似然技术是脆弱的。然而，通常能为此设计不发生此种情况的系统。为降低维持一个虚假数据关联的风险，存在两类基本技术：第一，选择充分独特的地标并且互相间隔很远，这样的地标就不可能互相混淆；第二，确保机器人位姿不确定性保持较小。不幸的是，这两个策略有点相互矛盾，因此寻找环境地标间的合适间隔可能需要点灵感。

然而，极大似然技术具有重大现实意义。程序 7.3 给出了一个具有一致性的极大似然估计扩展卡尔曼滤波定位算法。第 2 ~ 7 行的运动更新方法与程序 7.2 给出的运动更新方法相同。关键区别是测量更新：对每次观察，首先对地图里所有地标 k 计算一些量，使得这里能确定最可能的一致性（第 10 ~ 15 行）。通过对地图里给定任意可能地标 $\boldsymbol{m}_k$ 的测量 z_t^i 的似然最大化，在第 16 行选择一致性变量 $j(i)$。注意，这个似然函数与已知一致性的扩展卡尔曼滤波算法使用的似然函数是相同的。在第 18、19 行，扩展卡尔曼滤波的更新只包含最可能的一致性。

这里注意到，程序 7.3 给出的算法可能不如预期的那样高效。通过第 10 行的对地标的更为周全的选择，算法得到改进。在大多数设置里，机器人只能看到在其附近的为数不多的地标；并且简单的试验就能排除地图里大量不可能的地标。

7.5.2 极大似然数据关联的数学推导

极大似然估计确定最大化数据似然的一致性。

$$\hat{\boldsymbol{c}}_t = \underset{\boldsymbol{c}_t}{\operatorname{argmax}}\ p(\boldsymbol{z}_t \mid \boldsymbol{c}_{1:t}, \boldsymbol{m}, \boldsymbol{z}_{1:t-1}, \boldsymbol{u}_{1:t}) \tag{7.22}$$

式中，$\boldsymbol{c}_t$为在 t 时刻的一致性向量。跟以前一样，向量 $\boldsymbol{z}_t = \{\boldsymbol{z}_t^1, \boldsymbol{z}_t^2, \cdots\}$ 是包含 t 时刻观察到的特征及地标的测量向量（$\boldsymbol{z}_t^i$）。

式（7.22）中的运算符号 argmax 是指选择极大化测量似然的一致性向量 $\hat{\boldsymbol{c}}_t$。请注意这个表示是以先验一致性 $\boldsymbol{c}_{1:t-1}$ 为条件的。尽管它们是在以前的更新步骤估计的，但是极大似然方法会当它们一直是正确的来处理。这样就带来两个重要结果：它使递增更新滤波器成为可能的。但是它也导致了滤波器的脆弱性，当一致性估计错误时，它趋于发散。

甚至在已知先验一致性的假设下，在极大值表达式式（7.22）中，有许多项。当每次测量探测的地标数很大时，对于实际的实现，可能的一致性的数量也会变得很大。为避免这样一个指数级的复杂度，最常用的技术是对测量向量 $\boldsymbol{z}_t$的

Algorithm EKF_localization($\mu_{t-1}, \Sigma_{t-1}, u_t, z_t, m$):

$\theta = \mu_{t-1,\theta}$

$$G_t = \begin{pmatrix} 1 & 0 & -\frac{v_t}{\omega_t}\cos\theta + \frac{v_t}{\omega_t}\cos(\theta+\omega_t\Delta t) \\ 0 & 1 & -\frac{v_t}{\omega_t}\sin\theta + \frac{v_t}{\omega_t}\sin(\theta+\omega_t\Delta t) \\ 0 & 0 & 1 \end{pmatrix}$$

$$V_t = \begin{pmatrix} \frac{-\sin\theta+\sin(\theta+\omega_t\Delta t)}{\omega_t} & \frac{v_t(\sin\theta-\sin(\theta+\omega_t\Delta t))}{\omega_t^2} + \frac{v_t\cos(\theta+\omega_t\Delta t)\Delta t}{\omega_t} \\ \frac{\cos\theta-\cos(\theta+\omega_t\Delta t)}{\omega_t} & -\frac{v_t(\cos\theta-\cos(\theta+\omega_t\Delta t))}{\omega_t^2} + \frac{v_t\sin(\theta+\omega_t\Delta t)\Delta t}{\omega_t} \\ 0 & \Delta t \end{pmatrix}$$

$$M_t = \begin{pmatrix} \alpha_1 v_t^2 + \alpha_2 \omega_t^2 & 0 \\ 0 & \alpha_3 v_t^2 + \alpha_4 \omega_t^2 \end{pmatrix}$$

$$\bar{\mu}_t = \mu_{t-1} + \begin{pmatrix} -\frac{v_t}{\omega_t}\sin\theta + \frac{v_t}{\omega_t}\sin(\theta+\omega_t\Delta t) \\ \frac{v_t}{\omega_t}\cos\theta - \frac{v_t}{\omega_t}\cos(\theta+\omega_t\Delta t) \\ \omega_t\Delta t \end{pmatrix}$$

$\bar{\Sigma}_t = G_t\ \Sigma_{t-1}\ G_t{}^T + V_t\ M_t\ V_t{}^T$

$$Q_t = \begin{pmatrix} \sigma_r^2 & 0 & 0 \\ 0 & \sigma_\phi^2 & 0 \\ 0 & 0 & \sigma_s^2 \end{pmatrix}$$

for all observed features $z_t^i = (r_t^i\ \phi_t^i\ s_t^i)^T$ *do*

　for all landmarks k in the map m do

　　$q = (m_{k,x} - \bar{\mu}_{t,x})^2 + (m_{k,y} - \bar{\mu}_{t,y})^2$

$$\hat{z}_t^k = \begin{pmatrix} \sqrt{q} \\ \mathrm{atan2}(m_{k,y} - \bar{\mu}_{t,y}, m_{k,x} - \bar{\mu}_{t,x}) - \bar{\mu}_{t,\theta} \\ m_{k,s} \end{pmatrix}$$

$$H_t^k = \begin{pmatrix} -\frac{m_{k,x}-\bar{\mu}_{t,x}}{\sqrt{q}} & -\frac{m_{k,y}-\bar{\mu}_{t,y}}{\sqrt{q}} & 0 \\ \frac{m_{k,y}-\bar{\mu}_{t,y}}{q} & -\frac{m_{k,x}-\bar{\mu}_{t,x}}{q} & -1 \\ 0 & 0 & 0 \end{pmatrix}$$

　　$S_t^k = H_t^k\ \bar{\Sigma}_t\ [H_t^k]^T + Q_t$

　endfor

　$j(i) = \underset{k}{\mathrm{argmax}}\ \ \det\left(2\pi S_t^k\right)^{-\frac{1}{2}} \exp\left\{-\frac{1}{2}\ (z_t^i - \hat{z}_t^k)^T [S_t^k]^{-1} (z_t^i - \hat{z}_t^k)\right\}$

　$K_t^i = \bar{\Sigma}_t\ [H_t^{j(i)}]^T [S_t^{j(i)}]^{-1}$

　$\bar{\mu}_t = \bar{\mu}_t + K_t^i (z_t^i - \hat{z}_t^{j(i)})$

　$\bar{\Sigma}_t = (I - K_t^i\ H_t^{j(i)})\ \bar{\Sigma}_t$

endfor

$\mu_t = \bar{\mu}_t$

$\Sigma_t = \bar{\Sigma}_t$

return μ_t, Σ_t

程序 7.3　未知一致性的扩展卡尔曼滤波定位算法［一致性 $j(i)$ 通过极大似然估计器估计］

每个单独特征 z_t^i 分开执行极大化。在推导已知的一致性的扩展卡尔曼滤波定位算法过程中，已经得到单个特征的似然函数。根据式（7.17）~（7.20），每个特征的一致性表示如下：

$$\begin{aligned}\hat{c}_t^i &= \underset{c_t^i}{\operatorname{argmax}}\, p(z_t^i \mid \boldsymbol{c}_{1:t}, \boldsymbol{m}, \boldsymbol{z}_{1:t-1}, \boldsymbol{u}_{1:t}) \\ &\approx \underset{c_t^i}{\operatorname{argmax}}\, \mathcal{N}(z_t^i; h(\bar{\boldsymbol{\mu}}_t, c_t^i, \boldsymbol{m}), \boldsymbol{H}_t \bar{\boldsymbol{\Sigma}}_t \boldsymbol{H}_t^{\mathrm{T}} + \boldsymbol{Q}_t)\end{aligned} \tag{7.23}$$

上式的计算由程序 7.3 所示的第 16 行实现。只有当这里碰巧知道单独特征向量之间条件独立时，这种分量形式的优化才是合乎情理的。为方便起见，通常采用这个假设。在这个假设下，式（7.22）中被最大化的项成为不相交的优化参数的乘积项，因为最大值是当每一个因子最大时取得的，见式（7.23）。使用这个极大似然数据关联，算法的修正直接遵循具有已知一致性的扩展卡尔曼滤波算法的修正。

7.6 多假设跟踪

有一些基本扩展卡尔曼滤波的扩展算法，用以适应不能足够可靠地确定正确的数据关联的情况。其中一些技术将在本书后面讨论，因此在此将简单阐述。

传统的克服数据关联困难的技术，是多假设跟踪（Multi-Hypothesis Tracking，MHT）滤波。多假设跟踪能通过多高斯表示置信度，通过混合表示后验。

$$\operatorname{bel}(\boldsymbol{x}_t) = \frac{1}{\boldsymbol{\Sigma}_l \psi_{t,l}} \sum_l \psi_{t,l} \det(2\pi \boldsymbol{\Sigma}_{t,l})^{-\frac{1}{2}} \exp\left\{-\frac{1}{2}(\boldsymbol{x}_t - \boldsymbol{\mu}_{t,l})^{\mathrm{T}} \boldsymbol{\Sigma}_{t,l}^{-1} (\boldsymbol{x}_t - \boldsymbol{\mu}_{t,l})\right\} \tag{7.24}$$

式中，l 为是混合分量的索引。每个这样的分量或多假设跟踪术语中的“路线（track）”，就是一个均值 $\boldsymbol{\mu}_{t,l}$ 协方差 $\boldsymbol{\Sigma}_{t,l}$ 的高斯分布。数量 $\psi_{t,l} \geqslant 0$ 是一个混合权重（mixture weight）。它决定了第 l 个混合分量在后验中的权重。后验由 $\boldsymbol{\Sigma}_l \psi_{t,l}$ 归一化，每一个 $\psi_{t,l}$ 都是一个相对权重，第 l 个混合分量的贡献依赖所有其他混合权重的大小。

正如下面将要看到的，当描述多假设跟踪算法时，每个混合分量依赖数据关联决策的特定序列。因此，将与第 l 个分量相联系的数学关联向量记为 $\boldsymbol{c}_{t,l}$，以及将与第 l 个混合分量相联系的所有过去和现在的数据关联向量记为 $\boldsymbol{c}_{1:t,l}$，是有道理的。使用这种符号，这里可以将混合分量看作是以特定序列的数据关联为条件，起作用的局部置信函数：

$$\operatorname{bel}_l(\boldsymbol{x}_t) = p(\boldsymbol{x}_t \mid \boldsymbol{z}_{1:t}, \boldsymbol{u}_{1:t}, \boldsymbol{c}_{1:t,l}) \tag{7.25}$$

式中，$\boldsymbol{c}_{1:t,l} = \{\boldsymbol{c}_{1,l}, \boldsymbol{c}_{2,l}, \cdots, \boldsymbol{c}_{t,l}\}$ 为与对应第 l 个向量的一致性向量序列。

在描述多假设跟踪之前，讨论推导出十分棘手的多假设跟踪算法是有意义的。这个算法是在未知数据关联下的扩展卡尔曼滤波全贝叶斯实现。算法非常简单，不是选择最可能的数据关联向量，而是用虚构的算法全部维持它们。具体来说，在 t 时刻，每个混合被分成很多新的混合，每个都以独特的一致性向量 $\boldsymbol{c}_t$ 为条件。对于一致性 $\boldsymbol{c}_{t,l}$，令 m 表示一个新高斯的索引，l 表示新高斯来源的索引。这个新混合分量的权重被设置为

$$\psi_{t,m}=\psi_{t,l}p(z_t\mid \boldsymbol{c}_{1:t-1,l},\boldsymbol{c}_{t,m},z_{1:t-1},\boldsymbol{u}_{1:t}) \tag{7.26}$$

该式是混合权重 $\psi_{t,l}$ 与特定一致性向量下的测量 z_t 的似然的乘积。新的分量由混合权重 $\psi_{t,l}$ 得出。特定的一致性向量导致了新的混合分量。换句话说，这里将一致性看做是潜在变量，并计算正确的混合分量的后验似然。这种方法好的一方面是，已经知道如何计算式（7.26）中的测量似然 $p(z_t\mid \boldsymbol{c}_{1:t-1},\ \boldsymbol{c}_{t,m}\mid z_{1:t-1},\ \boldsymbol{u}_{1:t})$：对于已知数据关联的情况，用扩展卡尔曼滤波定位算法第 21 行计算测量似然是很简单的（见程序 7.2）。因此，它还能递增地计算每个新分量的混合权重。这个算法唯一的缺点是，混合分量数目或路线（track）会随时间指数增长。

多假设跟踪算法通过维持小数目的混合分量来近似这个算法。这个过程被称为修剪（pruning）。修剪会终止那些相对混合权重，有

$$\frac{\psi_{t,l}}{\sum_m \psi_{t,m}} \tag{7.27}$$

它是比阈值 $\psi_{\min}$ 小的分量。容易发现，混合分量数目通常至多为 $\psi_{\min}^{-1}$。因此多假设跟踪维持一个简洁的后验，能够高效更新。多假设跟踪是近似的，因为它维持一个小数目的高斯，但是实际上，可信的机器人位置数目通常很小。

此处省略了对多假设跟踪算法的正式描述，建议读者查阅本书提到的大量相关算法。这里可以发现，实现一个多假设跟踪时，先设计策略识别低似然路线再将它们实例化是有用的。

7.7　无迹卡尔曼滤波定位

无迹卡尔曼滤波（UKF）定位是一个基于特征的使用无迹卡尔曼滤波的机器人定位算法。正如本书 3.4 节讨论的，无迹卡尔曼滤波使用无迹变换用来线性化运动和测量模型。无迹变换用西格马（Σ）点表示高斯并通过模型传递这些点，而不是计算这些模型的导数。程序 7.4 给出了基于地标的无迹卡尔曼滤波机器人定位算法。这里假定，在观察 z_t 里仅包含一个地标探测，并且地标身份已知。

7.7.1　无迹卡尔曼滤波定位的数学推导

如程序 3.4 所示，通用无迹卡尔曼滤波与无迹卡尔曼滤波定位这两者的主要

区别在是，预测与测量噪声的处理。回想程序 3.4 所示的无迹卡尔曼滤波是基于这样的假设：预测与测量噪声是加性的。这使得考虑噪声时只需要简单地将它们的协方差 $\boldsymbol{R}_t$ 和 $\boldsymbol{Q}_t$ 分别加到预测的状态和测量不确定性（见程序 3.4 所示第 5 行和第 9 行）上就可以了。

Algorithm UKF_localization($\mu_{t-1}, \Sigma_{t-1}, u_t, z_t, m$):

Generate augmented mean and covariance

$$M_t = \begin{pmatrix} \alpha_1 v_t^2 + \alpha_2 \omega_t^2 & 0 \\ 0 & \alpha_3 v_t^2 + \alpha_4 \omega_t^2 \end{pmatrix}$$

$$Q_t = \begin{pmatrix} \sigma_r^2 & 0 \\ 0 & \sigma_\phi^2 \end{pmatrix}$$

$$\mu_{t-1}^a = (\mu_{t-1}^T \quad (0\ 0)^T \quad (0\ 0)^T)^T$$

$$\Sigma_{t-1}^a = \begin{pmatrix} \Sigma_{t-1} & \mathbf{0} & \mathbf{0} \\ \mathbf{0} & M_t & \mathbf{0} \\ \mathbf{0} & \mathbf{0} & Q_t \end{pmatrix}$$

Generate sigma points

$$\mathcal{X}_{t-1}^a = (\mu_{t-1}^a \quad \mu_{t-1}^a + \gamma\sqrt{\Sigma_{t-1}^a} \quad \mu_{t-1}^a - \gamma\sqrt{\Sigma_{t-1}^a})$$

Pass sigma points through motion model and compute Gaussian statistics

$$\bar{\mathcal{X}}_t^x = g(u_t + \mathcal{X}_t^u, \mathcal{X}_{t-1}^x)$$

$$\bar{\mu}_t = \sum_{i=0}^{2L} w_i^{(m)} \bar{\mathcal{X}}_{i,t}^x$$

$$\bar{\Sigma}_t = \sum_{i=0}^{2L} w_i^{(c)} (\bar{\mathcal{X}}_{i,t}^x - \bar{\mu}_t)(\bar{\mathcal{X}}_{i,t}^x - \bar{\mu}_t)^T$$

Predict observations at sigma points and compute Gaussian statistics

$$\bar{\mathcal{Z}}_t = h(\bar{\mathcal{X}}_t^x) + \mathcal{X}_t^z$$

$$\hat{z}_t = \sum_{i=0}^{2L} w_i^{(m)} \bar{\mathcal{Z}}_{i,t}$$

$$S_t = \sum_{i=0}^{2L} w_i^{(c)} (\bar{\mathcal{Z}}_{i,t} - \hat{z}_t)(\bar{\mathcal{Z}}_{i,t} - \hat{z}_t)^T$$

$$\Sigma_t^{x,z} = \sum_{i=0}^{2L} w_i^{(c)} (\bar{\mathcal{X}}_{i,t}^x - \bar{\mu}_t)(\bar{\mathcal{Z}}_{i,t} - \hat{z}_t)^T$$

Update mean and covariance

$$K_t = \Sigma_t^{x,z}\ S_t^{-1}$$

$$\mu_t = \bar{\mu}_t + K_t(z_t - \hat{z}_t)$$

$$\Sigma_t = \bar{\Sigma}_t - K_t\ S_t\ K_t^T$$

$$p_{z_t} = \det(2\pi S_t)^{-\frac{1}{2}} \exp\left\{-\frac{1}{2}(z_t - \hat{z}_t)^T S_t^{-1}(z_t - \hat{z}_t)\right\}$$

return μ_t, Σ_t, p_{z_t}

程序 7.4　无迹卡尔曼滤波定位算法（适用于基于特征的地图和安装了测量距离和方位传感器的机器人；这个版本只处理单一特征观察并假设准确的一致性信息；L 是扩展状态向量的维数，状态、控制和测量的维数已给定）

UKF_localization 算法提供了一个可供选择的考虑估计过程中噪声影响的更精确方法。关键“窍门”是用表示控制和测量噪声的额外分量来扩展状态。增广状

态的维度 L 由状态、控制和测量维度的总和给出，这种情况下维度为 $3+2+2=7$（为简单起见，忽略特征测量的签名）。由于假设零均值高斯噪声，所以增广状态估计的均值 $\boldsymbol{\mu}_{t-1}^{\alpha}$ 由位置估计均值 $\boldsymbol{\mu}_{t-1}$ 和控制测量噪声的零向量给出（第 4 行）。增广状态估计协方差 $\boldsymbol{\Sigma}_{t-1}^{\alpha}$ 由定位协方差 $\boldsymbol{\Sigma}_{t-1}$、控制噪声协方差 $\boldsymbol{M}_t$ 和测量噪声协方差 $\boldsymbol{Q}_t$ 联合给出（第 5 行）。

使用无迹变换等式式（3.66），增广状态估计的 Σ 点表示由第 6 行产生。在本例中，$\boldsymbol{\mathcal{X}}_{t-1}^{\alpha}$ 包含 15 个 Σ 点（$2L+1=15$），每一个都有状态、控制和测量空间分量：

$$\boldsymbol{\mathcal{X}}_{t-1}^{a}=\begin{pmatrix}\boldsymbol{\mathcal{X}}_{t-1}^{x\mathrm{T}}\\ \boldsymbol{\mathcal{X}}_{t}^{u\mathrm{T}}\\ \boldsymbol{\mathcal{X}}_{t}^{z\mathrm{T}}\end{pmatrix} \tag{7.28}$$

选择混合时间清楚地表明：$\boldsymbol{\mathcal{X}}_{t-1}^{x}$ 指的是 $\boldsymbol{x}_{t-1}$，控制和测量分量分别指的是 $\boldsymbol{u}_t$ 和 $\boldsymbol{z}_t$。

这些点 Σ 的定位分量 $\boldsymbol{\mathcal{X}}_{t-1}^{x}$ 通过式（5.9）定义的速度运动模型 g 传递。通过应用本书式（5.13）定义的速度运动模型，应用每个 Σ 点有加性控制噪声分量 $\boldsymbol{\mathcal{X}}_{i,t}^{u}$ 的控制 $\boldsymbol{u}_t$，第 7 行执行这个预测步骤：

$$\overline{\boldsymbol{\mathcal{X}}}_{i,t}^{x}=\boldsymbol{\mathcal{X}}_{i,t-1}^{x}+\begin{pmatrix}-\dfrac{v_{i,t}}{\omega_{i,t}}\sin\theta_{i,t-1}+\dfrac{v_{i,t}}{\omega_{i,t}}\sin(\theta_{i,t-1}+\omega_{i,t}\Delta t)\\ \dfrac{v_{i,t}}{\omega_{i,t}}\cos\theta_{i,t-1}-\dfrac{v_{i,t}}{\omega_{i,t}}\cos(\theta_{i,t-1}+\omega_{i,t}\Delta t)\\ \omega_{i,t}\Delta t\end{pmatrix} \tag{7.29}$$

这里

$$v_{i,t}=v_t+\mathcal{X}_{i,t}^{u[v]} \tag{7.30}$$

$$\omega_{i,t}=\omega_t+\mathcal{X}_{i,t}^{u[\omega]} \tag{7.31}$$

$$\theta_{i,t-1}=\mathcal{X}_{i,t-1}^{x[\theta]} \tag{7.32}$$

上面 3 个式子从控制 $\boldsymbol{u}_t=(v_t,\ \omega_t)^{\mathrm{T}}$ 和 Σ 点的单个分量产生。例如，$\mathcal{X}_{i,t}^{u[v]}$ 表示第 i 个 Σ 点的平移速度。预测的 Σ 点，即 $\overline{\boldsymbol{\mathcal{X}}}_{t}^{x}$，是机器人位置的集合，每个集合由以前位置和控制的不同组合产生。

使用无迹变换技术，第 8、9 行计算预测的机器人位置的均值和协方差。第 9 行不需要额外的一个运动噪声项，但在程序 3.4 所示的算法中是必需的。这是因为状态扩展已经产生了包含运动噪声的预测的 Σ 点。这个事实又使得从预测的高斯重新提取的 Σ 点显得过时（见程序 3.4 所示第 6 行）。

在第 10 行，预测的 Σ 点用来产生基于本书 6.6 节式（6.40）定义的测量模型的测量 Σ 点：

$$\mathcal{Z}_{i,t}=\begin{pmatrix}\sqrt{(m_x-\mathcal{X}_{i,t}^{x[x]})^2+(m_y-\overline{\mathcal{X}}_{i,t}^{x[y]})^2}\\ \operatorname{atan2}(m_y-\overline{\mathcal{X}}_{i,t}^{x[y]},m_x-\overline{\mathcal{X}}_{i,t}^{x[y]})-\overline{\mathcal{X}}_{i,t}^{x[\theta]}\end{pmatrix}+\begin{pmatrix}\mathcal{X}_{i,t}^{z[r]}\\ \mathcal{X}_{i,t}^{z[\phi]}\end{pmatrix}\tag{7.33}$$

这种情况假设观察噪声是加性的。

剩下的更新步骤与程序 3.4 所示的通用无迹卡尔曼滤波算法相同。第 11、12 行计算预测测量的均值和协方差。机器人位置和观察的互协方差在第 13 行确定。第 14 ~ 16 行更新位置估计。测量的似然从更新和预测测量不确定性计算，正如程序 7.2 给出的扩展卡尔曼滤波定位算法一样。

7.7.2　图例

现在使用扩展卡尔曼滤波定位算法曾用过的相同的示例阐述无迹卡尔曼滤波定位算法。这里鼓励读者将下面的图形与 7.4.4 节所示的图形进行比较。

预测步骤（第 2 ~ 9 行）

图 7.12 给出了对不同运动噪声参数的无迹卡尔曼滤波预测步骤。由以前置

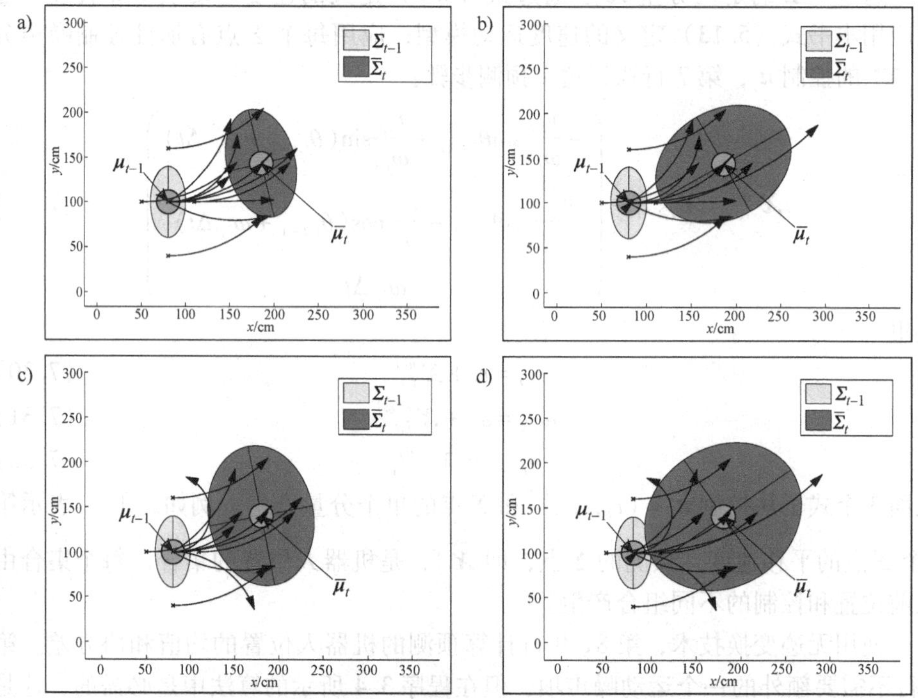

图 7.12　无迹卡尔曼滤波算法预测步骤（这些图形由不同运动噪声参数产生；机器人初始估计用中心位于 $\boldsymbol{\mu}_{t-1}$ 的椭圆表示；机器人在一个 90cm 长的圆弧上移动并向左转 45°；图 a 所示的平移和旋转运动噪声都相对较小；图 b 所示为高平移噪声；图 c 所示为高旋转噪声；图 d 所示的平移和旋转噪声都高）

信度产生的 Σ 点的位置分量 $\mathcal{X}_{t-1}^{x}$ 用对称分布于 $\boldsymbol{\mu}_{t-1}$ 周围的十字标记。15 个 Σ 点有 7 个不同机器人位置，在 $x-y$ 投影坐标系中仅有 5 个可见。另外两个点位于 Σ 均值点的“上面”或“下面”，表示不同的机器人方向。圆弧表示第 7 行执行的运动预测。可以看出，产生了 11 个不同的预测，引起以前位置和运动噪声的不同组合。图形阐述了运动噪声对这些更新的影响。预测的机器人位置的均值 $\bar{\boldsymbol{\mu}}_t$ 和不确定性椭圆 $\bar{\Sigma}_t$ 从预测的 Σ 点产生。

测量预测（第 10 ~ 12 行）

在测量预测步骤里，预测的机器人位置 $\bar{\mathcal{X}}_t^{x}$ 用来产生测量 Σ 点的 $\bar{Z}_t$（第 10 行）。图 7.13a、c 所示的黑色十字标记表示位置 Σ 点，图 b、d 所示白色十字标记表示作为结果的测量 Σ 点。注意，11 个不同位置 Σ 点产生 15 个不同测量，这是因为第 10 行增加了不同测量噪声分量 $\mathcal{X}_t^{z}$。图中也给出了预测测量的均值 $\hat{z}_t$ 和不确定性椭圆 S_t，均由第 11 和第 12 行提取。

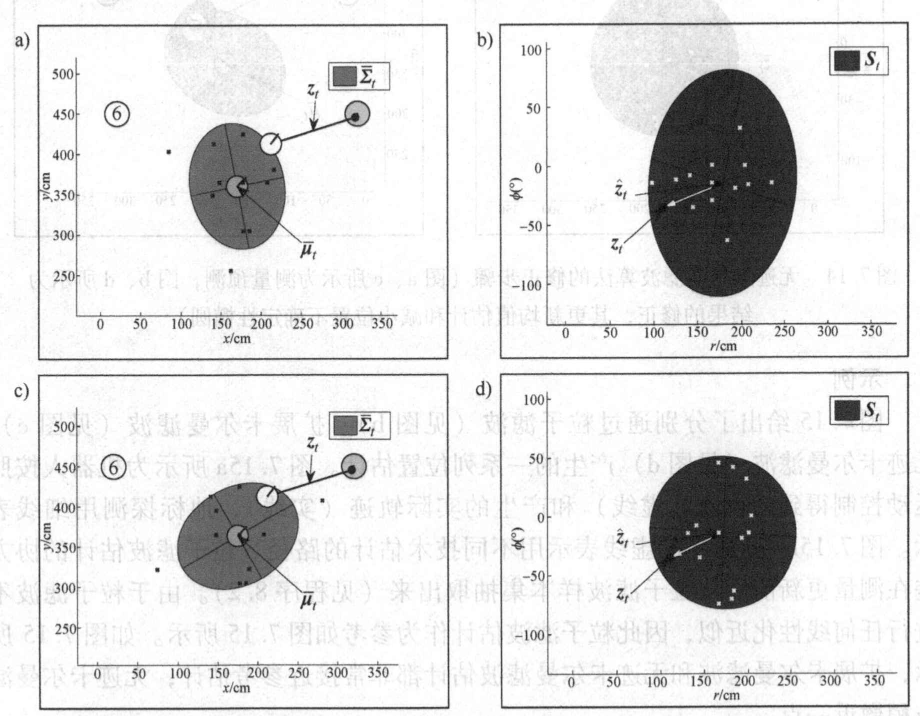

图 7.13　测量预测（图 a、c 所示为已预测的从两个运动更新的点 Σ 连同作为结果的不确定性椭圆，真正的机器人和观察值分别由白色圆弧和粗线表示；图 b、d 所示为作为结果的测量预测点 Σ，白色箭头表示更新在已观察与已预测的测量值之间的差）

修正步骤：估计更新（第 14 ~ 16 行）

无迹卡尔曼滤波定位算法的修正步骤实际上与扩展卡尔曼滤波修正步骤完全

相同。更新向量和测量预测不确定性用来更新估计，如图 7.14 所示的白色箭头。

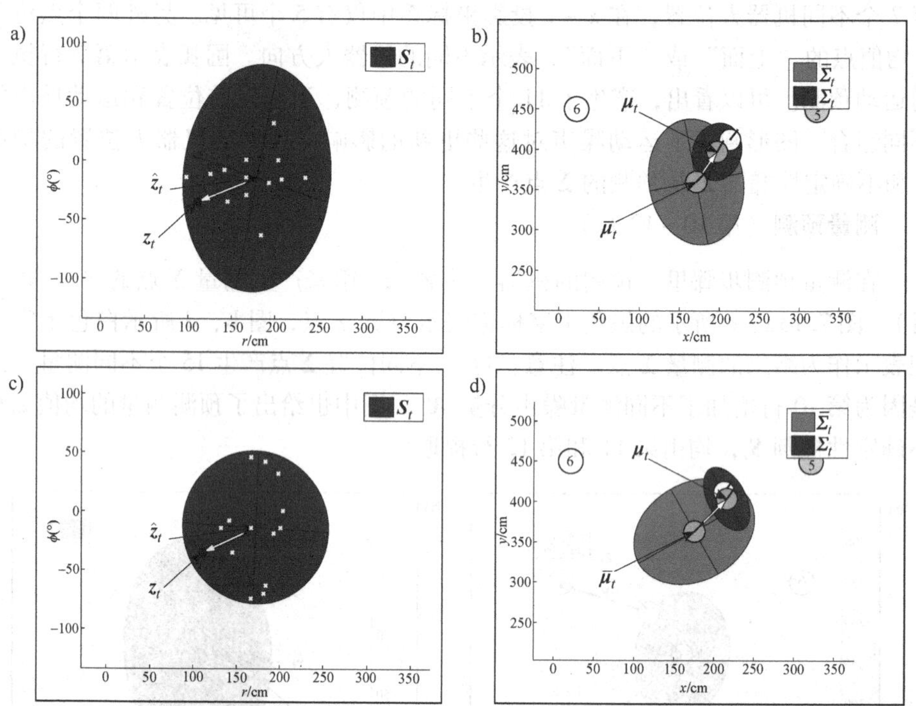

图 7.14　无迹卡尔曼滤波算法的修正步骤（图 a、c 所示为测量预测，图 b、d 所示为结果的修正，其更新均值估计和减小位置不确定性椭圆）

示例

图 7.15 给出了分别通过粒子滤波（见图 b）、扩展卡尔曼滤波（见图 c）、无迹卡尔曼滤波（见图 d）产生的一系列位置估计。图 7.15a 所示为机器人按照运动控制得到的轨迹（虚线）和产生的实际轨迹（实线），地标探测用细线表示。图 7.15b ~ d 所示的虚线表示用不同技术估计的路径。粒子滤波估计的协方差在测量更新前后从粒子滤波样本集抽取出来（见程序 8.2）。由于粒子滤波不进行任何线性化近似，因此粒子滤波估计作为参考如图 7.15 所示。如图 7.15 所示，扩展卡尔曼滤波和无迹卡尔曼滤波估计都非常接近参考估计，无迹卡尔曼滤波稍微近一点。

应用了改进的线性化的无迹卡尔曼滤波的影响在图 7.16 所示的示例中更为明显。这里，一个机器人沿着细线表示的圆弧执行两个运动控制。图 7.16 给出了两个动作之后（机器人没做观察）的不确定性椭圆。此外，从准确的基于样本的运动更新抽取的协方差作为一个参照给出。参考样本使用程序 5.3 给出的 sample_motion_model_velocity 算法产生。在均值位置和协方差“形状”两种情况

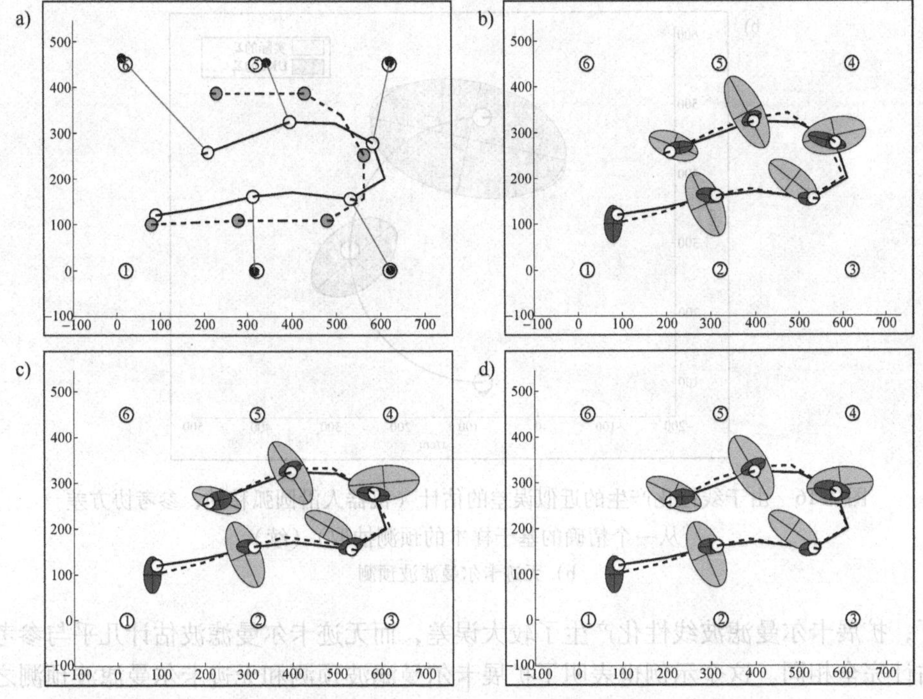

图 7.15　无迹卡尔曼滤波和扩展卡尔曼滤波估计的比较

a）按照运动控制得到的机器人轨迹（虚线）和产生的真实轨迹（实线）（地标探测用细线表示）

b）由粒子滤波产生的参考估计　c）扩展卡尔曼滤波估计　d）无迹卡尔曼滤波估计

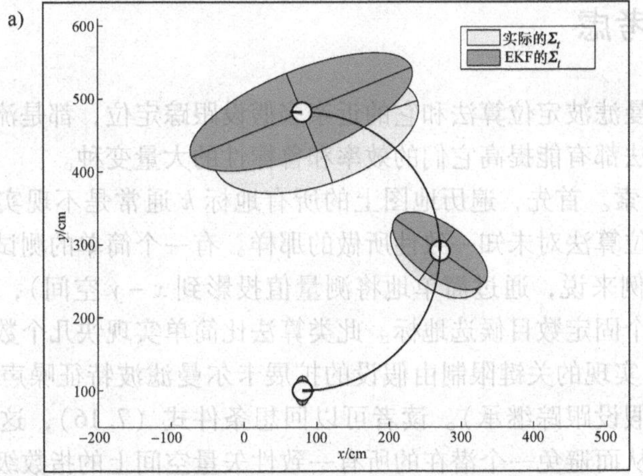

图 7.16　由于线性化产生的近似误差的估计（机器人沿圆弧移动，参考协方差从一个精确的基于样本的预测抽取）

a）扩展卡尔曼滤波预测

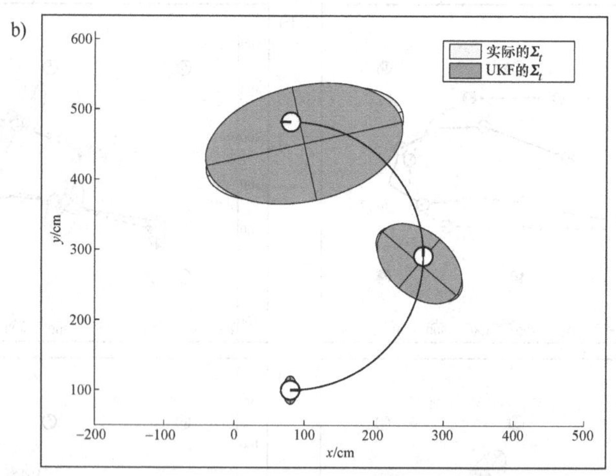

图 7.16 由于线性化产生的近似误差的估计（机器人沿圆弧移动，参考协方差从一个精确的基于样本的预测抽取）（续）

b）无迹卡尔曼滤波预测

下，扩展卡尔曼滤波线性化产生了较大误差，而无迹卡尔曼滤波估计几乎与参考估计完全相同。这个示例也表明了扩展卡尔曼滤波预测和无迹卡尔曼滤波预测之间的细微差别。由扩展卡尔曼滤波预测的均值通常刚好处在由控制预测的位置上（见程序 7.2 所示第 6 行）。另一方面，从 Σ 点抽取的无迹卡尔曼滤波均值不同于通过控制预测的均值（见程序 7.4 所示第 7 行）。

7.8 实际考虑

扩展卡尔曼滤波定位算法和它的近亲多假设跟踪定位，都是流行的位置跟踪技术。这些算法都有能提高它们的效率和鲁棒性的大量变种。

- 高效搜索。首先，遍历地图上的所有地标 k 通常是不现实的，正如扩展卡尔曼滤波定位算法对未知一致性所做的那样。有一个简单的测试来确定合理的候选地标（举例来说，通过简单地将测量值投影到 $x-y$ 空间），可以排除其他地标，保留一个固定数目候选地标。此类算法比简单实现快几个数量级。
- 互斥。实现的关键限制由假设的扩展卡尔曼滤波特征噪声独立引起（这个限制也由多假设跟踪继承）。读者可以回想条件式（7.16），这使得能顺序处理单个特征，从而避免一个潜在的所有一致性矢量空间上的指数级的搜索。不幸的是，这样的方法允许将多个观察到的特征（如 z_t^i 和 z_t^j，其中 $i \neq j$）分配给地图上的相同地标 $\hat{c}_t^i = \hat{c}_t^j$。对很多传感器来说，这样的一致性分配默认是错误的。例如，如果特征向量从单一相机影像里抽取，这里自然地认为图像空间中的两个不同区域必须对应客观世界的不同位置。换句话说，通常知道 $i \neq j \rightarrow \hat{z}_t^i \neq \hat{z}_t^j$。这个（硬）约束称为数据关联的互斥原则（mutual exclusion principle in data association）。它会降低所有可能的一致性向量的空间。高级的实现考虑这个约束。例如，可以首先分别搜索每个一致性，如同扩展卡尔曼滤波定位的版本一样，然后是一个“修复”阶段，通过更改相应的一致性值来解决违反互斥原则的行为。

• 异常值去除。而且，实现没有提出异常值的问题。读者可能回想一下本书 6.6 节，考虑到一个一致性向量 $c = N+1$，N 为地图中地标的数目。这样一个异常值测试很容易增加到扩展卡尔曼滤波定位算法中去。具体来说，如果设置 π_{N+1} 为异常值的先验概率，如果异常值是该测量向量的最可能的解释，扩展卡尔曼滤波定位（见程序 7.3）的 16 行的 argmax 步骤默认为 $N+1$。很明显，异常值不能提供关于机器人位姿的任何信息；因此与位姿有关的项如程序 7.3 所示第 18、19 行被简单地删除。

扩展卡尔曼滤波和无迹卡尔曼滤波定位仅适用于位置跟踪问题。总的来说，只有当位置的不确定性很小时，线性化的高斯技术才会工作良好。对于这个观察有以下一些额外的原因：

• 一个单峰高斯分布通常是跟踪问题里不确定性的良好表达，然而在更一般的全局定位问题中它不是。

• 即使在跟踪问题里，单峰高斯分布并不完全适合用来表示硬空间约束，如“机器人紧挨着一面墙但不能在墙里面”。这个限制的严格性随着机器人位置的不确定性而增加。

• 一个窄高斯分布可以降低错误的一致性决策的风险。这对扩展卡尔曼滤波特别重要，因为通过引起整个定位流和一致性误差，单一的错误一致性能使跟踪系统脱离正常进程。

• 线性化通常仅在极为贴近线性点时表现优良。一般说来，如果方位角 θ 的标准偏差大于 $\pm 20°$，线性化效果可能使得扩展卡尔曼滤波和无迹卡尔曼滤波算法失效。

多假设跟踪算法以增加计算复杂度为代价克服以上大部分问题。

• 通过以多高斯假设初始化置信度，它能解决全局定位问题。可以按照首次测量值初始化这些假设。

• 绑架机器人问题可以通过加入额外的假设成为混合状态进行处理。

• 硬空间约束仍然很难建模，但是可以使用多高斯更好地近似。

• 对于错误的一致性问题，多假设跟踪的鲁棒性更好；但是当正确的一致性不处在高斯混合分量维护之中的时候，它同样也会失效。

• 这里讨论的多假设跟踪与扩展卡尔曼滤波一样适用于线性化，并且受到相似的近似的影响。对每个假设使用无迹卡尔曼滤波，多假设跟踪也能实现。

为高斯定位算法设计恰当的特性是一门艺术。这是因为必须面临多竞争目标。一方面，需要足够多的环境特征信息，来保证较小的机器人位姿估计不确定性。小的不确定性至关重要，原因已经讨论过了。另一方面，人们希望减少地标互相混淆的机会，或者减少地标检测器检测到的错误特征的机会。很多环境中并不拥有很多可以被高可靠性地检测到的点地标，因此很多实现依赖相对稀疏分布的地标。这里多假设跟踪具有明显的优势，因为它对数据关联错误具有更高的鲁棒性。一般说来，即使对于扩展卡尔曼滤波和无迹卡尔曼滤波，大数目地标会比小数目地标表现得更优秀。然而，当地标密集时，应用互斥原则对数据关联来说是很重要的。

最后，注意到扩展卡尔曼滤波和无迹卡尔曼滤波定位仅处理传感器测量的所有信息的子集。从原始测量到特征，处理的信息量已经显著地降低。另外，扩展卡尔曼滤波和无迹卡尔曼滤波定位不能处理负信息（negative information）。负信息属于特征缺乏的范畴。显然，当期望看到特征但没有看到时，就出现了相关信息。例如，在巴黎没有看见埃菲尔铁塔，意味着所在位置不可能在它的附近。负信息的问题在于它引起非高斯置信度，不能用均值及方差表示。由于这个原因，扩展卡尔曼滤波和无迹卡尔曼滤波的实现简单地忽略了负信息问题，取而代之的是仅从观察的特征综合信息。标准的多假设跟踪也回避了负信息。然而，通过衰减未能观察到地标的混合分量，把负信息加进混合权重是可能的。

有这些条件的限制，是否意味着高斯定位技术是脆弱的？答案是否定的。扩展卡尔曼滤波和无迹卡尔曼滤波，特别是多假设跟踪，对违背线性系统假设的情况鲁棒性高得惊人。事实上，成功定位的关键来自成功的数据关联。本书后面，将面对如何利用比现在讨论过的更复杂的技术来处理一致性。许多技术（将）可应用于高斯分布表示法，产生的算法通常是大家知道的最好的一些算法。

7.9 小结

本章介绍了移动机器人定位问题，并设计了第一个实际算法解决这个问题。

- 定位问题是机器人位姿相对于它所处环境的已知地图的估计问题。
- 位置跟踪致力于初始位姿已知的机器人的局部不确定性适应问题；全局定位是从零开始的更一般的机器人定位问题。绑架问题是一个定位问题，一个定位良好的机器人没有被事先通知而秘密地瞬间移动到某处，它是三个定位问题中最难处理的一个。
- 定位问题的困难在于确定环境随时间变化程度的函数。迄今为止讨论的所有算法均基于静态环境假设。
- 被动定位方法是滤波：它们处理通过机器人获取的数据，而不是控制机器人。主动技术在机器人定位期间控制机器人，目的是最小化机器人不确定性。到目前为止，仅研究了被动算法。主动算法将在本书 17 章讨论。

• 马尔可夫定位只是贝叶斯滤波应用于移动机器人定位问题时的另一个名字。

• 扩展卡尔曼滤波定位将扩展卡尔曼滤波应用于定位问题。扩展卡尔曼滤波定位主要应用于基于特征的地图。

• 最通用的处理一致性问题的技术是极大似然技术。这个方法简单地假设，在每个时间点上，最可能的一致性是正确的。

• 多假设跟踪（MHT）算法追求多重一致性，使用一个高斯混合表示后验。混合分量动态地创建，如果它们的总可能性下降到用户定义的阈值时即终止。

• 多假设跟踪在数据关联问题上比扩展卡尔曼滤波鲁棒性更高，但增加了计算成本。对于单假设，多假设跟踪也能通过无迹卡尔曼滤波算法实现。

• 在定位问题上，无迹卡尔曼滤波定位使用无迹变换来线性化运动和测量模型。

• 对于有限不确定性和具有鲜明特征的环境，所有的高斯滤波都能很好地适用于局部位置跟踪问题。扩展卡尔曼滤波和无迹卡尔曼滤波，都比较不适用于全局定位或大多数物体看起来相像的环境。

• 为高斯滤波选择特征是需要技巧的。这些特征必须足够清楚，以最小化混淆它们的可能性，并且要有足够多的特征，这样机器人才能频繁地遇见这些特征。

• 高斯定位算法的性能，可以通过测量数目来提高，如在数据关联中执行互斥。

本书第 8 章将讨论另一种定位技术，通过使用不同的机器人置信度表示来处理扩展卡尔曼滤波的局限。

7.10　文献综述

定位被称为“提供移动机器人自主能力的最基本问题”（Cox，1991）。室外机器人学使用扩展卡尔曼滤波进行状态估计的先驱是 Dickmanns 和 Graefe（1988），他们利用扩展卡尔曼滤波从摄像机图像估计高速公路的曲率。室内移动机器人定位的许多早期工作由 Borenstein 等（1996）研究（Feng 等，1994）。Cox 和 Wilfong（1990）提供了关于移动机器人学的新发展早期文献，涉及定位问题。早期许多技术需要环境改造，如使用人造信标。例如，Leonard 和 Durrant-Whyte（1991）将从声呐扫描提取的几何信标与从几何环境地图预测的信标进行匹配时，使用了扩展卡尔曼滤波。使用人造标记的实践一直持续到现在（Salichs，1999)，是因为环境改造常是可行的且经济的。其他早期的研究者使用激光来扫描未改造的环境（Hinkel 和 Knieriemen，1988)。

除了点特征，许多研究者还开发了一些几何定位技术。例如，Cox（1991）开发了使用红外传感器的测距匹配算法、用线段描述环境的算法。Weiss 等（1994）给出了利用距离测量来定位的方法。地图匹配（map matching）的思想——特别是对局部占用栅格地图与全局环境地图的比较——归功于 Moravec（1988)。Thrun（1993）描述了基于这个思想的梯度下降定位器，并且首次应用到 1992 年 AAAI 竞赛上（Simmons 等，1992)。Schiele 和 Crowley（1994）系统地比较了不同的策略，并基于占用栅格地图和超声波传感器跟踪机器人的位置。他们发现，局部占用栅格地图与全局栅格地图的匹配产生了相似的定位性能，好像这个匹配是基于从这两个地图抽取的特征。Shaffer 等（1992）比较了地图匹配和基于特征技术的鲁棒性，发现两者结合能产生最好的实验结果。Yamauchi 和 Langley（1997）发现了地图匹配与环境的变化的鲁棒性。机器人定位使用扫描匹配（scan matching）的思想可以追溯到 Lu 和 Milios（1994)、Gutmann 和 Schlegel（1996)、Lu 和 Milios（1998)，虽然其基本原理在其他领域已经十分流行（Besl 和 McKay，1992)。相似的技术由 Arras 和 Vestli（1998）提出，他们发现扫描匹配使得机器人可以足够精确地进行定位。Ortin 等（2004）发现使用相机数据和激光条纹增加了距离扫描匹配的鲁棒性。

Betke 和 Gurvits（1994）研究了几种不同的几何定位技术。术语“绑架机器人问题”可以追溯到 Engelson 和 McDermott（1992)。“马尔可夫定位”这个名字归功于 Engelson 和 McDermott（1995)，他们的定位器使用栅格来表示后验概率。然而，这个工作的智慧根源要追溯到 Nourbakhsh 等（1995)，他提出了移动机器人定位的“置信度”思想。尽管置信度更新规则不精确遵循概率定律，但是他们捕捉到了多假设估计的基本思想。Cox 和 Leonard（1994）所撰写的有创意的文章也通过动态地维护正在定位机器人的假设树提出了这个思想。Saffiotti（1997）提出了移动机器人定位的模糊逻辑，另外还有 Driankov 和 Saffiotti（2001)。

7.11 习题

1. 假设机器人装备了测量地标距离和方位的传感器；为简单起见，假设这个机器人也能感知地标身份（身份传感器是无噪声的)。用扩展卡尔曼滤波执行全局定位。当只看见一个地标时，后验通常用高斯近似得不好。然而，当在同一时间看见两个或多个地标时，后验通常可以用高斯很好地近似。

(a) 请解释为什么。

(b) 给定 k 个可辨认地标的 k 个距离和方位的同步测量值，在均匀初始先验情况下，设计一个计算高斯位姿估计的程序。应该从本书6.6节介绍的距离/方向测量模型开始。

2. 在这个问题中，这里试图为全局定位设计困难的（hard）环境。假设能用 n 个不相交的线段构成一个平面环境。环境里的自由空间受到限制；然而，地图里面可能存在已占用区域的孤岛。为了本习题，假设机器人装备了360个测距仪组成的环形阵列，而且这些测距仪永不出错。

(a) 在机器人置信函数里，全局定位机器人可能面对的不同模式的最大数目是多少？对 $n=3$，…，8，绘制最坏情况下环境的示例，与最大化模式数目的合理的置信度。

(b) 如果测距仪允许出错，分析会变化吗？具体来说，能否给出对 $n=4$ 的示例，合理模式的数目大于以前推导出的数目？给出这样一个环境，以及（错误的）距离扫描和后验。

3. 对一个简单的水下机器人，推导扩展卡尔曼滤波定位算法。该机器人在三维空间，并装备了完美的指南针（它总能知道自己的方向）。为简单起见，假设机器人根据设置的速率 $\dot{x}$，$\dot{y}$，$\dot{z}$，在所有3个笛卡尔坐标方向（x，y，z）上独立移动。它的运动噪声为高斯的，并且各方向相互独立。

机器人被许多信标灯塔包围，信标灯塔发射声学信号。每个信号的发射时间已知，并且机器人能根据每个信号确定发射信标灯塔的身份（因此不存在一致性问题）。机器人也知道所有信标灯塔的位置，并且给机器人精确时钟来测量每个信号的到达时间。然而，机器人无法感知接收到的信号是从哪个方向来的。

(a) 要求为这个机器人设计扩展卡尔曼滤波定位算法，包括运动和测量模型的数学推导和泰勒级数近似，还要包括最后扩展卡尔曼滤波算法的语句，假设一致性已知。

(b) 实现扩展卡尔曼滤波算法和环境仿真。研究扩展卡尔曼滤波定位器在这三种定位问题情况下的精度和失效模式：全局定位、位置跟踪和绑架机器人问题。

4. 考虑在以下6种栅格环境下的简化全局定位：在每种环境下，机器人被面朝北地随机放置。设计提出开环定位策略，包含一系列下面的命令：

行动L：向左转90°。

行动R：向右转90°。

行动M：向前移动直到撞到一个障碍物。

在这个策略结束时，机器人必须在一个可预测的位置。对每一个这样的环境，提供最短的动作序列（只有“M”个动作）。说明执行动作序列后机器人在何处。如果不存在这样的序列，解释为什么。

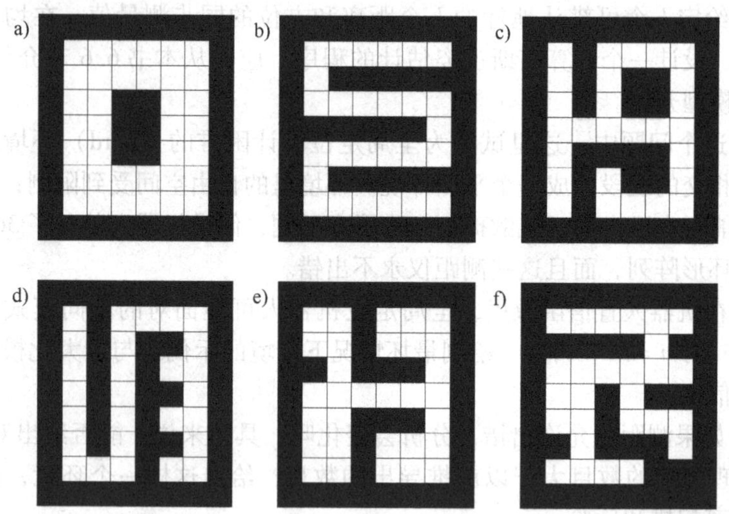

5. 在前面的习题里，现在假设机器人在执行“M”动作时，能感知它所走的步数。机器人确定它的位置的最短开环序列是什么？并解释这个答案。

注意，对于这个问题，可能发生机器人最后位置是它开始位置的函数，这里所要求的是机器人能定位它本身。

第 8 章　移动机器人定位：栅格与蒙特卡罗

8.1　介绍

本章描述两个能够解决全局定位问题的定位算法。这里讨论的算法与前面章节讨论的单峰高斯技术有以下一些不同：

- 它们能处理原始传感器测量值。没有必要从传感器值抽取特征。作为一个直接影响，它们也能处理负信息。
- 它们是非参数的。具体来说，它们不一定是单峰分布，与扩展卡尔曼滤波（EKF）定位的情况不同。
- 它们能解决全局定位和某些情况下的绑架机器人问题。扩展卡尔曼滤波算法不能解决这样的问题，尽管改进的多假设追踪（MHT）能解决全局定位问题。

这里提出的技术在许多野外机器人系统中已呈现出极佳的性能。

第一种方法称为栅格定位（grid localization）。它使用直方图滤波表示后验置信度。当在实现栅格定位时，有一些问题：对于细粒度栅格的简单实现，其需要的计算量可能使算法速度让人难以忍受的缓慢。具有粗粒度的栅格，离散化导致了附加的信息损失，会负面影响滤波。如果不能正确处理，甚至可能使滤波不能工作。

第二种方法是蒙特卡罗定位（MCL）算法，它大概是迄今为止最受欢迎的定位算法。它使用粒子滤波估计机器人位姿的后验。本章讨论了蒙特卡罗定位的一些缺点，并介绍了将其应用于绑架机器人问题和动态环境的技术。

8.2　栅格定位

8.2.1　基本算法

栅格定位（Grid localization）在整个位姿空间的栅格分解上使用直方图滤波（histogram filter）来近似后验。离散贝叶斯滤波已经在本书4.1节里广泛讨论过，并在本书程序4.1给出过。它维护一组离散概率值作为后验。

$$\mathrm{bel}(\boldsymbol{x}_t) = \{p_{k,t}\} \tag{8.1}$$

式中，每个概率 $p_{k,t}$定义在一个栅格单元 $\boldsymbol{x}_k$上。所有栅格单元的集合形成了所有合法位姿空间的一个划分形式。

$$\text{domain}(\boldsymbol{X}_t) = \boldsymbol{x}_{1,t} \cup \boldsymbol{x}_{2,t} \cup \ldots \boldsymbol{x}_{K,t} \tag{8.2}$$

在最基本的栅格定位版本中，所有位姿空间的划分是时不变的，并且每个栅格单元一样大。对 x 和 y，许多室内环境使用的一般粒度都是 15cm，旋转维度粒度为 5°。栅格单元表示越精细产生的结果就越好，但是这是以增加计算量为代价的。

栅格定位与其来源基本直方图滤波是大致相同的。程序 8.1 给出了最基本的实现的伪代码。它需要离散概率值 $\{p_{t-1,k}\}$、最新测量值、控制和地图作为输入。它的内部循环迭代访问所有栅格单元。第 3 行实现运动模型更新。第 4 行实现测量模型更新。在第 4 行，最后的概率通过归一化因子 η 进行归一化。函数 motion_model 和 measurement_model，可以分别通过本书第 5 章的任一运动模型和第 6 章的任一测量模型实现。程序 8.1 给出的算法假设每个单元拥有同样的体积。

1: **Algorithm Grid_localization**($\{p_{k,t-1}\}, u_t, z_t, m$):
2:     *for all k do*
3:         $\bar{p}_{k,t} = \sum_i p_{i,t-1}\ \textbf{motion\_model}(\text{mean}(\mathbf{x}_k), u_t, \text{mean}(\mathbf{x}_i))$
4:         $p_{k,t} = \eta\ \bar{p}_{k,t}\ \textbf{measurement\_model}(z_t, \text{mean}(\mathbf{x}_k), m)$
5:     *endfor*
6:     *return* $\{p_{k,t}\}$

程序 8.1 栅格定位（离散贝叶斯滤波的一个变种；函数 motion_model 实现一个运动模型，函数 measurement_model 实现一个传感器模型，“mean”返回栅格单元 $\boldsymbol{x}_k$的质）

图 8.1 给出了一维走廊栅格定位的示例。除了离散的表示特性外，这个图形与通用贝叶斯滤波得到图形相同。如前所述，机器人出发时具有全局不确定性，由一个均匀直方图表示。随着它的感知，相应的栅格单元增加了它们的概率值。这个示例凸显了用栅格定位表示多模分布的能力。

8.2.2 栅格分辨率

栅格定位器的一个主要变量是栅格分辨率。表面上，这好像是一个较小的细节。然而，可适用的传感器模型类型、更新置信度牵涉的计算量及期望的结果类型全依赖栅格分辨率。

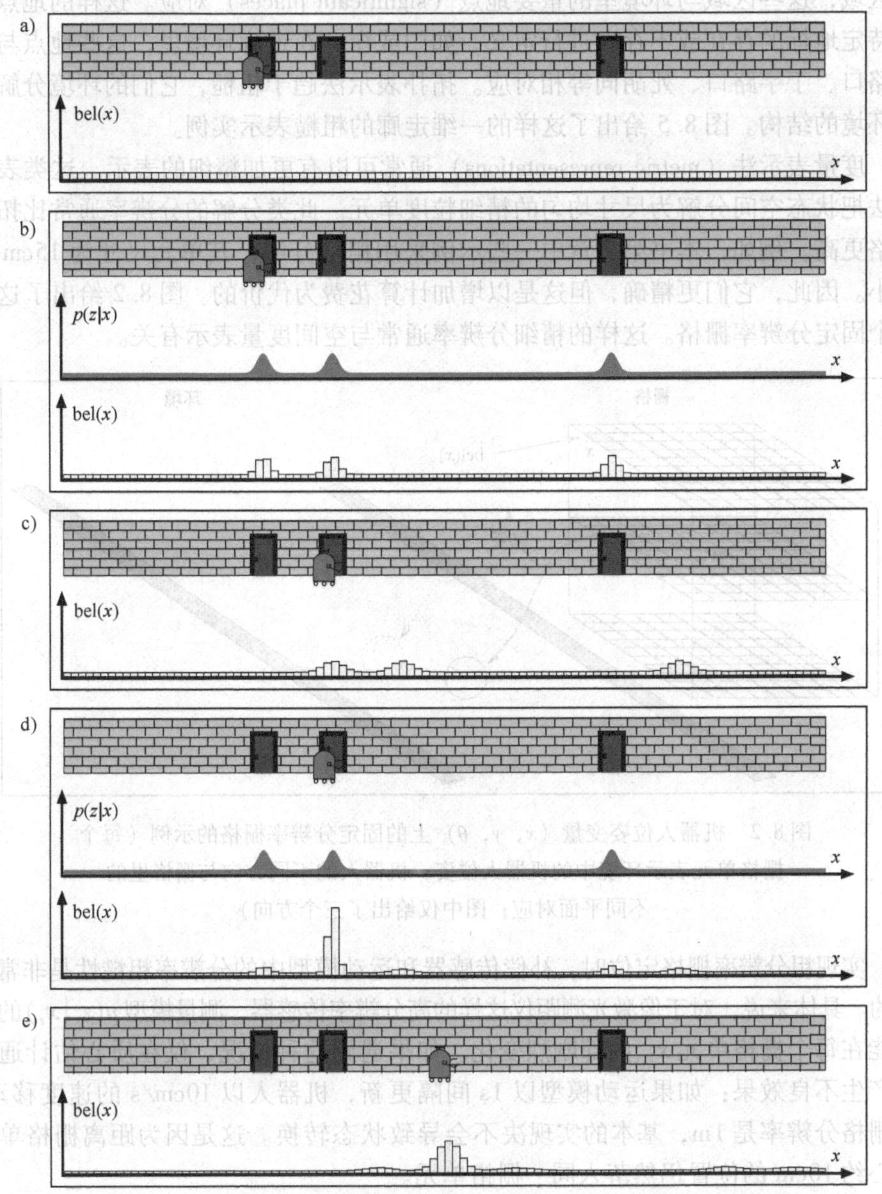

图 8.1　使用精细粒度度量分解的栅格定位（各图给出了走廊中机器人的位置和它的置信 bel(x_t)，置信用栅格上的直方图表示）

在极端情况下有两类表示，在野外机器人系统里这两类都成功实施过。

定义一个栅格的一种普通的方法为拓扑（topological）。由此产生的栅格非常粗糙，并且它们的分辨率受到环境结构的影响。拓扑表示法把所有位姿空间分解为区域，这些区域与环境里的重要地点（significant places）对应。这样的地点通过特定地标的存在或不存在进行定义，如门或窗。在走廊环境里，这些地点与十字路口、丁字路口、死胡同等相对应。拓扑表示法趋于粗糙，它们的环境分解依赖环境的结构。图 8. 5 给出了这样的一维走廊的粗糙表示实例。

度量表示法（metric representations）通常可以有更加精细的表示。这类表示方法把状态空间分解为尺寸均匀的精细粒度单元。此类分解的分辨率通常比拓扑栅格更高。例如，本书第 7 章中一些示例采用栅格分解，其单元尺寸为 15cm 或更小。因此，它们更精确，但这是以增加计算花费为代价的。图 8. 2 给出了这样一个固定分辨率栅格。这样的精细分辨率通常与空间度量表示有关。

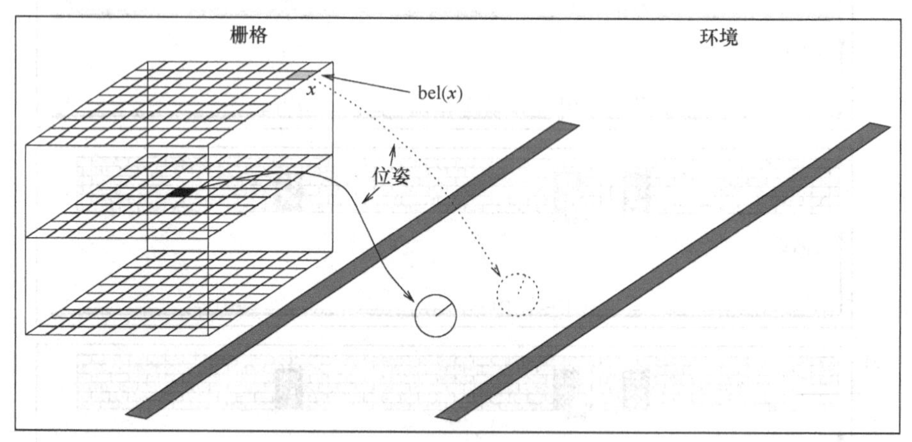

图 8. 2 机器人位姿变量（x，y，θ）上的固定分辨率栅格的示例（每个栅格单元表示环境中的机器人位姿；机器人的不同方向与栅格里的不同平面对应；图中仅给出了三个方向）

实现粗分辨率栅格定位时，补偿传感器和运动模型中的分辨率粗糙性是非常重要的。具体来说，对于像激光测距仪这样的高分辨率传感器，测量模型 $p(\boldsymbol{z}_t \mid \boldsymbol{x}_t)$ 的值可能在每个栅格单元 $\boldsymbol{x}_{k,t}$ 内部剧烈变化。如果遇到这种情况，仅在质心估计通常会产生不良效果：如果运动模型以 1s 间隔更新，机器人以 10cm/s 的速度移动，而栅格分辨率是 1m，基本的实现决不会导致状态转换。这是因为距离栅格单元质心约 10cm 的位置仍然落入同一栅格单元。

补偿这个影响的常用方法是通过扩大噪声量来改变测量和运动这两个模型。例如，测距仪模型的主要高斯测量圆锥的方差可以扩大为栅格单元直径的一半。这样做，新模型更平滑，并且它的解读不容易受到精确的采样点位置相对于正确的机器人位置的影响。然而，这样的更改了的测量模型，减少了从传感器测量提取的信息。

同样地，运动模型可以预测以某一概率向附近单元的随机过渡，该概率与运动弧长除以单元的半径成正比。该膨胀运动模型的结果确实能使机器人从一个单元移动到另一个单元，即使在两次相邻更新之间，它的运动相对于栅格单元的大小较小。然而，产生的后验概率是错的，这是因为在假设中了放置了不合理的大概率：机器人在每次运动更新时改变单元，因此与控制相比移动更快。

图 8.3 和图 8.4 给出了对两种不同测距传感器，栅格定位性能作为分辨率函数。正如预期的，定位误差随分辨率的降低而增加。栅格越粗糙，定位机器人需要的总时间随着越少，如图 8.4 所示。

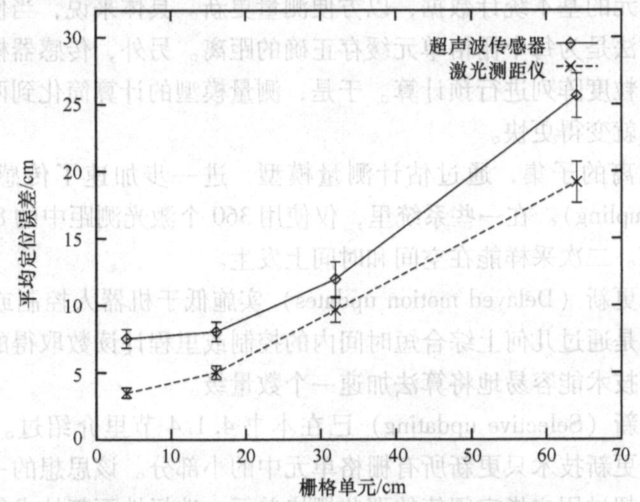

图 8.3　平均定位误差作为栅格单元大小的函数

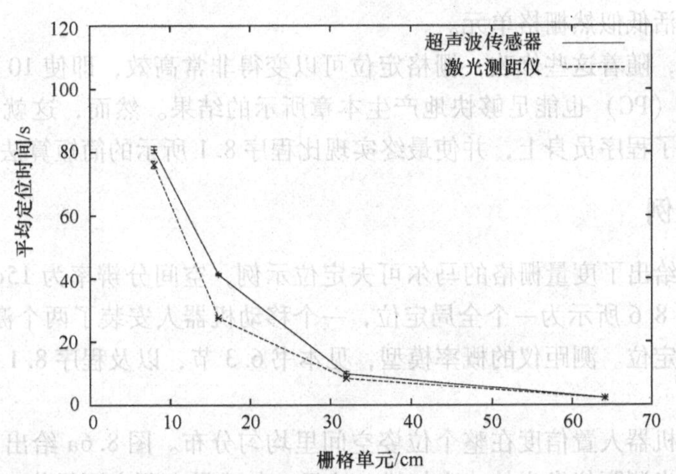

图 8.4　全局定位需要的平均 CPU 时间（该时间是栅格分辨率的函数）

8.2.3 计算开销

当使用一个精细粒度栅格时，如前面章节描述的度量栅格，基本算法不能实时执行。运动和测量更新都有差错。运动更新需要卷积，对三维栅格需要六维操作。测量更新是三维操作，但是计算全扫描的似然是个高代价的操作。

有些技术可以降低栅格定位的计算复杂度。模型预缓存（Model pre- caching）对解决某些测量模型计算代价高是有贡献的。例如，测量模型计算可能需要射线投射，对任意固定地图均可以预缓存。正如本书 6.3.4 节所述，普通的策略是计算每一栅格单元的基本统计数据，以方便测量更新。具体来说，当使用波束模型时，普通的方法是为每个栅格单元缓存正确的距离。另外，传感器模型能够为可能距离的精细粒度阵列进行预计算。于是，测量模型的计算简化到两个表格的查询，这样计算就变得更快。

对所有距离的子集，通过估计测量模型，进一步加速了传感器二次采样（Sensor subsampling）。在一些系统里，仅使用 360 个激光测距中的 8 个，仍能取得极好的结果。二次采样能在空间和时间上发生。

延时运动更新（Delayed motion updates）实施低于机器人控制或测量频率的运动更新。这是通过几何上综合短时间内的控制或里程计读数取得的。一个好的延时运动更新技术能容易地将算法加速一个数量级。

选择性更新（Selective updating）已在本书 4.1.4 节里介绍过。当更新栅格时，各选择性更新技术只更新所有栅格单元中的小部分。该思想的一般实现是只更新后验概率超过用户指定阈值的那些栅格单元。选择性更新技术能将更新置信度的计算工作量减少几个数量级。当试图将该方法应用到绑架机器人问题时，需特别注意激活低似然栅格单元。

事实上，随着这些修改，栅格定位可以变得非常高效，即使 10 年前，低端个人计算机（PC）也能足够快地产生本章所示的结果。然而，这就把额外修改的负担加在了程序员身上，并使最终实现比程序 8.1 所示的简短算法更复杂。

8.2.4 图例

图 8.6 给出了度量栅格的马尔可夫定位示例，空间分辨率为 15cm，角分辨率为 5°。图 8.6 所示为一个全局定位，一个移动机器人安装了两个激光测距仪，并从零开始定位。测距仪的概率模型，见本书 6.3 节，以及程序 8.1 给出的波束模型计算。

最初，机器人置信度在整个位姿空间里均匀分布。图 8.6a 给出了在机器人起始位置激光测距仪发生的一次扫描。这里，忽略最大距离测量值，并且地图相关部分为灰色。综合这次扫描之后，机器人位置聚集在（高度不对称）空间里

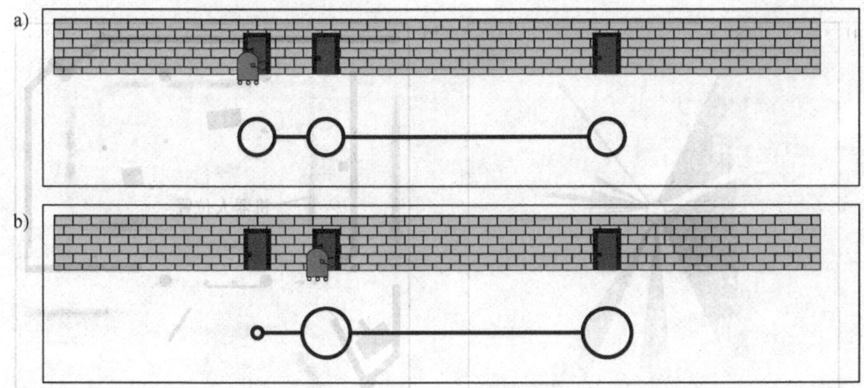

图 8.5　粗糙粒度的拓扑表示的移动机器人定位的应用（每个状态对应环境中独特的地点，本情况下是门；机器人在某一状态的置信度 $bel(\boldsymbol{x}_t)$ 用圆的大小表示；图 a 所示情况下所有位姿的初始置信是均匀的；图 b 所示情况为机器人完成了一次状态变换并探测一扇门时的置信度，这时候机器人仍处在左侧位置是不可能的）

的几个区域，如图 8.6b 所示的灰度。请注意，这里置信度投影到 x-y 空间，而真正的置信度是在三维上定义的，机器人方位 θ 就是第三维，在这里和下面的图形中省略了。图 8.6d 给出了机器人移动 2m 后并综合了图 8.6c 所示的第二次距离扫描后的置信度。此时，位置估计的确定性增加，并且全局置信度最大值已经与机器人的真实位置一致。将另一次扫描综合进置信度后，机器人最终感知的传感器扫描如图 8.6e 所示。实际上，所有概率质量都集中于实际机器人位姿（见图 8.6f）。直觉上，可以认为机器人已成功地定位了它自身。这个示例表明栅格定位能高效地全局定位机器人。

第二个示例如图 8.7 所示。这里环境是部分对称的，这就导致了在定位过程的对称模式。

当然，全局定位通常不是只需要几次传感器扫描就可以成功的。这是一个在对称环境里的特例，并且传感器精度低于激光传感器。图 8.8 ~8.10 给出了只安装了声呐传感器的移动机器人在拥有许多宽度近似相等的走廊的环境里的全局定位。图 8.8 所示为占用栅格地图。图 8.9a 给出了通过沿着其中一条走廊移动然后拐进另一条走廊而得到的数据集。图 8.9a 所示的每个测量波束对应一次声呐测量。在这个特定环境里，墙是光滑的，损坏了大部分声呐读数。此外，传感器读数的概率模型是基于波束的模型，这已在本书 6.3 节描述过。另外，图 8.9 给出了按时间顺序 3 个不同点的置信度，这 3 个点为图 8.9a 所示的点 A、B、C。移动大约 3m 后，这段时间里机器人综合了 5 个声呐扫描，置信度沿着尺寸相等的所有走廊几乎是均匀分布的，如图 8.9b 所示。几秒钟后，置信度集中于几个

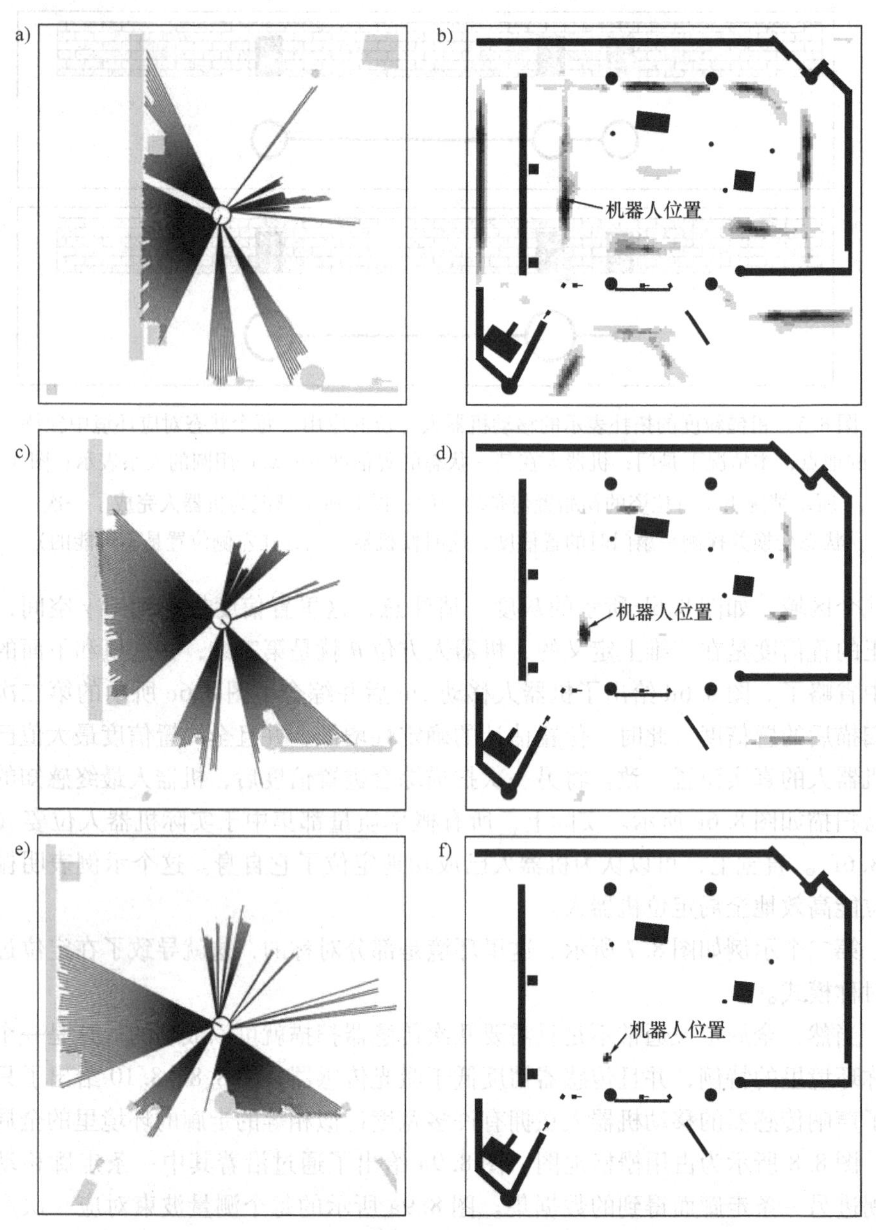

图 8.6 使用激光测距仪数据的地图全局定位

a）机器人的起始位置处的激光测距仪扫描（忽略最大距离读数） b）起初的均匀分布及整合了激光扫描后的情景 c）第二次扫描 d）第二次扫描产生的置信度 e）最后一次扫描 f）最后一次扫描产生的置信度（集中在了真实位置）

a) 机器人路径及参考位姿

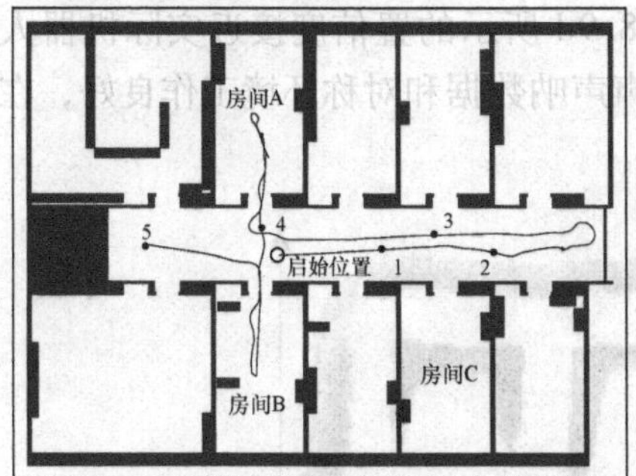

b) 经过参考位置1时的置信度

c) 经过参考位置2时的置信度

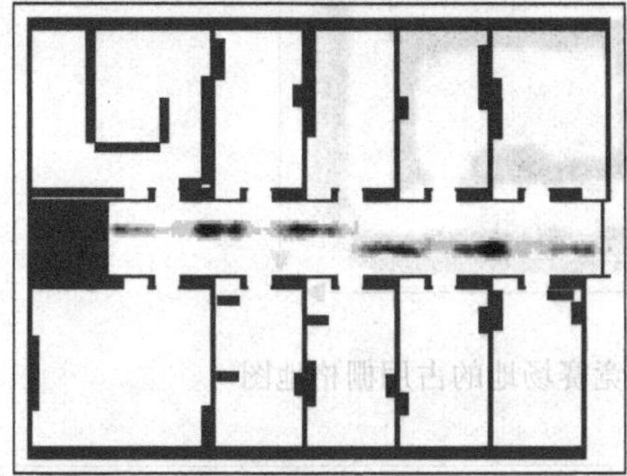

d) 经过参考位置3时的置信度

e) 经过参考位置4时的置信度

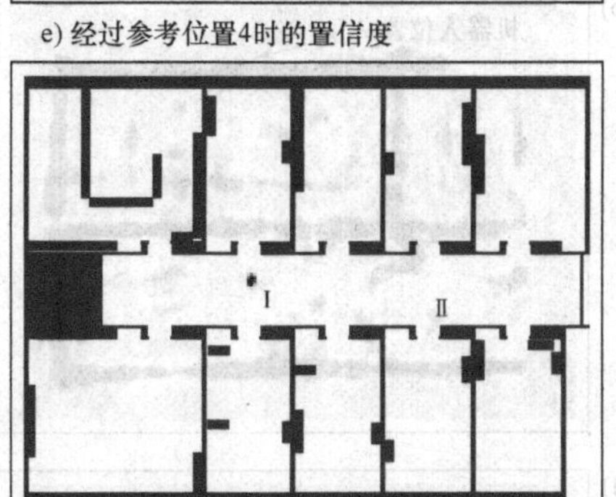

f) 经过参考位置5时的置信度

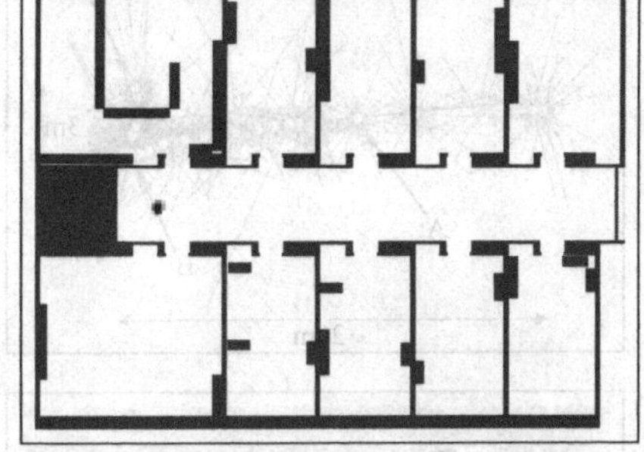

图 8.7　在办公室环境里使用声呐数据的全局定位［图 a 给出了机器人经过的路径；当机器人经过位置 1 时得到图 b 所示的置信度；图 c 中，机器人移动几米后，机器人知道它处在走廊里；图 d 中，当机器人到达位置 3，它已经使用声呐传感器扫描到走廊末端，于是分布集中于两个局部极大值上；位置Ⅰ的极大值代表机器人的真实位置，第二个极大值是由于走廊对称性引起的（位置Ⅱ旋转 180°对应位置Ⅰ）；移出房间 A 后，在正确位置Ⅰ的概率比在位置Ⅱ的概率高，如图 e 所示；最终机器人置信度集中于正确的位姿上，如图 f 所示］

不同的假设，如图 8.9c 所示。最后，当机器人转过拐角并到达点 C 时，传感器数据已足以唯一地确定机器人的位姿。图 8.9d 所示的置信度接近实际机器人位姿。这个示例说明了栅格表示法对于高噪声声呐数据和对称环境工作良好，在对称环境中必须在全局定位里维持多假设。

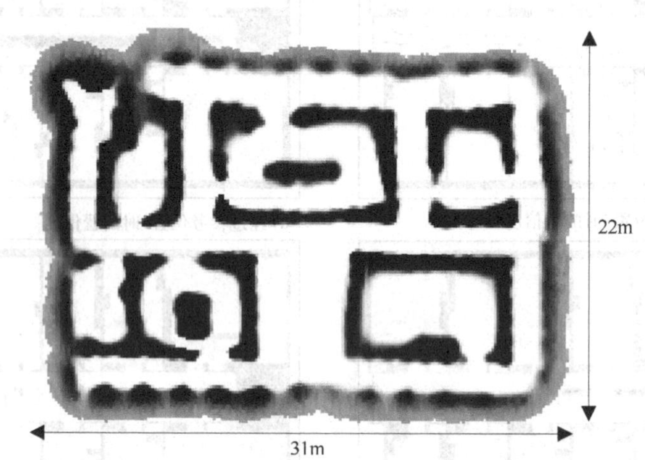

图 8.8　1994 AAAI 移动机器人竞赛场地的占用栅格地图

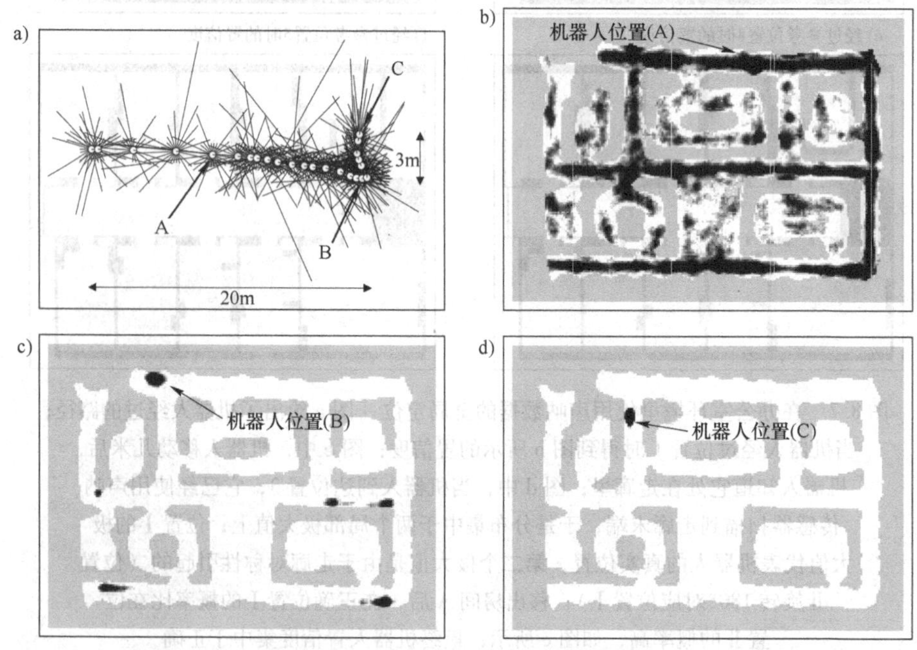

图 8.9　从图 8.8 所示的环境收集的数据集（里程计和声呐距离扫描；该数据集用于栅格定位足以实现全局定位；在 A、B、C 的置信度如图 b ~ d 所示）

如图 8.10 所示，栅格法能够通过匹配占用栅格地图和声呐数据来修正累积的航位推测误差。图 8.10a 给出了一个 240m 长的轨迹的原始里程计数据。显然，里程计的旋转误差迅速增加。在前行了只有 40m 后，方向上的累积误差（原始里程计）大约是 50°。图 8.10b 给出了用栅格定位估计的机器人路径。

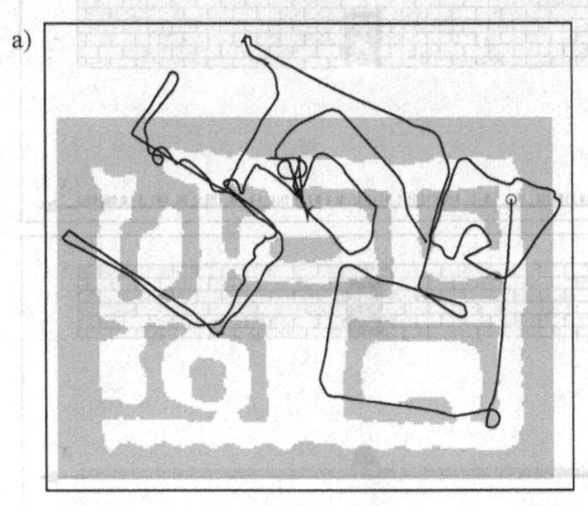
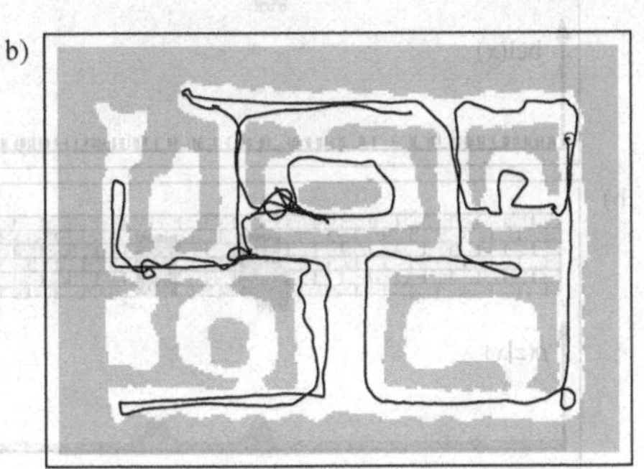

图 8.10　利用栅格法修正机器人路径

a）里程计信息机器人路径　b）修正的机器人路径

显然，离散表示法的分辨率对于栅格马尔可夫定位是一个关键参数。假设给定充足的计算和内存资源，精细粒度方法普遍优于粗糙粒度方法。具体来说，假设能够获得足够的计算时间和内存，精细粒度方法优于粗糙粒度方法。正如本书 2.4.4 节已经讨论过的一样，直方图表示法会产生系统误差，可能破坏贝叶斯滤波的马尔可夫假设。分辨率越精细，产生的误差就越小，结果就越好。精细粒度近似值常较少出现灾难性失效（catastrophic failures）问题，即机器人置信度与它的实际位置显著不同。

8.3　蒙特卡罗定位

现在把注意力转向一种用粒子表示置信度 $\mathrm{bel}(\boldsymbol{x}_t)$ 的流行的定位算法。该算法称为蒙特卡罗定位。与基于栅格的马尔可夫定位一样，蒙特卡罗定位适用于局部定位和全局定位两类问题。尽管它相对年轻，但蒙特卡罗定位已经成为机器人技术领域最流行的定位算法。它容易实现，并且对于大范围的局部定位问题工作良好。

8.3.1　图例

图 8.11 给出了蒙特卡罗定位使用一维走廊的示例。初始全局不确定性通过随机抽取的位姿粒子集合取得，均匀分布在整个位姿空间，如图 8.11a 所示。当

机器人感知到门时，蒙特卡罗定位为每个粒子分配重要性系数。产生的粒子集合如图 8.11b 所示。图中，每个粒子高度表示了它的重要性权重。请注意，这个粒子集合与图 8.11a 所示的相同，这一点很重要。被测量更新修改的只是重要性权重。

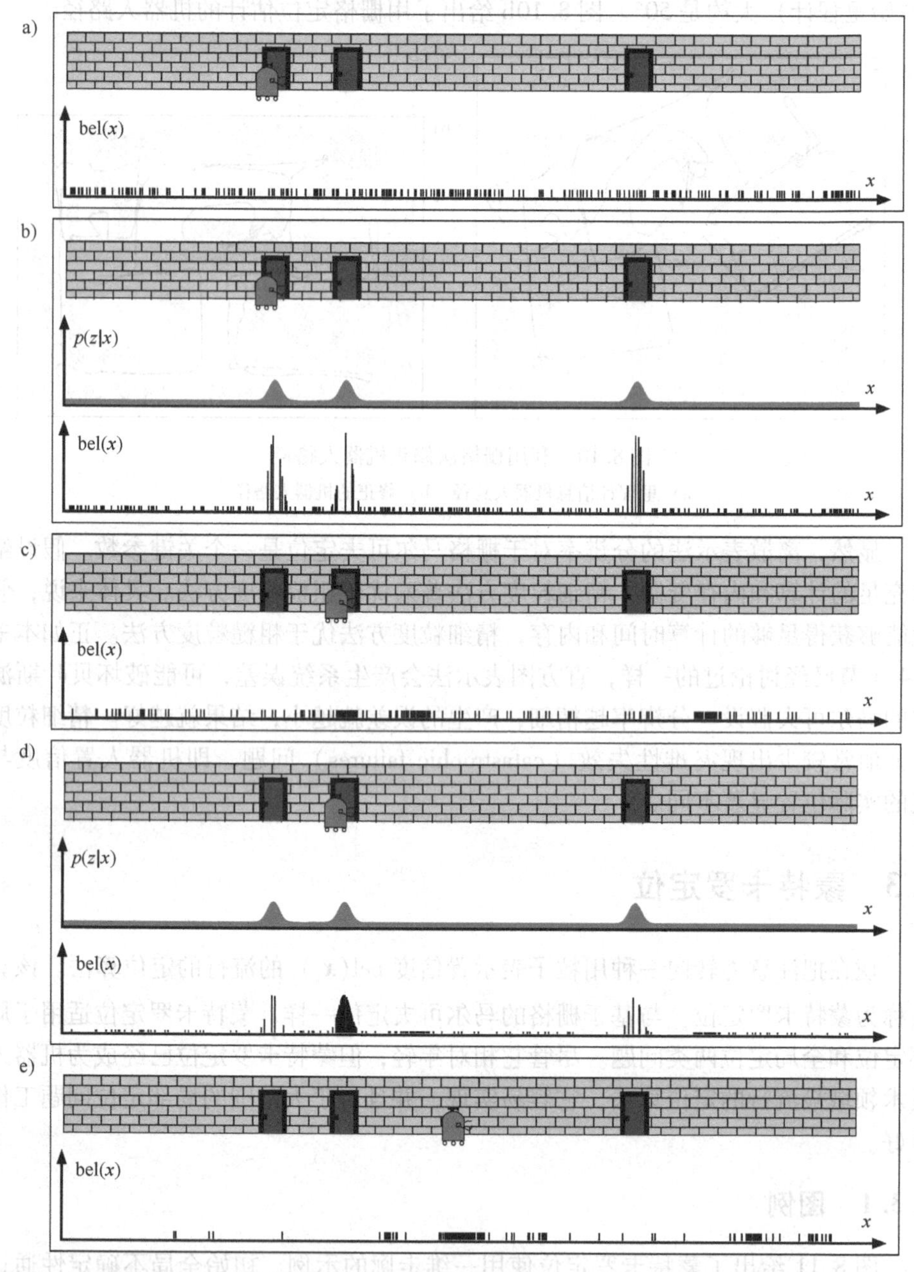

图 8.11　蒙特卡罗定位（应用于移动机器人定位的粒子滤波）

图 8.11c 给出了重采样并综合了机器人运动后的粒子集合。这导致了新的具有均匀重要性权重的粒子集合，但在 3 个可能的位置附近增加了粒子数。如图 8.11d 所示，新的测量分配了非均匀的重要性权重给粒子集合。这时候，大部分加重的概率质量集中在第二个门口，这也是最可能的位置。进一步的运动引起另一重采样步骤和根据运动模型产生新粒子集合的步骤（见图 8.11e）。从这个示例可以看出，粒子集合近似正确的后验，与使用精确贝叶斯滤波计算的相同。

8.3.2　蒙特卡罗定位算法

程序 8.2 给出了基本的蒙特卡罗定位算法，是通过把合适的概率运动和感知模型代入到 particle_filters 算法（见程序 4.3）中得到的。基本的蒙特卡罗定位算法用 M 个粒子的集合 $\mathcal{X}_t=\{\boldsymbol{x}_t^{[1]}, \boldsymbol{x}_t^{[2]}, \cdots, \boldsymbol{x}_t^{[M]}\}$ 表示置信度 $\mathrm{bel}(\boldsymbol{x}_t)$。程序 8.2 所示的第 4 行从运动模型采样，以当前置信度为起点使用粒子。测量模型应用于第 5 行以确定粒子的重要性权重。初始置信度 $\mathrm{bel}(\boldsymbol{x}_0)$ 从由先验分布 $p(\boldsymbol{x}_0)$ 随机产生的 M 个这样的粒子得到，并为每个粒子分配相同的重要性因子 M^{-1}。与栅格定位相同，函数 motion_model 和 measurement_model 可以分别通过本书第 5 章的任一运动模型和第 6 章的任一测量模型实现。

1: **Algorithm MCL**($\mathcal{X}_{t-1}, u_t, z_t, m$):
2: $\bar{\mathcal{X}}_t = \mathcal{X}_t = \emptyset$
3: *for* $m = 1$ *to* M *do*
4: $x_t^{[m]} =$ **sample_motion_model**$(u_t, x_{t-1}^{[m]})$
5: $w_t^{[m]} =$ **measurement_model**$(z_t, x_t^{[m]}, m)$
6: $\bar{\mathcal{X}}_t = \bar{\mathcal{X}}_t + \langle x_t^{[m]}, w_t^{[m]} \rangle$
7: *endfor*
8: *for* $m = 1$ *to* M *do*
9: *draw* i *with probability* $\propto w_t^{[i]}$
10: *add* $x_t^{[i]}$ *to* $\mathcal{X}_t$
11: *endfor*
12: *return* $\mathcal{X}_t$

程序 8.2　蒙特卡罗定位蒙特卡罗算法（基于粒子滤波的定位算法）

8.3.3　物理实现

对于本书第 7 章的基于地标的定位情境，实现蒙特卡罗定位算法很简单。为了做到，程序 8.2 所示第 4 行的采样过程使用程序 5.3 给出的 sample_motion_model_velocity 算法来实现。程序 6.4 给出的 landmark_model_known_correspondece 算法提供了第 5 行所要使用的似然模型，来权衡预测的采样。

图 8.12 给出了该版本的蒙特卡罗定位示例，情境与图 7.15 所示的完全相同。为了方便，这里再一次给出机器人路径和测量图。图 8.12c 给出了一系列由蒙特卡罗定位算法产生的采样集合。图中，实线表示机器人的真实路径，点虚线表示基于控制信息的路径，线虚线表示用蒙特卡罗定位算法估计的平均路径；在不同时间点的预测采样集合 $\overline{\mathcal{X}}_t$ 用深灰色区域表示，重采样后的采样 $\mathcal{X}_t$ 用浅灰色区域表示。每个粒子集都定义在三维位姿空间上，尽管图中每个粒子仅用 x 和 y 坐标表示出来。从这个集合里提取均值和协方差如图 8.12b 所示。

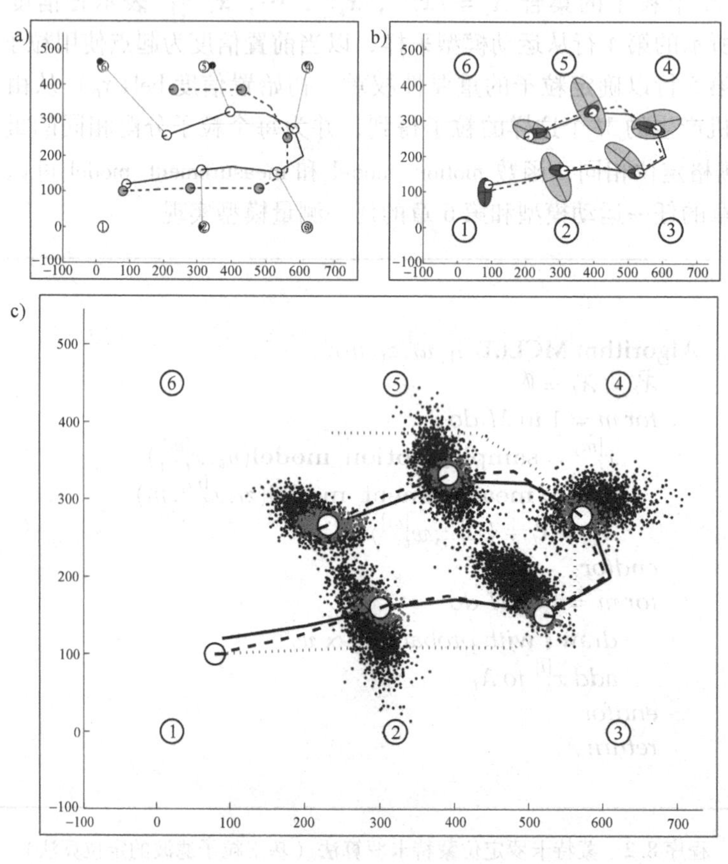

图 8.12　基于地标定位的蒙特卡罗定位示例

a）根据运动控制的机器人轨迹（虚线）和产生的真实轨迹（实线）（地标检测用细线表示）

b）重采样前后采样集合的协方差　c）重采样前后的采样集合

图 8.13 给出了在一个真实的办公室环境中应用蒙特卡罗定位的示例，机器人安装了声呐测距阵列。蒙特卡罗定位算法的这个版本使用本书程序 6.1 给出的 beam_range_finder_model 算法计算测量似然。图 8.13 给出了机器人分别移动 5m、8m 和 55m 后的粒子集合。第三个示例如图 8.14 所示，使用了一台指向天花板的相机和一个测量模型。该测量模型将图像中心的白度与以前获得的天花板地图联系起来。

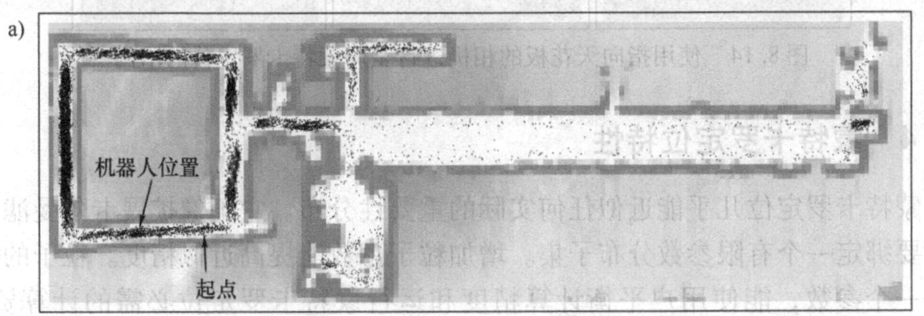

图 8.13　办公环境中蒙特卡罗定位示例（机器人运行在大小为 54m × 18m 的办公环境中；移动图 a 所示 5m 后，机器人位置仍全局不确定，粒子分布在自由空间的大部分区域；即使机器人到达了图 b 所示的地图左上角，它的置信度仍然集中在 4 个可能的位置；最后，移动图 c 所示大约 55m 后，机器人自身位置的模糊性问题才得到解决，并知道了机器人自身处在何位置；所有计算由低端计算机实时完成）

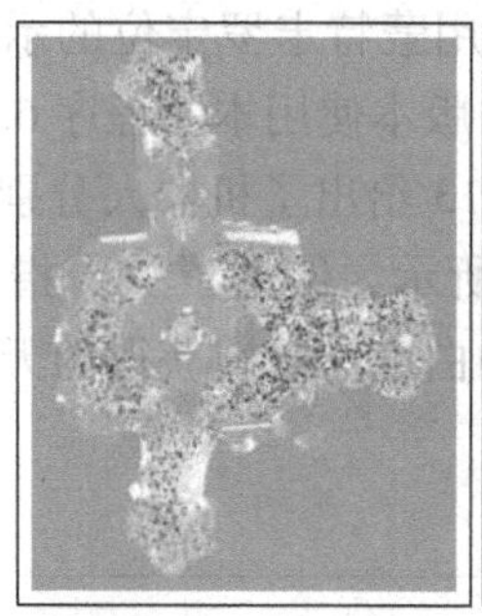 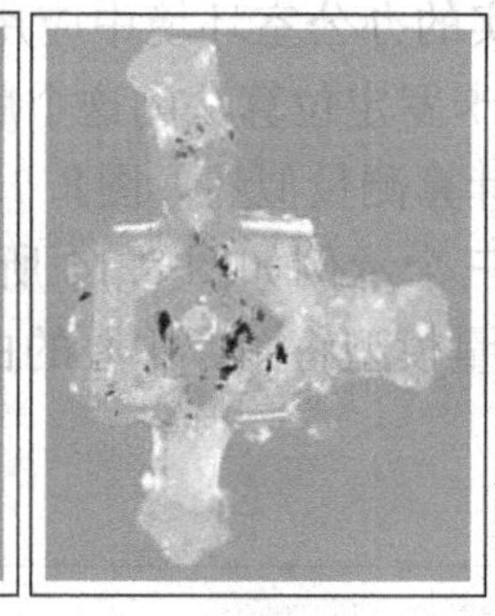 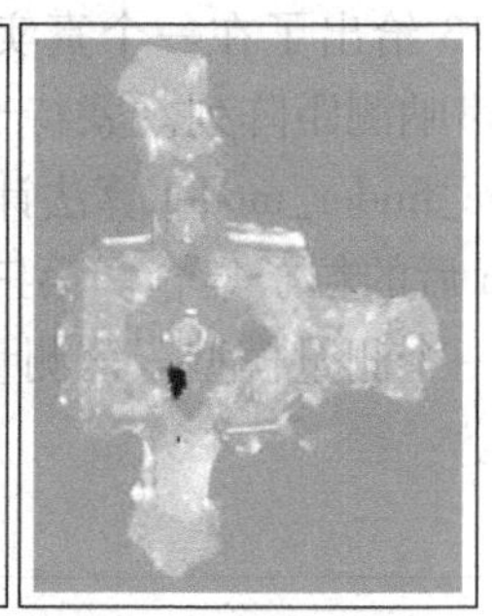

图 8.14 使用指向天花板的相机进行全局蒙特卡罗定位的示例

8.3.4 蒙特卡罗定位特性

蒙特卡罗定位几乎能近似任何实际的重要性分布。它不像扩展卡尔曼滤波定位需要绑定一个有限参数分布子集。增加粒子总数能提高近似精度。粒子的数目 M 是一个参数，能使用户平衡计算精度和运行蒙特卡罗定位必需的计算资源。设置 M 的普通策略是保持采样，直到得到下一对 $\boldsymbol{u}_t$ 和 $\boldsymbol{z}_t$。用这种方法，具体的实现方法要与计算资源相适应：底层处理器处理得越快，定位算法就表现得越好。然而，本章 8.3.7 节将说明应保证粒子数足够多以避免滤波发散。

蒙特卡罗定位的最后一个优点涉及近似的非参数特性。正如示例能表明的，蒙特卡罗定位能够表示复杂多模概率分布，并能与集中的高斯式分布无缝融合。

8.3.5 随机粒子蒙特卡罗定位：失效恢复

蒙特卡罗定位以目前的形式能解决全局定位问题，但是不能从机器人绑架中或全局定位失效中恢复。从图 8.13 所示的结果可明显发现，获取位置的同时不在最可能位姿处的粒子会逐渐消失。在某个时候，只有单一位姿的粒子能够“幸存”，如果这个位姿碰巧是错误的，算法不能恢复。

这个问题是有意义的。实际上，任何随机算法，如蒙特卡罗定位算法，在重采样步骤中可能意外地丢弃所有正确位姿附近的粒子。当粒子数很小（如 $M=50$）。并且，当粒子扩散到整个比较大的体积（如全局定位过程）时，这个问题就显得特别重要。

幸运的是，这个问题能通过相当简单的探索算法解决。这种探索算法的思想是，增加随机粒子到粒子集合，如同本书 4.3.4 节讨论的一样。通过假设机器人可能以小概率遭到绑架，这样随机粒子注入（injection of random particles）从数学上看是合乎情理的，从而在运动模型中产生一些随机状态。即使机器人不被绑架，随机粒子也提升了额外的鲁棒性级别。

增加粒子的方法引起两个问题：首先，在每次算法迭代中，应该增加多少粒子；第二，从哪种分布产生这些粒子？一种方法可能是每次迭代增加固定数目的随机粒子。一个更好的想法是基于某些定位性能的评估增加粒子。

实现这个想法的一个方法是监控传感器测量的概率，即

$$p(\boldsymbol{z}_t \mid \boldsymbol{z}_{1:t-1}, \boldsymbol{u}_{1:t}, \boldsymbol{m}) \tag{8.3}$$

并将之与平均测量概率（很容易从数据得到）联系起来。在粒子滤波里，这个数量的近似容易根据重要性因子获得。因为，按照定义，重要性权重是这个概率的随机估计。其平均值为

$$\frac{1}{M}\sum_{m=1}^{M} w_t^{[m]} \approx p(\boldsymbol{z}_t \mid \boldsymbol{z}_{1:t-1}, \boldsymbol{u}_{1:t}, \boldsymbol{m}) \tag{8.4}$$

这接近上述的期望概率。在多个时间步上对这个估计求平均值来平滑它，通常是个好办法。除定位失效之外，为什么测量概率可能会较低的原因有多个。传感器噪声的量可能会高得不合理，或者粒子在全局定位阶段可能仍然分散。由于这些原因，维持测量似然的短期平均，并且在确定随机采样数时，将其与长期平均联系起来，是一个很好的想法。

确定使用哪种采样分布的第二个问题可以从两方面表述。可以根据均匀分布，在位姿空间产生粒子，用当前观测值加权这些粒子。

然而，对某些传感器模型，根据测量分布直接产生粒子是可能的。该种传感器模型的示例是在本书 6.6 节已讨论过的地标检查模型。在这种情况下，根据观察似然（见本书程序 6.5）的分布，附加粒子能够直接放置在相应的位置。

程序 8.3 给出了增加了随机粒子的蒙特卡罗定位算法的一个变种。这个算法是自适应的，因为它跟踪似然 $p(\boldsymbol{z}_t \mid \boldsymbol{z}_{1:t-1}, \boldsymbol{u}_{1:t}, \boldsymbol{m})$ 的短期和长期均值。它的第一部分与程序 8.2 所示的蒙特卡罗定位算法完全相同。利用运动模型从旧粒子采样获取新位姿（第 5 行），它们的重要性权重依据测量模型设置（第 6 行）。

程序 8.3 给出的 Augmented_MCL 算法的第 8 行计算了经验测量似然，并在第 10、11 行维持短期和长期似然平均。算法要求 $0 \leqslant \alpha_{\text{slow}} \ll \alpha_{\text{fast}}$。参数 α_{slow} 和 α_{fast} 分别为估计长期和短期平均的指数滤波器的衰减率。这个算法的关键在第 13 行，在重采样过程中，随机采样以以下概率增加：

$$\max\{0.0, 1.0 - w_{\text{fast}} / w_{\text{slow}}\} \tag{8.5}$$

否则，重采样以熟悉的方式进行。增加随机采样的概率要考虑短期和长期测量似然平均的散度。如果短期似然优于或等于长期似然，则不增加随机采样。然而，如果短期似然劣于长期似然，则按两值之比的比例来增加随机采样。用这种方法，测量似然的一个突然衰减引起随机采样的数目增加。指数平滑法抵消了因误解瞬时传感器噪声造成的定位结果不好带来的风险。

图 8.15 给出了实际的增强蒙特卡罗定位算法。图 8.15 给出了安装了彩色相

1: **Algorithm Augmented_MCL**($\mathcal{X}_{t-1}, u_t, z_t, m$):
2: static w_{slow}, w_{fast}
3: $\bar{\mathcal{X}}_t = \mathcal{X}_t = \emptyset$
4: *for* $m = 1$ *to* M *do*
5: $x_t^{[m]} =$ **sample_motion_model**$(u_t, x_{t-1}^{[m]})$
6: $w_t^{[m]} =$ **measurement_model**$(z_t, x_t^{[m]}, m)$
7: $\bar{\mathcal{X}}_t = \bar{\mathcal{X}}_t + \langle x_t^{[m]}, w_t^{[m]} \rangle$
8: $w_{\text{avg}} = w_{\text{avg}} + \frac{1}{M}\, w_t^{[m]}$
9: *endfor*
10: $w_{\text{slow}} = w_{\text{slow}} + \alpha_{\text{slow}}(w_{\text{avg}} - w_{\text{slow}})$
11: $w_{\text{fast}} = w_{\text{fast}} + \alpha_{\text{fast}}(w_{\text{avg}} - w_{\text{fast}})$
12: *for* $m = 1$ *to* M *do*
13: *with probability* $\max\{0.0,\ 1.0 - w_{\text{fast}}/w_{\text{slow}}\}$ *do*
14: *add random pose to* $\mathcal{X}_t$
15: *else*
16: *draw* $i \in \{1, \ldots, N\}$ *with probability* $\propto w_t^{[i]}$
17: *add* $x_t^{[i]}$ *to* $\mathcal{X}_t$
18: *endwith*
19: *endfor*
20: *return* $\mathcal{X}_t$

程序 8.3 增加随机采样的蒙特卡罗定位自适应变种（随机采样的数目由短期和长期传感器测量似然比较确定）

机的腿式机器人运行在 3m × 2m 的 RoboCup 足球比赛场地中进行全局定位和重定位过程的一系列粒子集。传感器测量对应放置在场地周边 6 个可视标记的检测和相对定位，如本书图 7.7 所示。用程序 6.4 给出的算法来确定检测似然。程序 8.3 所示的第 14 行用根据最新传感器测量值的采样算法进行了代替，这通过使用本书程序 6.5 给出的 sample_landmark_model_known_corrspondence 算法可很容易地实现。

图 8.15a ~ d 给出了全局定位。在进行第一次标记检测时，几乎所有粒子根据这个检测抽取，如图 8.15b 所示。该步骤对应测量概率的短期平均小于测量概率的长期平均的情况。多次检测之后，粒子紧紧环绕在真实的机器人位置周围，如图 8.15d 所示，并且短期和长期测量似然平均都增加。在这个定位阶段，机器人只是跟踪其位置，观察似然相当高，并且只偶尔增加小数量的随机粒子。

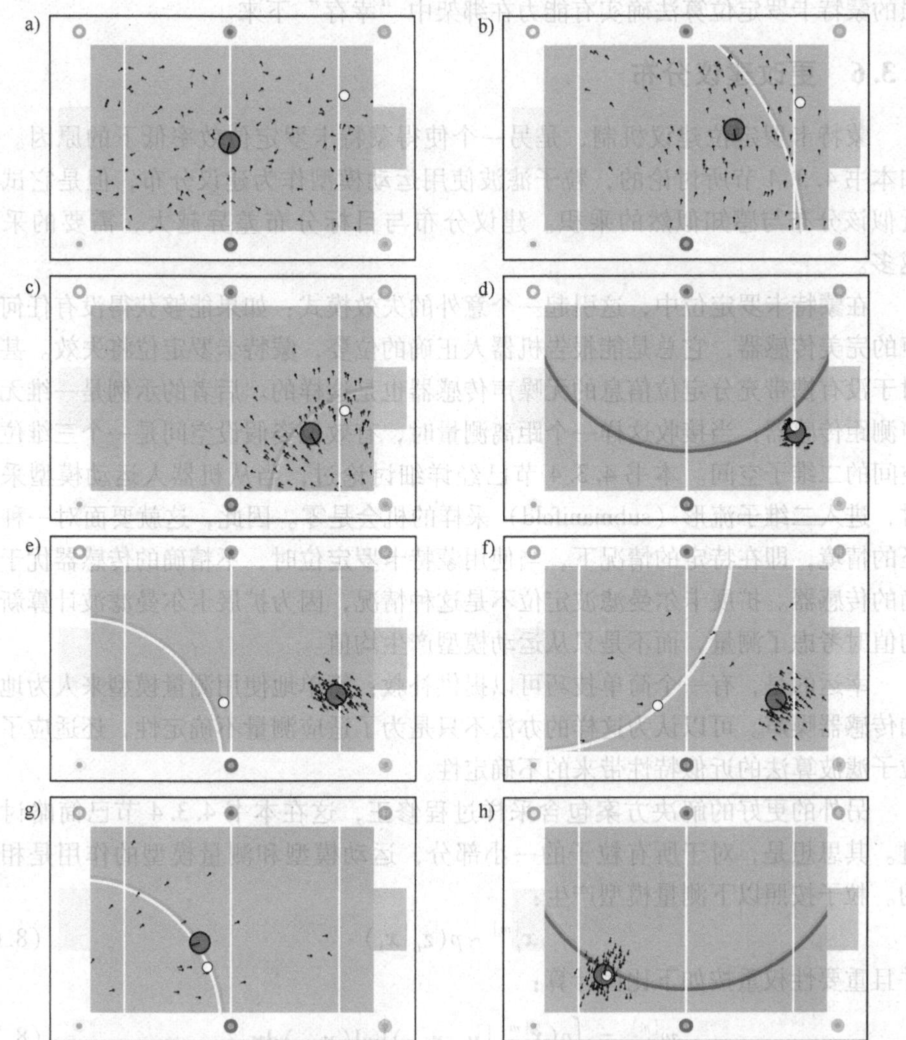

图 8.15　使用随机粒子的蒙特卡罗定位［各图给出了表示机器人位置估计的粒子集合（细线表示粒子的方向），大圆圈表示粒子均值，真实的机器人位置用小白圆圈表示；以被检测的标记为圆心的弧线给出了标记检测轨迹；图 a ~ d 所示为全局定位，图 e ~ h 所示为重定位］

当裁判把机器人放置在物理上的不同位置时（在机器人足球比赛活动中，这是个普通的事件），测量概率下降。在这个新的位置，第一次标记检测还没有触发任何附加粒子，因为平滑估计 w_{fast} 仍然很高（见图 8.15e）。在新位置进行了几次标记检测后，w_{fast} 比 w_{slow} 下降得快，并有更多的随机粒子被加进来（见图 8.15f、g）。最后，机器人成功重定位它自己，如图 8.15h 所示。这证明了增强的蒙特卡罗定位算法确实有能力在绑架中“幸存”下来。

8.3.6 更改建议分布

蒙特卡罗定位建议机制，是另一个使得蒙特卡罗定位效率低下的原因。正如本书4.3.4节所讨论的，粒子滤波使用运动模型作为建议分布，但是它试图近似该分布与感知似然的乘积。建议分布与目标分布差异越大，需要的采样越多。

在蒙特卡罗定位中，这引起一个意外的失效模式：如果能够获得没有任何噪声的完美传感器，它总是能报告机器人正确的位姿，蒙特卡罗定位将失效。甚至对于没有携带充分定位信息的无噪声传感器也是这样的。后者的示例是一维无噪声测距传感器：当接收这样一个距离测量时，有效位姿假设空间是一个三维位姿空间的二维子空间。本书4.3.4节已经详细讨论过，当从机器人运动模型采样时，进入二维子流形（submanifold）采样的机会是零。因此，这就要面对一种奇怪的情境，即在特定的情况下，当使用蒙特卡罗定位时，不精确的传感器优于精确的传感器。扩展卡尔曼滤波定位不是这种情况，因为扩展卡尔曼滤波计算新的均值时考虑了测量，而不是只从运动模型产生均值。

幸运的是，有一个简单技巧可以提供补救：简单地使用测量模型来人为地增加传感器噪声。可以认为这样的办法不只是为了适应测量不确定性，还适应了由粒子滤波算法的近似特性带来的不确定性。

另外的更好的解决方案包含采样过程修正，这在本书4.3.4节已简略讨论过。其思想是，对于所有粒子的一小部分，运动模型和测量模型的作用是相反的。粒子按照以下测量模型产生：

$$\boldsymbol{x}_t^{[m]} \sim p(\boldsymbol{z}_t \mid \boldsymbol{x}_t) \tag{8.6}$$

并且重要性权重按如下比例计算：

$$w_t^{[m]} = \int p(\boldsymbol{x}_t^{[m]} \mid \boldsymbol{u}_t, \boldsymbol{x}_{t-1})\,\mathrm{bel}(\boldsymbol{x}_{t-1})\,\mathrm{d}\boldsymbol{x}_{t-1} \tag{8.7}$$

这个新采样过程是对简单粒子滤波的一个合理替代。产生粒子时，由于完全忽略了历史，只用它将是低效的。然而，以这两个机制各产生一部分粒子，并将这两个粒子集融合，同样是合理的。产生的算法称为混合建议分布蒙特卡罗定位（MCL with mixture proposal distribution），或简称混合蒙特卡罗定位（mixture MCL）。实际上，通过新过程产生一部分粒子（如5%）就足够了。

不幸的是，这里的想法并不是没有挑战。两个主要步骤（从 $p(\boldsymbol{z}_t \mid \boldsymbol{x}_t)$ 采样和计算重要性权重 $w_t^{[m]}$）实现起来都很困难。从测量模型采样却很容易，如果它的逆拥有一个容易采样的闭式解。但情况通常不是这样的——想象从适合给定的激光测距扫描的整个位姿空间采样！计算重要性权重是很复杂的，要计

算式 (8.7) 中的积分。另外，还要注意一个事实，$\text{bel}(\boldsymbol{x}_{t-1})$ 本身是用粒子集来表示的。

在没有深入研究更多细节的情况下，会发现虽然这两步都能实现，但只能通过额外的近似完成。图 8.16 给出了蒙特卡罗定位、具有随机采样的扩展蒙特卡罗定位和混合蒙特卡罗定位，使用了两个真实环境数据集的对比结果。在这两种情况下，$p(z_t \mid \boldsymbol{x}_t)$ 都是机器人从数据中获得的，并使用密度树表示，不过详细的算法程序描述已超出了本书的范围。为计算重要性权重，用随机积分代替积分，先验置信度通过将每个粒子与窄高斯分布卷积持续到密度空间填充。抛开细节，这些结果说明了虽然混合的思路能产生较好的结果，但是实现起来有困难。

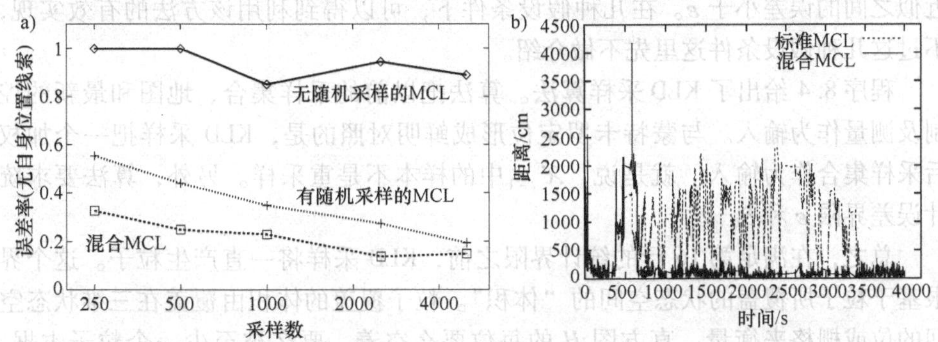

图 8.16　a) 简单蒙特卡罗定位曲线（上）、具有随机采样的蒙特卡罗定位曲线（中）、混合了建议分布的混合蒙特卡罗定位曲线（下）（误差率以机器人失去它自身位置线索的时间百分比衡量；数据是机器人在拥挤的博物馆中运行获得的，b）标准蒙特卡罗定位和混合蒙特卡罗定位（都使用了天花板地图定位，误差是时间的函数）

另外，还可以发现，混合蒙特卡罗定位对于绑架机器人问题提供了一个合理的解决方案。通过让种子启动粒子只使用最新测量，那么会在对于给定的瞬时传感器输入来说合理的位置不断产生粒子，并且不用考虑过去的测量值和控制。相关的参考文献也有充分的证据表明，这样的方法能很好地处理完全定位失效（图 8.16b 所示恰好是对普通蒙特卡罗定位的失效），因此在实际实现中能提供更好的鲁棒性。

8.3.7　库尔贝克-莱布勒散度采样：调节样本集合大小

对于粒子滤波器的效率来说，用于表示置信度的采样集的大小是一个重要的参数。到目前为止，仅讨论了使用固定大小样本集合的粒子滤波。不幸的是，为了避免由于蒙特卡罗定位采样消耗引起的发散，必须选择大样本集合，以便使移动机器人能够处理全局定位和位置跟踪问题。这可能是计算资源的浪费，如图 8.13 所示。在这个示例中，所有样本集合都包含 100000 个粒子。尽管在定位的早期阶段这样高的粒子数可能是精确表示置信度所必需的（见图 8.13a），但是一旦知道机器人在哪里，仅需要一小部分粒子就足以跟踪机器人的位置，这是很显然的，如图 8.13c 所示。

库尔贝克-莱布勒散度（Kullback-Leibler Divergence，KLD）采样是蒙特卡罗定位的一个变种，它能随时间改变粒子数。本书不介绍 KLD 采样的数学推导，只给出算法及一些实验结果。KLD 是指两个概率分布差的测度。KLD 采样的思想基础是基于采样的近似质量的统计界限来确定粒子数。具体来说，对于每次粒子滤波迭代，KLD 采样以概率 $1-\delta$ 确定样本数，使得真实的后验与基于采样的近似之间的误差小于 ε。在几种假设条件下，可以得到利用该方法的有效实现，不过这几种假设条件这里先不做介绍。

程序 8.4 给出了 KLD 采样算法。算法把以前的采样集合、地图和最新的控制及测量作为输入。与蒙特卡罗定位形成鲜明对照的是，KLD 采样把一个加权后采样集合作为输入。就是说，$\mathcal{X}_{t-1}$ 中的样本不是重采样。另外，算法要求统计误差界限 ε 和 δ。

总之，在满足第 16 行的统计界限之前，KLD 采样将一直产生粒子。这个界限基于粒子所覆盖的状态空间的“体积”。粒子覆盖的体积由覆盖在三维状态空间的位或栅格来衡量。直方图 H 的每位要么空着，要么被至少一个粒子占据。最初，每个位设为空（第 4 ~ 6 行）。在第 8 行，一个粒子是从以前样本集合提取出来的。基于这个粒子，一个新粒子被预测、加权，并且插入到新采样集合（第 9 ~ 11 行，就像蒙特卡罗定位那样）。

第 12 ~ 19 行实现了 KLD 采样的关键思想。如果新产生的粒子落入直方图的一个空位里，那么非空位数目 k 是增加的，并且该位被标记为非空。因此，k 是至少填充了一个粒子的直方图的位数。这个数目在第 16 行所确定的统计界限里扮演着决定性的角色。数量 M_χ 给出达到这个界限需要的粒子数。注意，第一，对于给定的 ε，M_χ 通常线性于非空位数 k；第二，当 k 增加时，可忽略非线性项。$z_{1-\delta}$ 基于参数 δ。它代表标准正态分布的上 $1-\delta$ 分位点。对典型值 δ，$z_{1-\delta}$ 的值在标准统计表里是现成的。

算法产生新粒子，直到粒子数 M 超过 M_χ 和使用者定义的最小值 $M_{\chi_{\min}}$。可以看出，阈值 M_χ 是 M 的活动目标。产生的样本数目 M 越大，直方图里非空位 k 越多，并且阈值 M_χ 就越高。

实际上，算法是否终止取决于下面几个原因。在采样早期，由于所有位都是空的，k 几乎随着每次新采样而增加。k 的增加导致阈值 M_χ 的增加。然而，经过一段时间以后，越来越多的位变为非空，并且 M_χ 只是偶尔增加。由于 M 随每次

Algorithm KLD_Sampling_MCL($\mathcal{X}_{t-1}, u_t, z_t, m, \varepsilon, \delta$):
　$\mathcal{X}_t = \emptyset$
　$M = 0,\ M_\chi = 0,\ k = 0$
　for all b *in* H *do*
　　$b =$ *empty*
　endfor
　do
　　draw i *with probability* $\propto w_{t-1}^{[i]}$
　　$x_t^{[M]} =$ **sample_motion_model**$(u_t, x_{t-1}^{[i]})$
　　$w_t^{[M]} =$ **measurement_model**$(z_t, x_t^{[M]}, m)$
　　$\mathcal{X}_t = \mathcal{X}_t + \langle x_t^{[M]}, w_t^{[M]} \rangle$
　　if $x_t^{[M]}$ *falls into empty bin* b *then*
　　　$k = k + 1$
　　　$b =$ *non-empty*
　　　if $k > 1$ *then*
　　　　$M_\chi := \frac{k-1}{2\varepsilon}\left\{1 - \frac{2}{9(k-1)} + \sqrt{\frac{2}{9(k-1)}}\, z_{1-\delta}\right\}^3$
　　endif
　　$M = M + 1$
　while $M < M_\chi$ *or* $M < M_{\chi_{min}}$
　return $\mathcal{X}_t$

程序 8.4　蒙特卡罗定位具有自适应样本集大小的 KLD 采样
（算法产生样本直到达到近似误差的统计界限）

新采样增加，M 将最终达到 M_χ，采样停止。究竟什么时候发生这种情况，要根据置信度来确定。粒子越分散，越多的空位被填满，并且阈值 M_χ 就越高。在跟踪过程中，KLD 采样产生的样本较少，因为粒子集中在少数的几个位里。应当注意到，直方图本身对粒子分布没有影响，它唯一的作用是衡量置信度的复杂度或体积。栅格在每次粒子滤波迭代的最后被丢弃。

图 8.17 给出了在一个典型的全局定位运行过程中使用 KLD 采样的采样集合的大小，还给出了使用机器人激光测距仪（实线）和超声波传感器（虚线）时的曲线。在这两种情况下，算法在全局定位的初始阶段要选择非常多的样本。一旦机器人被定位，粒子数下会降到较低水平（小于最初粒子数的 1%）。从全局定位到位置追踪的转换什么时候发生及速度有多快，依赖环境的类型和传感器的精度。在这个示例里，激光测距仪的较高精度被定位初期向较低（粒子数）水

平的转变反映出来。

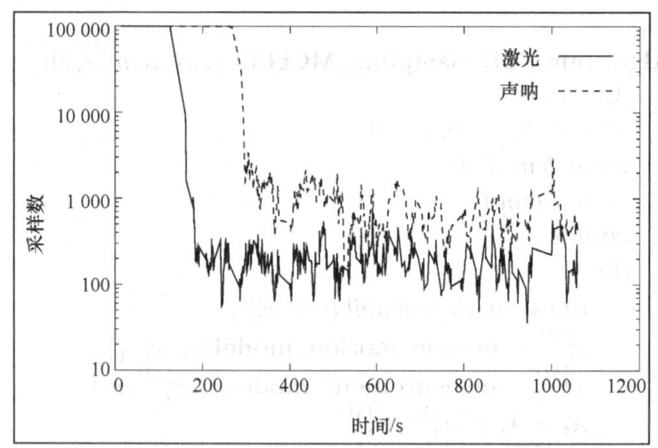

图 8.17 使用 KLD 采样的全局定位运行的样本数与时间的关系图（样本数以对数标尺表示；实线表示使用机器人激光测距仪时的样本数，虚线基于声呐传感器的数据）

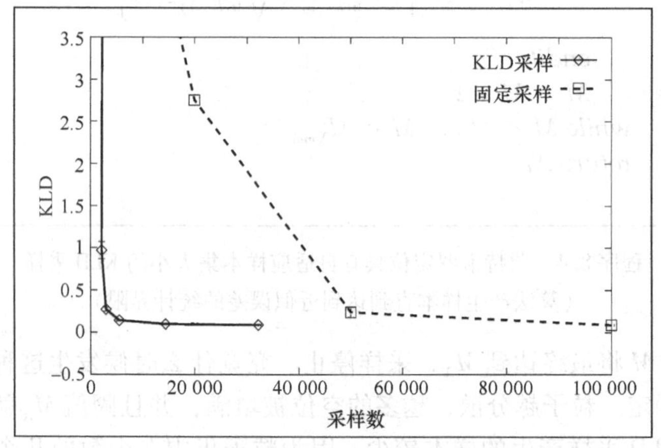

图 8.18 KLD 采样与固定采样集合大小的蒙特卡罗定位比较（x 轴表示平均采样集合大小，y 轴表示参考置信度与通过两种方法产生的样本集之间的库尔贝克-莱布勒距离）

图 8.18 给出了 KLD 采样和具有固定采样集合的蒙特卡罗定位的近似误差的比较。近似误差用根据不同数量的采样生成的置信度（采样集）和"最优"置信度的库尔贝克-莱布勒距离衡量。这些"最优"置信度通过运行蒙特卡罗定位，由大小为 200 000 的样本集产生，其数目远远大于实际位置估计所需要的数目。正如预期的，两种方法使用的样本越多，近似误差就越小。虚线所示为蒙特

卡罗定位使用不同大小的采样集合时得到的结果。可以看出，收敛到库尔贝克-莱布勒距离 0.25 以内，固定方法需要大约 50 000 个样本。较大的误差通常意味着粒子滤波发散，并且不能定位机器人。实线所示为使用 KLD 采样时的结果。这里采样集合的大小是整个全局定位运行的平均水平。不同数据点是通过在 0.4 ~ 0.015 改变误差界限 ε 得到的，从左到右逐渐降低。平均仅使用 3 000 个样本，KLD 采样就能收敛到小误差水平。如图 8.18 所示，KLD 采样不能保证精确地跟踪最优置信度。由于太宽的误差界限，实线最左边的数据点表明 KLD 采样发散。

KLD 采样能被任意粒子滤波使用，而不仅是蒙特卡罗定位。直方图可以作为固定多维栅格的实现，也可以更简洁地作为树结构的实现。在机器人定位情境下，KLD 采样一直优于具有固定样本集合大小的蒙特卡罗定位。这个技术的优点对全局定位和跟踪相结合的问题意义重大。实际上，误差界限值 $1-\delta$ 约为 0.99，ε 约为 0.05，直方图位的大小为 50cm × 50cm × 15°，就能取得良好的结果。

8.4　动态环境下的定位

迄今为止讨论的所有定位算法的一个关键的限制，来自静态环境假设，或马尔可夫假设。最有趣的环境是有人的环境，因此表现为没有被状态 $\boldsymbol{x}_t$ 建模的动态。在一定程度上，概率方法对于这样未建模的动态环境是鲁棒的，因为它们具有适应传感器噪声的能力。然而，像前面提到的，概率滤波框架能够容纳的传感器噪声必须是在各时间步间相互独立的，而未建模的动态引起的对传感器测量值的影响会覆盖多个时间步。当它成为主要影响时，依赖静态环境假设的概率定位算法可能失效。

图 8.19 给出了这种失效情况的一个很好的示例。这个示例涉及一个移动导游机器人，它需要在挤满了人的博物馆里导航。人们的位置、速度和意图等

a)

b)

图 8.19　德国波恩博物馆里的移动机器人 “Rhino”（常被几十人围观）

相对于定位算法都是隐藏状态的，这对于迄今为止讨论过的算法都未曾涉及过。为什么这是个棘手的问题呢？想象人们排成一行堵在机器人的路上，这就等于机器人面对一堵墙。随着传感器的逐次测量，机器人增加它正挨着墙的置信度。既然信息被看做是独立的，机器人最终将给靠近墙壁的位姿分配高似然度。对于独立传感器噪声，也可能会被认为是这样靠近墙壁的位姿，但是其似然度非常低。

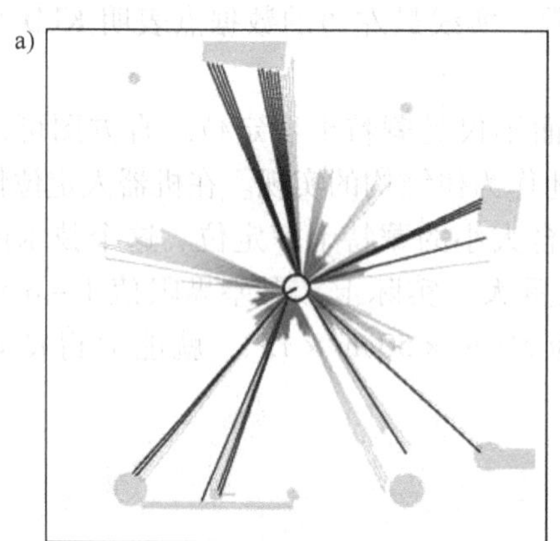

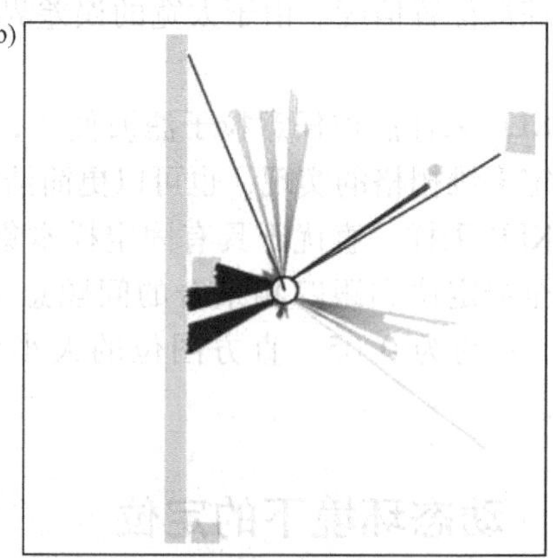

图 8.20　人们围绕机器人时的扫描图（激光测距扫描经常被严重地破坏；在这样的环境下，机器人如何维持精确定位呢?）

处理动态环境有两种基本技术：第一种技术，状态增广技术（state augmentation），将隐藏状态包含进由滤波器估计的状态；另一种技术，异常值去除技术（outlier rejection），会预处理传感器测量值以去除受隐藏状态影响的测量值。前一种技术在数学上更通用，因为它不仅估计机器人的位姿，还定义滤波的同时估计人们的位置、速度等。事实上，后面将讨论这样的方法，作为移动机器人地图构建算法的扩展。

估计隐藏状态变量的主要缺点在于它的计算复杂性：不是估计 3 个变量，而是机器人必须在更大变量数上计算后验概率。事实上，变量个数本身就是变量，因为人数可能随时变化。因此，算法实质上比迄今为止讨论过的定位算法更复杂。

另一种技术，异常值去除技术，在某些特定的情况下工作良好，包括人的出现可能影响测距仪或（在较小程度上）影响相机图像的情况。对于本书 6.3 节的基于波束的测距仪模型，作者开发了该技术。

该技术的思想是研究引起传感器测量动作的原因，并去除可能受到未建模动态环境影响的测量动作。迄今为止讨论过的传感器模型，都专注于产生测量值的不同方法。如果设法将特定的方法与不希望的动态影响（如人们）的出现联系起来，那么需要做的只是丢弃那些由未建模实体引起的高似然测量值。

这个思想非常普通，事实上，其数学实质与本书 6.3 节中期望值极大化（EM）学习算法（learning algorithm）相同，但是应用于在线模式。本书 6.3 节的式（6.12）将基于波束的测距仪测量模型定义为以下四项的混合：

$$p(z_t^k \mid x_t, m) = \begin{pmatrix} z_{\text{hit}} \\ z_{\text{short}} \\ z_{\max} \\ z_{\text{rand}} \end{pmatrix}^{\mathrm{T}} + \begin{pmatrix} p_{\text{hit}}(z_t^k \mid x_t, m) \\ p_{\text{short}}(z_t^k \mid x_t, m) \\ p_{\max}(z_t^k \mid x_t, m) \\ p_{\text{rand}}(z_t^k \mid x_t, m) \end{pmatrix} \tag{8.8}$$

像在模型推导中清楚地表明的那样，其中的一项，即涉及 z_{short} 和 p_{short} 的那一项，对应的是非预期的物体。为计算对应非预期物体的测量 z_t^k 的概率，必须引入新的一致性变量 $\bar{c}_t^k$，来代表 {hit，short，max，rand} 中四个值的一个。

距离测量 z_t^k 与一个“短（short）”读数相对应的后验概率（见本书 6.3 节有关非预期的障碍的内容），可以通过贝叶斯准则和后续的丢弃不相关的条件变量来获得：

$$\begin{aligned} & p(\bar{c}_t^k = \text{short} \mid z_t^k, z_{1:t-1}, u_{1:t}, m) \\ &= \frac{p(z_t^k \mid \bar{c}_t^k = \text{short}, z_{1:t-1}, u_{1:t}, m)\, p(\bar{c}_t^k = \text{short} \mid z_{1:t-1}, u_{1:t}, m)}{\sum_c p(z_t^k \mid \bar{c}_t^k = c, z_{1:t-1}, u_{1:t}, m)\, p(\bar{c}_t^k = c \mid z_{1:t-1}, u_{1:t}, m)} \\ &= \frac{p(z_t^k \mid \bar{c}_t^k = \text{short}, z_{1:t-1}, u_{1:t}, m)\, p(\bar{c}_t^k = \text{short})}{\sum_c p(z_t^k \mid \bar{c}_t^k = c, z_{1:t-1}, u_{1:t}, m)\, p(\bar{c}_t^k = c)} \end{aligned} \tag{8.9}$$

分母里的变量 c 为四个值 {hit，short，max，rand} 中的任意一个。使用式（8.8）的符号，对 c 的四个值，先验概率 $p(\bar{c}_t^k = c)$ 由变量 z_{short}、z_{hit}、$z_{\max}$、z_{rand} 给出。式（8.9）的剩余概率对 x_t 积分为

$$\begin{aligned} & p(z_t^k \mid \bar{c}_t^k = c, z_{1:t-1}, u_{1:t}, m) \\ &= \int p(z_t^k \mid x_t, \bar{c}_t^k = c, z_{1:t-1}, u_{1:t}, m)\, p(x_t \mid \bar{c}_t^k = c, z_{1:t-1}, u_{1:t}, m)\, \mathrm{d}x_t \\ &= \int p(z_t^k \mid x_t, \bar{c}_t^k = c, m)\, p(x_t \mid z_{1:t-1}, u_{1:t}, m)\, \mathrm{d}x_t \\ &= \int p(z_t^k \mid x_t, \bar{c}_t^k = c, m)\, \overline{\text{bel}}(x_t)\, \mathrm{d}x_t \end{aligned} \tag{8.10}$$

如同本书 6.3 节将 $p(z_t^k \mid x_t, \bar{c}_t^k = c, m)$ 的概率写为 p_{hit}、p_{short}、$p_{\max}$、p_{rand}。这样就给出了式（8.9）期望概率的表达式：

$$p(\bar{c}_t^k = \text{short} \mid z_t^k, z_{1:t-1}, u_{1:t}, m) = \frac{\int p_{\text{short}}(z_t^k \mid x_t, m)\, z_{\text{short}}\, \overline{\text{bel}}x_t)\, \mathrm{d}x_t}{\int \sum_c p_c(z_t^k \mid x_t, m)\, z_c\, \overline{\text{bel}}(x_t)\, \mathrm{d}x_t} \tag{8.11}$$

一般来说，式（8.11）积分不具有闭式解。为评估它们，在状态 $\boldsymbol{x}_t$ 上，后验 $\overline{\mathrm{bel}}(\boldsymbol{x}_t)$ 的代表性样本足以近似它们。那些采样可能是栅格定位中的高似然栅格单元，或者蒙特卡罗定位算法里的粒子。如果测量是由非预期障碍所导致的概率超过了用户选择的阈值 $\mathcal{X}$，那么该测量被去除。

Algorithm test_range_measurement($z_t^k, \bar{\mathcal{X}}_t, m$):
　$p = q = 0$
　for $m = 1$ *to* M *do*
　　$p = p + z_{\mathrm{short}} \cdot p_{\mathrm{short}}(z_t^k \mid x_t^{[m]}, m)$
　　$q = q + z_{\mathrm{hit}} \cdot p_{\mathrm{hit}}(z_t^k \mid x_t^{[m]}, m) + z_{\mathrm{short}} \cdot p_{\mathrm{short}}(z_t^k \mid x_t^{[m]}, m)$
　　　$+ z_{\mathrm{max}} \cdot p_{\mathrm{max}}(z_t^k \mid x_t^{[m]}, m) + z_{\mathrm{rand}} \cdot p_{\mathrm{rand}}(z_t^k \mid x_t^{[m]}, m)$
　endfor
　if $p/q \leq \chi$ *then*
　　return accept
　else
　　return reject
　endif

程序 8.5　动态环境里测试距离测量的算法

程序 8.5 给出了粒子滤波情境下该技术的实现。需要代表置信 $\overline{\mathrm{bel}}(\boldsymbol{x}_t)$ 的粒子集合 $\overline{\mathcal{X}}_t$、距离测量 z_t^k 和地图作为输入。如果测量值对应非预期物体的概率大于 $\mathcal{X}$，它返回“reject”（舍弃）；否则它返回“accept”（接收）。这个算法程序先于蒙特卡罗定位中的测量积分步骤。

图 8.21 给出了滤波的效果，分别给出了不同机器人位姿队列的测距扫描。浅色阴影扫描超过阈值被舍弃。舍弃机制的关键特性，是倾向于过滤掉“极短”的测量值，而留下“极长”的其他测量值。这种不对称性反映了因人的存在而导致了比期望短的测量值。通过接受“极长”的测量值，此方法具有从全局定位失效中恢复的能力。

图 8.22 给出了，机器人导航经过人口稠密环境的情境（见图 8.20）时，机器人估计路径与所有集成到定位器的扫描的终点。另外，还说明了删除地图里不对应物理目标的测量值的高效性：图 8.22b 所示的自由空间里只有很少的“幸存”的距离测量值，只有当这些测量值能通过阈值测试时，才能被接受。

一般说来，舍弃异常测量值通常是一个好的想法。实际上，静态环境几乎不存在，甚至在办公环境里家具会被移动，门也可以打开或关闭等。这里介绍的特

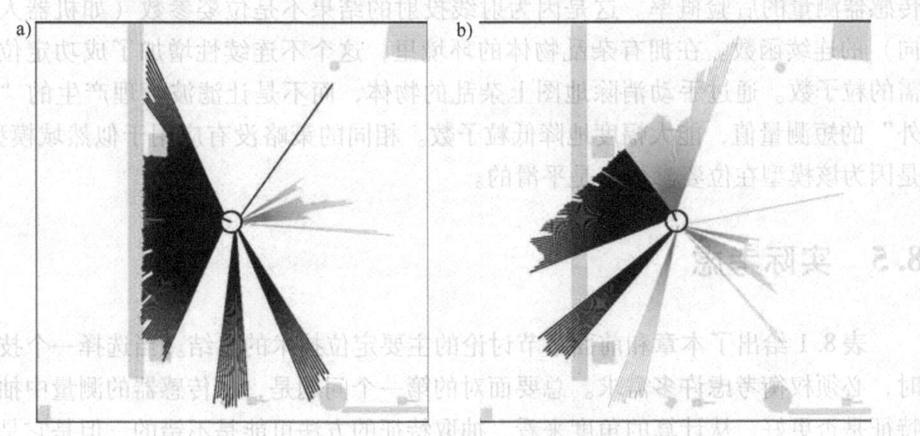

图 8.21　两种位姿队列下测量舍弃算法得到距离扫描（没有最大距离读数，浅色阴影部分被滤除）

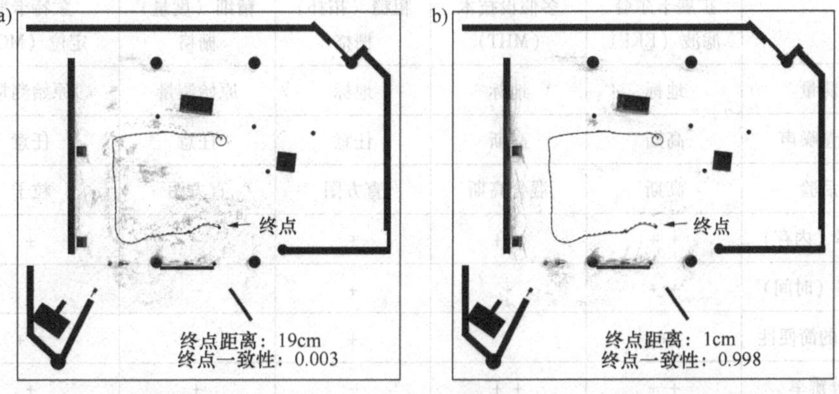

图 8.22　标准蒙特卡罗定位和去除可能由非期望障碍引起的传感器测量值的蒙特卡罗定位的比较（两图均给出了机器人路径和用于定位的扫描的终点）

a）标准蒙特卡罗定位　b）去除可能由非期望障碍引起的传感器测量值的蒙特卡罗定位

定的实现示例得益于距离测量值的不对称性：环境中的人们使得距离测量值变短，而不是变长。当把同一想法应用到其他数据（如视觉数据）或可改变环境的其他类型情景（如去除物理障碍）时，这样的非对称性可能不存在。然而，相同的概率分析通常是可适用的。缺少对称性的缺点可能是从全局定位失效中恢复变得不可能，因为每一个意外的测量值都被舍弃了。在这种情况下，强加额外约束是有意义的，如限制部分可能已被破坏的测量值。

可以注意到，因为一些微妙的原因，舍弃试验已成功地应用在甚至高度静态的环境下。基于波束的传感器模型是不连续的：位姿的微小变化能大幅度地改变传感器测量的后验概率。这是因为射线投射的结果不是位姿参数（如机器人方向）的连续函数。在拥有杂乱物体的环境里，这个不连续性增加了成功定位必需的粒子数。通过手动消除地图上杂乱的物体，而不是让滤波管理产生的“意外”的短测量值，能大幅度地降低粒子数。相同的策略没有应用于似然域模型，是因为该模型在位姿参数上是平滑的。

8.5 实际考虑

表 8.1 给出了本章和前面章节讨论的主要定位技术的总结。当选择一个技术时，必须权衡考虑许多需求。总要面对的第一个问题是，从传感器的测量中抽取特征是否更好。从计算的角度来看，抽取特征的方法可能是不错的，但是它是以降低精确性和鲁棒性为代价的。

表 8.1 主要的定位技术

	扩展卡尔曼滤波（EKF）	多假设技术（MHT）	粗糙（拓扑）栅格	精细（度量）栅格	蒙特卡罗定位（MCL）
测量	地标	地标	地标	原始测量	原始测量
测量噪声	高斯	高斯	任意	任意	任意
后验	高斯	混合高斯	直方图	直方图	粒子
效率（内存）	+ +	+ +	+	−	+
效率（时间）	+ +	+	+	−	+
实现的简便性	+	−	+	−	+ +
分辨率	+ +	+ +	−	+	+
鲁棒性	−	+	+	+ +	+ +
全局定位	否	是	是	是	是

本章虽然是在蒙特卡罗定位算法背景下讨论了处理动态环境的技术，但是相似的思想也能够处理其他定位问题。事实上，这里讨论的技术仅是更多技术方法的代表。

在实现定位算法时，设置不同的参数是值得去做的。例如，当综合了附近的测量值时，条件概率经常变大，以便调节通常存在于机器人技术中的未建模依赖性。好的策略能收集参考数据集，并调整算法直到全部满意的结果。这样是必需的，因为无论数学模型如何复杂，总是会存在未建模的依赖性和影响整个结果的系统噪声源。

8.6 小结

本章讨论了两个系列的概率定位算法：栅格技术和蒙特卡罗定位。

- 栅格技术通过直方图表示后验概率。
- 栅格的粗糙度影响精度和计算效率。对于粗糙栅格，调整传感器和运动模型通常是必要的，以消除该方法的粗糙度带来的不利影响。对于精细栅格，有选择地更新栅格单元以降低总的计算量是有必要的。
- 蒙特卡罗定位算法使用粒子表达后验。精确的计算花费的平衡点根据设定的粒子集合大小确定。
- 栅格定位与蒙特卡罗定位都能全局定位机器人。
- 通过增加随机粒子，蒙特卡罗定位也能解决绑架机器人问题。
- 混合蒙特卡罗定位是一种扩展，对部分粒子，它反转了粒子的产生过程。特别是对具有低噪声传感器的机器人，使性能得到了提升，但代价是其实现更复杂。
- 通过随时间调节样本集合的大小，KLD 采样提高了粒子滤波的效率。如果置信度的复杂度会大幅度地随时间变化，这个方法的优点是最大的。
- 通过对传感器数据进行滤波和舍弃那些极有可能对应未建模物体的数据，能够适应未建模环境的动态情况。应用测距传感器时，机器人倾向于舍弃“极短”的测量值。

蒙特卡罗定位的普及可能基于两个事实：蒙特卡罗定位几乎是最容易实现的定位算法，而且它也是最有效的算法之一，因为它几乎能近似任何分布。

8.7 文献综述

Simmons 和 Koenig 介绍了基于栅格的蒙特卡罗定位，该定位基于 Nourbakhsh（1995）等叙述的维持可信度的方法。由于 Simmons 和 Koenig（1995）有创意的文章，许多利用直方图定位的技术出现了（Kaelbling 等，1996）。最初的工作使用相对粗糙的栅格以适应更新栅格的巨大的计算负荷，而 Burgard 等（1996）引入的选择性更新技术，能处理更高分辨率的栅格。这个发展通常被视为从粗糙的拓扑的马尔可夫定位到精细的度量化的定位的转移。对这部分工作的综述请参见 Simmons 和 Koenig（1998）、Fox 等（1999c）的文献。

基于栅格的技术被认为是移动机器人定位的最新技术已有些年了。基于栅格的马尔可夫定位已经有了一些成功的应用。例如，Hertzberg 和 Kirchner（1996）把这个技术应用于污水管道机器人。Simmons 等（2000b）使用这个方法定位办公环境里的机器人，Burgard 等（1999a）应用该算法来估计在博物馆里运行的机器人的位置。Konolige 和 Chou（1999）将地图匹配（map matching）的思想引入马尔可夫定位，使用快速卷积技术计算位姿的概率。Burgard 等（1998）描述了结合全局定位和高精度跟踪的扩展算法，发明了动态马尔可夫定位（dynamic Markov localization）技术。Oore 等（1997）引入了机器学习技术用来学习识别地点。Thrun（1998a）基于 Greiner 和 Isukapalli（1994）的相关工作，扩展了上述方法，通过学习分量识别环境里合适的地标。Mahadevan 和 Khaleeli（1999）为半马尔可夫决策过程（semi- Markov decision process）扩展了数学框架，使得推导出从一个单元转移到另一个单元的精确时间成为可能。Gutmann 等（1998）完成了栅格方法和卡尔曼滤波技术之间的比较实验。Burgard 等（1997）引入了基于栅格范例的主动定位，后来由 Austin 和 Jensfelt（2000）、Jensfelt 和 Christensen（2001a）扩展到多假设跟踪；Fox 等（2000）和 Howard 等（2003）将该方法扩展到多机器人定位问题。除了基于栅格的范例，Jensfelt 和 Christensen（2001a）、Roumeliotis 和 Bekey（2000）、Reuter（2000）提出的多假设扩展卡尔曼滤波同样适用于全局定位问题。

受计算机视觉里著名的压缩算法（condensation algorithm）（Isard 和 Blake，1998）的启发，Dellaert 等（1999）、Fox 等（1999a）首先发展了移动机器人定位的粒子滤波。他们也创造了术语——蒙特卡罗定位（Monte Carlo Localization）。该术语已经成为机器人学领域中该技术的通用名称。增加随机采样的思想可以在 Fox 等（1999a）的文献中找到。一个改进的处理绑架机器人问题的技术是 Lenser 和 Veloso（2000）的传感器重置（sensor resetting）技术。在该技术中一部分粒子只使用最新的测量值重新启动。Fox 以此技术为基础并引入了扩展蒙特卡罗定位算法，用以确定需要增加的粒子数（Gutmann 和 Fox，2002）。混合蒙特卡罗定位算法归功于 Thrun 等（2000c），也请参见 van der Merwe 等（2001）的文献。它为从测量产生样本提供了数学基础。KLD 采样，即粒子滤波的自适应版本，由 Fox（2003）引入。Jensfelt 等（2000）、Jensfelt 和 Christensen（2001b）将蒙特卡罗定位应用于基于特征的地图。Kwok 等（2004）引入了蒙特卡罗定位的实时版本以适应粒子数。最后，将蒙特卡罗定位应用到装配了相机的机器人（Lenser 和 Veloso，2000；Schulz 和 Fox，2004；Wolf 等，2005），包括全向摄像机（Kröse 等，2002；Vlassis 等，2002）的论文有很多。

粒子滤波已经在许多有关跟踪和定位的问题中使用。Montemerlo 等（2002b）使用嵌套粒子滤波研究了同时定位和人体跟踪问题。Schulz 等（2001b）描述了可变人数跟踪的粒子滤波，演示了移动机器人在未知环境里如何可靠地跟踪移动人体（Schulz 等，2001a）。

8.8 习题

1. 考虑一个机器人具有 d 个状态变量。例如，一个自由飞翔的刚性机器人的动力学状态通常是 $d=6$；当速率包含在状态向量中时，维数增加到 $d=12$。接下来的定位算法的复杂度（更新时间复杂度和内存空间复杂度）如何随 d 增加？扩展卡尔曼滤波定位、栅格定位、蒙特卡罗定位。使用 O（）回答，并证明为什么这个答案是正确的。

2. 对本书程序 7.2 所示第 14、15 行的多特征信息融合的加性形式给出数学推导。

3. 证明在界限趋于无穷时，式（8.4）的正确性。

4. 正如正文中提到的，蒙特卡罗定位对任何有限采样大小是有偏差的。也就是说，由该算法计算的位置期望值不同于真实期望值。对于本习题，请量化这个偏差。

为简单起见，考虑具有四个可能机器人位置 $X=\{\boldsymbol{x}_1, \boldsymbol{x}_2, \boldsymbol{x}_3, \boldsymbol{x}_4\}$ 的环境。最初，从这些位置均匀地抽取 $N\geqslant 1$ 个样本。照例，对于任一位置 X，如果有多于一个样本产生则可以完全接受。令 Z 表示布尔传感器特征变量，用下面的条件概率描述其特性：

$$p(z|\boldsymbol{x}_1)=0.8 \qquad p(\neg z|\boldsymbol{x}_1)=0.2$$
$$p(z|\boldsymbol{x}_2)=0.4 \qquad p(\neg z|\boldsymbol{x}_2)=0.6$$
$$p(z|\boldsymbol{x}_3)=0.1 \qquad p(\neg z|\boldsymbol{x}_3)=0.9$$
$$p(z|\boldsymbol{x}_4)=0.1 \qquad p(\neg z|\boldsymbol{x}_4)=0.9$$

蒙特卡罗定位使用这个概率产生粒子权重，随后归一化并且在重采样过程中使用。为简单起见，不管 N 是多少，在重采样过程中，假设仅产生一个新样本。这个样本可能与 X 中的四个位置中的任意一个对应。因此，采样过程在 X 上定义了一个概率分布。

（a）对于这个新样本，产生的 X 上的概率分布是什么？分别对 $N=1, \cdots, 10$ 和 $N=\infty$ 回答这个问题。

（b）两个概率分布 p 和 q 的差值能通过 KLD 测量，定义为

$$\mathrm{KL}(p,q)=\sum_i p(\boldsymbol{x}_i)\log\frac{p(\boldsymbol{x}_i)}{q(\boldsymbol{x}_i)}$$

与真实的后验分布之间的 KLD 是多少？

（c）即使 N 的值有限，要保证上面的特定估计是无偏的，问题里的公式（不是算法）要怎样更改？提供至少两种更改（每种更改都应是充分的）。

5. 考虑本书 6.6 节讨论过的装备了距离/方位传感器的机器人，要求设计一

个高效采样程序，能同时综合 k 个可识别地标的测量值。为阐述其工作过程，可以生成不同地标配置的平面图，使用 $k=1$，…，5 临近的地标。证明是什么使这个程序高效。

6. 本书第 7 章的习题 3 描述了简单的水下机器人能听到定位声音信标。这里要求为这个机器人实现栅格定位算法。在三种定位问题情境下，分析精度和失效模式：全局定位、位置跟踪和绑架机器人问题。

第Ⅲ部分 地图构建

第 9 章　占用栅格地图构建

9.1 引言

前两章讨论了移动机器人技术在低维感知问题上的应用，以及在估计机器人位姿上的应用。这里，假设预先给定机器人一张地图，因为地图通常是事先已有的或者可以手工构建的。但是，在某些应用领域，并不提供先验地图。令人惊讶的是，大部分建筑实际与工程师提供的蓝图并不一致。即使蓝图相当准确，蓝图中也不会包括家具和其他物体，但是从机器人的角度看，却是墙或门决定了环境的形状。能够获取原始地图，就能大大减少安置移动机器人的工作量，就能使机器人在无人值守的情况下适应变化。实际上，地图构建是真正自主机器人的核心能力之一。

如何用移动机器人获得地图是一个具有挑战性的问题，原因如下：

- 假设空间，也就是所有可能的地图空间是非常大的。由于地图是定义在连续空间上的，所有地图空间具有无限多维。即使在离散近似的情况下，如在本章将应用的栅格近似，地图要用 10^5 或更多个变量来描述。高维空间的图样规格使得对地图计算后验概率是一件极具挑战的事情。因此，贝叶斯滤波方法虽然在定位问题上效果很好，但它并不适用于地图构建问题。至少到目前为止，该方法用于地图构建还太过稚嫩。
- 如何获得地图是一个“鸡和蛋”的问题，因此，该问题也常被称为即时定位与地图构建（Simultaneous Localization And Mapping，SLAM；或 concurrent mapping and localization problem）。首先，这是一个定位问题。机器人在环境中运动时，由于里程计的误差不断累积，机器人就越来越不知道自己在哪。如前面章节看到的那样，如果有地图，确定机器人位姿的方法是有的。第二，这是一个地图构建问题。如果机器人的位姿已知，构建地图是件相当容易的事情。这一点将通过本章及接下来的章节中证实。如果既没有最初的地图也没有准确的位姿信息，那么，机器人就得两件事情都做：建立地图，并根据该地图对自己定位。

当然，并不是所有的构建地图的问题都是同样困难的。构建地图的难度是各种因素综合的结果，其中比较重要的是如下几项：

- 规模。环境相对于机器人的感知范围越大，获得地图就越困难。
- 感知和激励噪声。如果机器人传感器和执行机构是没有噪声的，地图构建将是件容易的事情。噪声越大，地图构建的难度就越大。
- 感知的模糊性。不同地点相似的频率越高，将不同时间点经过的不同的地点之间建立对应关系就越困难。
- 环形。如果环境中有环形，那么构建地图就尤其困难。如果机器人在走廊中来来回回地走，机器人就可以在回程时不断修正里程计误差累积。环形使机器人从另外的路径回来，当形成闭环时，里程计累积的误差会相当大。

为了充分了解地图构建问题的难度，可以看看图 9.1 所示的在一个大的室内环境中收集的一系列数据。图 9.1a 所示为用原始里程计信息生成的原始地图数据。图中的每个黑点对应由机器人的激光测距仪探测到的一个障碍。图 9.1b 所示为用同样的数据并应用了地图构建算法生成的地图，该地图构建算法是本章要叙述的技术之一。这个例子给出了解决这一问题的关键所在。

本章首先研究在机器人位姿已知的假设条件下的地图构建问题。换句话说，假设在构建地图的过程中“神”已经告知机器人确切的路径，从而可以避开 SLAM 问题。该问题可以用图 9.2 所示的图形模型来表示，也叫做位姿已知的地图构建问题（mapping with known poses）。这里将讨论一系列流行的算法，统称为占用栅格地图构建（Occupancy grid mapping）。占用栅格地图构建描述了这样一个问题：假设机器人的位姿已知，如何利用有噪声和不确定的测量数据生成一致性地图。占用栅格的基本思想是用一系列随机变量来表示地图。每个随机变量是一个二值数据，表示该位置是否被占用。占用栅格地图构建算法对以上随机变量进行近似后验估计。

读者可能会对已知准确位置信息下的地图构建技术的意义感到奇怪。毕竟，没有哪个机器人里程计是完美的！占用栅格技术的主要功用在于后处理过程，因为下面章节所讨论的许多 SLAM 技术不能生成适用于规划和导航的地图。占用栅格地图是在通过其他方式解决了 SLAM 问题之后使用的，并且将产生的路径估计

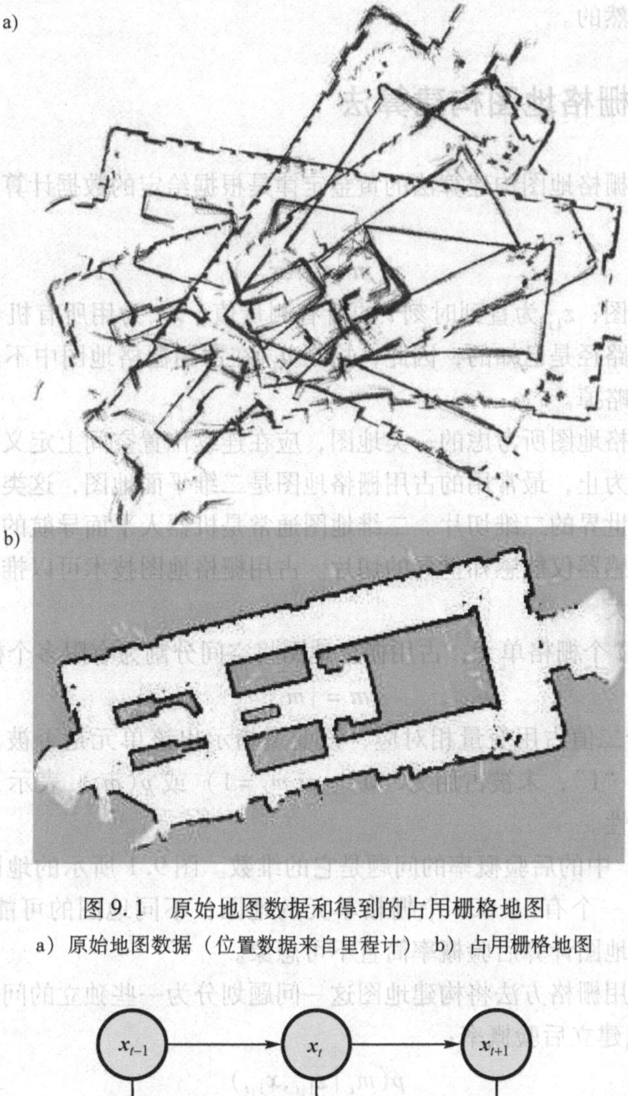

a)

b)

图 9.1　原始地图数据和得到的占用栅格地图

a）原始地图数据（位置数据来自里程计）　b）占用栅格地图

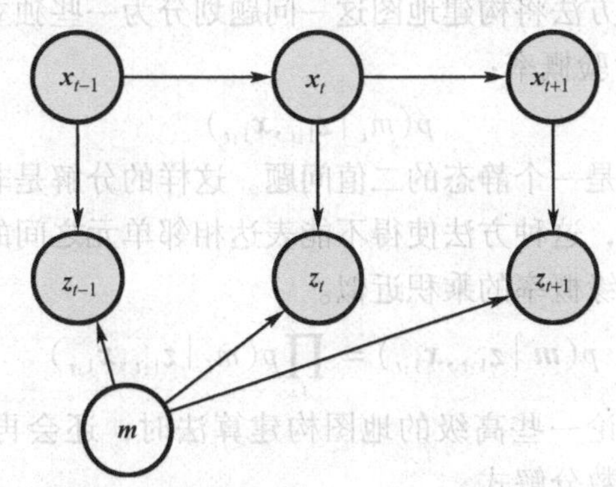

图 9.2　位姿已知的地图构建问题的图形模型［有阴影的变量（位置 $\boldsymbol{x}$ 和测量值 z）是已知的；地图构建的目标是获得地图 $\boldsymbol{m}$］

认为是理所当然的。

9.2 占用栅格地图构建算法

许多占用栅格地图构建算法的黄金定律是根据给定的数据计算整个地图的后验概率。

$$p(\boldsymbol{m} \mid \boldsymbol{z}_{1:t}, \boldsymbol{x}_{1:t}) \tag{9.1}$$

式中，$\boldsymbol{m}$ 为地图；$z_{1:t}$为直到时刻 t 的所有测量值；$\boldsymbol{x}_{1:t}$为用所有机器人位姿定义的路径。由于路径是已知的，因此，控制 $\boldsymbol{u}_{1:t}$在占用栅格地图中不充当角色。所以，本章会忽略掉。

被占用栅格地图所考虑的一类地图，应在连续位置空间上定义了精细粒度栅格的。到目前为止，最常用的占用栅格地图是二维平面地图，这类二维平面地图描述的是三维世界的二维切片。二维地图通常是机器人平面导航的选择，这些机器人装备了传感器仅能感知世界的切片。占用栅格地图技术可以推广到三维，但是计算量非常大。

m_i表示第 i 个栅格单元，占用栅格地图将空间分割为有限多个栅格单元。

$$\boldsymbol{m} = \{m_i\} \tag{9.2}$$

每个 m_i与一个二值占用变量相对应，该变量指示出该单元是否被占用。如果该栅格被占用为“1”，未被占用为“0”。$p(m_i = 1)$ 或 $p(m_i)$ 表示了该栅格单元被占用的可能性。

式（9.1）中的后验概率的问题是它的维数。图 9.1 所示的地图有上万个栅格单元。对于一个有 10 000 个栅格单元的地图，不同地图的可能性会有 $2^{10\,000}$种。对每一个地图计算后验概率简直不可想象。

标准的占用栅格方法将构建地图这一问题划分为一些独立的问题，即为所有的栅格单元 m_i建立后验概率：

$$p(m_i \mid \boldsymbol{z}_{1:t}, \boldsymbol{x}_{1:t}) \tag{9.3}$$

每一个这样的问题都是一个静态的二值问题。这样的分解是非常方便的，但不是没有问题。具体来说，这种方法使得不能表达相邻单元之间的联系；相反，整个地图的后验概率用边缘概率的乘积近似。

$$p(\boldsymbol{m} \mid \boldsymbol{z}_{1:t}, \boldsymbol{x}_{1:t}) = \prod_i p(m_i \mid \boldsymbol{z}_{1:t}, \boldsymbol{x}_{1:t}) \tag{9.4}$$

本章 9.4 节在讨论一些高级的地图构建算法时，还会再讨论这个问题。现在，暂且采用这个因数分解式。

幸亏有了这个因式分解，每个栅格单元的占用概率现在是一个静态二值估计问题。关于该问题的滤波器在本书 4.2 节已讨论过——二值贝叶斯滤波器（the binary Bayesfilter）。相应的算法见本书第 4 章程序 4.2。

1:　**Algorithm occupancy_grid_mapping($\{l_{t-1,i}\}, x_t, z_t$):**

2:　　*for all cells* m_i *do*

3:　　　*if* m_i *in perceptual field of* z_t *then*

4:　　　　$l_{t,i} = l_{t-1,i} +$ **inverse_sensor_model**$(\mathrm{m}_i, x_t, z_t) - l_0$

5:　　　*else*

6:　　　　$l_{t,i} = l_{t-1,i}$

7:　　　*endif*

8:　　*endfor*

9:　　*return* $\{l_{t,i}\}$

程序 9.1　占用栅格算法（程序 4.2 中的二值贝叶斯滤波器的一种版本）

程序 9.1 给出的算法将该滤波器应用于占用栅格地图构建问题。如同原来的滤波器一样，这里的占用栅格地图构建算法应用了对数占用概率表达方式，即

$$l_{t,i} = \log \frac{p(m_i \mid \boldsymbol{z}_{1:t}, \boldsymbol{x}_{1:t})}{1 - p(m_i \mid \boldsymbol{z}_{1:t}, \boldsymbol{x}_{1:t})} \tag{9.5}$$

本书 4.2 节已详细介绍过上式。对数概率表达的优点是可以避免 0 和 1 附近数值的不稳定性。由此计算后验概率为

$$p(m_i \mid \boldsymbol{z}_{1:t}, \boldsymbol{x}_{1:t}) = 1 - \frac{1}{1 + \exp\{l_{t,i}\}} \tag{9.6}$$

程序 9.1 给出的 occupancy_grid_mapping 算法遍历所有的栅格单元 i，并更新所有传感器测量锥内的测量值 z_t。对于传感器测量锥内的栅格单元，用第 4 行中函数 inverse_sensor_model 的结果来更新占用值。否则，占用值保持不变，如第 6 行所示。常数 l_0是用对数让步比所表示的先验占用概率，即

$$l_0 = \log \frac{p(m_i = 1)}{p(m_i = 0)} = \log \frac{p(m_i)}{1 - p(m_i)} \tag{9.7}$$

函数 inverse_sensor_model 应用了反演测量模型 $p(m_i \mid \boldsymbol{z}_t, \boldsymbol{x}_t)$ 的对数型式，即

$$\text{inverse\_sensor\_model}(m_i, \boldsymbol{x}_t, \boldsymbol{z}_t) = \log \frac{p(m_i \mid \boldsymbol{z}_t, \boldsymbol{x}_t)}{1 - p(m_i \mid \boldsymbol{z}_t, \boldsymbol{x}_t)} \tag{9.8}$$

一个用于测距传感器的有点过于简单的实例见程序 9.2 和图 9.3a、b。该模型给传感器测量锥中的每个栅格分配一个占用值 l_{occ}。程序 9.2 中，该区域的宽度由参数 α 控制，波束角由参数 β 给出。可以看到，该参数有点简单；当前应用的占用栅格概率在测量锥边缘通常会更加脆弱。

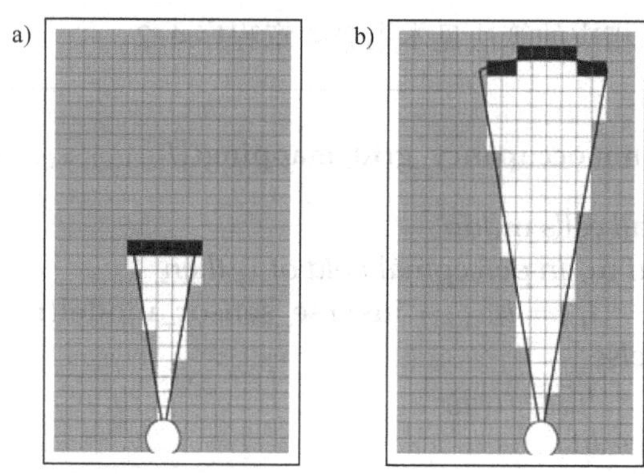

图 9.3　两个不同测量距离下函数 inverse_range_sensor_model 进行反演测量模型的例子（每个栅格中的暗度对应该栅格被占用的可能性；该模型有点过于简单，目前应用的占用栅格概率算法通常会在测量锥的边缘过于脆弱）

1:　**Algorithm inverse_range_sensor_model(m_i, x_t, z_t):**
2:　　*Let* x_i, y_i *be the center-of-mass of* m_i
3:　　$r = \sqrt{(x_i - x)^2 + (y_i - y)^2}$
4:　　$\phi = \mathrm{atan2}(y_i - y, x_i - x) - \theta$
5:　　$k = \mathrm{argmin}_j\ |\phi - \theta_{j,\mathrm{sens}}|$
6:　　*if* $r > \min(z_{\max}, z_t^k + \alpha/2)$ *or* $|\phi - \theta_{k,\mathrm{sens}}| > \beta/2$ *then*
7:　　　*return* l_0
8:　　*if* $z_t^k < z_{\max}$ *and* $|r - z_t^k| < \alpha/2$
9:　　　*return* l_{occ}
10:　　*if* $r \leq z_t^k$
11:　　　*return* l_{free}
12:　　*endif*

程序 9.2　装备了测距传感器的机器人的简单的反演测量模型（α 为障碍物的厚度，β 位传感器波束的宽度；第 9 行和第 11 行中的 l_{occ} 和 l_{free} 表示读数所携带的两种不同情况的证据的总量）

函数 Inverse_range_sensor_model 通过首先确定波束索引 k 和单元 m_i 中心的测量距离 r 来计算反演模型。该计算由程序 9.2 中的第 2～5 行完成。通常，假设机器人的位姿为 $\boldsymbol{x}_t = (x,\ y,\ \theta)^{\mathrm{T}}$。在第 7 行，当某单元在传感器波束测量范围之外时或该单元位于测量距离 z_t^k 后面超过 $\alpha/2$ 时，返回对数形式的占用先验概率。在第 9 行，如果单元的距离在探查范围 z_t^k 的 $\pm\alpha/2$ 以内，返回 $l_{\mathrm{occ}} > l_0$。如果单元的距离比测量距离短 $\alpha/2$ 还多，返回 $l_{\mathrm{free}} < l_0$。图 9.3 给出了超声波传感器测量束的计算。

反演超声波传感器模型的典型应用如图 9.4 所示。从原始地图开始机器人成功地通过吸收由反演模型生成的局部地图扩展了地图。如图 9.5 所示，这样就用该模型得到了一个更大的占用栅格地图。

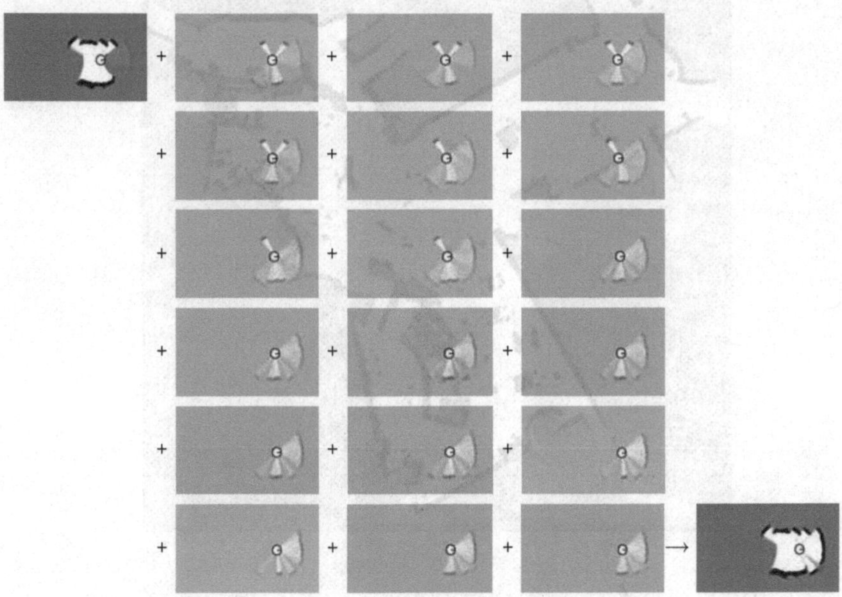

图 9.4　在走廊环境中用超声波传感器数据增量地获得占用栅格地图
（左上图所示为原始地图，右下图所示为最终地图；第 2 ~ 4 列是当由反演传感器模型构建的局部地图；半径超过 2.5m 的测量是不被考虑的；每个测量锥角约为 15°；由美国弗里堡大学的 Cyrill Stachniss 提供）

图 9.5　某办公室环境中由超声波测距得到的占用概率地图
（由美国弗里堡大学的 Cyrill Stachniss 提供）

图9.6给出了一个用机器人获得的某大型开放展览厅的占用地图及蓝图。该地图用几分钟内采集的激光测距数据产生。占用地图中的灰度表示均匀栅格的占

a)

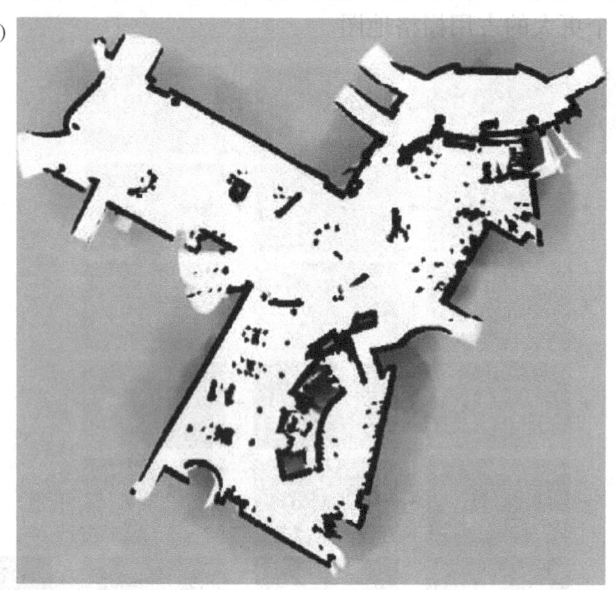

b)

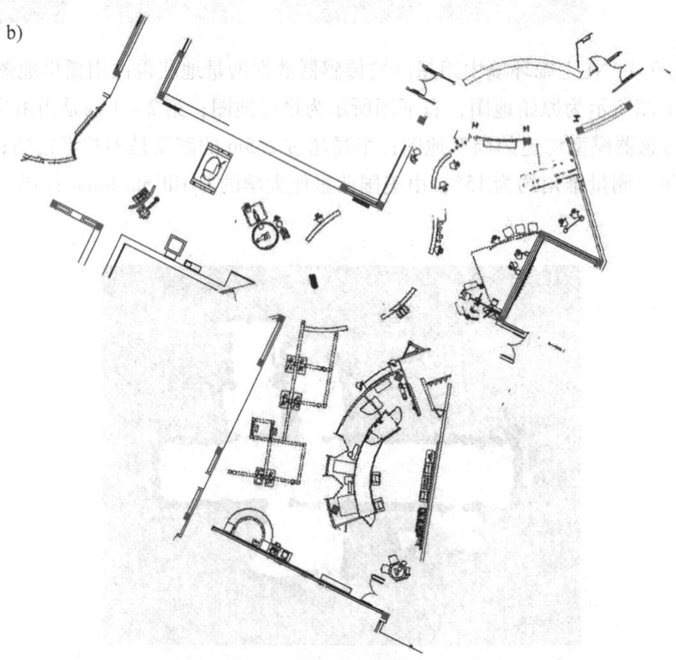

图9.6 机器人获得的某大型开放展览厅的占用地图及蓝图
a）某大型开放展览空间的占用栅格地图 b）某大型开放展览空间的建筑蓝图（注意，建筑蓝图在某些地方不准确）

用后验概率：栅格单元颜色越深，该栅格被占用的概率就越大。由于占用栅格地图是概率地图，栅格地图会快速地收敛于估计值，该值接近两个极端后验概率：1 和 0。比较构建地图与蓝图，占用栅格地图包含了主要的建筑元素和能在激光器的高度看到的障碍物。通过仔细检查，读者会在蓝图与实际的环境布置之间发现一些小小的矛盾。

图 9.7 给出了原始数据与由这些数据生成的占用栅格地图。图 a 所示的数据

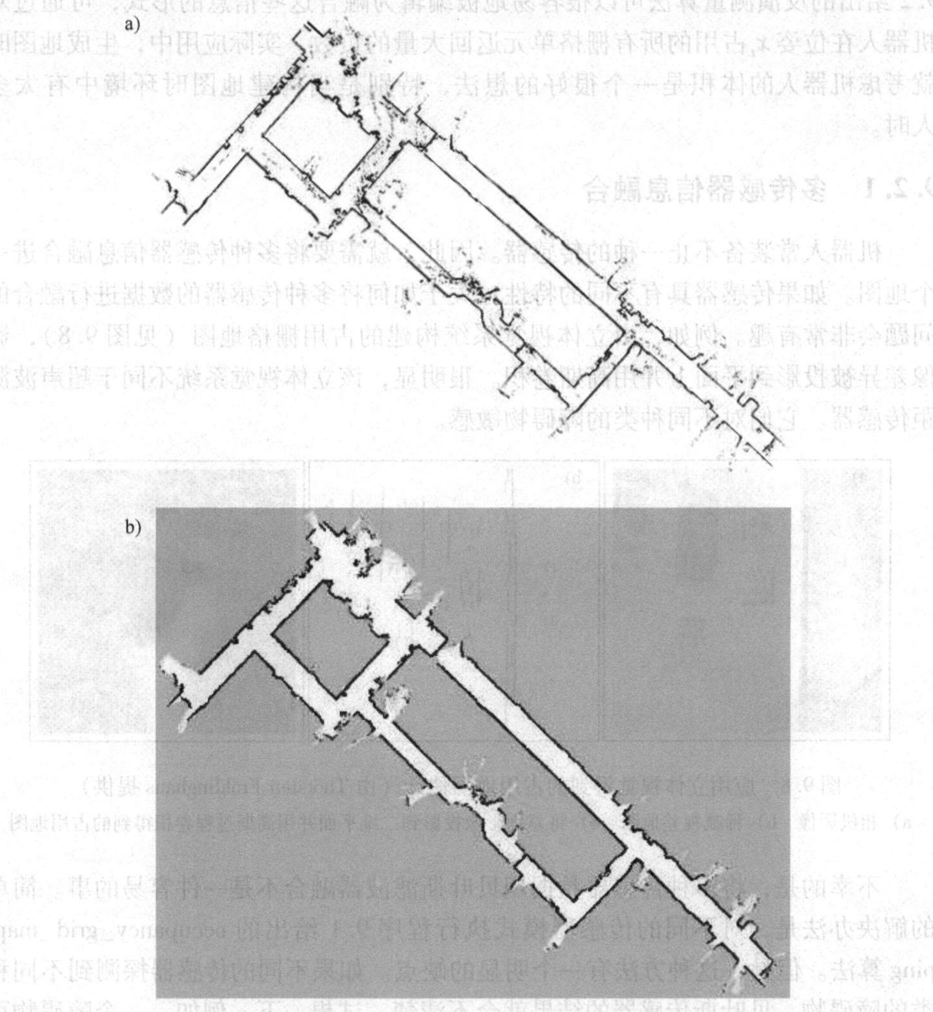

图 9.7　原始数据与由这些数据生成的占用栅格地图

a）用正确的位姿信息得到的原始激光测距数据［每个点对应一个检测到的障碍物；大部分障碍物是静态的，如墙；由于人们在数据采集期间在机器人附近行走，因此有些障碍物是动态的；由 Steffen Gutmann 提供］　b）由数据构建的占用栅格地图（灰度表示出了后验概率，黑色表示高可能性被占用，白色表示高可能性不被占用；灰色背景表示先验概率）

应用SLAM算法进行了预处理，因此看起来很整齐。某些数据遭到了人工破坏；占用栅格地图很好地滤除了环境中的人。这使得占用栅格地图比扫描终点数据更适用于机器人导航，因为被提供了终点数据的规划者很难在如此零碎的障碍物中发现路径，即使不被占用的栅格远远多于被占用的栅格。

可以看到，这里的算法占用决策是只基于传感器测量的。另外的信息源是机器人所需要的空间：当机器人为位姿 $\boldsymbol{x}_t$ 时，$\boldsymbol{x}_t$ 周围的空间是可以导航的。程序9.2给出的反演测量算法可以很容易地被编辑为融合这些信息的形式，可通过对机器人在位姿 $\boldsymbol{x}_t$ 占用的所有栅格单元返回大量的负数。实际应用中，生成地图时就考虑机器人的体积是一个很好的想法，特别是当构建地图时环境中有太多人时。

9.2.1 多传感器信息融合

机器人常装备不止一种的传感器。因此，就需要将多种传感器信息融合进一个地图。如果传感器具有不同的特性，关于如何将多种传感器的数据进行融合的问题会非常有趣。例如，由立体视觉系统构建的占用栅格地图（见图9.8），影像差异被投影到平面上并用高斯卷积。很明显，该立体视觉系统不同于超声波测距传感器。它们对不同种类的障碍物敏感。

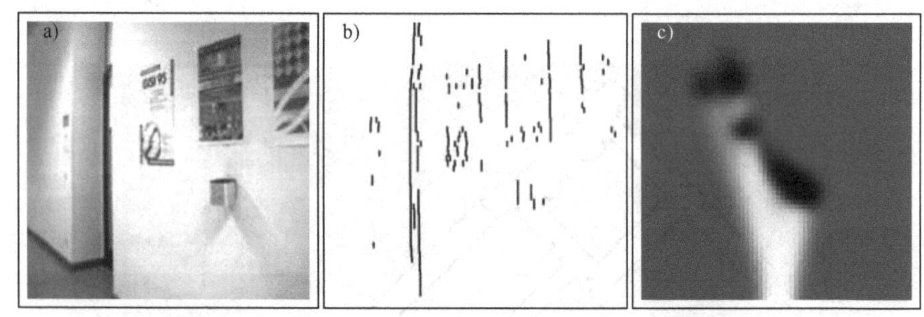

图9.8 应用立体视觉得到的占用地图估计（由 Thorsten Fröhlinghaus 提供）
a）相机影像 b）稀疏视差地图 c）将差别影像投影到二维平面并用高斯过程卷积得到的占用地图

不幸的是，将多种传感器数据用贝叶斯滤波器融合不是一件容易的事。简单的解决办法是，对不同的传感器模式执行程序9.1给出的 occupancy_grid_mapping 算法。但是，这种方法有一个明显的缺点。如果不同的传感器探测到不同种类的障碍物，贝叶斯传感器的结果就会不清楚。试想一下，例如，一个障碍物可以由一种传感器识别，但不能被另一种传感器识别。那么这两种传感器生成的互相矛盾的信息，会导致最终的地图依赖每个传感器系统提供的证据的数量。这是非常讨厌的，因为一个单元是否被认为是被占用得依赖不同传感器投票的频率。

将不同传感器信息进行融合的方法，通常是对每种传感器建立各自的地图，再用合适的方法将这些地图融合。设 $\boldsymbol{m}^k=\{\boldsymbol{m}_i^k\}$，表示地图是由第 k 种传感器生成的。如果传感器测量值不互相依赖，那么就可以直接用德·摩根定律（De Morgan's law）将其分解：

$$p(\boldsymbol{m}_i)=1-\prod_k(1-p(\boldsymbol{m}_i^k))\tag{9.9}$$

另外，这里还可以对所有的地图计算最大值：

$$p(\boldsymbol{m}_i)=\max_k p(\boldsymbol{m}_i^k)\tag{9.10}$$

这些地图生成关于该单元的最悲观的估计。如果某种具体的传感器地图认为某栅格被占用，那么融合地图也会这样认为。

9.3　反演测量模型的研究

9.3.1　反演测量模型

占用栅格地图构建算法需要一个被边缘化的反演测量模型（inverse measurement model），$p(\boldsymbol{m}_i\mid\boldsymbol{x},\ z)$。此概率被称为“反演”，是因为该方法由结果推测原因：该算法根据环境引起的测量来提供关于环境的信息。第 i 个栅格单元被边缘化，全反演具有 $p(\boldsymbol{m}\mid\boldsymbol{x},\ \boldsymbol{z})$ 的形式。在本书对基本算法的阐述中，程序 9.2 所示的算法程序已经为此种反演模型的实现提供了一个特别的流程。这样就带来一个问题，是否能够从传统测量模型开始，获得一个更系统化的反演模型。

答案是肯定的，但乍一看并不简单。贝叶斯滤波认为

$$\begin{aligned}p(\boldsymbol{m}\mid\boldsymbol{x},z)&=\frac{p(z\mid\boldsymbol{x},\boldsymbol{m})p(\boldsymbol{m}\mid\boldsymbol{x})}{p(z\mid\boldsymbol{x})}\\&=\eta p(z\mid\boldsymbol{x},\boldsymbol{m})p(\boldsymbol{m})\end{aligned}\tag{9.11}$$

这里，假设 $p(\boldsymbol{m}\mid\boldsymbol{x})=p(\boldsymbol{m})$，因此，机器人的位姿并没有给出关于地图的事情，这里采用该假设只是为了方便。如果目标是对整个完整地图计算反演模型，现在已经完成了。但是，占用栅格地图构建算法用每个栅格单元 $\boldsymbol{m}_i$ 的边缘概率近似地图后验概率。第 i 个栅格单元的反演模型通过为第 i 个栅格单元选择边缘概率得到。

$$p(\boldsymbol{m}_i\mid\boldsymbol{x},z)=\eta\sum_{\boldsymbol{m}:\boldsymbol{m}(i)=\boldsymbol{m}_i}p(z\mid\boldsymbol{x},\boldsymbol{m})p(\boldsymbol{m})\tag{9.12}$$

该表达式在所有地图上对占用值为 $\boldsymbol{m}_i$ 的第 i 个栅格单元进行了求和运算。很明显，该求和无法计算，因为全部所有地图的空间太大了。

这里现在描述一个算法来近似该表达式。该算法包括从测量模型产生一些采样，通过监督学习算法（supervised learning algorithm），如逻辑回归（logistic regression）或神经网络（neural network），来近似反演模型。

9.3.2　从正演模型采样

基本的思想是简单和通用的，如果能对栅格单元 $\boldsymbol{m}_i$ 产生三个随机值——位姿 $\boldsymbol{x}_t^{[k]}$、测量值 $z_t^{[k]}$ 和地图占用值 $m_i^{[k]}$，就能获得一个以位姿 $\boldsymbol{x}$ 和测量 z 为输入，以栅格单元 $\boldsymbol{m}_i$ 的占用概率为输出的函数。

形如（$\boldsymbol{x}_t^{[k]}\quad z_t^{[k]}\quad \boldsymbol{m}_i^{[k]}$）的采样可以通过以下的步骤实现：

1. 采样随机地图 $\boldsymbol{m}^{[k]} \sim p(\boldsymbol{m})$。例如，可能已经有一个地图的数据库用来表达 $p(\boldsymbol{m})$ 并从该数据库随机抽取地图。

2. 在地图中采样位姿 $\boldsymbol{x}_t^{[k]}$。可以假设这些位姿是均匀分布的。

3. 采样测量值 $z_t^{[k]} \sim p(z \mid \boldsymbol{x}_t^{[k]}, \boldsymbol{m}^{[k]})$。这一步采样让人联想到机器人模拟器随机模拟传感器测量。

4. 从地图 $\boldsymbol{m}$ 中提取要得到的目标栅格单元的“真实”占用值 $\boldsymbol{m}_i$。

结果是一个采样位姿 $\boldsymbol{x}_t^{[k]}$、一个测量值 $z_t^{[k]}$、栅格单元 $\boldsymbol{m}_i$ 的占用值。重复应用该采样步骤就可以得到一系列的数据：

$$
\begin{array}{lll}
\boldsymbol{x}_t^{[1]} \quad z_t^{[1]} & \longrightarrow & \mathrm{occ}(\boldsymbol{m}_i)^{[1]} \\
\boldsymbol{x}_t^{[2]} \quad z_t^{[2]} & \longrightarrow & \mathrm{occ}(\boldsymbol{m}_i)^{[2]} \\
\boldsymbol{x}_t^{[3]} \quad z_t^{[3]} & \longrightarrow & \mathrm{occ}(\boldsymbol{m}_i)^{[3]} \\
\quad\vdots \qquad \vdots & & \qquad\vdots
\end{array}
$$

这样三个一组的数据可以作为监督学习算法的训练采样（training examples），能近似条件概率 $p(\boldsymbol{m}_i \mid z, \boldsymbol{x})$。在这里测量值 z 和位姿 $\boldsymbol{x}$ 是输入变量，而占用值 $\mathrm{occ}(\boldsymbol{m}_i)$ 是学习算法的输出目标。

该方法效率有点低，因为它未能利用一些已知的反演传感器模型的特性。

测量值并不携带关于探测范围以外的栅格单元信息。该观测值有两个意义：首先，可以将这里的采样流程集中在测量锥内的栅格单元 $\boldsymbol{m}_i$ 的三个值上；其次，当对一个单元进行预测时，仅需要将测量值 z（如测量束附近）的一部分数据作为学习算法的输入。

进行测量时，传感器的特性相对于机器人或者栅格单元的绝对坐标是不变的。只有相对坐标比较麻烦。如果用 $\boldsymbol{x}_t = (x,\ y,\ \theta)^{\mathrm{T}}$ 定义机器人的位姿，用 $\boldsymbol{m}_i = (x_{m_i},\ y_{m_i})^{\mathrm{T}}$ 表示栅格单元的坐标，栅格单元的坐标可以通过以下的平移和旋转映射到机器人本地参考坐标：

$$
\begin{pmatrix} \cos\theta & -\sin\theta \\ \sin\theta & \cos\theta \end{pmatrix} \begin{pmatrix} x_{m_i} - x \\ y_{m_i} - y \end{pmatrix}
$$

对于装备了圆形阵列测距传感器的机器人，用众所周知的极坐标法（距离和角度）编码栅格单元的相对位置是有意义的。

• 在反演传感器模型下邻近的栅格单元具有相似的解读。这样的平滑性暗示用一个统一的函数（栅格单元坐标函数作为该函数的输入）而不是每个栅格单元都用一个分离函数来表示是合适的。

• 如果机器人装备了功能上完全相同的传感器，反演传感器模型对于不同传感器来说是可交换的。对于装备了环形阵列测距传感器的机器人来说，传感器测量束可以用同一个反演传感器模型来描述。

通过选择合适的输入变量来约束学习算法，是保证这种不变性的基本思想。一个很好的选择，是应用相对位置信息，这使学习算法不能将决策建立于绝对坐标之上。忽略与占用预测不相关的已知传感器测量值，并将预测限制在传感器可探测范围内的栅格单元，也是一个很好的想法。通过利用这些不变性，训练系统的规模可以大大地缩小。

9.3.3　误差函数

为训练学习算法，这里需要介绍一个近似误差函数。一个常用的例子，是人工神经网络利用反向传播算法来进行训练。反向传播算法，通过参数空间的梯度下降（gradient descent）来训练神经网络（neural networks）。给定一个衡量网络实际值与期望输出的“不匹配度”的误差函数，反向传播算法计算目标函数的一阶导数和神经网络参数，并且将这些参数改写为相反的梯度方向以使不匹配减小。这就带来了应用什么样的误差函数的问题。

训练学习算法的常用方法，是将训练数据的对数似然最小化。具体说着，这里给出一组训练：

$$\begin{array}{ccc} \text{input}^{[1]} & \longrightarrow & \text{occ}(\boldsymbol{m}_i)^{[1]} \\ \text{input}^{[2]} & \longrightarrow & \text{occ}(\boldsymbol{m}_i)^{[2]} \\ \text{input}^{[3]} & \longrightarrow & \text{occ}(\boldsymbol{m}_i)^{[3]} \\ \vdots & & \vdots \end{array} \tag{9.13}$$

式中，$\text{occ}(\boldsymbol{m}_i)^{[k]}$为期望的条件概率的第 k 个采样；矩阵 $\text{input}^{[k]}$为与之相对应的训练算法的输入。很明显，输入的准确形式会因编码结果而异，但是准确的矢量类型与误差函数的形式无关。

用 $\boldsymbol{W}$ 表示学习算法的参数。假设训练数据中的每个单独的项是独立生成的，训练数据的似然为

$$\prod_i p(m_i^{[k]} \mid \text{input}^{[k]}, \boldsymbol{W}) \tag{9.14}$$

其负对数为

$$J(\boldsymbol{W}) = -\sum_i \log p(m_i^{[k]} \mid \text{input}^{[k]}, \boldsymbol{W}) \tag{9.15}$$

式中，J为训练中想要最小化的函数。

这里，用$f(\text{input}^{[k]}, \boldsymbol{W})$来定义学习算法。该函数的输出值介于区间$[0, 1]$。训练后，希望学习算法输出占用概率。

$$p(m_i^{[k]} \mid \text{input}^{[k]}, \boldsymbol{W}) = \begin{cases} f(\text{input}^{[k]}, \boldsymbol{W}) & , m_i^{[k]} = 1 \\ 1 - f(\text{input}^{[k]}, \boldsymbol{W}) & , m_i^{[k]} = 0 \end{cases} \tag{9.16}$$

于是，寻找一个可以调整$\boldsymbol{W}$以最小化预测概率与训练实例概率的偏差的误差函数。为了找到这样一个误差函数，将式（9.16）变为

$$p(m_i^{[k]} \mid \text{input}^{[k]}, \boldsymbol{W}) = f(\text{input}^{[k]}, \boldsymbol{W})^{m_i^{[k]}} (1 - f(\text{input}^{[k]}, \boldsymbol{W}))^{1 - m_i^{[k]}} \tag{9.17}$$

很容易发现该乘积与式（9.16）是等同的。在这个乘积中，其中的一项一直为1，因为其指数为0。将该乘积替换为式（9.15），并将结果乘以-1，就能得到了下面的函数：

$$\begin{aligned} J(\boldsymbol{W}) &= -\sum_i \log[f(\text{input}^{[k]}, \boldsymbol{W})^{m_i^{[k]}} (1 - f(\text{input}^{[k]}, \boldsymbol{W}))^{1 - m_i^{[k]}}] \\ &= -\sum_i m_i^{[k]} \log f(\text{input}^{[k]}, \boldsymbol{W}) + (1 - m_i^{[k]}) \log(1 - f(\text{input}^{[k]}, \boldsymbol{W})) \end{aligned} \tag{9.18}$$

训练学习算法时，$J(\boldsymbol{W})$是最小化误差函数。该函数可以很容易地代入使用梯度下降的算法以调节其参数。

9.3.4 实例与深度思考

图9.9给出了训练人工神经网络来模拟反演传感器模型的结果。本例中的机

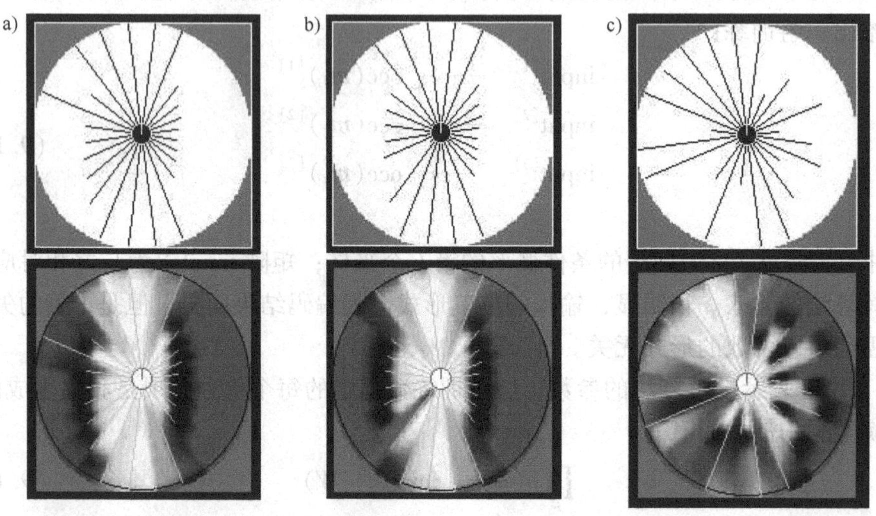

图9.9 由数据学习得来的反演传感器模型（上排为3个采样超声波传感器扫描，下排为由神经网络生成的局部占用地图；亮的区域为非占用空间，暗的区域为墙和障碍，放大了一个机器人半径）

器人，在相当于桌子高度的位置装备了环形阵列超声波传感器。人工网络的输入是相对目标栅格的距离和角度的，有一系列 5 个相邻的距离测量值。输出的是占用概率：某单元颜色越深，该单元就越有可能被占用。如本例所示，该方法正确地学习了如何将非占用空间与占用空间区别开来。障碍物后面的相同的灰色区域对应占用先验概率，这一区域在应用占用栅格地图构建算法时没有改变。图 9.9b所示的左上方有一个错误的短测量值。这里，只有一个读数，是不够高概率地预测一个障碍的。

这里可以看到，有一些方法是利用由机器人采集的真实数据去训练函数近似器的，而不是用由正演模型仿真的数据。通常，这类数据是可以用来学习的最准确的数据，因为测量模型必定是个近似值。这种方法适用于解决机器人有已知的地图在已知环境中运行的问题。利用马尔可夫定位方法，就可以定位机器人，并运用其自带的真实记录数据和已知地图占用来组合训练实例。甚至有可能从近似地图开始，运用学习传感器模型生成更好的地图，并运用上面给出的步骤来改进反演测量模型。

9.4　最大化后验占用地图构建

9.4.1　维持依赖实例

本章剩余的内容，将回到关于占用栅格构建算法的最基本假设。在 9.2 节，假设能安全地将定义在全地图高维空间的地图推理问题，分解为单一单元地图构建问题的集合。该假设可以表示为式（9.4）的因式分解，即

$$p(\boldsymbol{m} \mid z_{1:t}, \boldsymbol{x}_{1:t}) = \prod_i p(\boldsymbol{m}_i \mid z_{1:t}, \boldsymbol{x}_{1:t}) \tag{9.19}$$

这就带来了一个问题，这样进行分解还能得到正确的结果吗？

图 9.10 给出了这样分解所带来的问题。如图所示，机器人面对着一堵墙，收到两个无噪声的超声波距离测量值。由于该分解方法指示出测量距离弧形上有一物体，则该弧形上的所有栅格的占用值都会增加。如果综合图 9.10c 和 d 所示的两个不同测量值，冲突就会增加，如图 9.10e 所示。标准的占用栅格地图构建算法通过综合正的和负的占用证据就可以解决此冲突；但是，这样会影响两种测量的次数，是不好的。

但是，图 9.10f 所示的地图很好地演示了无任何冲突的传感器测量。这是因为，假设测量锥形上的某处（somewhere）有障碍，就能够解读传感器读数了。换句话说，一个测量锥会覆盖很多个栅格，就会导致相邻的各栅格产生重要的相互依赖性。如果将地图构建分解为几千个独立栅格单元的估计问题，就没法再考虑它们的相互依赖性了。

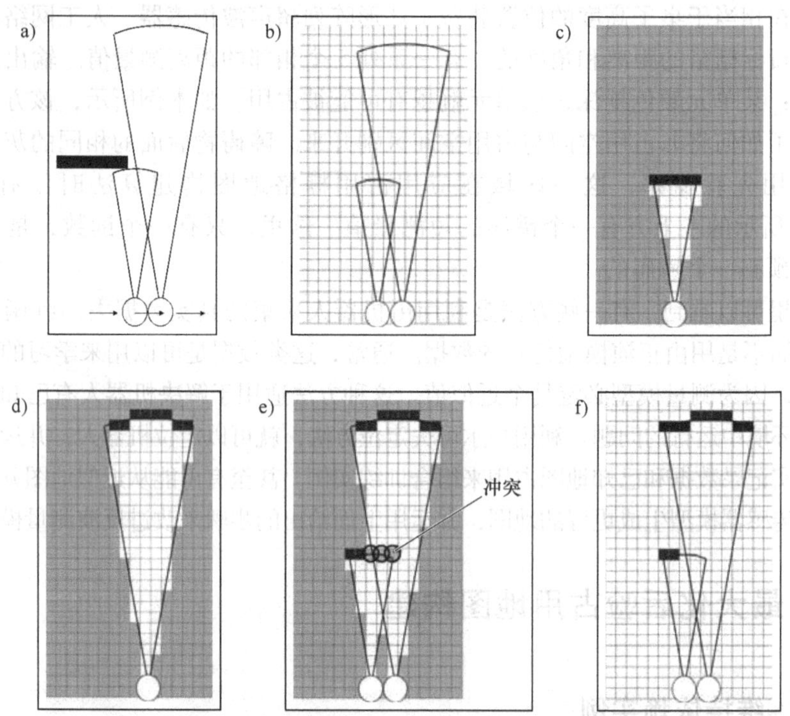

图 9.10 9.2 节的标准占用栅格地图构建算法的问题（环境如图 a 所示，一个经过的机器人应该收到图 b 所示的无噪声测量值；因式分解方法将测量波束映射到概率地图，分别对应每个栅格单元和每个波束，如图 c 和 d 所示；综合得到图 e 所示的地图；很明显，在重叠区是有冲突的，该冲突如图 e 圆圈所示；非常有意思的是，图 f 所示很好地解释了传感器测量而没有任何冲突；对于解释传感器读数，假设障碍物在测量锥的某一处就足够了，而不用假设是在测量锥的各处）

9.4.2 用正演模型进行占用栅格地图构建

一种算法可以把上述这些相互依赖性综合起来，产生后验模型，但不是全后验模型。该模型定义为地图后验的对数最大值。

$$m^* = \underset{m}{\text{argmax}} \log p(m \mid z_{1:t}, x_{1:t}) \tag{9.20}$$

该地图后验可以分解为地图先验和测量似然［见式（9.11）］：

$$\log p(m \mid z_{1:t}, x_{1:t}) = \text{常数} + \log p(z_{1:t} \mid x_{1:t}, m) + \log p(m) \tag{9.21}$$

该似然对数 $\log p(z_{1:t} \mid x_{1:t}, m)$ 分解为单次测量的对数似然之和：

$$\log p(z_{1:t} \mid x_{1:t}, m) = \sum \log p(z_t \mid x_t, m) \tag{9.22}$$

并且，先验对数也可以分解。同样地，注意到地图 m 的先验概率可以由以下的乘积得到：

$$
\begin{aligned}
p(\boldsymbol{m}) &= \prod_i p(\boldsymbol{m})^{m_i}(1-p(\boldsymbol{m}))^{1-m_i} \\
&= (1-p(\boldsymbol{m}))^N \prod_i p(\boldsymbol{m})^{m_i}(1-p(\boldsymbol{m}))^{-m_i} \\
&= \eta \prod_i p(\boldsymbol{m})^{m_i}(1-p(\boldsymbol{m}))^{-m_i} \qquad (9.23)
\end{aligned}
$$

式中，$p(\boldsymbol{m})$ 为先验占用概率，如 $p(\boldsymbol{m})=0.5$；N 为地图中的栅格单元的数量。表达式 $(1-p(\boldsymbol{m}))^N$ 为一个常数，通常可用通用符号 η 代替。

先验概率的对数形式为

$$
\begin{aligned}
\log p(\boldsymbol{m}) &= \text{常数} + \sum_i \boldsymbol{m}_i \log p(\boldsymbol{m}) - \boldsymbol{m}_i \log(1-p(\boldsymbol{m})) \\
&= \text{常数} + \sum_i \boldsymbol{m}_i \log \frac{p(\boldsymbol{m})}{1-p(\boldsymbol{m})} \\
&= \text{常数} + \sum_i \boldsymbol{m}_i l_0 \qquad (9.24)
\end{aligned}
$$

式中，常数 l_0 来自式（9.7）。$M\log(1-p(\boldsymbol{m}_i))$ 很明显与地图无关。因此，可以将剩余的表达式和数据对数似然优化为

$$
\boldsymbol{m}^* = \underset{m}{\operatorname{argmax}} \sum_t \log p(z_t \mid \boldsymbol{x}_t, \boldsymbol{m}) + l_0 \sum_i \boldsymbol{m}_i \qquad (9.25)
$$

最大化对数概率的爬山算法见程序 9.3。该算法由全空地图开始（第 2 行）。将数据似然忽然增加时，该算法改变栅格单元的占用值（第 4 ~6 行）。对于这种算法来说，先验占用概率 $p(\boldsymbol{m}_i)$ 不要太接近 1 是非常必要的；否则，就会返回一个全占用地图。对于任一种爬山算法，该方法只能保证找到一个局部极大值。实际上，如果有的话，只会有非常少的局部极点。

1: **Algorithm MAP_occupancy_grid_mapping**($x_{1:t}, z_{1:t}$):
2: *set* $m = \{0\}$
3: *repeat until convergence*
4: *for all cells* m_i *do*
5: $m_i = \underset{k=0,1}{\operatorname{argmax}}\ k\, l_0 + \sum_t \log$ **measurement_model**(z_t, x_t, m *with* $\mathrm{m}_i = k$)
6: *endfor*
7: *endrepeat*
8: *return* m

程序 9.3　最大后验占用栅格算法（该算法使用传统测量模型而非反演模型）

图 9.11 给出了程序 9.3 所示的占用栅格算法的结果。图 9.11a 给出了机器

人经过一扇敞开的门时的无噪声数据集。一些超声波探测检测到敞开的门，但是另一些探测被门柱反射回来。反演模型的标准占用地图构建算法不能捕捉到敞开的门，如图 9.11b 所示。后验概率模型如图 9.11c 所示。该地图正确地建模了门，因此，它比标准占用栅格地图构建算法更适用于机器人导航。图 9.11d 给出了地图的残余不确定度。该图是单元灵敏度分析的结果：减小栅格单元对数似然函数的量由单元的灰度表示。图中，规则栅格地图中的相似性表示了障碍物后面栅格单元的最大不确定性。

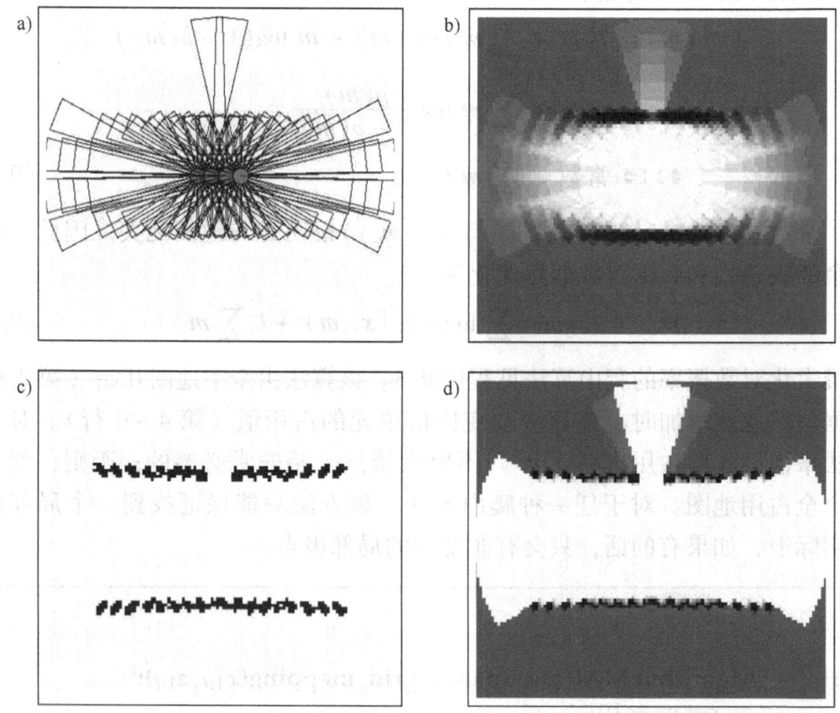

图 9.11 占用栅格算法的结果

a）来自无噪声的模拟器的超声波测距数据 b）标准占用地图构建的结果（缺少打开的门） c）后验地图的最大值 d）地图中的残余不确定性（由测量地图似然关于单一栅格单元的灵敏度得到；清楚地指出了门的位置，还包括了两边的平面墙）

MAP_occupancy_grid_mapping 算法有一些局限，可以在多个方面进行改进。该算法是一种最大后验方法，本身对于解决残余地图的不确定性问题没有贡献。本书给出的灵敏度分析方法能够对不确定性进行近似。但这种近似是过于自信的，因为灵敏度分析只检查模型的局部。而且，该算法是一种批处理算法，不能逐步进行处理。实际上，该算法要求所有数据保存在内存中。计算终止时，该算法可以通过用规则占用栅格地图构建方法的结果（而不是整个地图）来加速。

最后，可以发现，只有一小部分的测量受到了程序 9.3 所示第 5 行更新栅格单元的影响。因为每一个总数都非常大，只有一小部分要素需要在计算角度最大值时被检查。这种属性可以在基本算法中被用来提高计算效率。

9.5 小结

本章介绍了获得占用栅格的算法。本章中的所有算法都要求具有对机器人位置的准确估计，因此它们都不能解决一般的地图构建问题。

- 标准占用地图构建算法，对每个栅格单元单独估计占用后验概率，是静态环境二值贝叶斯滤波的变形。
- 多种传感器的数据可以通过两种途径融合进一个地图：一种途径是用贝叶斯滤波器维护一个地图；另一种途径是每种传感器维护一个地图。当不同传感器对不同种类的障碍物敏感时，后一种途径通常更优。
- 标准占用栅格地图构建算法要依赖反演测量模型。该模型根据结果推测原因，即由测量值来推测占用情况，这与定位情境下贝叶斯滤波器的先验应用有所不同。定位情境下的贝叶斯滤波器应用，是基于传感测量模型的，是由原因到结果。
- 传统测量模型将传感器建模为由因到果，由传统测量模型得到反演测量模型是可能的。为了做到这一点，就得运用监督学习算法生成采样并得到反演模型。
- 标准占用栅格地图构建算法在估计占用时不能维护依赖关系。这是将地图后验估计问题分解为大量单一单元后验估计问题的结果。
- 整个地图的后验估计通常是不可计算的，这是因为在栅格上可以定义大量的地图。但是，这个数量是可以被最小化的。最小化使地图比运用贝叶斯滤波器的占用栅格地图算法更能与数据一致。但是，最小化要求所有数据可获得，并且得到的最小化后验地图不能捕捉地图残余的不确定性。

毫无疑问，占用栅格地图和它们的变种在机器人领域非常流行。这是因为它们非常容易获得，并且占用栅格地图捕捉到了机器人导航的重要元素。

9.6 文献综述

占用栅格地图的提出，应归功于 Elfes（1987），他的博士论文（1989）明确了这一领域。被广泛关注的 Moravec 的论文（1988）对该主题做了更好的介绍，并设计出基本的概率方法，该方法是本章的核心。在未发表的论文中，Moravec 和 Martin（1994）应用了立体成像系统作为主要的传感器，将占用栅格地图扩展到三维。占用栅格的多传感器融合已经由 Thrun 等（1998a）介绍过。本章提到的反演传感器模型的研究成果可以在 Thrun（1998b）的论文中找到。本章提到的正演建模方法是基于 Thrun（2003）的类似的数学方法。

占用栅格地图已经用于解决各种不同的问题。Borenstein 和 Koren（1991）首先将占用栅格地图应用于防撞问题。一些作者通过交叉匹配两个占用栅格地图，将占用栅格地图应用于定位问题。这样的“地图匹配”算法在本书第 7 章有详细的说明。Biswas 等（2002）应用占用栅格地图研究动态环境中的可移动物体的形状模型。该方法后来扩展到用于研究动态物体的分层等级模型，所有这些均用栅格地图表示（Anguelov 等，2002）。占用栅格地图还扩展到用于同时定位与地图构建问题。这些应用将在后面进行讨论。

用栅格表示空间的思想，只是移动机器人技术文献所探究的众多思想中的一个。运动规划经典文献往往假设环境由多边形表示，但对于如何由数据获得这些模型仍未解决（Schwartz 等，1987）。研究多边形地图的早期建议应归功于 Chatila 和 Laumond（1985）。首次应用卡尔曼滤波，使用声纳数据拟合直线的是 Crowley（1989）。在更多近期的文献中，Anguelov 等（2004）发明了从原始传感器数据中识别直线排列的门的技术，并研究了视觉属性以提高对门的检测率。

空间表达的早期模式是拓朴模式。在该模式中，空间用一系列的局部关系来表示，通常对应机器人在相邻位置之间导航所要完成的特定运动。拓朴地图构建算法的例子包括 Kuipers 和 Levitt（1998）的关于空间语义层次（Spatial Semantic hierarchy）的论文（另见 Kuipers 等，2004），Matarić（1990）及 Kortenkamp 和 Weymouth（1994）的关于用声呐和视觉数据形成拓扑图的论文，Shatkay 和 Kaelbling（1997）关于弧长信息的空间隐马尔可夫方法。占用栅格地图是拓扑地图的互补模式：度量表示法。度量表示法可以在某些绝对坐标系上直接描述机器人环境。度量方法的第二个例子是 EKF SLAM 算法，该算法将在后面的章节进行讨论。

人们努力探索地图构建算法经历了很多，从而可以在两种模式上（拓扑和度量）都获最佳的结果。Tomatis 等（2002）运用拓扑表示法实现了一致闭环，然后就转向度量地图。Thrun（1998b）先建立了度量占用栅格地图，然后提取拓扑架构以方便快速运动规划。本书第 11 章将研究沟通两种模式（度量的和拓扑的）的技术。

9.7 习题

1. 将程序 9.1 中的基本占用栅格算法改为包含占用随时间改变的项。为适应这种改变，之前时间步长 Δt 中收集的证据应该被因子 $\alpha^{\Delta t}$ 衰减，这里 $\alpha<1$（如 $\alpha=0.99$）。这样的规则被称为指数衰减（exponential decay）。描述对数概率形式的指数衰减占用栅格地图构建算法，并证明其正确性。如果不能找到一个精确的算法，说明近似并证明为什么它是合适的近似。为了简化，可以假设占用先验 $p(\boldsymbol{m}_i)=0.5$。

2. 二值贝叶斯滤波器假设一个单元要么被占用要么不被占用，传感器为正确的假设提供是否有噪声的证据。这里，请为栅格单元建立一个非此即彼的估计器：假设传感器只能测量“0 为不被占用”或“1 为被占用”，现在收到以下序列：

$$0, 0, 1, 0, 1, 1, 1, 0, 1, 0$$

那么，下一个读数是 1 的最大似然概率 p 是多少？为概率 p 的通用最大似然估计器提供一个增量公式。讨论该估计器与二进制贝叶斯滤波器的不同（所有上述问题都只是针对一个单元的）。

3. 这里，研究一下室内机器人的传感器通用配置问题。假设一个室内机器人使用锥角为 15°的超声波传感器，安装在固定的高度，以使它们指向水平的方向（并平行于地面）。图 9.12 给出了这样一个机器人。讨论一下，如果机器人面对一个高度低于传感器高度的障碍物（如低 15cm）会怎样？那么，回答以下具体问题：

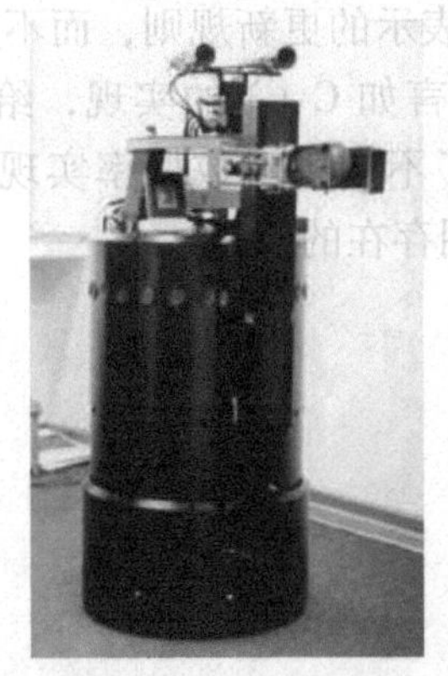

图 9.12　室内移动机器人 RWI B21（装备了 24 个超声波传感器的环形阵列）

a）在何种情况下，机器人能检测到障碍物？在何种情况下不能检测到障碍物？请简要说明。

b）对于二进制贝叶斯滤波和马尔可夫假设，都有什么样的结果？如何令占用栅格算法失效？

c）基于对前面问题的回答，能提供一种比普通的占用栅格地图构建算法更能可靠地检测到障碍物的改进的占用栅格地图构建算法吗?

4. 本习题要求设计一个简单的传感器模型。假设给定以下 4 个单元的二值占用测量:

单元编号	类型	测量序列
1	占用	1 1 0 1 0 1 1
2	占用	0 1 1 1 0 0 1
3	未占用	0 0 0 1 0 0 0
4	未占用	1 0 0 1 0 0 0

那么,最大似然测量模型 $p(z \mid m_i)$ 是多少?(提示,m_i是一个二值占用变量;z 是一个二值测量变量)

5. 对于习题 4 中的表,应用基本概率占用栅格算法。

a) 假设先验 $p(m_i)=0.5$,对四种不同情况的后验 $p(m_i \mid z_{1:7})$ 是多少?

b) 对于习题 4 中的四种情况,为传感器模型推导调整算法,使占用栅格地图构建算法的输出尽可能接近真实值。发现了什么?(对于这个问题,得想出一个合适的贴近度)

6. 标准占用栅格地图构建算法以对数概率方式实现,即使它同样可以以概率方式实现。

a) 导出直接用占用概率表示的更新规则,而不用走对数概率表示的弯路。

b) 对于用通用的编程语言如 C ++ 的实现,给出因为数值截断(numerical truncation)使概率实现产生了不同于对数概率实现结果的例子。解释给出的例子,并证明是否是在实际应用存在的问题。

第 10 章　同时定位与地图构建

10.1　引言

本章和接下来的章节将探讨机器人领域中最基础的问题之一——即时定位与地图构建（Simultaneous Localization and Mapping，SLAM）问题。该问题还被称为同时定位和地图构建（Concurrent Mapping and Localization，CML）。当机器人不能得到环境地图，也不知道自身的位置时，SLAM 问题就被提出来。反之的是，所有给定的是测量 $z_{1:t}$ 和控制 $u_{1:t}$。该术语描述了以下情况：在 SLAM 问题中，机器人获得一张环境地图的同时确定自己相对于该地图的位置。SLAM 问题比到目前为止讨论过的机器人领域的所有其他问题都要难解决得多。该问题比定位问题更困难，是因为地图是未知的，并且不得不沿着路径估计该地图。该问题也比给定位姿构建地图要困难，因为位姿是未知的，并且不得不沿路径估计位姿。

从概率的观点看，SLAM 问题有两个主要的形式，它们具有同等重要的实践意义。一个叫做在线 SLAM 问题（online SLAM problem），它涉及估计瞬时位姿和地图的后验问题，有

$$p(\boldsymbol{x}_t, \boldsymbol{m} \mid \boldsymbol{z}_{1:t}, \boldsymbol{u}_{1:t}) \tag{10.1}$$

式中，$\boldsymbol{x}_t$ 为 t 时刻机器人的位姿；$\boldsymbol{m}$ 为地图；$\boldsymbol{z}_{1:t}$ 和 $\boldsymbol{u}_{1:t}$ 分别为测量值和控制量。因为只包含了时刻 t 的变量估计问题，该问题被称为在线 SLAM 问题。在线 SLAM 问题的许多算法是增量的。在这些算法中，过去的测量值和控制量一旦被处理即被丢弃。在线 SLAM 问题的图示模型如图 10.1 所示。

第二个 SLAM 问题是全 SLAM 问题（full SLAM problem）。在全 SLAM 问题中，试图计算全路径 $\boldsymbol{x}_{1:t}$ 与地图的后验，而不只是当前位置 $\boldsymbol{x}_t$（见图 10.2），即

$$p(\boldsymbol{x}_{1:t}, \boldsymbol{m} \mid \boldsymbol{z}_{1:t}, \boldsymbol{u}_{1:t}) \tag{10.2}$$

在线 SLAM 与全 SLAM 的微妙不同在于，它们采用了算法的不同分支。在实际应用中，在线 SLAM 问题是对全 SLAM 问题的过去位姿积分的结果。

$$p(\boldsymbol{x}_t, \boldsymbol{m} \mid z_{1:t}, \boldsymbol{u}_{1:t}) = \iint \cdots \int p(\boldsymbol{x}_{1:t}, \boldsymbol{m} \mid z_{1:t}, \boldsymbol{u}_{1:t}) \mathrm{d}\boldsymbol{x}_1 \mathrm{d}\boldsymbol{x}_2 \cdots \mathrm{d}\boldsymbol{x}_{t-1} \tag{10.3}$$

对于在线 SLAM 问题，这些积分运算是依次进行的。这就导致了 SLAM 的依赖结构发生有趣变化，这一点将在本书第 11 章探讨。

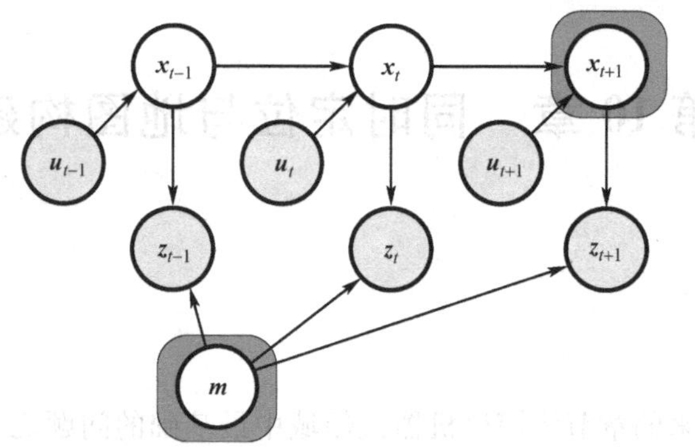

图 10.1　在线 SLAM 问题的图示模型（在线 SLAM 的目标是估计机器人当前位姿和地图的后验）

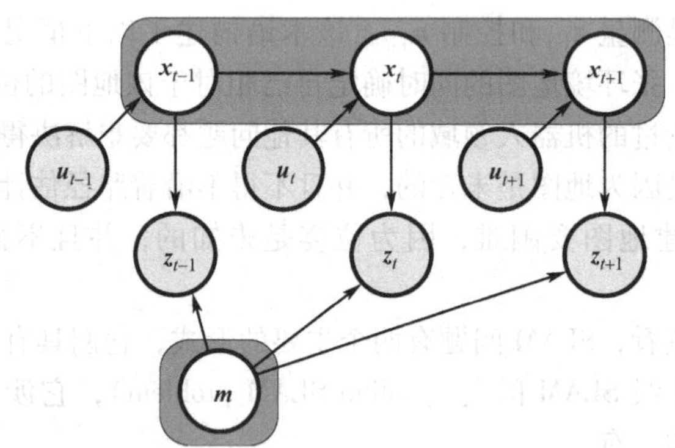

图 10.2　全 SLAM 问题的图示模型（计算关于整个机器人路径和地图的联合后验）

SLAM 问题的第二个关键特点，与估计问题的本质有关。SLAM 问题拥有连续和离散的要素。连续的估计问题涉及地图中物体的定位和机器人自身位姿变量。在基于特征的表示方式中，物体可能是地标，或者是由测距传感器探测到的某些部分。离散特性与一致性有关：当物体被检测到时，SLAM 算法推理该物体与之前被检测到的物体之间的联系。该推理过程是离散的：该物体要么与之前探测到的物体是同一个，要么不是。

前面已经讨论过相似的连续-离散估计问题。例如，本书 7.4 节用于估计机器人位姿的 EKF 定位问题，它是连续的。但要这样做还需要估计各个测量与地图中的各地标的一致性，这是离散的。下面还将讨论处理 SLAM 中的连续和离散问题的其他技术。

有时，明确一致性变量是非常有用的，如本书第 7 章介绍定位问题时所做的那样。在线 SLAM 后验由下式给定：

$$p(\boldsymbol{x}_t, \boldsymbol{m}, c_t \mid \boldsymbol{z}_{1:t}, \boldsymbol{u}_{1:t}) \tag{10.4}$$

全 SLAM 后验由下式给定：

$$p(\boldsymbol{x}_{1:t}, \boldsymbol{m}, c_{1:t} \mid \boldsymbol{z}_{1:t}, \boldsymbol{u}_{1:t}) \tag{10.5}$$

在线后验由全后验对过去机器人位姿积分和对所有过去一致性求和得到：

$$p(\boldsymbol{x}_t, \boldsymbol{m}, c_t \mid \boldsymbol{z}_{1:t}, \boldsymbol{u}_{1:t}) = \iint \cdots \int \sum_{c_1} \sum_{c_2} \cdots \sum_{c_{t-1}} p(\boldsymbol{x}_{1:t}, \boldsymbol{m}, c_{1:t} \mid \boldsymbol{z}_{1:t}, \boldsymbol{u}_{1:t}) \mathrm{d}\boldsymbol{x}_1 \mathrm{d}\boldsymbol{x}_2 \cdots \mathrm{d}\boldsymbol{x}_{t-1} \tag{10.6}$$

在两个 SLAM 问题版本（即在线 SLAM 和全 SLAM）中，估计全后验的式（10.4）或式（10.5）是 SLAM 问题的黄金定律。全后验捕捉所有关于地图和位姿或路径的已知内容。

在实际应用中，计算全后验常是不可实现的。其原因有两个：①连续参数空间的高维数；②离散一致性变量的数量巨大。许多先进的 SLAM 算法用数以万计或更多的特征来构建地图。即使在已知一致性的情况下，只是这些地图的后验就包含了 10^5 甚至更多维的概率分布。这与定位问题形成了鲜明的对比，定位问题的后验是在三维连续空间上的估计。而且，在多数应用中，一致性是未知的。一致性变量 $c_{1:t}$ 的可能分配的数量随时间呈指数增长。因此，可用的能处理一致性问题的 SLAM 算法必须依赖近似。

SLAM 问题会在下面几章继续讨论。本章接下来就线 SLAM 问题探讨 EKF 算法。大部分的知识是基于本书 3.3 节和 7.4 节的。3.3 节介绍了 EKF 算法，7.4 节介绍了如何将 EKF 算法应用于移动机器人定位问题。本书推导出了 EKF 算法的流程，并将其首先运用到已知一致性的 SLAM 问题上，再将其推广到更一般的未知一致性的问题上。

10.2　基于扩展卡尔曼滤波的SLAM

10.2.1　设定和假设

历史上最早并可能是最有影响的 SLAM 算法是基于 EKF 的。EKF SLAM 算法使用最大似然数据关联将 EKF 应用于在线 SLAM。这样做时，EKF SLAM 受限于一些近似和限制性假设。

在 EKF SLAM 方法中，地图是基于特征的（feature-based）。地图由点地标组成。由于计算的原因，点地标的数量通常比较小（如小于 1 000）。而且，地标的不确定性越小，EKF 方法工作效果越好。因此，EKF SLAM 算法要求较高的特征检测技术，有时运用人工信标作为特征。

与很多 EKF 算法一样，EKF SLAM 算法对机器人运动和预测采用高斯噪声假设（Gaussian noise assumption）。后验中的不确定性的总和应该相对较小，因为如果不是这样的话，各 EKF 中的线性化将引入让人不可忍受的误差。

EKF SLAM 算法，与 7.4 节中讨论过的 EKF 定位器算法类似，只能处理地标的正（positive）观测。该算法不能处理由于缺少地标而造成的传感器测量中的负信息。这是高斯置信度表达方式的直接结果，该问题已在本书 7.4 节讨论过。

10.2.2 已知一致性的 SLAM 问题

SLAM 算法在已知一致性的情况下只表达 SLAM 问题的连续性部分。该算法的发展在某些方面与 7.4 节介绍的 EKF 定位算法是并行的，但有一个关键的不同：除了估计机器人的位姿 $\boldsymbol{x}_t$，EKF SLAM 算法还估计路径中所遇到的所有地标的坐标。这样就使将地标坐标包含到状态矢量中成为必然。

为方便起见，把包含机器人位姿和地图的状态矢量称为联合状态矢量（combined state vector），并将该矢量定义为 $\boldsymbol{y}_t$。该联合状态矢量由下式给出：

$$\boldsymbol{y}_t = \begin{pmatrix} \boldsymbol{x}_t \\ \boldsymbol{m} \end{pmatrix} = (x \quad y \quad \theta \quad m_{1,x} \quad m_{1,y} \quad s_1 \quad m_{2,x} \quad m_{2,y} \quad s_2 \quad \cdots \quad m_{N,x} \quad m_{N,y} \quad s_N)^{\mathrm{T}} \tag{10.7}$$

式中，x、y、θ 为机器人在 t 时刻的坐标（不要与状态变量 $\boldsymbol{x}_t$ 和 $\boldsymbol{y}_t$ 混淆）；$m_{i,x}$ 和 $m_{i,y}$ 为第 i 个地标的坐标，$i=1$，…，N；s_i 为该地标的签名。该状态矢量是 $3N+$ 三维的，N 为地图中地标的数量。很明显，对所有合理的数值 N，该矢量维数大大大于本书 7.4 节介绍的 EKF 定位算法时所估计的位姿矢量的维数。另外，EKF SLAM 还要计算在线后验 $p(\boldsymbol{y}_t \mid z_{1:t},\ \boldsymbol{u}_{1:t})$。

EKF SLAM 算法见程序 10.1，请注意与程序 7.2 给出的 EKF 定位算法的相似性。其中，第 2 ~5 行应用了运动更新，第 6 ~20 行综合了测量矢量。

第 3 ~5 行，按照运动模型处理置信度的均值和协方差。该操作只影响与机器人位姿有关的置信度分布的要素。地图的均值与协方差变量保持不变，位姿-地图协方差也不变。第 7 ~20 行，所有测量反复迭代。第 9 行的测试对没有初始位置估计的地标返回“true”。第 10 行，用从对应的距离和方位测量中获得的预计的位置来初始化这些地标。后面将会讨论这一步对于各 EKF 的线性化的重要性，但是这一步对于线性卡尔曼滤波器并无必要。对每一次测量，“期望”的测量值由第 14 行计算，相应的卡尔曼增益（Kalman gain）由 17 行计算。注意，卡尔曼增益是一个 $3\times(3N+3)$ 矩阵。该矩阵通常不是方阵。信息通过整个状态估计传播。该滤波器更新发生在第 18、19 行，该更新反过来会影响机器人置信度。

Algorithm EKF_SLAM_known_correspondences($\mu_{t-1}, \Sigma_{t-1}, u_t, z_t, c_t$):

$$F_x = \begin{pmatrix} 1 & 0 & 0 & 0\cdots0 \\ 0 & 1 & 0 & 0\cdots0 \\ 0 & 0 & 1 & \underbrace{0\cdots0}_{3N} \end{pmatrix}$$

$$\bar{\mu}_t = \mu_{t-1} + F_x^T \begin{pmatrix} -\frac{v_t}{\omega_t}\sin\mu_{t-1,\theta} + \frac{v_t}{\omega_t}\sin(\mu_{t-1,\theta}+\omega_t\Delta t) \\ \frac{v_t}{\omega_t}\cos\mu_{t-1,\theta} - \frac{v_t}{\omega_t}\cos(\mu_{t-1,\theta}+\omega_t\Delta t) \\ \omega_t\Delta t \end{pmatrix}$$

$$G_t = I + F_x^T \begin{pmatrix} 0 & 0 & -\frac{v_t}{\omega_t}\cos\mu_{t-1,\theta} + \frac{v_t}{\omega_t}\cos(\mu_{t-1,\theta}+\omega_t\Delta t) \\ 0 & 0 & -\frac{v_t}{\omega_t}\sin\mu_{t-1,\theta} + \frac{v_t}{\omega_t}\sin(\mu_{t-1,\theta}+\omega_t\Delta t) \\ 0 & 0 & 0 \end{pmatrix} F_x$$

$$\bar{\Sigma}_t = G_t\,\Sigma_{t-1}\,G_t^T + F_x^T\,R_t\,F_x$$

$$Q_t = \begin{pmatrix} \sigma_r^2 & 0 & 0 \\ 0 & \sigma_\phi^2 & 0 \\ 0 & 0 & \sigma_s^2 \end{pmatrix}$$

for all observed features $z_t^i = (r_t^i\ \ \phi_t^i\ \ s_t^i)^T$ *do*

$\quad j = c_t^i$

$\quad$ *if landmark j never seen before*

$$\begin{pmatrix} \bar{\mu}_{j,x} \\ \bar{\mu}_{j,y} \\ \bar{\mu}_{j,s} \end{pmatrix} = \begin{pmatrix} \bar{\mu}_{t,x} \\ \bar{\mu}_{t,y} \\ s_t^i \end{pmatrix} + \begin{pmatrix} r_t^i\cos(\phi_t^i + \bar{\mu}_{t,\theta}) \\ r_t^i\sin(\phi_t^i + \bar{\mu}_{t,\theta}) \\ 0 \end{pmatrix}$$

$\quad$ *endif*

$$\delta = \begin{pmatrix} \delta_x \\ \delta_y \end{pmatrix} = \begin{pmatrix} \bar{\mu}_{j,x} - \bar{\mu}_{t,x} \\ \bar{\mu}_{j,y} - \bar{\mu}_{t,y} \end{pmatrix}$$

$$q = \delta^T\delta$$

$$\hat{z}_t^i = \begin{pmatrix} \sqrt{q} \\ \operatorname{atan2}(\delta_y, \delta_x) - \bar{\mu}_{t,\theta} \\ \bar{\mu}_{j,s} \end{pmatrix}$$

$$F_{x,j} = \begin{pmatrix} 1 & 0 & 0 & 0\cdots0 & 0 & 0 & 0 & 0\cdots0 \\ 0 & 1 & 0 & 0\cdots0 & 0 & 0 & 0 & 0\cdots0 \\ 0 & 0 & 1 & 0\cdots0 & 0 & 0 & 0 & 0\cdots0 \\ 0 & 0 & 0 & 0\cdots0 & 1 & 0 & 0 & 0\cdots0 \\ 0 & 0 & 0 & 0\cdots0 & 0 & 1 & 0 & 0\cdots0 \\ 0 & 0 & 0 & \underbrace{0\cdots0}_{3j-3} & 0 & 0 & 1 & \underbrace{0\cdots0}_{3N-3j} \end{pmatrix}$$

$$H_t^i = \frac{1}{q}\begin{pmatrix} -\sqrt{q}\delta_x & -\sqrt{q}\delta_y & 0 & +\sqrt{q}\delta_x & \sqrt{q}\delta_y & 0 \\ \delta_y & -\delta_x & -q & -\delta_y & +\delta_x & 0 \\ 0 & 0 & 0 & 0 & 0 & q \end{pmatrix} F_{x,j}$$

$$K_t^i = \bar{\Sigma}_t\,H_t^{iT}(H_t^i\,\bar{\Sigma}_t\,H_t^{iT} + Q_t)^{-1}$$

$$\bar{\mu}_t = \bar{\mu}_t + K_t^i(z_t^i - \hat{z}_t^i)$$

$$\bar{\Sigma}_t = (I - K_t^i\,H_t^i)\,\bar{\Sigma}_t$$

endfor

$\mu_t = \bar{\mu}_t$

$\Sigma_t = \bar{\Sigma}_t$

return μ_t, Σ_t

程序 10.1　EKF SLAM 算法（已知一致性）

卡尔曼滤波增益与所有状态变量有关，而不仅是观测到的地标和机器人位姿，这一点非常重要。在 SLAM 中，观察一个地标并不只是改进了这一个地标的位置估计，而且也改进了另外所有地标的位置估计。该影响间接地通过机器人位姿实现：观察地标改进了机器人位姿估计，并因此消除了以前由同一个机器人看到的地标的不确定性。令人惊喜的是，不必非常准确地模拟过去的位姿，这样便进入全 SLAM 问题的领域，并使 EKF 成为非实时算法。相反，这种依赖关系在高斯后验中捕捉。更具体地说，是在矩阵 $\boldsymbol{\Sigma}_t$ 的非对角协方差元素中体现。

图 10. 3 给出了一个虚拟的 EKF SLAM 算法示例。机器人从起始位姿（作为

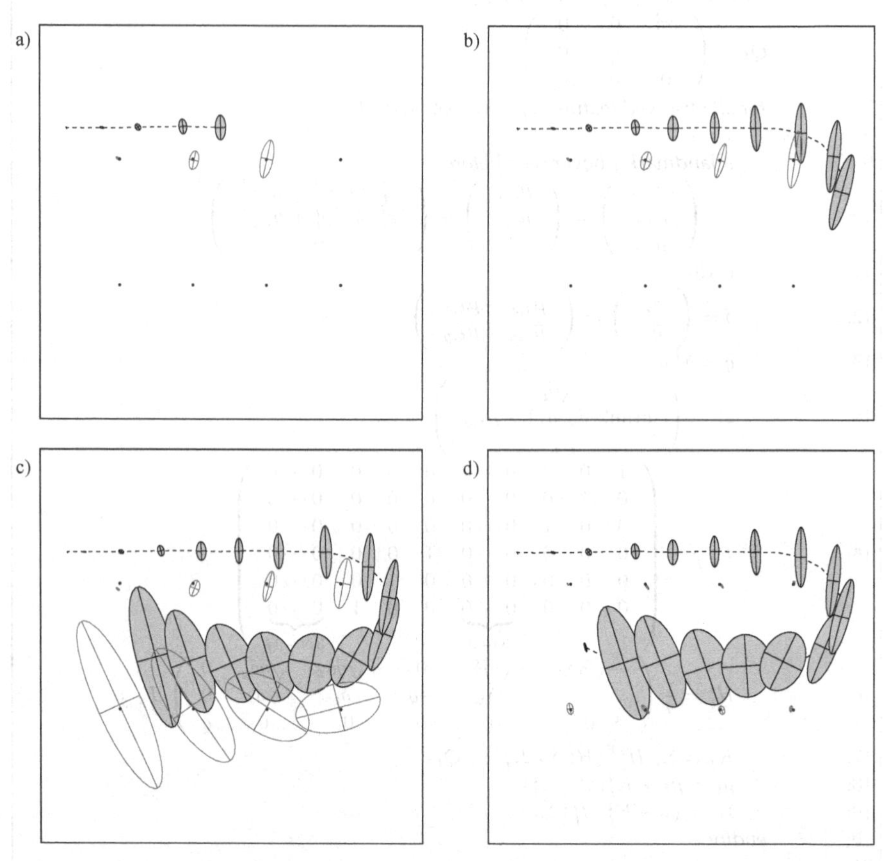

图 10. 3　卡尔曼滤波应用于在线 SLAM 问题（机器人的路径为虚线，机器人位置估计为阴影椭圆；8 个可区分的未知位置地标用小圆点表示，它们的位置估计用白色椭圆表示；图 a ~ c 中，机器人位置不确定性不断增加，机器人所观察到的地标的不确定性也增加；图 d 中，机器人又一次感知第一个地标，所有地标的不确定性减小，机器人当前位姿的不确定性也减小；由美国斯坦福大学的 Michael Montemerlo 提供）

坐标系原点）开始行驶。运动时，机器人自身位姿的不确定性增加，这一点由半径不断增加的不确定椭圆表示。机器人感知附近的地标，并将带有不确定性的各个地标标在地图上。其不确定性，是综合了固定的测量不确定性和增加的位姿不确定性得出的。因此，地标位置的不确定性会随时间增长。实际上，地标在被观测到时，其位置不确定性与机器人的位姿不确定性相当。有趣的变化如图 10.3d所示。机器人观察它在刚刚开始地图构建的时候看到的地标，该地标的位置相对容易知道。通过这些观察，机器人位姿误差被减小，如图 10.3d 所示。注意，机器人的最终位姿只具有非常小的误差椭圆。该观察同样大大降低了地图中其他地标的不确定性。这是优于高斯后验协方差矩阵中所表达的相互依赖关系所致。由于各早期地标的大部分不确定性由机器人位姿导致，并且这种不确定性长期存在，因此，地标的位置估计被校正。当获得机器人位姿的信息时，该信息会蔓延到以前观察到的各个地标。这种影响是 SLAM 后验的最重要特征，可以帮助机器人定位的信息蔓延到整个地图，最终改进了地图中其他地标的定位。

10.2.3 EKF SLAM 的数学推导

一致性条件已知的情况下，EKF SLAM 的数学推导与本书 7.4 节的 EKF 定位器的数学推导类似。其主要的不同是扩展状态矢量，该矢量包含了所有地标的位置和机器人的位姿。

在 SLAM 中，机器人的初始位姿被当做坐标系的原点。该定义有点随意，因为任何坐标系都能代替它。开始时，没有一个地标的位置是已知的。以下的初始均值和协方差表示了置信度：

$$\boldsymbol{\mu}_0 = (0\ 0\ 0\ \cdots\ 0)^{\mathrm{T}} \tag{10.8}$$

$$\boldsymbol{\Sigma}_0 = \begin{pmatrix} 0 & 0 & 0 & 0 & \cdots & 0 \\ 0 & 0 & 0 & 0 & \cdots & 0 \\ 0 & 0 & 0 & 0 & \cdots & 0 \\ 0 & 0 & 0 & \infty & \cdots & 0 \\ \vdots & \vdots & \vdots & \vdots & \ddots & \vdots \\ 0 & 0 & 0 & 0 & \cdots & \infty \end{pmatrix} \tag{10.9}$$

该协方差矩阵是 $(3N+3)\times(3N+3)$。其中包含小的 3×3 机器人位姿变量零矩阵。所有的其他协方差值为无穷大。

在机器人运动时，状态矢量根据标准无噪声速度模型变化，见式（5.13）和式（7.4）。在 SLAM 中，该运动模型扩展为扩展状态矢量。

$$y_t = y_{t-1} + \begin{pmatrix} -\frac{v_t}{\omega_t}\sin\theta + \frac{v_t}{\omega_t}\sin(\theta + \omega_t \Delta t) \\ \frac{v_t}{\omega_t}\cos\theta - \frac{v_t}{\omega_t}\cos(\theta + \omega_t \Delta t) \\ \omega_t \Delta t + \gamma_t \Delta t \\ 0 \\ \vdots \\ 0 \end{pmatrix} \tag{10.10}$$

变量 x，y，θ 定义了机器人在 y_{t-1} 的位姿。由于运动只影响机器人的位姿，而所有地标保持不动，因此只有前三个元素在更新中为非零。这样就可以写为

$$y_t = y_{t-1} + F_x^{\mathrm{T}} \begin{pmatrix} -\frac{v_t}{\omega_t}\sin\theta + \frac{v_t}{\omega_t}\sin(\theta + \omega_t \Delta t) \\ \frac{v_t}{\omega_t}\cos\theta - \frac{v_t}{\omega_t}\cos(\theta + \omega_t \Delta t) \\ w_t \Delta t + \gamma_t \Delta t \end{pmatrix} \tag{10.11}$$

式中，F_x 为将三维状态矢量映射到（$3N+3$）维矢量的矩阵。

$$F_x = \begin{pmatrix} 1 & 0 & 0 & 0 \cdots 0 \\ 0 & 1 & 0 & 0 \cdots 0 \\ 0 & 0 & 1 & \underbrace{0 \cdots 0}_{3N\text{列}} \end{pmatrix} \tag{10.12}$$

有噪声的全运动模型如下：

$$y_t = \underbrace{y_{t-1} + F_x^{\mathrm{T}} \begin{pmatrix} -\frac{v_t}{\omega_t}\sin\theta + \frac{v_t}{\omega_t}\sin(\theta + \omega_t \Delta t) \\ \frac{v_t}{\omega_t}\cos\theta - \frac{v_t}{\omega_t}\cos(\theta + \omega_t \Delta t) \\ \omega \Delta t \end{pmatrix}}_{g(u_t, y_{t-1})} + \mathcal{N}(0, F_x^{\mathrm{T}} R_t F_x) \tag{10.13}$$

其中，$F_x^{\mathrm{T}} R_t F_x$ 将协方差矩阵扩展为维数与全状态矢量相同的方阵。

通常在各 EKF 中，运动函数 g 用一阶泰勒展开式近似：

$$g(u_t, y_{t-1}) \approx g(u_t, \mu_{t-1}) + G_t(y_{t-1} - \mu_{t-1}) \tag{10.14}$$

式中，雅可比矩阵 $G_t = g'(u_t,\ \mu_{t-1})$ 为 g 在 u_t 和 μ_{t-1} 处对 y_{t-1} 的导数，见式（7.7）。

显然，式（10.13）的加法形式可将此雅可比矩阵分解为一个（$3N+3$）×（$3N+3$）单位矩阵（对 y_{t-1} 的导数）加上一个低维雅可比矩阵 g_t，该低维矩阵描述了机器人位姿的改变：

$$G_t = I + F_x^{\mathrm{T}} g_t F_x \tag{10.15}$$

其中

$$g_t = \begin{pmatrix} 0 & 0 & -\dfrac{v_t}{\omega_t}\cos\mu_{t-1,\theta} + \dfrac{v_t}{\omega_t}\cos(\mu_{t-1,\theta} + \omega_t \Delta t) \\ 0 & 0 & -\dfrac{v_t}{\omega_t}\sin\mu_{t-1,\theta} + \dfrac{v_t}{\omega_t}\sin(\mu_{t-1,\theta} + \omega_t \Delta t) \\ 0 & 0 & 0 \end{pmatrix} \tag{10.16}$$

将此近似值代入标准 EKF 算法，即程序 10.1 所示第 2 ~5 行。显然，在第 5 行乘的几个矩阵是稀疏矩阵。在实现本算法时，这一点是应该利用的。更新的结果是，在时刻 t 估计的均值 $\bar{\boldsymbol{\mu}}_t$ 和协方差 $\bar{\boldsymbol{\Sigma}}_t$；该时刻是在用控制 $\boldsymbol{u}_t$ 更新滤波器之后，但在综合测量 $\boldsymbol{z}_t$ 之前。

测量更新的推导与本书 7.4 节给出的相同。给出以下的测量模型：

$$\boldsymbol{z}_t^i = \underbrace{\begin{pmatrix} \sqrt{(m_{j,x} - x)^2 + (m_{j,y} - y)^2} \\ \operatorname{atan2}(m_{j,y} - y, m_{j,x} - x) - \theta \\ m_{j,s} \end{pmatrix}}_{h(y_t, j)} + \mathcal{N}(0, \underbrace{\begin{pmatrix} \sigma_r & 0 & 0 \\ 0 & \sigma_\phi & 0 \\ 0 & 0 & \sigma_s \end{pmatrix}}_{Q_t}) \tag{10.17}$$

式中，x、y、θ 为机器人的位姿；i 为 $\boldsymbol{z}_t$ 中观测到的地标的索引号；$j = c_t^i$，时刻 t 观察到的地标的索引号；r 为到地标的距离；ϕ 为相对地标的角度；s 为地标签名；σ_r、σ_ϕ、σ_s 为相应的测量噪声协方差。

该表达式近似表示为线性函数：

$$h(\boldsymbol{y}_t, j) \approx h(\bar{\boldsymbol{\mu}}_t, j) + \boldsymbol{H}_t^i(\boldsymbol{y}_t - \bar{\boldsymbol{\mu}}_t) \tag{10.18}$$

式中，$\boldsymbol{H}_t^i$ 为函数 h 对全状态矢量 $\boldsymbol{y}_t$ 的导数。由于函数 h 只依赖状态矢量中的两个元素，即机器人的位姿 $\boldsymbol{x}_t$ 和第 j 个地标 $\boldsymbol{m}_j$，因此，该导数分解为低维雅可比矩阵 $\boldsymbol{h}_t^i$ 和矩阵 $\boldsymbol{F}_{x,j}$。矩阵 $\boldsymbol{F}_{x,j}$ 将 $\boldsymbol{h}_t^i$ 映射为与全状态矢量同维的矩阵。

$$\boldsymbol{H}_t^i = \boldsymbol{h}_t^i \boldsymbol{F}_{x,j} \tag{10.19}$$

式中，$\boldsymbol{h}_t^i$ 为函数 $h(y_t, j)$ 在 $\bar{\boldsymbol{\mu}}_t$ 的雅可比矩阵。其关于状态变量 $\boldsymbol{x}_t$ 和 $\boldsymbol{m}_j$ 进行计算如下：

$$\boldsymbol{h}_t^i = \begin{pmatrix} \dfrac{\bar{\mu}_{t,x} - \bar{\mu}_{j,m}}{\sqrt{q_t}} & \dfrac{\bar{\mu}_{t,y} - \bar{\mu}_{j,y}}{\sqrt{q_t}} & 0 & \dfrac{\bar{\mu}_{j,x} - \bar{\mu}_{t,x}}{\sqrt{q_t}} & \dfrac{\bar{\mu}_{j,y} - \bar{\mu}_{t,y}}{\sqrt{q_t}} & 0 \\ \dfrac{\bar{\mu}_{j,y} - \bar{\mu}_{t,y}}{q_t} & \dfrac{\bar{\mu}_{t,x} - \bar{\mu}_{j,x}}{q_t} & -1 & \dfrac{\bar{\mu}_{t,y} - \bar{\mu}_{j,y}}{q_t} & \dfrac{\bar{\mu}_{j,x} - \bar{\mu}_{t,x}}{q_t} & 0 \\ 0 & 0 & 0 & 0 & 0 & 1 \end{pmatrix} \tag{10.20}$$

式中，$q_t = (\bar{\mu}_{j,x} - \bar{\mu}_{t,x})^2 + (\bar{\mu}_{j,y} - \bar{\mu}_{t,y})^2$；跟前面一样，$j = c_t^i$，对应测量 z_t^i 的地标。矩阵 $\boldsymbol{F}_{x,j}$ 为 $6 \times (3N+3)$ 矩阵。它将低维矩阵 $\boldsymbol{h}_t^i$ 映射为 $3 \times (3N+3)$ 矩阵。

$$F_{x,j}=\begin{pmatrix}1&0&0&0\cdots0&0&0&0&0\cdots0\\0&1&0&0\cdots0&0&0&0&0\cdots0\\0&0&1&0\cdots0&0&0&0&0\cdots0\\0&0&0&0\cdots0&1&0&0&0\cdots0\\0&0&0&0\cdots0&0&1&0&0\cdots0\\0&0&0&\underbrace{0\cdots0}_{3j-3}&0&0&1&\underbrace{0\cdots0}_{3N-3j}\end{pmatrix}\tag{10.21}$$

该式用一个非常重要的扩展补偿了程序 10.1 所示 EKF SLAM 算法第 8 ~ 17 行的卡尔曼增益计算要点。当地标第一次被观察到时，式（10.8）对该地标的初始位姿估计会导致线性化比较不好。问题来自式（10.8）初始化，其中 $\boldsymbol{h}$ 被线性化为$(\hat{\mu}_{j,x}\ \hat{\mu}_{j,y}\ \hat{\mu}_{j,s})^{\mathrm{T}}=(0\ 0\ 0)^{\mathrm{T}}$。这是对准确的地标位置的一个不好的估计。一个更好的地标估计如程序 10.1 的第 10 行所示。这里，用期望的位置初始化地标估计$(\hat{\mu}_{j,x}\ \hat{\mu}_{j,y}\ \hat{\mu}_{j,s})^{\mathrm{T}}$。这个期望的位置由期望的机器人位姿和对地标的测量变量推导：

$$\begin{pmatrix}\bar{\mu}_{j,x}\\\bar{\mu}_{j,y}\\\bar{\mu}_{j,s}\end{pmatrix}=\begin{pmatrix}\bar{\mu}_{t,x}\\\bar{\mu}_{t,y}\\s_t^i\end{pmatrix}+\begin{pmatrix}r_t^i\cos(\phi_t^i+\bar{\mu}_{t,\theta})\\r_t^i\sin(\phi_t^i+\bar{\mu}_{t,\theta})\\0\end{pmatrix}\tag{10.22}$$

可以发现，由于测量函数 h 是双射的，因此该初始化是唯一合理的。测量是二维的，地标的位置也是二维的。当测量比地标坐标的维数低时，h 是一个真实投影，而且只根据一次测量来计算有意义的$(\hat{\mu}_{j,x}\ \hat{\mu}_{j,y}\ \hat{\mu}_{j,s})^{\mathrm{T}}$ 表达式是不可能的。也就是说，例如，在机器人视觉 SLAM 实现中，相机经常要计算相对于地标的角度而不是距离的情况。SLAM 常通过综合多个观察和应用三角测量来确定合适的初始位置估计。在 SLAM 问题中，这样的问题被称为纯方位（bearing only）SLAM，并将在本章的习题中进一步讨论。

最后，可以注意到 EKF 算法要求 N^2 个内存，N 为地图中地标的个数。更新次数也是 N^2。二次方更新复杂度来源于发生在 EKF 不同位置的矩阵乘法。

10.3 未知一致性的 EKF SLAM

10.3.1 通用 EKF SLAM 算法

已知一致性的 EKF SLAM 算法扩展为通用 EKF SLAM 算法，通用 EKF SLAM 算法应用增量最大似然（Maximum Likelihood，ML）估计来确定一致性。程序 10.2 给出了未知一致性的算法。

由于一致性未知，算法EKF_SLAM的输入缺少一致性变量 c_t。相反，它包含地图的瞬时尺寸 N_{t-1}。第 3 ~6 行的运动更新与程序 10.1 给出的 EKF_SLAM_known_correspondences 算法中的运动更新等价。但测量更新循环流程并不相同。从第 8 行开始，假设一个新地标的索引为 N_{t+1}，该索引比地图中当前的地标数大 1。新地标的位置在第 9 行初始化，通过给定的机器人位姿估计和测量的距离及方位，计算它的期望位置。第 9 行还将观测签名值分配给新地标。接下来，对所

1: **Algorithm EKF_SLAM**($\mu_{t-1}, \Sigma_{t-1}, u_t, z_t, N_{t-1}$):

2: $N_t = N_{t-1}$

3: $F_x = \begin{pmatrix} 1 & 0 & 0 & 0\cdots 0 \\ 0 & 1 & 0 & 0\cdots 0 \\ 0 & 0 & 1 & 0\cdots 0 \end{pmatrix}$

4: $\bar{\mu}_t = \mu_{t-1} + F_x^T \begin{pmatrix} -\frac{v_t}{\omega_t} \sin \mu_{t-1,\theta} + \frac{v_t}{\omega_t} \sin(\mu_{t-1,\theta} + \omega_t \Delta t) \\ \frac{v_t}{\omega_t} \cos \mu_{t-1,\theta} - \frac{v_t}{\omega_t} \cos(\mu_{t-1,\theta} + \omega_t \Delta t) \\ \omega_t \Delta t \end{pmatrix}$

5: $G_t = I + F_x^T \begin{pmatrix} 0 & 0 & -\frac{v_t}{\omega_t} \cos \mu_{t-1,\theta} + \frac{v_t}{\omega_t} \cos(\mu_{t-1,\theta} + \omega_t \Delta t) \\ 0 & 0 & -\frac{v_t}{\omega_t} \sin \mu_{t-1,\theta} + \frac{v_t}{\omega_t} \sin(\mu_{t-1,\theta} + \omega_t \Delta t) \\ 0 & 0 & 0 \end{pmatrix} F_x$

6: $\bar{\Sigma}_t = G_t\ \Sigma_{t-1}\ G_t^T + F_x^T\ R_t\ F_x$

7: $Q_t = \begin{pmatrix} \sigma_r & 0 & 0 \\ 0 & \sigma_\phi & 0 \\ 0 & 0 & \sigma_s \end{pmatrix}$

8: *for all observed features* $z_t^i = (r_t^i\ \phi_t^i\ s_t^i)^T$ *do*

9: $\begin{pmatrix} \bar{\mu}_{N_t+1,x} \\ \bar{\mu}_{N_t+1,y} \\ \bar{\mu}_{N_t+1,s} \end{pmatrix} = \begin{pmatrix} \bar{\mu}_{t,x} \\ \bar{\mu}_{t,y} \\ s_t^i \end{pmatrix} + r_t^i \begin{pmatrix} \cos(\phi_t^i + \bar{\mu}_{t,\theta}) \\ \sin(\phi_t^i + \bar{\mu}_{t,\theta}) \\ 0 \end{pmatrix}$

10: *for* $k = 1$ *to* N_t+1 *do*

11: $\delta_k = \begin{pmatrix} \delta_{k,x} \\ \delta_{k,y} \end{pmatrix} = \begin{pmatrix} \bar{\mu}_{k,x} - \bar{\mu}_{t,x} \\ \bar{\mu}_{k,y} - \bar{\mu}_{t,y} \end{pmatrix}$

12: $q_k = \delta_k^T \delta_k$

程序 10.2　ML一致性的 EKF SLAM 算法（给出了异常值去除）

13: $\hat{z}_t^k = \begin{pmatrix} \sqrt{q_k} \\ \text{atan2}(\delta_{k,y}, \delta_{k,x}) - \bar{\mu}_{t,\theta} \\ \bar{\mu}_{k,s} \end{pmatrix}$

14: $F_{x,k} = \begin{pmatrix} 1 & 0 & 0 & 0 \cdots 0 & 0 & 0 & 0 & 0 \cdots 0 \\ 0 & 1 & 0 & 0 \cdots 0 & 0 & 0 & 0 & 0 \cdots 0 \\ 0 & 0 & 1 & 0 \cdots 0 & 0 & 0 & 0 & 0 \cdots 0 \\ 0 & 0 & 0 & 0 \cdots 0 & 1 & 0 & 0 & 0 \cdots 0 \\ 0 & 0 & 0 & 0 \cdots 0 & 0 & 1 & 0 & 0 \cdots 0 \\ 0 & 0 & 0 & 0 \cdots 0 & 0 & 0 & 1 & 0 \cdots 0 \end{pmatrix}$

15: $H_t^k = \frac{1}{q_k} \begin{pmatrix} -\sqrt{q}_k \delta_{k,x} & -\sqrt{q}_k \delta_{k,y} & 0 & \sqrt{q}_k \delta_{k,x} & \sqrt{q}_k \delta_{k,y} & 0 \\ \delta_{k,y} & -\delta_{k,x} & -1 & -\delta_{k,y} & \delta_{k,x} & 0 \\ 0 & 0 & 0 & 0 & 0 & 1 \end{pmatrix} F_{x,k}$

16: $\Psi_k = H_t^k \, \bar{\Sigma}_t \, [H_t^k]^T + Q_t$

17: $\pi_k = (z_t^i - \hat{z}_t^k)^T \; \Psi_k^{-1} \; (z_t^i - \hat{z}_t^k)$

18: *endfor*

19: $\pi_{N_t+1} = \alpha$

20: $j(i) = \underset{k}{\text{argmin}} \; \pi_k$

21: $N_t = \max\{N_t, j(i)\}$

22: $K_t^i = \bar{\Sigma}_t \, [H_t^{j(i)}]^T \Psi_{j(i)}^{-1}$

23: $\bar{\mu}_t = \bar{\mu}_t + K_t^i \, (z_t^i - \hat{z}_t^{j(i)})$

24: $\bar{\Sigma}_t = (I - K_t^i \, H_t^{j(i)}) \, \bar{\Sigma}_t$

25: *endfor*

26: $\mu_t = \bar{\mu}_t$

27: $\Sigma_t = \bar{\Sigma}_t$

28: *return* μ_t, Σ_t

程序 10.2 ML 一致性的 EKF SLAM 算法（给出了异常值去除）（续）

有 N_{t+1} 个可能的地标（其中包括新地标），在第 10 ~ 18 行计算不同的更新量。第 19 行设置建立新地标的阈值，如果与地图中所有已存在地标的马哈拉诺比斯距离大于 α，该新地标才被建立。ML 一致性在第 20 行进行选择。如果测量值与事先从未看到过的地标有关，地标计数器在第 21 行增加，各种矢量和矩阵同时相应增大。这个有点令人生厌的步骤在程序 10.2 中没有明确给出。EKF 更新最后发生在第 23、24 行。EKF_SLAM算法返回新的地标数 N_t 及均值 $\boldsymbol{\mu}_t$ 和协方差 $\boldsymbol{\Sigma}_t$。

EKF SLAM 的推导紧跟着前面的推导。具体来说，第 9 行的初始化与程序 10.1 所示 EKF_SLAM_known_correspondence 算法的第 10 行完全相同；第 10 ~ 18 行与 EKF_SLAM_known_correspondence 算法的第 12 ~ 17 行对应，计算 ML 一致性时还需要附加的变量 π_k。ML 一致性的选择在第 20 行，马哈拉诺比斯距离定义在第 17 行，这与本书 7.5 节讨论的 ML 一致性相似。具体来说，本书程序 7.3 所示的 EKF_localization 算法应用了一个相似的等式来定义最相似的地标（第 16 行）。程序 10.2 所示第 23、24 行的测量更新也与已知一致性的 EKF 算法中的相似，假设地图扩展时参与的矢量和矩阵具有合适的维数。

如果在第 10 ~ 18 行只考虑机器人附近的地标，EKF_SLAM 算法应用实例可以更加高效。更进一步的，在内循环中计算的矩阵和变量可以在循环经过一个特征测量矢量 z_t^i 时存储。在实际应用中，一个好的地图特征管理和紧凑的循环优化可以大大减少运行时间。

10.3.2　举例

图 10.4 给出了 EKF SLAM 算法（已知一致性），可用于仿真。图中，左侧所示为后验分布及地标和机器人位姿；右侧所示为扩展状态矢量 $\boldsymbol{y}_t$ 的相关矩阵，该相关性是归一化协方差。如图 10.4c 所示，随着时间的推移，坐标 x 和 y 的估计都变得完全相关。这表示地图会变得相对明确，甚至导致不能协调的一个并不确定的全局定位。这里要强调 SLAM 问题的一个重要特性：地图相对于机器人初始位姿坐标系的绝对坐标只能近似地定义，而相对坐标可以渐近确定地定义。

实践中，EKF SLAM 已成功地应用于大范围的导航问题，包括航空、水下、室内和各种其他交通工具。图 10.5 给出了使用水下机器人 Oberon 获得的结果。该机器人由澳大利亚悉尼大学研发，如图 10.6 所示。该交通工具装备了声呐，它可以高分辨率扫描并检测远至 50m 的障碍物。为研究地图构建问题，研究人员将小而长的竖直物体放置在水下，这样的物体可以被声呐相对容易地检测到。在这个具体的实验中，有一排这样的物体，相互间隔大约 10m。并且，一个更远的悬崖提供了附加的点特征，该悬崖可以被声呐检测到。

在图 10.5 所示的实验中，机器人在地标附近移动，来回地走。同时，测量并运用本章介绍的 EKF SLAM 算法将地标综合进地图。

图 10.5 给出了地图中机器人的路径，路径由用一条线连起来的众多三角形来标出。每个三角形的周围有一个椭圆，该椭圆表示对应的卡尔曼滤波器估计的协方差矩阵，该估计对应机器人的 x-y 坐标位置。该椭圆表示方差，椭圆越大，

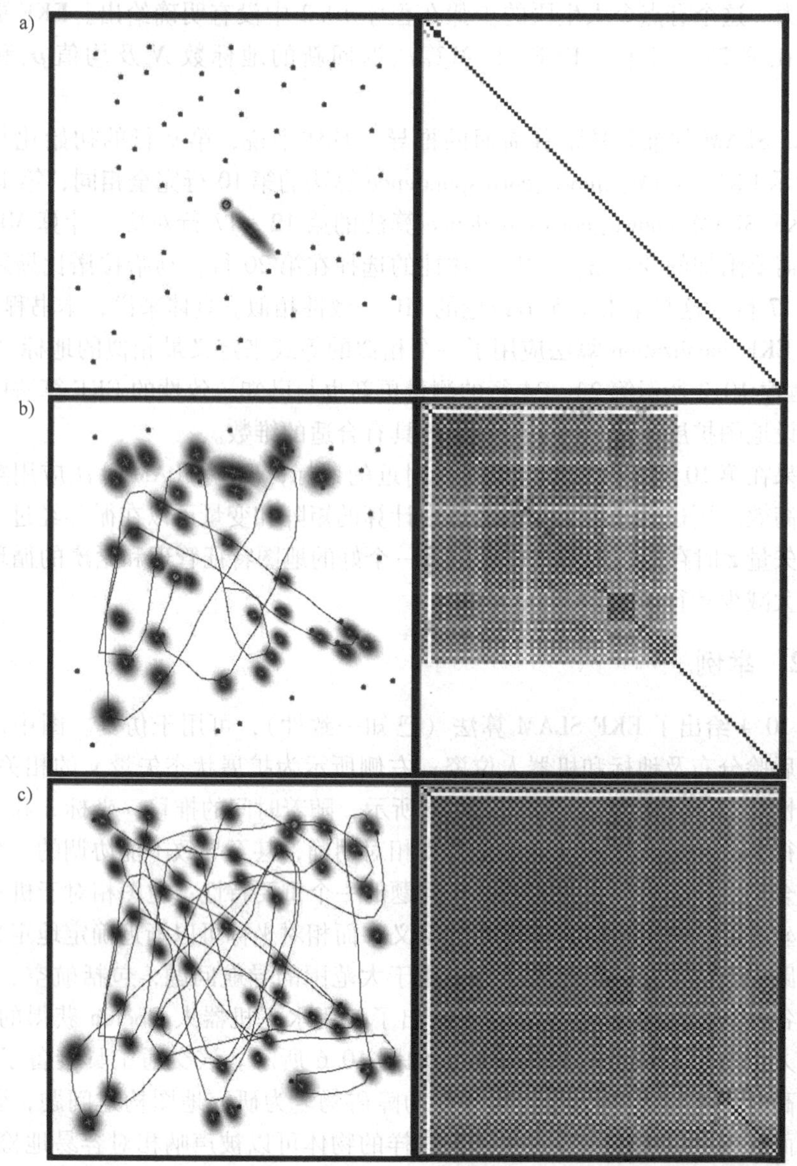

图 10.4 在模拟环境中执行已知数据一致性的 EKF SLAM 算法（左侧所示为地图，灰度等级对应每个地标的不确定度；右侧所示的矩阵是协方差矩阵，为后验估计的归一化协方差矩阵；一段时间后，所有的坐标 x 和 y 估计变得完全相关）

机器人关于当前位置的确定性越小。图 10.5 所示的小圆点表示了地标，即用扫描声呐找到的小而且高反射的物体。其中的大部分按照后面章节将介绍的机制被丢弃。但是，其中有一些被认为是对应地标的，就被加进了地图里。运行的最

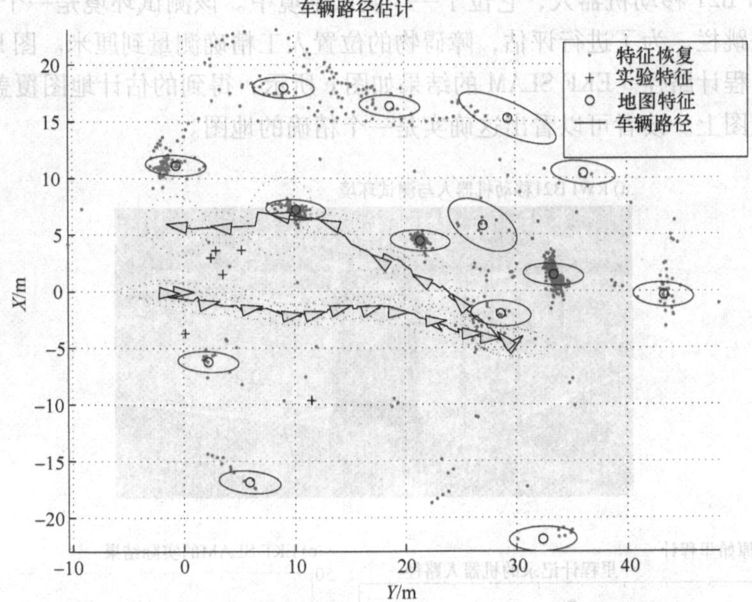

图 10.5　地图和车辆位姿的卡尔曼滤波估计的例子（由澳大利亚野外机器人研究中心 Stefan Williams 和 Hugh Durrant-Whyte 提供）

图 10.6　澳大利亚悉尼大学研发的水下机器人 Oberon（由澳大利亚野外机器人研究中心 Stefan Williams 和 Hugh Durrant-Whyte 提供）

后，机器人将 14 个这样的物体作为地标，每一个投影不确定椭圆如图 10.5 所示。这些地标包括由研究人员放在那儿的人工地标，也有机器人附近的其他地形特征。残余位姿不确定性很小。

图 10.7 给出了另一种 EKF SLAM 应用的结果。图 a 所示为美国麻省理工学

院的 RWI B21 移动机器人，它位于一个测试不境中。该测试环境是一个网球场，障碍物是跳栏。为了进行评估，障碍物的位置人工精确测量到厘米。图 b 所示为原始的里程计路径。EKF SLAM 的结果如图 c 所示，得到的估计地图覆盖在人工构建的地图上。读者可以看出这确实是一个精确的地图。

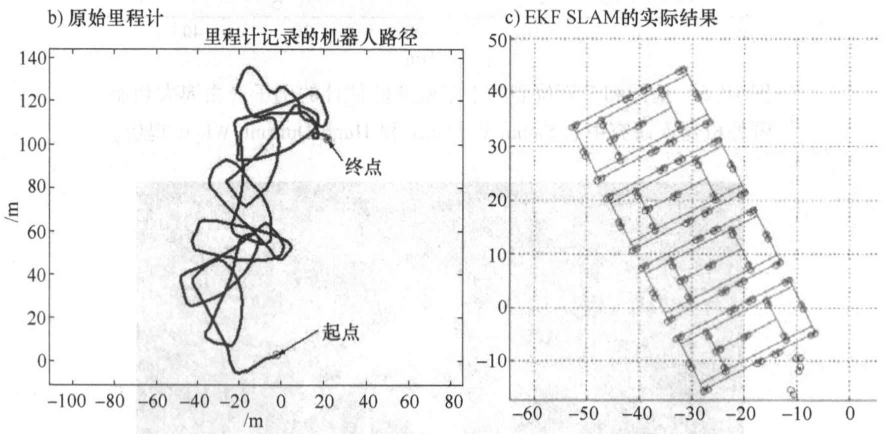

图 10.7　MIT B21 移动机器人 EKF SLAM 示例（由美国麻省理工学院 John Leonard 和 Matthew Walter 提供）

a）美国麻省理工学院 B21 移动机器人在校准测试设备

b）机器人的原始里程计路径（该机器人由人工驾驶在环境中运行）

c）EKF SLAM 的结果是一个高精度的地图（给出估计地图覆盖在人工地图上）

10.3.3　特征选择和地图管理

在实际应用中，为使 EKF SLAM 具有良好的鲁棒性，通常需要各种进行地图管理（map management）的附加技术。其中很多技术是基于高斯噪声假设并不准确这一事实的，即一些错误的测量值发生在噪声分布的远端。这些错误的测量值能导致在地图中产生假的地标，这些假的地标反过来又会影响机器人的定位。

一些最先进的技术拥有处理测量空间中异常值（outliers）的机制。这些异常值被定义为不确定范围以外的假地标。排除这些异常值的最简单的技术，是维护一个临时地标列表（provisional landmark list）。这并不是每发现一个新地标就用该新地标扩展地图，而是将这样一个新地标首先加到临时地标列表中。该列表就像地图，但列表中的地标不能用于判断机器人的位姿（测量等式中的相应梯度被设置为0）。如果地标总是被观察到，且其不确定性椭圆已收缩，该地标就被正式加入地图中。

在实际应用中，这样一种机制有助于大大减少地图中地标的数量，而仍能高概率地保持所有自然地标。下一步，也常常出现在最先进技术的应用中，是维持地标存在概率（landmark existence probability）。这样一个后验概率以对数让步比的方式实现，并将地图中第 j 个地标的对数让步比定义为 o_j。只要第 j 个地标 $\boldsymbol{m}_j$ 被观察到，o_j就增加一个固定值。如果地标 $\boldsymbol{m}_j$应该在机器人的感知范围内而未被观察到，则 o_j就会减少。由于不可能确切地知道一个地标是否在机器人的感知范围内，减量应该将这样的可能性考虑在内。当 o_j的值小于一个阈值时，地标就被从地图中移除。面对非高斯测量噪声时，这样的技术导致了瘦身的地图。

当初始化新地标估计时，协方差的初始元素很多，见式（10.9）。这会引起数据不稳定性（numerical instabilities）。这是因为，早期的协方差更新步骤会将数值改变几个数量级，使得生成一个正定矩阵时有太多可能。更好的策略包括，对那些以前尚未观察到的特征都采用明确的初始化步骤。实践中，这样的步骤直接使用真实地标的不确定性来初始化协方差 $\boldsymbol{\Sigma}_t$，而不是执行程序 10.2 所示的第 24 行（第 23 行的均值也同样）。

就像前面提到的，最大似然方法用于数据关联有一个明确的限制，该限制源于最大似然方法违背了概率机器人学的全后验估计的思想。不是维护一个扩展状态和数据联合的联合后验，而是数据联合问题减小到一个确定的决策，这样处理就好像最大似然联合一直是正确的。该限制使 EKF 面对地标冲突时更脆弱，这反过来会导致更糟糕的结果。在实际应用中，研究人员常通过以下两种方法之一进行补救。这两种方法都可以减小混乱地标的机会。

- 空间排列：地标越分散，偶然混淆它们的机会就越小。有一些通用的惯例来选择一些相隔足够远的地标，以使混淆它们的可能性很小。这就需要进行一种有趣的权衡。也就是说，大量的地标增加了混淆它们的危险；如果地标太少会令机器人定位更困难，这反过来也会增加混淆地标的机会。对于最优地标密度的研究尚知之甚少，研究人员常根据直觉选择特定的地标。
- 鲜明的特征：当选择合适的地标时，将地标的特殊性最大化是必需的。例如，门应该拥有不同的颜色，或者走廊应具有不同的宽度。鲜明的特征对于成功的 SLAM 来说是必需的。

有了这些附加方法，EKF SLAM 算法才能真正成功地应用于大范围的实际地图构建问题，包括航空、陆地及水下的机器人。

EKF SLAM 的关键限制在于需要选出合适的地标。为检测地标有或没有，而去减小传感器的测量束，常会使大量的传感器数据被丢弃。这就导致了没有广泛地进行前滤波就去利用传感器，使得关于 SLAM 算法的信息丢失。而且，EKF 的二次方更新时间使该算法只能应用于特征少于 1000 的稀疏地图。在实际应用中，人们常见到具有 10^6 甚至更多特征的地图，在这些情况下，EKF 就不再能应用。

地图的相对低维，会趋向建立硬数据关联问题。这非常容易证明：当睁开眼睛看所在的整个房间时，可能对于识别你在哪儿毫无困难。但是，如果只是被告知一小部分地标的位置——如所有光源的位置——确定你自己在哪就很困难。因此，解决 EKF SLAM 中的数据关联问题比后面章节讨论的其他 SLAM 的要更困难，它能处理多几个数量级的特征。这样就带来了 EKF SLAM 的基本窘境（fundamental dilemma）问题：对于一个拥有几亿个特征的密集地图，如果增加的最大似然数据关联工作良好，那么对于地标太少的地图该方法就会很脆弱。但是，EKF 算法要求稀疏地图，是由于会二次方更新复杂度。下面的章节将讨论更高效和能处理更大地图的 SLAM 算法。本书还将讨论鲁棒性更好的数据关联技术。由于自身诸多的条件限制，本章介绍的 EKF SLAM 算法的价值在于其历史意义。

10.4 小结

本章讲述了通用 SLAM 问题，并引入了 EKF 方法。

- SLAM 问题定义为，同时定位与地图构建问题。在该问题中，机器人试图获得环境地图，同时试图确定自己相对于该地图的位置。
- SLAM 问题有两个版本：在线 SLAM 和全局 SLAM。这两个问题都包含地图估计的问题。在线 SLAM 问题试图估计机器人的瞬时位置，而全局 SLAM 问题试图确定所有的位姿。这两个问题在实践中同样重要，本书都着重进行了介绍。
- EKF SLAM 算法可能是最早的 SLAM 算法，不过在这一点上尚有争议。该算法将扩展卡尔曼滤波应用于在线 SLAM 问题。如果已知一致性，算法是增量的。更新时间二次方于地图中的地标数量。
- 当一致性未知，EKF SLAM 算法应用增量最大似然估计来解决一致性问题。如果地标相互间足够不同，则该算法工作良好。
- 本章还讨论了关于地图管理的额外技术。识别异常值有两个普通的策略：一个是，为那些没有足够频繁地被观察到的地标建立临时列表；另一个是，使用地标证据计数器，来计算地标存在的后验证据。

• EKF SLAM 已在一些机器人地图构建问题上取得了很大的成功。其主要的缺点在于，需要足够多不同的地标，以及更新滤波器所带来的较高计算复杂度。

在实践中，EKF SLAM 已经取得了一些成功的应用。当各地标足够不同时，该方法可以很好地近似后验。计算全后验的好处是多方面的：捕获了所有残余不确定性，并使机器人可以推断出控制动作，并将其真实的不确定性考虑进去。但是，EKF SLAM 算法受制于极高的更新复杂度和稀疏地图。稀疏地图问题反过来使数据关联问题变得难以解决，使得 EKF SLAM 在地标高度不确定的区域内不能良好工作。并且，由于 EKF SLAM 算法依赖增量最大似然数据关联技术，使其更加脆弱。该技术使修订过去的数据关联成为可能，但如果最大似然数据关联是不正确的，将导致错误。

EKF SLAM 算法应用于在线 SLAM 问题，但不适用于全 SLAM 问题。在全 SLAM 问题中，在每个时间点上状态矢量中新位姿的增加都会导致状态矢量和协方差无边界地增加。更新协方差将因此需要无限增加的时间，不管处理器的速度多快，该方法将耗尽计算时间。

10.5 文献综述

对 SLAM 问题的研究，大幅加快了现代机器人的研发进程。对移动传感器平台物理结构的建模问题是涉及几个领域（如地球科学、摄影测量学及计算机视觉）的核心问题。今天，许多成为 SLAM 核心数学技术成果，当时是为了计算行星轨道被开发出来的。例如，最小二乘法可以追溯到 Johann Carl Friedrich Gauss (1809)。SLAM 本质上是一个地理测量问题。这个问题出现在机器人领域，使人类面临了从未有过的挑战，如一致性问题和寻找合适的特征的问题。

在机器人技术领域，SLAM 问题的 EKF 方法通过一系列开创性的论文由 Cheeseman 和 Smith（1986）、Smith 和 Cheeseman（1986）、Smith 等（1990）带入人们的视野。这些论文首次描述了本章讨论的 EKF 方法。就像本书所介绍的那样，Smith 等讨论了在已知数据关联的情况下，使用点地标的基于特征的地图构建的 EKF 方法。EKF SLAM 的第一个实现是由 Moutarlier 与 Chatila（1989 a，b）、Leonard 与 Durrant-Whyte（1991）完成的，有的使用了人工信标作为地标。当许多作者为地图构建过程中维持精确的位姿估计（Cox，1991）研究替代技术时，EKF 成为了时尚。Dickmanns 和 Graefe（1988）关于自主车道路曲率估计的早期工作与此是高度相关的，另见 Dickmanns（2002）的调查。

SLAM 是一个非常活跃的研究领域，如最近的研讨会所指出的那样（Leonard 等，2002b）。关于 SLAM［Leonard 和 Durrant-Whyte（1991）称之为 CML］的大量文献可以在 Thrun（2002）的论文中找到。Csorba（1997）在其博士论文中指出保持地图相关性的重要性，并建立了一些基本的收敛结果。此后，许多作者以许多不同的方式扩展了该基本范式。本章所描述的特征管理技术归功于 Dissanyake 等（2001，2002），以及 Bailey（2002）。Williams 等（2001）发明了 SLAM 中的临时特征列表的思想，以降低特征检测误差的影响。Leonard 等（2002 a）讨论了特征初始化，并明确地维持先前的位姿估计值，以适应传感器，只为特征坐标提供了不完整的数据的问题。Castellanos 等（1999）提出了通过明确地从后验中分解“扰动”来避免异常值的方法，并报告了无迹扩展卡尔曼滤波改进的数值稳定性。Jensfelt 等（2002）发现，应用基本的几何约束能显著改善室内 SLAM，如事实上大部分的墙是平行或正交的。运用声呐进行 SLAM 问题研究的早期工作可以追溯到 Rencken 的工作（1993），应用声呐传感器的先进的 SLAM 系统可以在 Tardós 等（2002）的论文中找到。Castellanos 等（2004）为 EKF 提供了重要的一致性分析。多种算法的实证可以在 Vaganay 等（2004）的论文中找到。Salichs 和 Moreno（2000）讨论了一些开放性的问题。重要数据关联问题的研究将在本书 13.12 节进行讨论。

如上所述，EKF 解决 SLAM 问题的一个关键限制在于协方差矩阵的二次性质。这种“缺陷”并没有被忽略掉。在过去的几年中，一些研究人员提出，通过将地图分解成若干子图，使得 EKF SLAM 算法可以获得卓越可扩展性，而这些子图的协方差彼此是保持独立的。在这一领域的一些最初的著作是由 Leonard 和 Feder（1999）、Guivant 和 Nebot（2001）及 Williams（2001）撰写。Leonard 和 Feder（1999）的解耦随机地图构建（decoupled stochastic mapping）算法将地图分解为更小的更易于管理的子地图的集合。这种方法在计算上是高效的，但并没有提供一种机制通过局部地图网络来传播信息（Leonard 和 Feder，2001）。与此相反，Guivant 和 Nebot（2001，2002）提供了协方差矩阵的近似因式分解，降低了由重要性因子 EKF 更新带来的实际复杂度。Williams（2001）和 Williams 等（2002）提出了限制局部子地图滤波器（Constrained Local Submap Filter，CLSF）的方法。该方法依赖在车辆附近建立的独立的局部子地图。Williams 等（2002）提供了水下地图构建的例子（见图 10.5，是其一些早期工作）。由 Tardós 等（2002）描述的顺序地图连接技术（sequential map joining technique）是一种相关分解技术。Bailey（2002）发明了一种类似的技术，来分层次地表示 SLAM 地图。Folkesson 和 Christensen（2003）描述了一种技术，其中频繁的更新被限制在机器人附近的一个小的区域内，而地图上的其余部分以低得多的频率进行更新。所有这些技术达到了与全 EKF 解决方案相同的收敛速度，但产生了 $O(n^2)$ 的计算负担。然而，它们更适用于有数万特征的大尺寸问题。

一些研究人员已经开发出混合 SLAM 技术，将 EKF 风格 SLAM 技术和体积技术相结合，如占用栅格地图。由 Guivant 等（2004）和 Nieto 等（2004）提出的混合度量地图（Hybrid Metric Map，HYMM），将地图分解成三角形区域，并使用体积地图（如占用栅格图）作为这些区域的基本表示。这些局部地图组合使用了各种 EKF。Burgard 等（1999b）也将地图分解为局部占用栅格图，但使用最大期望（Expectation Maximization，EM）算法（Dempster 等，1977）将局部地图组合为一个联合全局地图。通过 Betgé-Brezetz 等的工作（1995，1996）将两种表示法整合到 SLAM 框架：用位图表示室外地形，目标表现法表示稀疏的室外物体。

SLAM 向动态环境的扩展研究可以在 Wang 等（2003）、Hähnel 等（2003c）及 Wolf 和 Sukhatme（2004）的论文中找到。Wang 等（2003）开发了一种名为运动物体的检测与跟踪（Detection And Tracking of Moving Objects，DATMO）的 SLAM 算法。他们的方法是基于 EKF 的，但它允许特征进行有可能的运动。Hähnel 等（2003c）研究了在有许多移动物体的环境中执行 SLAM 的问题。他们成功地运用 EM 算法来滤除可能对应于移动物体的测量。通过这样做，他们能够在传统 SLAM 技术失败的环境中获得地图。Wolf 和 Sukhatme（2004）的方法保持两个成对的环境占用栅格，其中一个对应静态地图，另一个对应移动的物体。SLAM 风格定位是通过正规的基于地标的 SLAM 算法获得的。

SLAM 系统已经在一些应用系统中派上用场了。Rikoski 等（2004）已将 SLAM 应用于潜艇的声呐定位，为“听觉定位”提供了一种新方法。Nüchter 等（2004 年）介绍了在废弃矿井应用 SLAM 的研究，将该范式扩展到全六维位姿估计。扩展到多机器人的 SLAM 问题已经被许多研究者提出了。一些早期的工作由 Nettleton 等（2000）完成。他们开发了一种技术，其中车辆保持局部 EKF 地图，但用后验信息表示将它们融合。一种替代技术是由 Rekleitis 等（2001）提出的，使用一组固定的和移动的机器人以减少执行 SLAM 时的定位误差。Fenwick 等（2002）提供了多车地图融合（特别是基于地标的 SLAM）的全面的理论研究。融合扫描技术是由 Konolige 等（1999）、Thrun 等（2000b）及 Thrun（2001）开发的。

一些研究人员已经为一些特定的传感器类型开发了 SLAM 系统。一种重要的传感器是相机，但相机只提供特征的方位。该问题已经在计算机视觉文献中作为基于运动的场景结构复原（Structure From Motion，SFM）被充分研究过（Tomasi 和 Kanade，1992；Soatto 和 Brockett，1998；Dellaert 等，2003），也在摄影测量学领域被充分研究过（Konecny，2002）。在 SLAM 领域，纯方位 SLAM 的开创性工作是由 Deans 和 Hebert（2000，2002）完成的。他们的方法递归地估计环境中相对于机器人位姿不变的特征，以便去除由地图误差导致的位姿误差。大多数研究人员（Neira 等，1997；Cid 等，2002；Davison，2003）使用相机作为实现

SLAM 的主要传感器。Davison（1998）提供了应用于 SLAM 的主动视觉技术。Dudek 和 Jegessur（2000）的工作依赖基于外观的位置识别，而 Hayet 等（2002）及 Bouguet 和 Perona（1995）利用了视觉地标。Diebel 等（2004）用主动立体声传感器开发了应用于 SLAM 的滤波器，并考虑了立体声测距仪的非线性噪声分布。SLAM 的传感器融合技术由 Devy 和 Bulata（1996）开发。Castellanos 等（2001）实验发现，融合使用激光和相机技术，优于只使用其中一种。

SLAM 也已经扩展到构建密集的三维模型的问题。早期的用室内移动机器人获取三维模型的系统可以在 Reed 和 Allen（1997）、Iocchi 等（2000）及 Thrun 等（2004b）的论文中的找到。Devy 和 Parra（1998）使用参数曲线获得三维模型。Zhao 和 Shibasaki（2001）、Teller 等（2001）及 Frueh 和 Zakhor（2003）已经开发出可观的系统，用来构建大型有纹理的城市环境三维地图。这些系统都没有专注于解决全 SLAM 问题，因为它们都有户外全球定位系统（Global Positioning System，GPS），但与 SLAM 的数学基础技术高度相关。这些技术与城市环境航拍重建工作也巧妙地融合在一起（Jung 和 Lacroix，2003；Thrun 等，2003）。

下面的章节将讨论各种普通 EKF 的替代方案。那些技术与这里讨论的扩展有一些相同的直觉，因为不同类型的滤波器之间的界限已经变得几乎不可能识别。

10.6 习题

1. EKF SLAM 中运动更新的计算复杂度如何？使用 $O(\ )$ 表示。在相同大小特征向量下，比较一下它与最坏情况下的各种 EKF 的计算复杂度。

2. 纯方位 SLAM 指，传感器只能测量地标的方位而不能测量距离的 SLAM 问题。顾名思义，纯方位 SLAM 在机器人视觉中与基于运动的场景结构复原（Structure From Motion，SFM）密切相关。各种 EKF 的纯方位 SLAM 中的一个问题，关系到地标定位估计的初始化，即使一致性已知。请讨论为什么，并导出可应用于纯方位 SLAM 的初始化地标定位估计（均值与协方差的）的技术。

3. 本章 10.3.3 节评论过程序 10.2 所示的 EKF 算法会使数值上不稳定的。当一个新特征第一次被观察到时，请导出直接设置 $\boldsymbol{\mu}_t$ 和 $\boldsymbol{\Sigma}_t$ 的方法。这样一种技术应不需要以非常大的值初始化协方差。当协方差按式（10.9）初始化时，请证明结果在数学上等于程序 10.2 所示第 23、24 行的结果。

4. 本章建议使用二值贝叶斯滤波器计算实际存在于客观环境中的地标的后验概率。

(a) 请设计这样的一个二值贝叶斯滤波器。

(b) 请将滤波器扩展到应用于如下的情况：各地标以概率 p^* 零星地消失。

（c）构想这样一种情况：对于一个被良好估计的地标，机器人长时间没有收到关于该地标存在的任何信息（没有正信息也没有负信息）。设计的滤波器会收敛于何值？证明你的答案。

5. 对于 EKF SLAM 算法，如前所述，不能用合理的统计方法来处理数据关联问题。请为未知数据关联的后验估计设计一种算法（和统计框架），用混合高斯后验来表示，并说明其优缺点。该后验的复杂度如何随时间增长呢？

6. 基于后验问题，请为未知数据关联的后验估计设计一种近似方法，要求每一个增量更新步所需要的时间不随时间增长（假设地标的个数固定）。

7. 开发一个卡尔曼滤波算法，该算法使用局部占用栅格地图（而不是地标）作为其基本元素。此外，必须解决的问题是如何将局部栅格互相联系起来，如何处理局部栅格的无限增长。

第 11 章　GraphSLAM 算法

11.1　引言

本书第 10 章讨论的 EKF SLAM 算法容易受到诸多限制。其中之一是，二次的方更新复杂度；还有一个限制是 EKF 算法中的线性化技术。在 EKF 中，该线性化技术在每个非线性项中只执行一次。本章将引入另一种 EKF 算法，即 GraphSLAM 算法。与 EKF 算法相对应，GraphSLAM 算法解决了全 SLAM 问题。该算法旨在解决定义在所有位姿和地图中所有特征上的离线问题。本章将讨论，全 SLAM 问题的后验自然而然地形成稀疏图表；该图表导致一系列非线性二次约束；优化这些约束产生最大似然地图和对应的一系列机器人位姿。该方法可以在以往大量讨论 SLAM 的文献中找到。使用“GraphSLAM”这个名字是因为这个名字抓住了该方法的本质。

图 11.1 给出了 GraphSLAM 算法示例。GraphSLAM 算法从 $\boldsymbol{x}_0 \sim \boldsymbol{x}_4$ 和 5 个机器

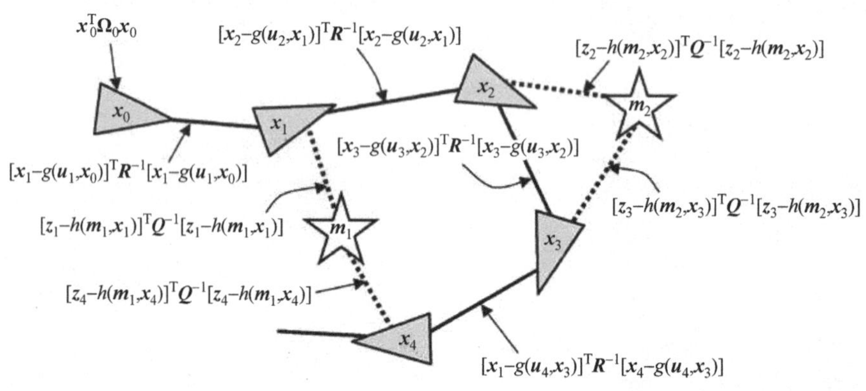

图 11.1　GraphSLAM 算法示例（有 4 个机器人位姿和 2 个地图特征；图中的节点是机器人位姿和特征位置；图中有两种线——实线连接相邻的机器人位姿，虚线连接位姿与在此位姿观察到的特征；GraphSLAM 算法中的每个连接是一个非线性二次方约束的；运动约束综合运动模型，测量约束综合测量模型；GraphSLAM 的目标函数是这些约束的集合；极小化该函数就得到最可能的地图和最可能的机器人路径）

人位姿及两个地图特征 $\boldsymbol{m}_1$、$\boldsymbol{m}_2$ 中抽取的图形。图中的弧有两种：运动弧和测量弧。运动弧（motion arcs）连接两个相邻的机器人位姿，测量弧（measurement arcs）连接位姿和该位姿上所测量到的特征。图中的每个边对应一个非线性约束。如后面将要介绍的，这些约束表示测量和运动模型的负对数似然，因此是作为信息约束（information constraints）的最好的想法。对 GraphSLAM 算法来说，将此约束加到图中被证明应该是不重要的。它并不包含重要的计算。所有这些约束导致了非线性最小二次方问题（least squares problem），如图 11.1 所示。

为计算地图后验，GraphSLAM 算法将一系列的约束线性化。线性化的结果是信息矩阵和信息矢量，这与本书第 3 章信息滤波器中讨论的形式基本相同。但是，信息矩阵从由 GraphSLAM 算法生成的图中继承了稀疏性。该稀疏性使 GraphSLAM 算法可以应用各种不同的排除算法，由此将图形转换为只是定义在机器人位姿上的更小的图。该路径后验地图使用标准推理技术计算。GraphSLAM 算法还计算地图和确定的临界地图后验；全地图后验为地图尺寸的二次方，并因此通常不能恢复。

在某些方面，EKF SLAM 算法与 GraphSLAM 算法是 SLAM 算法系列的两个极端。EKF SLAM 算法与 GraphSLAM 算法的主要不同在于信息的表达方式。EKF SLAM 算法通过协方差矩阵和平均矢量表达信息，而 GraphSLAM 算法通过软约束图来表达信息。更新 EKF 协方差矩阵的计算开销是昂贵的，而生成图的计算开销则是低廉的。

但是，节省是有代价的。当恢复地图和路径时，GraphSLAM 算法要求进行附加的推理，而 EKF 会随时维护最优地图估计和机器人位姿。图的建立是在单独的计算步骤之后，该计算步骤中信息转换为状态估计。而 EKF SLAM 算法不需要这一计算步骤。

因此，可以将 EKF 看作积极 SLAM（proactive SLAM）算法。从这一方面理解，EKF 立即将信息分解为环境状态的估计。相反，GraphSLAM 算法更像是消极 SLAM（lazy SLAM）算法，它只是将信息简单地累积到图中而不分解它。这个不同非常显著。GraphSLAM 算法可以获得比 EKF SLAM 算法大几个数量级的地图。

EKF SLAM 算法与 GraphSLAM 算法还有进一步的不同。作为全 SLAM 问题的解决方案，GraphSLAM 算法在机器人路径上计算后验概率，因此不是增量算法。这是与 EKF SLAM 算法不同的。EKF SLAM 算法相当一种滤波器，仅在机器人的瞬时位姿上维护后验。EKF SLAM 算法使机器人能够不断地更新地图，但 GraphSLAM 算法最适合建立固定大小数据系列的地图问题。EKF SLAM 算法能在机器人的整个生命周期上维护地图，而不用担心从开始获取数据之后的总的时间步数。

由于 GraphSLAM 算法建立地图时可以使用所有的数据，它可以使用改进的线性化和数据关联技术。在 EKF SLAM 算法中，线性化和时刻 t 的测量一致性是

基于从开始到时刻 t 的数据进行计算的。在 GraphSLAM 算法中，所有的数据都可以被用来进行线性化和计算一致性。换句话说，GraphSLAM 算法可以修正过去的数据关联，可以线性化不止一次。实际上，GraphSLAM 算法重复地图构建的 3 个关键性步骤（即建立地图、计算一致性变量、线性化测量和运动模型），以获得这些量的最优估计。结果，GraphSLAM 算法可以产生在准确性上优于各 EKF 的地图。

但是，与 EKF 方法相比，GraphSLAM 算法也不是没有局限的。其中之一已经讨论过了，即图的规模随时间线性增长，而 EKF 在分配给估计的内存数量上没有这样的时间依赖问题。另一个是关于数据关联。EKF SLAM 算法数据关联概率可以容易地通过后验协方差矩阵获得，而 GraphSLAM 算法计算相同的概率需要推理。对于这个不同，下面会对 GraphSLAM 算法定义一个明确的方法计算一致性时加以解释。因此，在各种规模下，哪种方法更好是应用上的一个大问题。

本章首先描述 GraphSLAM 算法及其基本更新步骤中的直觉问题；然后从数学上导出不同的更新步骤，并针对特定的线性近似证明其正确性。下面也会给出数据关联技术，还要讨论 GraphSLAM 算法的实际应用。

11.2　直觉描述

隐藏在 GraphSLAM 算法背后的基本的直觉是非常简单的：GraphSLAM 算法从数据中抽取一系列的软约束，并以稀疏图形表示。通过将这些约束分解为全局一致估计，就可以获得地图和机器人路径。这些约束通常为非线性的，但在分解的过程中，它们被线性化并转换为信息矩阵。因此，GraphSLAM 算法本质上是一种信息理论技术。这里认为 GraphSLAM 算法是建立非线性约束的稀疏图形的技术，也是组建线性化的约束的信息矩阵的技术。

11.2.1　建立图形

假设给定一系列测量值 $z_{1:t}$、联合一致变量 $c_{1:t}$ 和控制量 $\boldsymbol{u}_{1:t}$。GraphSLAM 算法将数据返回到图形。图中的节点是机器人位姿 $\boldsymbol{x}_{1:t}$ 和地图 $\boldsymbol{m}=\{\boldsymbol{m}_j\}$ 中的特征。图中的每条边对应一个事件：一个运动事件生成两机器人位姿之间的一条边，一个测量事件生成一个机器人位姿与地图上的一个特征之间的一条连线。这些边表示了 GraphSLAM 算法中位姿与特征之间的软约束。

对于一个线性系统，这些约束相当于信息矩阵和一个大方程组的信息矢量的入口。通常，用 $\boldsymbol{\Omega}$ 定义信息矩阵，用 $\boldsymbol{\xi}$ 表示信息。就像即将看到的那样，每个测量值和每个控制量都会带来 $\boldsymbol{\Omega}$ 和 $\boldsymbol{\xi}$ 的局部更新，这个更新对应在 GraphSLAM 图上是局部增加一个边。实际上，将一个控制量或一个测量值综合到 $\boldsymbol{\Omega}$ 和 $\boldsymbol{\xi}$ 的规则是局部增加。注意，信息是一个加性量。

图 11.2 给出了建立一张图的同时建立对应的信息矩阵的过程。首先考虑测量值 z_t^i。该测量提供了特征的位置 $j = c_t^i$ 与时刻 t 机器人位姿 $\boldsymbol{x}_t$ 之间的信息。在

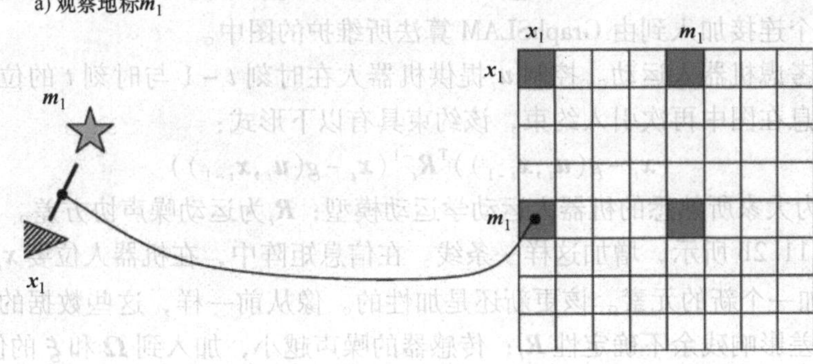

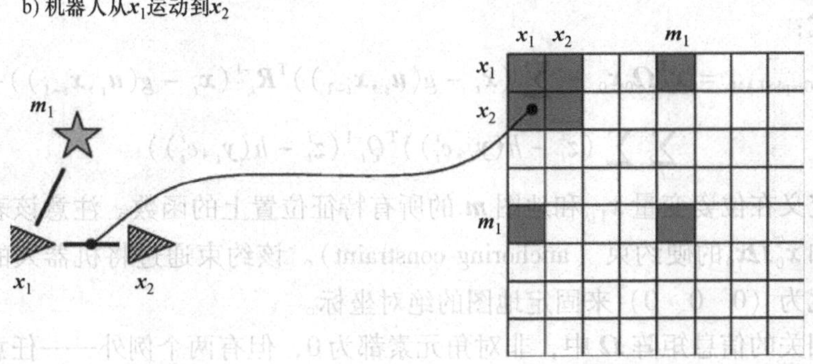

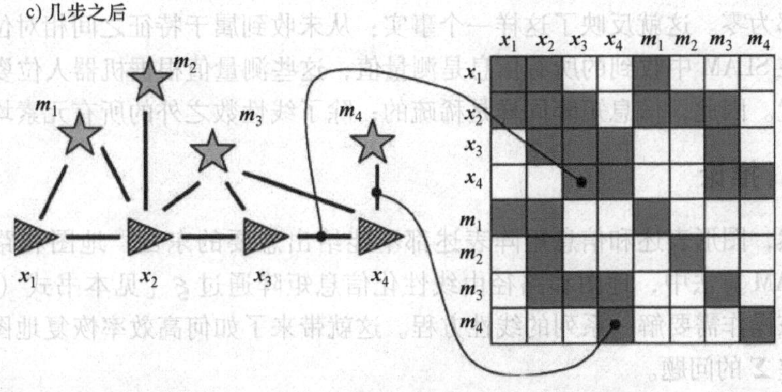

图 11.2　GraphSLAM 算法信息矩阵的获得过程图
（左侧给出了依赖关系图；右侧给出了信息矩阵）

GraphSLAM 算法中，该信息被映射为 $\boldsymbol{x}_t$与 $\boldsymbol{m}_j$之间的约束。这里，可以把这个边看作是一个弹性体模型中的“弹簧”。正如下面将要介绍的，该约束的类型为

$$(z_t^i - h(\boldsymbol{x}_t, \boldsymbol{m}_j))^{\mathrm{T}} \boldsymbol{Q}_t^{-1} (z_t^i - h(\boldsymbol{x}_t, \boldsymbol{m}_j)) \tag{11.1}$$

式中，h 为很熟悉的测量函数；$\boldsymbol{Q}_t$为测量噪声协方差矩阵。图 11.2a 给出了如何将这样一个连接加入到由 GraphSLAM 算法所维护的图中。

现在考虑机器人运动。控制 $\boldsymbol{u}_t$提供机器人在时刻 $t-1$ 与时刻 t 的位姿相对值。该信息在图中再次引入约束，该约束具有以下形式：

$$(\boldsymbol{x}_t - g(\boldsymbol{u}_t, \boldsymbol{x}_{t-1}))^{\mathrm{T}} \boldsymbol{R}_t^{-1} (\boldsymbol{x}_t - g(\boldsymbol{u}_t, \boldsymbol{x}_{t-1})) \tag{11.2}$$

式中，g 为大家所熟悉的机器人运动学运动模型；$\boldsymbol{R}_t$为运动噪声协方差。

如图 11.2b 所示，增加这样一条线。在信息矩阵中，在机器人位姿 $\boldsymbol{x}_t$和测量 z_t^i之间增加一个新的元素。该更新还是加性的。像从前一样，这些数据的量级由于测量误差影响残余不确定性 $\boldsymbol{R}_t$；传感器的噪声越小，加入到 $\boldsymbol{\Omega}$ 和 $\boldsymbol{\xi}$ 的值越大。

综合所有的测量 $z_{1:t}$和控制 $\boldsymbol{u}_{1:t}$之后，获得了一个软约束的稀疏图形。图中约束的数目随着时间线性增长，因此该图是稀疏的。图中所有约束的总和具有以下的形式：

$$\begin{aligned} J_{\text{GraphSLAM}} = {} & \boldsymbol{x}_0^{\mathrm{T}} \boldsymbol{\Omega}_0 \boldsymbol{x}_0 + \sum_t (\boldsymbol{x}_t - g(\boldsymbol{u}_t, \boldsymbol{x}_{t-1}))^{\mathrm{T}} \boldsymbol{R}_t^{-1} (\boldsymbol{x}_t - g(\boldsymbol{u}_t, \boldsymbol{x}_{t-1})) + \\ & \sum_t \sum_i (z_t^i - h(\boldsymbol{y}_t, c_t^i))^{\mathrm{T}} Q_t^{-1} (z_t^i - h(\boldsymbol{y}_t, c_t^i)) \end{aligned} \tag{11.3}$$

上式是定义在位姿变量 $\boldsymbol{x}_{1:t}$和地图 $\boldsymbol{m}$ 的所有特征位置上的函数。注意该表达式还描述形如 $\boldsymbol{x}_0^{\mathrm{T}} \boldsymbol{\Omega} \boldsymbol{x}_0$的硬约束（anchoring constraint）。该约束通过将机器人的初始位姿初始化为 $(0 \quad 0 \quad 0)^{\mathrm{T}}$来固定地图的绝对坐标。

在相关的信息矩阵 $\boldsymbol{\Omega}$ 中，非对角元素都为 0，但有两个例外——任意两相邻位姿 $\boldsymbol{x}_{t-1}$与 $\boldsymbol{x}_t$之间有一个非零值，表示由控制 $\boldsymbol{u}_t$引入的信息关联。如果机器人在 $\boldsymbol{x}_t$时观察到 $\boldsymbol{m}_j$，则地图特征 $\boldsymbol{m}_j$与机器人位姿 $\boldsymbol{x}_t$之间有非零元素。不同特征之间的元素都为零。这就反映了这样一个事实：从未收到属于特征之间相对位置的信息——在 SLAM 中收到的所有信息是测量值，这些测量值根据机器人位姿约束特征的位置。因此，信息矩阵同样是稀疏的；除了线性数之外的所有元素均为零。

11.2.2 推论

当然，图形表述和信息矩阵表述都不能给出想要的东西：地图和路径。在 GraphSLAM 算法中，地图和路径由线性化信息矩阵通过 $\boldsymbol{\xi}$ [见本书式（3.73）] 获得。该操作需要解一系列的线性方程。这就带来了如何高效率恢复地图估计 $\boldsymbol{\mu}$ 和协方差 $\boldsymbol{\Sigma}$ 的问题。

这个复杂问题的解决方案依赖环境拓扑。如果每一个特征都能在本地被及时看到，由约束表达的图形是线性的。因此，$\boldsymbol{\Omega}$ 可以被重新排序，使之成为带对

角矩阵，所有非零值均在对角线附近。表达式 $\boldsymbol{\mu}=\boldsymbol{\Omega}^{-1}\boldsymbol{\xi}$ 可以在线性时间内被计算。直觉表明对于只访问一次的无循环环境，每个特征都是只能在很短的连续时间段内被观察到。

对于更一般的情况，有些特征被观察到几次，但两次观察之间具有比较长的时间间隔。这可能是由于机器人来回地穿过一个走廊导致的，或者是因为环境中有循环。无论哪种情况，环境中都会有一些特征 $\boldsymbol{m}_j$ 在两个完全不同的时间点 $\boldsymbol{x}_{t_1}$ 和 $\boldsymbol{x}_{t_2}$ 被观察到，其中 $t_2 >> t_1$。在这里的约束图形中，这种情况引入了循环依赖：$\boldsymbol{x}_{t_1}$ 和 $\boldsymbol{x}_{t_2}$ 通过一系列的控制 $\boldsymbol{u}_{t+1}$，$\boldsymbol{u}_{t+2}$，…，$\boldsymbol{u}_{t2}$ 发生联系，通过 $\boldsymbol{x}_{t_1}$ 与 $\boldsymbol{m}_j$、$\boldsymbol{x}_{t_2}$ 与 $\boldsymbol{m}_j$ 之间的联合观察连接发生联系。这样的联系使变量重新排列技巧不再适用，也使恢复地图变得更复杂。实际上，由于 $\boldsymbol{\Omega}$ 的逆矩阵与矢量相乘，结果可以用优化技术（如共轭梯度）计算，而不需要计算整个逆矩阵。由于大多数环境存在循环，这是一个非常有趣的情况。

GraphSLAM 算法现在应用一个重要的因式分解技巧（factorization trick），这里可以将其看作通过信息矩阵传播信息［实际上，这是对众所周知的矩阵求逆的变量排除算法（variable elimination algorithm）的概括］。假设将特征 $\boldsymbol{m}_j$ 从信息矩阵 $\boldsymbol{\Omega}$ 和信息状态 $\boldsymbol{\xi}$ 中去除。在弹簧模型中，这等于去除一个节点和所有连接到这个节点上的弹簧。就像下面将介绍的，通过一个非常简单的操作就可以做到：通过引入新的两位姿之间的弹簧，以去除特征 $\boldsymbol{m}_j$ 与观察到 $\boldsymbol{m}_j$ 的位姿之间的弹簧。

该过程如图 11.13 所示。该图给出了如何去除两个地图特征：$\boldsymbol{m}_1$ 和 $\boldsymbol{m}_3$（$\boldsymbol{m}_2$ 和 $\boldsymbol{m}_4$ 的去除在本例中无意义）。在这两种情况下，特征去除修改了两位姿之间的连接（从这两个位姿均可以观察到某个特征）。如图 11.3b 所示，该操作导致了图中的新连接。在图示的例子中，去除 $\boldsymbol{m}_3$ 导致了 $\boldsymbol{x}_2$ 与 $\boldsymbol{x}_4$ 之间的新连接。

正式地，令 $\tau(j)$ 是能观察到 $\boldsymbol{m}_j$ 的位姿序列（即 $\boldsymbol{x}_t \in \tau(j) \Leftrightarrow \exists i: c_t^i=j$）。已经知道特征 $\boldsymbol{m}_j$ 只与 $\tau(j)$ 中的位姿 $\boldsymbol{x}_t$ 相关；经过工程验证，$\boldsymbol{m}_j$ 不与任何其他位姿关联，也不与地图上的其他特征关联。这里可以通过引入两位姿 $\boldsymbol{x}_t$ 和 $\boldsymbol{x}_{t'} \in \tau(j)$ 之间的新关联，将 $\boldsymbol{m}_j$ 和位姿序列 $\tau(j)$ 之间的关联设置为零。同样，信息矩阵矢量在所有位姿序列 $\tau(j)$ 的值被更新。该操作的重要特性是其局部性：它只包含了很少量的约束。去除 $\boldsymbol{m}_j$ 的所有关联之后，可以安全地从信息矩阵和信息矢量中移除 $\boldsymbol{m}_j$。由于没有了 $\boldsymbol{m}_j$ 记录，信息矩阵会更小。但是，它与剩下的变量是对等的。就此而言，由信息矩阵定义的后验在数学上等价于未移除 $\boldsymbol{m}_j$ 之前的原始后验。这样的对等是非常直观的，只是简单地用弹簧连接 $\boldsymbol{m}_j$ 和与之对应的位姿。这样做，这些弹簧带来的总的力是相同的，除非 $\boldsymbol{m}_j$ 没有被连接。

这个减肥步骤的优点是，可以逐步将推断问题转换为更小的问题。通过从 $\boldsymbol{\Omega}$

a) 去除m_1改变了x_1与x_2之间的连接

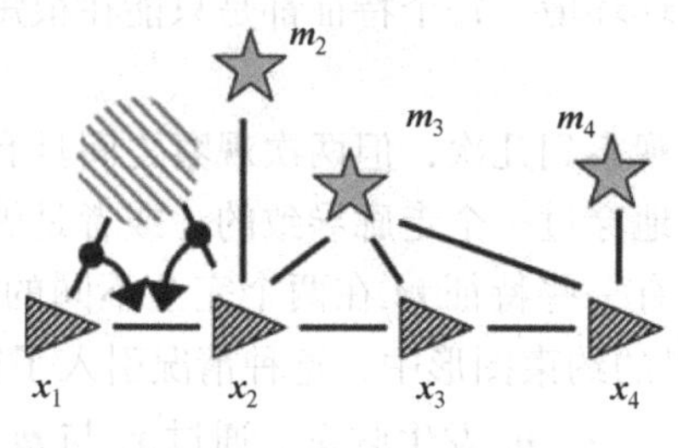

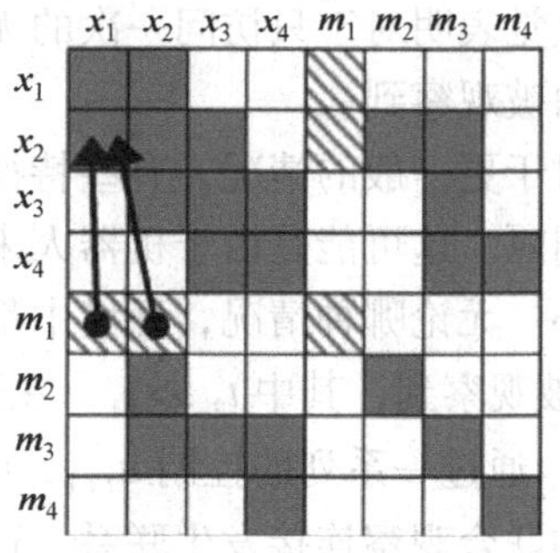

b) 去除m_3引入了x_2与x_4之间的新连接

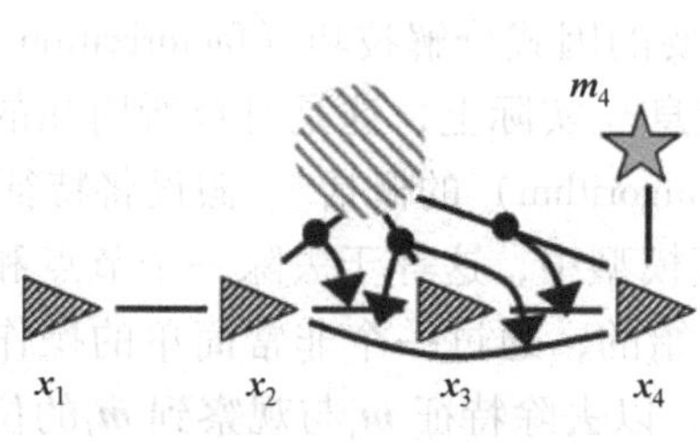

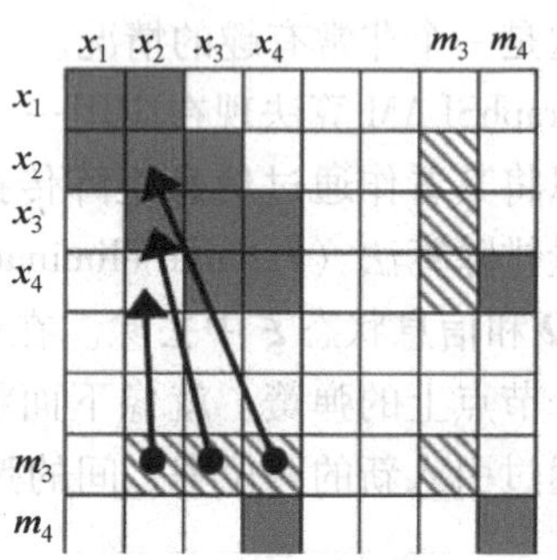

c) 去除所有地图特征之后的最终结果

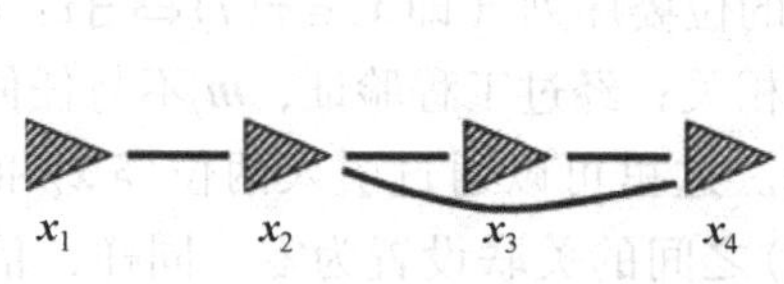

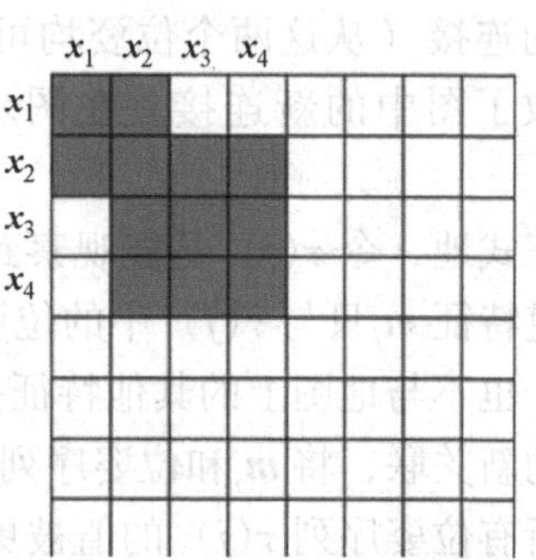

图 11.3　用 GraphSLAM 算法给图形减肥（去除各弧生成一个网络，该网络只是将机器人位姿连接起来）

和 $\boldsymbol{\xi}$ 中移除每一个特征 m_j，最终得到一个定义在机器人路径变量上的更小信息形式的 $\boldsymbol{\Omega}$ 和 $\boldsymbol{\xi}$。这种减肥所用时间与地图尺寸呈线性关系。实际上，它将逆矩阵变量排除技术推广到信息形式中，在信息形式中还保持信息状态。机器人路径的

后验可以恢复为 $\tilde{\boldsymbol{\Sigma}}=\tilde{\boldsymbol{\Omega}}^{-1}$和 $\tilde{\boldsymbol{\mu}}=\tilde{\boldsymbol{\Sigma}}\boldsymbol{\xi}$。不幸的是，减肥步骤并不能排除后验中的循环。剩余的推理问题还需要比线性化更多的时间。

最后一步，GraphSLAM 算法恢复特征位置。理论上，这可以通过为每一个 $\boldsymbol{m}_j$建立一个新的信息矩阵 $\boldsymbol{\Omega}_j$和信息矢量 $\boldsymbol{\xi}_j$得到。这些都是定义在变量 $\boldsymbol{m}_j$，以及 $\boldsymbol{m}_j$可以被观察到的位姿 $\tau(j)$ 上的。它包含了 $\boldsymbol{m}_j$和 $\tau(j)$ 的原始连接。但是，位姿 $\tau(j)$ 的值被设定为 $\boldsymbol{\mu}$，没有不确定性。对于这样的信息形式，现在只是应用通用的矩阵求逆的方法简单地计算 $\boldsymbol{m}_j$的位置。很明显，$\boldsymbol{\Omega}_j$只包括与 $\boldsymbol{m}_j$有关的元素，因此求逆所花费的时间线性于 $\tau(j)$ 中位姿的数量。

为什么图形的表达方式是如此自然的方式就很明显了。全 SLAM 问题可以通过向大的信息图形局部增加信息来解决，为每个测量值 z_t^i和每个控制 $\boldsymbol{u}_t$每次增加一条边。为了将这样的信息转换为对地图和机器人位姿的估计，首先应将信息线性化，然后位姿与特征之间的信息被按部就班地转换成两个机器人位姿之间的信息。最后的结构只约束机器人的位姿，机器人位姿可以通过矩阵求逆得到。一旦定义了机器人位姿，根据特征与位姿的原始信息，特征位置就可以一个接一个地计算出来。

11.3 具体的 GraphSLAM 算法

下面就将 GraphSLAM 算法各计算步骤清晰化。全 GraphSLAM 算法（full GraphSLAM algorithm）可以被描述为许多步。执行简单附加信息算法的主要困难在于，将形如 $p(z_t^i \mid \boldsymbol{x}_t, \boldsymbol{m})$ 和 $p(\boldsymbol{x}_t \mid \boldsymbol{u}_t, \boldsymbol{x}_{t-1})$ 的条件概率转换为信息矩阵中的联系。该信息矩阵的元素是线性的，因此其中的步骤包括线性化 $p(z_t^i \mid \boldsymbol{x}_t, \boldsymbol{m})$ 和 $p(\boldsymbol{x}_t \mid \boldsymbol{u}_t, \boldsymbol{x}_{t-1})$。在 EKF SLAM 算法中，线性化出现在为估计位姿均值 $\boldsymbol{\mu}_{0:t}$而计算雅可比矩阵时。为建立初始信息矩阵 $\boldsymbol{\Omega}$ 和 $\boldsymbol{\xi}$，需要所有位姿 $\boldsymbol{x}_{0:t}$的初始估计 $\boldsymbol{\mu}_{0:t}$。

对于这一类为线性化寻找初始均值 $\boldsymbol{\mu}$ 的问题，有一些解决方法。例如，运行 EKF SLAM 算法，并用它为线性化进行估计。这里，将应用一个更加简单的技术。这里的初始估计只是简单地通过将运动模型 $p(\boldsymbol{x}_t \mid \boldsymbol{u}_t, \boldsymbol{x}_{t-1})$ 联结在一起而获得的。程序 11.1 给出的 GraphSLAM_ initialize 就是这样的算法。这个算法将 $\boldsymbol{u}_{1:t}$作为输入，而输出一系列的位姿估计 $\boldsymbol{\mu}_{0:t}$。该方法将第一个位姿初始化为零，然后应用速度运动模型来递归地计算接下来的位姿。在估计过程中该方法不考虑任何测量值。

一旦得到了初始值 $\boldsymbol{\mu}_{0:t}$，GraphSLAM 算法构建全 SLAM 信息矩阵 $\boldsymbol{\Omega}$ 和对应的信息矢量 $\boldsymbol{\xi}$。这一点由线性化图的关联得到。GraphSLAM_linearize 算法见程序 11.2。该算法包含了很多的数学记号，它们中的大部分可以在下面进一步的数学

Algorithm GraphSLAM_initialize($u_{1:t}$):

$$\begin{pmatrix}\mu_{0,x}\\ \mu_{0,y}\\ \mu_{0,\theta}\end{pmatrix}=\begin{pmatrix}0\\0\\0\end{pmatrix}$$

for all controls $u_t=(v_t\ \omega_t)^T$ *do*

$$\begin{pmatrix}\mu_{t,x}\\ \mu_{t,y}\\ \mu_{t,\theta}\end{pmatrix}=\begin{pmatrix}\mu_{t-1,x}\\ \mu_{t-1,y}\\ \mu_{t-1,\theta}\end{pmatrix}$$

$$+\begin{pmatrix}-\frac{v_t}{\omega_t}\sin\mu_{t-1,\theta}+\frac{v_t}{\omega_t}\ \sin(\mu_{t-1,\theta}+\omega_t\Delta t)\\ \frac{v_t}{\omega_t}\cos\mu_{t-1,\theta}-\frac{v_t}{\omega_t}\ \cos(\mu_{t-1,\theta}+\omega_t\Delta t)\\ \omega_t\Delta t\end{pmatrix}$$

endfor

return $\mu_{0:t}$

程序 11.1 GraphSLAM 算法均值 $\boldsymbol{u}_{1:t}$ 的初始化

Algorithm GraphSLAM_linearize($u_{1:t}, z_{1:t}, c_{1:t}, \mu_{0:t}$):

set $\Omega=0, \xi=0$

add $\begin{pmatrix}\infty & 0 & 0\\ 0 & \infty & 0\\ 0 & 0 & \infty\end{pmatrix}$ *to* Ω *at* x_0

for all controls $u_t=(v_t\ \omega_t)^T$ *do*

$$\hat{x}_t=\mu_{t-1}+\begin{pmatrix}-\frac{v_t}{\omega_t}\sin\mu_{t-1,\theta}+\frac{v_t}{\omega_t}\ \sin(\mu_{t-1,\theta}+\omega_t\Delta t)\\ \frac{v_t}{\omega_t}\cos\mu_{t-1,\theta}-\frac{v_t}{\omega_t}\ \cos(\mu_{t-1,\theta}+\omega_t\Delta t)\\ \omega_t\Delta t\end{pmatrix}$$

$$G_t=\begin{pmatrix}1 & 0 & -\frac{v_t}{\omega_t}\cos\mu_{t-1,\theta}+\frac{v_t}{\omega_t}\cos(\mu_{t-1,\theta}+\omega_t\Delta t)\\ 0 & 1 & -\frac{v_t}{\omega_t}\sin\mu_{t-1,\theta}+\frac{v_t}{\omega_t}\sin(\mu_{t-1,\theta}+\omega_t\Delta t)\\ 0 & 0 & 1\end{pmatrix}$$

程序 11.2 GraphSLAM 算法中 $\boldsymbol{\Omega}$ 和 $\boldsymbol{\xi}$ 的计算

add $\begin{pmatrix} -G_t^T \\ 1 \end{pmatrix} R_t^{-1} \; (-G_t \;\; 1)$ to Ω at x_t and x_{t-1}

add $\begin{pmatrix} -G_t^T \\ 1 \end{pmatrix} R_t^{-1} \; [\hat{x}_t - G_t \; \mu_{t-1}]$ to ξ at x_t and x_{t-1}

endfor

for all measurements z_t do

$$Q_t = \begin{pmatrix} \sigma_r^2 & 0 & 0 \\ 0 & \sigma_\phi^2 & 0 \\ 0 & 0 & \sigma_s^2 \end{pmatrix}$$

for all observed features $z_t^i = (r_t^i \;\; \phi_t^i \;\; s_t^i)^T$ do

$j = c_t^i$

$$\delta = \begin{pmatrix} \delta_x \\ \delta_y \end{pmatrix} = \begin{pmatrix} \mu_{j,x} - \mu_{t,x} \\ \mu_{j,y} - \mu_{t,y} \end{pmatrix}$$

$q = \delta^T \delta$

$$\hat{z}_t^i = \begin{pmatrix} \sqrt{q} \\ \operatorname{atan2}(\delta_y, \delta_x) - \mu_{t,\theta} \\ s_j \end{pmatrix}$$

$$H_t^i = \frac{1}{q} \begin{pmatrix} -\sqrt{q}\delta_x & -\sqrt{q}\delta_y & 0 & +\sqrt{q}\delta_x & \sqrt{q}\delta_y & 0 \\ \delta_y & -\delta_x & -q & -\delta_y & +\delta_x & 0 \\ 0 & 0 & 0 & 0 & 0 & q \end{pmatrix}$$

add $H_t^{iT} \; Q_t^{-1} \; H_t^i$ to Ω at x_t and m_j

add $H_t^{iT} \; Q_t^{-1} \; [\, z_t^i - \hat{z}_t^i + H_t^i \begin{pmatrix} \mu_{t,x} \\ \mu_{t,y} \\ \mu_{t,\theta} \\ \mu_{j,x} \\ \mu_{j,y} \\ \mu_{j,s} \end{pmatrix}]$ to ξ at x_t and m_j

endfor

endfor

return Ω, ξ

程序 11.2　GraphSLAM 算法中 $\boldsymbol{\Omega}$ 和 $\boldsymbol{\xi}$ 的计算（续）

推导中变得清晰。GraphSLAM_linearize 算法将一系列的控制量 $\boldsymbol{u}_{1:t}$、测量值 $\boldsymbol{z}_{1:t}$，相对应的一致性变量 $c_{1:t}$ 和位姿估计均值 $\boldsymbol{\mu}_{0:t}$ 作为输入。然后，按部就班地通过线性化方法，通过局部地根据每次测量和控制获得的信息增加子矩阵，来构造信

息矩阵 $\boldsymbol{\Omega}$ 和信息矢量 $\boldsymbol{\xi}$。

具体来说，GraphSLAM_linearize 算法第 2 行初始化了信息元素。第 3 行的“无限”信息入口将初始位姿定位于 $(0\quad 0\quad 0)^{\mathrm{T}}$。这是有必要的，因为如果不这样，那么结果信息矩阵就会成为奇异矩阵，反映了只根据相对信息不能恢复绝对估计。

控制在 GraphSLAM_linearize 算法的第 4 ~ 9 行被综合。在第 5、6 行计算的位置 $\hat{\boldsymbol{x}}$ 和雅可比矩阵 $\boldsymbol{G}_t$ 表示非线性控制函数 g 的线性近似。就像这些等式中明确表示的那样，线性化步骤应用了位姿估计 $\boldsymbol{\mu}_{0:t-1}$ 和 $\boldsymbol{\mu}_0=(0\quad 0\quad 0)^{\mathrm{T}}$。然后是在第 7、8 行分别计算更新 $\boldsymbol{\Omega}$ 和 $\boldsymbol{\xi}$。所有的项都被加进 $\boldsymbol{\Omega}$ 和 $\boldsymbol{\xi}$ 的对应的行和列。这样的增加实现了将一个新约束包含进 SLAM 后验，与先验部分的直觉描述相对应。

测量在 GraphSLAM_linearize 算法的第 10 ~ 21 行被综合。在第 11 行计算的矩阵 $\boldsymbol{Q}_t$ 是大家所熟知的测量噪声协方差。第 13 ~ 17 行计算测量函数的泰勒展开式，这里表达为本书 6.6 节所定义的基于特征的测量模型。应当注意第 16 行的应用，因为角度的表达方式可以通过 2π 转换。对测量值更新的计算在第 18、19 行达到极点。在第 18 行被加到 $\boldsymbol{\Omega}$ 中的矩阵是一个 6×6 矩阵。为了加上这个矩阵，将它分解为一个 3×3 的位姿 $\boldsymbol{x}_t$ 矩阵，一个 3×3 的特征 $\boldsymbol{m}_j$ 矩阵，两个 3×3 的连接 $\boldsymbol{x}_t$ 和 $\boldsymbol{m}_j$ 的矩阵。这些矩阵被加到 $\boldsymbol{\Omega}$ 的对应行和列。同样地，加到信息矢量 $\boldsymbol{\xi}$ 的矢量维数为 5。该矢量可以分成维数为 3 和 2 的两个矢量，加到分别对应 $\boldsymbol{x}_t$ 和 $\boldsymbol{m}_j$ 的元素上。GraphSLAM_linearize 算法的结果是一个信息矢量 $\boldsymbol{\xi}$ 和一个矩阵 $\boldsymbol{\Omega}$。已经注意到，$\boldsymbol{\Omega}$ 是个稀疏矩阵。该矩阵只在主对角线上、位姿之间、位姿及特征之间有非零的子矩阵。该算法的运行时间线性于获得数据的时间步数 t。

GraphSLAM 算法的下一步是减少信息矩阵和信息矢量的维数。由程序 11.3 给出的 GraphSLAM_reduce 算法完成。该算法将定义在全地图空间特征和位姿上的 $\boldsymbol{\Omega}$ 和 $\boldsymbol{\xi}$ 作为输入，并输出减少维数的定义在全位姿空间（而不是全地图空间）上的矩阵 $\tilde{\boldsymbol{\Omega}}$ 和矢量 $\tilde{\boldsymbol{\xi}}$。这样的转换通过 GraphSLAM_reduce 算法第 4 ~ 9 行的一次减少一个特征 $\boldsymbol{m}_j$ 来完成。精确地记录 $\tilde{\boldsymbol{\Omega}}$ 和 $\tilde{\boldsymbol{\xi}}$ 中每一项的索引有点乏味，因此程序 11.3 只给出了直观的记录。

第 5 行记录一系列的位姿 $\tau(j)$，在这些位姿上机器人观察到第 j 个特征。该算法从当前矩阵 $\tilde{\boldsymbol{\Omega}}$ 中抽取两个子矩阵：$\tilde{\boldsymbol{\Omega}}_{j,j}$ 和 $\tilde{\boldsymbol{\Omega}}_{\tau(j),j}$。$\tilde{\boldsymbol{\Omega}}_{j,j}$ 是 $\boldsymbol{m}_j$ 和 $\boldsymbol{m}_j$ 之间的方子矩阵，$\tilde{\boldsymbol{\Omega}}_{\tau(j),j}$ 是由 $\boldsymbol{m}_j$ 和位姿变量 $\tau(j)$ 间的非对角元素组成。该算法从信息状态矢量 $\tilde{\boldsymbol{\xi}}$ 中提取对应第 j 个特征的元素，记为 $\boldsymbol{\xi}_j$。在第 6、7 行，从 $\tilde{\boldsymbol{\Omega}}$ 和 $\tilde{\boldsymbol{\xi}}$ 中

```
Algorithm GraphSLAM_reduce(Ω, ξ):
    $\tilde{\Omega} = \Omega$
    $\tilde{\xi} = \xi$
    for each feature $j$ do
        let $\tau(j)$ be the set of all poses $x_t$ at which $j$ was observed
        subtract $\tilde{\Omega}_{\tau(j),j}\ \tilde{\Omega}_{j,j}^{-1}\ \xi_j$ from $\tilde{\xi}$ at $x_{\tau(j)}$ and $m_j$
        subtract $\tilde{\Omega}_{\tau(j),j}\ \tilde{\Omega}_{j,j}^{-1}\ \tilde{\Omega}_{j,\tau(j)}$ from $\tilde{\Omega}$ at $x_{\tau(j)}$ and $m_j$
        remove from $\tilde{\Omega}$ and $\tilde{\xi}$ all rows/columns corresponding to $j$
    endfor
    return $\tilde{\Omega}, \tilde{\xi}$
```

程序 11.3　GraphSLAM 算法减少用信息表达后验的尺寸

减去信息。该操作之后，特征 $\boldsymbol{m}_j$ 的行和列为零。接着这些行和列被删除，相应地减小了 $\tilde{\boldsymbol{\Omega}}$ 和 $\tilde{\boldsymbol{\xi}}$ 的维数。该过程不断重复，直到所有特征被移除，只剩下位姿变量留在 $\tilde{\boldsymbol{\Omega}}$ 和 $\tilde{\boldsymbol{\xi}}$ 中。GraphSLAM_reduce 算法的复杂度也是线性于时间步数 t 的。

GraphSLAM 算法的最后一步是计算机器人路径上所有位姿的均值与协方差和地图上所有特征的平均位置估计。以上这些通过程序 11.4 给出的 GraphSLAM_solve 算法实现。第 2、3 行通过对变小了的信息矩阵 $\tilde{\boldsymbol{\Omega}}$ 求逆，并将协方差和信息矢量相乘来计算路径估计 $\boldsymbol{\mu}_{0:t}$。随后，GraphSLAM_solve 算法第 4 ~ 7 行计算每一个特征的位置。GraphSLAM_solve 算法的返回值包括机器人路径均值和地图上所有特征均值及机器人路径协方差。这里要注意，存在另外的更有效的方法来计算 $\boldsymbol{\mu}_{0:t}$，即旁路掉矩阵求逆的步骤。这些将在本章的最后对 GraphSLAM 算法应用标准优化技术时加以讨论。

GraphSLAM 算法解决方案的质量依赖良好的由 GraphSLAM_initialize 算法计算的初始均值估计。这些估计中的 x 和 y 的元素线性地影响各自的模型，因此线性化并不依赖这些值，同样也不依赖 $\boldsymbol{\mu}_{0:t}$ 中的方向变量。这些初始估计中的误差影响泰勒近似值的精度，泰勒近似反过来会影响结果。

为减小由泰勒近似在线性化过程中带来的潜在的误差，GraphSLAM_linearize、GraphSLAM_reduce 和 GraphSLAM_solve 算法都对同一数据集运行多次。每一次循环都是以上一次循环的估计均值矢量 $\boldsymbol{\mu}_{0:t}$ 为输入，输出一个新的改进的

Algorithm GraphSLAM_solve($\tilde{\Omega}, \tilde{\xi}, \Omega, \xi$):

$\Sigma_{0:t} = \tilde{\Omega}^{-1}$

$\mu_{0:t} = \Sigma_{0:t}\, \tilde{\xi}$

for each feature j do

set $\tau(j)$ to the set of all poses x_t at which j was observed

$\mu_j = \Omega_{j,j}^{-1}\, (\xi_j + \Omega_{j,\tau(j)}\, \tilde{\mu}_{\tau(j)})$

endfor

return $\mu, \Sigma_{0:t}$

程序 11.4　更新后验 $\boldsymbol{\mu}$ 算法

估计。当初始位姿估计有较大误差（如方位误差大于 20°）时，对 GraphSLAM 算法优化循环是十分必要的。次数不多的循环通常就足够了。

程序 11.5 给出了最终的算法。先初始化均值，再重复构建步骤，再运行减小步骤和解决步骤。具体来说，两次或三次循环对于收敛已足够了。最终的均值 $\boldsymbol{\mu}$ 是机器人路径和地图的最优估计。

Algorithm GraphSLAM_known_correspondence($u_{1:t}, z_{1:t}, c_{1:t}$):

$\mu_{0:t}$ = **GraphSLAM_initialize**($u_{1:t}$)

repeat

Ω, ξ = **GraphSLAM_linearize**($u_{1:t}, z_{1:t}, c_{1:t}, \mu_{0:t}$)

$\tilde{\Omega}, \tilde{\xi}$ = **GraphSLAM_reduce**(Ω, ξ)

$\mu, \Sigma_{0:t}$ = **GraphSLAM_solve**($\tilde{\Omega}, \tilde{\xi}, \Omega, \xi$)

until convergence

return μ

程序 11.5　已知一致性全 SLAM 问题的 GraphSLAM 算法

11.4　GraphSLAM 算法的数学推导

GraphSLAM 算法的推导始于计算全 SLAM 后验递归公式的推导，表达为信息形式。接下来将研究后验中的各项，并通过泰勒表达式推导附加的 SLAM 更新。这样就可以为恢复路径和地图推导必要的方程。

11.4.1 全 SLAM 后验

在 EKF SLAM 算法的讨论中，为全 SLAM 问题扩展状态引入一个变量是非常有用的。定义状态为 $\boldsymbol{y}$，该状态将一个或更多个位姿 $\boldsymbol{x}$ 与地图 $\boldsymbol{m}$ 组合在一起。具体来说，将 $\boldsymbol{y}_{0:t}$ 定义为一个组合了路径 $\boldsymbol{x}_{0:t}$ 和地图 $\boldsymbol{m}$ 的矢量。其中，$\boldsymbol{y}_t$ 由时刻 t 的瞬时位姿和地图 $\boldsymbol{m}$ 组成。

$$\boldsymbol{y}_{0:t} = \begin{pmatrix} \boldsymbol{x}_0 \\ \boldsymbol{x}_1 \\ \vdots \\ \boldsymbol{x}_t \\ \boldsymbol{m} \end{pmatrix} \quad 和\ \boldsymbol{y}_t = \begin{pmatrix} \boldsymbol{x}_t \\ \boldsymbol{m} \end{pmatrix} \tag{11.4}$$

全 SLAM 问题中的后验是 $p(\boldsymbol{y}_{0:t} \mid \boldsymbol{z}_{1:t},\ \boldsymbol{u}_{1:t},\ c_{1:t})$。其中，$\boldsymbol{z}_{1:t}$ 为对应 $c_{1:t}$ 的人名熟知的测量；$\boldsymbol{u}_{1:t}$ 为控制。根据贝叶斯定律后验可以分解为

$$\begin{aligned} & p(\boldsymbol{y}_{0:t} \mid \boldsymbol{z}_{1:t},\boldsymbol{u}_{1:t},c_{1:t}) \\ & = \eta p(\boldsymbol{z}_t \mid \boldsymbol{y}_{0:t},\boldsymbol{z}_{1:t-1}\boldsymbol{u}_{1:t},c_{1:t})\, p(\boldsymbol{y}_{0:t} \mid \boldsymbol{z}_{1:t-1},\boldsymbol{u}_{1:t},c_{1:t}) \end{aligned} \tag{11.5}$$

式中，η 为熟悉的归一化因子；右边的第一个概率可以通过丢弃无关变量而减少。

$$p(\boldsymbol{z}_t \mid \boldsymbol{y}_{0:t},\boldsymbol{z}_{1:t-1},\boldsymbol{u}_{1:t},c_{1:t}) = p(\boldsymbol{z}_t \mid \boldsymbol{y}_t,c_t) \tag{11.6}$$

同样地，可以通过将 $\boldsymbol{y}_{0:t}$ 分块为 $\boldsymbol{x}_t$ 和 $\boldsymbol{y}_{0:t-1}$，将第二个概率分解：

$$\begin{aligned} & p(\boldsymbol{y}_{0:t} \mid \boldsymbol{z}_{1:t-1},\boldsymbol{u}_{1:t},c_{1:t}) \\ & = p(\boldsymbol{x}_t \mid \boldsymbol{y}_{0:t-1},\boldsymbol{z}_{1:t-1},\boldsymbol{u}_{1:t},c_{1:t})\, p(\boldsymbol{y}_{0:t-1} \mid \boldsymbol{z}_{1:t-1},\boldsymbol{u}_{1:t},c_{1:t}) \\ & = p(\boldsymbol{x}_t \mid \boldsymbol{x}_{t-1},\boldsymbol{u}_t)\, p(\boldsymbol{y}_{0:t-1} \mid \boldsymbol{z}_{1:t-1},\boldsymbol{u}_{1:t-1},c_{1:t-1}) \end{aligned} \tag{11.7}$$

将这些表达式代入式（11.5），得到全 SLAM 后验的递归定义：

$$\begin{aligned} & p(\boldsymbol{y}_{0:t} \mid \boldsymbol{z}_{1:t},\boldsymbol{u}_{1:t},c_{1:t}) \\ & = \eta p(\boldsymbol{z}_t \mid \boldsymbol{y}_t,c_t)\, p(\boldsymbol{x}_t \mid \boldsymbol{x}_{t-1},\boldsymbol{u}_t)\, p(\boldsymbol{y}_{0:t-1} \mid \boldsymbol{z}_{1:t-1},\boldsymbol{u}_{1:t-1},c_{1:t-1}) \end{aligned} \tag{11.8}$$

这个闭式表达式可以通过 t 上的归纳得到。这里 $p(\boldsymbol{y}_0)$ 是地图 $\boldsymbol{m}$ 和初始位姿 $\boldsymbol{x}_0$ 的先验。

$$\begin{aligned} p(\boldsymbol{y}_{0:t} \mid \boldsymbol{z}_{1:t},\boldsymbol{u}_{1:t},c_{1:t}) & = \eta p(\boldsymbol{y}_0) \prod_t p(\boldsymbol{x}_t \mid \boldsymbol{x}_{t-1},\boldsymbol{u}_t)\, p(\boldsymbol{z}_t \mid \boldsymbol{y}_t,c_t) \\ & = \eta p(\boldsymbol{y}_0) \prod_t \left[p(\boldsymbol{x}_t \mid \boldsymbol{x}_{t-1},\boldsymbol{u}_t) \prod_i p(z_t^i \mid \boldsymbol{y}_t,c_t^i) \right] \end{aligned} \tag{11.9}$$

式中，z_t^i 时刻 t 的测量矢量 z_t 的第 i 个测量值，与前面一样。先验 $p(\boldsymbol{y}_0)$ 分解为两个独立的先验，$p(\boldsymbol{x}_0)$ 和 $p(\boldsymbol{m})$。在 SLAM 中，常没有关于地图的先验知识。这里，简单地将 $p(\boldsymbol{y}_0)$ 用 $p(\boldsymbol{x}_0)$ 代替，并把因子 $p(\boldsymbol{m})$ 归入标准化参

数 η。

11.4.2 负对数后验

信息形式用对数形式表达概率。对数 SLAM 后验直接来自于先前的表达式：

$$\begin{aligned}&\log p(y_{0:t} \mid z_{1:t}, u_{1:t}, c_{1:t})\\&= \text{常数} + \log p(x_0) + \sum_t \left[\log p(x_t \mid x_{t-1}, u_t) + \sum_i \log p(z_t^i \mid y_t, c_t^i) \right]\end{aligned} \tag{11.10}$$

正如本书第 10 章所提到的那样，假设机器人运动的结果通常服从正态分布 $N(g(u_t, x_{t-1}), R_t)$。其中，g 为确定的运动函数；R_t 为运动误差的协方差。同样地，根据 $N(h(y_t, c_t^i), Q_t)$ 生成测量 z_t^i。其中，h 为熟知的测量函数；Q_t 为测量误差协方差。那么，有

$$p(x_t \mid x_{t-1}, u_t) = \eta \exp\left\{ -\frac{1}{2}(x_t - g(u_t, x_{t-1}))^{\mathrm{T}} R_t^{-1} (x_t - g(u_t, x_{t-1})) \right\} \tag{11.11}$$

$$p(z_t^i \mid y_t, c_t^i) = \eta \exp\left\{ -\frac{1}{2}(z_t^i - h(y_t, c_t^i))^{\mathrm{T}} Q_t^{-1} (z_t^i - h(y_t, c_t^i)) \right\} \tag{11.12}$$

式（11.10）中的先验 $p(x_0)$ 可以同样简单地表示为高斯分布。它将初始位置固定在全局坐标系的零点 $x_0 = (0 \quad 0 \quad 0)^{\mathrm{T}}$。

$$p(x_0) = \eta \exp\left\{ -\frac{1}{2} x_0^{\mathrm{T}} \Omega_0 x_0 \right\} \tag{11.13}$$

其中

$$\Omega_0 = \begin{pmatrix} \infty & 0 & 0 \\ 0 & \infty & 0 \\ 0 & 0 & \infty \end{pmatrix} \tag{11.14}$$

目前，并不担心∞值不能应用，因为可以很容易地用一个大正数来代替∞。这就导致了接下来式（11.10）的负对数 SLAM 后验的二次方形式：

$$\begin{aligned}&-\log p(y_{0:t} \mid z_{1:t}, u_{1:t}, c_{1:t})\\&= \text{常数} + \frac{1}{2}\Big[x_0^{\mathrm{T}} \Omega_0 x_0 + \sum_t (x_t - g(u_t, x_{t-1}))^{\mathrm{T}} R_t^{-1} (x_t - g(u_t, x_{t-1})) +\\&\sum_t \sum_i (z_t^i - h(y_t, c_t^i))^{\mathrm{T}} Q_t^{-1} (z_t^i - h(y_t, c_t^i)) \Big]\end{aligned} \tag{11.15}$$

本质上上式与式（11.3）的 $J_{\mathrm{GraphSLAM}}$ 相同，只有标准化常数这一点不同（包括与 −1 相乘）。式（11.5）强调信息形式全 SLAM 后验的基本特性。其由一些二次方项组成，一个是先验的，一个是每个控制与测量的。

11.4.3 泰勒表达式

式（11.15）中的各个项是函数 g 和 h 的二次方项，而不是要估计的变量

(位姿和地图)。GraphSLAM 算法通过用泰勒表达式线性化函数 g 与 h 来缓解此问题，完全类似 EKF 推导过程中的式（10.14）和式（10.18）。具体来说，有

$$g(\boldsymbol{u}_t,\boldsymbol{x}_{t-1}) \approx g(\boldsymbol{u}_t,\boldsymbol{\mu}_{t-1}) + \boldsymbol{G}_t(\boldsymbol{x}_{t-1} - \boldsymbol{\mu}_{t-1}) \tag{11.16}$$

$$h(\boldsymbol{y}_t,c_t^i) \approx h(\boldsymbol{\mu}_t,c_t^i) + \boldsymbol{H}_t^i(\boldsymbol{y}_t - \boldsymbol{\mu}_t) \tag{11.17}$$

式中，$\boldsymbol{\mu}_t$ 为状态矢量 $\boldsymbol{y}_t$ 的当前估计；$\boldsymbol{H}_t^i = \boldsymbol{h}_t^i \boldsymbol{F}_{x,j}$ 与式（10.19）中的定义相同。

该线性近似将对数似然式（11.15）转变为 $\boldsymbol{y}_{0:t}$ 的二次方的函数。具体来说，有

$$\begin{aligned}
\log p\,(\boldsymbol{y}_{0:t} \mid \boldsymbol{z}_{1:t},\boldsymbol{u}_{1:t},c_{1:t}) &= \text{常数} - \frac{1}{2} \\
&\Big\{\boldsymbol{x}_0^{\mathrm{T}}\boldsymbol{\Omega}_0\boldsymbol{x}_0 + \sum_t [\boldsymbol{x}_t - g(\boldsymbol{u}_t,\boldsymbol{\mu}_{t-1}) - \boldsymbol{G}_t(\boldsymbol{x}_{t-1} - \boldsymbol{\mu}_{t-1})]^{\mathrm{T}} \\
&\boldsymbol{R}_t^{-1}[\boldsymbol{x}_t - g(\boldsymbol{u}_t,\boldsymbol{\mu}_{t-1}) - \boldsymbol{G}_t(\boldsymbol{x}_{t-1} - \boldsymbol{\mu}_{t-1})] \\
&+ \sum_i [\boldsymbol{z}_t^i - h(\boldsymbol{\mu}_t,c_t^i) - \boldsymbol{H}_t^i(\boldsymbol{y}_t - \boldsymbol{\mu}_t)]^{\mathrm{T}}\boldsymbol{Q}_t^{-1}[\boldsymbol{z}_t^i - h(\boldsymbol{\mu}_t,c_t^i) - \boldsymbol{H}_t^i(\boldsymbol{y}_t - \boldsymbol{\mu}_t)]\Big\}
\end{aligned} \tag{11.18}$$

该函数实际是 $\boldsymbol{y}_{0:t}$ 的二次方的函数，可以方便地重新排列各项，忽略掉一些常数项。

$$\begin{aligned}
&\log p\,(\boldsymbol{y}_{0:t} \mid \boldsymbol{z}_{1:t},\boldsymbol{u}_{1:t},c_{1:t}) = \text{常数} \\
&\quad -\frac{1}{2}\underbrace{\boldsymbol{x}_0^{\mathrm{T}}\boldsymbol{\Omega}_0\boldsymbol{x}_0}_{x_0\text{的二次方项}} - \frac{1}{2}\sum_t \underbrace{\boldsymbol{x}_{t-1:t}^{\mathrm{T}}\begin{pmatrix}-\boldsymbol{G}_t^{\mathrm{T}}\\ 1\end{pmatrix}\boldsymbol{R}_t^{-1}(-\boldsymbol{G}_t \quad 1)\boldsymbol{x}_{t-1:t}}_{x_{t-1:t}\text{的二次方项}} \\
&\quad \underbrace{+\boldsymbol{x}_{t-1:t}^{\mathrm{T}}\begin{pmatrix}-\boldsymbol{G}_t^{\mathrm{T}}\\ 1\end{pmatrix}\boldsymbol{R}_t^{-1}[g(\boldsymbol{u}_t,\boldsymbol{\mu}_{t-1}) - \boldsymbol{G}_t\boldsymbol{\mu}_{t-1}]}_{x_{t-1:t}\text{的线性项}} \\
&\quad -\frac{1}{2}\sum_i \underbrace{\boldsymbol{y}_t^{\mathrm{T}}\boldsymbol{H}_t^{i\mathrm{T}}\boldsymbol{Q}_t^{-1}\boldsymbol{H}_t^i\boldsymbol{y}_t}_{y_t\text{的二次方项}} + \underbrace{\boldsymbol{y}_t^{\mathrm{T}}\boldsymbol{H}_t^{i\mathrm{T}}\boldsymbol{Q}_t^{-1}[\boldsymbol{z}_t^i - h(\boldsymbol{\mu}_t,c_t^2) + \boldsymbol{H}_t^i\boldsymbol{\mu}_t]}_{y_t\text{的线性项}}
\end{aligned} \tag{11.19}$$

其中，$\boldsymbol{x}_{t-1:t}$ 定义了状态矢量，包括 $\boldsymbol{x}_{t-1}$ 和 $\boldsymbol{x}_t$，因此有

$$(\boldsymbol{x}_t - \boldsymbol{G}_t\boldsymbol{x}_{t-1})^{\mathrm{T}} = \boldsymbol{x}_{t-1:t}^{\mathrm{T}}(-\boldsymbol{G}_t\ 1)^{\mathrm{T}} = \boldsymbol{x}_{t-1:t}^{\mathrm{T}}\begin{pmatrix}-\boldsymbol{G}_t^{\mathrm{T}}\\ 1\end{pmatrix}$$

如果将所有二次方项放入矩阵 $\boldsymbol{\Omega}$，所有的线性项放入矢量 $\boldsymbol{\xi}$，则式（11.19）具有以下形式：

$$\log p(\boldsymbol{y}_{0:t} \mid \boldsymbol{z}_{1:t},\boldsymbol{u}_{1:t},c_{1:t}) = \text{常数} - \frac{1}{2}\boldsymbol{y}_{0:t}^{\mathrm{T}}\boldsymbol{\Omega}\,\boldsymbol{y}_{0:t} + \boldsymbol{y}_{0:t}^{\mathrm{T}}\boldsymbol{\xi} \tag{11.20}$$

11.4.4　构建信息形式

这里，可以直接从式（11.19）中顺利读出这些项，并可以确认它们的确应

用于程序 11.2 给出的 GraphSLAM_linearize 算法。

• 先验。初始位姿先验通过信息矩阵定义在初始位姿变量 $\boldsymbol{x}_0$ 上的二次方项 $\boldsymbol{\Omega}_0$ 来表示自己。假设将矩阵 $\boldsymbol{\Omega}_0$ 进行适当的扩充，使之具有 $\boldsymbol{y}_{0:t}$ 的维数，则有

$$\boldsymbol{\Omega} \leftarrow \boldsymbol{\Omega}_0 \tag{11.21}$$

该初始化由 GraphSLAM_linearize 算法的第 2、3 行执行。

• 控制。从式（11.19），看到每个控制 $\boldsymbol{u}_t$ 都加到 $\boldsymbol{\Omega}$ 和 $\boldsymbol{\xi}$ 以下的项中，如果矩阵重新布置就能具有合适的维数：

$$\boldsymbol{\Omega} \leftarrow \boldsymbol{\Omega} + \begin{pmatrix} -\boldsymbol{G}_t^{\mathrm{T}} \\ 1 \end{pmatrix} \boldsymbol{R}_t^{-1} (\,-\boldsymbol{G}_t \quad 1\,) \tag{11.22}$$

$$\boldsymbol{\xi} \leftarrow \boldsymbol{\xi} + \begin{pmatrix} -\boldsymbol{G}_t^{\mathrm{T}} \\ 1 \end{pmatrix} \boldsymbol{R}_t^{-1} [\, g(\boldsymbol{u}_t, \boldsymbol{\mu}_{t-1}) - \boldsymbol{G}_t \boldsymbol{\mu}_{t-1} \,] \tag{11.23}$$

以上由 GraphSLAM_linearize 算法的第 4 ~ 9 行实现。

• 测量。对于式（11.19），每个测量 z_t^i 通过增加以下的项来转换 $\boldsymbol{\Omega}$ 和 $\boldsymbol{\xi}$。再一次取得矩阵维数的合适调整。

$$\boldsymbol{\Omega} \leftarrow \boldsymbol{\Omega} + \boldsymbol{H}_t^{i\mathrm{T}} \boldsymbol{Q}_t^{-1} \boldsymbol{H}_t^i \tag{11.24}$$

$$\boldsymbol{\xi} \leftarrow \boldsymbol{\xi} + \boldsymbol{H}_t^{i\mathrm{T}} \boldsymbol{Q}_t^{-1} [\, z_t^i - h(\boldsymbol{\mu}_t, c_t^i) + \boldsymbol{H}_t^i \boldsymbol{\mu}_t \,] \tag{11.25}$$

该更新发生在 Graph_linearize 算法的第 10 ~ 21 行。

这证明了 GraphSLAM_linearize 算法的正确性，它是与泰勒展开式有关的。

还注意到，以上这些步骤只会影响至少包含一个位姿的非对角元素。因此，在最终的信息矩阵中，所有特征间元素为零。

11.4.5　浓缩信息表

GraphSLAM_reduce 算法中的减少步骤基于全 SLAM 后验的因式分解：

$$p(\boldsymbol{y}_{0:t} \mid z_{1:t}, \boldsymbol{u}_{1:t}, c_{1:t}) = p(\boldsymbol{x}_{0:t} \mid z_{1:t}, \boldsymbol{u}_{1:t}, c_{1:t})\, p(\boldsymbol{m} \mid \boldsymbol{x}_{0:t}, z_{1:t}, \boldsymbol{u}_{1:t}, c_{1:t}) \tag{11.26}$$

其中，$p(\boldsymbol{x}_{0:t} \mid z_{1:t},\ \boldsymbol{u}_{1:t}, c_{1:t}) \sim N(\boldsymbol{\xi},\ \boldsymbol{\Omega})$ 为路径上的后验，对地图积分：

$$p(\boldsymbol{x}_{0:t} \mid z_{1:t}, \boldsymbol{u}_{1:t}, c_{1:t}) = \int p(\boldsymbol{y}_{0:t} \mid z_{1:t}, \boldsymbol{u}_{1:t}, c_{1:t})\, \mathrm{d}\boldsymbol{m} \tag{11.27}$$

就像下面马上要提到的，该概率由程序 11.3 给出的 GraphSLAM_reduce 算法计算，原因以下：

$$p(\boldsymbol{x}_{0:t} \mid z_{1:t}, \boldsymbol{u}_{1:t}, c_{1:t}) \sim N(\tilde{\boldsymbol{\xi}}, \tilde{\boldsymbol{\Omega}}) \tag{11.28}$$

通常，式（11.27）中的积分是比较难处理的，因为 $\boldsymbol{m}$ 中有大量的变量。对于高斯，可以闭式计算该积分。其主要的观点见程序 11.6。该表叙述证明了高斯边缘化引理。

Marginals of a multivariate Gaussian. Let the probability distribution $p(x, y)$ over the random vectors x and y be a Gaussian represented in the information form

$$\Omega = \begin{pmatrix} \Omega_{xx} & \Omega_{xy} \\ \Omega_{yx} & \Omega_{yy} \end{pmatrix} \quad \text{and} \quad \xi = \begin{pmatrix} \xi_x \\ \xi_y \end{pmatrix}$$

If Ω_{yy} is invertible, the marginal $p(x)$ is a Gaussian whose information representation is

$$\bar{\Omega}_{xx} = \Omega_{xx} - \Omega_{xy}\,\Omega_{yy}^{-1}\,\Omega_{yx} \quad \text{and} \quad \bar{\xi}_x = \xi_x - \Omega_{xy}\,\Omega_{yy}^{-1}\,\xi_y$$

Proof. The marginal for a Gaussian in its moments parameterization

$$\Sigma = \begin{pmatrix} \Sigma_{xx} & \Sigma_{xy} \\ \Sigma_{yx} & \Sigma_{yy} \end{pmatrix} \quad \text{and} \quad \mu = \begin{pmatrix} \mu_x \\ \mu_y \end{pmatrix}$$

is $\mathcal{N}(\mu_x, \Sigma_{xx})$. By definition, the information matrix of this Gaussian is therefore Σ_{xx}^{-1}, and the information vector is $\Sigma_{xx}^{-1}\,\mu_x$. We show $\Sigma_{xx}^{-1} = \bar{\Omega}_{xx}$ via the Inversion Lemma from Table 3.2 on page 50. Let $P = (0\ 1)^T$, and let $[\infty]$ be a matrix of the same size as Ω_{yy} but whose entries are all infinite (with $[\infty]^{-1} = 0$). This gives us

$$(\Omega + P[\infty]P^T)^{-1} = \begin{pmatrix} \Omega_{xx} & \Omega_{xy} \\ \Omega_{yx} & [\infty] \end{pmatrix}^{-1} \stackrel{(*)}{=} \begin{pmatrix} \Sigma_{xx}^{-1} & 0 \\ 0 & 0 \end{pmatrix}$$

The same expression can also be expanded by the inversion lemma into:

$$\begin{aligned}
&(\Omega + P[\infty]P^T)^{-1} \\
&= \Omega - \Omega\,P([\infty]^{-1} + P^T\,\Omega\,P)^{-1}\,P^T\,\Omega \\
&= \Omega - \Omega\,P(0 + P^T\,\Omega\,P)^{-1}\,P^T\,\Omega \\
&= \Omega - \Omega\,P(\Omega_{yy})^{-1}\,P^T\,\Omega \\
&= \begin{pmatrix} \Omega_{xx} & \Omega_{xy} \\ \Omega_{yx} & \Omega_{yy} \end{pmatrix} - \begin{pmatrix} \Omega_{xx} & \Omega_{xy} \\ \Omega_{yx} & \Omega_{yy} \end{pmatrix} \begin{pmatrix} 0 & 0 \\ 0 & \Omega_{yy}^{-1} \end{pmatrix} \begin{pmatrix} \Omega_{xx} & \Omega_{xy} \\ \Omega_{yx} & \Omega_{yy} \end{pmatrix} \\
&\stackrel{(*)}{=} \begin{pmatrix} \Omega_{xx} & \Omega_{xy} \\ \Omega_{yx} & \Omega_{yy} \end{pmatrix} - \begin{pmatrix} 0 & \Omega_{xy}\,\Omega_{yy}^{-1} \\ 0 & 1 \end{pmatrix} \begin{pmatrix} \Omega_{xx} & \Omega_{xy} \\ \Omega_{yx} & \Omega_{yy} \end{pmatrix} \\
&= \begin{pmatrix} \Omega_{xx} & \Omega_{xy} \\ \Omega_{yx} & \Omega_{yy} \end{pmatrix} - \begin{pmatrix} \Omega_{xy}\,\Omega_{yy}^{-1}\,\Omega_{yx} & \Omega_{xy} \\ \Omega_{yx} & \Omega_{yy} \end{pmatrix} = \begin{pmatrix} \bar{\Omega}_{xx} & 0 \\ 0 & 0 \end{pmatrix}
\end{aligned}$$

程序 11.6　信息形式的边缘高斯引理（这个引理的协方差 $\tilde{\boldsymbol{\Omega}}_{xx}$ 形式也被称作 Schur 补）

The remaining statement, $\Sigma_{xx}^{-1}\,\mu_x = \bar{\xi}_x$, is obtained analogously, exploiting the fact that $\mu = \Omega^{-1}\xi$ (see Equation(3.73)) and the equality of the two expressions marked "$(*)$" above:

$$\begin{pmatrix} \Sigma_{xx}^{-1}\,\mu_x \\ 0 \end{pmatrix} = \begin{pmatrix} \Sigma_{xx}^{-1} & 0 \\ 0 & 0 \end{pmatrix}\begin{pmatrix} \mu_x \\ \mu_y \end{pmatrix} = \begin{pmatrix} \Sigma_{xx}^{-1} & 0 \\ 0 & 0 \end{pmatrix}\Omega^{-1}\begin{pmatrix} \xi_x \\ \xi_y \end{pmatrix}$$
$$\stackrel{(*)}{=} \left[\Omega - \begin{pmatrix} 0 & \Omega_{xy}\,\Omega_{yy}^{-1} \\ 0 & 1 \end{pmatrix}\Omega\right]\Omega^{-1}\begin{pmatrix} \xi_x \\ \xi_y \end{pmatrix}$$
$$= \begin{pmatrix} \xi_x \\ \xi_y \end{pmatrix} - \begin{pmatrix} 0 & \Omega_{xy}\,\Omega_{yy}^{-1} \\ 0 & 1 \end{pmatrix}\begin{pmatrix} \xi_x \\ \xi_y \end{pmatrix} = \begin{pmatrix} \bar{\xi}_x \\ 0 \end{pmatrix}$$

程序 11.6　信息形式的边缘高斯引理（这个引理的协方差 $\widetilde{\boldsymbol{\Omega}}_{xx}$ 形式也被称作 Schur 补）（续）

Conditionals of a multivariate Gaussian. Let the probability distribution $p(x, y)$ over the random vectors x and y be a Gaussian represented in the information form

$$\Omega = \begin{pmatrix} \Omega_{xx} & \Omega_{xy} \\ \Omega_{yx} & \Omega_{yy} \end{pmatrix} \qquad \text{and} \qquad \xi = \begin{pmatrix} \xi_x \\ \xi_y \end{pmatrix}$$

The conditional $p(x \mid y)$ is a Gaussian with information matrix Ω_{xx} and information vector $\xi_x - \Omega_{xy}\,y$.

Proof. The result follows trivially from the definition of a Gaussian in information form:

$$\begin{aligned} & p(x \mid y) \\ = \;& \eta\,\exp\left\{-\tfrac{1}{2}\begin{pmatrix} x \\ y \end{pmatrix}^T \begin{pmatrix} \Omega_{xx} & \Omega_{xy} \\ \Omega_{yx} & \Omega_{yy} \end{pmatrix}\begin{pmatrix} x \\ y \end{pmatrix} + \begin{pmatrix} x \\ y \end{pmatrix}^T \begin{pmatrix} \xi_x \\ \xi_y \end{pmatrix}\right\} \\ = \;& \eta\,\exp\left\{-\tfrac{1}{2}x^T\Omega_{xx}x - x^T\Omega_{xy}y - \tfrac{1}{2}y^T\Omega_{yy}y + x^T\xi_x + y^T\xi_y\right\} \\ = \;& \eta\,\exp\{-\tfrac{1}{2}x^T\Omega_{xx}x + x^T(\xi_x - \Omega_{xy}y)\underbrace{-\tfrac{1}{2}y^T\Omega_{yy}y + y^T\xi_y}_{\text{const.}}\} \\ = \;& \eta\,\exp\{-\tfrac{1}{2}x^T\Omega_{xx}x + x^T(\xi_x - \Omega_{xy}y)\} \end{aligned}$$

程序 11.7　信息形式的条件高斯引理

将矩阵量 $\boldsymbol{\Omega}$ 和矢量 $\boldsymbol{\xi}$ 再细分为子矩阵，对于机器人路径 $\boldsymbol{x}_{0:t}$ 及地图 $\boldsymbol{m}$，有

$$\boldsymbol{\Omega} = \begin{pmatrix} \boldsymbol{\Omega}_{x_{0:t},x_{0:t}} & \boldsymbol{\Omega}_{x_{0:t},m} \\ \boldsymbol{\Omega}_{m,x_{0:t}} & \boldsymbol{\Omega}_{m,m} \end{pmatrix} \tag{11.29}$$

$$\boldsymbol{\xi} = \begin{pmatrix} \boldsymbol{\xi}_{x_{0:t}} \\ \boldsymbol{\xi}_m \end{pmatrix} \tag{11.30}$$

根据边缘引理，式（11.28）的概率可由下式获得：

$$\tilde{\boldsymbol{\Omega}} = \boldsymbol{\Omega}_{x_{0:t},x_{0:t}} - \boldsymbol{\Omega}_{x_{0:t},m}\boldsymbol{\Omega}_{m,m}^{-1}\boldsymbol{\Omega}_{m,x_{0:t}} \tag{11.31}$$

$$\tilde{\boldsymbol{\xi}} = \boldsymbol{\xi}_{x_{0:t}} - \boldsymbol{\Omega}_{x_{0:t},m}\boldsymbol{\Omega}_{m,m}^{-1}\boldsymbol{\xi}_m \tag{11.32}$$

式中，矩阵 $\boldsymbol{\Omega}_{m,m}$ 为一个块对角阵。由此得出 $\boldsymbol{\Omega}$ 是结构化的，特别是在特征间没有联系时。这就使矩阵求逆运算效率很高：

$$\boldsymbol{\Omega}_{m,m}^{-1} = \sum_j \boldsymbol{F}_j^{\mathrm{T}}\boldsymbol{\Omega}_{j,j}^{-1}\boldsymbol{F}_j \tag{11.33}$$

$\boldsymbol{\Omega}_{j,j} = \boldsymbol{F}_j\boldsymbol{\Omega}\boldsymbol{F}_j^{\mathrm{T}}$ 为 $\boldsymbol{\Omega}$ 的子矩阵，对应地图的第 j 个特征。其中，有

$$\boldsymbol{F}_j = \begin{pmatrix} 0\cdots0 & 1\,0\,0 & 0\cdots0 \\ 0\cdots0 & 0\,1\,0 & 0\cdots0 \\ 0\cdots0 & \underbrace{0\,0\,1}_{\text{第 } j \text{ 个特征}} & 0\cdots0 \end{pmatrix} \tag{11.34}$$

该观点使得将式（11.31）和式（11.32）分解为一系列的更新成为可能。

$$\tilde{\boldsymbol{\Omega}} = \boldsymbol{\Omega}_{x_{0:t},x_{0:t}} - \sum_j \boldsymbol{\Omega}_{x_{0:t},j}\boldsymbol{\Omega}_{j,j}^{-1}\boldsymbol{\Omega}_{j,x_{0:t}} \tag{11.35}$$

$$\tilde{\boldsymbol{\xi}} = \boldsymbol{\xi}_{x_{0:t}} - \sum_j \boldsymbol{\Omega}_{x_{0:t},j}\boldsymbol{\Omega}_{j,j}^{-1}\boldsymbol{\xi}_j \tag{11.36}$$

矩阵 $\boldsymbol{\Omega}_{x_{0:t},j}$ 为 $\tau(j)$ 中的元素（即能观测到特征 j 的各个位姿）才是非零的。这在根本上证明了程序 11.3 给出的 GraphSLAM_reduce 算法的正确性。该算法中对矩阵 $\boldsymbol{\Omega}$ 的操作，可以被认为是矩阵求逆的变量排除算法，该算法应用于特征变量而不应用于机器人位姿变量。

11.4.6　恢复机器人路径

程序 11.4 给出的 GraphSLAM_solve 算法运用标准化等式计算高斯 $N(\tilde{\boldsymbol{\xi}}, \tilde{\boldsymbol{\Omega}})$ 的均值与方差，详见本书第 3 章式（3.72）和式（3.73）。

$$\tilde{\boldsymbol{\Sigma}} = \tilde{\boldsymbol{\Omega}}^{-1} \tag{11.37}$$

$$\tilde{\boldsymbol{\mu}} = \tilde{\boldsymbol{\Sigma}}\,\tilde{\boldsymbol{\xi}} \tag{11.38}$$

具体来说，该操作给出了机器人路径后验的均值；但不能给出地图上特征的位置。

现在还得恢复式（11.26）中的第二个因式：

$$p(\boldsymbol{m} \mid \boldsymbol{x}_{0:t}, \boldsymbol{z}_{1:t}, \boldsymbol{u}_{1:t}, c_{1:t}) \tag{11.39}$$

程序 11.7 给出了证明的条件引理，指示了该概率分布是多参数的高斯分布。

$$\boldsymbol{\Sigma}_m = \boldsymbol{\Omega}_{m,m}^{-1} \tag{11.40}$$

$$\boldsymbol{\mu}_m = \boldsymbol{\Sigma}_m(\boldsymbol{\xi}_m + \boldsymbol{\Omega}_{m,x_{0:t}}, \boldsymbol{\xi}) \tag{11.41}$$

式中，$\boldsymbol{\xi}_m$和$\boldsymbol{\Omega}_{m,m}$分别为地图变量中$\boldsymbol{\xi}$的子向量和$\boldsymbol{\Omega}$的子矩阵；子矩阵$\boldsymbol{\Omega}_{m,x_{0:t}}$是$\boldsymbol{\Omega}$的非对角子矩阵，该子矩阵将机器人路径和地图联系起来。如前面提到的，$\boldsymbol{\Omega}_{m,m}$是块对角阵，因此可分解为

$$p(\boldsymbol{m} \mid \boldsymbol{x}_{0:t}, z_{1:t}, \boldsymbol{u}_{1:t}. c_{1:t}) = \prod_j p(\boldsymbol{m}_j \mid \boldsymbol{x}_{0:t}, z_{1:t}, \boldsymbol{u}_{1:t}, c_{1:t}) \tag{11.42}$$

其中，每个$p(\boldsymbol{m}_j \mid \boldsymbol{x}_{0:t},\ z_{1:t},\ \boldsymbol{u}_{1:t},\ c_{1:t})$的分布服从于

$$\boldsymbol{\Sigma}_j = \Omega_{j,j}^{-1} \tag{11.43}$$

$$\mu_j = \boldsymbol{\Sigma}_j(\xi_j + \boldsymbol{\Omega}_{j,x_{0:t}} \tilde{\mu}) = \boldsymbol{\Sigma}_j(\xi_j + \boldsymbol{\Omega}_{j,\tau(j)} \tilde{\mu}_{\tau(j)}) \tag{11.44}$$

后一个变换利用了子矩阵$\boldsymbol{\Omega}_{j,x_{0:t}}$除位姿变量$\tau(j)$外均为零的事实。该位姿变量包含了所有能观测到第$j$个地标的位姿。

有一点要注意，$p(\boldsymbol{m}_j \mid \boldsymbol{x}_{0:t},\ z_{1:t},\ \boldsymbol{u}_{1:t},\ c_{1:t})$是真实路径$\boldsymbol{x}_{0:t}$上的条件高斯。在实际应用中，由于不知道路径，所以想知道无路径条件的后验$p(\boldsymbol{m} \mid z_{1:t},\ \boldsymbol{u}_{1:t},\ c_{1:t})$。高斯不能按时刻参数化来分解，因为不同特征的位置通过机器人位姿不确定性来相互联系。因此，GraphSLAM_solve 算法返回后验的均值估计，但是只有机器人路径的协方差。幸运的是，并不需要用时刻表示法处理全高斯（这将涉及一个大维数协方差矩阵），因为在不知道Σ的情况下关于 SLAM 问题的全部基本问题都能被解答（至少是几乎全能被解答）。

11.5 GraphSLAM 算法的数据关联

GraphSLAM 算法中的数据关联通过一致性变量实现，如 EKF SLAM 算法一样。GraphSLAM 算法寻求唯一最佳一致矢量，而不是计算整个分布。这样，寻求一致矢量是一个搜索问题。但是，定义一致性是很方便的，并与之前在 GraphSLAM 算法中所做的略有不同。即，一致性定义在一对地图特征之间，而不是测量与特征之间。具体来说，若$\boldsymbol{m}_j$和$\boldsymbol{m}_k$对应环境中同一个物理特征，则有$c(j,\ k)=1$；否则，$c(j,k)=0$。该特征一致性实际上在逻辑上等同于之前章节中定义的一致性，但简化了基本算法的陈述。

搜索空间一致性的技术是贪婪的，就像 EKF 一样。搜索最优一致性值的每一步都会带来改进，用合适的对数似然函数可以度量这种改进。但是，由于 GraphSLAM 算法可以访问同一时刻的所有数据，因此，设计出比 EKF 中的增量方法强大得多的一致性技术是可能的。其具体特性如下：

1. 在搜索的任意点，GraphSLAM 算法可以考虑任意特征系列的一致性，并不要求连续处理看到的特征。

2. 一致性搜索可与地图的计算相结合。假设两个被观察到的特征，对应环境中同一个物理特征，会影响最终的地图。如果将一个一致性假设合并到地图中，另一个一致性假设就会变得更可能或更不可能。

3. GraphSLAM 算法中的数据关联判决可以不做。数据关联的好坏依赖其他数据关联判决的值。在早期的搜索中看起来比较好的选择，在晚一些的时间点上看起来可能是不好的。为了适应这种情况，GraphSLAM 算法可以不进行早期数据关联判决而更高效。

现在描述一个特殊的一致性搜索算法，可以解释上述第 1、2 条特性。但不能说明第 3 条。数据关联算法会比较贪婪，该算法顺序搜索可能的一致性空间，以获得一个貌似合理的地图。但是，像所有贪婪的算法一样，该方法的解为局部最优；真正的一致性空间当然是随地图中特征的数量呈指数增长。尽管如此，本书还是满足于爬山算法的，并将在本书第 12 章详细讨论。

11.5.1 未知一致性的 GraphSLAM 算法

本算法的关键要素是一致性似然测试（likelihood test for correspondence）。具体来说，GraphSLAM 算法的一致性基于一个简单的测试：地图上的两个不同的特征 $\boldsymbol{m}_j$ 和 $\boldsymbol{m}_k$，对应环境中的同一个物理特征的概率是多少？如果此概率超过一个阈值，就接受该假设并将地图上的这两个特征进行融合。

一致性测试算法见程序 11.8。测试的输入是两个特征索引——j 和 k，计算它们与真实环境中同一个特征的符合概率。为计算该概率，算法应用了以下这些

Algorithm GraphSLAM_correspondence_test($\Omega, \xi, \mu, \Sigma_{0:t}, j, k$):

$$\Omega_{[j,k]} \;=\; \Omega_{jk,jk} - \Omega_{jk,\tau(j,k)}\ \Sigma_{\tau(j,k),\tau(j,k)}\ \Omega_{\tau(j,k),jk}$$

$$\xi_{[j,k]} \;=\; \Omega_{[j,k]}\ \mu_{j,k}$$

$$\Omega_{\Delta j,k} = \begin{pmatrix} 1 \\ -1 \end{pmatrix}^T \Omega_{[j,k]} \begin{pmatrix} 1 \\ -1 \end{pmatrix}$$

$$\xi_{\Delta j,k} \;=\; \begin{pmatrix} 1 \\ -1 \end{pmatrix}^T \xi_{[j,k]}$$

$$\mu_{\Delta j,k} \;=\; \Omega_{\Delta j,k}^{-1}\ \xi_{\Delta j,k}$$

$$\textit{return}\ |2\pi\ \Omega_{\Delta j,k}^{-1}|^{-\frac{1}{2}}\ \exp\left\{-\tfrac{1}{2}\ \mu_{\Delta j,k}^T\ \Omega_{\Delta j,k}^{-1}\ \mu_{\Delta j,k}\right\}$$

程序 11.8　GraphSLAM 算法一致性测试（输入 SLAM 后验的信息表达形式及 GraphSLAM_solve 算法的结果；输出 $\boldsymbol{m}_j$ 和 $\boldsymbol{m}_k$ 相符的后验概率）

量：SLAM 后验的信息形式（用 $\boldsymbol{\Omega}$ 和 $\boldsymbol{\xi}$ 表示），GraphSLAM_solve 算法的结果（即均值矢量 $\boldsymbol{\mu}$ 和路径协方差 $\boldsymbol{\Sigma}_{0:t}$）。

一致性测试处理过程如下：首先，计算两目标特征的边缘后验。该后验用信息矩阵 $\boldsymbol{\Omega}_{[j,k]}$ 和矢量 $\boldsymbol{\xi}_{[j,k]}$ 表达，由程序 11.8 所示的第 2、3 行计算。这一步计算应用了信息形式的 $\boldsymbol{\Omega}$ 和 $\boldsymbol{\xi}$ 的不同的子元素，特征位置均值由 $\boldsymbol{\mu}$ 定义，路径协方差由 $\boldsymbol{\Sigma}_{0:t}$ 定义。然后，计算新的高斯随机变量的参数，对 $\boldsymbol{m}_j$ 和 $\boldsymbol{m}_k$，该值不同。用 $\boldsymbol{\Delta}_{j,k}=\boldsymbol{m}_j-\boldsymbol{m}_k$ 来表示变量的不同，信息参数 $\boldsymbol{\Omega}_{\Delta_{j,k}}$ 和 $\boldsymbol{\xi}_{\Delta_{j,k}}$ 由第 4、5 行计算，相应的表示变量不同的表达式在第 6 行计算。第 7 行返回 $\boldsymbol{m}_j$ 和 $\boldsymbol{m}_k$ 不同的概率是 0。

一致性测试提供了在 GraphSLAM 算法中实现数据关联探测的算法。程序 11.19 给出了这样一种算法。该算法用相同的值来初始化一致性变量。接下来的

```
Algorithm GraphSLAM(u_{1:t}, z_{1:t}):
    initialize all c_t^i with a unique value
    μ_{0:t} = GraphSLAM_initialize(u_{1:t})
    Ω, ξ = GraphSLAM_linearize(u_{1:t}, z_{1:t}, c_{1:t}, μ_{0:t})
    Ω̃, ξ̃ = GraphSLAM_reduce(Ω, ξ)
    μ, Σ_{0:t} = GraphSLAM_solve(Ω̃, ξ̃, Ω, ξ)
    repeat
        for each pair of non-corresponding features m_j, m_k do
            π_{j=k} = GraphSLAM_correspondence_test
                                          (Ω, ξ, μ, Σ_{0:t}, j, k)
            if π_{j=k} > χ then
                for all c_t^i = k set c_t^i = j
                Ω, ξ = GraphSLAM_linearize(u_{1:t}, z_{1:t}, c_{1:t}, μ_{0:t})
                Ω̃, ξ̃ = GraphSLAM_reduce(Ω, ξ)
                μ, Σ_{0:t} = GraphSLAM_solve(Ω̃, ξ̃, Ω, ξ)
            endif
        endfor
    until no more pair m_j, m_k found with π_{j=k} < χ
    return μ
```

程序 11.9　未知一致性的全 SLAM 问题的 GraphSLAM 算法（该算法的内循环通过精心选择探测特征对——$\boldsymbol{m}_j$ 和 $\boldsymbol{m}_k$，通过解方程组之前选择多重一致性，使算法效率更高）

4 步（程序 11.9 所示第 3 ~7 行）与已知一致性的 GraphSLAM 算法相同，如程序 11.5 所示。该通用 SLAM 算法致力于数据关联的搜索。具体来说，对于每一个地图特征对，该算法可以计算其一致性概率（程序 11.9 所示第9 行）。如果概率超过某一阈值 χ，则一致性矢量被设置为相同的值（程序 11.9 所示第 11 行）。

GraphSLAM 算法重复构造、减小，之后求得 SLAM 后验（程序 11.9 所示第 12 ~14 行）。结果，随后的一致性检测会重新构建地图，并将以前的一致性判决考虑在内。当没有进一步的特征被内循环发现时，该地图构建结束。

很明显，GraphSLAM 算法是非常高效的。具体来说，该算法测试所有特征对的一致性，而不是只测试距离近的两个特征。而且，每发现一个一致，就重构地图，而不是批量处理相应的特征。这样的修正，无论怎么看，都是比较直截了当的。一个 GraphSLAM 算法的好的应用比在此讨论的基本应用要更为精致。

11.5.2 一致性测试的数学推理

本书并没有充分推导程序 11.8 所示的一致性测试的正确性。这里，第一个目标应该是在 $\boldsymbol{\Delta}_{j,k}=\boldsymbol{m}_j-\boldsymbol{m}_k$（即两个特征 $\boldsymbol{m}_j$ 和 $\boldsymbol{m}_k$ 位置的差异）上定义后验概率分布。当且仅当两个特征 $\boldsymbol{m}_j$ 和 $\boldsymbol{m}_k$ 的位置相同时，这两个特征相等。因此，通过计算 $\boldsymbol{\Delta}_{j,k}$ 的后验概率，可以获得要求的一致性概率。

首先通过计算 $\boldsymbol{m}_j$ 和 $\boldsymbol{m}_k$ 上的联合后验，以获得 $\boldsymbol{\Delta}_{j,k}$ 的后验：

$$
\begin{aligned}
&p(\boldsymbol{m}_j,\boldsymbol{m}_k\mid z_{1:t},\boldsymbol{u}_{1:t},c_{1:t})\\
&=\int p(\boldsymbol{m}_j,\boldsymbol{m}_k\mid \boldsymbol{x}_{1:t},z_{1:t},c_{1:t})\,p(\boldsymbol{x}_{1:t}\mid z_{1:t},\boldsymbol{u}_{1:t},c_{1:t})\,\mathrm{d}\boldsymbol{x}_{1:t}
\end{aligned}
\tag{11.45}
$$

可以用 $\boldsymbol{\xi}_{[j,k]}$ 和 $\boldsymbol{\Omega}_{[j,k]}$ 来表示边缘后验的信息形式。注意方括号的应用，方括号将这些值从联合信息表的子矩阵中区分来。

式（11.45）给出的分布由 $\boldsymbol{y}_{0:t}$ 的联合后验通过应用边缘化引理获得。具体来说，$\boldsymbol{\Omega}$ 和 $\boldsymbol{\xi}$ 表示信息形式的全状态矢量 $\boldsymbol{y}_{0:t}$ 上的联合后验。$\tau(j)$ 与 $\tau(k)$ 分别表示机器人能观察到特征 j 和特征 k 的一系列位姿。GraphSLAM_solve 算法已经提供了特征的均值 $\boldsymbol{m}_j$ 和 $\boldsymbol{m}_k$。在此重申联合特征对的计算：

$$
\boldsymbol{\mu}_{[j,k]}=\boldsymbol{\Omega}_{jk,jk}^{-1}(\boldsymbol{\xi}_{jk}+\boldsymbol{\Omega}_{jk,\tau(j,k)}\boldsymbol{\mu}_{\tau(j,k)})
\tag{11.46}
$$

式中，$\tau(j,k)=\tau(j)\cup\tau(k)$ 为机器人能观察到 $\boldsymbol{m}_j$ 或 $\boldsymbol{m}_k$ 的一系列位姿。

对于联合后验，还需要协方差。该协方差不是在 GraphSLAM_solve 算法中计算的，只是因为多特征上的联合协方差需要二次方于特征数目的空间。但是，对于特征对，联合协方差是非常容易恢复的。

令 $\boldsymbol{\Sigma}_{\tau(j,k),\tau(j,k)}$ 为协方差 $\boldsymbol{\Sigma}_{0:t}$ 的子矩阵，该子矩阵被限制在 $\tau(j,k)$ 的所有位姿上。这里，协方差 $\boldsymbol{\Sigma}_{0:t}$ 由 GraphSLAM_solve 算法的第 2 行计算。则边缘化引理为 $(\boldsymbol{m}_j\quad \boldsymbol{m}_k)^{\mathrm{T}}$ 上的后验提供了边缘信息矩阵。

$$\boldsymbol{\Omega}_{[j,k]} = \boldsymbol{\Omega}_{jk,jk} - \boldsymbol{\Omega}_{jk,\tau(j,k)} \boldsymbol{\Sigma}_{\tau(j,k),\tau(j,k)} \boldsymbol{\Omega}_{\tau(j,k),jk} \tag{11.47}$$

这个要得到的后验的信息形式表示，可由如下信息矢量计算得到：

$$\boldsymbol{\xi}_{[j,k]} = \boldsymbol{\Omega}_{[j,k]} \boldsymbol{\mu}_{[j,k]} \tag{11.48}$$

因此，得到

$$\begin{aligned} & p(\boldsymbol{m}_j, \boldsymbol{m}_k \mid z_{1:t}, \boldsymbol{u}_{1:t}, c_{1:t}) \\ &= \eta \exp\left\{ -\frac{1}{2} \begin{pmatrix} \boldsymbol{m}_j \\ \boldsymbol{m}_k \end{pmatrix}^{\mathrm{T}} \boldsymbol{\Omega}_{[j,k]} \begin{pmatrix} \boldsymbol{m}_j \\ \boldsymbol{m}_k \end{pmatrix} + \begin{pmatrix} \boldsymbol{m}_j \\ \boldsymbol{m}_k \end{pmatrix}^{\mathrm{T}} \boldsymbol{\xi}_{[j,k]} \right\} \end{aligned} \tag{11.49}$$

该式与程序 11.8 所示的第 2、3 行是完全一致的。

这种表达方式的优点是可以马上定义需要的一致性概率。为此，认为随机变量为

$$\begin{aligned} \boldsymbol{\Delta}_{j,k} &= \boldsymbol{m}_j - \boldsymbol{m}_k \\ &= \begin{pmatrix} 1 \\ -1 \end{pmatrix}^{\mathrm{T}} \begin{pmatrix} \boldsymbol{m}_j \\ \boldsymbol{m}_k \end{pmatrix} \\ &= \begin{pmatrix} \boldsymbol{m}_j \\ \boldsymbol{m}_k \end{pmatrix}^{\mathrm{T}} \begin{pmatrix} 1 \\ -1 \end{pmatrix} \end{aligned} \tag{11.50}$$

将上式代入高斯的信息表达方式定义，可以得到

$$\begin{aligned} & p(\boldsymbol{\Delta}_{j,k} \mid z_{1:t}, \boldsymbol{u}_{1:t}, c_{1:t}) \\ &= \eta \exp\Bigg\{ -\frac{1}{2} \boldsymbol{\Delta}_{j,k}^{\mathrm{T}} \underbrace{\begin{pmatrix} 1 \\ -1 \end{pmatrix}^{\mathrm{T}} \boldsymbol{\Omega}_{[j,k]} \begin{pmatrix} 1 \\ -1 \end{pmatrix}}_{=:\boldsymbol{\Omega}_{\Delta_{j,k}}} \boldsymbol{\Delta}_{j,k} + \boldsymbol{\Delta}_{j,k}^{\mathrm{T}} \underbrace{\begin{pmatrix} 1 \\ -1 \end{pmatrix}^{\mathrm{T}} \boldsymbol{\xi}_{[j,k]}}_{=:\boldsymbol{\xi}_{\Delta_{j,k}}} \Bigg\} \\ &= \eta \exp\left\{ -\frac{1}{2} \boldsymbol{\Delta}_{j,k}^{\mathrm{T}} \boldsymbol{\Omega}_{\Delta_{j,k}} + \boldsymbol{\Delta}_{j,k}^{\mathrm{T}} \boldsymbol{\xi}_{\Delta_{j,k}} \right\}^{\mathrm{T}} \end{aligned} \tag{11.51}$$

该高斯中的信息矩阵 $\boldsymbol{\Omega}_{\Delta_{j,k}}$ 和信息矢量 $\boldsymbol{\xi}_{\Delta_{j,k}}$ 与之前定义的相同。为了计算该概率，该高斯假设 $\boldsymbol{\Delta}_{j,k}=0$，在此再写一次时刻参数化的高斯：

$$\begin{aligned} & p(\boldsymbol{\Delta}_{j,k} \mid z_{1:t}, \boldsymbol{u}_{1:t}, c_{1:t}) \\ &= \left| 2\pi \boldsymbol{\Omega}_{\Delta_{j,k}}^{-1} \right|^{-\frac{1}{2}} \exp\left\{ -\frac{1}{2} (\boldsymbol{\Delta}_{j,k} - \boldsymbol{\mu}_{\Delta j,k})^{\mathrm{T}} \boldsymbol{\Omega}_{\Delta j,k}^{-1} (\boldsymbol{\Delta}_{j,k} - \boldsymbol{\mu}_{\Delta j,k}) \right\} \end{aligned} \tag{11.52}$$

其中，均值由下式给出：

$$\boldsymbol{\mu}_{\Delta j,k} = \boldsymbol{\Omega}_{\Delta j,k}^{-1} \boldsymbol{\xi}_{\Delta j,k} \tag{11.53}$$

这些步骤由程序 11.8 所示的第 4 ~6 行给出。

对于 $\boldsymbol{\Delta}_{j,k}=0$，要求的概率是将 0 代入该分布的计算结果，得出此结果概率：

$$p(\boldsymbol{\Delta}_{j,k}=0 \mid z_{1:t}, \boldsymbol{u}_{1:t}, c_{1:t}) = \left| 2\pi \boldsymbol{\Omega}_{\Delta j,k}^{-1} \right|^{-\frac{1}{2}} \exp\left\{ -\frac{1}{2} \boldsymbol{\mu}_{\Delta j,k}^{\mathrm{T}} \boldsymbol{\Omega}_{\Delta j,k}^{-1} \boldsymbol{\mu}_{\Delta j,k} \right\} \tag{11.54}$$

该表达式是地图中的两个特征 $\boldsymbol{m}_j$ 和 $\boldsymbol{m}_k$ 对应同一个物理特征的概率。该计算由程序 11.8 所示的第 7 行完成。

11.6 效率评价

GraphSLAM 算法的实际应用，依赖一些额外的提高效率的方法和技术。如前面所讨论的，GraphSLAM 算法可能的最大的缺点：在最开始假设所有观察到的特征会构成不同的特征；本书给出的算法将它们一个一个地联合起来；对于合理的特征数目，该方法慢得令人无法忍受。另外，它还忽略了一个重要的限制，即在许多时间点上，同一个特征只被观察到一次，而不是两次。

现有的 GraphSLAM 算法的应用带来了一些机会。

在运行全 GraphSLAM 算法之前，立刻被识别为对应高似然的特征，通常从一开始就具有统一的形式。例如，将短的字段汇编进局部子地图（如局部占用栅格地图）是非常常见的。GraphSLAM 算法的地图构建只是在那些局部占用栅格地图间进行。其中，两地图的匹配被当做是对这些地图的相关位姿的概率约束。这样的分级技术，将 SLAM 的复杂性降低了几个数量级，并且仍然保持了 GraphSLAM 算法的关键元素，特别是保持了在大数据集上完成数据关联的能力。

有些机器人装备了能在同一时刻观察大量特征的传感器。例如，激光测距传感器一次扫描可以观察到很多特征。对于这样的一些扫描，由于每次扫描指向不同的方向，通常可以假设不同的测量值实际对应环境中的不同的特征。这被称为互斥定理，在本书第 7 章中已讨论过，因此有 $i\neq j\rightarrow c_t^i\neq c_t^j$。不可能在对应一个环境特征的一次扫描中获得两个测量值。

前面讲到的数据关联技术不能包含这样的约束。具体来说，该技术可以将两个测量 z_t^i 和 z_t^j 分配给同一个特征 $z_s^k(s\neq t)$。为克服这样的问题，通常联合同一时刻的全部测量矢量 z_t 和 z_s。它是包含 z_t 和 z_s 的全部特征的联合计算。这样的计算形成成对计算，是数学上的直接计算。

本章提到的 GraphSLAM 算法不会用来解除数据关联。一旦产生数据关联判决，是不能在探测过程中恢复的。在数学上，撤销过去的信息框架的数据关联判决是相对简单的。可以用任意方式改变前面算法中的两个测量值的关联变量。但是，测试一个数据关联是否被撤销会更困难一些，因为没有测试能确认先前的两个关联的特征可以被区分开来。一个简单的应用要包括，正在讨论的撤销数据关联问题、重建地图问题，以及测试本书提到的准则是否需要一致性。这样的方法在计算上是复杂难懂的，因为它没有提供探测数据关联的方法。探测不太可能的关联的机理超出了本书的范围，但应用此方法时应该考虑这个问题。

最后，GraphSLAM 算法不能处理负信息（negative information）。在实际应用中，没有看见特征与看见了特征一样，都可以提供信息。但是，这里给出的简单构想并不包括执行必需的几何计算。

在实际应用中，是否可以依靠传感器模型的特性及环境特征的模型，对负信息加以利用呢？例如，可以用来计算堵塞概率，而堵塞对于某些类型的传感器（如地标距离和方位传感器）是棘手的问题。虽然，目前的应用确实可以处理负信息，但是常用近似值来取代相应的概率计算。这样一个示例将在下一节给出。

11.7 实验应用

现在来看一下 GraphSLAM 算法的实验结果。实验中使用的车辆如图 11.4 所示。机器人是为构建废弃矿井地图而设计的。

这一类由机器人收集的地图如图 11.5所示。该地图为一个占用栅格地图，它有效地运用了成对扫描匹配来恢复机器人位姿。虽然，成对扫描匹配也可以被认为是一种 GraphSLAM 算法，但是其一致性只是建立在两次连续扫描之间的。该方法的结果导致了图 11.5 所示地图的明显缺陷。

图 11.4　挖土机机器人（一款价值£ 1500 的客户订制设备，装备了随车计算机、激光测距仪、气体传感器和下沉传感器及视频记录装备；该机器人用来勘测废弃的矿井）

为了应用 GraphSLAM 算法，软件将地图分解为小的局部子地图，每个局部子地图对应 5m 的机器人运动。这样，这些地图是足够准确的。这是因为总体的漂移非常小，使得扫描匹配可以执行得足够理想。每一个子地图的坐标成为 GraphSLAM 算法中的一个位姿节点。相邻的子地图通过它们之间的相对运动约束连接起来。最终的结构如图 11.6 所示。

下一步，就是进行递归数据关联搜索。一致性测试对两个重叠地图运用相关性分析；通过高斯近似该匹配函数，使得高斯匹配约束被恢复。图 11.7 给出了数据关联过程：每一个圆对应一个用 GraphSLAM 算法构建信息表增加的新的约束。该图给出了该搜索的迭代特性：只有当其他的一致性蔓延时，某一确定的一致性才会被恢复，其他的一致性在搜索过程中消解。最终的模型是稳定的，因为附加的对新数据关联的搜索并没有引入进一步的改变。图 11.8 给出了得到的以栅格地图显示的二维地图。虽然这个地图远非完美，主要是对局部地图匹配约束的简陋应用所致，但它优于通过增量扫描匹配而得到的地图。

读者能注意到其他的 SLAM 信息理论技术也能产生相似的结果。图 11.9 给出了 Bosse 等人（2004）用同一数据集生成的地图。他应用了一种叫做 Atlas 的算法。该算法将地图分解为多个子地图，这些子地图之间的关系通过理论上的信息相关联系来维持。相关内容见本章文献综述。

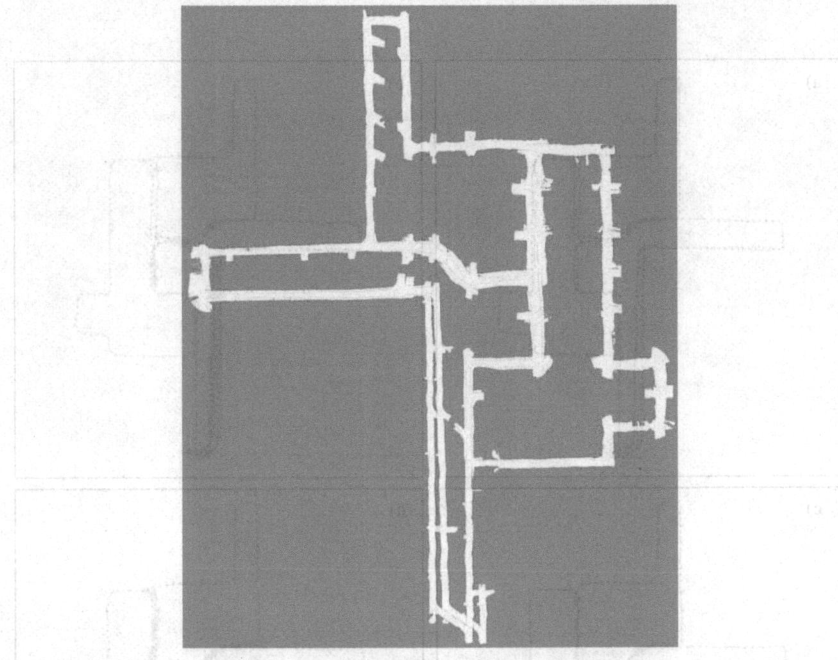

图 11.5　矿井地图（由成对扫描匹配获得；环境的尺寸约为 250m；该地图很明显是不合逻辑的，因为走廊不止出现了一次；由德国弗莱堡大学的 Dirk Hähnel 提供）

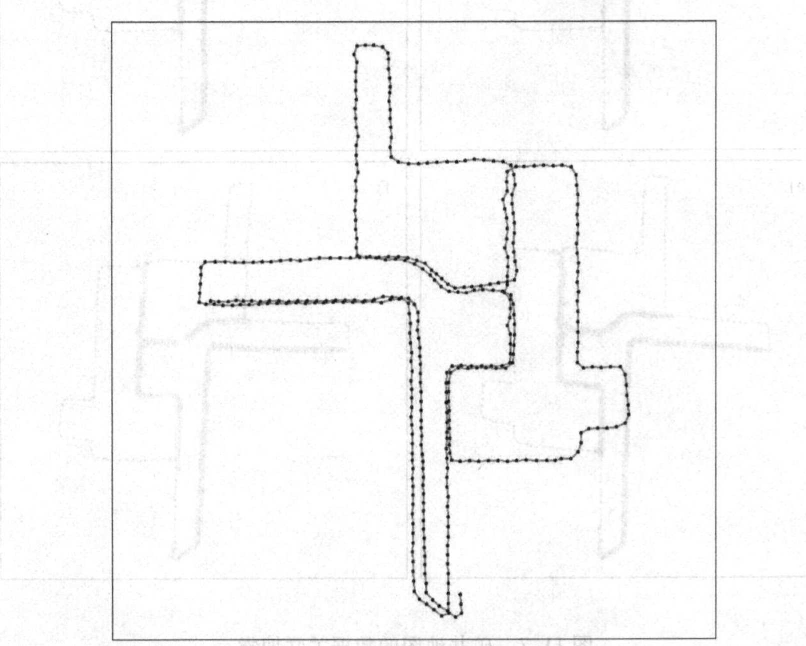

图 11.6　矿井地图框架（对各局部地图进行了形象化处理）

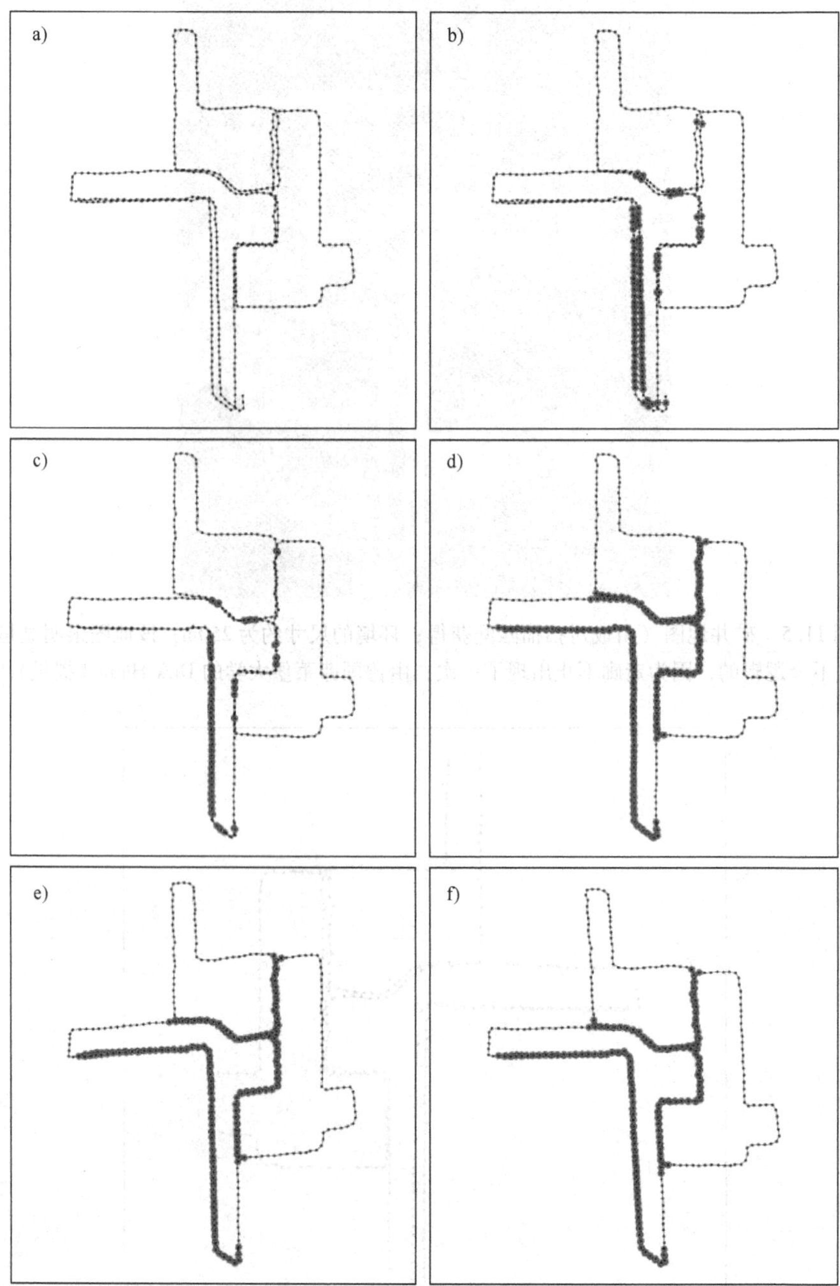

图 11.7　矿井地图的数据关联搜索

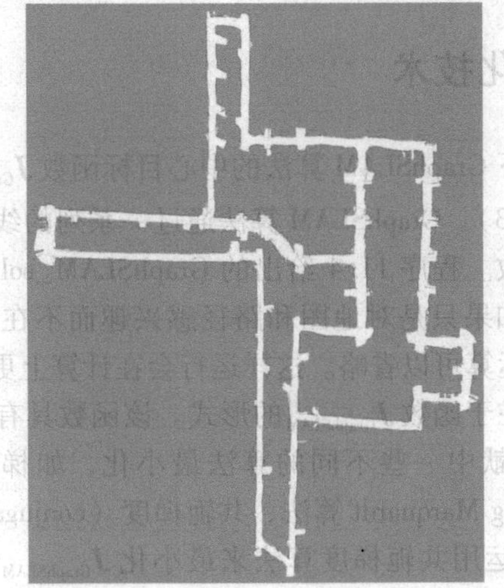

图 11.8 数据关联优化之后的最终的地图
（由德国弗莱堡大学的 Dirk Hähnel 提供）

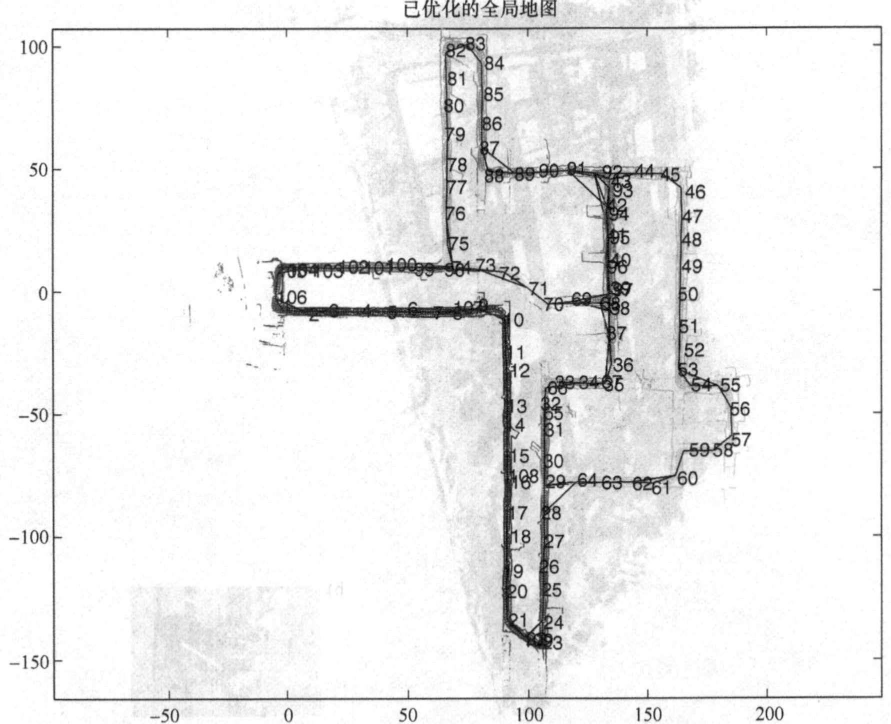

图 11.9 由 Bosse 等（2004）用 Atlas SLAM 算法生成的矿井地图（由美国麻省理工学院的 Michael Bosse、Paul Newman、John Leonard 和 Seth Teller 提供）

11.8 其他的优化技术

读者可以回忆一下 GraphSLAM 算法的中心目标函数 $J_{\text{GraphSLAM}}$，它是非线性的二次函数，见式（11.3）。GraphSLAM 算法通过一系列的线性化、变量去除及优化方法来最小化该函数。程序 11.4 给出的 GraphSLAM_solve 算法的推理技术通常不是非常高效的。如果只是对地图和路径感兴趣而不在意协方差，程序 11.4 所示的第 2 行的求逆运算可以省略。这样运行会在计算上更加高效。

高效推理的关键在于函数 $J_{\text{GraphSLAM}}$ 的形式。该函数具有通常的最小二次方形式，因此可以通过文献中一些不同的算法最小化，如梯度下降（gradient descent）算法、Levenberg Marquardt 算法、共轭梯度（conjugate gradient）算法等。

图 11.11a 给出了运用共轭梯度算法来最小化 $J_{\text{GraphSLAM}}$ 的结果。该数据表示了一个接近 600m × 800m 室外环境的地图，该数据由机器人在美国斯坦福大学校园采集，如图 11.10b 所示。图 11.11 给出了调整过程，从一个只是基于位姿的

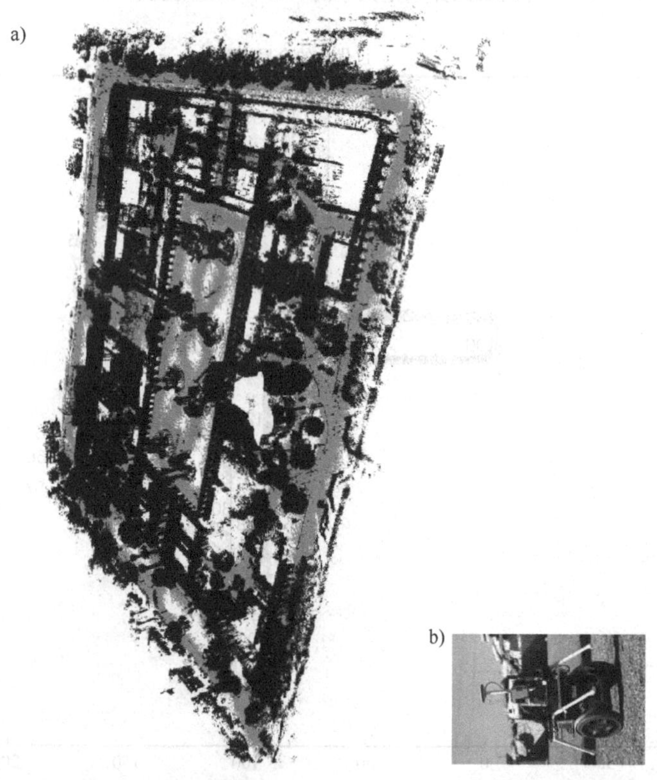

图 11.10 美国斯坦福大学测量地图及机器人（由美国斯坦福大学 Michael Montemerlo 提供）
a）斯坦福校园的三维地图 b）获得这些数据的机器人（基于 Segway RMP 平台，该平台的研发由 DARPA MARS 项目资助）

数据集，到一个完全调整好的地图和机器人路径。该数据集包括了接近 10^8 个特征和 10^5 个位姿。在这么大的数据集上运行 EKF 是不可行的。可以利用程序 11.4 所示对矩阵 $\boldsymbol{\Omega}$ 求逆。共因轭梯度只需要几秒钟就可以最小化 $J_{\text{GraphSLAM}}$。因此，该方法的一些当代先进的应用使用了现代最优化技术，而不是这里讨论的一些相对较慢的算法。感兴趣的读者可以通过本章文献综述来获得其他最优化技术的信息。

a)

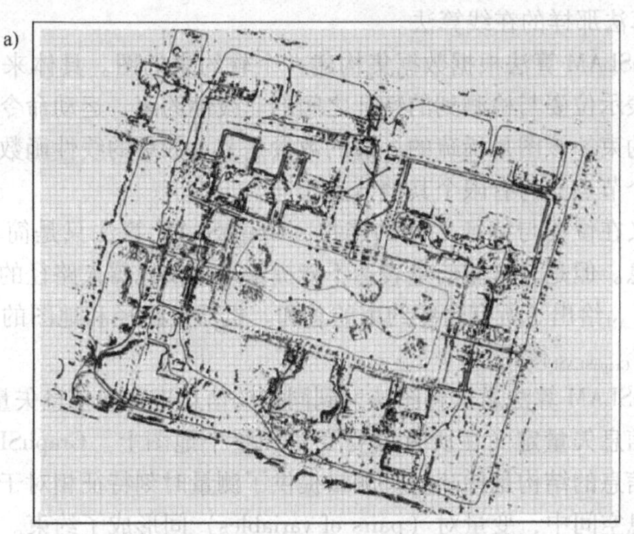

b)

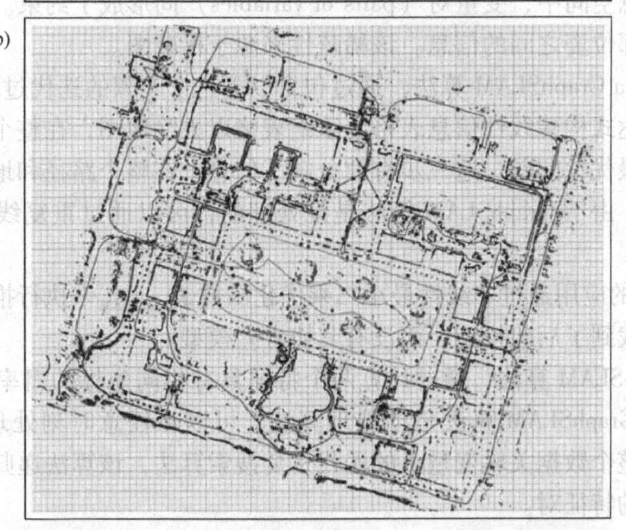

图 11.11 用共轭梯度调整前及调整后的美国斯坦福大学校园二维平面图（由美国斯坦福大学 Michael Montemerlo 提供）

a）用共轭梯度调整前 b）用共轭梯度调整后（将共轭梯度法应用于 GraphSLAM 的最小二乘公式进行优化仅用了几秒钟）

11.9 小结

本章介绍了用于全 SLAM 问题的 GraphSLAM 算法。

- GraphSLAM 算法专注于全 SLAM 问题。该算法关于整个地图上的全机器人路径计算后验。因此，GraphSLAM 算法是一个批处理算法，而不是一个如 EKF SLAM 算法那样的在线算法。

- GraphSLAM 算法根据数据集构建一个软约束的图。具体来说，测量被映射到边，来表示位姿与检测到的特征之间的非线性约束，运动命令映射为连续位姿之间的软约束。该图是稀疏的。边的数量是节点数量的线性函数，不管图的尺寸多大，每个节点只与有限个其他节点相连。

通过定义在位姿与特征之间的连接，GraphSLAM 算法只是简单记录图上的所有这些信息。但是，这些信息表达不能提供地图及机器人路径的估计。

- $\boldsymbol{J}_{\text{GraphSLAM}}$给出了所有这些约束的总和。机器人路径和地图的最大似然估计可由最小化 $\boldsymbol{J}_{\text{GraphSLAM}}$ 得到。

- GraphSLAM 算法通过将图映射到同构的信息矩阵和信息矢量来执行推断。信息矩阵和信息矢量定义在所有位姿变量和整个地图上。GraphSLAM 算法的主要观点是，信息的结构是稀疏的。测量提供了测量时刻特征相对于机器人位姿的信息。在信息空间中，变量对（pairs of variables）间形成了约束。同样地，运动提供了两相邻位姿之间的信息。该稀疏性来源于稀疏图。

- Vanilla GraphSLAM 算法，通过包含以下三个步骤的迭代过程来重获地图：通过泰勒表达式构建线性信息表格，浓缩表格以去除地图，在整个机器人路径上解决最终的最优化问题。这三步有效分解了信息，在整个路径和地图上产生一致的概率后验。由于 GraphSLAM 算法是批处理的，可以通过重复线性化步骤来改进结果。

- 其他的应用通过非线性最小二乘优化函数 $\boldsymbol{J}_{\text{GraphSLAM}}$ 来执行推理。但是，这样的技术只找到了后验模型，而没有其协方差模型。

- GraphSLAM 算法，通过计算两个特征具有相同坐标的概率，来执行数据关联。由于 GraphSLAM 算法是批处理算法，可以在任意时刻处理任意特征对。这就带来了整个数据关联变量上的迭代贪婪搜索算法，该算法递归地识别可能一致的地图上的特征对。

- 在实际应用中，GraphSLAM 算法常运用额外的技巧来保持较低的计算量和避免错误的数据关联。具体来说，实际应用中倾向于通过提取局部地图和将每个地图看做基本实体来减小数据复杂性；实际应用中倾向于在同一时间匹配多个特征，并倾向于在数据关联搜索中考虑负信息。

• 这里只简要地给出了一种基于分解思想的 GraphSLAM 算法变体的各种结果，但使用占用栅格地图来表达测距扫描。尽管有近似，但可以发现数据关联和推理技术在一个大尺寸地图构建问题上能产生有利的结果。

• 对于解决潜在的最小二乘问题的共轭梯度应用，这些结果也能提供帮助。可以看到，一般的 GraphSLAM 算法目标函数可以通过一些最小二乘技术优化。某些技术，如共轭梯度，可大大快于 GraphSLAM 算法的基本优化技术。

如引言中提到的那样，EKF SLAM 算法和 GraphSLAM 算法是众多 SLAM 算法的两个极端。在这两种极端算法之间的算法将在本书 12、13 章讨论。更进一步的技术，可以参照下面几章的文献综述。

11.10 文献综述

在计算机视觉和照相测量法领域，图形推理技术是众所周知的，它与从运动恢复场景结构与光束平差法（structure from motion and bundle adjustment）有关（Hartley 与 Zisserman，2000；B 等，2000；Mikhail 等，2001）。在 SLAM 方面，首先提到相对类图约束的是 Cheeseman 与 Smith（1986）和 Durrant-Whyte（1988），但是这些方法没有执行任何全局缓和或优化。本章介绍的算法大致基于 Lu 与 Milios 的开创性论文（1997）。他们在历史上首次用机器人位姿之间的连线表达 SLAM 先验，并规划了全局优化算法，从这些约束生成地图。他们的全局一致性测距扫描定位原始算法使用机器人位姿变量作为参考系，这与标准 EKF 的观点不同（标准 EKF 的观点认为位姿是积分得来的）。通过分析里程计和激光测距扫描，他们的方法生成位姿之间的相对约束，这些约束可以看作 GraphSLAM 算法中的边；但是，他们未能用信息表达方法描述其方法。Lu 和 Milios（1997）的算法由 Gutmann 和 Nebel（1997）首次成功地实现。Gutmann 和 Nebel 还报告了数据不稳定性可能是因为广泛应用了矩阵求逆。Golfarelli 等（1998）首次建立了 SLAM 问题与弹性体模型的联系。Ducket 等（2000、2002）提供了第一个高效的技术来解决此类问题。协方差矩阵和信息矩阵的联系在 Frese 与 Hirzinger 的文献（2001）中进行了讨论。Araneda（2003）设计了更加详细的精致图形模型。

Lu 和 Milios（1997）的算法开启了离线 SLAM 算法的发展，直到目前这些算法与 EKF 算法并行。Gutmann 与 Konolige 将他们的实现与马尔可夫定位步骤合并，用于在循环环境中形成闭环时建立一致性。Bosse 等（2003、2004）发展了 Atlas SLAM 算法。它是基于解耦随机映射范式的分层地图构建框架，保持了各子地图间的相对信息。它在校准多子地图时所应用的优化技术与 Duckett 等（2000）的技术及 GraphSLAM 算法类似。Folkesson 与 Christensen（2004a、b）通过应用 SLAM 后验的对数似然梯度下降开发了 SLAM 的优化方法。与 GraphSLAM 算法一样，地图（Graphical）SLAM 算法在形成闭环时减少了路径变量的变量个数。这样减少变量个数（在数学上是个近似值，因为只是简单地忽略了地图）大大加快了梯度的下降速度。Konolige（2004）和 Montemerlo 与 Thrun（2004）将共轭梯度（conjugate gradient）引入了 SLAM 领域。众所周知，它比梯度下降方法的效率更高。以上这两种方法都在形成大闭环时减少了变量个数，都能在几秒内实现具有 10^8 个特征的地图的调整。文中提到的 Levenberg Marquardt 技术是由 Levenberg（1994）和 Marquardt（1963）在最小二次方优化的背景下设计出来的。Frese 等（2005）分析了 SLAM 在信息形式下的效率，运用多栅格优化技术设计出更高效的优化技术，并报告可加速几个数量级，产生的优化技术是目前最先进的技术。Dellaert（2005）为 GraphSLAM 算法约束图形开发了高效的因式分解技术。具体来说，是将约束图形转换为更紧凑的形式，但仍然保持了稀疏性。

必须提到的是，凭直觉来保持局部对象之间相互联系，是目前为止讨论过的多种子地图构建技术的核心，虽然这一点很少被明确指出。Guivant 与 Nebot（2001）、Williams（2001）、Tardós 等（2002）及 Bailey（2002）报告了用于测定子地图间相互替换的数据结构。这些数据结构很容易映射到信息理论概念。虽然大部分这样的算法是滤波器，但它们仍然共用了许多本章所讨论的信息形式的观点。

据本书作者所知，本书介绍的 GraphSLAM 算法还没有以现在的形式出版过［本书草稿将这种算法称为扩展信息表（extended information form）］。GraphSLAM 算法基于 Lu 与 Milios 的开创性算法（1997），并与上述的那些文献密切相关。GraphSLAM 这个名称与 Folkesson 和 Christensen（2004a）提出的 Graphical SLAM 相似。本章使用这个名字，是因为约束图是 SLAM 研究整条线的基础。一些文献的作者以信息方式发展了滤波器，这些方法致力于在线 SLAM 问题而非全 SLAM 问题。这些算法将在接下来的章节讨论。这些算法明确表达了滤波问题。

在空间地图方面，关于 SLAM 问题的 GraphSLAM 算法范式的讨论经历了数十年。这些在本书第 9 章的文献综述中就已提到过了。信息表达方式将两种不同的地图表达范式（拓扑地图与度量地图）连接在一起。该区别的背后是长达数十年之久的人们关于机器人的空间表示法的讨论（Chown 等，1995）。拓扑方法已在本书第 9 章的文献综述中讨论过。拓扑表示方法的关键特性在于，它们只是指出地图中实体之间的相对信息。因此，它们就不需要找到一致性度量，并将相对信息嵌入。先进的拓扑方法倾向于用度量信息扩展连接，如两个位置之间的距离。

与拓扑表示法一样，信息理论方法累积邻近物体（地标与机器人）之间的相对信息。但是，通过推理，将相对地图信息“翻译”为度量嵌入。在线性高斯的情况下，该推理步骤是无损的和可逆的。计算包括协方差在内的全后验，并要求矩阵求逆。第二次矩阵求逆操作带回相对约束的初始形式。这样，拓扑观点与度量观点互为对偶，就像信息理论观点和概率表达（或 EKF 与 GraphSLAM）观点互为对偶一样。那么是否应该有一种数学框架可以同时接受拓扑地图与度量地图呢？事先告知各位读者，在写作本书时，这样的观点还没有被主流研究团体所接受。

11.11　习题

1. 本书第 10 章的习题中提到过纯方位 SLAM（bearing only SLAM），作为 SLAM 的一种形式，传感器可以只测量地标的方位而不测量距离。本书推测 GraphSLAM 算法比 EKF 的更适用于此问题。这是为什么？

2. 证明特定类型 SLAM 问题的收敛结果——线性高斯 SLAM（linear Gaussian SLAM）。在线性高斯 SLAM 中，简单的加性形式的运动方程为

$$\boldsymbol{x}_t \sim \mathcal{N}(\boldsymbol{x}_{t-1} + \boldsymbol{u}_t, \boldsymbol{R})$$

测量方程为

$$\boldsymbol{z}_t = \mathcal{N}(\boldsymbol{m}_j - \boldsymbol{x}_t, \boldsymbol{Q})$$

式中，$\boldsymbol{R}$ 和 $\boldsymbol{Q}$ 为对角协方差矩阵；$\boldsymbol{m}_j$ 为在 t 时刻观察到的特征。可以假设地标的数量是有限的，所有地标经常地被观察到也没有特定的顺序，并且一致性已知。

(a) 证明：对于 GraphSLAM 算法，两地标之间的距离以概率 1 收敛于正确的距离。

(b) 对于 EKF SLAM 算法，如何证明？

(c) 对于已知一致性的通用 SLAM 问题，GraphSLAM 算法会收敛吗？如果收敛，说明为什么；如果不收敛，也请说明（无证据）。

3. 程序 GraphSLAM_reduce 通过积分地图变量减少了约束，只留下机器人位姿的约束。不用积分得到位姿变量，以便将所得的约束网络只定义在地图变量上，是可能的吗？如果是的话，得到的推理问题是稀疏的吗？机器人的路径中的闭环如何影响新的约束的呢？

4. 本章给出的程序 GraphSLAM_reduce 忽略了地标签名。请读者将基本 GraphSLAM 算法扩展到使用签名的测量和地图中。

第 12 章　稀疏扩展信息滤波

12.1　引言

前面两章介绍了 SLAM 算法的两个极端情况。可以看到，EKF SLAM 算法是主动的（proactive）。它需要取得每一时刻的信息，把信息分解为概率分布，从而使计算代价昂贵。但是，GraphSLAM 算法不同，它只简单地累积信息。可以看到，这样的累积是懒惰的（lazy），在数据获取的阶段，GraphSLAM 算法只是简单地存储收到的信息。为了把累积的信息变为地图，GraphSLAM 算法执行推理步骤。由于是获取所有数据后才执行推理，使得 GraphSLAM 算法是一种离线算法。

这样就带来一个问题：能否设计在线滤波器算法来继承信息表示的高效性。答案是肯定的，但是会带有大量近似值。稀疏扩展信息滤波器（Sparse Extended Information Filter，SEIF），实现了在线 SLAM 问题的信息解决方法。与 EKF 相同，SEIF 集成了过去的机器人位姿，并且仅在当前机器人位姿和地图上维持后验。但是，SEIF 维持所有信息的信息表示。这与 GraphSLAM 算法一样，与 EKF SLAM 算法不同。在这种情况下，SEIF 的更新变成懒惰信息转移操作，这优于 EKF 的主动概率更新。因此，SEIF 被看做具有在线运行和计算高效这两方面的优点。

作为一种在线算法，SEIF 维护与 EKF 相同的状态矢量上的置信度。

$$y_t = \begin{pmatrix} \boldsymbol{x}_t \\ \boldsymbol{m} \end{pmatrix} \tag{12.1}$$

式中，$\boldsymbol{x}_t$为机器人状态；$\boldsymbol{m}$ 为地图。已知一致性的后验由 $p(\boldsymbol{y}_t \mid \boldsymbol{z}_{1:t}, \boldsymbol{u}_{1:t}, c_{1:t})$ 给出。

把 GraphSLAM 算法转换为在线 SLAM 算法的要点如图 12.1 所示。该图给出了 EKF SLAM 算法在包含 50 个地标的仿真环境里的结果。左图给出了移动机器人与 50 个点特征位置的概率估计。由 EKF SLAM 算法维持的主要信息是这些不同估计的协方差矩阵。相关性，也就是归一化协方差，如中图所示。每个坐标轴列出了机器人位姿（位置和方向）及所有 50 个地标的二维位置。深色条目表明强相关性。已在关于 EKF SLAM 算法的章节中讨论过，在极限情况下，所有特征坐标变为完全相关，因此相关矩阵具有棋盘外观。

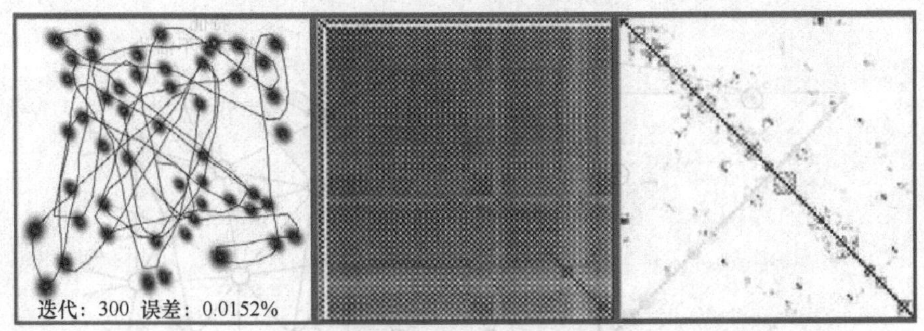

图 12.1 对在线 SLAM 使用信息滤波器的说明（如左图所示，仿真机器人在 50 个地标间运行；如中图所示，EKF 相关矩阵表示任意两个地标坐标之间的强相关性；如右图所示，EKF 的归一化信息矩阵当然是稀疏的，稀疏导致 SLAM 算法更新效率更高）

图 12.1 右图给出了信息矩阵 $\boldsymbol{\Omega}_t$，归一化后就像协方差矩阵。如同前面章节所提到的那样，归一化信息矩阵里的元素被看做约束或连接。它包含了地图特征对的相对位置，颜色越深连接就越强。正如这里所描述的，归一化信息矩阵表现为稀疏的（sparse）。它通过小数目的强连接占据主导地位；归一化后，它由大量值几乎为零的连接占据。

每个连接的强度与相应的特征之间的距离有关：强连接只在临近的特征之间被发现。两特征之间的距离越远，它们的连接就越弱。

这个稀疏性显然与前面章节所提到的稀疏性不同。首先，地标对之间存在连接。在以前的章节中，不存在这样的连接。第二，稀疏性仅是近似的。事实上，归一化信息矩阵的所有元素均是非零的，但是它们几乎全都很接近零。

SEIF SLAM 算法通过维持稀疏信息矩阵来运用这个观点。在稀疏信息矩阵中，仅临近特征通过非零元素相连接。结果产生的网络结构如图 12.2 右图所示，其中的圆对应点特征，点划线弧对应连接。左图所示为可视化信息矩阵。同时，这也说明了机器人仅与所有特征的一部分子集联系。那些特征称为主动特征（active features），用黑色画出。存储稀疏信息矩阵需要线性于地图特征数的空间。更重要的是，SEIF SLAM 算法所有基本更新能在固定时间内完成，而与地图特征的数目无关。这个结果多少令人吃惊，如本书程序 3.6 所提到的，与信息滤波器中运动更新的单纯应用一样，需要对整个信息矩阵求逆。

SEIF 是维持稀疏信息矩阵的在线 SLAM 算法。为此，对于已知数据关联的情况，所有更新步骤需要的时间独立于地图的大小，并且涉及的数据关联搜索是对数的。这使得 SEIF 成为本书遇到的第一个高效实时的 SLAM 算法。

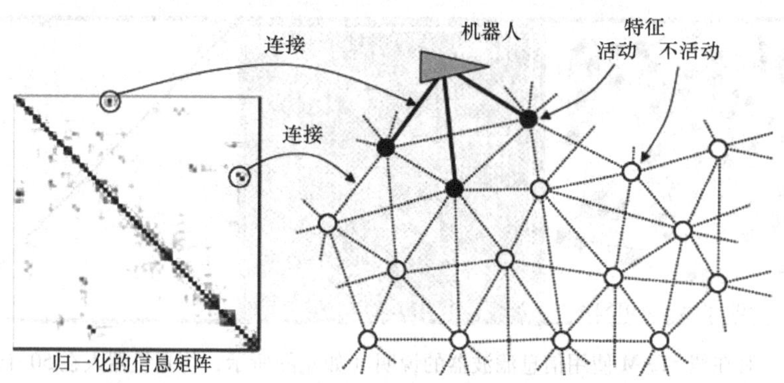

图 12.2 通过正文给出的方法产生的特征网络的图例（左图所示为稀疏信息矩阵，右图所示为对应的信息矩阵元素非零的地图实体之间相互连接；正如正文要表明的，不是所有特征都关联的事实是 SLAM 问题的关键要素，是常数时间解的核心）

12.2 直观描述

下面使用图示法，从 SEIF 更新的直观描述，来开始介绍。具体来说，SEIF 更新由 4 步组成：运动更新步骤、测量更新步骤、稀疏化步骤和状态估计步骤。

这里从测量更新步骤开始介绍。图 12.3 给出了由 SEIF 维护的信息矩阵与由信息连接定义的图。与 GraphSLAM 算法相同，感知特征 $\boldsymbol{m}_1$引入了 SEIF 更新信息矩阵的非对角元素。该元素连接机器人位姿估计 $\boldsymbol{x}_t$与观察的特征 $\boldsymbol{m}_1$，如图 12.3a左图所示。

感知 $\boldsymbol{m}_2$引起连接机器人位姿 $\boldsymbol{x}_t$和特征 $\boldsymbol{m}_2$的信息矩阵元素更新，如图 12.3b 所示。正如下面将要看到的，这些元素的每次更新均与信息矩阵和信息矢量的局部增加对应。在这两种情况（信息矩阵和信息矢量）下，这种增加只涉及连接机器人位姿变量与观察到的特征的元素。与 GraphSLAM 算法相同，将测量综合到 SEIF 的复杂性所花费的时间与地图大小无关。

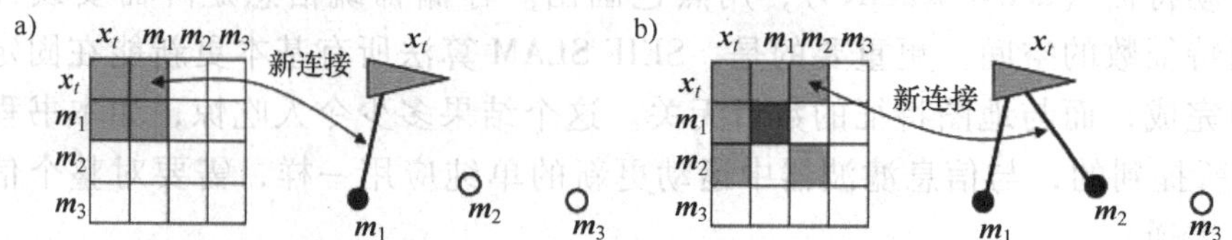

图 12.3 测量值对信息矩阵及相关特征网络的影响

a）观察 $\boldsymbol{m}_1$ 导致信息矩阵元素 $\boldsymbol{\Omega}_{x_t,m_1}$ 的修正

b）观察 $\boldsymbol{m}_2$ 影响信息矩阵元素 $\boldsymbol{\Omega}_{x_t,m_2}$ 的修正

在运动更新方面，它是不同于 GraphSLAM 算法的。作为滤波器，SEIF 去除过去的位姿估计。如图 12.4 所示，这里机器人位姿发生了变化。图 12.4a 给出了运动之前的信息状态，图 12.4b 给出了运动之后的信息状态。运动以多种方式影响信息状态。首先，机器人位姿与特征 $\boldsymbol{m}_1$、$\boldsymbol{m}_2$之间的连接减弱。这是机器人运动引入了新的不确定性的结果，因此引起机器人相对于地图的信息丢失。然而，这个信息并没有完全丢失，其中一部分映射为特征对之间的信息连接。信息的转换就产生了，这是因为虽然丢失了机器人的位姿信息，却没有丢失相对于地图上特征的相对位置的信息。然而在以前，那些特征是通过机器人位姿间接连接的。现在，在更新步骤之后，特征之间就可以直接连接。

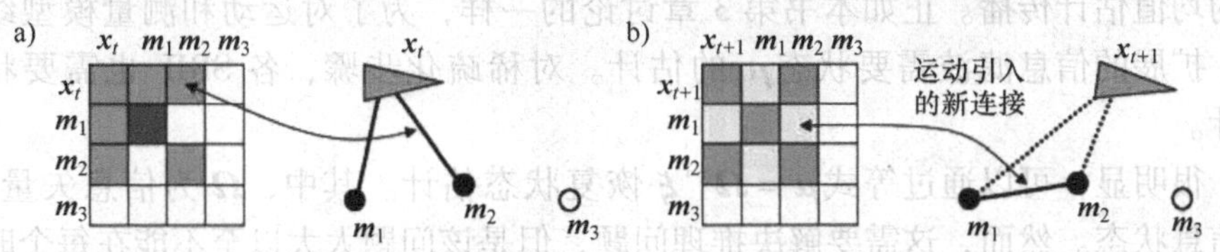

图 12.4 运动对信息矩阵及相关特征网络的影响［如果运动是不确定的，运动更新引入两个活动特征之间的新连接（或加强已有的连接），却削弱机器人与特征之间的连接；该步骤引入了特征对之间的连接］

a）运动前 b）运动后

将机器人位姿之间的连接信息，转换为特征之间连接的信息，是 SEIF 的主要工作。对在线 SLAM 问题，这是使用信息形式作为滤波器的直接结果。通过集成过去的位姿变量，会丢失位姿之间的连接，但这些连接会映射到信息矩阵特征间的元素中。这不同于前面章节讨论的 GraphSLAM 算法，GraphSLAM 算法没有引入地图特征对间的任何连接。

在这个过程里，一个特征对要取得直接连接，两者在更新前必须都是活动的，因此信息矩阵里对应它们与机器人位姿连接的相应元素必定都是非零的。如图 12.4 所示，特征间的一个连接只是在特征 $\boldsymbol{m}_1$ 和 $\boldsymbol{m}_2$间引入的。由于特征 $\boldsymbol{m}_3$不是活动的，因此保持不连接。这表明，在任意时间点，通过控制活动地标的数目，能控制运动更新的计算复杂性和信息矩阵中连接的数目。如果活动连接数目保持很少，那么运动更新复杂性也低，信息矩阵的地标间非零元素的数目也少。

因此，SEIF 采用稀疏化（sparsification）步骤，如图 12.5 所示。稀疏化包括机器人和活动特征之间的连接去除，即将活动特征变为非活动特征。在各 SEIF 中，去除弧导致了信息重新分配到邻近的连接，特别是与其他活动特征和与机器人位姿之间的连接。需要的稀疏化时间，是不依赖地图尺寸的。然而，这只是一个近似，近似会引起机器人后验的信息丢失。近似的好处是它引起真正的稀疏，使得高效更新滤波器成为可能。

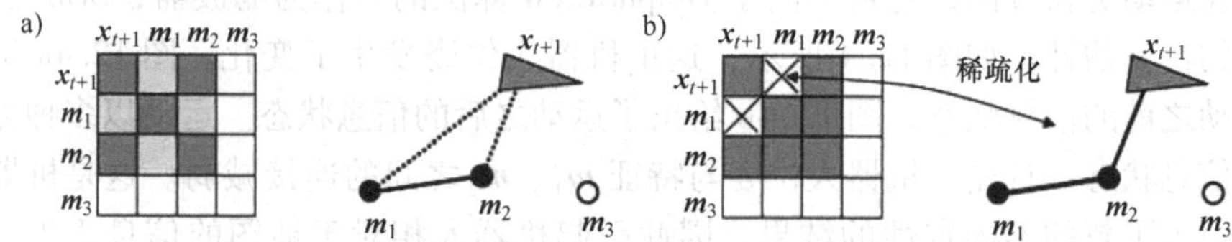

图 12.5 稀疏化（通过消除特征与机器人之间的连接，特征变成不活动的；为补偿信息状态的这种变化，活动特征之间的连接和/或活动特征与机器人之间连接也被更新；整个操作能在固定时间里执行）

SEIF 算法还有最后一个步骤，不过没有在任何图给出。该步骤包含了通过图的均值估计传播。正如本书第 3 章讨论的一样，为了对运动和测量模型线性化，扩展的信息滤波需要状态$\boldsymbol{\mu}_t$的估计。对稀疏化步骤，各 SRIF 也需要状态估计。

很明显，可以通过等式$\boldsymbol{\mu} = \boldsymbol{\Omega}^{-1}\boldsymbol{\xi}$ 恢复状态估计。其中，$\boldsymbol{\Omega}$ 为信息矢量，$\boldsymbol{\xi}$ 为信息状态。然而，这需要解决推理问题，但是该问题太大以至不能在每个时间步里运行。各 SEIF 通过迭代的松弛算法（relaxation algorithm）绕过了这个步骤，而通过信息图传播状态估计。在信息图里，每个局部状态估计基于它邻居的最佳估计进行更新。这个松弛算法收敛于真实均值$\boldsymbol{\mu}$。由于在各 SEIF 中，信息形式是稀疏的，所以每个这样的更新需要固定时间，尽管有警告说要取得良好的效果需要超过有限数目的这样的更新。为保证计算不依赖状态空间的大小，在任何迭代中，各 SEIF 都执行固定数目的这样的更新。结果产生的状态矢量仅是近似值，可用来代替所有更新步骤的正确均值估计。

12.3 SEIF SLAM 算法

程序 12.1 给出了SEIF 更新的外部循环。算法将信息矩阵$\boldsymbol{\Omega}_t$、信息矢量$\boldsymbol{\xi}_{t-1}$和状态估计$\boldsymbol{\mu}_{t-1}$作为输入。算法也接受测量 z_t、控制 $\boldsymbol{u}_t$和一致性矢量 c_t作为输入。程序 12.1 所示的 SEIF_SLAM_known_correspondences 算法的输出是新的状态估计，用信息矩阵 $\boldsymbol{\Omega}_t$和信息矢量$\boldsymbol{\xi}_t$表示。算法也输出改进的估计$\boldsymbol{\mu}_t$。

正如程序 12.1 所示的那样，SEIF 更新分为四个主要步骤。程序 12.2 所示的运动更新把控制 $\boldsymbol{u}_t$并入滤波估计。它通过若干高效计算的操作做到这一点。具体来说，在这次更新中，信息矢量/矩阵中被修改的元素只是机器人位姿和活动特征的元素。在已知一致性 c_t下，程序 12.3 所示算法测量更新合并测量矢量z_t。该步骤也是局部的，就像运动更新步骤一样。它只更新机器人位姿和地图里能观察到的特征的信息值。稀疏化步骤是近似步骤，见程序 12.4。它通过相应地变换信息矩阵和信息矢量去除活动特征。该步骤也是高效的，它只更改机器人

Algorithm SEIF_SLAM_known_correspondences($\xi_{t-1}, \Omega_{t-1}, \mu_{t-1}, u_t, z_t, c_t$):

$\bar{\xi}_t, \bar{\Omega}_t, \bar{\mu}_t =$ **SEIF_motion_update**($\xi_{t-1}, \Omega_{t-1}, \mu_{t-1}, u_t$)

$\mu_t =$ **SEIF_update_state_estimate**($\bar{\xi}_t, \bar{\Omega}_t, \bar{\mu}_t$)

$\xi_t, \Omega_t =$ **SEIF_measurement_update**($\bar{\xi}_t, \bar{\Omega}_t, \mu_t, z_t, c_t$)

$\tilde{\xi}_t, \tilde{\Omega}_t =$ **SEIF_sparsification**(ξ_t, Ω_t)

return $\tilde{\xi}_t, \tilde{\Omega}_t, \mu_t$

程序 12.1 对于 SLAM 问题的稀疏扩展信息滤波算法（已知数据关联）

Algorithm SEIF_motion_update($\xi_{t-1}, \Omega_{t-1}, \mu_{t-1}, u_t$):

$$F_x = \begin{pmatrix} 1 & 0 & 0 & 0\cdots 0 \\ 0 & 1 & 0 & 0\cdots 0 \\ 0 & 0 & 1 & \underbrace{0\cdots 0}_{3N} \end{pmatrix}$$

$$\delta = \begin{pmatrix} -\frac{v_t}{\omega_t}\sin\mu_{t-1,\theta} + \frac{v_t}{\omega_t}\sin(\mu_{t-1,\theta} + \omega_t\Delta t) \\ \frac{v_t}{\omega_t}\cos\mu_{t-1,\theta} - \frac{v_t}{\omega_t}\cos(\mu_{t-1,\theta} + \omega_t\Delta t) \\ \omega_t\Delta t \end{pmatrix}$$

$$\Delta = \begin{pmatrix} 0 & 0 & \frac{v_t}{\omega_t}\cos\mu_{t-1,\theta} - \frac{v_t}{\omega_t}\cos(\mu_{t-1,\theta} + \omega_t\Delta t) \\ 0 & 0 & \frac{v_t}{\omega_t}\sin\mu_{t-1,\theta} - \frac{v_t}{\omega_t}\sin(\mu_{t-1,\theta} + \omega_t\Delta t) \\ 0 & 0 & 0 \end{pmatrix}$$

$\Psi_t = F_x^T\ [(I+\Delta)^{-1} - I]\ F_x$

$\lambda_t = \Psi_t^T\ \Omega_{t-1} + \Omega_{t-1}\ \Psi_t + \Psi_t^T\ \Omega_{t-1}\ \Psi_t$

$\Phi_t = \Omega_{t-1} + \lambda_t$

$\kappa_t = \Phi_t\ F_x^T (R_t^{-1} + F_x\ \Phi_t\ F_x^T)^{-1}\ F_x\ \Phi_t$

$\bar{\Omega}_t = \Phi_t - \kappa_t$

$\bar{\xi}_t = \xi_{t-1} + (\lambda_t - \kappa_t)\ \mu_{t-1} + \bar{\Omega}_t\ F_x^T\ \delta_t$

$\bar{\mu}_t = \mu_{t-1} + F_x^T\ \delta$

return $\bar{\xi}_t, \bar{\Omega}_t, \bar{\mu}_t$

程序 12.2 SEIF 运动更新

和活动地标之间的连接。最后，状态估计更新见程序 12.5，应用分期偿还的坐标下降技术恢复状态估计$\boldsymbol{\mu}_t$。该步骤再次利用了 SEIF 的稀疏性，在每个增量更新中，只需要考虑较小数目的其他状态矢量元素。

Algorithm SEIF_measurement_update($\bar{\xi}_t, \bar{\Omega}_t, \mu_t, z_t, c_t$):

$$Q_t = \begin{pmatrix} \sigma_r & 0 & 0 \\ 0 & \sigma_\phi & 0 \\ 0 & 0 & \sigma_s \end{pmatrix}$$

for all observed features $z_t^i = (r_t^i \ \phi_t^i \ s_t^i)^T$ *do*

$\quad j = c_t^i$

$\quad$ *if landmark* j *never seen before*

$$\begin{pmatrix} \mu_{j,x} \\ \mu_{j,y} \\ \mu_{j,s} \end{pmatrix} = \begin{pmatrix} \mu_{t,x} \\ \mu_{t,y} \\ s_t^i \end{pmatrix} + r_t^i \begin{pmatrix} \cos(\phi_t^i + \mu_{t,\theta}) \\ \sin(\phi_t^i + \mu_{t,\theta}) \\ 0 \end{pmatrix}$$

$\quad$ *endif*

$$\delta = \begin{pmatrix} \delta_x \\ \delta_y \end{pmatrix} = \begin{pmatrix} \mu_{j,x} - \mu_{t,x} \\ \mu_{j,y} - \mu_{t,y} \end{pmatrix}$$

$$q = \delta^T \delta$$

$$\hat{z}_t^i = \begin{pmatrix} \sqrt{q} \\ \mathrm{atan2}(\delta_y, \delta_x) - \mu_{t,\theta} \\ \mu_{j,s} \end{pmatrix}$$

$$H_t^i = \frac{1}{q} \begin{pmatrix} \sqrt{q}\delta_x & -\sqrt{q}\delta_y & 0 & 0\cdots0 & -\sqrt{q}\delta_x & \sqrt{q}\delta_y & 0 & 0\cdots0 \\ \delta_y & \delta_x & -1 & 0\cdots0 & -\delta_y & -\delta_x & 0 & 0\cdots0 \\ 0 & 0 & 0 & \underbrace{0\cdots0}_{3j-3} & 0 & 0 & 1 & \underbrace{0\cdots0}_{3j} \end{pmatrix}$$

endfor

$$\xi_t = \bar{\xi}_t + \textstyle\sum_i H_t^{iT} \, Q_t^{-1} \, [z_t^i - \hat{z}_t^i - H_t^i \, \mu_t]$$

$$\Omega_t = \bar{\Omega}_t + \textstyle\sum_i H_t^{iT} \, Q_t^{-1} \, H_t^i$$

return ξ_t, Ω_t

程序 12.3　SEIF 的测量更新步骤

同时，SEIF 整个更新循环的时间固定，因为处理时间不依赖地图大小。这与迄今为止讨论过的唯一其他的在线 SLAM 算法——EKF 算法——形成了鲜明的对比。EKF 每次更新所需要的时间二次方于地图的大小。然而，对这样的固定时间 SLAM（constant time SLAM）猜想应该持保留态度。这是因为对现在没有已知线性解的问题，如果环境拥有大的环形，状态估计的恢复是个计算问题。

Algorithm SEIF_sparsification(ξ_t, Ω_t):

define F_{m_0}, F_{x,m_0}, F_x *as projection matrices from* y_t *to* m_0, $\{x, m_0\}$, *and* x, *respectively*

$$\tilde{\Omega}_t = \Omega_t - \Omega_t^0\, F_{m_0}\, (F_{m_0}^T\, \Omega_t^0\, F_{m_0})^{-1}\, F_{m_0}^T\, \Omega_t^0 + \Omega_t^0\, F_{x,m_0}\, (F_{x,m_0}^T\, \Omega_t^0\, F_{x,m_0})^{-1}\, F_{x,m_0}^T\, \Omega_t^0 - \Omega_t\, F_x\, (F_x^T\, \Omega_t F_x)^{-1}\, F_x^T\, \Omega_t$$

$$\tilde{\xi}_t = \xi_t + \mu_t\, (\tilde{\Omega}_t - \Omega_t)$$

return $\tilde{\xi}_t, \tilde{\Omega}_t$

程序 12.4　SEIF 的稀疏化过程

Algorithm SEIF_update_state_estimate($\bar{\xi}_t, \bar{\Omega}_t, \bar{\mu}_t$):

for a small set of map features m_i *do*

$$F_i = \begin{pmatrix} 0\cdots0 & 1 & 0 & 0\cdots0 \\ \underbrace{0\cdots0}_{2(N-i)} & 0 & 1 & \underbrace{0\cdots0}_{2(i-1)x} \end{pmatrix}$$

$$\mu_{i,t} = (F_i\, \Omega_t\, F_i^T)^{-1}\, F_i\, [\xi_t - \Omega_t\, \bar{\mu}_t + \Omega_t\, F_i^T\, F_i\, \bar{\mu}_t]$$

endfor

for all other map features m_i *do*

$$\mu_{i,t} = \bar{\mu}_{i,t}$$

endfor

$$F_x = \begin{pmatrix} 1 & 0 & 0 & 0\cdots0 \\ 0 & 1 & 0 & 0\cdots0 \\ 0 & 0 & 1 & \underbrace{0\cdots0}_{3N} \end{pmatrix}$$

$$\mu_{x,t} = (F_x\, \Omega_t\, F_x^T)^{-1}\, F_x\, [\xi_t - \Omega_t\, \bar{\mu}_t + \Omega_t\, F_x^T\, F_x\, \bar{\mu}_t]$$

return μ_t

程序 12.5　SEIF 分期偿还状态更新步骤更新小数量状态估计

12.4　SEIF 的数学推导

12.4.1　运动更新

SEIF 的运动更新通过将信息矩阵 $\boldsymbol{\Omega}_{t-1}$ 和信息矢量 $\boldsymbol{\xi}_{t-1}$ 变换为新矩阵 $\overline{\boldsymbol{\Omega}}_t$ 和新

的矢量 $\bar{\boldsymbol{\xi}}_t$ 来处理控制 $\boldsymbol{u}_t$。一般来说，符号上的横线表示这个预测仅基于控制，并不考虑测量。

SEIF 的运动更新利用信息矩阵的稀疏性，这使得执行这个更新所需的时间不依赖地图的大小 n 成为可能。这里最好从 EKF 相应公式开始推导。那么就从本书程序 10.1 所示的 EKF_SLAM_known_correspondences 算法开始。其中，第 3、5 行声明的是运动更新，为读者阅读方便这里重新声明如下：

$$\bar{\boldsymbol{\mu}}_t = \boldsymbol{\mu}_{t-1} + \boldsymbol{F}_x^{\mathrm{T}}\boldsymbol{\delta} \tag{12.2}$$

$$\boldsymbol{\Sigma}_t = \boldsymbol{G}_t\boldsymbol{\Sigma}_{t-1}\boldsymbol{G}_t^{\mathrm{T}} + \boldsymbol{F}_x^{\mathrm{T}}\boldsymbol{R}_t\boldsymbol{F}_x \tag{12.3}$$

这个更新的基本元素定义如下：

$$\boldsymbol{F}_x = \begin{pmatrix} 1 & 0 & 0 & 0 & \cdots & 0 \\ 0 & 1 & 0 & 0 & \cdots & 0 \\ 0 & 0 & 1 & 0 & \cdots & 0 \end{pmatrix} \tag{12.4}$$

$$\boldsymbol{\delta} = \begin{pmatrix} -\dfrac{v_t}{\omega_t}\sin\mu_{t-1,\theta} + \dfrac{v_t}{\omega_t}\sin(\mu_{t-1,\theta} + \omega_t\Delta t) \\ \dfrac{v_t}{\omega_t}\cos\mu_{t-1,\theta} - \dfrac{v_t}{\omega_t}\cos(\mu_{t-1,\theta} + \omega_t\Delta t) \\ \omega_t\Delta t \end{pmatrix} \tag{12.5}$$

$$\boldsymbol{\Delta} = \begin{pmatrix} 0 & 0 & \dfrac{v_t}{\omega_t}\cos\mu_{t-1,\theta} - \dfrac{v_t}{\omega_t}\cos(\mu_{t-1,\theta} + \omega_t\Delta t) \\ 0 & 0 & \dfrac{v_t}{\omega_t}\sin\mu_{t-1,\theta} - \dfrac{v_t}{\omega_t}\sin(\mu_{t-1,\theta} + \omega_t\Delta t) \\ 0 & 0 & 0 \end{pmatrix} \tag{12.6}$$

$$\boldsymbol{G}_t = \boldsymbol{I} + \boldsymbol{F}_x^{\mathrm{T}}\boldsymbol{\Delta}\boldsymbol{F}_x \tag{12.7}$$

在 SEIF 中，必须定义整个信息矢量 $\boldsymbol{\xi}$ 和信息矩阵 $\boldsymbol{\Omega}$ 上的运动更新。根据式（12.3）和式（12.7）中的 $\boldsymbol{G}_t$ 的定义，以及信息矩阵等式 $\boldsymbol{\Omega} = \boldsymbol{\Sigma}^{-1}$，得出如下结论：

$$\begin{aligned} \bar{\boldsymbol{\Omega}}_t &= [\boldsymbol{G}_t\boldsymbol{\Omega}_{t-1}^{-1}\boldsymbol{G}_t^{\mathrm{T}} + \boldsymbol{F}_x^{\mathrm{T}}\boldsymbol{R}_t\boldsymbol{F}_x]^{-1} \\ &= [(\boldsymbol{I} + \boldsymbol{F}_x^{\mathrm{T}}\boldsymbol{\Delta}\boldsymbol{F}_x)\boldsymbol{\Omega}_{t-1}^{-1}(\boldsymbol{I} + \boldsymbol{F}_x^{\mathrm{T}}\boldsymbol{\Delta}\boldsymbol{F}_x)^{\mathrm{T}} + \boldsymbol{F}_x^{\mathrm{T}}\boldsymbol{R}_t\boldsymbol{F}_x]^{-1} \end{aligned} \tag{12.8}$$

一个重要观点是，更新能在固定时间内实现，不管 $\boldsymbol{\Omega}$ 的维数是怎样的。因为式（12.8）似乎需要对两个大小为 $(3N+3)\times(3N+3)$ 的矩阵嵌套求逆，所以这对稀疏矩阵 $\boldsymbol{\Omega}_{t-1}$ 来说是可能的就变得有些意义了。正如将要看到的，如果 $\boldsymbol{\Omega}_{t-1}$ 是稀疏的，更新步骤能高效执行。

那么，定义

$$\begin{aligned} \boldsymbol{\Phi}_t &= [\boldsymbol{G}_t\boldsymbol{\Omega}_{t-1}^{-1}\boldsymbol{G}_t^{\mathrm{T}}]^{-1} \\ &= [\boldsymbol{G}_t^{\mathrm{T}}]^{-1}\boldsymbol{\Omega}_{t-1}\boldsymbol{G}_t^{-1} \end{aligned} \tag{12.9}$$

因此，式（12.8）可以写为

$$\overline{\boldsymbol{\Omega}}_t = [\boldsymbol{\Phi}_t^{-1} + \boldsymbol{F}_x^{\mathrm{T}} \boldsymbol{R}_t \boldsymbol{F}_x]^{-1} \tag{12.10}$$

应用矩阵逆引理得到

$$\begin{aligned}\overline{\boldsymbol{\Omega}}_t &= [\boldsymbol{\Phi}_t^{-1} + \boldsymbol{F}_x^{\mathrm{T}} \boldsymbol{R}_t \boldsymbol{F}_x]^{-1} \\ &= \boldsymbol{\Phi}_t - \underbrace{\boldsymbol{\Phi}_t \boldsymbol{F}_x^{\mathrm{T}} (\boldsymbol{R}_t^{-1} + \boldsymbol{F}_x \boldsymbol{\Phi}_t \boldsymbol{F}_x^{\mathrm{T}})^{-1} \boldsymbol{F}_x \boldsymbol{\Phi}_t}_{\boldsymbol{\kappa}_t} \\ &= \boldsymbol{\Phi}_t - \boldsymbol{\kappa}_t\end{aligned} \tag{12.11}$$

式中，$\boldsymbol{\kappa}_t$的定义见式（12.11）。如果能在固定时间内由 $\boldsymbol{\Omega}_{t-1}$ 计算出 $\boldsymbol{\Phi}_t$，那么这个表达式就能在固定的时间内计算。可以看到，它是确实可行的。求逆的参数，$\boldsymbol{R}_t^{-1} + \boldsymbol{F}_x \boldsymbol{\Phi}_t \boldsymbol{F}_x^{\mathrm{T}}$，是三维的。用 $\boldsymbol{F}_x^{\mathrm{T}}$和 $\boldsymbol{F}_x$乘以这个逆，得出与 $\boldsymbol{\Omega}$ 同样大小的矩阵。然而，这个矩阵中只有与机器人位姿相对应的 3×3 子矩阵是非零的。用稀疏矩阵 $\boldsymbol{\Omega}_{t-1}$（左边和右边）乘以这个矩阵仅涉及机器人位姿和地图特征之间的 $\boldsymbol{\Omega}_{t-1}$ 的非对角非零元素。换句话说，这个运算的结果仅涉及地图上活动特征的对应的行和列。由于稀疏意味着 $\boldsymbol{\Omega}_{t-1}$里活动特征数不依赖 $\boldsymbol{\Omega}_{t-1}$的大小，所以 $\boldsymbol{\kappa}_t$ 中非零元素的总数也是 $O(1)$。因此，法运算需要的时间也是 $O(1)$。

接下来的讨论表明，能够在固定时间里由 $\boldsymbol{\Omega}_{t-1}$ 计算 $\boldsymbol{\Phi}_t$。从考虑 $\boldsymbol{G}_t$的逆开始，$\boldsymbol{G}_t$可以通过下式高效计算得到：

$$\begin{aligned}\boldsymbol{G}_t^{-1} &= (\boldsymbol{I} + \boldsymbol{F}_x^{\mathrm{T}} \boldsymbol{\Delta} \boldsymbol{F}_x)^{-1} \\ &= \Big(\boldsymbol{I} \underbrace{- \boldsymbol{F}_x^{\mathrm{T}} \boldsymbol{I} \boldsymbol{F}_x + \boldsymbol{F}_x^{\mathrm{T}} \boldsymbol{I} \boldsymbol{F}_x}_{0} + \boldsymbol{F}_x^{\mathrm{T}} \boldsymbol{\Delta} \boldsymbol{F}_x\Big)^{-1} \\ &= (\boldsymbol{I} - \boldsymbol{F}_x^{\mathrm{T}} \boldsymbol{I} \boldsymbol{F}_x + \boldsymbol{F}_x^{\mathrm{T}} (\boldsymbol{I} + \boldsymbol{\Delta}) \boldsymbol{F}_x)^{-1} \\ &= \boldsymbol{I} - \boldsymbol{F}_x^{\mathrm{T}} \boldsymbol{I} \boldsymbol{F}_x + \boldsymbol{F}_x^{\mathrm{T}} (\boldsymbol{I} + \boldsymbol{\Delta})^{-1} \boldsymbol{F}_x b \\ &= \boldsymbol{I} + \underbrace{\boldsymbol{F}_x^{\mathrm{T}} [(\boldsymbol{I} + \boldsymbol{\Delta})^{-1} - \boldsymbol{I}] \boldsymbol{F}_x}_{\boldsymbol{\Psi}_t} \\ &= \boldsymbol{I} + \boldsymbol{\Psi}_t\end{aligned} \tag{12.12}$$

用类推的方法，获得转置阵$[\boldsymbol{G}_t^{\mathrm{T}}]^{-1} = (\boldsymbol{I} + \boldsymbol{F}_x^{\mathrm{T}} \boldsymbol{\Delta}^{\mathrm{T}} \boldsymbol{F}_x) = \boldsymbol{I} + \boldsymbol{\Psi}_t^{\mathrm{T}}$。这里，矩阵 $\boldsymbol{\Psi}_t$ 中只有对应机器人位姿的元素是非零的。对于地图里所有特征，该元素为零，因此能在固定时间里计算出来。下面给出了期望的矩阵 $\boldsymbol{\Phi}_t$的表达式：

$$\begin{aligned}\boldsymbol{\Phi}_t &= (\boldsymbol{I} + \boldsymbol{\Psi}_t^{\mathrm{T}}) \boldsymbol{\Omega}_{t-1} (\boldsymbol{I} + \boldsymbol{\Psi}_t) \\ &= \boldsymbol{\Omega}_{t-1} + \underbrace{\boldsymbol{\Psi}_t^{\mathrm{T}} \boldsymbol{\Omega}_{t-1} + \boldsymbol{\Omega}_{t-1} \boldsymbol{\Psi}_t + \boldsymbol{\Psi}_t^{\mathrm{T}} \boldsymbol{\Omega}_{t-1} \boldsymbol{\Psi}_t}_{\boldsymbol{\lambda}_t} \\ &= \boldsymbol{\Omega}_{t-1} + \boldsymbol{\lambda}_t\end{aligned} \tag{12.13}$$

在 $\boldsymbol{\Psi}_t$中，除了对应机器人位姿的子矩阵以外都是零。由于 $\boldsymbol{\Omega}_{t-1}$是稀疏的，所以 $\boldsymbol{\lambda}_t$中除了有限个数（即对应机器人位姿和活动地图特征的元素）外，其他元素均为零。

因此，如果$\boldsymbol{\Omega}_{t-1}$是稀疏的，就能以固定时间由$\boldsymbol{\Omega}_{t-1}$计算$\boldsymbol{\Phi}_t$。式（12.11）~式（12.13）与程序12.1给出的第5~9行是等价的，它们提供了SEIF_motion_update算法中信息矩阵更新的修正。

最后，对信息矢量给出相似结果。从式（12.2）得到

$$\bar{\boldsymbol{\mu}}_t = \boldsymbol{\mu}_{t-1} + \boldsymbol{F}_x^{\mathrm{T}}\boldsymbol{\delta}_t \tag{12.14}$$

那么，对信息矢量有

$$\begin{aligned}
\bar{\boldsymbol{\xi}}_t &= \bar{\boldsymbol{\Omega}}_t(\boldsymbol{\Omega}_{t-1}^{-1}\boldsymbol{\xi}_{t-1} + \boldsymbol{F}_x^{\mathrm{T}}\boldsymbol{\delta}_t) \\
&= \bar{\boldsymbol{\Omega}}_t\boldsymbol{\Omega}_{t-1}^{-1}\boldsymbol{\xi}_{t-1} + \bar{\boldsymbol{\Omega}}_t\boldsymbol{F}_x^{\mathrm{T}}\boldsymbol{\delta}_t \\
&= (\bar{\boldsymbol{\Omega}}_t + \boldsymbol{\Omega}_{t-1} - \boldsymbol{\Omega}_{t-1} + \boldsymbol{\Phi}_t - \boldsymbol{\Phi}_t)\boldsymbol{\Omega}_{t-1}^{-1}\boldsymbol{\xi}_{t-1} + \bar{\boldsymbol{\Omega}}_t\boldsymbol{F}_x^{\mathrm{T}}\boldsymbol{\delta}_t \\
&= \Big(\underbrace{\bar{\boldsymbol{\Omega}}_t - \boldsymbol{\Phi}_t + \boldsymbol{\Phi}_t}_{0} \underbrace{- \boldsymbol{\Omega}_{t-1} + \boldsymbol{\Omega}_{t-1}}_{0}\Big)\boldsymbol{\Omega}_{t-1}^{-1}\boldsymbol{\xi}_{t-1} + \bar{\boldsymbol{\Omega}}_t\boldsymbol{F}_x^{\mathrm{T}}\boldsymbol{\delta}_t \\
&= \Big(\underbrace{\bar{\boldsymbol{\Omega}}_t - \boldsymbol{\Phi}_t}_{-\boldsymbol{\kappa}_t} + \underbrace{\boldsymbol{\Phi}_t - \boldsymbol{\Omega}_{t-1}}_{\boldsymbol{\lambda}_t}\Big)\underbrace{\boldsymbol{\Omega}_{t-1}^{-1}\boldsymbol{\xi}_{t-1}}_{\boldsymbol{\mu}_{t-1}} + \underbrace{\boldsymbol{\Omega}_{t-1}\boldsymbol{\Omega}_{t-1}^{-1}}_{I}\boldsymbol{\xi}_{t-1} + \bar{\boldsymbol{\Omega}}_t\boldsymbol{F}_x^{\mathrm{T}}\boldsymbol{\delta}_t \\
&= \boldsymbol{\xi}_{t-1} + (\boldsymbol{\lambda}_t - \boldsymbol{\kappa}_t)\boldsymbol{\mu}_{t-1} + \bar{\boldsymbol{\Omega}}_t\boldsymbol{F}_x^{\mathrm{T}}\boldsymbol{\delta}_t
\end{aligned} \tag{12.15}$$

由于$\boldsymbol{\lambda}_t$和$\boldsymbol{\kappa}_t$都是稀疏的，乘积$(\boldsymbol{\lambda}_t - \boldsymbol{\kappa}_t)\boldsymbol{\mu}_{t-1}$仅包含有限多个非零元素并能在固定时间内计算。而且，$\boldsymbol{F}_x^{\mathrm{T}}\boldsymbol{\delta}_t$也是稀疏矩阵。乘积$\bar{\boldsymbol{\Omega}}_t\boldsymbol{F}_x^{\mathrm{T}}\boldsymbol{\delta}_t$的稀疏性直接来自$\bar{\boldsymbol{\Omega}}_t$也稀疏的事实。

12.4.2 测量更新

SLAM的第二个重要步骤，关系到机器人运动中的滤波器更新。SEIF测量更新直接实现一般的扩展信息滤波更新，如本书程序3.6给出的第6、7行所示：

$$\boldsymbol{\Omega}_t = \bar{\boldsymbol{\Omega}}_t + \boldsymbol{H}_t^{\mathrm{T}}\boldsymbol{Q}_t^{-1}\boldsymbol{H}_t \tag{12.16}$$

$$\boldsymbol{\xi}_t = \bar{\boldsymbol{\xi}}_t + \boldsymbol{H}_t^{\mathrm{T}}\boldsymbol{Q}_t^{-1}[z_t - h(\bar{\boldsymbol{\mu}}_t) - \boldsymbol{H}_t\boldsymbol{\mu}_t] \tag{12.17}$$

把预测$\hat{z}_t = h(\bar{\boldsymbol{\mu}}_t)$代入式（12.17），并且对测量矢量的所有单个元素求和，形成程序12.3给出的第13、14行的形式：

$$\boldsymbol{\Omega}_t = \bar{\boldsymbol{\Omega}}_t + \sum_i \boldsymbol{H}_t^{i\mathrm{T}}\boldsymbol{Q}_t^{-1}\boldsymbol{H}_t^i \tag{12.18}$$

$$\boldsymbol{\xi}_t = \bar{\boldsymbol{\xi}}_t + \sum_i \boldsymbol{H}_t^{i\mathrm{T}}\boldsymbol{Q}_t^{-1}[z_t^i - \hat{z}_t^i - \boldsymbol{H}_t^i\boldsymbol{\mu}_t] \tag{12.19}$$

$\boldsymbol{Q}_t$、$\boldsymbol{\delta}$、$\boldsymbol{q}$和$\boldsymbol{H}_t^i$在前面已定义过（见本书程序11.2）。

12.5 稀疏化

12.5.1 一般思想

SEIF的关键步骤涉及信息矩阵$\boldsymbol{\Omega}_t$的稀疏化。这是因为稀疏化对各SEIF是

必不可少的，在将其应用到信息滤波前，首先讨论一下它的一般术语。稀疏化是一种近似方法，通过它，后验分布可以近似地由两个边缘（分布）表示。假设 a、b 和 c 都是随机变量的集合（请不要与本书其他地方出现的混淆），假设已知这些变量的联合分布 $p(a,\ b,\ c)$。为使这个分布稀疏化，必须移除变量 a 和 b 之间的所有直接连接。换句话说，想要用分布 $\tilde{p}$ 近似 p，必须使 $\tilde{p}(a \mid b,c)=p(a \mid c)$ 和 $\tilde{p}(b \mid a,c)=p(b \mid c)$。在多变量高斯分布中，很容易证明这个条件独立性等同于 a 和 b 之间不存在一条直接的连接。信息矩阵里相应元素为零。

好的近似值 $\tilde{p}$ 是通过与边缘分布 $p(a,c)$ 和 $p(b,c)$ 的乘积成比例的项得到的。这两个边缘分布都不保持变量 a 和 b 之间的依赖，因为它们只包含这两个变量中的一个。因此，乘积 $p(a,c)p(b,c)$ 不包含 a 与 b 之间任何直接的依赖关系；相反，对于给定变量 c 的情况，变量 a 和 b 相互是有条件的独立的关系。然而，$p(a,c)p(b,c)$ 并不是 a、b、c 的有效概率分布。这是因为在这个表达式里，c 出现了两次。然而，可以通过 $p(c)$ 进行合适的归一化来产生概率分布［假设 $p(c)>0$］：

$$\tilde{p}(a,b,c)=\frac{p(a,c)p(b,c)}{p(c)} \tag{12.20}$$

为了理解这个近似的影响，应用下面的变换：

$$\begin{aligned}\tilde{p}(a,b,c)&=\frac{p(a,b,c)}{p(a,b,c)}\ \frac{p(a,c)p(b,c)}{p(c)}\\&=p(a,b,c)\frac{p(a,c)}{p(c)}\ \frac{p(b,c)}{p(a,b,c)}\\&=p(a,b,c)\frac{p(a \mid c)}{p(a \mid b,c)}\end{aligned} \tag{12.21}$$

换句话说，去除 a 和 b 之间直接的依赖性，类似用条件概率 $p(a \mid c)$ 来近似条件概率 $p(a \mid b,c)$。可以看到（没有证明），在给定 c 时 a 和 b 是条件独立的情况下，在 p 的所有近似 q 中，这里描述的近似是最接近 p 的。其接近程度是由 KL 散度来衡量的。这种方法是衡量一个概率分布与另一个概率分布的接近程度，是一种通用非对称衡量方法。

一个重要的观察涉及这样的事实：最初的 $p(a \mid b,c)$ 至少与 $p(a \mid c)$ 信息量一样大（at least as informative），在 $\tilde{p}$ 里用 $p(a \mid c)$ 代替 $p(a \mid b,c)$。这是因为 $p(a \mid b,c)$ 是以 $p(a \mid c)$ 中的条件变量的超集（superset）为条件变量。对于高斯分布，这意味着近似 $p(a \mid c)$ 的方差等于或大于原始条件概率 $p(a \mid b,c)$ 的方差。进一步来说，边缘分布 $\tilde{p}(a)$、$\tilde{p}(b)$ 和 $\tilde{p}(c)$ 的方差也大于或等于相应

$p(a)$、$p(b)$ 和 $p(c)$ 的方差。换句话说，在这个近似下，收缩方差是不可能的。

12.5.2 SEIF 的稀疏化

SEIF 将稀疏化思想应用到后验 $p(\boldsymbol{y}_t \mid z_{1:t}, \boldsymbol{u}_{1:t}, c_{1:t})$，来维持信息矩阵 $\boldsymbol{\Omega}_t$ 始终处于稀疏的状态。为了做到这一点，去除机器人位姿与地图中单个特征之间的连接就足够了。如果操作正确，也会限制特征对之间连接的数目。

为了进一步说明，考虑简单引入一个新连接的两种情况：首先，通过观察非活动特征来激活这个特征，在机器人位姿和该特征之间引入新连接；第二，运动会引入两个活动特征之间的连接。这里考虑建议控制活动特征数目，来避免违反两个稀疏边界。因此，在任意时间点，稀疏通过保持小的活动特征数而简单获得。

为定义稀疏化步骤，将所有特征的集合分割为如下三个不相交的子集被证明是有效的：

$$\boldsymbol{m} = \boldsymbol{m}^{+} + \boldsymbol{m}^{0} + \boldsymbol{m}^{-} \tag{12.22}$$

式中，$\boldsymbol{m}^{+}$ 为将要继续保持活动的所有活动特征集合；$\boldsymbol{m}^{0}$ 为将要去激励的一个或多个活动特征。换句话说，这里就是试图去除 $\boldsymbol{m}^{0}$ 和机器人位姿之间的连接。$\boldsymbol{m}^{-}$ 为当前所有非活动特征，它们在稀疏化过程将继续保持非活动。由于 $\boldsymbol{m}^{+} \cup \boldsymbol{m}^{0}$ 包含所有当前活动特征，所以后验能分解为如下因子：

$$\begin{aligned}
& p(\boldsymbol{y}_t \mid z_{1:t}, \boldsymbol{u}_{1:t}, c_{1:t}) \\
&= p(\boldsymbol{x}_t, \boldsymbol{m}^{0}, \boldsymbol{m}^{+}, \boldsymbol{m}^{-} \mid z_{1:t}, \boldsymbol{u}_{1:t}, c_{1:t}) \\
&= p(\boldsymbol{x}_t \mid \boldsymbol{m}^{0}, \boldsymbol{m}^{+}, \boldsymbol{m}^{-}, z_{1:t}, \boldsymbol{u}_{1:t}, c_{1:t})\, p(\boldsymbol{m}^{0}, \boldsymbol{m}^{+}, \boldsymbol{m}^{-} \mid z_{1:t}, \boldsymbol{u}_{1:t}, c_{1:t}) \\
&= p(\boldsymbol{x}_t \mid \boldsymbol{m}^{0}, \boldsymbol{m}^{+}, \boldsymbol{m}^{-} = 0, z_{1:t}, \boldsymbol{u}_{1:t}, c_{1:t})\, p(\boldsymbol{m}^{0}, \boldsymbol{m}^{+}, \boldsymbol{m}^{-} \mid z_{1:t}, \boldsymbol{u}_{1:t}, c_{1:t})
\end{aligned} \tag{12.23}$$

在最后一步，利用了这个事实：如果知道活动特征 $\boldsymbol{m}^{0}$ 和 $\boldsymbol{m}^{+}$，那么变量 $\boldsymbol{x}_t$ 不依赖非活动特征 $\boldsymbol{m}^{-}$。因此，能设置 $\boldsymbol{m}^{-}$ 为任意值，而不影响 $\boldsymbol{x}_t$ 的条件后验 $p(\boldsymbol{x}_t \mid \boldsymbol{m}^{0}, \boldsymbol{m}^{+}, \boldsymbol{m}^{-}, z_{1:t}, \boldsymbol{u}_{1:t}, c_{1:t})$。这里简单地选择 $\boldsymbol{m}^{-} = 0$。

遵循签名章节讨论的通用项稀疏化思想，现在用 $p(\boldsymbol{x}_t \mid \boldsymbol{m}^{+}, \boldsymbol{m}^{-} = 0)$ 代替 $p(\boldsymbol{x}_t \mid \boldsymbol{m}^{0}, \boldsymbol{m}^{+}, \boldsymbol{m}^{-} = 0)$，从而降低对 $\boldsymbol{m}^{0}$ 依赖，则有

$$\begin{aligned}
& \tilde{p}(\boldsymbol{x}_t, \boldsymbol{m} \mid z_{1:t}, \boldsymbol{u}_{1:t}, c_{1:t}) \\
&= p(\boldsymbol{x}_t \mid \boldsymbol{m}^{+}, \boldsymbol{m}^{-} = 0, z_{1:t}, \boldsymbol{u}_{1:t}, c_{1:t})\, p(\boldsymbol{m}^{0}, \boldsymbol{m}^{+}, \boldsymbol{m}^{-} \mid z_{1:t}, \boldsymbol{u}_{1:t}, c_{1:t})
\end{aligned} \tag{12.24}$$

这个近似显然等同于下面的表达式：

$$\begin{aligned}&\tilde{p}(\boldsymbol{x}_t,\boldsymbol{m}\mid z_{1:t},\boldsymbol{u}_{1:t},c_{1:t})\\&=\frac{p(\boldsymbol{x}_t,\boldsymbol{m}^+\mid\boldsymbol{m}^-=0,z_{1:t},\boldsymbol{u}_{1:t},c_{1:t})}{p(\boldsymbol{m}^+\mid\boldsymbol{m}^-=0,z_{1:t},\boldsymbol{u}_{1:t},c_{1:t})}p(\boldsymbol{m}^0,\boldsymbol{m}^+,\boldsymbol{m}^-\mid z_{1:t},\boldsymbol{u}_{1:t},c_{1:t})\end{aligned}\tag{12.25}$$

12.5.3 稀疏化的数学推导

本节的剩余部分，用程序 12.4 给出的 SEIF_sparsification 算法实现这个概率计算，而且是在固定时间内实现的。首先，从对除 $\boldsymbol{m}^-$ 之外的所有变量为分布 $p(\boldsymbol{x}_t,\boldsymbol{m}^0,\boldsymbol{m}^+\mid\boldsymbol{m}^-=0)$ 计算信息矩阵开始，并且以 $\boldsymbol{m}^-=0$ 为条件。这一点通过抽取除 $\boldsymbol{m}^-$ 之外的所有状态变量的子矩阵得到：

$$\boldsymbol{\Omega}_t^0=\boldsymbol{F}_{x,m^+,m^0}\boldsymbol{F}_{x,m^+,m^0}^{\mathrm{T}}\boldsymbol{\Omega}_t\boldsymbol{F}_{x,m^+,m^0}\boldsymbol{F}_{x,,m^+,m^0}^{\mathrm{T}}\tag{12.26}$$

紧接着，对于项 $p(\boldsymbol{x}_t,\boldsymbol{m}^+\mid\boldsymbol{m}^-=0,z_{1:t},\boldsymbol{u}_{1:t},c_{1:t})$ 和 $p(\boldsymbol{m}^+\mid\boldsymbol{m}^-=0,z_{1:t},\boldsymbol{u}_{1:t},c_{1:t})$，矩阵逆引理（见本书程序 3.2）导出下面的信息矩阵，并分别将 $p(\boldsymbol{x}_t,\boldsymbol{m}^+\mid\boldsymbol{m}^-=0,z_{1:t},\boldsymbol{u}_{1:t},c_{1:t})$ 和 $p(\boldsymbol{m}^+\mid\boldsymbol{m}^-=0,z_{1:t},\boldsymbol{u}_{1:t},c_{1:t})$ 定义为 $\boldsymbol{\Omega}_t^1$ 和 $\boldsymbol{\Omega}_t^2$：

$$\boldsymbol{\Omega}_t^1=\boldsymbol{\Omega}_t^0-\boldsymbol{\Omega}_t^0\boldsymbol{F}_{m_0}(\boldsymbol{F}_{m_0}^{\mathrm{T}}\boldsymbol{\Omega}_t^0\boldsymbol{F}_{m_0})^{-1}\boldsymbol{F}_{m_0}^{\mathrm{T}}\boldsymbol{\Omega}_t^0\tag{12.27}$$

$$\boldsymbol{\Omega}_t^2=\boldsymbol{\Omega}_t^0-\boldsymbol{\Omega}_t^0\boldsymbol{F}_{x,m_0}(\boldsymbol{F}_{x,m_0}^{\mathrm{T}}\boldsymbol{\Omega}_t^0\boldsymbol{F}_{x,m_0})^{-1}\boldsymbol{F}_{x,m_0}^{\mathrm{T}}\boldsymbol{\Omega}_t^0\tag{12.28}$$

式中，各 $\boldsymbol{F}$ 都是投影矩阵，投影矩阵把全部状态 $\boldsymbol{y}_t$ 投射为仅包含全部变量子集的合适的子状态，与之前各种算法中使用的矩阵 $\boldsymbol{F}_x$ 类似。近似式（12.25）的最后一项 $p(\boldsymbol{m}^0,\boldsymbol{m}^+,\boldsymbol{m}^-\mid z_{1:t},\boldsymbol{u}_{1:t},c_{1:t})$ 具有以下的信息矩阵：

$$\boldsymbol{\Omega}_t^3=\boldsymbol{\Omega}_t-\boldsymbol{\Omega}_t\boldsymbol{F}_x(\boldsymbol{F}_x^{\mathrm{T}}\boldsymbol{\Omega}_t\boldsymbol{F}_x)^{-1}\boldsymbol{F}_x^{\mathrm{T}}\boldsymbol{\Omega}_t\tag{12.29}$$

根据式（12.25），把这些表达式合在一起得到下面的信息矩阵，在该信息矩阵中特征 $\boldsymbol{m}^0$ 被真正去除了：

$$\begin{aligned}\tilde{\boldsymbol{\Omega}}_t&=\boldsymbol{\Omega}_t^1-\boldsymbol{\Omega}_t^2+\boldsymbol{\Omega}_t^3\\&=\boldsymbol{\Omega}_t-\boldsymbol{\Omega}_t^0\boldsymbol{F}_{m_0}(\boldsymbol{F}_{m_0}^{\mathrm{T}}\boldsymbol{\Omega}_t^0\boldsymbol{F}_{m_0})^{-1}\boldsymbol{F}_{m_0}^{\mathrm{T}}\boldsymbol{\Omega}_t^0\\&\quad+\boldsymbol{\Omega}_t^0\boldsymbol{F}_{x,m_0}(\boldsymbol{F}_{x,m_0}^{\mathrm{T}}\boldsymbol{\Omega}_t^0\boldsymbol{F}_{x,m_0})^{-1}\boldsymbol{F}_{x,m_0}^{\mathrm{T}}\boldsymbol{\Omega}_t^0\\&\quad-\boldsymbol{\Omega}_t\boldsymbol{F}_x(\boldsymbol{F}_x^{\mathrm{T}}\boldsymbol{\Omega}_t\boldsymbol{F}_x)^{-1}\boldsymbol{F}_x^{\mathrm{T}}\boldsymbol{\Omega}_t\end{aligned}\tag{12.30}$$

结果信息矢量如下：

$$\begin{aligned}\tilde{\boldsymbol{\xi}}_t&=\tilde{\boldsymbol{\Omega}}_t\boldsymbol{\mu}_t\\&=(\boldsymbol{\Omega}_t-\boldsymbol{\Omega}_t+\tilde{\boldsymbol{\Omega}}_t)\boldsymbol{\mu}_t\\&=\boldsymbol{\Omega}_t\boldsymbol{\mu}_t+(\tilde{\boldsymbol{\Omega}}_t-\boldsymbol{\Omega}_t)\boldsymbol{\mu}_t\\&=\boldsymbol{\xi}_t+(\tilde{\boldsymbol{\Omega}}_t-\boldsymbol{\Omega}_t)\boldsymbol{\mu}_t\end{aligned}\tag{12.31}$$

以上完成了程序 12.4 给出的第 3、4 行的推导。

12.6　分期偿还的近似地图恢复

各 SEIF 的最后更新步骤涉及$\boldsymbol{\mu}$ 均值的计算。贯穿本节，将符号中的时间索引去掉，因为它在所讨论的技术里不起作用，即这里用$\boldsymbol{\mu}$ 代替$\boldsymbol{\mu}_t$。

推导从信息形式中恢复状态估计$\boldsymbol{\mu}$ 的算法之前，先简单考虑$\boldsymbol{\mu}$ 的哪个部分需要在 SEIF 中用到，以及什么时候用到。SEIF 需要机器人位姿状态估计$\boldsymbol{\mu}$ 和地图活动特征。在以下三种不同场合下需要这些估计：

1. 均值用于运动模型的线性化，见程序 12.2 给出的第 3、4 和 10 行。

2. 均值也用于测量更新的线性化，见程序 12.3 给出的第 6、8、10、13 行。

3. 最后，均值还用于稀疏化步骤，具体见程序 12.4 给出的第 4 行。

然而，这里从来不需要全矢量的$\boldsymbol{\mu}$。仅需要机器人位姿的估计和所有活动特征的位置估计。它包含的是$\boldsymbol{\mu}$ 里所有状态变量的小子集。不过，高效计算这些估计需要额外的数学知识，因为通过$\boldsymbol{\mu}=\boldsymbol{\Omega}^{-1}\boldsymbol{\xi}$ 恢复均值的准确方法需要矩阵求逆，或者使用一些其他优化技术，即使只是恢复变量的子集。

再次强调，主要观点是来自矩阵$\boldsymbol{\Omega}$的稀疏性的。当数据正在被收集及估计$\boldsymbol{\xi}$和$\boldsymbol{\Omega}$正在被构建时，稀疏性使得可以定义迭代算法来在线恢复状态变量。要这样做，用公式$\boldsymbol{\mu}=\boldsymbol{\Omega}^{-1}\boldsymbol{\xi}$ 表示优化问题被证明是方便的。正如下面将介绍的，$\boldsymbol{\mu}$ 具有如下形式：

$$\hat{\boldsymbol{\mu}} = \arg\max_{\boldsymbol{\mu}} p(\boldsymbol{\mu}) \tag{12.32}$$

其服从定义在$\boldsymbol{\mu}$ 上的高斯分布：

$$p(\boldsymbol{\mu}) = \eta\exp\left\{-\frac{1}{2}\boldsymbol{\mu}^{\mathrm{T}}\boldsymbol{\Omega}\boldsymbol{\mu}+\boldsymbol{\xi}^{\mathrm{T}}\boldsymbol{\mu}\right\} \tag{12.33}$$

式中，$\hat{\boldsymbol{\mu}}$ 为与$\boldsymbol{\mu}$ 具有相同形式和维度的矢量。为看到情况确实如此，注意到$p(\boldsymbol{\mu})$的导数在$\boldsymbol{\mu}=\boldsymbol{\Omega}^{-1}\boldsymbol{\xi}$ 时等于零。

$$\frac{\partial p(\boldsymbol{\mu})}{\partial\boldsymbol{\mu}} = \eta(-\boldsymbol{\Omega}\boldsymbol{\mu}+\boldsymbol{\xi})\exp\left\{-\frac{1}{2}\boldsymbol{\mu}^{\mathrm{T}}\boldsymbol{\Omega}\boldsymbol{\mu}+\boldsymbol{\xi}^{\mathrm{T}}\boldsymbol{\mu}\right\}\overset{!}{=}0 \tag{12.34}$$

这意味着 $\boldsymbol{\Omega}\boldsymbol{\mu}=\boldsymbol{\xi}$，或者说，$\boldsymbol{\mu}=\boldsymbol{\Omega}^{-1}\boldsymbol{\xi}$。

该变换表明，恢复状态矢量$\boldsymbol{\mu}$ 等同于寻找式（12.33）的众数。该问题现已成为优化问题。对于该优化问题，下面介绍迭代爬山算法。该算法得益于信息矩阵的稀疏性。

该方法是坐标下降法（coordinate descent）的实例。为简单起见，在此声明，它仅针对单一坐标；每个测量更新步骤之后，实现固定迭代数目为 K 的此种优化。式（12.33）的众数$\hat{\boldsymbol{\mu}}$由式（12.35）获得：

$$\begin{aligned}\hat{\boldsymbol{\mu}} &= \arg\max_{\boldsymbol{\mu}} \exp\left\{-\frac{1}{2}\boldsymbol{\mu}^{\mathrm{T}}\boldsymbol{\Omega}\boldsymbol{\mu} + \boldsymbol{\xi}^{\mathrm{T}}\boldsymbol{\mu}\right\} \\ &= \arg\max_{\boldsymbol{\mu}} \frac{1}{2}\boldsymbol{\mu}^{\mathrm{T}}\boldsymbol{\Omega}\boldsymbol{\mu} - \boldsymbol{\xi}^{\mathrm{T}}\boldsymbol{\mu}\end{aligned} \tag{12.35}$$

可以看到，式（12.35）中，最小运算的参数能写成使单一坐标变量$\boldsymbol{\mu}_i$（$\boldsymbol{\mu}_t$的第i个坐标）明确的形式：

$$\frac{1}{2}\boldsymbol{\mu}^{\mathrm{T}}\boldsymbol{\Omega}\boldsymbol{\mu} - \boldsymbol{\xi}^{\mathrm{T}}\boldsymbol{\mu} = \frac{1}{2}\sum_i\sum_j \boldsymbol{\mu}_i^{\mathrm{T}}\boldsymbol{\Omega}_{i,j}\boldsymbol{\mu}_j - \sum_i \boldsymbol{\xi}_i^{\mathrm{T}}\boldsymbol{\mu}_i \tag{12.36}$$

式中，$\boldsymbol{\Omega}_{i,j}$为矩阵$\boldsymbol{\Omega}$的坐标为$(i, j)$的元素；$\boldsymbol{\xi}_i$为矢量$\boldsymbol{\xi}$的第$i$个分量。这个表达式关于任意坐标变量$\boldsymbol{\mu}_i$求导数，有

$$\frac{\partial}{\partial\boldsymbol{\mu}_i}\left\{\frac{1}{2}\sum_i\sum_j \boldsymbol{\mu}_i^{\mathrm{T}}\boldsymbol{\Omega}_{i,j}\boldsymbol{\mu}_j - \sum_i \boldsymbol{\xi}_i^{\mathrm{T}}\boldsymbol{\mu}_i\right\} = \sum_j \boldsymbol{\Omega}_{i,j}\boldsymbol{\mu}_j - \boldsymbol{\xi}_i \tag{12.37}$$

设式（12.37）等于零，给定所有其他估计$\boldsymbol{\mu}_j$，产生第i个坐标变量$\boldsymbol{\mu}_i$的最优解：

$$\boldsymbol{\mu}_i = \boldsymbol{\Omega}_{i,j}^{-1}\left[\boldsymbol{\xi}_i - \sum_{j\neq i}\boldsymbol{\Omega}_{i,j}\boldsymbol{\mu}_j\right] \tag{12.38}$$

同样的表示能方便地用矩阵符号写出。为了从矩阵$\boldsymbol{\Omega}$提取第i个分量，这里定义$\boldsymbol{F}_i = (0 \quad \cdots \quad 0 \quad 1 \quad 0 \quad \cdots \quad 0)$为投影矩阵：

$$\boldsymbol{\mu}_i = (\boldsymbol{F}_i\boldsymbol{\Omega}\boldsymbol{F}_i^{\mathrm{T}})^{-1}\boldsymbol{F}_i[\boldsymbol{\xi} - \boldsymbol{\Omega}\boldsymbol{\mu} + \boldsymbol{\Omega}\boldsymbol{F}_i^{\mathrm{T}}\boldsymbol{F}\boldsymbol{\mu}] \tag{12.39}$$

这个考虑源于增量更新算法，重复更新

$$\boldsymbol{\mu}_i \leftarrow (\boldsymbol{F}_i\boldsymbol{\Omega}\boldsymbol{F}_i^{\mathrm{T}})^{-1}\boldsymbol{F}_i[\boldsymbol{\xi} - \boldsymbol{\Omega}\boldsymbol{\mu} + \boldsymbol{\Omega}\boldsymbol{F}_i^{\mathrm{T}}\boldsymbol{F}\boldsymbol{\mu}] \tag{12.40}$$

由于，状态矢量$\boldsymbol{\mu}_i$的一些元素可以降低式（12.39）左边和右边之间误差，所以，无限重复这个更新，状态矢量的所有元素收敛于正确的均值（未给出证明）。

容易发现，如果$\boldsymbol{\Omega}$是稀疏的，式（12.38）中求和运算的元素数和式（12.40）中更新规则里的矢量乘法的数目，是固定的。因此，每个更新需要固定的时间。为维持 SLAM 算法的固定时间特性，这里为每个时间步提供固定更新数目K。这通常会导致多次更新后的收敛。

然而，必须注意的是顺序。近似的质量依赖许多因素，其中地图中最大环形结构的大小最重要。一般而言，每个时间步的固定更新数目K可能并不足以产生好的结果。而且，存在许多优化技术比这里描述的坐标下降法效率更高。一个"经典"的例子就在 GraphSLAM 算法中讨论的共轭梯度法。在实际应用中，依赖高效优化技术恢复$\boldsymbol{\mu}$是明智的。

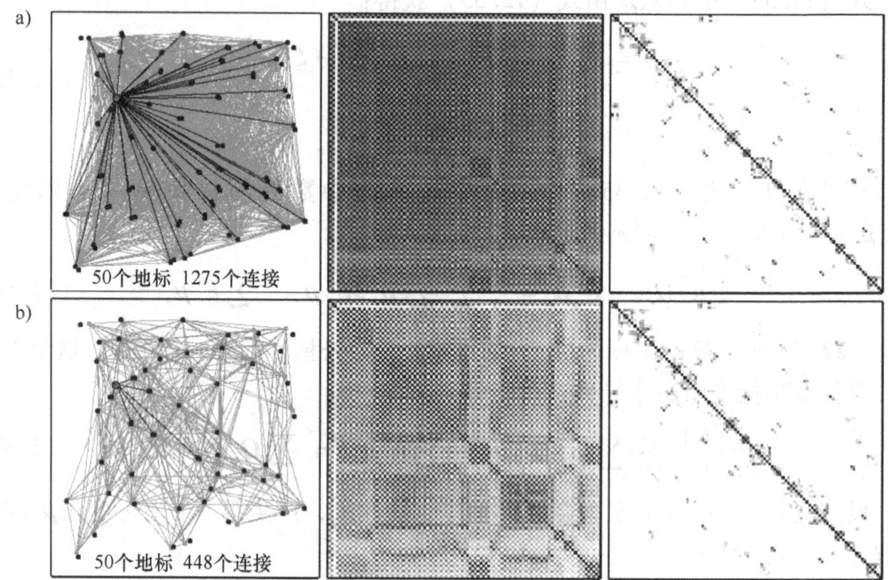

图 12.6 没有稀疏化的具有 4 个活动地标的 SEIF 与使用稀疏步骤的具有 4 个活动地标的 SEIF 的比较（比较是在 50 个地标的仿真环境里进行的；左图所示为滤波器连接集合，中图所示为相关矩阵，右图所示为归一化信息矩阵；显然，稀疏 SEIF 维持较少连接，但是由于相关矩阵较少，其结果较不自信）

a）没有稀疏化的具有 4 个活动地标的 SEIF b）使用稀疏步骤的具有 4 个活动地标的 SEIF

12.7 SEIF 有多稀疏

关键的问题是，在 SEIF 中应该加强稀疏程度。具体来说，SEIF 中活动特征数目决定了稀疏度。稀疏权衡两个因素：SEIF 的计算效率和结果的准确性。实现 SEIF 算法时，考虑此权衡是明智的。

对于 SEIF，可参考的“黄金标准”是 EKF。在恢复状态估计时，EKF 使稀疏无效，并且不依赖松弛技术。下面进行的比较揭示了将稀疏 SEIF 与 EKF 区分开来的三个主要特性指标。这里进行的比较是基于仿真机器人世界的，包含了机器人感知距离、接近和附近的地标身份。

1. 计算。图 12.7 给出了 SEIF 与 EKF 每次更新计算的比较。这两种情况下，实现都是最优化的。图中给出了概率上的主要计算分歧与滤波器信息表示的关系。EKF 需要的时间与地图的大小成二次方；而 SEIF 需要的时间曲线较平，即需要的时间较为固定。

2. 内存。图 12.8 给出了 EKF 与 SEIF 使用内存情况的比较。再一次表明，

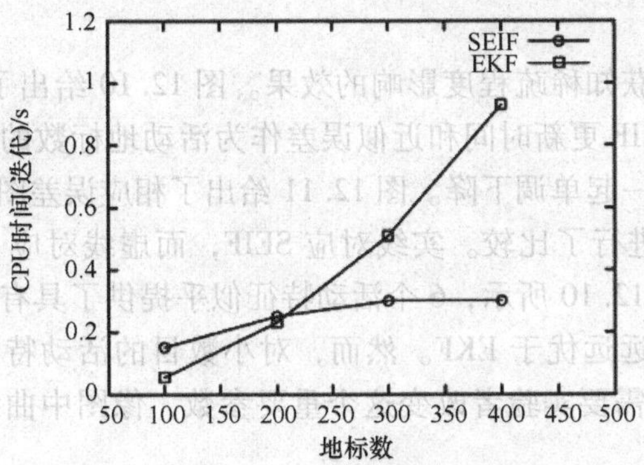

图 12.7 SEIF 与 EKF 平均 CPU 时间比较

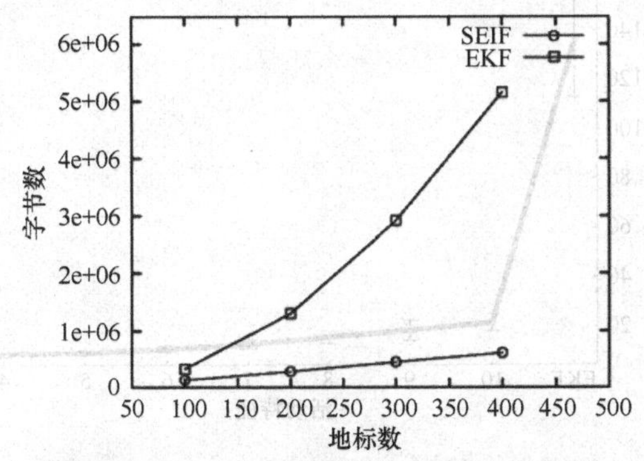

图 12.8 SEIF 与 EKF 平均内存使用比较

EKF 是二次曲线的；而 SEIF 是线性的，是由于其信息表示的稀疏性。

3. 准确性。这一点 EKF 优于 SEIF。这是因为 SEIF 为了维持稀疏需要近似，恢复状态估计$\boldsymbol{\mu}_t$时也需要近似。图 12.9 给出了的两种方法下的误差是地图大小

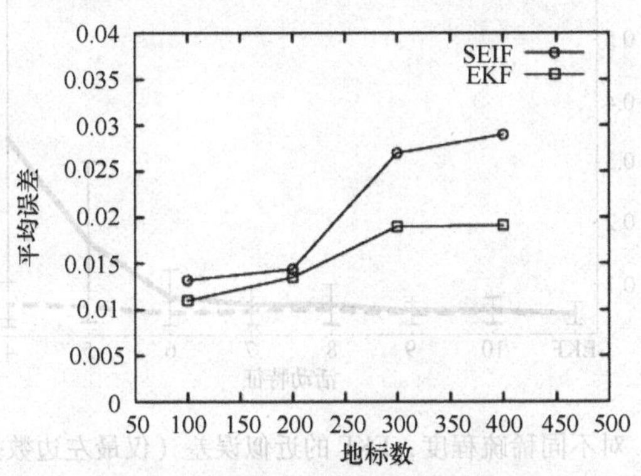

图 12.9 SEIF 与 EKF 的方均根距离误差比较

的函数。

可以通过仿真获知稀疏程度影响的效果。图 12.10 给出了对于由 50 个地标组成的地图，为 SEIF 更新时间和近似误差作为活动地标数的函数关系图。更新时间随活动特征数一起单调下降。图 12.11 给出了相应误差图，在不同稀疏程度下对 EKF 和 SEIF 进行了比较。实线对应 SEIF，而虚线对应 SEIF，其准确地恢复了均值$\boldsymbol{\mu}_t$。如图 12.10 所示，6 个活动特征似乎提供了具有竞争力的结果，在节省计算开销上其远远优于 EKF。然而，对小数目的活动特征，其误差大幅度增加。SEIF 的实现需要实验者改变这个重要参数，像图中曲线所示那样表示关键因素的影响。

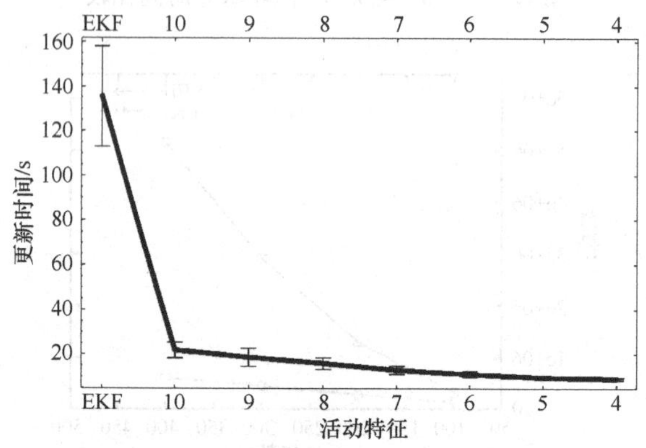

图 12.10 对于不同的稀疏程度、活动特征的数量的 EKF（仅最左边数据点）和 SEIF 的更新时间（包含 50 个地标）

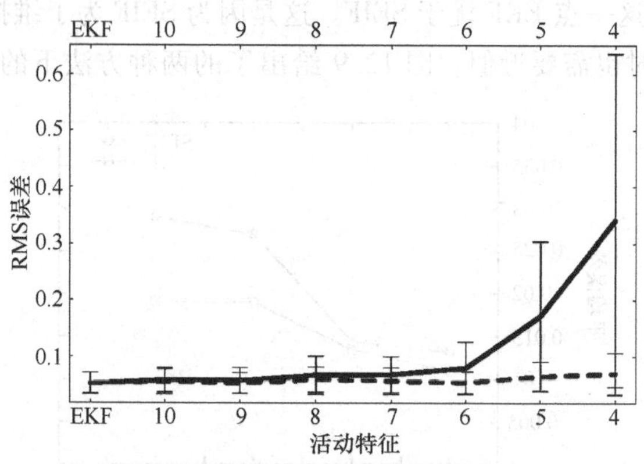

图 12.11 对不同稀疏程度，EKF 的近似误差（仅最左边数据点）和 SEIF 的近似误差（包含 50 个地标）

12.8 增量数据关联

下面，将注意力转移到 SEIF 的数据关联问题上。第一项技术是大家所熟悉的增量方法，它贪婪地识别最可能的一致性，然后处理这个值，就好像它是真实的。本书 10.3 节已介绍过这样的贪婪数据关联技术的实例，讨论了 EKF 的数据关联问题。事实上，SEIF 与 EKF 的贪婪增量数据关联的唯一区别，涉及数据关联概率的计算。一般说来，在信息滤波器中计算这个概率通常比在概率滤波器（如 EKF）中计算更加困难，因为信息滤波器不记录协方差。

12.8.1 计算增量数据关联概率

像以前一样，时间 t 的数据关联用 c_t 表示。贪婪增量技术可维持数据关联推测的集合，表示为 $\hat{c}_{1:t}$。在增量架构下，当计算 c_t 时，从以前更新给出估计的一致性 $\hat{c}_{1:t-1}$。数据关联步骤涉及时间 t 数据关联变量 $\hat{c}_{1:t}$ 最可能值的估计。通过下面的最大似然估计器得到：

$$\begin{aligned}\hat{c}_t &= \underset{c_t}{\operatorname{argmax}}\ p(z_t \mid z_{1:t-1}, \boldsymbol{u}_{1:t}, \hat{c}_{1:t-1}, c_t) \\ &= \underset{c_t}{\operatorname{argmax}} \int p(z_t \mid \boldsymbol{y}_t, c_t)\ \underbrace{p(\boldsymbol{y}_t \mid z_{1:t-1}, \boldsymbol{u}_{1:t}, \hat{c}_{1:t-1})}_{\boldsymbol{\Omega}_t, \bar{\xi}_t} \mathrm{d}\boldsymbol{y}_t \\ &= \underset{c_t}{\operatorname{argmax}} \iint p(z_t \mid \boldsymbol{x}_t, \boldsymbol{y}_{c_t}, c_t)\, p(\boldsymbol{x}_t, \boldsymbol{y}_{c_t} \mid z_{1:t-1}, \boldsymbol{u}_{1:t}, \hat{c}_{1:t-1})\, \mathrm{d}\boldsymbol{x}_t \mathrm{d}\boldsymbol{y}_{c_t}\end{aligned} \tag{12.41}$$

传感器模型的符号 $p(z_t \mid \boldsymbol{x}_t, \boldsymbol{y}_{c_t}, c_t)$ 使得一致性变量 c_t 显式。在固定时间里，准确地计算这个概率是不可能的。这是因为它包含了地图上几乎所有变量的边缘化。然而，对于高效稀疏化不可缺少的同一类型的近似，也同样可以应用在这里。

具体来说，用 $\boldsymbol{m}_{c_t}^+$ 表示机器人位姿 $\boldsymbol{x}_t$ 和地标 $\boldsymbol{y}_{c_t}$ 组合的马尔可夫覆盖。该马尔可夫覆盖是地图中所有与机器人相连接的特征地标 $\boldsymbol{y}_{c_t}$ 的集合。图 12.12 给出了这个集合。注意，按照定义，$\boldsymbol{m}_{c_t}^+$ 包括了所有活动地标。$\overline{\boldsymbol{\Omega}}_t$ 的稀疏性保证了 $\boldsymbol{m}_{c_t}^+$ 只包括固定数目的特征，不管地图大小 N。如果 $\boldsymbol{x}_t$ 和 $\boldsymbol{y}_{c_t}$ 的马尔可夫覆盖没有交集，那么会进一步增加特征，这些特征表示 $\boldsymbol{x}_t$ 和 $\boldsymbol{y}_{c_t}$ 之间信息图的最短路径。

所有保留下来的特征全体被当做 $\boldsymbol{m}_{c_t}^-$：

$$\boldsymbol{m}_{c_t}^- = \boldsymbol{m} - \boldsymbol{m}_{c_t}^+ - \{\boldsymbol{y}_{c_t}\} \tag{12.42}$$

$\boldsymbol{m}_{c_t}^-$ 仅包含了对目标变量 $\boldsymbol{x}_t$ 和 $\boldsymbol{y}_{c_t}$ 具有较小影响的特征。通过忽略间接影响，SEIF 对式（12.41）的概率 $p(\boldsymbol{x}_t, \boldsymbol{y}_{c_t} \mid z_{1:t-1}, \boldsymbol{u}_{1:t}, \hat{c}_{1:t-1})$ 做了近似：

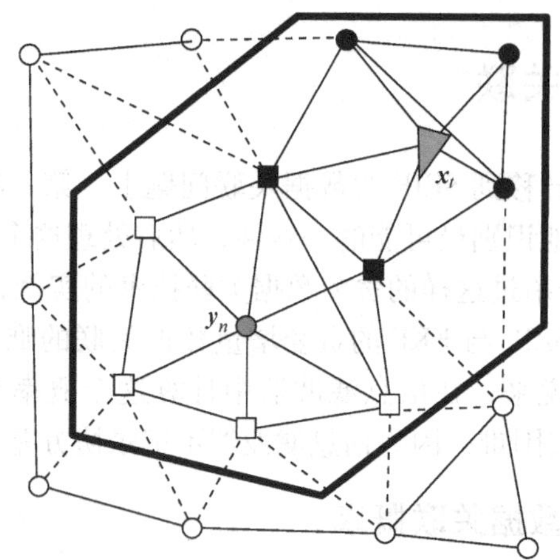

图 12.12 对近似特征位置的后验概率（特征 $\boldsymbol{y}_n$ 和观察到的特征的组合马尔可夫覆盖通常是充分的，条件是去掉所有其他特征）

$$
\begin{aligned}
& p(\boldsymbol{x}_t, \boldsymbol{y}_{c_t} \mid z_{1:t-1}, \boldsymbol{u}_{1:t}, \hat{c}_{1:t-1}) \\
= & \iint p(\boldsymbol{x}_t, \boldsymbol{y}_{c_t}, \boldsymbol{m}_{c_t}^+, \boldsymbol{m}_{c_t}^- \mid z_{1:t-1}, \boldsymbol{u}_{1:t}, \hat{c}_{1:t-1}) \mathrm{d}\boldsymbol{m}_{c_t}^+ \mathrm{d}\boldsymbol{m}_{c_t}^- \\
= & \iint p(\boldsymbol{x}_t, \boldsymbol{y}_{c_t} \mid \boldsymbol{m}_{c_t}^+, \boldsymbol{m}_{c_t}^-, z_{1:t-1}, \boldsymbol{u}_{1:t}, \hat{c}_{1:t-1}) \\
& p(\boldsymbol{m}_{c_t}^+ \mid \boldsymbol{m}_{c_t}^-, z_{1:t-1}, \boldsymbol{u}_{1:t}, \hat{c}_{1:t-1}) p(\boldsymbol{m}_{c_t}^- \mid z_{1:t-1}, \boldsymbol{u}_{1:t}, \hat{c}_{1:t-1}) \mathrm{d}\boldsymbol{m}_{c_t}^+ \mathrm{d}\boldsymbol{m}_{c_t}^- \\
\approx & \int p(\boldsymbol{x}_t, \boldsymbol{y}_{c_t} \mid \boldsymbol{m}_{c_t}^+, \boldsymbol{m}_{c_t}^- = \boldsymbol{\mu}_{c_t}^-, z_{1:t-1}, \boldsymbol{u}_{1:t}, \hat{c}_{1:t-1}) \\
& p(\boldsymbol{m}_{c_t}^+ \mid \boldsymbol{m}_{c_t}^- = \boldsymbol{\mu}_{c_t}^-, z_{1:t-1}, \boldsymbol{u}_{1:t}, \hat{c}_{1:t-1}) \mathrm{d}\boldsymbol{m}_{c_t}^+
\end{aligned}
\tag{12.43}
$$

如果该计算所考虑的特征集合不依赖地图大小（通常是这样），那么这个概率能在固定时间计算出来。与上面各种推导完全类似，会发现可以通过创造对应于两个目标变量的子矩阵，简单地得到后验近似：

$$\boldsymbol{\Sigma}_{t:c_t} = \boldsymbol{F}_{x_t,y_{c_t}}^{\mathrm{T}} (\boldsymbol{F}_{x_t,y_{c_t},m_{c_t}^+}^{\mathrm{T}} \boldsymbol{\Omega}_t \boldsymbol{F}_{x_t,y_{c_t},m_{c_t}^+})^{-1} \boldsymbol{F}_{x_t,y_{c_t}} \tag{12.44}$$

$$\boldsymbol{\mu}_{t:c_t} = \boldsymbol{\mu}_t \boldsymbol{F}_{x_t,y_{c_t}} \tag{12.45}$$

这个计算是固定时间的，因为它包含的矩阵与 N 无关。从这个高斯分布，容易恢复式（12.41）中期望的测量概率。

同样地，在 EKF SLAM 算法里，当似然 $p(z_t \mid z_{1:t-1}, \boldsymbol{u}_{1:t}, \hat{c}_{1:t-1}, c_t)$ 维持在阈值 α 之下时，将特征标识为新特征。然后简单设置 $\hat{c}_t = N_{t-1} + 1$ 和 $N_t = N_{t-1} + 1$。否则地图大小保持不变，因此 $N_t = N_{t-1}$。选择的值 $\hat{c}_t$ 最大化数据关联概率。

作为最后的忠告，有时组合马尔可夫覆盖是不充分的，因为它不包含机器人位姿与地标之间测试一致性的路径。当环境里的大环路闭合时，通常情况会是这样的。在此，需要用沿着 $\boldsymbol{m}_{c_t}$与机器人位姿 $\boldsymbol{x}_t$之间一条路径上的地标集合，来增大特征集 $\boldsymbol{m}_{c_t}^+$。依赖这个环路的大小，在结果集合里，包含的地标数可能依赖地图的大小 N。本章将这样的扩展细节留作习题。

12.8.2 实际考虑

通常，增量贪婪数据关联技术是脆弱的，这一点已在介绍 EFK SLAM 算法的章节讨论过。虚假的测量值容易产生错误关联，并导致 SLAM 估计的重大错误。对脆弱性的标准补救方法（对于 ESK 和 SEIF 是相似的），涉及临时地标列表（provisional landmark list）的创建。本书 10.3.3 节已在 EKF SLAM 算法框架下深入讨论过该方法。临时列表将一些以前没有被观察到过的新特征加到候选列表中，该列表与 SEIF 相分离。在接下来的测量步骤里，将最近到达的候选与等待列表里的所有候选核对，合理的匹配增加了相应候选的权重，并且没有看见附近特征会降低它的权重。当候选权重超过某一阈值时，它被加入到特征的 SEIF 网络中。

这里可以发现，数据关联违反了 SEIF 的固定时间特性。这是因为当计算数据关联时，必须测试多个特征。在 SEIF 中，如果能保证所有合理的特征已经通过短路径与活动特征集合相联系，那么在固定时间内执行数据关联是可行的。用这种方法，给定测量值，SEIF 架构有利于最可能特征的搜索。然而，当首次闭合回路时，就不是这种情况了，在 SEIF 的临近图里，正确关联的情况可能会很遥远。

现在，暂时把注意力转移到 SEIF 算法在真实车辆的实现上。这里使用的数据是 SLAM 领域的通用标准。该数据集通过澳大利亚悉尼市的公园里行驶的户外车辆的仪表收集。

实验车辆和它的环境如图 12.13 和图 12.14 所示。机器人安装了 SICK 激光测距仪、测量转向角和前行速度的系统。激光仪用来检测环境里树木，但是它也收集了许多伪特征，如在附近高速路中运行汽车的转角。之前曾在试验中使用过的原始里程计法效果欠佳，车辆走过 3.5km 路程时，就会产生几百米的误差，如图 12.14 所示。图中还给出了车辆的路径。由于其里程计法信息质量欠佳，并且还有许多伪特征，使得这个数据集成员特别适合用来测试 SLAM 算法。

利用 SEIF 恢复的路径如图 12.15 所示。这条路径很难从数量上与 EKF 产生的路径区分。与差分 GPS 测量值比较，平均位置误差小于 0.50m；与整个路径长度 3.5km 相比，误差很小。相应的地标如图 12.16 所示。它具有与先进 EKF 的结果比得上的精度。与 EKF 相比，SEIF 的运行速度是 EKF 的 2 倍，而内存消耗只是其 1/4。这个节省相对较小，但它是小尺寸地图的结果，并且

图 12.13 安装了二维激光测距仪和差分 GPS 的实验车辆（车辆的运动由测量转向的线性可变差动变压器传感器和装在车轮上的速率编码器来测量；看到的背景是澳大利亚悉尼市维多利亚公园；由澳大利亚野外机器人学中心的 José Guivant 和 Eduardo Nebot 提供）

图 12.14 测试环境（悉尼市维多利亚公园的 350m × 350m 的小块土地；覆盖公园之上的是从里程计读数得到的完整路径；数据和影像由澳大利亚野外机器人学中心的 José Guivant 和 Eduardo Nebot 提供；结果由美国斯坦福大学的 Michael Montemerlo 提供）

有大部分时间花在了预处理传感器数据上。对较大尺寸的地图，相应节省就更大了。

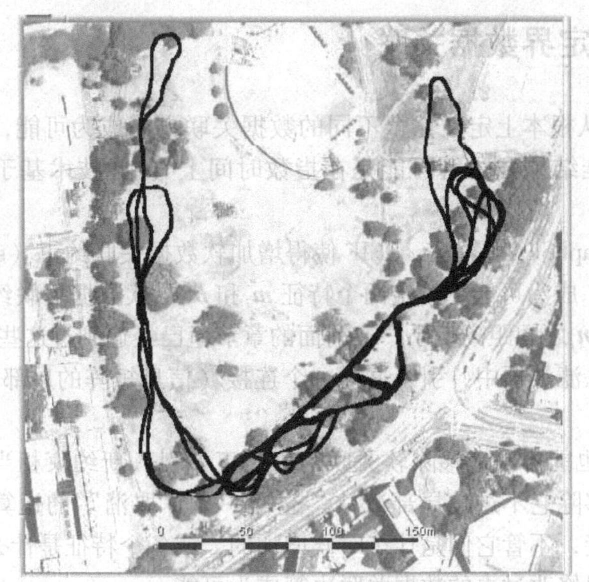

图 12.15　利用 SEIF 恢复的路径（精度为 ±1m；由美国斯坦福大学的 Michael Montemerlo 提供）

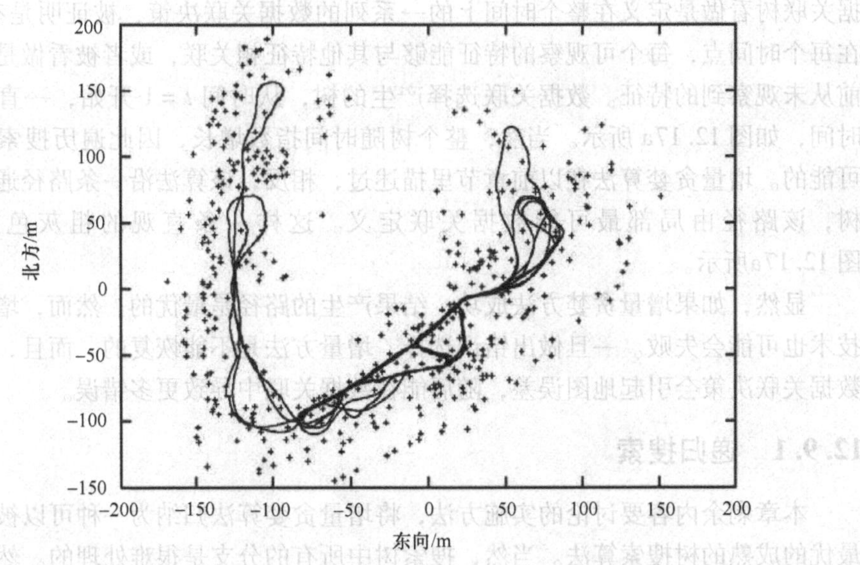

图 12.16　估计的地标位置和机器人路径的叠加（由斯坦福大学的 Michael Montemerlo 提供）

12.9 分支定界数据关联

SEIF 使得从根本上定义完全不同的数据关联方法成为可能，该方法已经被证明能产生最佳结果（尽管可能是在指数时间上）。此技术基于以下三个主要观点：

- 正如 GraphSLAM 算法，SEIF 使得增加软数据关联约束（soft data association constraints）成为可能。给定两个特征 $\boldsymbol{m}_i$ 和 $\boldsymbol{m}_j$，软数据关联约束只是信息连接，促使 $\boldsymbol{m}_i$ 和 $\boldsymbol{m}_j$ 之间距离变小。在前面的章节里已经遇到过这些软连接的例子。在稀疏扩展信息滤波器中，引入这样一个连接（信息矩阵的局部附加值），是很简单的。
- 另外，也能容易地移除软关联约束。正如引入新约束相当于信息矩阵局部的附加值，移除它不过是局部减法。这样一个“取消”的运算，能应用到任意数据关联连接，不管它们是什么时候增加的，或各个特征是什么时候被最后观察到的。这使得修改过去的数据关联决策成为可能。
- 任意地自由增加或减去数据关联的能力，使得搜索可能的数据关联树成为可能。在某种程度上，它既高效又完整，正如下面将要介绍的一样。

为开发分支定界数据关联（branch- and- bound data association）算法，将数据关联树看做是定义在整个时间上的一系列的数据关联决策，被证明是有用的。在每个时间点，每个可观察的特征能够与其他特征相关联，或者被看做是新的以前从未观察到的特征。数据关联选择产生的树，从时间 $t=1$ 开始，一直到当前时间，如图 12.17a 所示。当然，整个树随时间指数增长，因此遍历搜索它是不可能的。增量贪婪算法在以前章节里描述过，相反，该算法沿一条路径通过这棵树，该路径由局部最可能数据关联定义。这样一条直观的粗灰色路径如图 12.17a所示。

显然，如果增量贪婪方法成功，结果产生的路径是最优的。然而，增量贪婪技术也可能会失败。一旦做出错误选择，增量方法是不能恢复的。而且，错误的数据关联决策会引起地图误差，随后能在数据关联中导致更多错误。

12.9.1 递归搜索

本章剩余内容要讨论的实施方法，将增量贪婪算法归纳为一种可以被证明是最优的成熟的树搜索算法。当然，搜索树中所有的分支是很难处理的。然而，如果维持扩展到目前为止的树的边界上的所有节点的对数似然，那么就能保证最优。图 12.17b 给出了这样一种思想：分支定界 SEIF 不只维持通过数据关联树的一条路径，而是整个边界。每扩大一个节点（如通过增量 ML），也评估所有供

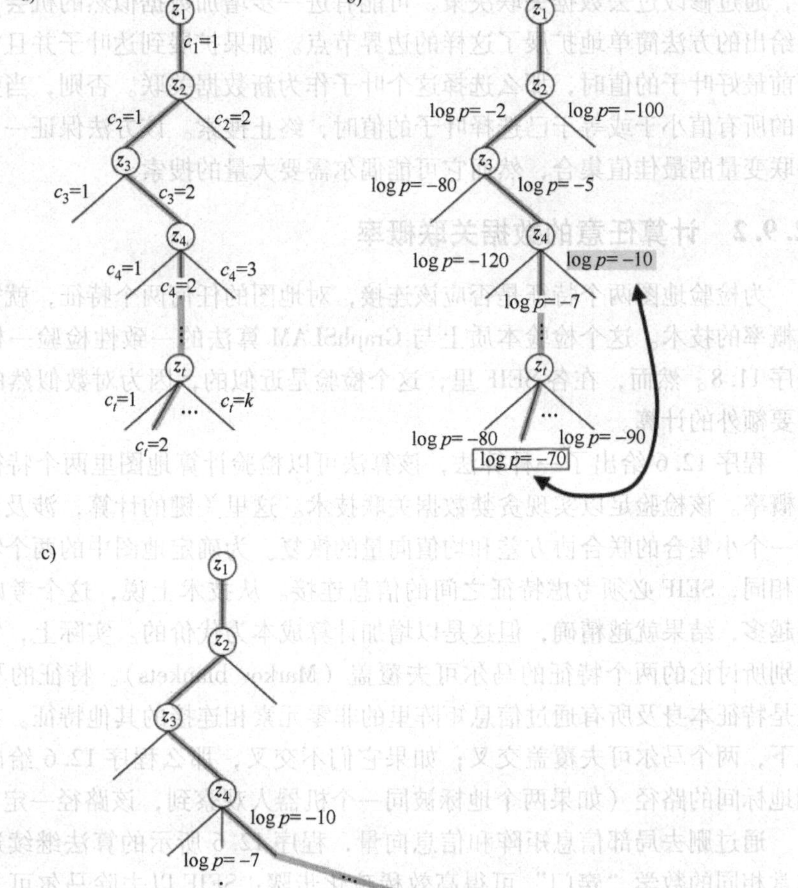

图 12.17　数据关联树、基于树的 SEIF 为扩展节点的整个边界维护对数似然，以及改进的路径

a）数据关联树（其分支因子随地图地标数增长）　b）基于树的 SEIF 为扩展节点的整个边界维护对数似然（使其能够发现可选择的路径）　c）改进的路径

选择的结果，并存储相应的似然。整个树边界的对数似然如图 12.17b 所示。

找到式（12.41）最大值意味着已选择的叶子的对数似然大于或等于同样深度的其他叶子的对数似然。因为对数似然随着树的深度单调递减，所以当已选择的叶子对数似然大于或等于边界其他节点的对数似然，能保证确实找到了最优数据关联值。换句话说，当假定边界节点对数似然大于某个选定的叶子对数似然时，通过修改过去数据关联决策，可能有进一步增加数据似然的机会。然后，这里给出的方法简单地扩展了这样的边界节点。如果扩展到达叶子并且它的值大于当前最好叶子的值时，那么选择这个叶子作为新数据关联。否则，当整个边界拥有的所有值小于或等于已选择叶子的值时，终止搜索。该方法保证一直维持数据关联变量的最佳值集合，然而它可能偶尔需要大量的搜索。

12.9.2 计算任意的数据关联概率

为检验地图两个特征是否应该连接，对地图的任何两个特征，就需要计算等式概率的技术。这个检验本质上与 GraphSLAM 算法的一致性检验一样，见本书程序 11.8。然而，在各 SEIF 里，这个检验是近似的，因为对数似然的精确结果需要额外的计算。

程序 12.6 给出了一种算法，该算法可以检验计算地图里两个特征完全一样的概率。该检验足以实现贪婪数据关联技术。这里关键的计算，涉及地图特征 B 的一个小集合的联合协方差和均值向量的恢复。为确定地图中的两个特征是否完全相同，SEIF 必须考虑特征之间的信息连接。从技术上说，这个考虑包含的连接越多，结果就越精确，但这是以增加计算成本为代价的。实际上，它通常足以辨别所讨论的两个特征的马尔可夫覆盖（Markov blankets）。特征的马尔可夫覆盖是特征本身及所有通过信息矩阵里的非零元素相连接的其他特征。在大部分情况下，两个马尔可夫覆盖交叉；如果它们不交叉，那么程序 12.6 给出的算法识别地标间的路径（如果两个地标被同一个机器人观察到，该路径一定存在）。

通过删去局部信息矩阵和信息向量，程序 12.6 所示的算法继续进行，利用非常相同的数学“窍门”可得高效稀疏化步骤：SEIF 以去除马尔可夫覆盖范围之外特征为条件。结果，SEIF 获得高效技术以计算期望概率，概率是近似的（因为条件作用），但是实际上工作良好。

这个结果很有趣，因为它不仅使 SEIF 能够做出数据关联决策，而且它提供这样一个计算决策的对数似然的方法。这个程序的结果的对数与这个特殊数据项的对数似然是一致的，并且在特殊关联下，沿着数据关联树的路径计算的总和成为全部数据对数似然。

12.9.3 等价约束

一旦地图两个特征在数据关联搜索里确定为等价的，SEIF 在信息矩阵中增加软连接。假设，第一个特征是 $\boldsymbol{m}_i$，第二个特征是 $\boldsymbol{m}_j$。软连接通过如下的指数二次约束限制它们的位置相等：

$$\exp\left\{-\frac{1}{2}(\boldsymbol{m}_i-\boldsymbol{m}_j)^{\mathrm{T}}\boldsymbol{C}(\boldsymbol{m}_i-\boldsymbol{m}_j)\right\} \tag{12.46}$$

Algorithm SEIF_correspondence_test($\Omega, \xi, \mu, m_j, m_k$):

let $B(j)$ *be the blanket of* m_j

let $B(k)$ *be the blanket of* m_k

$B = B(j) \cup B(k)$

if $B(j) \cap B(k) = \emptyset$

add features along the shortest path between m_i *and* m_j *to* B

endif

$$F_B = \begin{pmatrix} 0\cdots0 & 1 & 0 & 0 & 0\cdots0 & & & & \cdots & \\ 0\cdots0 & 0 & 1 & 0 & 0\cdots0 & & & & \cdots & \\ 0\cdots0 & 0 & 0 & 1 & 0\cdots0 & & & & \cdots & \\ & \cdots & & & 0\cdots0 & 1 & 0 & 0 & 0\cdots0 & \\ & \cdots & & & 0\cdots0 & 0 & 1 & 0 & 0\cdots0 & \\ & \cdots & & & 0\cdots0 & 0 & 0 & 1 & 0\cdots0 & \\ & & & & & & & & \ddots & \\ & & & & \cdots & & & & & 0\cdots0 \\ & & & & \cdots & & & & & 0\cdots0 \end{pmatrix}$$

(size $(3N+3)$ *by* $3|B|$*)*

$\Sigma_B = (F_B\ \Omega\ F_B^T)^{-1}$

$\mu_B = \Sigma_B\ F_B\ \xi$

$$F_\Delta = \begin{pmatrix} 0\cdots0 & 1 & 0 & 0\cdots0 & -1 & 0 & 0\cdots0 \\ 0\cdots0 & \underbrace{0 \quad 1}_{\text{feature } m_j} & & 0\cdots0 & \underbrace{0 \quad -1}_{\text{feature } m_j} & & 0\cdots0 \end{pmatrix}$$

$\Sigma_\Delta = (F_\Delta\ \Omega\ F_\Delta^T)^{-1}$

$\mu_\Delta = \Sigma_\Delta\ F_\Delta\ \xi$

return $\det(2\pi\ \Sigma_\Delta)^{-\frac{1}{2}}\ \exp\{-\frac{1}{2}\ \mu_\Delta^T\ \Sigma_\Delta^{-1}\ \mu_\Delta\}$

程序 12.6　SEIF SLAM 一致性检验

式中，$\boldsymbol{C}$ 为对角罚分矩阵类型。

$$\boldsymbol{C} = \begin{pmatrix} \infty & 0 & 0 \\ 0 & \infty & 0 \\ 0 & 0 & \infty \end{pmatrix} \tag{12.47}$$

实际上，$\boldsymbol{C}$ 的对角元素由大的正值代替。这些值越大，约束就越强。

容易发现，信息矩阵非归一化高斯分布［式（12.46）］在 $\boldsymbol{m}_i$ 和 $\boldsymbol{m}_j$ 之间写为一个连接。简单定义投影矩阵为

$$
\boldsymbol{F}_{m_i-m_j}=\begin{pmatrix} 0\cdots0 & 1 & 0 & 0 & 0\cdots0 & -1 & 0 & 0 & 0\cdots0 \\ 0\cdots0 & 0 & 1 & 0 & 0\cdots0 & 0 & -1 & 0 & 0\cdots0 \\ 0\cdots0 & \underbrace{0 \quad 0 \quad 1}_{m_i} & & & 0\cdots0 & \underbrace{0 \quad 0 \quad -1}_{m_j} & & & 0\cdots0 \end{pmatrix} \tag{12.48}
$$

这个矩阵将状态 $\boldsymbol{y}_t$ 映射为差值 $\boldsymbol{m}_i-\boldsymbol{m}_j$。因此式（12.46）变为

$$
\begin{aligned} &\exp\left\{-\frac{1}{2}(\boldsymbol{F}_{m_i-m_j}\boldsymbol{y}_t)^{\mathrm{T}}\boldsymbol{C}(\boldsymbol{F}_{m_i-m_j}\boldsymbol{y}_t)\right\} \\ &=\exp\left\{-\frac{1}{2}\boldsymbol{y}_t^{\mathrm{T}}[\boldsymbol{F}_{m_i-m_j}^{\mathrm{T}}\boldsymbol{C}\boldsymbol{F}_{m_i-m_j}]\boldsymbol{y}_t\right\} \end{aligned} \tag{12.49}
$$

因此，为实现这个软约束，SEIF 必须增加 $\boldsymbol{F}_{m_i-m_j}^{\mathrm{T}}\boldsymbol{C}\boldsymbol{F}_{m_i-m_j}$ 到信息矩阵，并保留信息向量不变，即

$$
\boldsymbol{\Omega}_t \longleftarrow \boldsymbol{\Omega}_t+\boldsymbol{F}_{m_i-m_j}^{\mathrm{T}}\boldsymbol{C}\boldsymbol{F}_{m_i-m_j} \tag{12.50}
$$

很明显，附加项是稀疏的，它仅包含特征 $\boldsymbol{m}_i$ 和 $\boldsymbol{m}_j$ 之间的非零非对角元素。一旦增加了软连接，它能由逆运算去除，即

$$
\boldsymbol{\Omega}_t \longleftarrow \boldsymbol{\Omega}_t-\boldsymbol{F}_{m_i-m_j}^{\mathrm{T}}\boldsymbol{C}\boldsymbol{F}_{m_i-m_j} \tag{12.51}
$$

因为在滤波器里引入了约束，因此，即使时间流逝，这个去除仍然能够发生。然而，仔细的统计是必需的，以保证 SEIF 从没去除不存在的数据关联约束，否则信息矩阵不再是半正定的，结果产生的置信不符合有效的概率分布。

12.10　实际考虑

在这个方法的竞争性实现中，通常仅有少量的数据关联路径，这些路径在任何时候似乎都是合理的。当闭合室内环境的环路时，通常会存在至多三个似乎合理的假设：结束，在左边继续，在右边继续。但是所有这些会迅速变得不可能，于是递归搜索树的次数应该很少。

使数据关联经常成功的方法是吸收负测量信息（negative measurement information）。用于处理实践中测距传感器返回关于环境中目标存在的正负信息。正信息是目标物检测信息。负信息覆盖了探测和传感器之间的范围。机器人未能检测到目标物，是比它的读数信息显示目标物在测量范围内消失更接近实际的。

在整个似然上评估影响新约束的方法要考虑两类信息：正信息和负信息。两者都是通过计算位姿估计中的两次扫描的（不）匹配得到的。当使用测距仪时，获得正负信息组合的方法，是将一个扫描叠加到由另一个扫描建立的局部占用栅

格地图。这样做，就在某种程度上直接确定了两个局部地图的近似匹配概率，该概率合并了正信息和负信息。

本节的剩余部分内容着重介绍了应用基于树的数据关联 SEIF 取得的实际结果。图 12.18a 给出了增量 ML 数据关联的结果，等同于定期增量扫描匹配。很明显，某走廊在这个地图中被表示了两次，这是 ML 方法的缺点。图 b 给出了结果。很明显，这个地图比通过增量 ML 方法产生的地图更准确。

图 12.19a 给出了最近测量的对数似然（不是整条路径），随着地图变得不一致，对数似然显著下降。这时候，SEIF 忙于搜索可供选择的数据关联值。它迅速发现“正确的”值并产生了图 12.18b 所示的地图。相应的区域如图 12.20 所示，可以看到对数似然下降的瞬间。测量的对数似然如图 12.19b 所示。

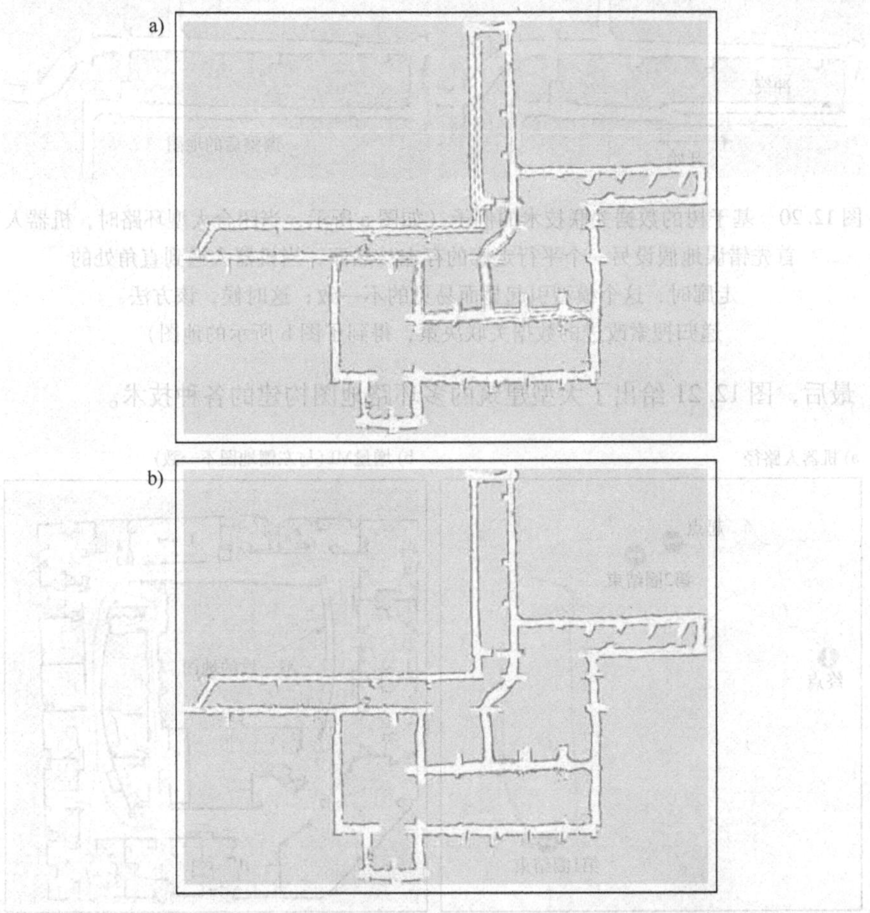

图 12.18　具有增量 ML 扫描匹配的地图和完全递归的分支定界数据关联（由德国弗莱堡大学 Dirk Hähnel 提供）

a）具有增量 ML 扫描匹配的地图　b）完全递归的分支定界数据关联

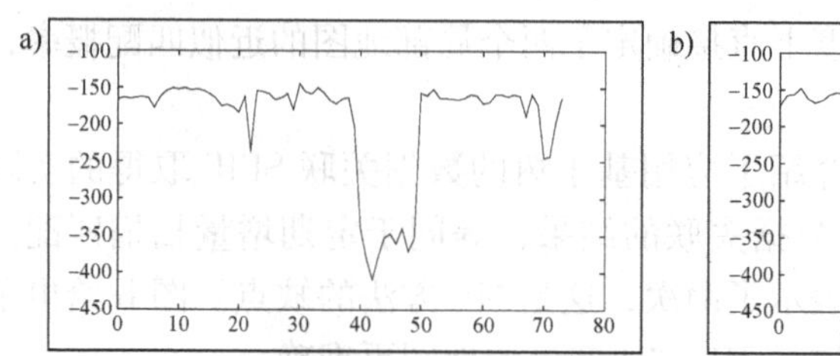

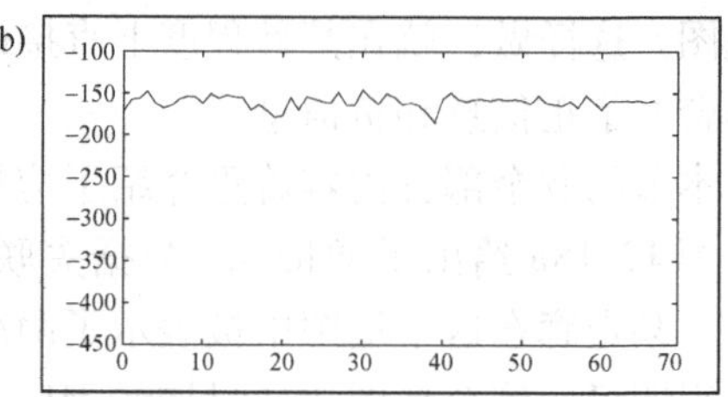

图 12.19 实际测量的对数似然和通过树搜索递归修复错误数据关联假设时的对数似然

a）实际测量的对数似然（是时间的函数，较低的似然由错误的分配引起）

b）通过树搜索递归修复错误数据关联假设时的对数似然（由于没有明显的下沉，很明显是成功的）

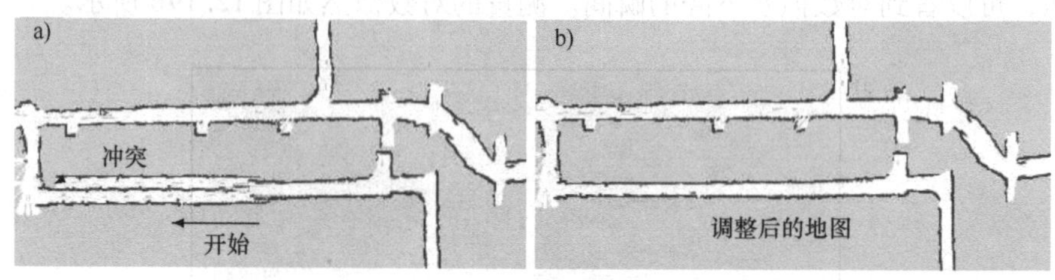

图 12.20 基于树的数据关联技术的例子（如图 a 所示，当闭合大型环路时，机器人首先错误地假设另一个平行走廊的存在；然而，当机器人遇到直角处的走廊时，这个模型引起显而易见的不一致；这时候，该方法递归搜索改进的数据关联决策，得到了图 b 所示的地图）

最后，图 12.21 给出了大型建筑的多环路地图构建的各种技术。

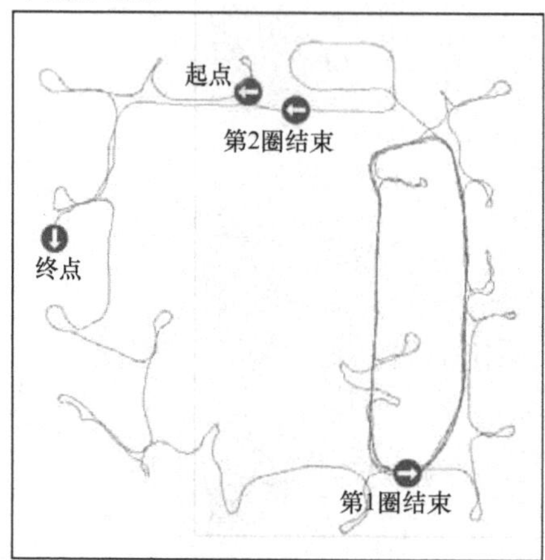

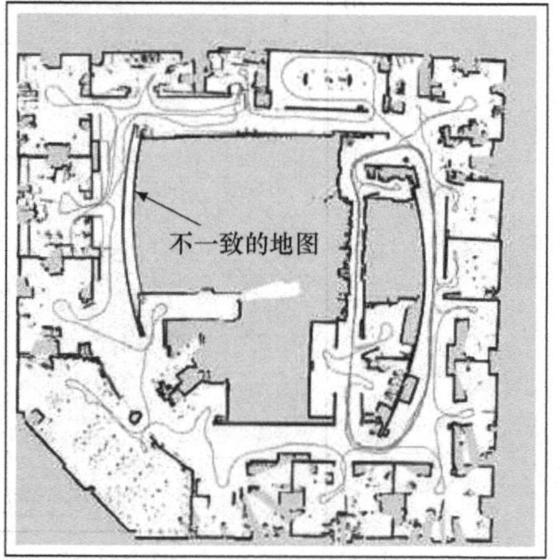

图 12.21 机器人路径、增量 ML（扫描匹配）、FastSLAM 和具有惰性数据关联的 SEIF（由德国弗莱堡大学的 Dirk Hähnel 提供）

c) FastSLAM(见第13章)

d) 具有分枝界限数据关联的SEIF

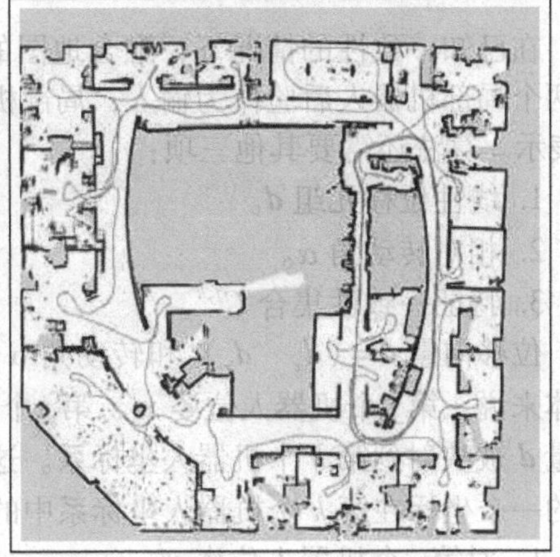

图 12.21　机器人路径、增量 ML（扫描匹配）、FastSLAM 和具有惰性数据关联的 SEIF（由德国弗莱堡大学的 Dirk Hähnel 提供）（续）

12.11　多机器人 SLAM

SEIF 也可以应用于多机器人 SLAM 问题（multi-robot SLAM problems）。多机器人 SLAM 问题包含几个独立探测环境和构建环境地图的机器人，其最终目标是将它们的地图整合为单一的整体地图。在许多方面，多机器人 SLAM 问题让人想起单一地图构建问题，因为数据需要合成为关于时间的单一后验。然而，多机器人问题在多维上困难更大。

- 在缺乏两个机器人相对位置的先验信息的情况下，一致性问题成为一个全局（global）问题。原则上，地图任何两个特征可能是一致的，而且只有通过很多特征的比较，机器人才能够确定是否具有好的一致性。
- 每个地图都将在局部坐标系中获得。局部坐标系可能在绝对位置和方向上是不同的。在整合两个地图之前，它们必须被旋转和平移。在 SEIF 中，这需要信息矩阵和向量的重新线性化步骤。
- 不同地图之间重叠度是未知的。例如，机器人可能运行在具有相同楼面布置的建筑物的不同楼层上。在这样一个情况下，区分不同地图的能力可能依赖不同的小的环境特征，如家具在不同楼层的布置可能稍有不同。

本节只简述实现多机器人地图构建算法的一些必要的主要思想；将提出建立一致性后整合两个地图的算法；还将讨论建立多机器人 SLAM 全局一致性的技术，但不进行证明。

12.11.1　整合地图

在已知一致性的情况下，融合地图的关键子程序如程序 12.7 所示。该算法将两个局部机器人后验作为输入，局部机器人后验分别用信息形式 $\boldsymbol{\Omega}^j$、$\boldsymbol{\xi}^j$ 和 $\boldsymbol{\Omega}^k$、$\boldsymbol{\xi}^k$ 表示。算法还需要其他三项：

1. 线性位移元组 $\boldsymbol{d}$。
2. 相对转动角 α。
3. 特征一致性集合 $\boldsymbol{C}^{j,k}$。

位移向量 $\boldsymbol{d}=(d_x \quad d_y)^{\mathrm{T}}$ 和转动角 α 指定了两个机器人坐标系的相对方位。具体来说，第 j 个机器人位姿 $\boldsymbol{x}^j$、第 j 个机器人地图中的特征通过转动角 α 和平移量 $\boldsymbol{d}$ 被映射到第 k 个机器人坐标系。这里使用“$j\to k$”表示第 j 个机器人地图中的一个坐标在第 k 个机器人坐标系中的表示。

1. 对第 j 个机器人位姿 $\boldsymbol{x}_t^j$。

$$\underbrace{\begin{pmatrix} x^{j\to k} \\ y^{j\to k} \\ \theta^{j\to k} \end{pmatrix}}_{\boldsymbol{x}_t^{j\to k}} = \begin{pmatrix} d_x \\ d_y \\ \alpha \end{pmatrix} + \begin{pmatrix} \cos\alpha & \sin\alpha & 0 \\ -\sin\alpha & \cos\alpha & 0 \\ 0 & 0 & 1 \end{pmatrix} \underbrace{\begin{pmatrix} x^j \\ y^j \\ \theta^j \end{pmatrix}}_{\boldsymbol{x}_t^j} \tag{12.52}$$

2. 对第 j 个机器人地图中的每个特征 $\boldsymbol{m}_i^j$。

$$\underbrace{\begin{pmatrix} m_{i,x}^{j\to k} \\ m_{i,y}^{j\to k} \\ m_{i,s}^{j\to k} \end{pmatrix}}_{\boldsymbol{m}_i^{j\to k}} = \begin{pmatrix} d_x \\ d_y \\ 0 \end{pmatrix} + \begin{pmatrix} \cos\alpha & \sin\alpha & 0 \\ -\sin\alpha & \cos\alpha & 0 \\ 0 & 0 & 1 \end{pmatrix} \underbrace{\begin{pmatrix} m_{i,x}^j \\ m_{i,y}^j \\ m_{i,s}^j \end{pmatrix}}_{\boldsymbol{m}_i^j} \tag{12.53}$$

这两个映射由程序 12.7 所示的 SEIF_map_fusion 算法第 2 ~ 5 行执行。该步骤包含了信息矩阵和信息向量的局部旋转和平移，这维持了 SEIF 的稀疏性。然后，通过建立单一的联合后验地图完成地图融合，见程序 12.7 第 6、7 行。融合算法最后一步涉及一致性列表 $\boldsymbol{C}^{j,k}$。它包含了与机器人 j 和机器人 k 的地图中相互对应的特征对($\boldsymbol{m}_i$，$\boldsymbol{m}_k$)。融合的执行与 12.9.3 节考虑的软等价约束类似。具体来说，对于任意两个一致的特征，这里只是简单地增加信息矩阵中连接这两个特征的元素。

可以发现，一个可供选择的方法是地图融合步骤折叠（collapses）得到的信息矩阵和向量相应的行和列。下面的示例说明了在滤波器中折叠特征 2 和 4 的运算，在一致性列表表明特征 2 和 4 完全相同时，该操作会发生。

$$\begin{pmatrix} \Omega_{11} & \Omega_{12} & \Omega_{13} & \Omega_{14} \\ \Omega_{21} & \Omega_{22} & \Omega_{23} & \Omega_{24} \\ \Omega_{31} & \Omega_{32} & \Omega_{33} & \Omega_{34} \\ \Omega_{41} & \Omega_{42} & \Omega_{43} & \Omega_{44} \end{pmatrix} \longrightarrow \begin{pmatrix} \Omega_{11} & \Omega_{12}+\Omega_{14} & \Omega_{13} \\ \Omega_{21}+\Omega_{41} & \Omega_{22}+\Omega_{42}+\Omega_{24}+\Omega_{44} & \Omega_{23}+\Omega_{43} \\ \Omega_{31} & \Omega_{32}+\Omega_{34} & \Omega_{33} \end{pmatrix} \tag{12.54}$$

Algorithm SEIF_map_fusion($\Omega^j, \xi^j, \Omega^k, \xi^k, d, \alpha, \mathcal{C}$):

$\Delta = (d_x\ d_y\ \alpha\ d_x\ d_y\ 0\ \cdots\ d_x\ d_y\ 0)^T$

$$\mathcal{A} = \begin{pmatrix} \cos\alpha & \sin\alpha & 0 & & & \cdots & 0 \\ -\sin\alpha & \cos\alpha & 0 & & & & \vdots \\ 0 & 0 & 1 & & & & \\ & & & \ddots & & & \\ & & & & \cos\alpha & \sin\alpha & 0 \\ \vdots & & & & -\sin\alpha & \cos\alpha & 0 \\ 0 & & \cdots & & 0 & 0 & 1 \end{pmatrix}$$

$\Omega^{j\to k} = \mathcal{A}\,\Omega^j\,\mathcal{A}^T$

$\xi^{j\to k} = \mathcal{A}\,(\xi^j - \Omega^{j\to k}\,\Delta)$

$$\Omega = \begin{pmatrix} \Omega^k & 0 \\ 0 & \Omega^{j\to k} \end{pmatrix}$$

$$\xi = \begin{pmatrix} \xi^k \\ \xi^{j\to k} \end{pmatrix}$$

for any pair $(m_j, m_k) \in \mathcal{C}^{j,k}$ *do*

$$F = \begin{pmatrix} 0\cdots 0 & 1\ 0\ 0 & 0\cdots 0 & -1\ 0\ 0 & 0\cdots 0 \\ 0\cdots 0 & 0\ 1\ 0 & 0\cdots 0 & 0\ -1\ 0 & 0\cdots 0 \\ 0\cdots 0 & \underbrace{0\ 0\ 1}_{m_j} & 0\cdots 0 & \underbrace{0\ 0\ -1}_{m_k} & 0\cdots 0 \end{pmatrix}$$

$$\Omega \longleftarrow \Omega + F^T \begin{pmatrix} \infty & 0 & 0 \\ 0 & \infty & 0 \\ 0 & 0 & \infty \end{pmatrix} F$$

endfor

return Ω, ξ

程序 12.7 SEIF 多机器人地图构建的地图融合循环

$$\begin{pmatrix} \boldsymbol{\xi}_1 \\ \boldsymbol{\xi}_2 \\ \boldsymbol{\xi}_3 \\ \boldsymbol{\xi}_4 \end{pmatrix} \longrightarrow \begin{pmatrix} \boldsymbol{\xi}_1 \\ \boldsymbol{\xi}_2 + \boldsymbol{\xi}_4 \\ \boldsymbol{\xi}_3 \end{pmatrix} \tag{12.55}$$

折叠信息状态利用了信息状态的可加性。

12.11.2 地图整合的数学推导

为了进行推导，给出式（12.52）和式（12.53）所确定的旋转矩阵和位移向量被证明是成功的。定义变量$\boldsymbol{\delta}_x$、$\boldsymbol{\delta}_m$和$\boldsymbol{A}$如下：

$$\boldsymbol{\delta}_x=(d_x \quad d_y \quad \alpha)^{\mathrm{T}} \tag{12.56}$$

$$\boldsymbol{\delta}_m=(d_y \quad d_x \quad 0 \quad)^{\mathrm{T}} \tag{12.57}$$

$$A=\begin{pmatrix} \cos\alpha & \sin\alpha & 0 \\ -\sin\alpha & \cos\alpha & 0 \\ 0 & 0 & 1 \end{pmatrix} \tag{12.58}$$

然后重写式（12.52）和式（12.53）如下：

$$\boldsymbol{x}_t^{j\to k}=\boldsymbol{\delta}_x+\boldsymbol{A}\boldsymbol{x}_t^j \tag{12.59}$$

$$\boldsymbol{m}_i^{j\to k}=\boldsymbol{\delta}_m+\boldsymbol{A}\boldsymbol{m}_t^j \tag{12.60}$$

对全状态向量，现在得到

$$\boldsymbol{y}_t^{j\to k}=\boldsymbol{\Delta}+\boldsymbol{\mathcal{A}}\,\boldsymbol{y}_t^j \tag{12.61}$$

其中

$$\boldsymbol{\Delta}=(\boldsymbol{\delta}_r \quad \boldsymbol{\delta}_m \quad \boldsymbol{\delta}_m \quad \cdots\boldsymbol{\delta}_m)^{\mathrm{T}} \tag{12.62}$$

$$\boldsymbol{\mathcal{A}}=\begin{pmatrix} \boldsymbol{A}_r & 0 & \cdots & 0 \\ 0 & \boldsymbol{A}_m & \cdots & 0 \\ \vdots & \vdots & \ddots & \vdots \\ 0 & 0 & \cdots & \boldsymbol{A}_m \end{pmatrix} \tag{12.63}$$

信息空间里需要的坐标变换是相似的。同样地，通过信息矩阵$\boldsymbol{\Omega}^j$和信息向量$\boldsymbol{\xi}^j$定义第j个机器人在时间t的后验。下面的变换应用了平移和旋转：

$$\begin{aligned}
&p(\boldsymbol{y}^{j\to k} \mid \boldsymbol{z}_{1:t}^j,\boldsymbol{u}_{1:t}^j) \\
&=\eta\exp\left\{-\frac{1}{2}\boldsymbol{y}^{j\to k,\mathrm{T}}\boldsymbol{\Omega}^{j\to k}\boldsymbol{y}^{j\to k}+\boldsymbol{y}^{j\to k,\mathrm{T}}\boldsymbol{\xi}^{j\to k}\right\} \\
&=\eta\exp\left\{-\frac{1}{2}(\boldsymbol{\Delta}+\boldsymbol{\mathcal{A}}\boldsymbol{y}^j)\boldsymbol{\Omega}^{j\to k}(\boldsymbol{\Delta}+\boldsymbol{\mathcal{A}}\boldsymbol{y}^j)+(\boldsymbol{\Delta}+\boldsymbol{\mathcal{A}}\boldsymbol{y}^j)^{\mathrm{T}}\boldsymbol{\xi}^{j\to k}\right\} \\
&=\eta\exp\left\{-\frac{1}{2}\boldsymbol{y}^{j\mathrm{T}}\boldsymbol{\mathcal{A}}^{\mathrm{T}}\boldsymbol{\Omega}^{j\to k}\boldsymbol{\mathcal{A}}\boldsymbol{y}^j+\boldsymbol{y}^{\mathrm{T}}\boldsymbol{\Omega}^{j\to k}\boldsymbol{\Delta}\underbrace{-\frac{1}{2}\boldsymbol{\Delta}^{\mathrm{T}}\boldsymbol{\Omega}^{j\to k}\boldsymbol{\Delta}}_{\text{常数}}+\underbrace{\boldsymbol{\Delta}^{\mathrm{T}}\boldsymbol{\xi}^{j\to k}}_{\text{常数}}+\boldsymbol{y}^{\mathrm{T}}\boldsymbol{\mathcal{A}}^{\mathrm{T}}\boldsymbol{\xi}^{j\to k}\right\} \\
&=\eta\exp\left\{-\frac{1}{2}\boldsymbol{y}^{j\mathrm{T}}\boldsymbol{\mathcal{A}}^{\mathrm{T}}\boldsymbol{\Omega}^{j\to k}\boldsymbol{\mathcal{A}}\boldsymbol{y}^j+\boldsymbol{y}^{j\mathrm{T}}\boldsymbol{\Omega}^{j\to k}\boldsymbol{\Delta}+\boldsymbol{y}^{j\mathrm{T}}\boldsymbol{\mathcal{A}}^{\mathrm{T}}\boldsymbol{\xi}^{j\to k}\right\} \\
&=\eta\exp\left\{-\frac{1}{2}\boldsymbol{y}^{j\mathrm{T}}\underbrace{\boldsymbol{\mathcal{A}}^{\mathrm{T}}\boldsymbol{\Omega}^{j\to k}\boldsymbol{\mathcal{A}}}_{\boldsymbol{\Omega}^j}\,\boldsymbol{y}^j+\boldsymbol{y}^{j\mathrm{T}}\underbrace{(\boldsymbol{\Omega}^{j\to k}\boldsymbol{\Delta}+\boldsymbol{\mathcal{A}}^{\mathrm{T}}\boldsymbol{\xi}^{j\to k})}_{\boldsymbol{\xi}^j}\right\}
\end{aligned} \tag{12.64}$$

因此有

$$\boldsymbol{\Omega}^{j} = \mathcal{A}^{\mathrm{T}} \boldsymbol{\Omega}^{j \to k} \mathcal{A} \tag{12.65}$$

$$\boldsymbol{\xi}^{j} = (\boldsymbol{\Omega}^{j \to k} \boldsymbol{\Delta} + \mathcal{A}^{\mathrm{T}} \boldsymbol{\xi}^{j \to k}) \tag{12.66}$$

由于 $\mathcal{A}^{-1} = \mathcal{A}^{\mathrm{T}}$，于是有 $\mathcal{A}$

$$\begin{aligned} \boldsymbol{\Omega}^{j \to k} &= \mathcal{A} \boldsymbol{\Omega}^{j} \mathcal{A}^{\mathrm{T}} \\ \boldsymbol{\xi}^{j \to k} &= \mathcal{A}(\boldsymbol{\xi}^{j} - \boldsymbol{\Omega}^{j \to k} \boldsymbol{\Delta}) \end{aligned} \tag{12.67}$$

这证明了程序 12.7 所示的第 2 ~ 7 行的正确性。其余软约束直接由 12.9.3 节的理论产生。

12.11.3　建立一致性

剩下的问题涉及建立不同地图之间的一致性（correspondence），并计算旋转 α 和平移 $\boldsymbol{\delta}$。有许多的可能方法，在这里仅简述一种可能的算法。很明显，这里的问题在于大量特征能够潜在地在两个局部地图里匹配。

基于地标地图的一个标准算法可能力图缓存附近地标的局部配置，以比较这样的局部配置来产生出一致性好的候选。例如，算法可能识别附近 m 个（m 为小数目）地标的集合，并计算它们之间的相对距离或角度。这样距离或角度的向量将作为统计数字，用来比较两个地图。这里可以使用哈希表或 kd- 树，它们能被高效地查询，以至于对“第 j 个机器人地图中的 m 个地标对应第 k 个机器人地图中的 m 个地标吗?”这样的询问，能高效地回答，至少能近似回答。一旦识别了初始一致性，通过最小化这两个地图的 m 个特征之间的二次方距离，能容易地计算出 $\boldsymbol{d}$ 和 α。

融合按如下步骤进行：首先，使用从两个地图的 m 个局部特征计算出来的 $\boldsymbol{d}$、α 和 $\boldsymbol{C}^{j,k}$，调用融合算子。随后，由程序 12.6 所示的一致性检验产生落在阈值之下的概率，从而识别附加的地标。如果没有发现这样的地标对，就出现简单的终止。

统一地图的两个分量（特别是不具有一致性的相邻地标）的比较，将提供接受结果匹配的标准。形式上，一旦搜索终止，通过折叠的特征数乘以常数，如果抵消全部对数似然结果的减少，就接受融合。这样就有效地实现了关于环境特征数目的具有指数先验的贝叶斯 MAP 估计器。

总之，可以发现搜索最优一致性是困难的，然而爬山法在实际应用中运行良好。

12.11.4　示例

图 12.22 给出了 8 个局部地图。这些地图是通过将以前讨论的基本数据集合分割为 8 个不相交的序列得到的，然后在这些分开的各个地图上运行 SEIF。

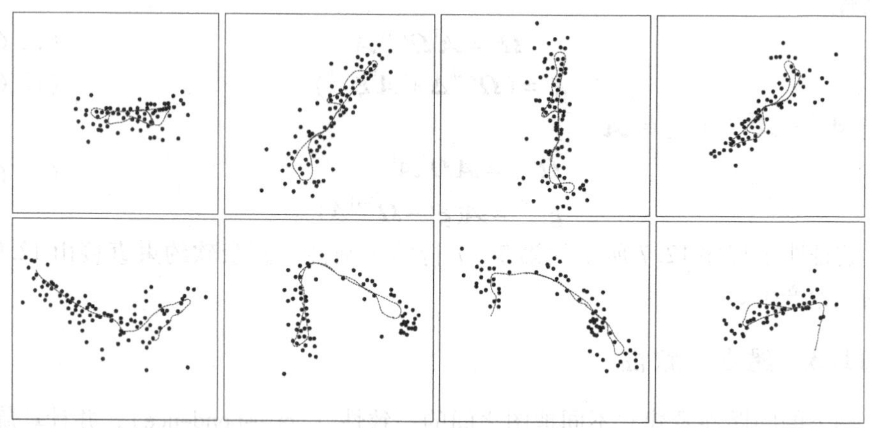

图 12.22 8 个局部地图（通过将数据分割成 8 个序列得到）

通过应用局部特征 $m=4$ 的哈希表进行一致性搜索，整合这些局部地图，SEIF 可靠地获得了图 12.23 所示的地图。通过 $\boldsymbol{\mu}=\boldsymbol{\Omega}^{-1}\boldsymbol{\xi}$ 进行计算，这个地图不只是各个局部地图的叠加。其实，每个局部地图在处理过程中会稍微弯曲，这是加性整合信息形式的结果。

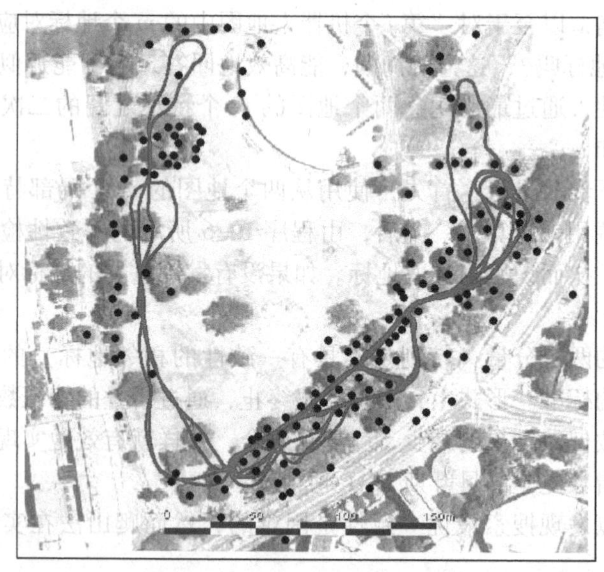

图 12.23 多机器人 SLAM 结果（使用本节描述的算法得到；由 Yufeng Liu 提供）

图 12.24 给出了三个航空器的仿真。通过融合地图，每个单一地图的不确定性是降低的。

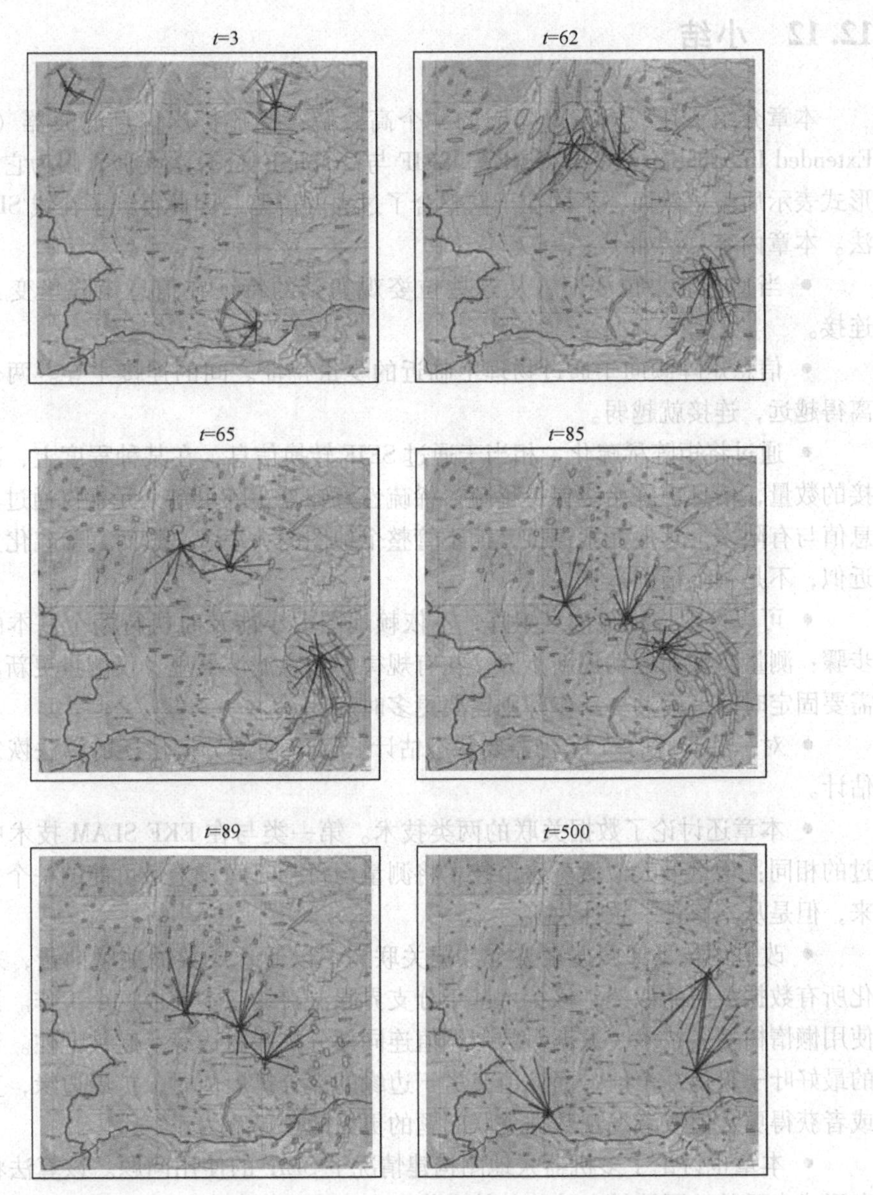

图 12.24　不同时间点的多机器人 SLAM 仿真快照（62 ~ 64 步，航空器 1 和 2 首先穿过同一区域，结果它们局部地图不确定性缩小；之后，85 ~ 89 步，航空器 2 和 3 观察同样的地标，对整个不确定性具有相似的影响；500 步之后，所有地标精确定位）

12.12 小结

本章介绍了在线 SLAM 问题的一个高效解：稀疏扩展信息滤波器（Sparse Extended Information Filter，SEIF）。SEIF 与 GraphSLAM 算法类似，因为它用信息形式表示后验。然而，不同在于它整合了过去的位姿，因此得到了在线 SLAM 算法。本章内容总结如下：

- 当整合过去位姿时，从这些位姿观察到的特征在信息矩阵里变为直接连接。
- 信息矩阵倾向于通过物理上临近的少量特征之间的连接主导。两个特征离得越远，连接就越弱。
- 通过将矩阵稀疏化，相当于通过 SEIF 转换信息，在某种程度上，减少连接的数量，信息矩阵始终保持稀疏。稀疏性意味着矩阵里每个元素仅通过非零信息值与有限多个其他元素连接，而不管整个地图的大小 N。然而，稀疏化是一个近似，不是一个精确运算。
- 可以发现，稀疏信息矩阵，不依赖地图大小能及时执行两个基本的滤波步骤：测量步骤和运动更新步骤。在有规律的信息滤波器里，仅测量更新步骤只需要固定时间。运动更新步骤则需要更多时间。
- 对一些步骤，SEIF 仍需要状态估计。SEIF 使用分期偿还的算法恢复这些估计。
- 本章还讨论了数据关联的两类技术。第一类与在 EKF SLAM 技术中讨论过的相同：增量最大似然。这个技术将测量与每个时间点上最可能的一个关联起来，但是从不修正一致性决策。
- 改进的技术递归搜索整个数据关联树，以便达成数据关联向量，来最大化所有数据关联的似然。该技术基于分支界限法在线版本完成这个工作。该技术使用懒惰树扩展技术，数据对数似然值连同部分扩展树边缘一起被记住。当目前的最好叶子获得一个值，而该值又劣于边缘的部分扩展值时，扩展边缘，直到它或者获得更劣值或者发现数据关联问题的更好的全局解为止。
- 本章也讨论了多机器人地图构建情况下 SEIF 的使用问题。该算法将用信息形式表示的地图旋转和移位的技术作这一个内部循环使用，而不是计算潜在的地图本身。这个运算维持了信息矩阵的稀疏性。
- 本章还简单介绍了一种算法。该算法使得，高效解决多机器人地图构建中，两个地图之间的全局一致性问题成为可能。这个算法反复推敲局部特征配置，并利用快速搜索技术建立一致性。然后，它能递归地融合地图，如果结果产生的地图合适就接受融合。

SEIF是本书第一个高效在线SLAM算法。它将信息表示法的简洁与整合过去位姿的思想结合起来。它是EKF“懒惰的”姐姐。这是因为，EKF通过特征网络主动传播每个新测量的信息来计算正确的联合协方差；而SEIF仅积累这个信息，并随着时间的流逝缓慢地解决它。SEIF基于树的数据关联也是懒惰的。在需要的时候，它只被认为是通向最好的已知结果的可供选择的路径。这与后面章节将要描述的技术形成对比，后面章节将粒子滤波应用到数据关联问题上。

然而，为达到高效在线的目的，SEIF必须进行一些近似，这使它的结果不如GraphSLAM或EKF算法的结果准确。具体来说，SEIF有两个限制：第一，它只线性化一次，与EKF相同；而GraphSLAM算法能重复线性化，这通常能提高结果的精度。第二，SEIF使用一个近似步骤维持它的信息矩阵的稀疏性；该稀疏性对于GraphSLAM算法来说是与生俱来的，是由被整合的信息的属性决定的。

虽然，基本SEIF的每一步骤（具有已知的一致性）能在“固定时间”实现，按顺序是最后的提醒。如果SEIF应用到线性系统（意味着不需要泰勒级数近似，并且数据关联已知），更新确实是在固定时间实现的。然而，因为线性化需要，需要均值$\boldsymbol{\mu}_t$和信息状态的估计。在传统信息滤波器里不能维持这个估计，恢复它需要一定的时间。SEIF仅近似实现它，并且后验估计的质量依赖这个近似的质量。

12.13 文献综述

阐述SLAM中信息理论的文献，在前面章节已经讨论过，都属于离线优化方面的文献。信息滤波器在SLAM领域中的研究历史较短。1997年，Csorba开发了信息滤波器来维持三个地标之间的相对信息。他可能是观察由全局信息隐式地维护的相关信息连接的第一人，为从二次转为线性内存需求的算法做好了准备。Newman（2000）、Newman和Durrant-Whyte（2001）开发了相似的信息滤波器，但是未解决如何取得地标与地标之间信息连接的问题。在“一致性、收敛性和固定时间SLAM”（consistent，convergent，and constant-time SLAM）这样高大上的名称下，Leonard和Newman进一步开发了这个算法使之成为高效的比对算法。该算法被成功应用到使用了合成孔径声呐（Newman和Rikoski，2003）的自主水下运载工具上。在这个领域内，另一个开创性的算法是Paskin（2003）的薄结型滤波器（thin junction filter）算法。该算法用被称为薄结型树（Pearl，1988；Cowell等，1999）的稀疏网路来表示SLAM后验。Frese（2004）利用了同样的思想，开发了类似的高效推理的信息矩阵的树因数分解。Julier和Uhlmann开发了称为协方差交集（covariance intersection）的可升级技术。这个技术在某种程度上稀疏地近似后验，并且可被证明不会过度置信。他们的算法已成功地应用于美国NASA的战神漫游者舰队（Uhlmann等，1999）。信息滤波器观点也与Bulata和Devy（1996）的早期研究工作有关，两人的方法是首先获得局部地标中心参考坐标系的地标模型，并通过分解地标之间的相对信息，再来组合一致性全局地图。最后，某些离线SLAM算法解决了全SLAM问题，如Bosse等（2004）的算法、Gutmann和Konolige（2000）的算法、Frese（2004）的算法、Montemerlo和Thrun（2004）的算法。这些算法已被证明，在有限大小数据集合情况下，能够足够快速地在线运行。

Gutmann和Konolige（2000）讨论了多机器人地图融合问题。Nettleton等（2003）首先将信息表示扩展到多机器人SLAM问题。他们意识到信息的可加性使得通过车辆能将局部地图异步整合。他们也意识到子地图相加导致了高效通信算法，而地图整合有可能在对数于车辆数的时间内完成。然而，他们未解决关于如何排列这样的地图的问题，后来Thrun和Liu（2003）阐述了这个问题。

SEIF算法由Thrun等（2002）开发，另见Thrun等（2004a）的文献。它是从滤波器观点推导出特征对之间信息连接的第一种算法。SEIF的贪婪数据关联算法由Liu和Thrun（2003）开发，随后由Thrun和Liu（2003）扩展到多机器人SLAM。分支界限数据关联搜索起源于Hähnel等（2003a）的文献，它是基于Lawler和Wood（1966）及Narendra和Fukunaga（1977）早期的分支界限方法的。Kuipers等（2004）与之并行地进行了工作，开发了一个相似的数据关联技术，尽管该技术不是在信息理论概念背景下的。SEIF已应用于废弃矿井的地图构建问题（Thrun等，2004c），该问题涉及具有10^8个特征的地图。

本章引用的澳大利亚悉尼市维多利亚公园数据集来源于Guivant等（2000）的文献。

12.14 习题

1. 请比较GraphSLAM算法和SEIF的稀疏性，那么每种算法的优缺点是什么？举例说明在哪些情况下两者中哪一种更好。推理越简洁越好。

2. 对很多SLAM研究者来说，一个重要的概念是一致性（consistency）。SLAM领域定义一致性有一点不同于一般的统计学领域（一致性是一个渐近特性）。

令$\boldsymbol{x}$为一随机向量，$N=(\boldsymbol{\mu},\boldsymbol{\Sigma})$为$\boldsymbol{x}$的高斯估计。如果它满足下面的两个特性，该高斯被认为是一致的。

条件1：无偏性。均值$\boldsymbol{\mu}$是$\boldsymbol{x}$的无偏估计值，即

$$E[\boldsymbol{\mu}]=\boldsymbol{x}$$

条件2：不过度置信性。协方差$\boldsymbol{\Sigma}$不过度置信。令$\boldsymbol{\Xi}$为估计值$\boldsymbol{\mu}$的协方差真

实值：

$$\boldsymbol{\Xi} = E[(\boldsymbol{\mu} - E[\boldsymbol{\mu}])(\boldsymbol{\mu} - E[\boldsymbol{\mu}])^{\mathrm{T}}]$$

如果存在一个向量$\bar{\boldsymbol{x}}$，满足如下不等式，则$\boldsymbol{\Sigma}$过度置信：

$$\bar{\boldsymbol{x}}^T \boldsymbol{\Sigma}^{-1} \bar{\boldsymbol{x}} > \bar{\boldsymbol{x}}^T \boldsymbol{\Xi}^{-1} \bar{\boldsymbol{x}}$$

过度置信意味着，估计协方差$\boldsymbol{\Sigma}$的 95% 置信椭圆落在估计值的真正置信椭圆内或与之相交。

证明一致性对 SLAM 算法通常是很困难的。这里请证明或反驳稀疏化保持了一致性［见式（12.20）］。具体来说，证明或反驳下面的猜想：给定高斯形式的一致性联合概率$p(a,b,c)$，下面的近似值也是一致的：

$$\tilde{p}(a,b,c) = \frac{p(a,c)p(b,c)}{p(c)}$$

3. 对线性高斯 SLAM 实现 SEIF 算法。在线性高斯 SLAM 中，运动方程具有简单的加性类型：

$$\boldsymbol{x}_t \sim \mathcal{N}(\boldsymbol{x}_{t-1} + \boldsymbol{u}_t, \boldsymbol{R})$$

该类型的测量方程为

$$\boldsymbol{z}_t = \mathcal{N}(\boldsymbol{m}_j - \boldsymbol{x}_t, \boldsymbol{Q})$$

式中，$\boldsymbol{R}$ 和 $\boldsymbol{Q}$ 为对角协方差矩阵。在线性高斯 SLAM 中，数据关联已知。

（a）简单地仿真运行并验证实现的正确性。

（b）画出 SEIF 的误差，作为信息矩阵稀疏性的函数。能得到什么？

（c）画出 SEIF 实现的计算时间，作为信息矩阵稀疏性的函数。报告任何有趣的发现。

4. SEIF 稀疏化规则通过假设 $\boldsymbol{m}^- = 0$，条件去除被动特征 $\boldsymbol{m}^-$。为什么这么做？如果这些特征不被条件去除，更新方程将是什么？结果更精确还是更不精确？计算更高效还是更不高效？论述要简洁。

5. 目前，测量或运动命令一旦整合进滤波器，SEIF 就线性化。请读者集体讨论 SEIF 算法，考虑逆向改变线性化。这样一个算法的后验如何表示？信息矩阵的表示是什么？

第 13 章 FastSLAM 算法

下面，把注意力转到 SLAM 的粒子滤波（particle filter）方法。本书的一些章节已经介绍了粒子滤波。可以发现，粒子滤波是机器人学一些最高效算法的核心部分。这里提出的问题就是，关于粒子滤波是否能用于解决 SLAM 的问题。不幸的是，粒子滤波受到了维数的“诅咒”：鉴于高斯的规模随着估计问题的维数介于线性和二次方之间，粒子滤波变为指数规模。直接将粒子滤波用于解决 SLAM 问题注定是要失败的，因为在描述地图时包含了大量的变量。

本章介绍的算法基于 SLAM 问题的一个重要特性，该特性在本书里还没有明确地讨论过。具体来说，在给定机器人位姿的条件下，在已知一致性的全 SLAM 问题中，地图中任意两个不相交特征集合之间是条件无关的。换句话说，如果有“神谕”指出了机器人真正的路径，那么就能独立地估计所有特征的位置。这些估计的相关性仅由机器人位姿不确定性产生。这种结构观察使得可以将粒子滤波的某版本［即 R- B 粒子滤波器（Rao- Blackwellized particle filters）］应用于 SLAM。R- B 粒子滤波器使用粒子表示一些变量的后验，连同高斯（或一些其他的参数概率密度函数）表示所有其他变量。

FastSLAM 算法使用粒子滤波估计机器人路径。正如将要看到的，对于每一个粒子，单个地图的误差是条件独立（conditionally independent）的。因此，地图构建问题可以分解为很多单独的问题，地图中的每个特征对应一个问题。FastSLAM 算法通过 EKF 估计这些地图特征的位置，但是对每个单一特征使用一个单独低维的 EKF。这根本不同于前面章节讨论过的 SLAM 算法，以前讨论过的所有 SLAM 算法使用单一高斯联合估计所有特征的位置。

基本算法可以在对数于特征数量的时间内实现。因此，FastSLAM 算法提供了优于简单 EKF 实现及其许多衍生算法的计算优势。然而，FastSLAM 算法的主要优势源于，可以在每个粒子基础上执行数据关联决策的事实。因此，滤波器维持多数据关联后验，而不只是最可能的后验。这与迄今为止讨论过的所有 SLAM 算法形成了鲜明的对比，那些 SLAM 算法仅追踪任意时间点的单一数据关联。事实上，通过在数据关联上采样，FastSLAM 算法近似全后验，而不只是最大似然数据关联。如实验所示，同时进行多数据关联的能力使得 FastSLAM 算法远远比基于增量最大似然数据关联的算法的鲁棒性更好。

与其他 SLAM 算法相比，FastSLAM 算法的另一个优势源于粒子滤波能处理非线性机器人运动模型的事实，但是前面介绍的技术通过线性函数近似这样的模型。当运动学高度非线性时或当位姿不确定性相对较高时，这个优势就很重要了。

粒子滤波的使用创造了不同寻常的局面，即 FastSLAM 算法可以解决全 SLAM（full SLAM）和在线 SLAM（online SLAM）两类问题。正如将要看到的，FastSLAM 算法可以用来表示计算全路径后验，只有全路径才能使得特征的位置条件独立。然而，因为粒子滤波每次估计一个位姿，所以 FastSLAM 算法确实是一种在线算法。因此，它也解决了在线 SLAM 问题。在所有迄今为止已讨论的 SLAM 算法中，FastSLAM 算法是唯一适合两类问题的算法。

本章介绍了 FastSLAM 算法的几个实例。FastSLAM 1.0 是 FastSLAM 算法的原型，它概念简单并且容易实现。然而，在某些情况下，FastSLAM 1.0 的粒子滤波组件产生的样本效率低下。FastSLAM 2.0 通过改进的建议分布克服了这个问题，但这是以更复杂（因为是数学推导）的实现为代价的。这两个 FastSLAM 算法都采用以前讨论过的基于特征的传感器模型。将 FastSLAM 算法应用于测距传感器，从而得到了在占用栅格地图情况下解决 SLAM 问题的算法。对所有算法，本章为估计数据关联变量提供了技术。

13.1　基本算法

在基本 FastSLAM 算法中，粒子形式如图 13.1 所示。每个粒子包含一个估计的机器人位姿 $x_t^{[k]}$，并具有均值 $\mu_{j,t}^{[k]}$ 和协方差 $\Sigma_{j,t}^{[k]}$ 的卡尔曼滤波集合，地图中每个特征 m_j 对应一个这样的集合。这里 $[k]$ 是粒子的索引。像往常一样，粒子总数用 M 表示。

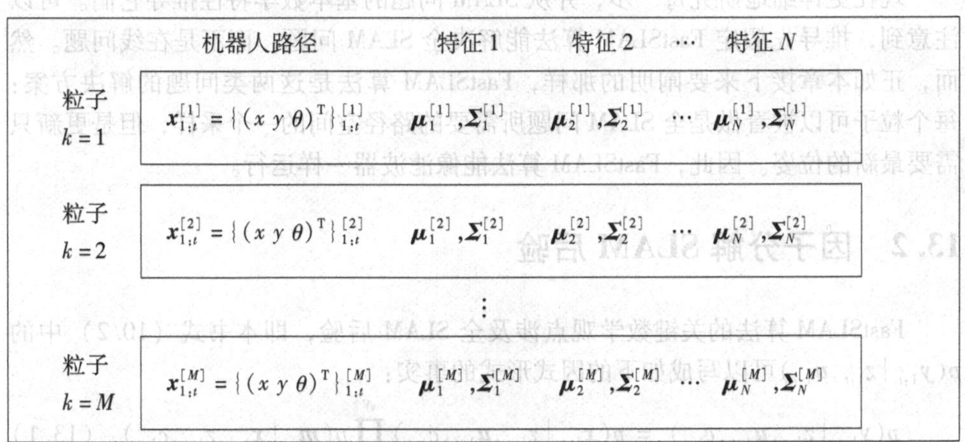

图 13.1　基本 FastSLAM 算法的粒子（粒子由路径估计和具有关联的协方差的一系列单个特征位置估计组成）

基本的 FastSLAM 算法更新步骤的英文描述如图 13.2 所示。除了更新步骤的一些细节外，主循环与粒子滤波的内容大部分相同，见本书第 4 章。初始步骤包括粒子检索，代表在时间 $t-1$ 的后验和在时间 t 使用概率运动模型得到的机器人位姿采样。接下来的步骤对观察到的特征更新 EKF，并使用标准的 EKF 更新方程。这个更新不是普通粒子滤波的一部分，但是对于用 FastSLAM 算法得到地图是必需的。最后的步骤涉及重要性权重的计算，它们用于粒子重采样。

- Do the following M times:
  - **Retrieval.** Retrieve a pose $x_{t-1}^{[k]}$ from the particle set Y_{t-1}.
  - **Prediction.** Sample a new pose $x_t^{[k]} \sim p(x_t \mid x_{t-1}^{[k]}, u_t)$.
  - **Measurement update.** For each observed feature z_t^i identify the correspondence j for the measurement z_t^i, and incorporate the measurement z_t^i into the corresponding EKF, by updating the mean $\mu_{j,t}^{[k]}$ and covariance $\Sigma_{j,t}^{[k]}$.
  - **Importance weight.** Calculate the importance weight $w^{[k]}$ for the new particle.
- **Resampling.** Sample, with replacement, M particles, where each particle is sampled with a probability proportional to $w^{[k]}$.

图 13.2　英文描述的 FastSLAM 算法的基本步骤

现在更详细地研究每一步，并从 SLAM 问题的基本数学特性推导它们。可以注意到，推导先假定 FastSLAM 算法能解决全 SLAM 问题，而不是在线问题。然而，正如本章接下来要阐明的那样，FastSLAM 算法是这两类问题的解决方案：每个粒子可以被看做是全 SLAM 问题所需要的路径空间的一个采样，但是更新只需要最新的位姿。因此，FastSLAM 算法能像滤波器一样运行。

13.2　因子分解 SLAM 后验

FastSLAM 算法的关键数学观点涉及全 SLAM 后验，即本书式（10.2）中的 $p(\boldsymbol{y}_{1:t} \mid \boldsymbol{z}_{1:t}, \boldsymbol{u}_{1:t})$ 可以写成如下的因式形式的事实：

$$p(\boldsymbol{y}_{1:t} \mid \boldsymbol{z}_{1:t}, \boldsymbol{u}_{1:t}, c_{1:t}) = p(\boldsymbol{x}_{1:t} \mid \boldsymbol{z}_{1:t}, \boldsymbol{u}_{1:t}, c_{1:t}) \prod_{n=1}^{N} p(\boldsymbol{m}_n \mid \boldsymbol{x}_{1:t}, z_{1:t}, c_{1:t}) \quad (13.1)$$

这个因式分解（factorization）表明路径和地图的后验的计算可以分解为 $N+1$ 个概率。

FastSLAM 算法使用粒子滤波器计算机器人路径的后验，用 $p(\boldsymbol{x}_{1:t} \mid z_{1:t}, \boldsymbol{u}_{1:t}, c_{1:t})$ 表示。对于地图里的每个特征，即每个 $n(n=1,\cdots,N)$，FastSLAM 算法对其位置使用单独的估计器 $p(\boldsymbol{m}_n \mid \boldsymbol{x}_{1:t}, z_{1:t}, c_{1:t})$，因此 FastSLAM 算法中总计有 $N+1$ 个后验。特征估计器以机器人路径为条件，这意味着对于每一个粒子，都要单独复制各个特征估计器。如果有 M 个粒子，滤波器的个数实际是 $1+MN$。这些概率的乘积以因式分解方式表示期望后验。正如下面介绍的，这个因式分解表示是准确的，而不是一个近似。这是 SLAM 问题的一般特性。

为了阐述这个因式分解的正确性，图 13.3 给出了以动态贝叶斯网络形式的生动的数据处理过程。如图 13.3 所示，每个测量 z_1，…，z_t 是相应特征位置与获得测量时机器人位姿的函数。机器人路径信息分离了个体特征估计问题，并使它们互相独立。从这个意义上来说，在这个图形里，从一个特征到另一特征，并不存在不包含机器人路径变量的直接路径。如果机器人路径已知，一个特征精确位置的信息并不会给出关于其他特征的位置的信息。这意味着特征对于给定机器人路径是条件独立的，如式（13.1）声明的一样。

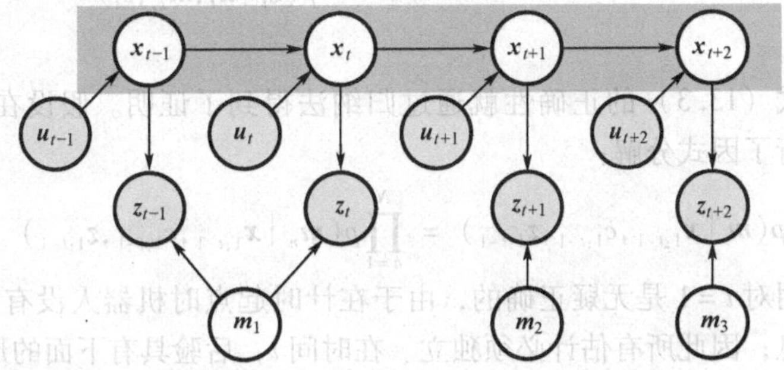

图 13.3　用贝叶斯网络图描述的 SLAM 问题（机器人从位姿 $\boldsymbol{x}_{t-1}$ 移动到位姿 $\boldsymbol{x}_{t+2}$，由一系列控制驱动；在每个位姿 $\boldsymbol{x}_t$ 上，机器人观察到地图 $\boldsymbol{m}=\{\boldsymbol{m}_1,\boldsymbol{m}_2,\boldsymbol{m}_3\}$ 中附近的特征；图中的网络表示位姿变量将各自的特征与地图中其他特征“区分”开；如果位姿已知，且不再保持其他路径，那么会涉及地图任意两个特征之间值未知的变量；对于给定的位姿，没有使得地图中任意两个特征的后验条件独立的路径）

在讨论 SLAM 问题属性含义之前，下面先简单地进行数学推导。

13.2.1 因式分解的 SLAM 后验的数学推导

现在从第一原理推导式（13.1），很明显，有

$$p(\boldsymbol{y}_{1:t} \mid z_{1:t}, \boldsymbol{u}_{1:t}, c_{1:t}) = p(\boldsymbol{x}_{1:t} \mid z_{1:t}, \boldsymbol{u}_{1:t}, c_{1:t})\, p(\boldsymbol{m} \mid \boldsymbol{x}_{1:t}, z_{1:t}, c_{1:t}) \tag{13.2}$$

可以将上式中 $p(\boldsymbol{m} \mid \boldsymbol{x}_{1:t}, z_{1:t}, c_{1:t})$ 分解表示如下：

$$p(\boldsymbol{m} \mid \boldsymbol{x}_{1:t}, c_{1:t}, z_{1:t}) = \prod_{n=1}^{N} p(\boldsymbol{m}_n \mid \boldsymbol{x}_{1:t}, c_{1:t}, z_{1:t}) \tag{13.3}$$

通过数学归纳法证明上式。证明需要区别两种可能的情况，即在最近的测量中特征 $\boldsymbol{m}_n$ 是否被观察到。具体来说，如果 $c_t \neq n$，则最新测量 $\boldsymbol{z}_t$、机器人位姿 $\boldsymbol{x}_t$ 及一致性 c_t 对后验没有影响。因此，得到

$$p(\boldsymbol{m}_n \mid \boldsymbol{x}_{1:t}, c_{1:t}, \boldsymbol{z}_{1:t}) = p(\boldsymbol{m}_n \mid \boldsymbol{x}_{1:t-1}, c_{1:t-1}, \boldsymbol{z}_{1:t-1}) \tag{13.4}$$

如果 $c_t = n$，则通过最新测量 $\boldsymbol{z}_t$ 可观察 $\boldsymbol{m}_n = \boldsymbol{m}_{c_t}$，这种情况需要应用贝叶斯准则，然后进行一些标准简化：

$$\begin{aligned} p(\boldsymbol{m}_{c_t} \mid \boldsymbol{x}_{1:t}, c_{1:t}, \boldsymbol{z}_{1:t}) &= \frac{p(\boldsymbol{z}_t \mid \boldsymbol{m}_{c_t}, \boldsymbol{x}_{1:t}, c_{1:t}, \boldsymbol{z}_{1:t-1})\, p(\boldsymbol{m}_{c_t} \mid \boldsymbol{x}_{1:t}, c_{1:t}, \boldsymbol{z}_{1:t-1})}{p(\boldsymbol{z}_t \mid \boldsymbol{x}_{1:t}, c_{1:t}, \boldsymbol{z}_{1:t-1})} \\ &= \frac{p(\boldsymbol{z}_t \mid \boldsymbol{x}_t, \boldsymbol{m}_{c_t}, c_t)\, p(\boldsymbol{m}_{c_t} \mid \boldsymbol{x}_{1:t-1}, c_{1:t-1}, \boldsymbol{z}_{1:t-1})}{p(\boldsymbol{z}_t \mid \boldsymbol{x}_{1:t}, c_{1:t}, \boldsymbol{z}_{1:t-1})} \end{aligned} \tag{13.5}$$

上式给出了下面的可观察特征 $\boldsymbol{m}_{c_t}$ 的概率表达式：

$$p(\boldsymbol{m}_{c_t} \mid \boldsymbol{x}_{1:t-1}, c_{1:t-1}, \boldsymbol{z}_{1:t-1}) = \frac{p(\boldsymbol{m}_{c_t} \mid \boldsymbol{x}_{1:t}, c_{1:t}, \boldsymbol{z}_{1:t})\, p(\boldsymbol{z}_t \mid \boldsymbol{x}_{1:t}, c_{1:t}, \boldsymbol{z}_{1:t-1})}{p(\boldsymbol{z}_t \mid \boldsymbol{x}_t, \boldsymbol{m}_{c_t}, c_t)} \tag{13.6}$$

这样，式（13.3）的正确性就通过归纳法得到了证明。假设在时刻 $t-1$，后验已经进行了因式分解：

$$p(\boldsymbol{m} \mid \boldsymbol{x}_{1:t-1}, c_{1:t-1}, \boldsymbol{z}_{1:t-1}) = \prod_{n=1}^{N} p(\boldsymbol{m}_n \mid \boldsymbol{x}_{1:t-1}, c_{1:t-1}, \boldsymbol{z}_{1:t-1}) \tag{13.7}$$

这个声明对 $t=1$ 是无疑正确的，由于在计时起点时机器人没有关于任何特征的任何信息；因此所有估计必须独立。在时间 t，后验具有下面的形式：

$$\begin{aligned} p(\boldsymbol{m} \mid \boldsymbol{x}_{1:t}, c_{1:t}, \boldsymbol{z}_{1:t}) &= \frac{p(\boldsymbol{z}_t \mid \boldsymbol{m}, \boldsymbol{x}_{1:t}, c_{1:t}, \boldsymbol{z}_{1:t-1})\, p(\boldsymbol{m} \mid \boldsymbol{x}_{1:t}, c_{1:t}, \boldsymbol{z}_{1:t-1})}{p(\boldsymbol{z}_t \mid \boldsymbol{x}_{1:t}, c_{1:t}, \boldsymbol{z}_{1:t-1})} \\ &= \frac{p(\boldsymbol{z}_t \mid \boldsymbol{x}_t, \boldsymbol{m}_{c_t}, c_t)\, p(\boldsymbol{m} \mid \boldsymbol{x}_{1:t-1}, c_{1:t-1}, \boldsymbol{z}_{1:t-1})}{p(\boldsymbol{z}_t \mid \boldsymbol{x}_{1:t}, c_{1:t}, \boldsymbol{z}_{1:t-1})} \end{aligned} \tag{13.8}$$

插入归纳假设式（13.7），有

$$\begin{aligned} p(\boldsymbol{m} \mid \boldsymbol{x}_{1:t}, c_{1:t}, \boldsymbol{z}_{1:t}) &= \frac{p(\boldsymbol{z}_t \mid \boldsymbol{x}_t, \boldsymbol{m}_{c_t}, c_t)}{p(\boldsymbol{z}_t \mid \boldsymbol{x}_{1:t}, c_{1:t}, \boldsymbol{z}_{1:t-1})} \prod_{n=1}^{N} p(\boldsymbol{m}_n \mid \boldsymbol{x}_{1:t-1}, c_{1:t-1}, \boldsymbol{z}_{1:t-1}) \\ &= \frac{p(\boldsymbol{z}_t \mid \boldsymbol{x}_t, \boldsymbol{m}_{c_t}, c_t)}{p(\boldsymbol{z}_t \mid \boldsymbol{x}_{1:t}, c_{1:t}, \boldsymbol{z}_{1:t-1})} \underbrace{p(\boldsymbol{m}_{c_t} \mid \boldsymbol{x}_{1:t-1}, c_{1:t-1}, \boldsymbol{z}_{1:t-1})}_{\text{式(13.6)}} \\ &\qquad \prod_{n \neq c_t} \underbrace{p(\boldsymbol{m}_n \mid \boldsymbol{x}_{1:t-1}, c_{1:t-1}, \boldsymbol{z}_{1:t-1})}_{\text{式(13.4)}} \\ &= p(\boldsymbol{m}_{c_t} \mid \boldsymbol{x}_{1:t}, c_{1:t}, \boldsymbol{z}_{1:t}) \prod_{n \neq c_t} p(\boldsymbol{m}_n \mid \boldsymbol{x}_{1:t}, c_{1:t}, \boldsymbol{z}_{1:t}) \end{aligned}$$

$$= \prod_{n=1}^{N} p(\boldsymbol{m}_n \mid \boldsymbol{x}_{1:t}, c_{1:t}, \boldsymbol{z}_{1:t}) \tag{13.9}$$

注意，如上式所示，已将其中的式（13.4）和式（13.6）替换。这样就表明了式（13.3）的正确性。主要形式的式（13.1）的正确性直接从这个结果和下面的一般变换产生：

$$\begin{aligned} p(\boldsymbol{y}_{1:t} \mid \boldsymbol{z}_{1:t}, \boldsymbol{u}_{1:t}, c_{1:t}) &= p(\boldsymbol{x}_{1:t} \mid \boldsymbol{z}_{1:t}, \boldsymbol{u}_{1:t}, c_{1:t}) p(\boldsymbol{m} \mid \boldsymbol{x}_{1:t}, \boldsymbol{z}_{1:t}, \boldsymbol{u}_{1:t}, c_{1:t}) \\ &= p(\boldsymbol{x}_{1:t} \mid \boldsymbol{z}_{1:t}, \boldsymbol{u}_{1:t}, c_{1:t}) p(\boldsymbol{m} \mid \boldsymbol{x}_{1:t}, c_{1:t}, \boldsymbol{z}_{1:t}) \\ &= p(\boldsymbol{x}_{1:t} \mid \boldsymbol{z}_{1:t}, \boldsymbol{u}_{1:t}, c_{1:t}) \prod_{n=1}^{N} p(\boldsymbol{m}_n \mid \boldsymbol{x}_{1:t}, c_{1:t}, \boldsymbol{z}_{1:t}) \end{aligned} \tag{13.10}$$

可以注意到，以整条路径 $\boldsymbol{x}_{1:t}$ 为条件对这个结果确实必要。以最新位姿 $\boldsymbol{x}_t$ 作为条件变量是不足够的，因为通过以前的位姿可能出现相关性。

13.3　具有已知数据关联的 FastSLAM 算法

后验的因子性质提供了 SLAM 算法重要的计算优势，这些算法估计非结构化的后验分布。通过维护 $MN+1$ 个滤波器，FastSLAM 算法利用因式分解表示，式（13.1）的每个因式有 M 个滤波器。这样做，所有 $MN+1$ 个滤波器都是低维的。

正如所指出的那样，FastSLAM 算法使用粒子滤波器估计路径的后验。使用各 EKF 估计地图特征的位置。因为因式分解，FastSLAM 算法能为每个特征维持单独的 EKF，这使得更新比 EKF SLAM 效率更高。每个单独的 EKF 是以机器人路径为条件的。因此，每个粒子拥有它自己的 EKF 集合。总之，存在 NM 个 EKF，地图里的一个特征对应一个 EKF，粒子滤波里的一个粒子对应一个 EKF。

从已知数据关联情况下，开始 FastSLAM 算法。FastSLAM 算法里的粒子可以表示为

$$\boldsymbol{Y}_t^{[k]} = \langle \boldsymbol{x}_t^{[k]}, \boldsymbol{\mu}_{1,t}^{[k]}, \boldsymbol{\Sigma}_{1,t}^{[k]}, \cdots, \boldsymbol{\mu}_{N,t}^{[k]}, \boldsymbol{\Sigma}_{N,t}^{[k]} \rangle \tag{13.11}$$

式中，$[k]$ 为粒子的索引；$\boldsymbol{x}_t^{[k]}$ 为机器人的路径估计；$\boldsymbol{\mu}_{n,t}^{[k]}$ 和 $\boldsymbol{\Sigma}_{n,t}^{[k]}$ 为第 k 个粒子的第 n 个特征位置的高斯表示的均值和协方差。同时，所有这些量形成第 k 个粒子 $\boldsymbol{Y}_t^{[k]}$，在 FastSLAM 算法后验中共有 M 个这样的粒子。

滤波或根据时刻 $t-1$ 的后验计算时刻 t 的后验，涉及从粒子集 $\boldsymbol{Y}_{t-1}$ 产生新的粒子集合 $\boldsymbol{Y}_t$，其中 $\boldsymbol{Y}_{t-1}$ 为上一时刻的粒子集合。这个新粒子集合合并了新的控制 $\boldsymbol{u}_t$ 和测量 $\boldsymbol{z}_t$，以及相关的一致性 c_t。这个更新执行下面的步骤：

1. 通过采样新位姿扩展路径后验。FastSLAM 1.0 使用控制 $\boldsymbol{u}_t$ 从 $\boldsymbol{Y}_{t-1}$ 中为每个粒子采样新的机器人位姿 $\boldsymbol{x}_t$。具体来说，考虑第 k 个粒子的 $\boldsymbol{Y}_t^{[k]}$。根据这第 k 个粒子，FastSLAM 1.0 采样对应第 k 个粒子的位姿 $\boldsymbol{x}_t$，根据运动后验取出一个样本

$$\boldsymbol{x}_t^{[k]} \sim p(\boldsymbol{x}_t \mid \boldsymbol{x}_{t-1}^{[k]}, \boldsymbol{u}_t) \tag{13.12}$$

式中，$x_{t-1}^{[k]}$为机器人位置在时刻 $t-1$ 的后验估计，存在于第 k 个粒子中。结果产生的采样 $x_t^{[k]}$ 被增加到粒子的临时集合里，同时还有以前位姿的路径 $x_{1:t-1}^{[k]}$。采样步骤如图 13.4 所示，生动地说明了从单一初始位姿开始取得的位姿粒子集合。

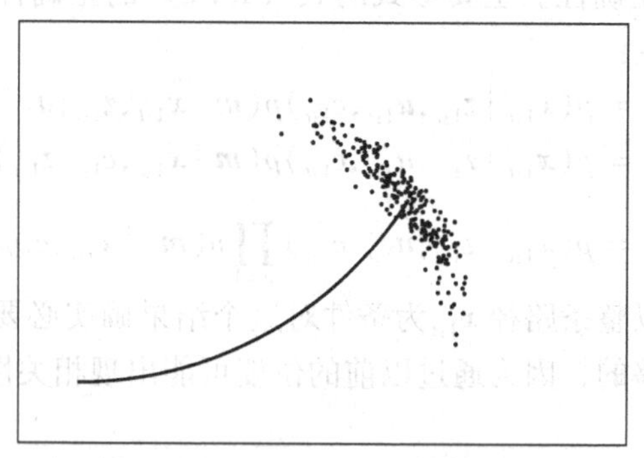

图 13.4 从概率运动模型取得的样本

2. 更新观察到的特征估计。其次，FastSLAM 1.0 更新特征估计的后验，该后验用均值$\mu_{n,t-1}^{[k]}$和协方差 $\Sigma_{n,t-1}^{[k]}$ 表示。更新后的值连同新的位姿一起被增加到临时粒子集合。

准确的更新方程依赖特征 m_n是否在时刻 t 被观察到。对于 $n \neq c_t$，没有观察到特征 n，已经在式（13.4）里建立特征的后验保持不变。这意味着简单更新：

$$\langle \mu_{n,t}^{[k]}, \Sigma_{n,t}^{[k]} \rangle = \langle \mu_{n,t-1}^{[k]}, \Sigma_{n,t-1}^{[k]} \rangle \tag{13.13}$$

对于观察到的特征 $n = c_t$，通过式（13.5）指定更新，使用归一化因子 η 重新声明如下：

$$p(m_{c_t} \mid x_{1:t}, z_{1:t}, c_{1:t}) = \eta p(z_t \mid x_t, m_{c_t}, c_t) p(m_{c_t} \mid x_{1:t-1}, z_{1:t-1}, c_{1:t-1}) \tag{13.14}$$

概率 $p(m_{c_t} \mid x_{1:t-1}, c_{1:t-1}, z_{1:t-1})$ 在时刻 $t-1$ 由具有均值$\mu_{n,t-1}^{[k]}$和协方差 $\Sigma_{n,t-1}^{[k]}$ 的高斯表示。在时间 t 对新的估计也用高斯分布表示，FastSLAM 算法以 EKF SLAM 算法同样的方法线性化感知模型 $p(z_t \mid x_t, m_{c_t}, c_t)$。照例，通过泰勒展开近似测量函数 h：

$$h(m_{c_t}, x_t^{[k]}) \approx \underbrace{h(\mu_{c_t,t-1}^{[k]}, x_t^{[k]})}_{=:\hat{z}_t^{[k]}} + \underbrace{h'(x_t^{[k]}, \mu_{c_t,t-1}^{[k]})}_{=:H_t^{[k]}} (m_{c_t} - \mu_{c_t,t-1}^{[k]}) \tag{13.15}$$

$$= \hat{z}_t^{[k]} + H_t^{[k]} (m_{c_t} - \mu_{c_t,t-1}^{[k]})$$

这里 h'是 h 关于特征 m_{c_t}的导数。该线性近似是 h 在 $x_t^{[k]}$ 和$\mu_{c_t,t-1}^{[k]}$的切线。在这个近似下，特征 c_t的位置的后验实质上是高斯的。新的均值和协方差可以使用标准 EKF 测量更新得到。

$$K_t^{[k]} = \Sigma_{c_t,t-1}^{[k]} H_t^{[k]\mathrm{T}} (H_t^{[k]} \Sigma_{c_t,t-1}^{[k]} H_t^{[k]\mathrm{T}} + Q_t)^{-1} \tag{13.16}$$

$$\boldsymbol{\mu}_{c_t,t}^{[k]} = \boldsymbol{\mu}_{c_t,t-1}^{[k]} + \boldsymbol{K}_t^{[k]}(z_t - \hat{z}_t^{[k]}) \tag{13.17}$$

$$\boldsymbol{\Sigma}_{c_t,t}^{[k]} = (\boldsymbol{I} - \boldsymbol{K}_t^{[k]}\boldsymbol{H}_t^{[k]})\boldsymbol{\Sigma}_{c_t,t-1}^{[k]} \tag{13.18}$$

步骤 1 和 2 重复 M 次，产生了 M 个粒子的临时集合。

3. 重采样。在最后一步，FastSLAM 算法重采样这个粒子集合。在前面介绍的一些算法里已经遇到过重采样。按照尚未确定的重要性权重，FastSLAM 算法从临时集合中抽取（更换）M 个粒子。结果产生的 M 个粒子的集合形成新的最终的粒子集合 $\boldsymbol{Y}_t$。重采样的必要性来自于临时集合粒子不是根据期望的后验分布的事实：第 1 步仅根据最新控制 $\boldsymbol{u}_t$ 产生位姿 $\boldsymbol{x}_t$，而忽略了测量 z_t。正如读者到目前为止已经知道的，重采样是粒子滤波修正这样的不匹配的通用技术。

这种情况再次使用图 13.5 所示情况来说明，这是一个一维空间的例子。这里，虚线代表建议分布（proposal distribution），是由粒子产生的分布；实线是目标分布。在 FastSLAM 算法中，建议分布不依赖 z_t，但是目标分布依赖 z_t。通过图 13.5 下图所示的加权粒子，根据这些权重进行重采样，结果产生的粒子集合确实近似目标分布。

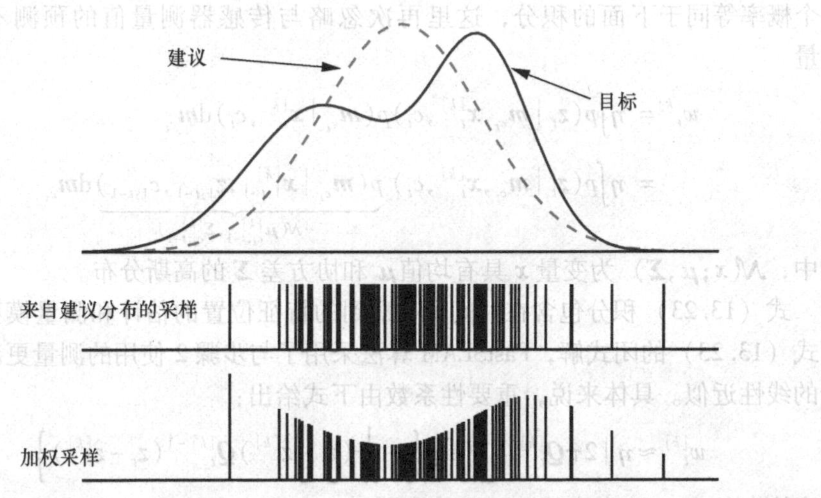

图 13.5　重采样示例［采样不能随便从目标分布提取（如实线所示）；相反，重要性采样器从建议分布采样（虚线），具有较简单的形式；在下图中，从建议分布抽取的样本按照它们的重要权重绘制线段长度］

为了确定重要性系数，计算临时集合路径粒子的实际建议分布将被证明是有用的。假设 $\boldsymbol{Y}_{t-1}$ 的路径粒子服从 $p(\boldsymbol{x}_{1:t-1} \mid z_{1:t-1}, \boldsymbol{u}_{1:t-1}, c_{1:t-1})$ 分布（它是渐近地修正近似），临时集合的路径粒子分布服从如下分布：

$$p(\boldsymbol{x}_{1:t}^{[k]} \mid z_{1:t-1}, \boldsymbol{u}_{1:t}, c_{1:t-1}) = p(\boldsymbol{x}_t^{[k]} \mid \boldsymbol{x}_{t-1}^{[k]}, \boldsymbol{u}_t)\, p(\boldsymbol{x}_{1:t-1}^{[k]} \mid z_{1:t-1}, \boldsymbol{u}_{1:t-1}, c_{1:t-1}) \tag{13.19}$$

因式 $p(\boldsymbol{x}_t^{[k]} \mid \boldsymbol{x}_{t-1}^{[k]}, \boldsymbol{u}_t)$ 是采样分布，在式（13.12）中已使用。

目标分布（target distribution）考虑当前时刻的测量 z_t 与一致性 c_t：

$$p(\boldsymbol{x}_{1:t}^{[k]} \mid z_{1:t}, \boldsymbol{u}_{1:t}, c_{1:t}) \tag{13.20}$$

重采样过程导致了目标分布和建议分布的不同。照例，重采样重要性系数（importance factor）由目标和建议分布的商给出：

$$\begin{aligned} w_t^{[k]} &= \frac{\text{目标分布}}{\text{建议分布}} \\ &= \frac{p(\boldsymbol{x}_{1:t}^{[k]} \mid z_{1:t}, \boldsymbol{u}_{1:t}, c_{1:t})}{p(\boldsymbol{x}_{1:t}^{[k]} \mid z_{1:t-1}, \boldsymbol{u}_{1:t}, c_{1:t-1})} \\ &= \eta p(z_t \mid \boldsymbol{x}_t^{[k]}, c_t) \end{aligned} \tag{13.21}$$

以上的最后一次变换是式（13.21）中的分子进行以下变换的直接结果：

$$\begin{aligned} p(\boldsymbol{x}_{1:t}^{[k]} \mid z_{1:t}, \boldsymbol{u}_{1:t}, c_{1:t}) &= \eta p(z_t \mid \boldsymbol{x}_{1:t}^{[k]}, z_{1:t-1}, \boldsymbol{u}_{1:t}, c_{1:t}) p(\boldsymbol{x}_{1:t}^{[k]} \mid z_{1:t-1}, \boldsymbol{u}_{1:t}, c_{1:t}) \\ &= \eta p(z_t \mid \boldsymbol{x}_t^{[k]}, c_t) p(\boldsymbol{x}_{1:t}^{[k]} \mid z_{1:t-1}, \boldsymbol{u}_{1:t}, c_{1:t-1}) \end{aligned} \tag{13.22}$$

为计算式（13.21）的概率 $p(z_t \mid \boldsymbol{x}_t^{[k]}, c_t)$，必须进一步进行变换。实际上，这个概率等同于下面的积分，这里再次忽略与传感器测量值的预测不相关的变量。

$$\begin{aligned} w_t^{[k]} &= \eta \int p(z_t \mid \boldsymbol{m}_{c_t}, \boldsymbol{x}_t^{[k]}, c_t) p(\boldsymbol{m}_{c_t} \mid \boldsymbol{x}_t^{[k]}, c_t) \mathrm{d}\boldsymbol{m}_{c_t} \\ &= \eta \int p(z_t \mid \boldsymbol{m}_{c_t}, \boldsymbol{x}_t^{[k]}, c_t) \underbrace{p(\boldsymbol{m}_{c_t} \mid \boldsymbol{x}_{1:t-1}^{[k]}, z_{1:t-1}, c_{1:t-1})}_{\sim \mathcal{N}(\boldsymbol{\mu}_{c_t,t-1}^{[k]}, \boldsymbol{\Sigma}_{c_t,t-1}^{[k]})} \mathrm{d}\boldsymbol{m}_{c_t} \end{aligned} \tag{13.23}$$

式中，$\mathcal{N}(\boldsymbol{x}; \boldsymbol{\mu}, \boldsymbol{\Sigma})$ 为变量 $\boldsymbol{x}$ 具有均值 $\boldsymbol{\mu}$ 和协方差 $\boldsymbol{\Sigma}$ 的高斯分布。

式（13.23）积分包含在时间 t 观察到的特征位置的估计和测量模型。为计算式（13.23）的闭式解，FastSLAM 算法采用了与步骤 2 使用的测量更新完全相同的线性近似。具体来说，重要性系数由下式给出：

$$w_t^{[k]} \approx \eta \left| 2\pi \boldsymbol{Q}_t^{[k]} \right|^{-\frac{1}{2}} \exp\left\{ -\frac{1}{2} (z_t - \hat{z}_t^{[k]}) \boldsymbol{Q}_t^{[k]-1} (z_t - \hat{z}_t^{[k]}) \right\} \tag{13.24}$$

其中协方差为

$$\boldsymbol{Q}_t^{[k]} = \boldsymbol{H}_t^{[k]\mathrm{T}} \boldsymbol{\Sigma}_{n,t-1}^{[k]} \boldsymbol{H}_t^{[k]} + \boldsymbol{Q}_t \tag{13.25}$$

这个表达式是实际测量 z_t 在高斯下的概率。它是利用函数 h 的线性近似，由式（13.23）分布的卷积得到的。得到的重要性权重用来从临时采样集合抽取更换 M 个新样本。通过这个重采样过程，粒子是否能保留下来与它们的测量概率成比例。

对具有已知数据关联的 SLAM 问题，上述这三个步骤一起构成了 FastSLAM 1.0 的更新规则。可以注意到，更新的执行时间不依赖总的路径长度 t。事实上，只有最新位姿 $\boldsymbol{x}_{t-1}^{[k]}$ 用于产生时间 t 的新粒子的过程。因此，过去的位姿可以被安全地丢弃。这是令人高兴的结果，FastSLAM 算法进行数据获取时，对时间和内存的要求均不依赖时间步的总数。

已知数据关联的算法 FastSLAM 1.0 如程序 13.1 所示。为简单起见，这个实现假设在每一时间点只测量到单个特征。这个算法以简单易懂的方式实现了各种

Algorithm FastSLAM 1.0_known_correspondence(z_t, c_t, u_t, Y_{t-1}):
　for $k = 1$ to M do　　// loop over all particles
　　retrieve $\left\langle x_{t-1}^{[k]}, \left\langle \mu_{1,t-1}^{[k]}, \Sigma_{1,t-1}^{[k]} \right\rangle, \ldots, \left\langle \mu_{N,t-1}^{[k]}, \Sigma_{N,t-1}^{[k]} \right\rangle \right\rangle$ from Y_{t-1}
　　$x_t^{[k]} \sim p(x_t \mid x_{t-1}^{[k]}, u_t)$　　// sample pose
　　$j = c_t$　　// observed feature
　　if feature j never seen before
　　　$\mu_{j,t}^{[k]} = h^{-1}(z_t, x_t^{[k]})$　　// initialize mean
　　　$H = h'(x_t^{[k]}, \mu_{j,t}^{[k]})$　　// calculate Jacobian
　　　$\Sigma_{j,t}^{[k]} = H^{-1}\ Q_t\ (H^{-1})^T$　　// initialize covariance
　　　$w^{[k]} = p_0$　　// default importance weight
　　else
　　　$\hat{z} = h(\mu_{j,t-1}^{[k]}, x_t^{[k]})$　　// measurement prediction
　　　$H = h'(x_t^{[k]}, \mu_{j,t-1}^{[k]})$　　// calculate Jacobian
　　　$Q = H\ \Sigma_{j,t-1}^{[k]}\ H^T + Q_t$　　// measurement covariance
　　　$K = \Sigma_{j,t-1}^{[k]}\ H^T\ Q^{-1}$　　// calculate Kalman gain
　　　$\mu_{j,t}^{[k]} = \mu_{j,t-1}^{[k]} + K(z_t - \hat{z})$　　// update mean
　　　$\Sigma_{j,t}^{[k]} = (I - K\ H)\Sigma_{j,t-1}^{[k]}$　　// update covariance
　　　$w^{[k]} = |2\pi Q|^{-\frac{1}{2}}\ \exp\left\{-\frac{1}{2}(z_t - \hat{z}_n)^T\ Q^{-1}\ (z_t - \hat{z}_n)\right\}$　　// importance factor
　　endif
　　for all other features $j' \neq j$ do　　// unobserved features
　　　$\mu_{j',t}^{[k]} = \mu_{j',t-1}^{[k]}$　　// leave unchanged
　　　$\Sigma_{j',t}^{[k]} = \Sigma_{j',t-1}^{[k]}$
　　endfor
　endfor
　$Y_t = \emptyset$　　// initialize new particle set
　do M times　　// resample M particles
　　draw random k with probability $\propto w^{[k]}$　　// resample
　　add $\left\langle x_t^{[k]}, \left\langle \mu_{1,t}^{[k]}, \Sigma_{1,t}^{[k]} \right\rangle, \ldots, \left\langle \mu_N^{[k]}, \Sigma_N^{[k]} \right\rangle \right\rangle$ to Y_t
　endfor
　return Y_t

程序 13.1　已知一致性的 FastSLAM 1.0

更新。它的实现相对直观。事实上，FastSLAM 1.0 也正是最容易实现的 SLAM 算法之一。

13.4 改进建议分布

FastSLAM 2.0 在很大程度上与 FastSLAM 1.0 类似，但有一个重要的例外：当对位姿 x_t 采样时，它的建议分布考虑测量 z_t。这样做，该算法能克服 FastSLAM 1.0 的一个关键局限。

表面上，差异看起来相当微小：读者可能想起 FastSLAM 1.0 采样位姿仅基于控制 u_t，然后使用测量 z_t 计算重要性权重。但是，当控制精度低于机器人传感器精度时，是会有问题的。这样的情况如图 13.6 所示。这里建议分布产生的大范围样本如图 13.6a 所示，但是只有这些样本的微小子集具有高似然，如椭圆体所示。重采样之后，只有椭圆体内的粒子由于具有较高的似然而保留下来。FastSLAM 2.0 根据控制 u_t 和测量 z_t 进行位姿采样，从而避免了这个问题。因此，就结果来说，FastSLAM 2.0 比 FastSLAM 1.0 更高效。不好的地方在于，FastSLAM 2.0 比 FastSLAM 1.0 更难于实现，并且它的数学推导更复杂。

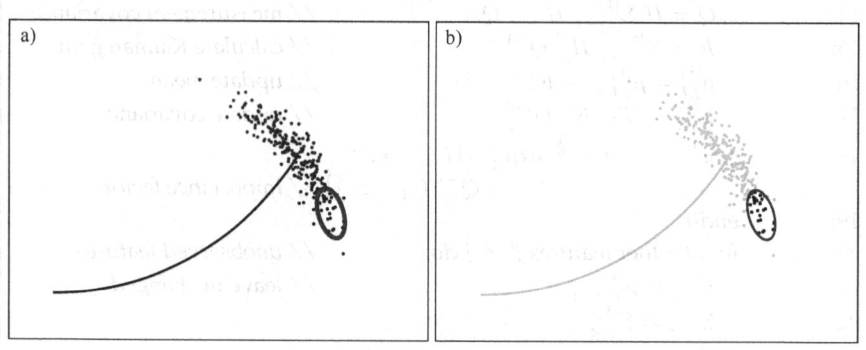

图 13.6 建议分布和后验分布之间的不匹配

a）通过 FastSLAM 1.0 产生的早期样本和由测量产生的后验（椭圆）

b）重采样步骤后的样本集合

13.4.1 通过采样新位姿扩展路径后验

在 FastSLAM 2.0 里，位姿 $x_t^{[k]}$ 从后验中提取，有

$$x_t^{[k]} \sim p(x_t \mid x_{1:t-1}^{[k]}, u_{1:t}, z_{1:t}, c_{1:t}) \tag{13.26}$$

这个分布不同于式（13.12）提供的建议分布，因为式（13.26）考虑了测量z_t和一致性c_t。具体来说，式（13.26）以$z_{1:t}$为条件，而 FastSLAM 1.0 的位姿采样器是以$z_{1:t-1}$为条件的。

不幸的是，它也伴随着更复杂的数学计算。具体来说，从式（13.26）采样的机制需要进一步分析。首先，依据“已知”分布，重写式（13.26），如测量和运动模型，以及第k个粒子的高斯特征估计。

$$
\begin{aligned}
&p(\boldsymbol{x}_t \mid \boldsymbol{x}_{1:t-1}^{[k]}, \boldsymbol{u}_{1:t}, \boldsymbol{z}_{1:t}, c_{1:t}) \\
&\overset{\text{贝叶斯}}{=} \frac{p(\boldsymbol{z}_t \mid \boldsymbol{x}_t, \boldsymbol{x}_{1:t-1}^{[k]}, \boldsymbol{u}_{1:t}, \boldsymbol{z}_{1:t-1}, c_{1:t})\, p(\boldsymbol{x}_t \mid \boldsymbol{x}_{1:t-1}^{[k]}, \boldsymbol{u}_{1:t}, \boldsymbol{z}_{1:t-1}, c_{1:t})}{p(\boldsymbol{z}_t \mid \boldsymbol{x}_{1:t-1}^{[k]}, \boldsymbol{u}_{1:t}, \boldsymbol{z}_{1:t-1}, c_{1:t})} \\
&= \boldsymbol{\eta}^{[k]} p(\boldsymbol{z}_t \mid \boldsymbol{x}_t, \boldsymbol{x}_{1:t-1}^{[k]}, \boldsymbol{u}_{1:t}, \boldsymbol{z}_{1:t-1}, c_{1:t})\, p(\boldsymbol{x}_t \mid \boldsymbol{x}_{1:t-1}^{[k]}, \boldsymbol{u}_{1:t}, \boldsymbol{z}_{1:t-1}, c_{1:t}) \\
&\overset{\text{马尔可夫}}{=} \boldsymbol{\eta}^{[k]} p(\boldsymbol{z}_t \mid \boldsymbol{x}_t, \boldsymbol{x}_{1:t-1}^{[k]}, \boldsymbol{u}_{1:t}, \boldsymbol{z}_{1:t-1}, c_{1:t})\, ; p(\boldsymbol{x}_t \mid \boldsymbol{x}_{t-1}^{[k]}, \boldsymbol{u}_t) \\
&= \boldsymbol{\eta}^{[k]} \int p(\boldsymbol{z}_t \mid \boldsymbol{m}_{c_t}, \boldsymbol{x}_t, \boldsymbol{x}_{1:t-1}^{[k]}, \boldsymbol{u}_{1:t}, \boldsymbol{z}_{1:t-1}, c_{1:t}) \\
&\quad\ p(\boldsymbol{m}_{c_t} \mid \boldsymbol{x}_t, \boldsymbol{x}_{1:t-1}^{[k]}, \boldsymbol{u}_{1:t}, \boldsymbol{z}_{1:t-1}, c_{1:t})\, \mathrm{d}\boldsymbol{m}_{c_t}\, p(\boldsymbol{x}_t \mid \boldsymbol{x}_{t-1}^{[k]}, \boldsymbol{u}_t) \\
&\overset{\text{马尔可夫}}{=} \boldsymbol{\eta}^{[k]} \int \underbrace{p(\boldsymbol{z}_t \mid \boldsymbol{m}_{c_t}, \boldsymbol{x}_t, c_t)}_{\sim \mathcal{N}(\boldsymbol{z}_t; \boldsymbol{h}(\boldsymbol{m}_{c_t}, \boldsymbol{x}_t), \boldsymbol{Q}_t)} \underbrace{p(\boldsymbol{m}_{c_t} \mid \boldsymbol{x}_{1:t-1}^{[k]}, \boldsymbol{z}_{1:t-1}, c_{1:t-1})}_{\sim \mathcal{N}(\boldsymbol{m}_{c_t}; \boldsymbol{\mu}_{c_t,t-1}^{[k]}, \boldsymbol{\Sigma}_{c_t,t-1}^{[k]})} \mathrm{d}\boldsymbol{m}_{c_t}\, \underbrace{p(\boldsymbol{x}_t \mid \boldsymbol{x}_{t-1}^{[k]}, \boldsymbol{u}_t)}_{\sim \mathcal{N}(\boldsymbol{x}_t; g(\boldsymbol{x}_{t-1}^{[k]}, \boldsymbol{u}_t), \boldsymbol{R}_t)}
\end{aligned}
\tag{13.27}
$$

通过该表达式，可以清楚地看到，采样分布是两个高斯分布的卷积与第三个高斯分布的乘积。在通常的 SLAM 情况下，采样分布拥有非闭式解，容易采样。导致该问题的罪魁祸首，是函数h：如果它是线性的，这个问题就变成了高斯分布，这一点将在后面进一步阐释。事实上，式（13.27）中的积分甚至没有一个闭式解。为此，从式（13.27）的概率采样是困难的。

这样的观察结果引发了用一个线性近似替换h。作为本书司空见惯的，该近似通过一阶泰勒展开得到，由下面线性函数给出：

$$h(\boldsymbol{m}_{c_t}, \boldsymbol{x}_t) \approx \hat{z}_t^{[k]} + \boldsymbol{H}_m(\boldsymbol{m}_{c_t} - \boldsymbol{\mu}_{c_t,t-1}^{[k]}) + \boldsymbol{H}_x(\boldsymbol{x}_t - \hat{\boldsymbol{x}}_t^{[k]}) \tag{13.28}$$

这里，利用下面的缩写：

$$\hat{z}_t^{[k]} = h(\boldsymbol{\mu}_{c_t,t-1}^{[k]}, \hat{\boldsymbol{x}}_t^{[k]}) \tag{13.29}$$

$$\hat{\boldsymbol{x}}_t^{[k]} = g(\boldsymbol{x}_{t-1}^{[k]}, \boldsymbol{u}_t) \tag{13.30}$$

矩阵$\boldsymbol{H}_m$和$\boldsymbol{H}_x$是函数h的雅可比矩阵。它们分别是函数h关于$\boldsymbol{m}_{c_t}$和$\boldsymbol{x}_t$的导数，在它们的参数的期望值处的取值，即

$$\boldsymbol{H}_m = \nabla_{\boldsymbol{m}_{c_t}} h(\boldsymbol{m}_{c_t}, \boldsymbol{x}_t) \big|_{\boldsymbol{x}_t = \hat{\boldsymbol{x}}_t^{[k]}; \boldsymbol{m}_{c_t} = \boldsymbol{\mu}_{c_t,t-1}^{[k]}} \tag{13.31}$$

$$\boldsymbol{H}_x = \nabla_{\boldsymbol{x}_t} h(\boldsymbol{m}_{c_t}, \boldsymbol{x}_t) \big|_{\boldsymbol{x}_t = \hat{\boldsymbol{x}}_t^{[k]}; \boldsymbol{m}_{c_t} = \boldsymbol{\mu}_{c_t,t-1}^{[k]}} \tag{13.32}$$

在这个近似下，期望的采样分布式（13.27）具有如下参数的高斯：

$$\boldsymbol{\Sigma}_{x_t}^{[k]} = [\boldsymbol{H}_x^{\mathrm{T}} \boldsymbol{Q}_t^{[k]-1} \boldsymbol{H}_x + \boldsymbol{R}_t^{-1}]^{-1} \tag{13.33}$$

$$\boldsymbol{\mu}_{x_t}^{[k]} = \boldsymbol{\Sigma}_{x_t}^{[k]} \boldsymbol{H}_x^{\mathrm{T}} \boldsymbol{Q}_t^{[k]-1} (z_t - \hat{z}_t^{[k]}) + \hat{\boldsymbol{x}}_t^{[k]} \tag{13.34}$$

其中矩阵 $\boldsymbol{Q}_t^{[k]}$ 定义如下：

$$\boldsymbol{Q}_t^{[k]} = \boldsymbol{Q}_t + \boldsymbol{H}_m \boldsymbol{\Sigma}_{c_t,t-1}^{[k]} \boldsymbol{H}_m^{\mathrm{T}} \tag{13.35}$$

同样可以注意到，在线性近似下，对式（13.27）的积分项，卷积定理提供了一个闭式解：

$$\mathcal{N}(z_t; \hat{z}_t^{[k]} + \boldsymbol{H}_x \boldsymbol{x}_t - \boldsymbol{H}_x \hat{\boldsymbol{x}}_t^{[k]}, \boldsymbol{Q}_t^{[k]}) \tag{13.36}$$

采样分布式（13.27）由这个正态分布和式（13.27）最右边的项——正态项 $\mathcal{N}(\boldsymbol{x}_t; \hat{\boldsymbol{x}}_t^{[k]}, \boldsymbol{R}_t)$ 的乘积给出。用高斯形式书写，有

$$p(\boldsymbol{x}_t \mid \boldsymbol{x}_{1:t-1}^{[k]}, \boldsymbol{u}_{1:t}, z_{1:t}, c_{1:t}) = \eta \exp\{-\boldsymbol{P}_t^{[k]}\} \tag{13.37}$$

其中

$$\begin{aligned}\boldsymbol{P}_t^{[k]} &= \frac{1}{2}[(z_t - \hat{z}_t^{[k]} - \boldsymbol{H}_x \boldsymbol{x}_t + \boldsymbol{H}_x \hat{\boldsymbol{x}}_t^{[k]})^{\mathrm{T}} \boldsymbol{Q}_t^{[k]-1} (z_t - \hat{z}_t^{[k]} - \boldsymbol{H}_x \boldsymbol{x}_t + \boldsymbol{H}_x \hat{\boldsymbol{x}}_t^{[k]}) \\ &\quad + (\boldsymbol{x}_t - \hat{\boldsymbol{x}}_t^{[k]})^{\mathrm{T}} \boldsymbol{R}_t^{-1} (\boldsymbol{x}_t - \hat{\boldsymbol{x}}_t^{[k]})]\end{aligned} \tag{13.38}$$

该表达式显然为目标变量 $\boldsymbol{x}_t$ 的二次方的关系，因此 $p(\boldsymbol{x}_t \mid \boldsymbol{x}_{t-1}^{[k]}, \boldsymbol{u}_{1:t}, z_{1:t}, c_{1:t})$ 是高斯的。这个高斯的均值和协方差相当于 $\boldsymbol{P}_t^{[k]}$ 的最小值和它的曲率。这通过计算 $\boldsymbol{P}_t^{[k]}$ 关于 $\boldsymbol{x}_t$ 的一阶和二阶导数就可以确定，即

$$\begin{aligned}\frac{\partial \boldsymbol{P}_t^{[k]}}{\partial \boldsymbol{x}_t} &= -\boldsymbol{H}_x^{\mathrm{T}} \boldsymbol{Q}_t^{[k]-1} (z_t - \hat{z}_t^{[k]} - \boldsymbol{H}_x \boldsymbol{x}_t + \boldsymbol{H}_x \hat{\boldsymbol{x}}_t^{[k]}) + \boldsymbol{R}_t^{-1} (\boldsymbol{x}_t - \hat{\boldsymbol{x}}_t^{[k]}) \\ &= (\boldsymbol{H}_x^{\mathrm{T}} \boldsymbol{Q}_t^{[k]-1} \boldsymbol{H}_x + \boldsymbol{R}_t^{-1}) \boldsymbol{x}_t - \boldsymbol{H}_x^{\mathrm{T}} \boldsymbol{Q}_t^{[k]-1} (z_t - \hat{z}_t^{[k]} + \boldsymbol{H}_x \hat{\boldsymbol{x}}_t^{[k]}) - \boldsymbol{R}_t^{-1} \hat{\boldsymbol{x}}_t^{[k]}\end{aligned} \tag{13.39}$$

$$\frac{\partial^2 \boldsymbol{P}_t^{[k]}}{\partial \boldsymbol{x}_t^2} = \boldsymbol{H}_x^{\mathrm{T}} \boldsymbol{Q}_t^{[k]-1} \boldsymbol{H}_x + \boldsymbol{R}_t^{-1} \tag{13.40}$$

采样分布的协方差 $\boldsymbol{\Sigma}_{x_t}^{[k]}$ 通过二阶导数的逆得到

$$\boldsymbol{\Sigma}_{x_t}^{[k]} = [\boldsymbol{H}_x^{\mathrm{T}} \boldsymbol{Q}_t^{[k]-1} \boldsymbol{H}_x + \boldsymbol{R}_t^{-1}]^{-1} \tag{13.41}$$

采样分布的均值 $\boldsymbol{\mu}_{x_t}^{[k]}$ 通过设置一阶导数为零得到，即

$$\begin{aligned}\boldsymbol{\mu}_{x_t}^{[k]} &= \boldsymbol{\Sigma}_{x_t}^{[k]} [\boldsymbol{H}_x^{\mathrm{T}} \boldsymbol{Q}_t^{[k]-1} (z_t - \hat{z}_t^{[k]} + \boldsymbol{H}_x \hat{\boldsymbol{x}}_t^{[k]}) + \boldsymbol{R}_t^{-1} \hat{\boldsymbol{x}}_t^{[k]}] \\ &= \boldsymbol{\Sigma}_{x_t}^{[k]} \boldsymbol{H}_x^{\mathrm{T}} \boldsymbol{Q}_t^{[k]-1} (z_t - \hat{z}_t^{[k]}) + \boldsymbol{\Sigma}_{x_t}^{[k]} [\boldsymbol{H}_x^{\mathrm{T}} \boldsymbol{Q}_t^{[k]-1} \boldsymbol{H}_x + \boldsymbol{R}_t^{-1}] \hat{\boldsymbol{x}}_t^{[k]} \\ &= \boldsymbol{\Sigma}_{x_t}^{[k]} \boldsymbol{H}_x^{\mathrm{T}} \boldsymbol{Q}_t^{[k]-1} (z_t - \hat{z}_t^{[k]}) + \hat{\boldsymbol{x}}_t^{[k]}\end{aligned} \tag{13.42}$$

这个高斯是 FastSLAM 2.0 期望的采样分布的近似。显然，这个建议分布比式（13.12）的 FastSLAM 1.0 稍微复杂了一些。

13.4.2 更新可观察的特征估计

正如 FastSLAM 算法的第 1 个版本（FastSLAM 1.0）一样，FastSLAM 2.0 也

基于测量z_t和采样位姿$\boldsymbol{x}_t^{[k]}$更新特征估计的后验。在时间$t-1$，再次由均值$\boldsymbol{\mu}_{j,t-1}^{[k]}$和协方差$\boldsymbol{\Sigma}_{j,t-1}^{[k]}$表示估计。更新后的估计用均值$\boldsymbol{\mu}_{j,t}^{[k]}$和协方差$\boldsymbol{\Sigma}_{j,t}^{[k]}$表示。更新的性质依赖在时间$t$下特征$j$是否可观察。对$j\neq c_t$，已经在式（13.4）中确定了特征上的后验保持不变。这意味着不用估计更新，仅需要复制它。

对于观察到的特征$j=c_t$，情况是更复杂的。式（13.5）已经声明了观察到的特征的后验。这里用粒子索引k重写它：

$$p(\boldsymbol{m}_{c_t}\mid \boldsymbol{x}_t^{[k]},c_{1:t},z_{1:t})=\eta\,\underbrace{p(z_t\mid \boldsymbol{m}_{c_t},\boldsymbol{x}_t^{[k]},c_t)}_{\sim\mathcal{N}(z_t;h(\boldsymbol{m}_{c_t},\boldsymbol{x}_t^{[k]}),Q_t)}\ \underbrace{p(\boldsymbol{m}_{c_t}\mid \boldsymbol{x}_{1:t-1}^{[k]},z_{1:t-1},c_{1:t-1})}_{\sim\mathcal{N}(\boldsymbol{m}_{c_t};\boldsymbol{\mu}_{c_t,t-1}^{[k]},\boldsymbol{\Sigma}_{c_t,t-1}^{[k]})} \tag{13.43}$$

在式（13.27）中，函数h的非线性导致了后验为非高斯的，这与 FastSLAM 2.0 的特征估计与高斯表示相悖。幸好，与上面相同的线性化提供了解决方案。也就是说，

$$h(\boldsymbol{m}_{c_t},\boldsymbol{x}_t)\approx\hat{z}_t^{[k]}+\boldsymbol{H}_m(\boldsymbol{m}_{c_t}-\boldsymbol{\mu}_{c_t,t-1}^{[k]}) \tag{13.44}$$

注意，这里$\boldsymbol{x}_t$不是一个自由变量，因此可以忽略式（13.28）里的第 3 项。该近似使得式（13.43）中目标变量$\boldsymbol{m}_{c_t}$的概率为高斯，有

$$\begin{aligned}p(\boldsymbol{m}_{c_t}\mid \boldsymbol{x}_t^{[k]},c_{1:t},z_{1:t})=\eta\exp\Big\{&-\frac{1}{2}(z_t-\hat{z}_t^{[k]}-\boldsymbol{H}_m(\boldsymbol{m}_{c_t}-\boldsymbol{\mu}_{c_t,t-1}^{[k]}))\boldsymbol{Q}_t^{-1}\\&(z_t-\hat{z}_t^{[k]}-\boldsymbol{H}_m(\boldsymbol{m}_{c_t}-\boldsymbol{\mu}_{c_t,t-1}^{[k]}))\\&-\frac{1}{2}(\boldsymbol{m}_{c_t}-\boldsymbol{\mu}_{c_t,t-1}^{[k]})\boldsymbol{\Sigma}_{c_t,t-1}^{[k]-1}(\boldsymbol{m}_{c_t}-\boldsymbol{\mu}_{c_t,t-1}^{[k]})\Big\}\end{aligned} \tag{13.45}$$

利用标准 EKF 测量更新方程得到新均值和协方差：

$$\boldsymbol{K}_t^{[k]}=\boldsymbol{\Sigma}_{c_t,t-1}^{[k]}\boldsymbol{H}_m^{\mathrm{T}}\boldsymbol{Q}_t^{[k]-1} \tag{13.46}$$

$$\boldsymbol{\mu}_{c_t,t}^{[k]}=\boldsymbol{\mu}_{c_t,t-1}^{[k]}+\boldsymbol{K}_t^{[k]}(z_t-\hat{z}_t^{[k]}) \tag{13.47}$$

$$\boldsymbol{\Sigma}_{c_t,t}^{[k]}=(\boldsymbol{I}-\boldsymbol{K}_t^{[k]}\boldsymbol{H}_m)\boldsymbol{\Sigma}_{c_t,t-1}^{[k]} \tag{13.48}$$

注意，这比 FastSLAM 1.0 的更新更复杂一些，实现这一点经常需要额外的付出，但是提高了精度。

13.4.3 计算重要性系数

迄今为止产生的粒子仍不匹配期望的后验。在 FastSLAM 2.0 中，罪魁祸首是式（13.27）中的归一化因子$\eta^{[k]}$。对每个粒子k，它通常不同。这些差异仍不能在重采样过程得到解释。就像 FastSLAM 1.0 中一样，重要性系数如下：

$$w_t^{[k]}=\frac{\text{目标分布}}{\text{建议分布}} \tag{13.49}$$

再次说明，这里希望粒子呈现的目标分布由路径后验 $p(\boldsymbol{x}_t^{[k]} \mid z_{1:t}, \boldsymbol{u}_{1:t}, c_{1:t})$ 给出。在 $\boldsymbol{x}_{1:t-1}^{[k]}$ 的路径由较早时间步的目标分布 $p(\boldsymbol{x}_{1:t-1}^{[k]} \mid z_{1:t-1}, \boldsymbol{u}_{1:t-1}, c_{1:t-1})$ 产生的渐近修正假设下，可以注意到，建议分布可由以下的乘积给出：

$$p(\boldsymbol{x}_{1:t-1}^{[k]} \mid z_{1:t-1}, \boldsymbol{u}_{1:t-1}, c_{1:t-1})\, p(\boldsymbol{x}_t^{[k]} \mid \boldsymbol{x}_{1:t-1}^{[k]}, \boldsymbol{u}_{1:t}, z_{1:t}, c_{1:t}) \tag{13.50}$$

乘积第 2 项是式（13.27）的位姿采样分布。重要性权重由下式得到：

$$\begin{aligned}
w_t^{[k]} &= \frac{p(\boldsymbol{x}_t^{[k]} \mid \boldsymbol{u}_{1:t}, z_{1:t}, c_{1:t})}{p(\boldsymbol{x}_t^{[k]} \mid \boldsymbol{x}_{1:t-1}^{[k]}, \boldsymbol{u}_{1:t}, z_{1:t}, c_{1:t})\, p(\boldsymbol{x}_{1:t-1}^{[k]} \mid \boldsymbol{u}_{1:t-1}, z_{1:t-1}, c_{1:t-1})} \\
&= \frac{p(\boldsymbol{x}_t^{[k]} \mid \boldsymbol{x}_{1:t-1}^{[k]}, \boldsymbol{u}_{1:t}, z_{1:t}, c_{1:t})\, p(\boldsymbol{x}_{1:t-1}^{[k]} \mid \boldsymbol{u}_{1:t}, z_{1:t}, c_{1:t})}{p(\boldsymbol{x}_t^{[k]} \mid \boldsymbol{x}_{1:t-1}^{[k]}, \boldsymbol{u}_{1:t}, z_{1:t}, c_{1:t})\, p(\boldsymbol{x}_{1:t-1}^{[k]} \mid \boldsymbol{u}_{1:t-1}, z_{1:t-1}, c_{1:t-1})} \\
&= \frac{p(\boldsymbol{x}_{1:t-1}^{[k]} \mid \boldsymbol{u}_{1:t}, z_{1:t}, c_{1:t})}{p(\boldsymbol{x}_{1:t-1}^{[k]} \mid \boldsymbol{u}_{1:t-1}, z_{1:t-1}, c_{1:t-1})} \\
&\overset{\text{贝叶斯}}{=} \eta \frac{p(z_t \mid \boldsymbol{x}_{1:t-1}^{[k]}, \boldsymbol{u}_{1:t}, z_{1:t-1}, c_{1:t})\, p(\boldsymbol{x}_{1:t-1}^{[k]} \mid \boldsymbol{u}_{1:t}, z_{1:t-1}, c_{1:t})}{p(\boldsymbol{x}_{1:t-1}^{[k]} \mid \boldsymbol{u}_{1:t-1}, z_{1:t-1}, c_{1:t-1})} \\
&\overset{\text{马尔可夫}}{=} \eta \frac{p(z_t \mid \boldsymbol{x}_{1:t-1}^{[k]}, \boldsymbol{u}_{1:t}, z_{1:t-1}, c_{1:t})\, p(\boldsymbol{x}_{1:t-1}^{[k]} \mid \boldsymbol{u}_{1:t-1}, z_{1:t-1}, c_{1:t-1})}{p(\boldsymbol{x}_{1:t-1}^{[k]} \mid \boldsymbol{u}_{1:t-1}, z_{1:t-1}, c_{1:t-1})} \\
&= \eta p(z_t \mid \boldsymbol{x}_{1:t-1}^{[k]}, \boldsymbol{u}_{1:t}, z_{1:t-1}, c_{1:t})
\end{aligned} \tag{13.51}$$

读者可能注意到，该表达式是式（13.27）的归一化常数 $\eta^{[k]}$ 的逆。进一步变换给出下面的形式：

$$\begin{aligned}
w_t^{[k]} &= \eta \int p(z_t \mid \boldsymbol{x}_t, \boldsymbol{x}_{1:t-1}^{[k]}, \boldsymbol{u}_{1:t}, z_{1:t-1}, c_{1:t})\, p(\boldsymbol{x}_t \mid \boldsymbol{x}_{1:t-1}^{[k]}, \boldsymbol{u}_{1:t}, z_{1:t-1}, c_{1:t})\, \mathrm{d}\boldsymbol{x}_t \\
&\overset{\text{马尔可夫}}{=} \eta \int p(z_t \mid \boldsymbol{x}_t, \boldsymbol{x}_{1:t-1}^{[k]}, \boldsymbol{u}_{1:t}, z_{1:t-1}, c_{1:t})\, p(\boldsymbol{x}_t \mid \boldsymbol{x}_{t-1}^{[k]}, \boldsymbol{u}_t)\, \mathrm{d}\boldsymbol{x}_t \\
&= \eta \int\int p(z_t \mid \boldsymbol{m}_{c_t}, \boldsymbol{x}_t, \boldsymbol{x}_{1:t-1}^{[k]}, \boldsymbol{u}_{1:t}, z_{1:t-1}, c_{1:t}) \\
&\qquad p(\boldsymbol{m}_{c_t} \mid \boldsymbol{x}_t, \boldsymbol{x}_{1:t-1}^{[k]}, \boldsymbol{u}_{1:t}, z_{1:t-1}, c_{1:t})\, \mathrm{d}\boldsymbol{m}_{c_t}\, p(\boldsymbol{x}_t \mid \boldsymbol{x}_{t-1}^{[k]}, \boldsymbol{u}_t)\, \mathrm{d}\boldsymbol{x}_t \\
&\overset{\text{马尔可夫}}{=} \eta \int \underbrace{p(\boldsymbol{x}_t \mid \boldsymbol{x}_{t-1}^{[k]}, \boldsymbol{u}_t)}_{\sim \mathcal{N}(\boldsymbol{x}_t; g(\hat{\boldsymbol{x}}_{t-1}^{[k]}, \boldsymbol{u}_t), \boldsymbol{R}_t)} \int \underbrace{p(z_t \mid \boldsymbol{m}_{c_t}, \boldsymbol{x}_t, c_t)}_{\sim \mathcal{N}(z_t; h(\boldsymbol{m}_{c_t}, \boldsymbol{x}_t), \boldsymbol{Q}_t)} \\
&\qquad \underbrace{p(\boldsymbol{m}_{c_t} \mid \boldsymbol{x}_{1:t-1}^{[k]}, \boldsymbol{u}_{1:t-1}, z_{1:t-1}, c_{1:t-1})}_{\sim \mathcal{N}(\boldsymbol{m}_{c_t}; \boldsymbol{\mu}_{c_t,t-1}^{[k]}, \boldsymbol{\Sigma}_{c_t,t-1}^{[k]})}\, \mathrm{d}\boldsymbol{m}_{c_t}\, \mathrm{d}\boldsymbol{x}_t
\end{aligned} \tag{13.52}$$

可以发现这个表达式能再次在测量 z_t 上通过线性化函数 h 由高斯近似。正如以前看到的一样，产生的高斯均值是 $\hat{z}_t$，协方差为

$$\boldsymbol{L}_t^{[t]} = \boldsymbol{H}_x^{\mathrm{T}} \boldsymbol{Q}_t \boldsymbol{H}_x + \boldsymbol{H}_m \boldsymbol{\Sigma}_{c_t,t-1}^{[k]} \boldsymbol{H}_m^{\mathrm{T}} + \boldsymbol{R}_t \tag{13.53}$$

换句话说，第 k 个粒子的非归一化重要性系数由下式给出：

$$w_t^{[k]} = |2\pi \boldsymbol{L}_t^{[t]}|^{-\frac{1}{2}} \exp\left\{-\frac{1}{2}(z_t - \hat{z}_t) \boldsymbol{L}_t^{[t]-1} (z_t - \hat{z}_t)\right\} \tag{13.54}$$

与 FastSLAM 1.0 一样，步骤 1 和 2 产生的粒子，以及步骤 3 计算的它们的重要性系数，都收集在临时粒子集合里。

FastSLAM 2.0 的最后一步更新是重采样。就像 FastSLAM 1.0，FastSLAM 2.0 从临时粒子集合抽取（替换）M 个粒子。以与重要性系数 $w_t^{[k]}$ 成比例的概率提取每个粒子。结果产生的粒子集合渐近地表示在时间 t 期望的考虑了重要性系数的后验。

13.5　未知数据关联

本节将 FastSLAM 算法的两个版本扩展到一致性变量 $c_{1:t}$ 未知的情况。在 SLAM 中使用粒子滤波的主要好处是，每个粒子依赖它自己的局部数据关联决策。

要提醒读者的是，时间 t 的数据关联问题是基于现有数据决定变量 c_t 的问题。该问题如图 13.7 所示。这里机器人观察到环境中的两个特征。根据它相对这些特征的实际位姿，这些测量值对应地图中的不同特征（图 13.7 中用五角星表示）。

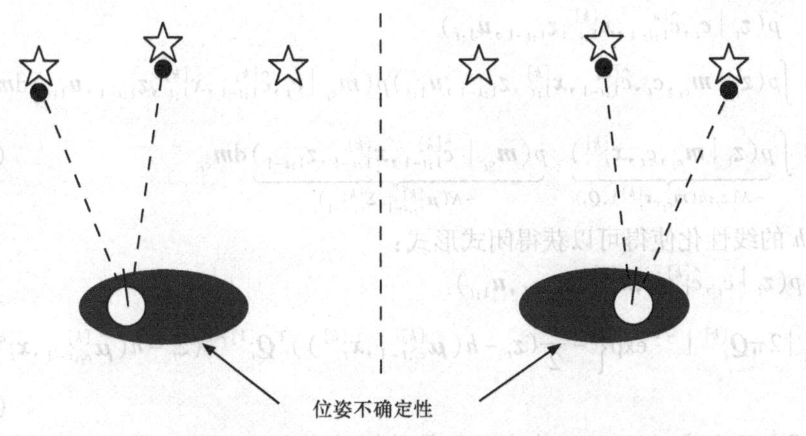

图 13.7　SLAM 的数据关联问题（最好的数据关联也可能有偏差，甚至在机器人位姿的高似然区域内）

至此，已经讨论了一些使用参数（如最大似然）的数据关联技术。这些技术具有如下的共同特点：对于整个滤波器，每次测量仅有单一的数据关联。FastSLAM 算法，由于使用了多个粒子，因此能基于每个粒子确定一致性。因此，滤波不仅在机器人路径上采样，而且也可以沿途在可能的数据关联决策上进行采样。

这是 FastSLAM 算法的主要特征之一，正是这一点将它与其他丰富的高斯

SLAM 算法区分开来。只要粒子的小子集是基于正确的数据关联的，那么数据关联误差会没有 EKF 方法那样致命。遭遇了这些误差的粒子易于拥有不一致的地图，这就增加了它们在未来重采样步骤中被丢弃的概率。

每个粒子数据关联的数学定义是简单的，因为它将每个滤波数据关联推广到个别粒子。每个粒子维持数据关联变量的局部集合，用 $\hat{c}_t^{[k]}$ 表示。在最大似然数据关联里，每个 $\hat{c}_t^{[k]}$ 由最大化测量 z_t 似然确定：

$$\hat{c}_t^{[k]} = \underset{c_t}{\operatorname{argmax}}\, p(\boldsymbol{z}_t \mid c_t, \hat{c}_{1:t-1}^{[k]}, \boldsymbol{x}_{1:t}^{[k]}, \boldsymbol{z}_{1:t-1}, \boldsymbol{u}_{1:t}) \tag{13.55}$$

一个可供选择的是数据关联采样器（Data Association Sampler，DAS），DAS 根据它们的似然采样数据关联变量，有

$$\hat{c}_t \sim \eta p(\boldsymbol{z}_t \mid c_t, \hat{c}_{1:t-1}, \boldsymbol{x}_{1:t}^{[k]}, \boldsymbol{z}_{1:t-1}, \boldsymbol{u}_{1:t}) \tag{13.56}$$

最大似然和 DAS 这两种技术，使得估计地图特征数成为可能。对地图所有已知的特征，如果似然低于阈值 p_0，SLAM 技术使用最大似然创建地图新特征。DAS 把已观察的测量与新的以前未观察的特征随机地联系起来。它们与 ηp_0 成正比的概率联系［其中 η 是（13.56）式定义的归一化因子］：

$$\hat{c}_t^{[k]} \sim \eta p(\boldsymbol{z}_t \mid c_t, \hat{c}_{1:t-1}^{[k]}, \boldsymbol{x}_{1:t}^{[k]}, \boldsymbol{z}_{1:t-1}, \boldsymbol{u}_{1:t}) \tag{13.57}$$

对这两种技术，似然计算如下：

$$\begin{aligned}
& p(\boldsymbol{z}_t \mid c_t, \hat{c}_{1:t-1}^{[k]}, \boldsymbol{x}_{1:t}^{[k]}, \boldsymbol{z}_{1:t-1}, \boldsymbol{u}_{1:t}) \\
&= \int p(\boldsymbol{z}_t \mid \boldsymbol{m}_{c_t}, c_t, \hat{c}_{1:t-1}^{[k]}, \boldsymbol{x}_{1:t}^{[k]}, \boldsymbol{z}_{1:t-1}, \boldsymbol{u}_{1:t})\, p(\boldsymbol{m}_{c_t} \mid c_t, \hat{c}_{1:t-1}^{[k]}, \boldsymbol{x}_{1:t}^{[k]}, \boldsymbol{z}_{1:t-1}, \boldsymbol{u}_{1:t})\, \mathrm{d}\boldsymbol{m}_{c_t} \\
&= \int \underbrace{p(\boldsymbol{z}_t \mid \boldsymbol{m}_{c_t}, c_t, \boldsymbol{x}_t^{[k]})}_{\sim \mathcal{N}(z_t; h(\boldsymbol{m}_{c_t}, \boldsymbol{x}_t^{[k]}), \boldsymbol{Q}_t)}\ \underbrace{p(\boldsymbol{m}_{c_t} \mid \hat{c}_{1:t-1}^{[k]}, \boldsymbol{x}_{1:t-1}^{[k]}, \boldsymbol{z}_{1:t-1})}_{\sim \mathcal{N}(\boldsymbol{\mu}_{c_t,t-1}^{[k]}, \boldsymbol{\Sigma}_{c_t,t-1}^{[k]})}\, \mathrm{d}\boldsymbol{m}_{c_t}
\end{aligned} \tag{13.58}$$

h 的线性化使得可以获得闭式形式：

$$\begin{aligned}
& p(\boldsymbol{z}_t \mid c_t, \hat{c}_{1:t-1}^{[k]}, \boldsymbol{x}_t^{[k]}, \boldsymbol{z}_{1:t-1}, \boldsymbol{u}_{1:t}) \\
&= \left| 2\pi \boldsymbol{Q}_t^{[k]} \right|^{-\frac{1}{2}} \exp\left\{ -\frac{1}{2}(\boldsymbol{z}_t - h(\boldsymbol{\mu}_{c_t,t-1}^{[k]}, \boldsymbol{x}_t^{[k]}))^{\mathrm{T}} \boldsymbol{Q}_t^{[k]-1} (\boldsymbol{z}_t - h(\boldsymbol{\mu}_{c_t,t-1}^{[k]}, \boldsymbol{x}_t^{[k]})) \right\}
\end{aligned} \tag{13.59}$$

$\boldsymbol{Q}_t^{[k]}$ 已在式（13.35）中定义，是数据关联变量 c_t 的函数。新的特征以上述的方式增加到地图中。在最大似然方法中，当概率 $p(\boldsymbol{z}_t \mid c_t, \hat{c}_{1:t-1}^{[k]}, \boldsymbol{x}_t^{[k]}, \boldsymbol{z}_{1:t-1}, \boldsymbol{u}_{1:t})$ 低于阈值 p_0 时，增加新特征。DAS 包括如下假设：在它的假设集合里，观察对应于以前未观察到的特征，并且以概率 ηp_0 采样特征。

13.6 地图管理

FastSLAM 算法的地图管理与 EKF SLAM 算法的大体相当，其中一些粒子是

由 FastSLAM 算法在单个粒子水平上进行数据关联获得的。

在其他的 SLAM 算法里，任意新增特征需要初始化一个新的卡尔曼滤波器。在很多 SLAM 问题中，测量函数 h 是可逆的（invertible）。情况就是这样，例如，对于在平面上测量特征的距离和方位的机器人，单一的测量足以产生关于特征位置的（非退化）估计。EKF 的初始化是简单的，即

$$x_t^{[k]} \sim p(x_t \mid x_{t-1}^{[k]}, u_t) \tag{13.60}$$

$$\mu_{n,t}^{[k]} = h^{-1}(z_t, x_t^{[k]}) \tag{13.61}$$

$$\Sigma_{n,t}^{[k]} = (H_{\hat{c}}^{[k]\mathrm{T}} Q_t^{-1} H_{\hat{c}}^{[k]})^{-1} \text{有 } H_{\hat{c}}^{[k]} = h'(\mu_{n,t}^{[k]}, x_t^{[k]}) \tag{13.62}$$

$$w_t^{[k]} = p_0 \tag{13.63}$$

注意，对于新观察到的特征，位姿 $x_t^{[k]}$ 按运动模型 $p(x_t \mid x_{t-1}^{[k]}, u_t)$ 采样。这个分布等价于 FastSLAM 算法采样分布式（13.26），这里对于已观察的特征，没有以前的位置估计是有效的。

Deans 和 Hebert（2002）已讨论了函数 h 不可逆情况下的初始化技术。通常，这样的技术需要多测量值的累积，以获得线性化 h 的良好估计。

为解决错误地将特征引入地图的问题，FastSLAM 算法具有消除没有足够证据支持的特征的机制。如 EKF SLAM 算法一样，FastSLAM 算法通过追踪地图单个特征的实际存在对数概率来做到这一点。

具体来说，当一个特征被观察到时，它存在的对数概率增加一个固定数值，该数值使用标准贝叶斯滤波公式计算。同样地，如果一个特征应该被观察到而未被观察到时，这样的负信息会引起特征存在变量减少一个固定值。当该变量减少至低于某一阈值时，该特征将从粒子列表中移除。在 FastSLAM 算法中也可以实现临时特征列表。从技术上看，这没多大用处，因为每个特征都拥有它自己的粒子。

13.7　FastSLAM 算法

程序 13.2 和程序 13.3 给出了具有未知数据关联的两个 FastSLAM 算法的变种。在这两个算法里，粒子均具有如下的形式：

$$Y_t^{[k]} = \langle x_t^{[k]}, N_t^{[k]}, \langle \mu_{1,t}^{[k]}, \Sigma_{1,t}^{[k]}, \tau_1^{[k]} \rangle, \cdots, \langle \mu_{N_t^{[k]},t}^{[k]}, \Sigma_{N_t^{[k]},t}^{[k]}, \tau_{N_t^{[k]}}^{[k]} \rangle \rangle \tag{13.64}$$

除了位姿 $x_t^{[k]}$ 和特征估计 $\mu_{n,t}^{[k]}$、$\Sigma_{n,t}^{[k]}$ 之外，每个粒子还维持它的局部地图的特征数 $N_t^{[k]}$，并且每个特征携带其自身存在的概率估计 $\tau_n^{[k]}$。迭代滤波需要的时间，线性于每个地图中特征的最大数量 $\max_k N_t^{[k]}$，也线性于粒子数量 M。下面的讨论有助于获得能更高效实现的高级数据结构。

Algorithm FastSLAM 1.0(z_t, u_t, Y_{t-1}):

for $k = 1$ to M do // loop over all particles

retrieve $\left\langle x_{t-1}^{[k]}, N_{t-1}^{[k]}, \left\langle \mu_{1,t-1}^{[k]}, \Sigma_{1,t-1}^{[k]}, i_1^{[k]} \right\rangle, \ldots, \left\langle \mu_{N_{t-1}^{[k]},t-1}^{[k]}, \Sigma_{N_{t-1}^{[k]},t-1}^{[k]}, i_{N_{t-1}^{[k]},t-1}^{[k]} \right\rangle \right\rangle$ from Y_{t-1}

$x_t^{[k]} \sim p(x_t \mid x_{t-1}^{[k]}, u_t)$ // sample new pose

for $j = 1$ to $N_{t-1}^{[k]}$ do // measurement likelihoods

$\hat{z}_j = h(\mu_{j,t-1}^{[k]}, x_t^{[k]})$ // measurement prediction

$H_j = h'(\mu_{j,t-1}^{[k]}, x_t^{[k]})$ // calculate Jacobian

$Q_j = H_j\, \Sigma_{j,t-1}^{[k]}\, H_j^T + Q_t$ // measurement covariance

$w_j = |2\pi Q_j|^{-\frac{1}{2}} \exp\left\{-\frac{1}{2}(z_t - \hat{z}_j)^T Q_j^{-1}(z_t - \hat{z}_j)\right\}$ // likelihood of correspondence

endfor

$w_{1+N_{t-1}^{[k]}} = p_0$ // importance factor, new feature

$w^{[k]} = \max w_j$ // max likelihood correspondence

$\hat{c} = \operatorname{argmax} w_j$ // index of ML feature

$N_t^{[k]} = \max\{N_{t-1}^{[k]}, \hat{c}\}$ // new number of features in map

for $j = 1$ to $N_t^{[k]}$ do // update Kalman filters

if $j = \hat{c} = 1 + N_{t-1}^{[k]}$ then // is new feature?

$\mu_{j,t}^{[k]} = h^{-1}(z_t, x_t^{[k]})$ // initialize mean

$H_j = h'(\mu_{j,t}^{[k]}, x_t^{[k]})$; $\Sigma_{j,t}^{[k]} = (H_j^{-1})^T Q_t H_j^{-1}$ // initialize covar.

$i_{j,t}^{[k]} = 1$ // initialize counter

else if $j = \hat{c} \le N_{t-1}^{[k]}$ then // is observed feature?

$K = \Sigma_{j,t-1}^{[k]} H_j^T Q_{\hat{c}}^{-1}$ // calculate Kalman gain

$\mu_{j,t}^{[k]} = \mu_{j,t-1}^{[k]} + K(z_t - \hat{z}_{\hat{c}})$ // update mean

$\Sigma_{j,t}^{[k]} = (I - K\, H_j)\Sigma_{j,t-1}^{[k]}$ // update covariance

$i_{j,t}^{[k]} = i_{j,t-1}^{[k]} + 1$ // increment counter

程序 13.2 具有未知数据关联的 FastSLAM 1.0（这个版本不能实现本章已讨论的任何高效的树状表达）

else // all other features
$\mu_{j,t}^{[k]} = \mu_{j,t-1}^{[k]}$ // copy old mean
$\Sigma_{j,t}^{[k]} = \Sigma_{j,t-1}^{[k]}$ // copy old covariance
if $\mu_{j,t-1}^{[k]}$ outside perceptual
range of $x_t^{[k]}$ then // should feature have been seen?
$i_{j,t}^{[k]} = i_{j,t-1}^{[k]}$ // no, do not change
else
$i_{j,t}^{[k]} = i_{j,t-1}^{[k]} - 1$ // yes, decrement counter
if $i_{j,t-1}^{[k]} < 0$ then
discard feature j // discard dubious features
endif
endif
endif
endfor
add $\left\langle x_t^{[k]}, N_t^{[k]}, \left\langle \mu_{1,t}^{[k]}, \Sigma_{1,t}^{[k]}, i_1^{[k]} \right\rangle, \ldots, \left\langle \mu_{N_t^{[k]},t}^{[k]}, \Sigma_{N_t^{[k]},t}^{[k]}, i_{N_t^{[k]}}^{[k]} \right\rangle \right\rangle$ to Y_{aux}
endfor
$Y_t = \emptyset$ // construct new particle set
do M times // resample M particles
draw random index k
with probability $\propto w^{[k]}$ // resample
add $\left\langle x_t^{[k]}, N_t^{[k]}, \left\langle \mu_{1,t}^{[k]}, \Sigma_{1,t}^{[k]}, i_1^{[k]} \right\rangle, \ldots, \left\langle \mu_{N_t^{[k]},t}^{[k]}, \Sigma_{N_t^{[k]},t}^{[k]}, i_{N_t^{[k]}}^{[k]} \right\rangle \right\rangle$ to Y_t
enddo
return Y_t

程序 13.2 具有未知数据关联的 FastSLAM 1.0（这个版本不能实现本章已讨论的任何高效的树状表达）（续）

可以注意到，这里描述的 FastSLAM 算法的两个版本，每次只考虑单一一次测量。与前文一样，这个是为了表示的方便，并且能使用以前介绍 SLAM 章节所讨论的很多技术。

Algorithm FastSLAM 2.0(z_t, u_t, Y_{t-1}):

for $k = 1$ to M do // loop over all particles

retrieve $\left\langle x_{t-1}^{[k]}, N_{t-1}^{[k]}, \left\langle \mu_{1,t-1}^{[k]}, \Sigma_{1,t-1}^{[k]}, i_1^{[k]} \right\rangle, \ldots, \left\langle \mu_{N_{t-1}^{[k]},t-1}^{[k]}, \Sigma_{N_{t-1}^{[k]},t-1}^{[k]}, i_{N_{t-1}^{[k]}}^{[k]} \right\rangle \right\rangle$ from Y_{t-1}

for $j = 1$ to $N_{t-1}^{[k]}$ do // calculate sampling distribution

$\hat{x}_{j,t} = g(x_{t-1}^{[k]}, u_t)$ // predict pose

$\bar{z}_j = h(\mu_{j,t-1}^{[k]}, \hat{x}_{j,t})$ // predict measurement

$H_{x,j} = \nabla_{x_t}\ h(\mu_{j,t-1}^{[k]}, \hat{x}_{j,t})$ // Jacobian wrt pose

$H_{m,j} = \nabla_{m_j}\ h(\mu_{j,t-1}^{[k]}, \hat{x}_{j,t})$ // Jacobian wrt map feature

$Q_j = Q_t + H_{m,j}\,\Sigma_{j,t-1}^{[k]}\ H_{m,j}^T$ // measurement information

$\Sigma_{x,j} = \left[H_{x,j}^T\ Q_j^{-1}\ H_{x,j} + R_t^{-1}\right]^{-1}$ // Cov of proposal distribution

$\mu_{x_t,j} = \Sigma_{x,j}\ H_{x,j}^T\ Q_j^{-1}$
$(z_t - \bar{z}_j) + \hat{x}_{j,t}$ // mean of proposal distribution

$x_{t,j}^{[k]} \sim \mathcal{N}(\mu_{x_t,j}, \Sigma_{x,j})$ // sample pose

$\hat{z}_j = h(\mu_{j,t-1}^{[k]}, x_t^{[k]})$ // measurement prediction

$\pi_j = |2\pi Q_j|^{-\frac{1}{2}}\ \exp\left\{-\frac{1}{2}\right.$
$\left.(z_t - \hat{z}_j)^T\ Q_j^{-1}\ (z_t - \hat{z}_j)\right\}$ // correspondence likelihood

endfor

$\pi_{1+N_{t-1}^{[k]}} = p_0$ // likelihood of new feature

$\hat{c} = \operatorname{argmax} \pi_j$ // ML correspondence

$N_t^{[k]} = \max\{N_{t-1}^{[k]}, \hat{c}\}$ // new number of features

for $j = 1$ to $N_t^{[k]}$ do // update Kalman filters

if $j = \hat{c} = 1 + N_{t-1}^{[k]}$ then // is new feature?

$x_t^{[k]} \sim p(x_t \mid x_{t-1}^{[k]}, u_t)$ // sample pose

$\mu_{j,t}^{[k]} = h^{-1}(z_t, x_t^{[k]})$ // initialize mean

$H_{m,j} = \nabla_{m_j}\ h(\mu_{j,t}^{[k]}, x_t^{[k]})$ // Jacobian wrt map feature

$\Sigma_{j,t}^{[k]} = (H_{m,j}^{-1})^T Q_t\ H_{m,j}^{-1}$ // initialize covariance

$i_{j,t}^{[k]} = 1$ // initialize counter

$w^{[k]} = p_0$ // importance weight

else if $j = \hat{c} \le N_{t-1}^{[k]}$ then // is observed feature?

$x_t^{[k]} = x_{t,j}^{[k]}$

$K = \Sigma_{j,t-1}^{[k]}\ H_{m,j}^T\ Q_j^{-1}$ // calculate Kalman gain

程序 13.3 FastSLAM 2.0 算法（这里声明的是未知数据关联）

$\mu_{j,t}^{[k]} = \mu_{j,t-1}^{[k]} + K(z_t - \hat{z}_j)$ // *update mean*
$\Sigma_{j,t}^{[k]} = (I - K\ H_{m,j})\ \Sigma_{j,t-1}^{[k]}$ // *update covariance*
$i_{j,t}^{[k]} = i_{j,t-1}^{[k]} + 1$ // *increment counter*
$L = H_{x,j}\ R_t\ H_{x,j}^T + H_{m,j}\ \Sigma_{j,t-1}^{[k]}\ H_{m,j}^T + Q_t$
$w^{[k]} = |2\pi L|^{-\frac{1}{2}}\ \exp\left\{-\frac{1}{2}\right.$
$\left.(z_t - \hat{z}_j)^T\ L^{-1}\ (z_t - \hat{z}_j)\right\}$ // *importance weight*
else // *all other features*
$\mu_{j,t}^{[k]} = \mu_{j,t-1}^{[k]}$ // *copy old mean*
$\Sigma_{j,t}^{[k]} = \Sigma_{j,t-1}^{[k]}$ // *copy old covariance*
if $\mu_{j,t-1}^{[k]}$ *outside perceptual*
range of $x_t^{[k]}$ *then* // *should feature have been seen?*
$i_{j,t}^{[k]} = i_{j,t-1}^{[k]}$ // *no, do not change*
else
$i_{j,t}^{[k]} = i_{j,t-1}^{[k]} - 1$ // *yes, decrement counter*
if $i_{j,t-1}^{[k]} < 0$ *then*
discard feature j // *discard dubious features*
endif
endif
endif
endfor
add $\left\langle x_t^{[k]}, N_t^{[k]}, \left\langle \mu_{1,t}^{[k]}, \Sigma_{1,t}^{[k]}, i_1^{[k]} \right\rangle, \ldots, \left\langle \mu_{N_t^{[k]},t}^{[k]}, \Sigma_{N_t^{[k]},t}^{[k]}, i_{N_t^{[k]}}^{[k]} \right\rangle \right\rangle$ *to* Y_{aux}
endfor
$Y_t = \emptyset$ // *construct new particle set*
do M times // *resample M particles*
draw random index k
with probability $\propto w^{[k]}$ // *resample*
add $\left\langle x_t^{[k]}, N_t^{[k]}, \left\langle \mu_{1,t}^{[k]}, \Sigma_{1,t}^{[k]}, i_1^{[k]} \right\rangle, \ldots, \left\langle \mu_{N_t^{[k]},t}^{[k]}, \Sigma_{N_t^{[k]},t}^{[k]}, i_{N_t^{[k]}}^{[k]} \right\rangle \right\rangle$ *to* Y_t
enddo
return Y_t

程序 13.3 FastSLAM 2.0 算法（这里声明的是未知数据关联）（续）

13.8 高效实现

乍一看，FastSLAM 算法的每一步更新好像均需要时间 $O(MN)$。其中，M 是粒子的数目，N 是地图特征数。考虑到每次更新必须处理 M 个粒子，M 的线性复杂度是无法避免的。N 的线性复杂度是重采样处理的结果。当粒子在重采样过程中不止一次被抽取时，“天真的实现”可能复制属于粒子的整个地图。这样的复制过程是线性于地图大小 N 的。而且，数据关联的“天真的实现”可能引起对地图 N 个特征的每一个估计测量似然，再次产生线性于 N 的复杂度。可以注意到，不好的采样过程实现可能容易增加另一个 $\log N$ 的更新复杂度。

FastSLAM 算法的高效实现仅需要 $O(M\log N)$ 的更新时间。这是地图大小 N 的对数。首先，考虑具有已知数据关联的情况。通过引入允许更多选择性更新的数据结构来表示粒子，可以避免线性复制的开销。其基本思想是将地图组织为平衡二叉树（balanced binary tree）。图 13.8a 给出了特征数 $M=8$ 的单一粒子的树。请注意，对所有 j，所有高斯参数$\boldsymbol{\mu}_j^{[k]}$和 $\boldsymbol{\Sigma}_j^{[k]}$ 位于树叶位置。假设树是近似平衡的，访问叶子需要的时间是 N 的对数。

假设 FastSLAM 算法合并了一个新的控制 $\boldsymbol{u}_t$ 和新的测量 z_t。$\boldsymbol{Y}_t$ 里的每个新粒子与 $\boldsymbol{Y}_{t-1}$ 里对应粒子的不同有以下两点：第一，它将拥有通过式（13.26）得到的不同位姿估计；第二，观察到的特征的高斯会被更新，见式（13.47）和式（13.48）。然而，所有其他高斯特征估计，将等价于产生的粒子。因此，当复制粒子时，在代表所有高斯的树里，只有一个路径一定被修改，因而产生了对数更新时间。

这个“技巧”如图 13.8b 所示。这里假设 $c_t^i=3$，因此仅高斯参数 $\boldsymbol{\mu}_3^{[k]}$ 和 $\boldsymbol{\Sigma}_3^{[k]}$ 被更新。不是产生整个新树，而是仅创建一条路径，通向高斯 $c_t^i=3$。这条路径是不完全树。通过从产出粒子的树复制缺少的指针完成该树。因此，离开路径的分支将指向与产生树完全相同（未更改的）的子树。很明显，产生这棵树花费的时间只是 N 的对数。而且，访问一个高斯所用的时间也是 N 的对数，这是因为走到树叶所需要的步数等于路径的长度（该路径长度是用对数定义的）。因此，产生和访问部分树能在 $O(\log N)$ 时间内完成。由于每个更新步骤创建 M 个新粒子，因此完整更新需要 $O(M\log N)$ 的时间。

在树里组织粒子，带来了何时释放内存的问题。内存释放同样可以在分期偿还对数时间内实现。其思想是给每个节点（内部节点或叶子节点）分配一个变量，计算指向它的指针数目。新创建节点的计数器初始化为 1。当其他粒子创建的指针指向节点时，计数器增加。当指针移除时（如经过重采样过程没有幸存下来的位姿粒子的指针），计数器减少。当计数器到达零时，它的子计数器减

a)

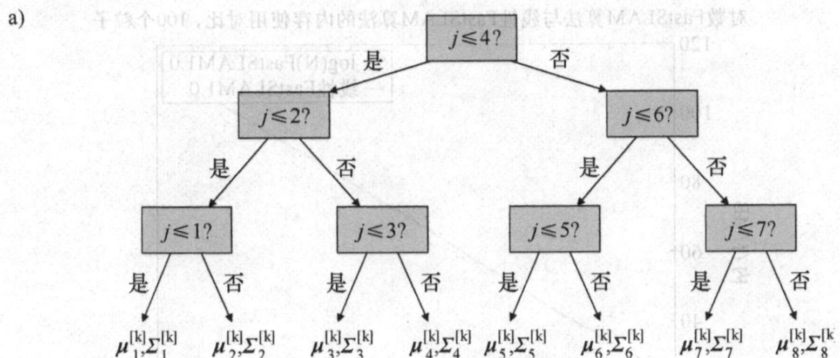

b)

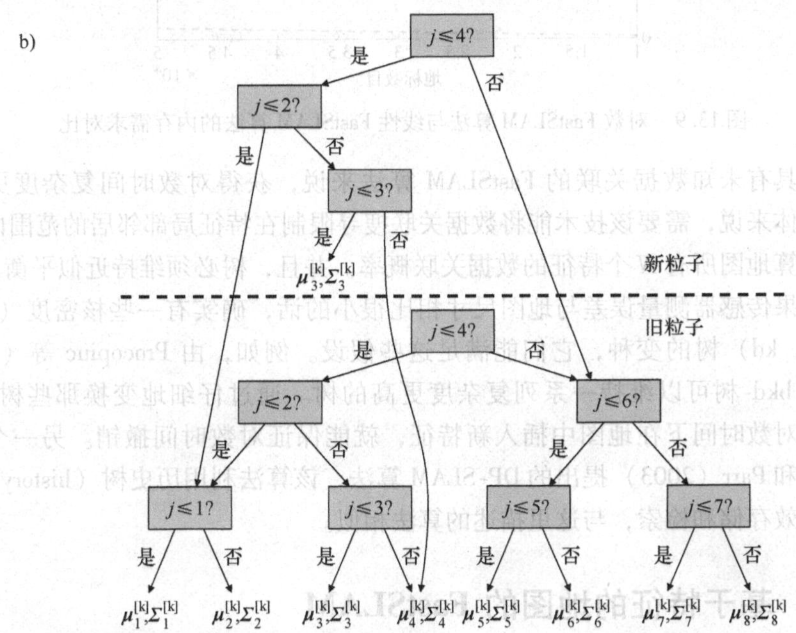

图 13.8　特征数 $M=8$ 的单一粒子的树及新粒子

a）单个粒子对 $N=8$ 特征估计的树　b）仅更改单个高斯时由旧粒子产生新粒子（新粒子仅接收局部树，由更改的高斯路径组成；所有其他指针从生成树里复制而来；这些可以在 N 的对数时间内完成）

少，并且对应节点内存被释放。该过程递归地应用到计数器达到零的节点的所有子计数器。这个递归过程平均需要 $O(M\log N)$ 的时间。

这样的树也可以大量节省内存。图 13.9 给出了实验得到的高效树技术对 FastSLAM 算法所消耗内存的影响。获得基于特征的地图所做的粒子数 $M=100$ 的 FastSLAM 1.0 的真实实现的结果如图 13.9 所示。对具有 50 000 个特征的地图，可以看到节省了近两个数量级。在更新时间方面相应的节省效果与此相似。

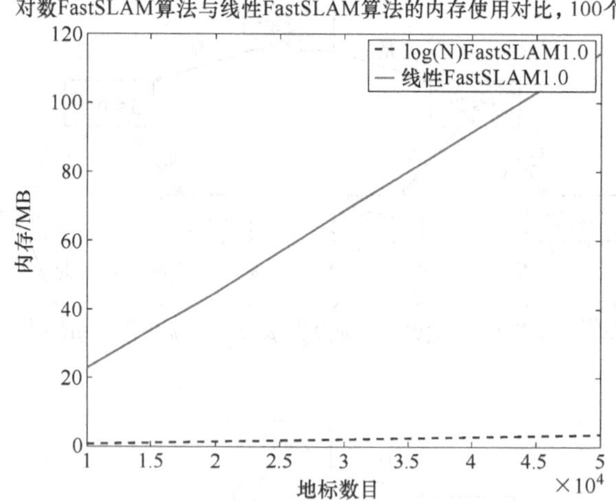

图 13.9 对数 FastSLAM 算法与线性 FastSLAM 算法的内存需求对比

对具有未知数据关联的 FastSLAM 算法来说，获得对数时间复杂度更加困难。具体来说，需要该技术能将数据关联搜寻限制在特征局部邻居的范围内，以避免计算地图所有 N 个特征的数据关联概率。并且，树必须维持近似平衡。

如果传感器测量误差与地图尺寸相比很小的话，确实有一些核密度（kernel density，kd）树的变种，它们能满足这些假设。例如，由 Procopiuc 等（2003）提出的 bkd-树可以维持一系列复杂度更高的树。通过仔细地变换那些树的项，在分期对数时间下在地图中插入新特征，就能保证对数时间撤销。另一个是由 Eliazar 和 Parr（2003）提出的 DP-SLAM 算法，该算法利用历史树（history trees）实现高效存储和检索，与这里描述的算法相似。

13.9 基于特征的地图的 FastSLAM

13.9.1 经验思考

FastSLAM 算法已应用于许多地图表示和传感器数据。如果机器人安装了传感器以检测相对于地标的距离和方位，那么最基本的应用涉及的是基于特征的地图。有一个这样的数据集合，是已在本书 12 章讨论过的澳大利亚悉尼维多利亚公园实验的数据集。图 13.10a 给出了根据整合估计控制得到的车辆路径。对于这个车辆的位置来说，控制参数是欠佳的预测器；驾驶 30min 之后，车辆的估计位姿已远离 GPS 位姿 100m 以上。

图 13.10b ~ d 给出了 FastSLAM 1.0 的输出。图中，由 GPS 估计的路径用虚

线表示，FastSLAM 算法输出的结果由实线表示。在走过 4km 以后，产生的路径的方均根误差刚刚超过 4m。这个实验是在粒子数 $M=100$ 的情况下进行的。这个误差与其他最先进的 SLAM 算法（前几章讨论过的那些算法）的误差相差无几。FastSLAM 算法的鲁棒性如图 13.10d 所示，给出了简单忽略运动信息的实验结果。而基于里程计的运动模型被布朗运动模型替代。FastSLAM 算法的平均误差在统计上很难与以前得到的误差相区分。

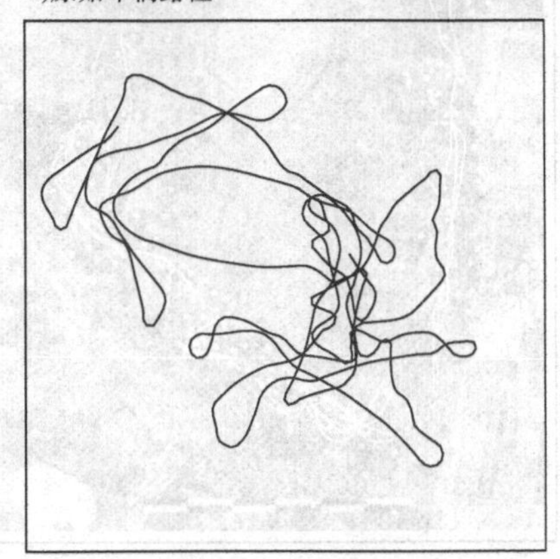

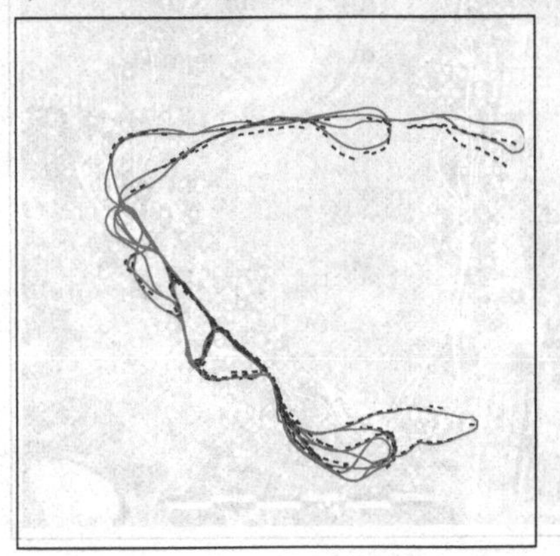

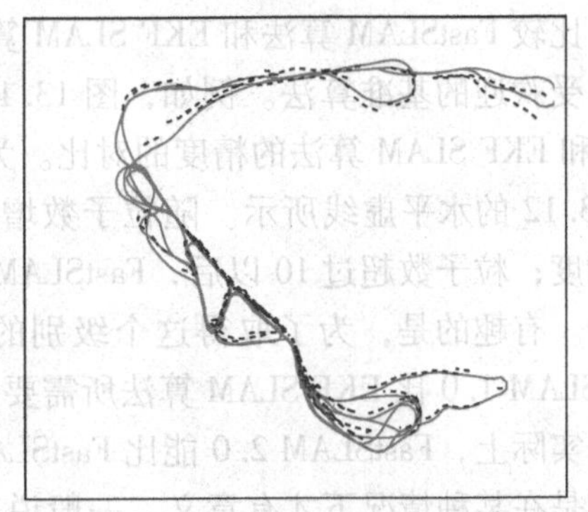

图 13.10 车辆路径估计的 FastSLAM 算法示例（数据和航拍图像由澳大利亚野外机器人中心的 José Guivant 和 Eduardo Nebot 提供）

a）根据里程计法预测的车辆路径 b）真实的路径（虚线）和 FastSLAM 1.0 路径（实线） c）叠加了 GPS 路径（虚线）、平均 FastSLAM 1.0 路径（实线）及用圆点表示的估计的特征的维多利亚公园的航拍图片 d）没有使用里程计法所创建的维多利亚公园的地图

当在基于特征的地图里实现 FastSLAM 算法时，考虑负信息是重要的。当负

信息被用来估计每个特征的存在时，如 13.6 节所述，一些虚假的特征就可以从地图中删除掉。图 13.11 给出了考虑和未考虑负信息证据的情况下所构建的维多利亚公园地图的对比。这里由于负信息的利用产生了减少 44% 特征的地图。尽管不能获得特征的确切数量，但对地图的可视化检查表明已经淘汰了很多虚假的特征。

a)没有去除特征的地图

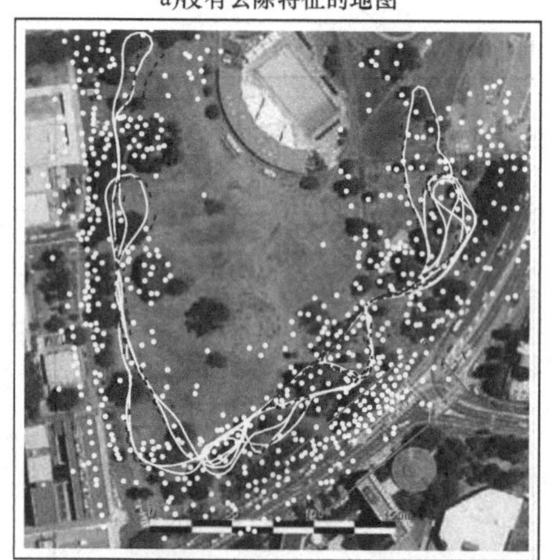

b)去除特征的地图

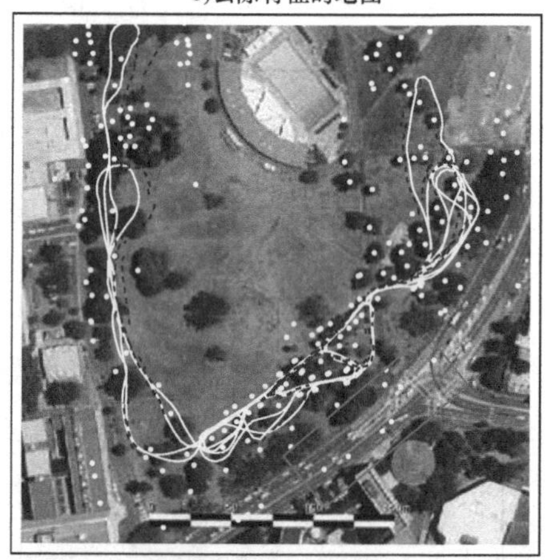

图 13.11 考虑和未考虑负信息情况下车辆路径估计的 FastSLAM 1.0 示例

a）未考虑负信息 b）去除具有基于负信息的特征

比较 FastSLAM 算法和 EKF SLAM 算法是很有意义的，EKF SLAM 算法仍然是广受欢迎的基准算法。例如，图 13.12 给出了粒子数为 1～1500 的 FastSLAM 1.0 和 EKF SLAM 算法的精度的对比。为了比较方便，EKF SLAM 算法的误差如图 13.12 的水平虚线所示。随粒子数增加，FastSLAM 1.0 的精度逐渐接近 EKF 的精度；粒子数超过 10 以后，FastSLAM 1.0 的精度在统计上与 EKF 的精度难以区分。有趣的是，为了取得这个级别的精度，具有 10 个粒子及 100 个特征的 FastSLAM 1.0 比 EKF SLAM 算法所需要的参数少一个数量级。

实际上，FastSLAM 2.0 能比 FastSLAM 1.0 产生出更好的结果，尽管这种改进只是在某种情况下才有意义。一般说来，粒子数 M 较大，并且测量噪声与运动不确定性相比较大时，两种算法产生的结果具有可比性。如图 13.13 所示，该图给出了使用 $M=100$ 个粒子时 FastSLAM 算法的两个版本的精度作为测量噪声的函数。这里最重要的发现是，在低噪仿真中，相对来说，FastSLAM 1.0 的性能欠佳。测试 FastSLAM 1.0 实现是否受到这个异常状态影响的方法是，人工放大概率模型 $p(\boldsymbol{z}\mid\boldsymbol{x})$ 的测量噪声。如果这样，放大的结果是整个地图的误差降低，而不是上升，那么就该切换到 FastSLAM 2.0 了。

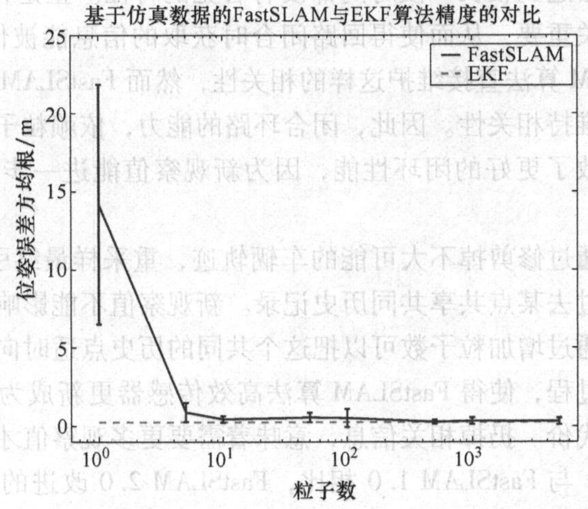

图 13.12　基于仿真数据的 FastSLAM 1.0 与 EKF SLAM 算法精度的对比

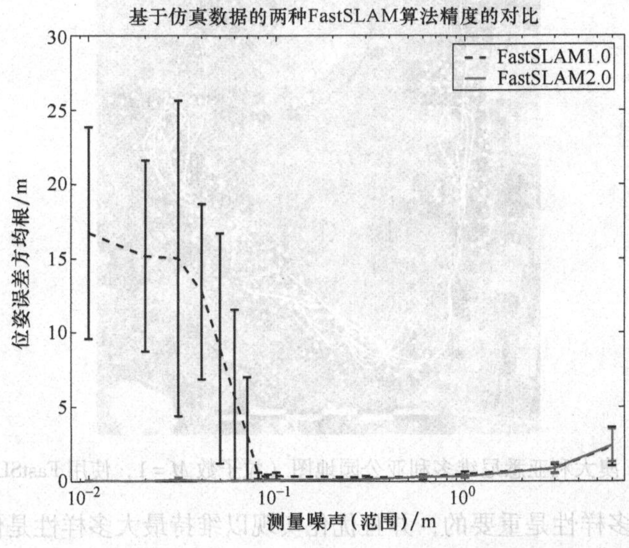

图 13.13　FastSLAM 1.0 和 FastSLAM 2.0 随测量噪声尺度的变化（正如期望的，FastSLAM 2.0 一直优于 FastSLAM 1.0；对小粒子集合差别更加明显，这里改进的建议分布更好地聚集在粒子上）

13.9.2　闭环

没有哪种算法是完美的。在某些问题中，FastSLAM 算法的性能劣于高斯。这样的问题包括闭环（loop closure）问题。在闭环问题中，机器人通过某一未知区域并且在某点会遇到较长一段时间都没有看见的特征。正是在这里维护 SLAM 算法的相关性至关重要，从而使得回路闭合时获取的信息能被传播到整个地图。EKF 和 GraphSLAM 算法直接维护这样的相关性，然而 FastSLAM 算法通过它的粒子集合的多样性维持相关性。因此，闭合环路的能力，依赖粒子数 M。采样集合更好的多样性导致了更好的闭环性能，因为新观察值能进一步影响之前的车辆位姿。

不幸的是，通过修剪掉不大可能的车辆轨迹，重采样最终引起 FastSLAM 算法的所有粒子在过去某点共享共同历史记录。新观察值不能影响在这点之前观测的特征的位置。通过增加粒子数可以把这个共同的历史点适时向后推进。随时间扔掉相关数据的过程，使得 FastSLAM 算法高效传感器更新成为可能。这个效率以慢收敛速度为代价。扔掉相关信息，意味着需要更多观察值才能获得一定的精度等级。很明显，与 FastSLAM 1.0 相比，FastSLAM 2.0 改进的建议分布确保了更少粒子在重采样中被淘汰，但是这并不能缓解这个问题。

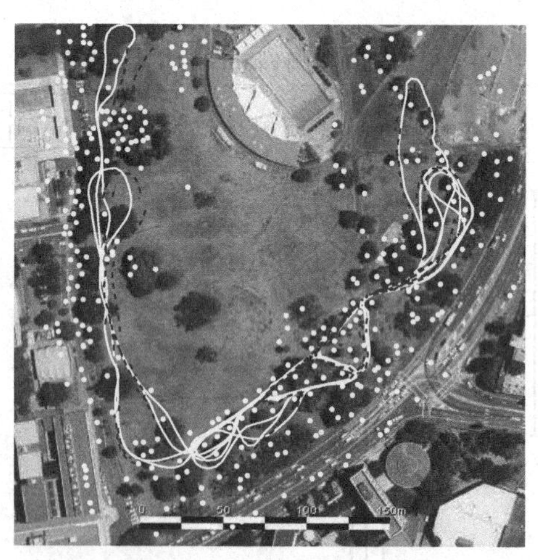

图 13.14　澳大利亚悉尼维多利亚公园地图（粒子数 $M=1$，使用 FastSLAM 2.0）

实际上，多样性是重要的，并且优化实现以维持最大多样性是值得的。闭环示例如图 13.15 所示，给出了所有 M 个粒子的历史。在图 13.15 中，FastSLAM 1.0 的粒子在环路的一部分路径上共享相同的历史。新观察值不影响这个阈值之前观察到的特征的位置。在 FastSLAM 2.0 情况下，算法能维持多样性，并向前传播到回路的开始。这对可靠的闭环和快速的收敛是至关重要的。

图 13.16a 给出了 FastSLAM 1.0 和 FastSLAM 2.0 的闭环性能实验结果对比。随着回路增大，两种算法的误差均增大。然而，FastSLAM 2.0 的特性始终优于 FastSLAM 1.0。换个说法，这个结果还可以用粒子来描述。FastSLAM 2.0 比 FastSLAM 1.0 需要更少粒子就可以形成闭环。

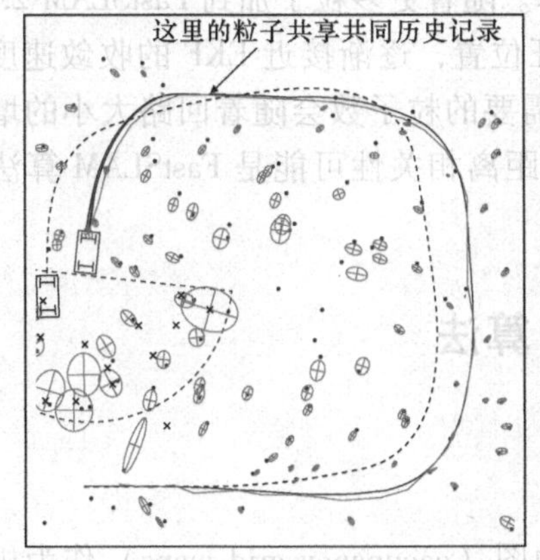

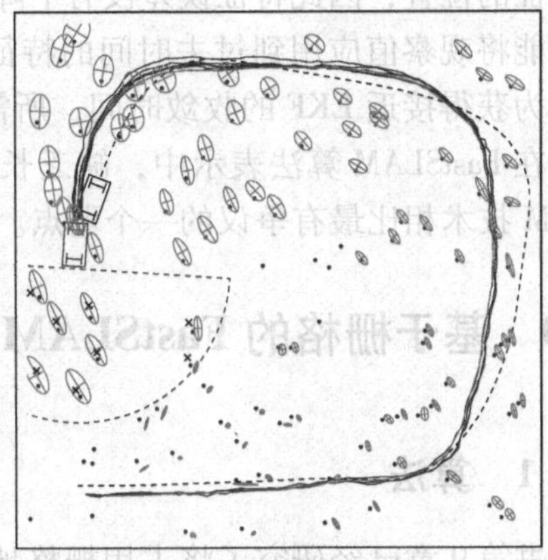

图 13.15　对于给定的固定数目的粒子，FastSLAM 2.0 能比 FastSLAM 1.0 闭合更大的回路

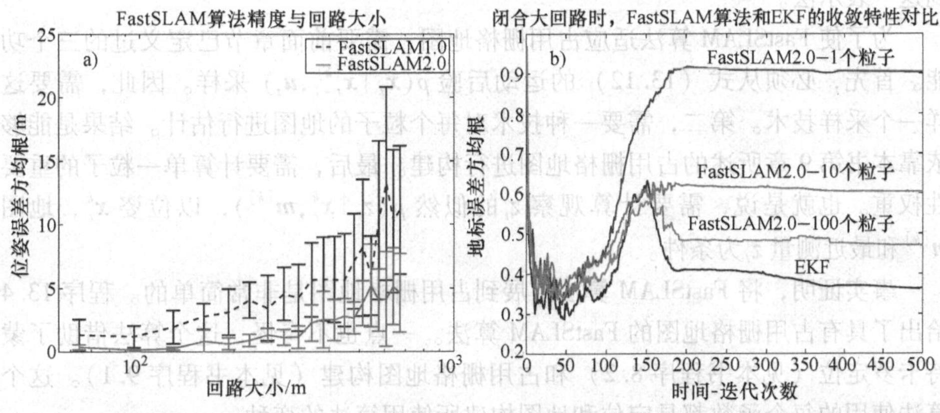

图 13.16　FastSLAM 算法精度与回路大小，以及 FastSLAM 2.0 与 EKF 收敛速度对比

a）精度作为回路大小的函数（对于给定的固定粒子数，FastSLAM 2.0 比 FastSLAM 1.0 能闭合更大的回路）　b）FastSLAM 2.0 与 EKF 收敛速度对比

图 13.16b 给出了 FastSLAM 2.0 和 EKF 的收敛速度实验结果对比。在一个较大的特征仿真回路中，FastSLAM 2.0（分别具有 1 个粒子、10 个粒子和 100 粒子）与 EKF 各运行了 10 次，如图 13.6a、b 所示。每次运行使用不同的随机种子，引起每次回路中产生的不同的控制和观察值。在每个时间步骤，对每个算法的 10 次运行计算平均的位置误差方均根。

当车辆沿着回路行走时，会在地图里逐步建立误差。当车辆在 150 次递归后，形成闭环，再次访问旧特征就会影响整个回路特征的位置，引起地图总误差降低。这一点在 EKF 中十分清晰。具有单一粒子的 FastSLAM 2.0 没有办法影响过去特征的位置，因此特征误差没有下降。随着更多粒子加到 FastSLAM 2.0 中，滤波器能将观察值应用到过去时间的特征位置，逐渐接近 EKF 的收敛速度。很明显，为获得接近 EKF 的收敛时间，所需要的粒子数会随着回路大小的增加而增加。在 FastSLAM 算法表示中，缺乏长距离相关性可能是 FastSLAM 算法与高斯 SLAM 技术相比最有争议的一个弱点。

13.10 基于栅格的 FastSLAM 算法

13.10.1 算法

本书第 9 章已经研究了将占用栅格地图（occupancy grid maps）作为机器人环境的度量表示法。这样的表示法的优势是，它不需要任何预先确定的地标定义。相反，它可以模拟任意类型的环境。本章剩余部分，将 FastSLAM 算法扩展到这一表示法。

为了使 FastSLAM 算法适应占用栅格地图，需要前面章节已定义过的三个功能。首先，必须从式（13.12）的运动后验 $p(\boldsymbol{x}_t \mid \boldsymbol{x}_{t-1}^{[k]}, \boldsymbol{u}_t)$ 采样。因此，需要这样一个采样技术。第二，需要一种技术对每个粒子的地图进行估计。结果是能够依靠本书第 9 章所述的占用栅格地图进行构建。最后，需要计算单一粒子的重要性权重。也就是说，需要计算观察 z_t 的似然 $p(z_t \mid \boldsymbol{x}_t^k, \boldsymbol{m}^{[k]})$，以位姿 $\boldsymbol{x}_t^k$、地图 $\boldsymbol{m}^{[k]}$ 和最近测量 z_t 为条件。

事实证明，将 FastSLAM 算法扩展到占用栅格地图是非常简单的。程序 13.4 给出了具有占用栅格地图的 FastSLAM 算法。一点也不奇怪，这个算法借助了蒙特卡罗定位（见本书程序 8.2）和占用栅格地图构建（见本书程序 9.1）。这个算法使用的每个函数都是定位和地图构建所使用算法的变种。

具体来说，函数 measurement_model_map$(z_t, \boldsymbol{x}_t^{[k]}, \boldsymbol{m}_{t-1}^{[k]})$，利用给定的由第 k 个粒子表示的位姿 $\boldsymbol{x}_t^{[k]}$ 和给定的基于以前测量和该粒子表示的轨迹计算出来的地图 $\boldsymbol{m}_{t-1}^{[k]}$，来计算测量 z_t 的似然。此外，对于给定的当前第 k 个粒子的位姿 $\boldsymbol{x}_t^{[k]}$，以及与之对应的地图 $\boldsymbol{m}_{t-1}^{[k]}$ 和测量 z_t，函数 updated_occupancy_grid$(z_t, \boldsymbol{x}_t^{[k]}, \boldsymbol{m}_{t-1}^{[k]})$ 计算新的占用栅格地图。

13.10.2 经验见解

图 13.17 给出了基于栅格地图的 FastSLAM 算法应用的典型情况。图中给出了三个粒子及对应的地图。每个粒子表示机器人的潜在轨迹，这就解释了为什么每个占用栅格地图看起来不同。就全局一致性而言，中间的地图是最好的。

用 FastSLAM 算法获得的地图如图 13.19 所示。该环境的大小为 28m×28m。

机器人轨迹的长度为 491m，平均速度为 0.19m/s。地图的分辨率为 10cm。为获得这个地图，只使用了 500 个粒子。在整个过程中机器人遇到两个回路。用纯里程计数据计算的地图如图 13.18 所示，可以看到机器人里程计法存在较大误差。

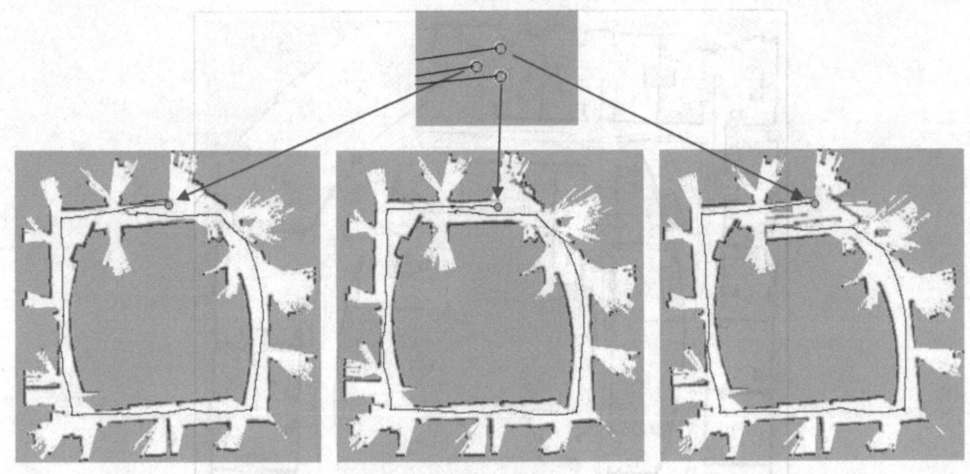

图 13.17　基于栅格的 FastSLAM 算法变种的应用（每个粒子有它自己的地图，粒子的重要性权重基于给定的粒子的地图的测量似然计算）

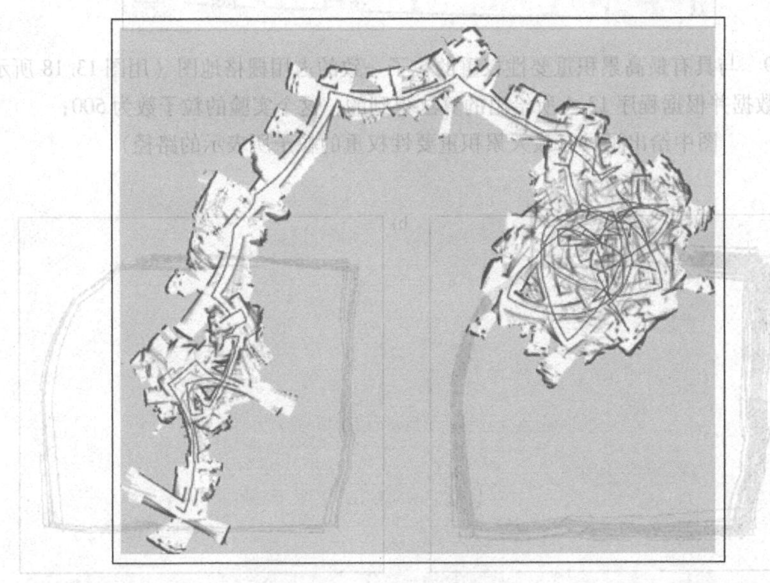

图 13.18　由激光测距数据并且基于纯里程计法产生的占用栅格地图（由德国弗莱堡大学的 Dirk Hähnel 提供）

使用多粒子的重要性如图 13.20 所示，该图形象化地给出了闭环前后的采样轨迹。如图 13.20a 所示，机器人对其相对于起始位置的相对位置很不确定，因此形成的闭环前粒子分布范围很宽。然而，在机器人重新进入已知区域后的一些重采样步骤大大降低了不确定性（见图 13.20b）。

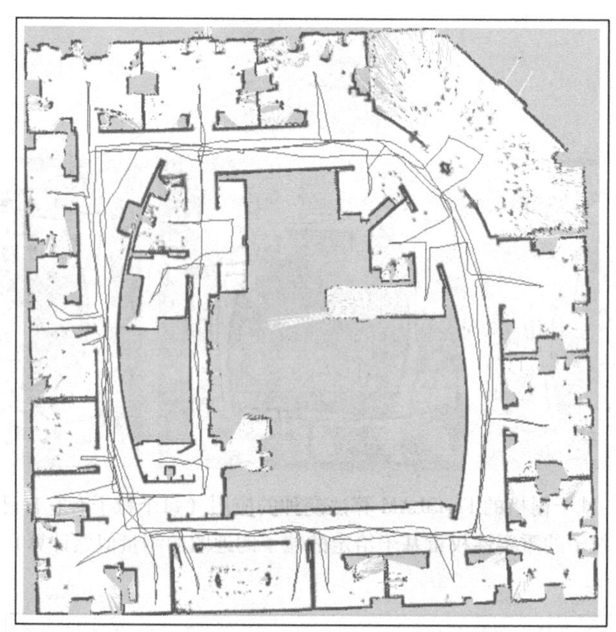

图 13.19　与具有最高累积重要性权重的粒子一致的占用栅格地图（用图 13.18 所示数据并根据程序 13.4 所给出的算法得到的；这个实验的粒子数为 500；图中给出了具有最大累积重要性权重的粒子所表示的路径）

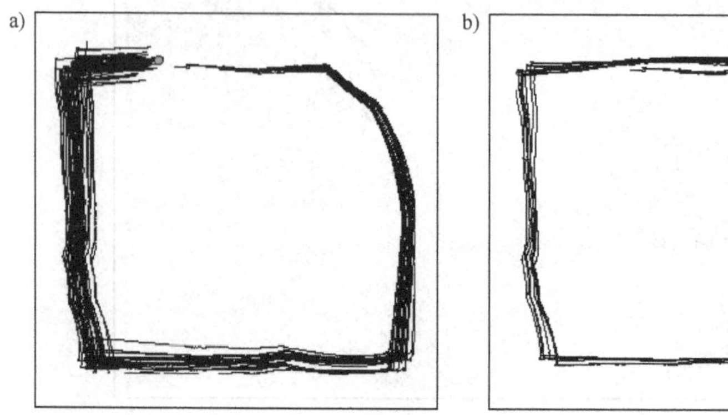

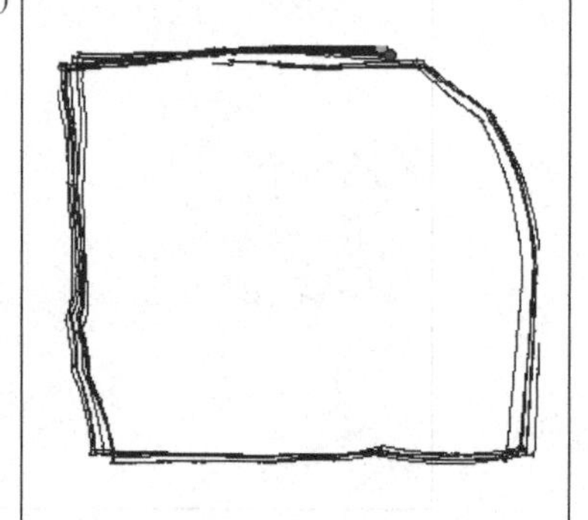

图 13.20　闭环之前（图 a）和闭环之后（图 b）的采样轨迹（环境如图 13.19 所示；由德国弗莱堡大学的 Dirk Hähnel 提供）

Algorithm FastSLAM_occupancy_grids($\mathcal{X}_{t-1}, u_t, z_t$):
　　$\bar{\mathcal{X}}_t = \mathcal{X}_t = \emptyset$
　　for $k = 1$ *to* M *do*
　　　　$x_t^{[k]}$ = **sample_motion_model**($u_t, x_{t-1}^{[k]}$)
　　　　$w_t^{[k]}$ = **measurement_model_map**($z_t, x_t^{[k]}, m_{t-1}^{[k]}$)
　　　　$m_t^{[k]}$ = **updated_occupancy_grid**($z_t, x_t^{[k]}, m_{t-1}^{[k]}$)
　　　　$\bar{\mathcal{X}}_t = \bar{\mathcal{X}}_t + \langle x_t^{[k]}, m_t^{[k]}, w_t^{[k]} \rangle$
　　endfor
　　for $k = 1$ *to* M *do*
　　　　draw i *with probability* $\propto w_t^{[i]}$
　　　　add $\langle x_t^{[i]}, m_t^{[i]} \rangle$ *to* $\mathcal{X}_t$
　　endfor
　　return $\mathcal{X}_t$

程序 13.4　获得占用栅格地图的 FastSLAM 算法

13.11　小结

本章提出了解决 SLAM 问题的粒子滤波方法，也就是著名的 FastSLAM 算法。

- FastSLAM 算法的基本思想是维护粒子集合。每个粒子都包括采样的机器人路径。它也包括地图，但是地图中的每个特征由其局部高斯表示。产生的表示法需要线性于地图大小及线性于粒子数的空间。
- 该“技巧”是用一系列单独的高斯表示地图，而不是像 EKF SLAM 算法那样用一个大的联合高斯来表示地图。而由于 SLAM 的因子结构问题，该“技巧”是可行的。具体来说，可以发现地图特征是条件独立于给定路径的。通过分解出路径（每个粒子一条），能简单地独立处理每个地图特征，因此避免了困扰 EKF 方法的维护特征间相关性的代价高昂的步骤。
- FastSLAM 算法更新与传统粒子滤波的更新一致：采样新位姿，然后更新观察到的特征。这个更新能够在线执行，FastSLAM 算法是在线 SLAM 问题的解决方法。
- 因此，可以发现 FastSLAM 算法解决了两类 SLAM 问题：离线 SLAM 问题和在线 SLAM 问题。本章给出的推导将 FastSLAM 算法看作离线技术，其中的粒子由路径空间的采样来表示，而不是由瞬时位姿空间的采样来表示。然而，得到的结果证明，没有哪一个更新步骤需要除了最新位姿之外的其他位姿的信息，于是可以安全地丢弃过去的位姿估计。这使得将 FastSLAM 算法作为滤波器运行是可行的。它也避免了粒子数量随时间线性地增长。

- 本章介绍的 FastSLAM 算法有两个不同的版本——1.0 和 2.0。FastSLAM 2.0 是 FastSLAM 算法的高级版本。该版本与基本版本的不同主要体现在，采样新位姿时，FastSLAM 2.0 会整合测量信息。为了做到这一点，其算法稍复杂一些，但 FastSLAM 2.0 优于 FastSLAM 1.0，因为它需要更少的粒子数。

- 使用粒子滤波的思想，使得在每个粒子的基础上估计数据关联变量成为可能。每个粒子能基于不同的数据关联。这就为 FastSLAM 算法提供了简单和强大的机制以解决 SLAM 里的数据关联问题。而以前的算法，特别是 EKF、GraphSLAM 和 SEIF，在任何时间点，对整个滤波，不得不采用单一数据关联决策，并且需要更小心地选择数据关联值。

- 为了随时间的推移高效地更新粒子，本章还讨论了地图的树表示法。这些表示法可能使得 FastSLAM 算法的更新复杂度从线性关系降低到对数关系，能够使粒子共享相同的地图部分。这样的树的思想在应用中很重要，因为它使 FastSLAM 算法能处理的地图特征达到 10^9 甚至更多。

- 本章也讨论了利用负信息的技术。其中一个技术涉及将没有足够证据支持的特征从地图中移除。这里的 FastSLAM 算法采用证据集成方法，与介绍占用栅格地图章节的方法相似。另一个技术涉及粒子本身的权重：当未能在一个粒子的地图中观察到特征时，这样的粒子通过乘以其重要性权重，来降低它的值。

- 本章还讨论了两种 FastSLAM 算法的一些实际特性。实验表明在基于特征的地图和度量占用栅格地图中，两种算法实际上运行良好。从实际角度，FastSLAM 算法是目前可用的最好的概率 SLAM 技术之一。它的缩放特性只有前面章节描述的一些信息滤波算法比得上。

- 本章还将 FastSLAM 2.0 扩展到其他的地图表示形式。在一种地图表示中，地图是由用激光测距仪检测到的点组成的。在这种情况下，就可以放弃通过高斯分布来对不确定的特征建模的思想，并且可以依靠扫描匹配技术实现 FastSLAM 2.0 的前向采样过程。粒子滤波的使用带来了具有更好鲁棒性的闭环技术。

FastSLAM 算法可能的最大局限，是通过粒子集合的多样性仅隐式地维护特征位置估计的相关性。在某些情况下，当与高斯 SLAM 技术比较时，这会对收敛速度造成负面影响。当使用 FastSLAM 算法时，必须注意降低 FastSLAM 算法粒子损失问题导致的不利影响。

13.12　文献综述

通过采样与参数浓度函数联合来计算变量集合分布的思想归功于 Rao (1945) 和 Blackwell (1947)。现在，该方法在统计学文献里已经成为通用的工具（Gilks 等，1996；Doucet 等，2001）。第一个在闭环中使用粒子滤波作为地图构建算法的例子出现在 Thrun 等（2000b）的文献中。将 R-B 粒子滤波正式引入到 SLAM 领域应归功于 Murphy（2000a）、Murphy 与 Russell（2001），在占用栅格地图情况下他们发展了这一思想。

FastSLAM 算法首先由 Montemerlo 等（2002a）开发，他们也开发了高效维护多地图的树表示方法。将这个算法扩展到高分辨率地图应归功于 Eliazar 和 Parr，他们的 DP-SLAM 算法以前所未有的精度和清晰度根据激光测距扫描来产生地图。其核心数据结构称为继承关系树（ancestry trees），它将 FastSLAM 算法树扩展到占用地图的更新问题。更高效的版本被称为 DP-SLAM 2.0（Eliazar 与 Parr，2004）。FastSLAM 2.0 算法由 Montemerlo 等（2003b）开发。该算法是基于 van der Merwe 等（2001）的早期工作。在粒子滤波理论中，他们倡导了使用测量作为建议分布的一部分的思想。本章基于栅格的 FastSLAM 算法归功于 Hähnel 等（2003b），他们将改进的建议分布思想与 R-B 滤波相结合，并将其应用到基于栅格的地图。Avots 等（2002）描述了动态办公环境下跟踪门的状态的 R-B 滤波技术。

FastSLAM 算法最重要的贡献在于数据关联领域。最初的 SLAM 研究（Smith 等，1990；Moutarlier 与 Chatila，1989a）采用了最大似然数据关联，正如 Dissanayake 等（2001）详细推导的那样。数据关联技术的关键限制，是没有能力实施互斥性（mutual exclusivity）：由同一次传感测量（或非常短的时间间隔内）看见的两个不同特征不可能对应环境中的同一物理特征。了解了这一点，Neira 与 Tardós 开发了测试特征集合一致性的技术，该技术大大降低了数据关联的错误。为适应巨大的潜在关联（指数于每个时间点所考虑的特征数），Neira 等（2003）提出了数据关联空间的随机采样技术。然而，所有这些技术，维护的是单一 SLAM 后验模式。Feder 等（1999）将贪婪数据关联方法用于处理声呐数据，但实施延迟决策以解决模糊性。

在 SLAM 里，维护多模式后验的思想可以追溯到 Durrant-Whyte 等（2001），他们的算法“高斯求和”使用了高斯混合来表示后验。

每个混合分量对应所有数据关联决策的历史记录中的不同轨迹。FastSLAM 算法采用了这一思想，但应用粒子取代了高斯混合分量。懒惰数据关联思想可以追溯到其他领域，如计算机视觉领域流行的 RANSAC 算法（Fischler 与 Bolles，

1981)。前面章节介绍的树算法应归功于 Hähnel 等（2003a)。正如前面提到的，它与 Kuipers 等（2004）的工作是并行的。在数据关联方面，一个完全不同的方法由 Shatkay 和 Kaelbling（1997)、Thrun 等（1998b）提出。该方法使用期望最大化算法（expectation maximization）解决一致性问题（Dempster 等，1977)。对于所有特征，EM 算法重复数据关联和地图构建，从而同时在数字地图参数空间和离散一致性空间执行搜索。Araneda（2003）成功地将 MCMC 技术应用于离线 SLAM 数据关联。

数据关联问题自然地出现在多机器人地图整合情况下。很多文献开发了根据别的机器人定位一个机器人的算法，这是基于它们两个运行在同一环境中并且它们的地图重叠的假设下（Gutmann 和 Konolige，2000；Thrun 等，2000b)。为整合它们的信息，Roy 和 Dudek（2001）开发了相应的技术，但这些机器人必须在某地集结。然而，对于一般的情况，数据关联技术必须考虑地图不叠加的可能性。Stewart 等（2003）开发了粒子滤波算法，明确地模拟了地图重叠的可能性。为计算这个概率，他们的算法包含了贝叶斯估计，该算法考虑了特定的局部地图在环境中有多“普通”。在多机器人地图构建数据关联中，特征集合匹配的思想归功于 Dedeoglu 与 Sukhatme（2000)，也可参见 Thrun 与 Liu（2003）的文献。为避免不完全地图的非一致性，新的非平面地图表示法由 Howard（2004）提出。他的方法导致了显著的精确得多机器人地图构建结果（Howard 等，2004)。

13.13 习题

1. 对如下 3 种 SLAM 算法，列出 3 个关键的独特的优点：EKF、GraphSLAM、FastSLAM。

2. 描述一组情况，在这些情况下，FastSLAM 1.0 不能收敛，而 FastSLAM 2.0 能收敛到正确的地图（以概率 1)。

3. 本章 13.2 节介绍了，以最新位姿 $\boldsymbol{x}_t$ 而不是整条路径 $\boldsymbol{x}_{1:t}$ 为条件是不充分的，因为依赖可能由以前的位姿引起。证明这个论断。可以使用例子来证明它。

4. FastSLAM 算法产生了许多不同地图，每个粒子一个。本章未解决如何将这些地图合并成单一后验估计的问题。建议考虑两种方法：一种方法是具有已知一致性的 FastSLAM 算法，一种是具有所有粒子数据关联的 FastSLAM 算法。

5. FastSLAM 2.0 对 FastSLAM 1.0 的改进，在建议分布的特性方面。对蒙特卡罗定位（MCL）开发相同的分布：为基于特征地图的 MCL 设计相似的建议分布，并将产生的算法声明为“MCL 2.0”。对于本习题，读者可以假设已知一致性。

6. 本章 13.8 节描述了高效树的实现，但是没有提供伪码。在本习题中，要求为树提供相应的数据结构和更新方程，假设特征数预先已知，并且无需面对一致性问题。

7. 从经验上验证 FastSLAM 算法确实维护了特征估计与机器人位姿估计之间的相关性。具体来说，应用 FastSLAM 1.0 处理线性高斯 SLAM 问题。回想一下前面的习题，线性高斯 SLAM 下的运动和测量方程是线性的并有可加高斯噪声：

$$\boldsymbol{x}_t \sim \mathcal{N}(\boldsymbol{x}_{t-1} + \boldsymbol{u}_t)$$

$$z_t = \mathcal{N}(\boldsymbol{m}_j - \boldsymbol{x}_t, \boldsymbol{Q}_t)$$

仿真运行 FastSLAM 1.0。t 步之后，使高斯适合特征位置和机器人位姿联合空间。由这个高斯计算相关矩阵，说明作为 t 的函数的相关性的优点。并说明发现了什么。

8. 正如正文提到的，FastSLAM 算法是一种 R-B 粒子滤波。在本习题中，要求针对不同问题设计 R-B 粒子滤波，处理具有系统漂移的机器人定位问题。系统漂移在测距法里是普遍存在的现象；可以看一看本书图 9.1 和图 10.7 所示的两个特定的强漂移实例。假设给定环境地图。能否设计 R-B 滤波同时估计机器人漂移参数和机器人在环境中的位置？设计的滤波应该结合粒子滤波与卡尔曼滤波。

第Ⅳ部分 规划与控制

第14章 马尔可夫决策过程

14.1 目的

本章开始将介绍概率规划与控制（planning and control）方面的内容。到目前为止，本书只关注机器人感知的内容，讨论了一系列的概率算法。这些算法根据传感数据来估计一些有趣的量。然而，任何机器人软件的最终目标是选择适当的行动。本章和后面的章节将讨论行动选择（action selection）的概率算法。

考虑下面的例子，开展概率规划算法的研究：

1. 机械臂抓住并装配在传送带上以任意组态（configuration）到达的部件。虽然部件到达时其组态是未知的，但是优化控制策略则是需要组态信息的。机器人如何处理呢？它需要感知吗？如果需要感知，所有感知策略都一样好吗？是否存在那样的控制策略使得无需感知就可以产生良好的组态？

2. 潜水器要从加拿大航行到里海，它是否可以冒着在冰下迷失方向的危险抄近路通过北极？或者可否借助基于卫星的全球定位系统有规律的重定位，来绕远路走公海？机器人做出决策在多大程度上依赖潜水器的惯性传感器。

3. 一组机器人探索未知的星球，试图获得联合地图。机器人之间需要相互寻找以确定它们彼此的相对位置吗？或者它们反而是要相互避开以便在更短时间内覆盖更多未知的区域？当机器人相对起始位置未知情况下，如何改变优化探测策略呢?

这些实例阐述了在很多机器人任务里行动选择与不确定性概念紧密相连。在某些任务中，如机器人探测，降低不确定性是行动选择的直接目标。这样的问题就是著名的信息收集任务（information gathering tasks），这将在本书第 17 章进行研究。在另外的情况下，降低不确定性只是获得其他目标的方式，如可靠地到达目标位置。这些任务将在本章和后面章节研究。

从算法设计的角度来看，区分两种类型的不确定性是比较方便的：行动效果的不确定性，感知的不确定性。

首先，将确定的（deterministic）行动效果与随机的行动效果区分开来。很多机器人学的理论结果，是基于控制行动的结果是确定的这一假设的。然而，事实上，行动导致不确定性，因为行动的结果是非确定性的。来自机器人及其环境的随机特性的不确定性，会使得机器人在执行时间内感知并对不可预见的情况做出反应，即使环境状态是充分能观测的。在运行时间里，规划单个序列的行动并盲目执行它是不够的。

其次，要区分完全能观测（fully observable）系统和部分能观测（partially observable）系统。传统机器人技术经常假定，传感器能够测量环境的全部状态。如果是这种情况，那就没有必要写本书了。事实上，往往会出现相反的情况。在几乎所有感兴趣的真实世界的机器人学问题中，传感器的局限性是一个关键因素。

显而易见，当机器人决定做什么的时候，应该考虑它们当前的不确定性（current uncertainty）。当选择控制行动时，机器人至少应该考虑各种各样的结果（可能包括灾难性的失效），权衡这种结果可能实际出现的概率。无论如何，机器人控制必须能够处理将来的可预期的不确定性（anticipated uncertainty）。关于后者的示例已在前面给出，在这个示例中已讨论过机器人要在抄近路通过不能使用 GPS 定位的环境与绕远路以降低迷路风险之间做出选择。最小化可预期的不确定性对很多机器人应用来说是必需的。

自始至终，本章将采取一个自由的视点，并令规划和控制没有本质的区别。从根本上说，规划和控制处理同样的问题：选择行动。它们的区别在于选择行动的时间约束和执行过程中感知的作用不同。本章所描述的算法的相似性，在于它们都需要离线优化、规划与分阶段执行。规划阶段的结果是一个控制策略，该控制策略规定了任意合理情境下的控制行动。换句话说，控制策略实际上是一个控制者。从这个意义上来说，它能够用最少的计算时间决定机器人的行动。虽然要选择算法，但绝不意味着这是唯一的处理机器人不确定性的方式。其实它反映了当前概率机器人学领域的算法风格。

本章讨论的大多数算法假设有限的状态和行动空间。连续空间使用栅格形式来近似表示，本书第 14 ~ 17 章的内容如下：

- 本章深入地讨论了两类不确定性的作用，并列出它们在算法设计上的意义。作为第一个约束类问题的解决方案，本章将引入概率系统流行的规划算法——值迭代。本章仅讨论第一类不确定性：机器人运动的不确定性。这里假设状态是完全能观测的。其底层数学框架是马尔可夫决策过程（Markov Decision Processes，MDP）。
- 第 15 章概括了两类不确定性（行动影响和感知）值迭代技术。该算法把值迭代应用到置信状态表示上。该算法的底层框架是部分能观测马尔可夫决策过程（Partially Observable MDP，POMDP）。POMDP 算法可预见不确定性，主动收集信息，并追求任意性能指标时的最佳控测。第 15 章也同时讨论了能更高效计算控制策略的一些高效近似方法。
- 第 16 章介绍了一些用于 POMDP 的近似值迭代算法。这些算法有一个共性，即近似概率规划过程，以便获得计算效率。第一种算法是，通过假设将来某一点状态变为完全能观测，为概率规划提供捷径。第二种算法是，将置信状态压缩为低维表示，并使用这种表示进行规划。第三种算法是，使用粒子滤波和机器学习方法简化问题空间。这三种算法都大大提高了计算性能，并在实际机器人应用中运行良好。
- 第 17 章讨论了关于机器人探测的专门问题。机器人的目标是收集它所在环境的信息。当使用探测技术处理传感器不确定性问题时，该问题比完全 POMDP 问题简单许多，因此能被更高效地解决。概率探测技术在机器人学中广泛流行，是因为机器人被频繁地用于获取未知空间的信息。

14.2　行动选择的不确定性

图 14.1 给出了类似玩具的环境，可以用来演示机器人可能面对的不同类型的不确定性。如图所示，移动机器人位于类似走廊的环境里。环境是高度对称

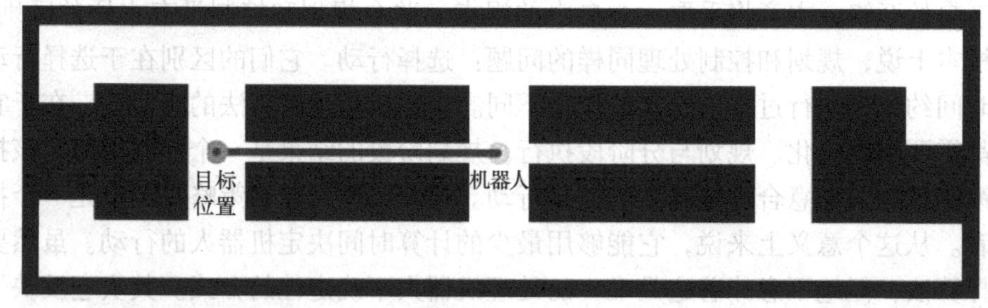

图 14.1　有窄走廊和宽走廊的接近对称的环境（机器人开始位于中心位置，方向未知；其任务是移动到位于左边的目标位置）

的，唯一区别的特征是远端形状不同。机器人开始位于图示位置，并试图到达目标位置。可以注意到，有多条路径可以到达目标：一条比较近但是很狭窄，另外两条较长且较宽。

在传统机器人规划范例中，没有不确定性，机器人只是简单地知道它的初始位姿和目标位置，而且在客观世界里执行的行动具有可预测的结果，这种结果能够预先规划。在这种情况下，不需要感知，离线规划一连串的行动就足够了。这些行动能够在运行时间里执行。图 14.1 给出的就是这样一个规划示例。显然，在不存在机器人运动误差的情况下，狭窄的短路径优于任意一条较长并较宽的路径。因此，传统的规划器选择前者而不是后者。

实际上，这样的规划容易失败，原因不止一个。机器人盲目地走在狭窄的走廊里要冒着撞到墙的危险。而且，由于在规划执行过程中累积的误差，盲目执行的机器人可能会错过目标位置。实际上，这类规划算法通常与基于传感器的反馈控制模块结合起来，该模块能综合传感器读数调整规划，以便避免碰撞。这样的模块可以防止机器人在狭窄的走廊中发生碰撞。然而，为了达到上述目的，机器人可能需要放慢速度，这就使得在狭窄路径上行走反而不如在较宽较长的路径上行走。

在机器人运动中包含了不确定性的范例就是 MDP。MDP 假设环境状态能够随时完全感知。换句话说，感知模型 $p(\boldsymbol{z} \mid \boldsymbol{x})$ 是确定性的和双射的。然而，MDP 框架允许随机行动的影响，运动模型 $p(\boldsymbol{x}' \mid \boldsymbol{u},\boldsymbol{x})$ 可以是非确定性的。因此，它不足以规划一系列的行动。但是，规划器必须能产生对应机器人有可能面对的所有情况的动作，因为机器人的行动或其他不可预测的环境都是动态的。这里处理产生的不确定性的方式，可能是为机器人可能面临的所有情况产生行动选择策略（policy for action selection）。这样一个从状态到行动的映射有许多名字，如控制策略（control policy）、通用规划（universal plans）和导航函数（navigation functions）。图 14.2 给出了这种策略的一个示例。机器人计算图中箭头所示的从状态到行动的映射，而不是计算一系列的动作。一旦这个映射计算出来，机器人就能通过感知环境的状态并相应地行动，来适应非确定性。图 14.2a 给出了几乎没有运动不确定性的机器人的策略。在这种情况下，狭窄路径确实是可以接受的。图 14.2b 给出了其他情况相同只是增加了机器人运动随机性的示例。在这种情况下，在狭窄路径上更可能发生碰撞，因此绕道行走变得更可取。这个示例说明了两件事情：运动规划过程中综合不确定性的重要性，以及使用本章所介绍的算法寻找好的控制策略的能力。

现在，回到最一般的全不确定的情况，并丢弃状态完全能观测的假设。这种情况就是 POMDP，在大多数但不是全部机器人学应用中，测量值 $\boldsymbol{z}$ 是状态 $\boldsymbol{x}$ 的有噪声投影。因此，位姿只能在一定程度上被估计，为了说明这一点，再次考虑

a)

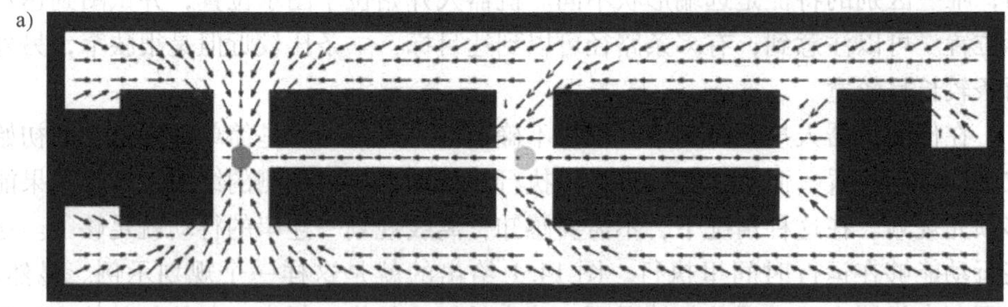

b)

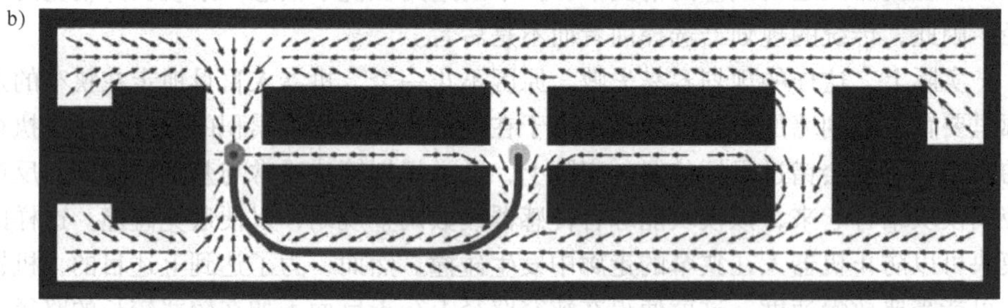

图 14.2 MDP 的值函数和控制策略（在确定性模型下，机器人性能良好，可以在狭窄路径上导航；当行动结果不确定时，选择较长的路径更好，可以降低撞到墙的危险；图 b 只给出了一条路径）
a）确定性行动的结果 b）非确定性行动的结果

上述示例，但在不同的假设下。假设机器人知道它最初的位置但不知道它是朝向左还是朝向右，而且没有传感器感知它是否到达了目标位置。

很显然，环境的对称性使机器人很难辨别方向。通过直接向规划的目标移动，机器人有 50% 的机会错过目标，反而会移动到环境中正确尺寸的对称位置。因此，最优的规划是，机器人移动到环境的任意角落，在这里就能够充分感知以消除方向的歧义。移动到角落的一个策略如图 14.3 所示。基于它最初的方向，机器人可以执行图示两条路径的任意一条。当机器人到达某一个角落时，它的传感器就能知道它的方向，也能知道它相对于环境的实际位置。机器人这时就能发现自己是处在图 14.3b、c 所示两个位置中的那一个，并能安全到达目标位置。

这个示例阐述了概率机器人学的一个关键方面。机器人必须主动收集信息，为了做到，机器人可能要绕道，以绝对确定地知道自己的状态。这个问题在机器人学中是至关重要的。对于几乎所有的机器人学的任务，机器人传感器关于机器人能知道什么及能在哪里获取信息具有固有的局限性。同样的情况也发生在定位和恢复、行星探索、城市搜救等多样性任务中。

现在引出的问题是，如何为行动选择设计算法，用来处理这类不确定性。正

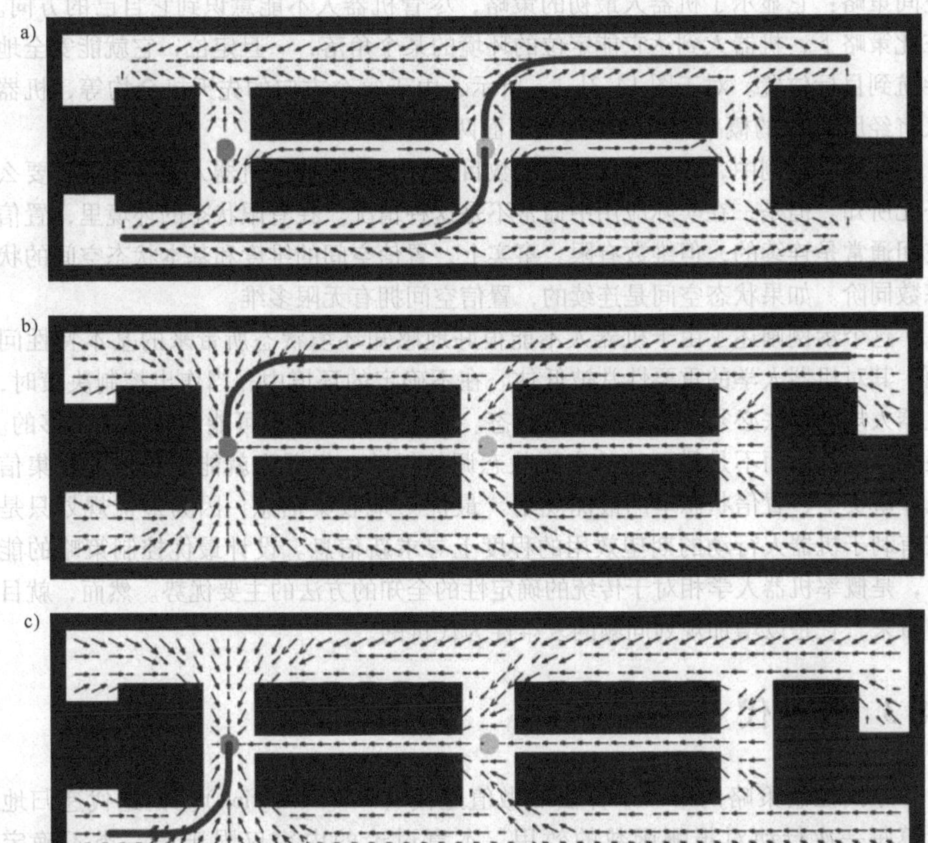

图 14.3　POMDP 收集信息的行动（为了以超过 50% 的机会达到目标，置信空间规划器首先导航到可以确定全局方向的位置；图 a）给出了对应的策略与机器人可能行走的路径；根据它的位置，机器人可以知道它是在图 b）或 c）所示的角落，机器人就可以安全地从这里到达目标）

如本书将要讨论的，这是一个重要的问题。解决这个问题，就是要根据当前的信息状态分析各种可能的情况，以决定应该做什么。在示例中，有两种这样的情况：目标在相对于机器人初始朝向的左前方；目标在初始机器人前进方向相对位置的右后方。然而，在两种情况下，最优策略并不是将机器人带到一个能够消除它的位姿歧义的位置。换言之，部分能观测环境的规划问题，通过考虑各种可能的环境和求解均值，是不能解决的。

相反，关键的思想是在置信空间（belief space）或者信息空间（information space）产生规划。置信空间包含机器人所在环境的所有后验置信的空间。示例中的置信空间与图 14.3 所示的三种情况相对应。图 14.3a 给出了这样一个置信空间策略：它显示了机器人最初的策略，尽管机器人不能意识到它自己的方向。在此策略下，机器人到达它能定位的环境的某个角落，一旦定位，它就能安全地导航到目标位置。对于图 14.3b、c 所示，由于每个方向的先天机会均等，机器人将经历 50% 的概率随机转移进入下面两个图形中的一个。

在这个示例中，各种置信状态的数目恰好是有限的：机器人要么知道，要么一无所知。但是，在实际应用中通常不是这种情况。在有限状态的环境里，置信空间通常是连续的，但维数有限。事实上，置信空间的维度和基本状态空间的状态数同阶。如果状态空间是连续的，置信空间拥有无限多维。

这个示例阐述了由于机器人不能很好地感知环境状态所带来的基本特性问题。其对机器人学的重要性常被低估。在不确定的环境中，当作出控制决策时，机器人规划算法必须考虑它的信息状态。总之，只考虑最可能的状态是不够的。根据置信状态而不是最可能的实际状态调整行动，机器人就能够积极地收集信息。事实上，置信状态里的最优规划“最优”地收集信息，因为最优规划只是在有利于机器人行动的期望效用的程度上寻求新信息。设计最优控制策略的能力，是概率机器人学相对于传统的确定性的全知的方法的主要优势。然而，就目前看来，它是以增加规划问题的复杂性为代价的。

14.3 值迭代

寻找控制策略的第一个算法叫做值迭代（value iteration）。值迭代递归地计算每一次行动对报酬函数的效用。本章讨论的内容仅限于第一类不确定性：客观环境和机器人的随机性。后面章节将再来处理因传感器局限而引起的不确定性。因此，下面将假定，环境的状态在任何时间点上都是完全能观测的。

14.3.1 目标和报酬

在描述具体的算法之前，首先使用更简明的术语来定义问题。通常，机器人的行动选择是靠目标（goals）驱动的。目标可能与特定的组态有关（如机械臂成功地捡起并放置部件）或较长时间保持某种状态（如机器人保持杆的平衡）。在机器人学里，有时关心获得特定的目标组态，而又同时优化其他变量，如经常考虑的是花费（cost）。例如，可能对机械臂的末端器移动到特定位置感兴趣，而同时使时间、能量消耗或者碰撞障碍物的次数最少等。

乍一看，也许会用两个量来表达这些要求：一个是最大化（如用一个二进制标志来指示机器人是否达到了目标位置）；而另一个是最小化（如机器人所消耗的总能量）。然而，这两者可以用一个报酬函数（payoff function）表示。

报酬用函数 r 表示，是状态和机器人控制的函数。例如，一个简单的报酬函数可以表示为

$$r(\boldsymbol{x},\boldsymbol{u})=\begin{cases}+100 & \text{如果控制 } \boldsymbol{u} \text{ 让机器人达到目标组态或位姿}\\ -1 & \text{其他}\end{cases} \tag{14.1}$$

如果获得目标组态，报酬函数用 +100“奖赏”机器人；而在机器人还没有到达目标组态时，每一时间步长用 -1“处罚”机器人。如果机器人在最小可能的时间里达到目标组态，报酬函数将产生最大累计报酬。

为什么使用单一报酬变量来表示目标获取和花费呢？主要有两个原因：首先避免公式中出现符号混乱，整本书将花费和目标获取统一处理。第二，更重要的是通过这种方式，表达目标获取和花费之间的基本权衡。由于机器人具有固有的不确定性，它们不能确定无疑地知道是否已获得目标组态，而是期望最大可能达到某一目标。目标获取和花费之间的权衡问题其实是“增加到达目标的可能性是否值得付出额外的努力？（如在能量、时间方面）”。将目标获取和花费作为一个数学因子来处理，从而可以权衡两者的关系，因此为在不确定性下选择行动提供了一致的框架。

本书有兴趣设计产生行动的程序，以便优化将来的期望报酬函数。这样的程序通常被称为控制策略（control policy）或简称策略（policy）。其可以如下表示：

$$\pi:z_{1:t-1},u_{1:t-1}\rightarrow u_t \tag{14.2}$$

在完全能观测的情况下，假设更简单的情况：

$$\pi:x_t\rightarrow u_t \tag{14.3}$$

因此，策略 π 是一个函数，它将以前的数据映射为控制；或者当状态能观测时，把状态映射为控制。

到目前为止，控制策略的定义没有声明它的计算性能。策略可能是一个快速的有反应能力的只基于最近的数据项的决策算法，或者是一个缜密的规划算法。实际上，计算上的考虑是基本的，因为控制计算的任何延迟都可能对机器人性能产生负面影响。这里定义的策略 π 没有对环境是确定性的还是非确定性的做出保证。

在创建控制策略情况下，一个有趣的概念是规划周期（planning horizon）。有时，为最大化下一个报酬值，只选择一个控制行动就足够了。然而在很多时候，一个行动不可能立即取得成功。例如，在机器人向它的目标位置移动的过程中，只有在机器人到达目标位置时的最后一个行动后才会收到最终的报酬，因此报酬可能延迟。一个恰当的目标是选择行动以便将来所有报酬的和最大，这里称这个和为累积报酬（cumulative payoff）。既然环境是非确

定性的，最佳报酬能优化为累积报酬的数学期望（expected cumulative payoff），通常记为

$$R_T = E\left[\sum_{\tau=1}^{T} \gamma^{\tau} r_{t+\tau}\right] \tag{14.4}$$

这里，数学期望$E[\ ]$由将来时刻报酬值$r_{t+\tau}$计算，机器人可以在$t \sim t+T$时间段内获得$r_{t+\tau}$。每个报酬$r_{t+\tau}$都乘以折扣因子（discount factor）γ^{τ}。γ的值是一个问题特定参数，其值在区间$[0, 1]$内。如果$\gamma=1$，对任意值τ，有$\gamma^{\tau}=1$，因此这个因子在式（14.4）中可以省略。若γ值更小，则以指数方式折扣未来报酬，使得以初期指数方式折扣报酬比后期更重要。该折扣因子的重要性将在后面章节讨论。该折扣因子与金钱类似，由于通货膨胀，金钱价值会以指数的形式损失。

可以看到，R_T是T个时间步长的和，T称为规划周期（planning horizon）或简称为周期（horizon）。这里区分以下三种重要的情况：

1. $T=1$。这种状况为贪婪状况（greedy case），此时机器人只是最小化下一时刻的报酬。尽管这种方法会因为它不能捕捉超过下一时间步长的行动效果而退化，但是它仍然在实际应用中扮演着重要的角色。它如此重要是由于，贪婪优化远比多步优化简单。在许多机器人学问题中，贪婪算法是当前最著名的解决方案，因为它可以在多项式时间内完成计算。显然关于折扣因子γ的贪婪优化是不变量，但是要求$\gamma>0$。

2. $T>1$，但有限。这种状况被称为有限周期状况（finite-horizon case）。典型的情况是，报酬在整个时间上没有折扣，因此$\gamma=1$。有人可能会认为有限周期情况是最让人在意的，因为对于所有应用目的来说，时间是有限的。然而，有限周期最优化通常比非折扣无限周期情况的最优化更难获得。为什么是这样呢？第一个原因来自最优控制行动是时间周期函数的观察。例如，在接近时间周期的远端，最优策略可能完全不同于早期的最优选择，即使其他条件完全相同（如同样的状态，同样的置信）。结果，有限周期的规划算法被迫为不同的周期维持不同的规划，就会增加不期望的复杂性。

3. T无穷大。这种情况为无限周期状况（infinite-horizon case）。这种情况不会面临与有限周期状况相同的问题，因为对于任意时间点，剩余的时间步数相同（它是无限的）。然而，这里折扣因子γ是必不可少的。为说明原因，下面考虑两台机器人有控制程序的情况：一台机器人每小时挣1美元，另一台每小时挣100美元。在有限周期的情况下，后者明显优于前者。无论周期值是多少，第二台机器人期望的累积报酬是第一台机器人的100倍。但在无限周期情况并不是如此。不考虑折扣，两个程序都能挣钱无穷多，导致期望的累积报酬R_T不足以选择较好的程序。

在这种假设下，每个单独的报酬 r 被限制在某个数量级（即，对于某值 $r_{\max}$，$|r| < r_{\max}$），折扣保证了 R_∞ 是有限的，即使总和含有无限多项。具体来说，有

$$R_\infty \leqslant r_{\max} + \gamma r_{\max} + \gamma^2 r_{\max} + \gamma^3 r_{\max} + \cdots = \frac{r_{\max}}{1-\gamma} \tag{14.5}$$

上式表明，只要 $\gamma < 1$，R_∞ 是有限的。此外，也注意到另一种折扣方法，其涉及最大化平均（average）报酬，而不是总报酬。最大化平均报酬的算法本书不做研究。

有时，还会涉及以 $\boldsymbol{x}_t$ 为条件的累积报酬 R_T，可以写为

$$R_T(\boldsymbol{x}_t) = E\left[\sum_{\tau=1}^{T} \gamma^\tau r_{t+\tau} \mid \boldsymbol{x}_t\right] \tag{14.6}$$

式中，累积报酬 R_T 为机器人行动选择策略的函数。有时，将这种依赖关系明确是很好的。那么，有

$$R_T^\pi(\boldsymbol{x}_t) = E\left[\sum_{\tau=1}^{T} \gamma^\tau r_{t+\tau} \mid \boldsymbol{u}_{t+\tau} = \boldsymbol{\pi}(\boldsymbol{z}_{1:t+\tau-1}, \boldsymbol{u}_{1:t+\tau-1})\right] \tag{14.7}$$

这样就可以比较两种控制策略 π 和 π'，以确定哪一个更好。简单比较 R_T^π 和 $R_T^{\pi'}$，挑选其中带来更高未来期望折扣报酬的算法。

14.3.2　为完全能观测的情况寻找最优控制策略

为计算完全能观测领域的控制策略，本章将介绍具体的值迭代算法。乍一看，这些算法从概率机器人学的基本假设出发，即状态不能观测。然而，在某些应用中，可以安全地假设后验 $p(\boldsymbol{x}_t \mid \boldsymbol{z}_{1:t}, \boldsymbol{u}_{1:t})$ 可以用它的数学期望 $E[p(\boldsymbol{x}_t \mid \boldsymbol{z}_{1:t}, \boldsymbol{u}_{1:t})]$ 很好地描述。

完全能观测的情况有一些优点。接下来讨论的算法为更一般的部分能观测做了准备。

已经知到，具有完全能观测状态的随机环境框架被称为 MDP。在 MDP 中，决策将状态映射到控制行动：

$$\pi : \boldsymbol{x} \to \boldsymbol{u} \tag{14.8}$$

$\boldsymbol{x}$ 足以用来决定最优控制，这是本书 2.4.4 节讨论的马尔可夫假设得到的直接结果。MDP 框架的规划目标是，确定可以最大化未来累积报酬的策略 π。

下面，从定义规划周期 $T=1$ 的最优策略开始探讨，此后只对最大化下一个报酬的策略感兴趣。这个策略用 $\pi_1(x)$ 表示，通过最大化所有控制的第 1 步期望报酬得到

$$\pi_1(\boldsymbol{x}) = \underset{\boldsymbol{u}}{\operatorname{argmax}}\, r(\boldsymbol{x}, \boldsymbol{u}) \tag{14.9}$$

因此，最优行动是最大化下一个期望报酬的行动，选择这个行动的策略是期

望最优。

每个策略有一个关联的值函数（value function），值函数衡量这个特定策略的期望值（累积折扣未来报酬）。对于 π_1，值函数无非是瞬时报酬的期望，用因子 γ 折扣，即

$$V_1(\boldsymbol{x}) = \gamma \max_{\boldsymbol{u}} r(\boldsymbol{x},\boldsymbol{u}) \tag{14.10}$$

更长规划周期的值可以递归地定义。对周期 $T=2$，最优策略选择控制，可以最大化第 1 步最优值 $V_1(\boldsymbol{x})$与接下来的第 1 步报酬的和：

$$\pi_2(\boldsymbol{x}) = \underset{\boldsymbol{u}}{\operatorname{argmax}}\left[r(\boldsymbol{x},\boldsymbol{u}) + \int V_1(\boldsymbol{x}')p(\boldsymbol{x}' \mid \boldsymbol{u},\boldsymbol{x})\mathrm{d}\boldsymbol{x}'\right] \tag{14.11}$$

为什么这个策略是最优的，原因显而易见。以 $\boldsymbol{x}$ 为条件的策略值由下式折扣给出：

$$V_2(\boldsymbol{x}) = \gamma \max_{u}\left[r(\boldsymbol{x},\boldsymbol{u}) + \int V_1(\boldsymbol{x}')p(\boldsymbol{x}' \mid \boldsymbol{u},\boldsymbol{x})\mathrm{d}\boldsymbol{x}'\right] \tag{14.12}$$

对于 $T=2$，最优策略和它的值函数通过从 $T=1$ 的最优值函数递归构建。观察表明，对任何有限周期 T 的最优策略及与其关联的值函数，可以从 $T-1$ 的最优策略和值函数递归得到。

$$\pi_T(\boldsymbol{x}) = \underset{u}{\operatorname{argmax}}\left[r(\boldsymbol{x},\boldsymbol{u}) + \int V_{T-1}(\boldsymbol{x}')p(\boldsymbol{x}' \mid \boldsymbol{u},\boldsymbol{x})\mathrm{d}\boldsymbol{x}'\right] \tag{14.13}$$

对于规划周期 T，产生的策略 $\pi_T(\boldsymbol{x})$是最优的。其对应的值函数由下式递归地定义：

$$V_T(\boldsymbol{x}) = \gamma \max_{u}\left[r(\boldsymbol{x},\boldsymbol{u}) + \int V_{T-1}(\boldsymbol{x}')p(\boldsymbol{x}' \mid \boldsymbol{u},\boldsymbol{x})\mathrm{d}\boldsymbol{x}'\right] \tag{14.14}$$

对于无限周期的情况，最优值函数趋于平衡（只有一些罕见的确定性系统不存在这样的平衡），即

$$V_\infty(\boldsymbol{x}) = \gamma \max_{u}\left[r(\boldsymbol{x},\boldsymbol{u}) + \int V_\infty(\boldsymbol{x}')p(\boldsymbol{x}' \mid \boldsymbol{u},\boldsymbol{x})\mathrm{d}\boldsymbol{x}'\right] \tag{14.15}$$

这种恒定性，即贝尔曼方程（Bellman equation）。无需证明，满足条件式（14.15）的每个值函数 V，对引入最优策略是必要和充分的。

14.3.3 计算值函数

下面讨论，如何对具有状态完全能观测的随机系统，计算最优策略的实用算法。值迭代就是通过连续近似最优值函数做到这一点，见式（14.15）。

下面用 $\hat{V}$ 表示值函数逼近。$\hat{V}$ 初始化设为 $r_{\min}$，$r_{\min}$ 最小的可能的瞬时报酬，即

$$\hat{V} \leftarrow r_{\min} \tag{14.16}$$

值迭代按照以下的迭代规则连续地更新逼近值，该规则为增加的周期计算值

函数：

$$\hat{V}(\boldsymbol{x}) \leftarrow \gamma \max_{\boldsymbol{u}}\left[r(\boldsymbol{x},\boldsymbol{u})+\int \hat{V}(\boldsymbol{x}')p(\boldsymbol{x}' \mid \boldsymbol{u},\boldsymbol{x})\mathrm{d}\boldsymbol{x}'\right] \tag{14.17}$$

由于每次更新都通过值函数按反时序传递信息，它通常被称为备份步骤（backup step）。

值迭代规则与前面的周期 T 优化策略计算非常相似。如果 $\gamma<1$，值迭代收敛，在某些特殊情况下，$\gamma=1$ 也收敛。只要每个状态一般是限次更新的，那么值迭代中状态更新顺序就是不相关的。实际上，经过较少次的迭代后就可以看到收敛。

在任一时间点，值函数 $\hat{V}(\boldsymbol{x})$ 定义了下式的策略：

$$\boldsymbol{\pi}(\boldsymbol{x}) = \underset{\boldsymbol{u}}{\operatorname{argmax}}\left[r(\boldsymbol{x},\boldsymbol{u})+\int \hat{V}(\boldsymbol{x}')p(\boldsymbol{x}' \mid \boldsymbol{u},\boldsymbol{x})\mathrm{d}\boldsymbol{x}'\right] \tag{14.18}$$

值函数收敛后，关于最终值函数的贪婪策略最优。

可以看到，所有这些公式都是在一般的状态空间表述的。对于有限状态空间，这些等式的每一次积分运算都能作为所有状态上的有限和来执行。这个和能够被高效地计算出，是因为在较少的状态 $\boldsymbol{x}$ 和 $\boldsymbol{x}'$ 的情况下，其通常非零。这就带来了能高效计算值函数的高效算法家族。

程序 14.1 给出了三种 MDP 算法：任意状态和行动空间的通用值迭代算法程序 MDP_value_iteration；有限状态空间的离散变种算法程序 MDP_discrete_value_iteration；从值函数恢复最优控制行动的算法程序 policy_MDP。

```
Algorithm MDP_value_iteration():
    for all x do
        V̂(x) = r_min
    endfor
    repeat until convergence
        for all x
            V̂(x) = γ max_u [ r(x,u) + ∫ V̂(x') p(x' | u,x) dx' ]
        endfor
    endrepeat
    return V̂
```

程序 14.1　三种 MDP 算法（通用值迭代 MDP 算法，有限状态和控制空间的 MDP 算法，最下面的算法计算最佳控制行动）

1: **Algorithm MDP_discrete_value_iteration( ):**
2: *for* $i = 1$ *to* N *do*
3: $\hat{V}(x_i) = r_{\min}$
4: *endfor*
5: *repeat until convergence*
6: *for* $i = 1$ *to* N *do*
7: $\hat{V}(x_i) = \gamma \max_u \left[r(x_i, u) + \sum_{j=1}^{N} \hat{V}(x_j)\, p(x_j \mid u, x_i) \right]$
8: *endfor*
9: *endrepeat*
10: *return* $\hat{V}$

1: **Algorithm policy_MDP($x, \hat{V}$):**
2: *return* $\operatorname{argmax}_u \left[r(x, u) + \sum_{j=1}^{N} \hat{V}(x_j)\, p(x_j \mid u, x_i) \right]$

程序 14.1 三种 MDP 算法（通用值迭代 MDP 算法，有限状态和控制空间的 MDP 算法，最下面的算法计算最佳控制行动）（续）

第一种算法程序，MDP_value_iteration。在第 3 行初始化值函数。第 5 ~ 9 行实现值函数的递归计算。一旦值迭代收敛，得到的值函数 $\hat{V}$ 产生最优策略。如果状态空间有限，用有限求和代替积分，如迭代算法程序 MDP_discrete_value_iteration 所示。因子 γ 是折扣因子。算法程序 policy_MDP 处理最优值函数和状态 $\boldsymbol{x}$，返回最大化期望值的控制 $\boldsymbol{u}$。

图形 14.4 给出了上面讨论过的值函数的示例。每个栅格单元的阴影与它的值对应，白色对应 $V = 100$，黑色对应 $V = 0$。值函数使用式（14.18）的爬山算

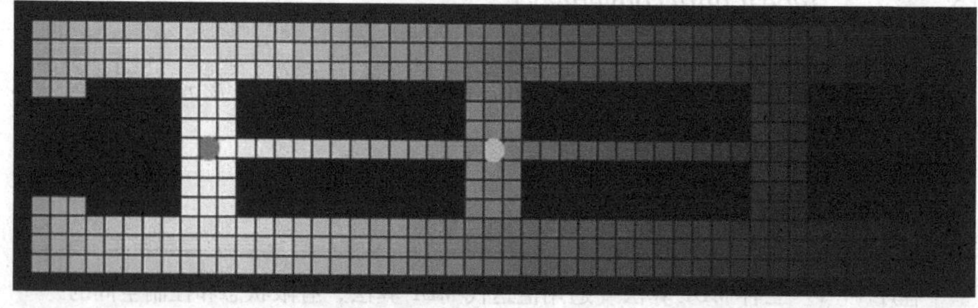

图 14.4 无限周期值函数 T_∞ 的示例（假定目标状态为“吸收态”，这个值函数导出了图 14.2a 所示的策略）

法导出了图 14.2a 所示的策略。

14.4　机器人控制的应用

简单的值迭代算法适用于低维机器人移动规划和控制问题。为做到这一点，下面引入两个近似。

首先，程序 14.1 给出的算法定义了连续空间上的值函数，需要最大化和在连续空间上积分。实际上，通常通过离散分解来近似表示状态空间，这与本书 4.1 节的直方图表示类似。同样地，通常把控制空间离散化。如同查表一样，函数 $\hat{V}$ 非常容易实现。但是，由于维数灾难，这样的分解仅对低维状态和控制空间起作用。在高维情况下，通常引入学习算法表示值函数。

第二，这里需要一个状态。正如上面提到的，用以下的模式替换后验概率是可行的。

$$\hat{\boldsymbol{x}}_t = E[\,p(\boldsymbol{x}_t \mid z_{1:t}, \boldsymbol{u}_{1:t})\,] \tag{14.19}$$

例如，在机器人定位情况下，如果能保证机器人总是局部近似，并且后验剩余的不确定性是局部的，那么这样的近似运行良好。当机器人执行全局定位或者机器人被绑架时，它就停止工作。

图 14.5 给出了机器人路径规划问题情况下的值迭代示例。该图给出了环行机器人（circular robot）配置空间的二维投影。该配置空间是机器人实际能够到达的所有坐标 $\langle x, y, \theta\rangle$ 的空间。对于环行机器人，在地图里，通过将障碍物“长大”一个机器人的半径，来得到配置空间。图 14.5 黑色所示为这些长大了的障碍物。

a)

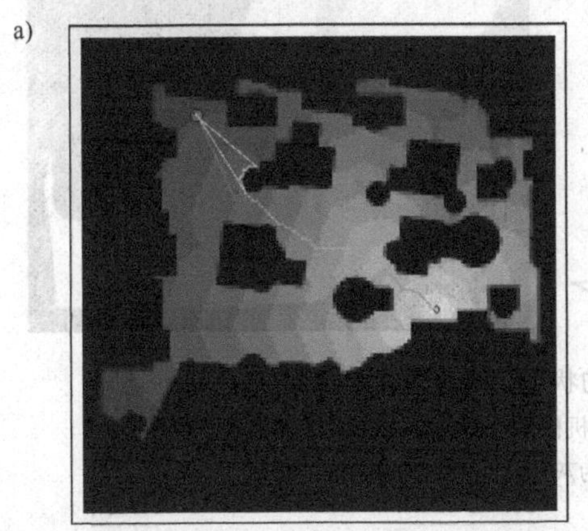

b)

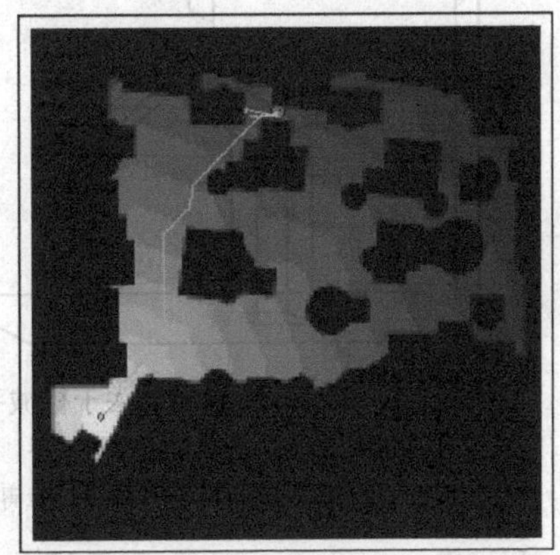

图 14.5　关于环行机器人移动的状态空间值迭代的示例（黑色为障碍物，值函数使用灰色阴影区域表示；关于值函数的贪婪行动选择会得到最优控制，这里假定机器人的位姿是能观测的；图中还给出了也是通过贪婪策略得到的路径）

图中，值函数用灰色表示，哪里位置越明亮，其值就越高。通过遵循最优策略得到的路径通向各自的目标位置，如图 14.5 所示。其主要观察结果，是值函数定义在整个状态空间，使得无论机器人在何处，都确保它能选择一个行动。这很重要，因为在非确定的环境中，机器人的行动对机器人的状态有随机的影响。

为了是保持计算量可管理，生成图 14.5 所示图像的路径规划器做出了特定的假设。对于能够原地转向的环行机器人，通常仅在二维笛卡尔坐标中计算值函数，而不考虑转向的花费。这里也可以忽略某些状态变量，如机器人的速度，尽管实际上速度确实会限制机器人在确定的时间内从任意给定点移动到某处。为将这一控制策略变成实际机器人控制动作，习惯做法是将路径规划器与能根据动态约束产生电动机速度的快速反应避障模块相结合。考虑全部机器人状态的路径规划器，至少要在五个维度上进行规划。这五个维度由全位姿（三维）、机器人的平移和旋转速度组成。对于上述后两维，在低端个人计算机（PC）上计算值函数仅需要数秒时间。

图 14.6a 给出了第二个示例。机械手具有两个旋转自由度：一个肩关节和一个肘关节。通过安装在关节上的轴角编码器确定这些关节的精确配置是可行的。因此，式（14.19）的近似是有效的。然而，机械手的运动通常受到噪声的影响，因此，在规划过程中应该考虑如何控制噪声。这就使得机械手控制成为概率 MDP 式样算法的主要应用。

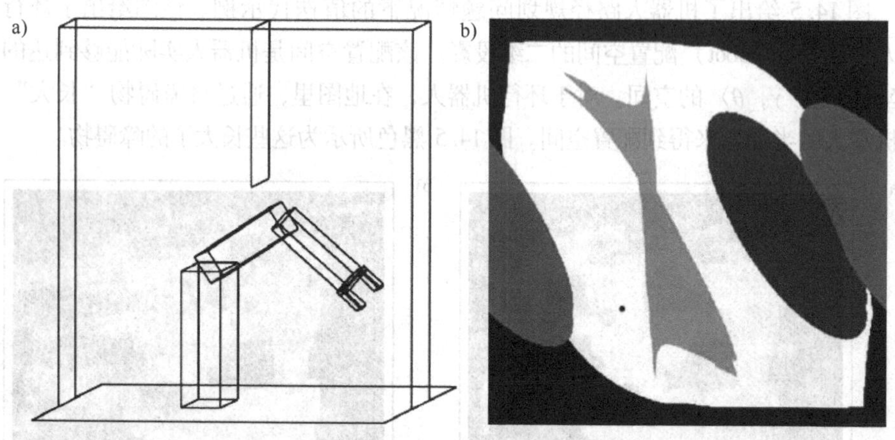

图 14.6　关于机械手的状态空间值迭代的示例

a）有障碍环境中的 2 自由度机械手　b）机械手的配置空间（水平轴相当于肩关节，垂直轴相当于肘关节；障碍物为灰色；小点对应于左侧的配置）

通常，在配置空间（configuration space）里处理机械手运动。特定机械手的配置空间如图 14.6b 所示。水平轴表示肩方向，垂直轴表示肘方向。图中所示的点，与特定的配置相对应。事实上，图 14.6b 所示的点与图 14.6a 所示的配置相对应。

通常将配置空间分解为机器人能移动的区域和会产生碰撞的区域，如图 14. 6b所示。图中白色区域与无碰撞配置空间相对应，通常叫自由空间。配置空间的黑色边界，是由工作台和封闭的盒子所带来的约束。图 14. 6a 所示的从上面向机器人空间凸出的垂直障碍物与图 14. 6b 所示的中心浅灰障碍物对应。图示并不十分清楚，读者可能花费几分钟想象机器人与障碍物碰撞的配置。

图 14. 7a 给出了配置空间粗糙离散化产生的值迭代结果。利用确定性运动模型传递值，得出的结果路径如图所示。策略被执行时，产生了图 14. 7b 所示的运动。图 14. 8 给出了概率运动模型和机械手的运动结果。这里再一次强调，这是在假设机械手配置完全能观测的条件下，应用值迭代而得出的结果。这是非常罕见的该种假设有效的示例。

a)

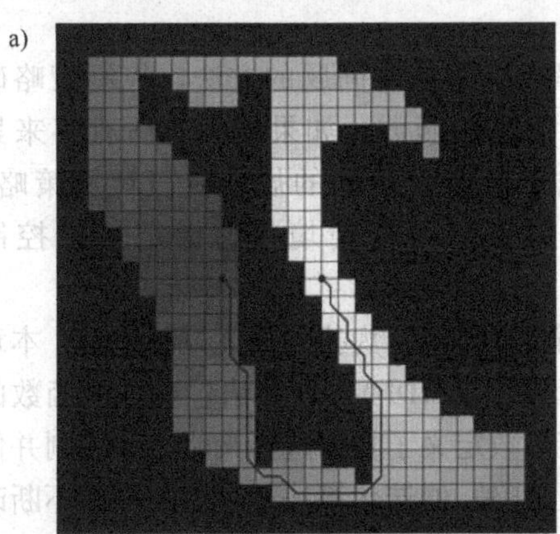

b)

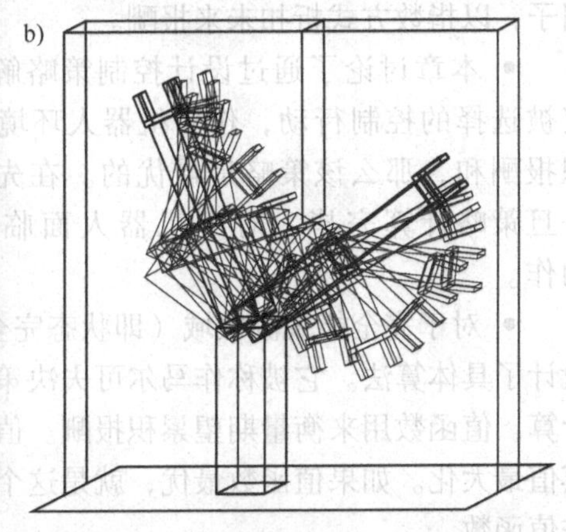

图 14. 7　机械手配置空间粗糙离散化产生的值迭代结果

a）值迭代应用于粗糙离散化配置空间　b）工作空间坐标中的路径（机器人需避开垂直障碍物）

a)

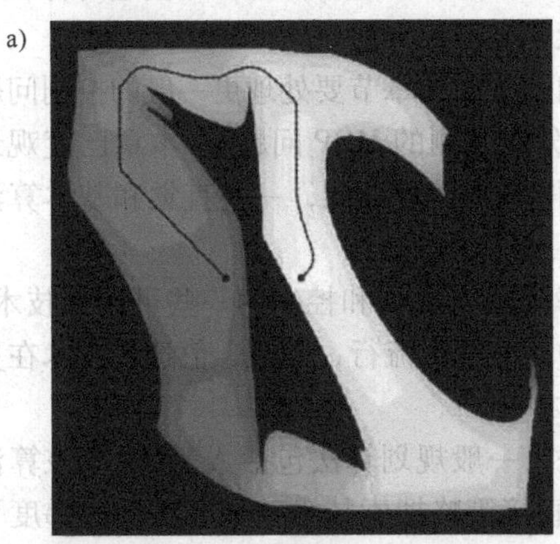

b)

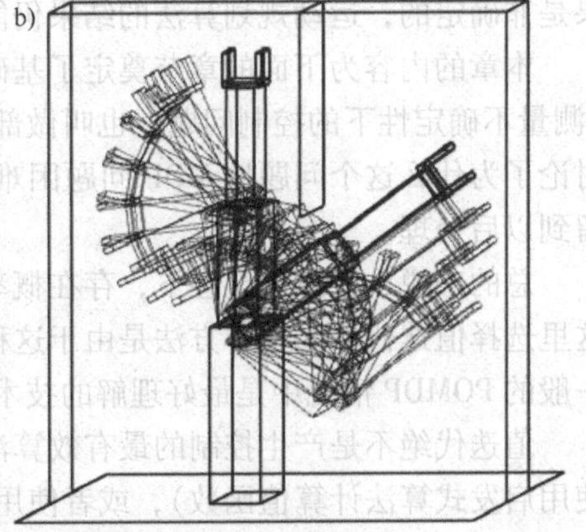

图 14. 8　概率运动模型和机械手的运动结果

a）精细纹理栅格上的概率值迭代　b）相应的路径

14.5 小结

本章介绍了概率控制的基本框架。

- 本章定义了机器人可能面临的两类不确定性：控制的不确定性和感知的不确定性。前者使机器人很难确定即将发生什么，后者使机器人很难确定那是什么。来自环境中不可预测事件的不确定性，归入这样的分类。
- 通过报酬函数（payoff function）定义控制目标。该函数将状态和控制映射为性能值。该报酬函数能表示性能目标和机器人操作的代价。全面控制目标就是最大化当前和将来时间点的所有报酬。为避免可能的无限和，引入所谓的折扣因子，以指数方式折扣未来报酬。
- 本章讨论了通过设计控制策略解决概率控制问题的方法。控制策略确定被选择的控制行动，作为机器人环境信息的函数。如果最大化所有将来累积报酬和，那么该策略是最优的。在先于机器人运动的规划阶段计算策略。一旦策略计算完毕，对于机器人面临的任何可能情境，它指定最优控制动作。
- 对于完全能观测领域（即状态完全能观测），为找到最优控制策略，本章设计了具体算法。它被称作马尔可夫决策过程（MDP）。该算法包含了值函数的计算。值函数用来衡量期望累积报酬。值函数定义了贪婪选择策略，来控制并使其值最大化。如果值函数最优，就是这个策略。值迭代算法通过递归更新不断改进值函数。
- 本章讨论了概率机器人学问题的 MDP 值迭代应用。为此，本章抽取了置信模式作为状态，并且通过低维栅格近似值函数。对随机环境，即使它的行动效果是非确定的，运动规划算法的结果仍能令机器人导航。

本章的内容为下面的章节奠定了基础，下面的章节要处理更一般的控制问题（测量不确定性下的控制问题，也叫做部分能观测的 MDP 问题）。本章已直观地讨论了为什么这个问题比 MDP 问题困难得多。尽管如此，一些直觉和基本算法留到以后处理。

总的来说，在不确定性下，存在概率机器人规划和控制的一些可选择技术。这里选择值迭代作为基本方法是由于这种该方法很流行，而且，值迭代技术在更一般的 POMDP 情况中是最好理解的技术之一。

值迭代绝不是产生控制的最有效算法。一般规划算法包括 A^* 算法（该算法使用启发式算法计算值函数），或者使用直接策略搜索技术（该算法通过梯度下降识别局部最优策略）。然而在本书第 15 章，当处理更困难的传感器不确定的情况下的最优控制时，值迭代扮演了一个关键角色。

14.6　文献综述

动态规划的思想可以追溯到 Bellman（1957）和 Howard（1960）。Bellman（1957）发现了值迭代平衡方程，后来该方程被称为贝尔曼方程。具有不完全状态估计的 MDP 首先由 Astrom（1965）讨论，另见 Mine 和 Osaki（1970）关于 MDP 的早期工作。从那以后，动态控制规划成为一个巨大的领域，正如关于这个主题的一些文献（Bertsekas 和 Tsitsiklis，1996）所证实的一样。基本范例的最新改进包括实时值迭代技术（Korf，1988）、与环境交互的值迭代（Barto 等，1991）、模型自由值迭代（Watkins，1989）、具有值函数参数表示的值迭代（Roy 和 Tsitsiklis，1996；Gordon，1995）或使用树（Moore，1991；Mahadevan 和 Kaelbling，1996）等技术。分层值迭代技术由 Parr 和 Russell（1998）、Dietterich（2000）开发，Boutilier 等通过可达性分析改进了 MDP 值迭代的效率。还有大量关于值迭代应用的文献，如 Barniv（1990）关于移动目标检测的著作。由于有这些文献，所以本章中的材料只对最简单的值迭代技术作了基本阐述，为下面章节中要讨论的技术做了准备。

在机器人学里，机器人移动规划问题已经在非概率框架中进行了研究。正如已经提到的，通常假设机器人和它的环境完全已知，控制具有确定性的效果。复杂化来自状态空间是连续和高维的事实。Latombe（1991）阐述了这个领域的标准主题。早于它的关于基本运动规划技术的开创性工作有，可视图（Wesley 和 Lozano-Perez，1979）、势场控制（Khatib，1986）及 Canny（1987）的著名的轮廓算法。Rowat（1979）将 Voronoi 图引入机器人控制领域，并且 Guibas 等（1992）说明了如何高效地进行计算。Choset（1996）将该范式发展为一系列的高效在线探测和地图构建技术。另一个技术集合使用随机化的而非概率的技术，来搜索可能的机器人路径空间（Kavraki 和 Latombe，1994）。关于这个主题的新近书籍由 Choset 等（2004）撰写。

用机器人学运动规划领域的语言来说，本章所讨论的方法是近似单元分解的（approximate cell decompositions），在确定性情况下，对完整性不能提供保证。将连续空间分解为有限的图，在机器人学中已经被研究了数十年。在运动规划里，Reif（1979）开发了许多技术，将连续空间分解为保留完整性的有限多个单元。配置空间的思想，以及本章所描述的必须用技术检查碰撞的必要性，最初由 Lozano-Perez（1983）提出。配置空间规划的递归单元分解技术由 Brooks 和 Lozano-Perez（1985）发现，该技术基于完美环境模型及完美机器人的非概率假设。Goldberg（1993）表述了部分信息下的行动，在他的博士论文里，开发了缺少传感器情况下的定向部件算法。Sharma（1992）开发了具有随机障碍的机器人路径规划技术。

为每个可能的机器人的状态指配控制行动的策略函数称为控制器（controller）。设计控制策略的算法通常称为最优控制器（optimal controller）（Bryson 和 Yu-Chi，1975）。控制策略也称为导航函数（navigation function）（Koditschek，1987；Rimon 和 Koditschek，1992）。在人工智能领域，它们被称为通用规划（universal plans）（Schoppers，1987），并且许多里程碑式的规划算法将此问题表述为寻找通用规划（Dean 等，1995；Kushmerick 等，1995；Hoey 等，1999）。一些机器人学的文献专注于消除通用规划和开环行动序列之间的差别，如 Nourbakhsh（1987）的博士论文。

本书给出的概念——“控制”，定义得有点狭窄。本章刻意没有介绍丰富的控制领域的标准技术，如 PID 控制和其他入门级教材（Dorf 和 Bishop，2001）中介绍的流行技术。很明显，在很多真实世界的机器人系统里，这些技术既必需又实用。本书选择省略它们是由于篇幅有限，也是由于大多数技术不需要对不确定性的明确表示。

14.7 习题

1. 动态规划算法使用最可能的状态来决定它的行动。读者能否画出一个机器人环境，在该环境中，以最可能的状态来决定行动是完全错误的选择？能否给出简明的原因？说明为什么有时这可能是不好的选择。

2. 对于固定花费函数（cost function），假定值迭代运行完成。然后，花费函数改变了。现在通过算法的进一步迭代调整值函数，使用以前的值函数作为起始点。

(a) 这个想法是好还是不好？请回答它是否依赖花费增加或减少？

(b) 能否充实该算法？使它更高效，而不是在花费改变时简单地继续值迭代。如果能，说明为什么这个算法是更高效的；如果不能，说明为什么没有可能存在这样的算法。

3. “天堂还是地狱？”在本习题中，要求将动态规划扩展到具有单一隐藏状态变量的环境。该环境是个迷宫，指定的起始位置标注“S”，两个可能的目标状态都标注“H”。

代理（Agent）不知道两个目标状态中的哪一个提供正报酬。一个目标给 +100，反之另一个给 -100。这两种情况均有 50% 的概率是真的。移动花费是 -1；代理仅能移入四个方向：北、南、东、西。一旦已经到达标注“H”的状态，游戏结束。

(a) 为这种情境实现值迭代算法（忽略图形中的标注“X”）。让算法的实现计算开始状态的值。那么最优策略是什么？

（b）更改值算法以适应概率运动模型。代理以 90% 的概率按要求移动，以 10% 的概率随机选择另外三个方向中的一个。再次运行值迭代算法，并计算开始状态值和最优策略。

（c）现在假设标注“X”的位置包含一个符号，该符号告知代理两个标注“H”的位置的正确的报酬分配。这将如何影响最优策略？

（d）如何能更改值迭代算法以找到最优策略？请简答。说明值函数所定义的整个空间上的所有修改。

（e）实现更改并计算起始状态值和最优策略。

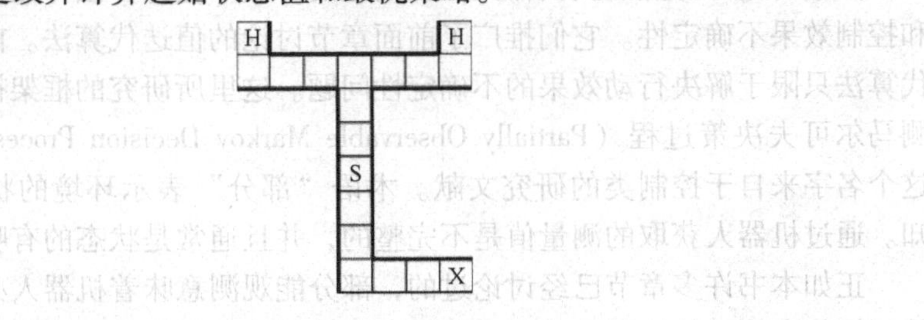

第 15 章 部分能观测马尔可夫决策过程

15.1 动机

本章讨论部分能观测机器人控制问题的算法。这些算法专注于测量不确定性和控制效果不确定性。它们推广了前面章节讨论的值迭代算法。前面介绍的值迭代算法只限于解决行动效果的不确定性问题。这里所研究的框架被称为部分能观测马尔可夫决策过程（Partially Observable Markov Decision Processes，POMDP）。这个名字来自于控制类的研究文献。术语“部分”表示环境的状态不能直接感知。通过机器人获取的测量值是不完整的，并且通常是状态的有噪声投影。

正如本书许多章节已经讨论过的，部分能观测意味着机器人必须在各种可能的环境状态下，估计后验分布。对于有限的环境，寻找最优控制策略的算法是存在的。有限的环境是指状态空间、行动空间、观测空间、规划周期 T 都是有限的。不幸的是，这些确切的方法的计算过于复杂。对更有趣的连续的情况，已知的最好的算法是近似算法。

本章所研究的所有算法是建立在以前讨论过的值迭代方法基础上的。这里重写式（14.14），它是 MDP 值迭代的核心更新等式：

$$V_T(\boldsymbol{x}) = \gamma \max_{\boldsymbol{u}}\left[r(\boldsymbol{x},\boldsymbol{u}) + \int V_{T-1}(\boldsymbol{x}')p(\boldsymbol{x}' \mid \boldsymbol{u},\boldsymbol{x})\mathrm{d}\boldsymbol{x}'\right] \tag{15.1}$$

于是，有

$$V_1(\boldsymbol{x}) = \gamma \max_{\boldsymbol{u}} r(\boldsymbol{x},\boldsymbol{u})$$

在 POMDP 中，采用同样的思想。然而状态 $\boldsymbol{x}$ 不能观测，机器人必须在置信状态（状态的后验分布空间）上做出决策。在本章和第 16 章，使用 b 表示置信，代替前面章节实用的复杂一些的 bel。

POMDP 在置信空间上计算值函数。

$$V_T(b) = \gamma \max_{\boldsymbol{u}}\left[r(b,\boldsymbol{u}) + \int V_{T-1}(b')p(b' \mid \boldsymbol{u},b)\mathrm{d}b'\right] \tag{15.2}$$

于是有

$$V_1(b) = \gamma \max_{\boldsymbol{u}} E[r(\boldsymbol{x},\boldsymbol{u})]$$

引入如下的控制策略：

$$\pi_T(b) = \operatorname*{argmax}_{\boldsymbol{u}}\left[r(b,\boldsymbol{u}) + \int V_{T-1}(b')p(b' \mid \boldsymbol{u},b)\mathrm{d}b'\right] \tag{15.3}$$

置信是概率分布的。在 POMDP 里，每个值都是整个概率分布的函数。这是有问题的。如果状态空间是有限的，那么置信空间就是连续的，因为它是状态空间上的所有分布的空间。因此，存在不同值的连续统（continuum），然而在 MDP 情况下仅有有限数目的不同值。对连续状态空间，这种情况甚至更微妙，连续状态空间的置信空间是无限维连续统。

值函数的计算特性带来了额外的复杂化。式（15.2）和式（15.3）对整个置信空间 b'积分。考虑到置信空间的复杂特性，不明确是否能够正确执行积分，或者是否能发现有效近似值。因此，在置信空间里计算值函数 V_T，比在状态空间里计算更复杂，这一点也不意外。

幸运的是，感兴趣的有限环境的特例存在精确解。在这里，状态空间、行动空间、观测空间、规划周期都是有限的。这个解通过置信空间上的分段线性函数（piecewise linear functions）来表示值函数。正如将看到，这种表示的线性直接源于期望是线性算子的事实。分段的特性是以下事实导致的：机器人有能力来选择控制，并且置信空间不同部分将选择不同的控制。所有这些观点将在本章进行证明。

为计算定义在所有置信分布空间上的策略，本章讨论一般的 POMDP 算法。这个算法计算麻烦，但能纠正有限 POMDP；尽管本章还将讨论一个变种，但它非常容易处理。本书第 16 章将讨论一些更高效的 POMDP 算法，这些算法都是近似的，但适用于解决实际机器人问题。

15.2　算例分析

15.2.1　建立

下面通过数值示例阐述置信空间值迭代。这个示例非常简单，但是讨论它可以确定置信空间里所有值迭代的主要元素。

图 15.1 给出了两状态环境的示例。状态为 $\boldsymbol{x}_1$，$\boldsymbol{x}_2$。机器人能够选择三种不同的控制行动 $\boldsymbol{u}_1$、$\boldsymbol{u}_2$和 $\boldsymbol{u}_3$，其中 $\boldsymbol{u}_1$和 $\boldsymbol{u}_2$是终点。当执行完后，产生以下直接报酬：

$$r(\boldsymbol{x}_1,\boldsymbol{u}_1) = -100 \qquad r(\boldsymbol{x}_2,\boldsymbol{u}_1) = +100 \tag{15.4}$$

$$r(\boldsymbol{x}_1,\boldsymbol{u}_2) = +100 \qquad r(\boldsymbol{x}_2,\boldsymbol{u}_2) = -50 \tag{15.5}$$

其困境是在每个状态的两个行动都提供相反的报酬。具体来说，当在状态 $\boldsymbol{x}_1$，$\boldsymbol{u}_2$是最优行动；在状态 $\boldsymbol{x}_2$，$\boldsymbol{u}_1$是最优行动。因此，当选择最优行动时，状态的信息直接转化为报酬。

为获取这样的信息，提供了机器人第三种控制行动 $\boldsymbol{u}_3$，执行这个控制的花

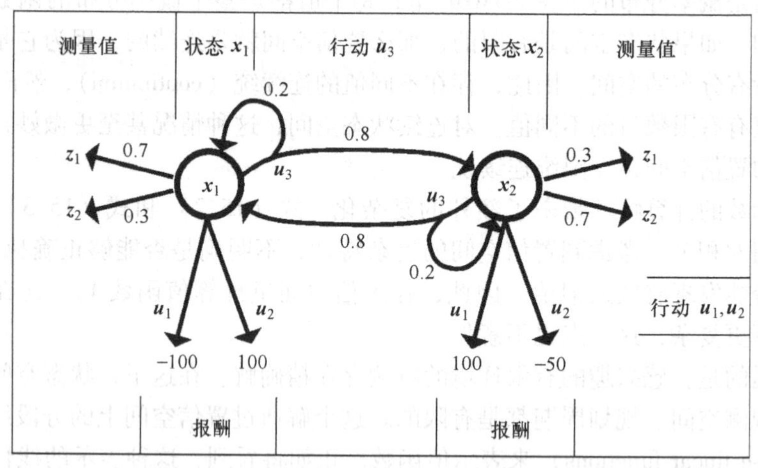

图 15.1 用两状态环境阐述置信空间的值迭代

费为 -1：

$$r(x_1, u_3) = r(x_2, u_3) = -1 \tag{15.6}$$

可以把这种花费想象为等待的成本或感知的成本。行动 u_3 以非确定性的方式影响环境的状态。

$$p(x'_1 \mid x_1, u_3) = 0.2 \qquad p(x'_2 \mid x_1, u_3) = 0.8 \tag{15.7}$$

$$p(x'_1 \mid x_2, u_3) = 0.8 \qquad p(x'_2 \mid x_2, u_3) = 0.2 \tag{15.8}$$

换句话说，当机器人执行 u_3，状态转化为另一状态的概率均为 0.8，机器人为此付出单位花费。

虽然如此，执行行动 u_3 还是有利的。在决定每一个控制行动之前，机器人能感知。通过感知，机器人获取状态的信息，相应地能做出更好的控制决策以获取更高的期望报酬。行动 u_3 让机器人感知，而不交付最终行动。

在这个示例中，测量模型取决于下面的概率分布：

$$p(z_1 \mid x_1) = 0.7 \qquad p(z_2 \mid x_1) = 0.3 \tag{15.9}$$

$$p(z_1 \mid x_2) = 0.3 \qquad p(z_2 \mid x_2) = 0.7 \tag{15.10}$$

换句话说，如果机器人测量是 z_1，它处于状态 x_1 的置信度增加；对于相对于 x_2 的 z_2，也有同样的情况。

选择两状态示例的原因是，它很容易在置信空间里用图表示函数。具体来说，置信状态 b 具有 $p_1 = b(x_1)$ 和 $p_2 = b(x_2)$ 的特征。然而，由于 $p_2 = 1 - p_1$，因此用曲线表示 p_1 足矣，相应的控制策略 π 是一个函数，该函数将单位区间 [0, 1] 映射到所有行动的空间。

$$\pi: [0,1] \to u \tag{15.11}$$

15.2.2　控制选择

当决定执行何时执行何种控制的时候，对三个控制选择 $\boldsymbol{u}_1$，$\boldsymbol{u}_2$，$\boldsymbol{u}_3$ 的每一个，考虑直接报酬。在本书第 14 章，报酬被看作状态和行动的函数。既然不知道状态，就不得不将报酬概念推广以适应置信状态。具体来说，对任意给定的置信 $b=(p_1, p_2)$，该置信下的期望报酬由下式给出：

$$r(b,\boldsymbol{u}) = E_{\boldsymbol{x}}[r(\boldsymbol{x},\boldsymbol{u})] = p_1 r(\boldsymbol{x}_1,\boldsymbol{u}) + p_2 r(\boldsymbol{x}_2,\boldsymbol{u}) \tag{15.12}$$

函数 $r(b,\boldsymbol{u})$ 定义了 POMDP 的报酬（payoff in POMDPs）。

图 15.2a 所示为控制 $\boldsymbol{u}_1$ 给出了期望报酬 $r(b, \boldsymbol{u}_1)$，通过 p_1 参数化。在最左端，$p_1=0$，因此机器人绝对相信环境处于状态 $\boldsymbol{x}_2$。执行行动 $\boldsymbol{u}_1$ 产生 $r(\boldsymbol{x}_2,\boldsymbol{u}_1)=100$，即式（15.4）。在最右端，有 $p_1=1$，因此状态是 $\boldsymbol{x}_1$。所以控制选择 $\boldsymbol{u}_1$ 将产生 $r(\boldsymbol{x}_1,\boldsymbol{u}_1)=-100$。在两者之间，期望报酬提供了这两个值的线性组合：

$$r(b,\boldsymbol{u}_1) = -100p_1 + 100p_2 = -100p_1 + 100(1-p_1) \tag{15.13}$$

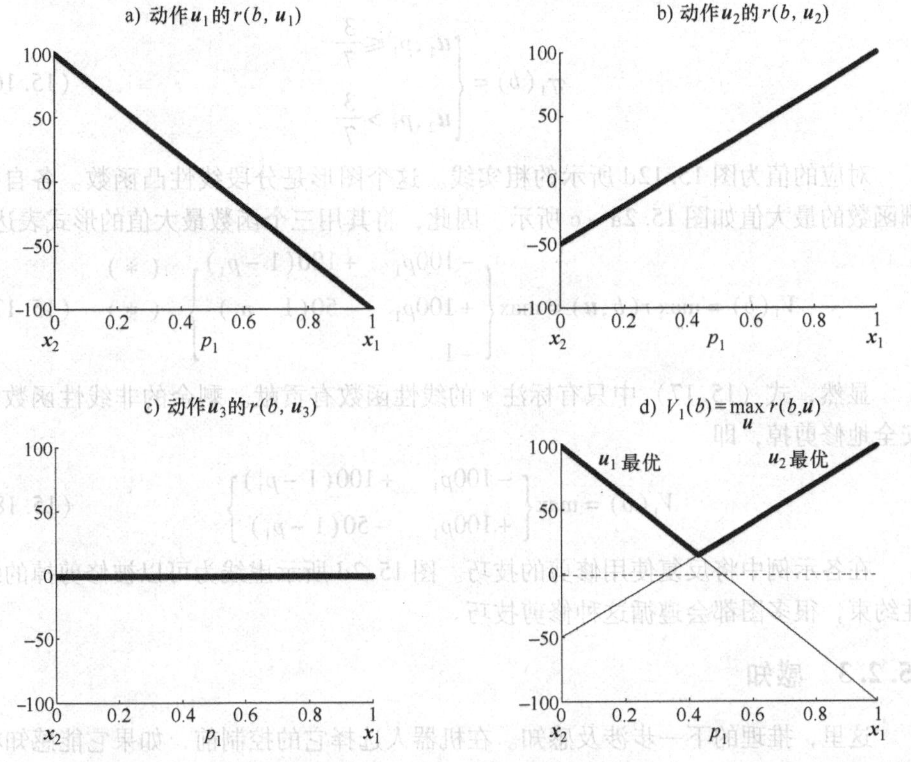

图 15.2　$\boldsymbol{u}_1$、$\boldsymbol{u}_2$ 和 $\boldsymbol{u}_3$ 的报酬函数及值函数（图 a ~ c 所示分别为三个行动 $\boldsymbol{u}_1$、$\boldsymbol{u}_2$ 和 $\boldsymbol{u}_3$，报酬函数 r 作为置信状态参数 $p_1=b(\boldsymbol{x}_1)$ 的函数；图 d 所示为周期 $T=1$ 时的值函数，对应三个线性函数中的最大值）

该函数如图 15.2a 所示。

图 15.2b、c 所示为行动 $\boldsymbol{u}_2$ 和 $\boldsymbol{u}_3$ 表示了对应的函数。对于 $\boldsymbol{u}_2$，有

$$r(b,\boldsymbol{u}_2)=100p_1-50(1-p_1) \tag{15.14}$$

对于 $\boldsymbol{u}_3$，有常量函数：

$$r(b,\boldsymbol{u}_3)=-1p_1-1(1-p_1)=-1 \tag{15.15}$$

理解置信空间值迭代的第一个练习集中在值函数 V_1 的计算上，它是关于周期 $T=1$ 决策过程的最优值函数。在单一决策循环里，机器人能在三个不同的控制选项中选择，应该选哪一个呢？

答案很容易根据迄今为止已研究过的图得出。对于任一置信状态 p_1，图 15.2a～c给出了每种行动选项的期望报酬。既然目标是最大化报酬，机器人就简单地选择最高期望报酬的行动。图 15.2d 所示更直观，它把所有 3 个期望报酬图叠加在一起。在左边区域，$\boldsymbol{u}_1$ 是最优行动，在值函数中处于主导地位。当 $r(b,\boldsymbol{u}_1)=r(b,\boldsymbol{u}_2)$，发生了过渡，其解为 $p_1=3/7$。当 $p_1>3/7$ 时，$\boldsymbol{u}_2$ 是较好的行动。因此，$T-1$ 的最优策略为

$$\pi_1(b)=\begin{cases}\boldsymbol{u}_1,p_1\leqslant\dfrac{3}{7}\\[2ex]\boldsymbol{u}_2,p_1>\dfrac{3}{7}\end{cases} \tag{15.16}$$

对应的值为图 15.12d 所示的粗实线。这个图形是分段线性凸函数。各自报酬函数的最大值如图 15.2a～c 所示。因此，将其用三个函数最大值的形式表达：

$$V_1(b)=\max_{\boldsymbol{u}} r(b,\boldsymbol{u})=\max\left\{\begin{array}{lll}-100p_1 & +100(1-p_1) & (*)\\ +100p_1 & -50(1-p_1) & (*)\\ -1 & & \end{array}\right\} \tag{15.17}$$

显然，式（15.17）中只有标注 * 的线性函数有贡献。剩余的非线性函数能安全地修剪掉，即

$$V_1(b)=\max\left\{\begin{array}{ll}-100p_1 & +100(1-p_1)\\ +100p_1 & -50(1-p_1)\end{array}\right\} \tag{15.18}$$

在各示例中将反复使用修剪的技巧。图 15.2d 所示虚线为可以被修剪掉的线性约束，很多图都会遵循这种修剪技巧。

15.2.3 感知

这里，推理的下一步涉及感知。在机器人选择它的控制前，如果它能感知将会是怎样的，那么又将如何影响最优值函数呢？显然，感知提供状态信息，因此可以使机器人选择更好的控制行动。具体来说，对最坏的可能置信 $p_1=3/7$，示例中的期望报酬是 $100/7\approx14.3$，即图 15.2d 所示的拐点。很明显，如果首先能

感知目标，在感知之后会发现自己处在不平常的置信下。置信的数值会比 14.3 更好，但是能好多少呢?

答案令人惊讶。假设感知 z_1。图 15.3a 给出了感知 z_1后的置信作为感知 z_1前置信的函数，仔细分析这个函数。不管测量是多少，如果感知前置信是 $p_1=0$，感知后置信也是 $p_1=0$。对 $p_1=1$ 也同样适用。因此，在极端情况下，该函数是恒等式。在两者之间，关于环境的状态是什么不能确定，测量 z_1改变了这里的置信。由贝叶斯准则决定了改变的量，即

$$p_1' = p(\boldsymbol{x}_1 \mid z) = \frac{p(z_1 \mid \boldsymbol{x}_1)p(\boldsymbol{x}_1)}{p(z_1)} = \frac{0.7p_1}{p(z_1)} \tag{15.19}$$

且

$$p_2' = \frac{0.3(1-p_1)}{p(z_1)} \tag{15.20}$$

归一化 $p(z_1)$ 增加了图 15.3a 所示的非线性。在这个示例中，它可分解为

$$p(z_1) = 0.7p_1 + 0.3(1-p_1) = 0.4p_1 + 0.3 \tag{15.21}$$

所以

$$p' = \frac{0.7p_1}{0.4p_1+0.3}$$

然而，如同将在下面看到的，这个归一化恰好抵消。稍后对此将有详细说明。

首先，研究非线性转移函数对值函数 V_1的影响。假定知道已观测的 z_1，然后必须做出行动选择。选择将是什么？对应的值函数看起来像什么？这个答案如图 15.3c 所示。图 15.3b 给出了通过图 15.3a 所示的非线性测量函数映射的分段线性值函数。读者可能要花费点时间来适应。取置信 p_1，根据非线性函数，把它映射为对应的置信 p'，其值如图 15.3b 所示。对所有 $p_1\in[0;1]$，这样程序得到的曲线如图 15.3c 所示。

在数学上，曲线可由下式给出：

$$V_1(b \mid z_1) = \max\left\{\begin{array}{ll} -100\dfrac{0.7p_1}{p(z_1)} & +100\dfrac{0.3(1-p_1)}{p(z_1)} \\ 100\dfrac{0.7p_1}{p(z_1)} & -50\dfrac{0.3(1-p_1)}{p(z_1)} \end{array}\right\} = \frac{1}{p(z_1)}\max\left\{\begin{array}{ll} -70p_1 & +30(1-p_1) \\ 70p_1 & -15(1-p_1) \end{array}\right\} \tag{15.22}$$

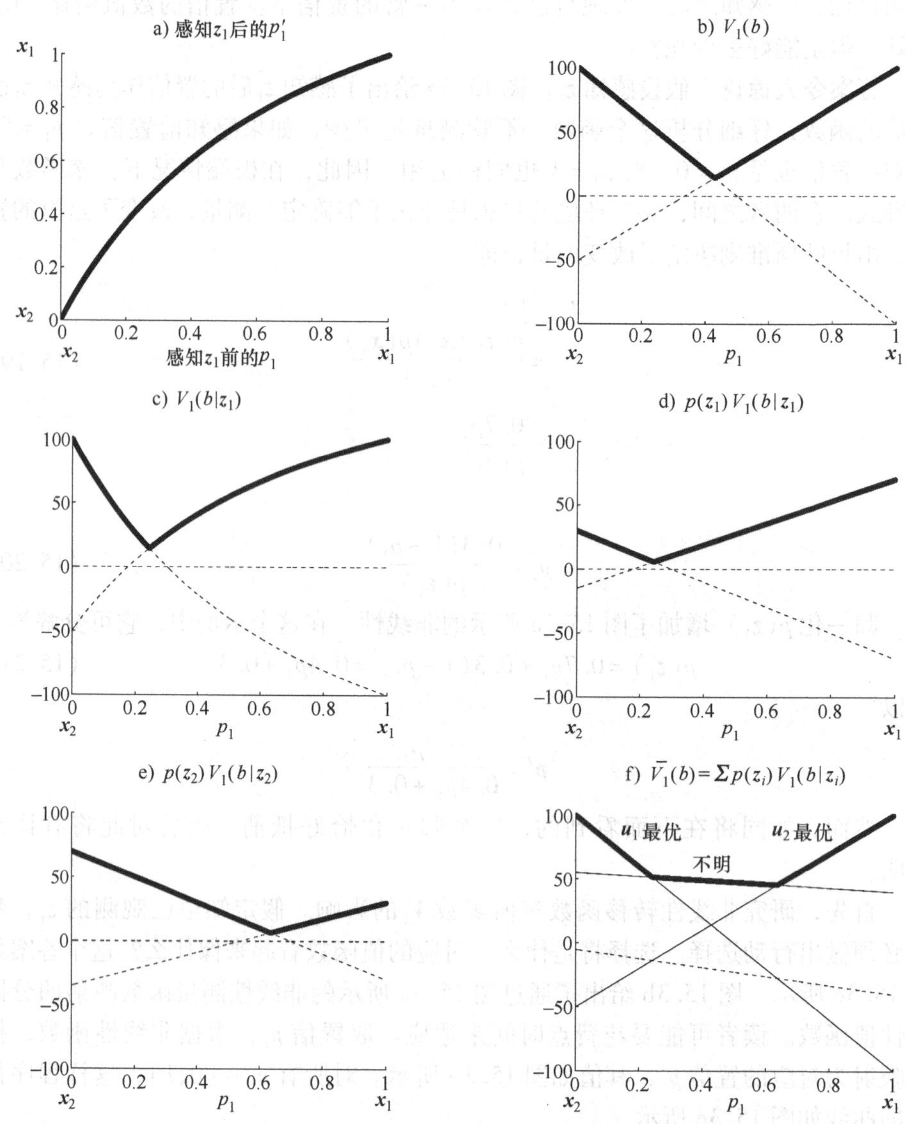

图 15.3 值函数感知的影响

a) 感知 z_1 后置信（为感知 z_1 前置信的函数，感知 z_1 使机器人处在状态 x_1 更自信） b) 值函数投影 c) 通过非线性函数得到非线性值函数 d) 通过观察 z_1 的概率区分值函数得到分段线性函数 e) 对测量 z_2 具有同样的分段线性函数 f) 感知后的期望值函数

上式是将式（15.18）的值函数 V_1 中的 p_1 用 p_1' 代替后的简单结果。可以发现，在图 15.3c 中，置信的“最差”值已经移动到左边。最差的置信就是感知 z_1 后使得可以 3/7 的概率相信处在状态 x_1 的置信。

然而，这里仅考虑了两个测量值的一个，而感知前必须考虑两个测量值。具体来说，感知前的值表示为 $\bar{V}_1$，由下式给出：

$$\bar{V}_1(b) = E_z[V_1(b \mid z)] = \sum_{i=1}^{2} p(z_i) V_1(b \mid z_i) \tag{15.23}$$

可以发现，在数学期望里，每个有贡献的值函数 $V_1(b \mid z_i)$ 都乘以概率 $p(z_i)$，这是导致预测量值函数非线性的原因。把式（15.19）代入（式 15.23），得到

$$\begin{aligned}\bar{V}_1(b) &= \sum_{i=1}^{2} p(z_i) V_1\left(\frac{p(z_i \mid \boldsymbol{x}_1) p_1}{p(z_i)}\right) \\ &= \sum_{i=1}^{2} p(z_i) \frac{1}{p(z_i)} V_1(p(z_i \mid \boldsymbol{x}_1) p_1) \\ &= \sum_{i=1}^{2} V_1(p(z_i \mid \boldsymbol{x}_1) p_1)\end{aligned} \tag{15.24}$$

这个变换是正确的，因为 V_1 里的每个元素线性于 $1/p(z_i)$，见式（15.22）。可以从最大值中移除这个因子 $1/p(z_i)$，因为最大值里的每一项都是与该因子的乘积。于是这些项被恢复之后，项 $p(z_i)$ 可简单地取消。

在这个示例中，有两个测量值，因此为这两个测量值的每一个计算期望 $p(z_i)V_1(b \mid z_i)$。读者可能回忆一下式（15.23）的这些项。对于 z_1，由式（15.22）计算 $V_1(b \mid z_i)$，因此有

$$p(z_1) V_1(b \mid z_1) = \max\begin{Bmatrix} -70p_1 & +30(1-p_1) \\ 70p_1 & -15(1-p_1) \end{Bmatrix} \tag{15.25}$$

函数如图 15.3d 所示，它的确是两个线性函数的最大值。同样，对于 z_2，得到下式：

$$p(z_2) V_1(b \mid z_2) = \max\begin{Bmatrix} -30p_1 & +70(1-p_1) \\ 30p_1 & -35(1-p_1) \end{Bmatrix} \tag{15.26}$$

函数如图 15.3e 所示。

感知前期望的值函数根据式（15.23）通过两项相加得到：

$$\bar{V}_1 = \max\begin{Bmatrix} -70p_1 & +30(1-p_1) \\ 70p_1 & -15(1-p_1) \end{Bmatrix} + \max\begin{Bmatrix} -30p_1 & +70(1-p_1) \\ 30p_1 & -35(1-p_1) \end{Bmatrix} \tag{15.27}$$

这个和如图 15.3f 所示。其形状值得注意，不是单一的拐点，而有两个不同的拐点，值函数被分割为三个不同的线性段。对于左段，无论机器人通过将来感知可能获得什么信息，$\boldsymbol{u}_1$ 也是最优的控制行动。同样地，对于右段，无论机器人通过将来感知可能获得什么信息，$\boldsymbol{u}_2$ 也是最优的控制行动。但是，在中心区域，是否是最优的控制行动是与感知有关的。最优行动是由机器人所感知的信息决定的。

为了做到这一点，中心地区定义了一个值，这个值大大高于未感知前的对应值，如图 15.2d 所示。从本质上说，感知的能力将整个区域值函数提高到更高水平，在这个区域里机器人处于最不确定环境的状态。上述引人注目的发现表明，置信空间值迭代确实评价了感知，但是仅在某种程度上对将来的控制选择有影响。

下面，再来计算这个值函数，因为可能比看起来更容易。式（15.27）要求计算线性函数两个最大值的和，并表示为规范形式：写成没有和的线性函数最大值。具体来说，新的值函数 $\bar{V}_1$的任意和是有界的：把来自第一个最大表达式的线性函数加到来自第二个最大表达式的线性函数。这里给出如下四个可能的组合：

$$
\begin{aligned}
\bar{V}_1(b) &= \max\begin{Bmatrix} -70p_1 & +30(1-p_1) & -30p_1 & +70(1-p_1) \\ -70p_1 & +30(1-p_1) & +30p_1 & -35(1-p_1) \\ 70p_1 & -15(1-p_1) & -30p_1 & +70(1-p_1) \\ 70p_1 & -15(1-p_1) & +30p_1 & -35(1-p_1) \end{Bmatrix} \\
&= \max\begin{Bmatrix} -100p_1 & +100(1-p_1) \\ -40p_1 & -5(1-p_1) \\ 40p_1 & +55(1-p_1) \\ 100p_1 & -50(1-p_1) \end{Bmatrix} \begin{matrix} (*) \\ \\ (*) \\ (*) \end{matrix} \\
&= \max\begin{Bmatrix} -100p_1 & +100(1-p_1) \\ 40p_1 & +55(1-p_1) \\ 100p_1 & -50(1-p_1) \end{Bmatrix}
\end{aligned} \tag{15.28}
$$

再一次，使用 * 表示对值函数定义有贡献的约束，如图 15.3f 所示，这四个线性函数只有三个是必需的，第四个可以被安全地删除掉。

15.2.4　预测

最后一步涉及状态转移。当机器人选择行动时，它的状态会改变。在周期大于 $T=1$ 的规划时，必须相应地考虑和设计值函数。在这个示例中，$\boldsymbol{u}_1$和 $\boldsymbol{u}_2$都是终点行动，因此仅需要考虑行动 $\boldsymbol{u}_3$的影响。

幸运的是，状态转移并不像 POMDP 的测量一样复杂。图 15.4a 给出了执行 $\boldsymbol{u}_3$的置信映射。具体来说，假设从绝对确定性状态 $\boldsymbol{x}_1$开始，因此 $p_1=1$。然后，根据式（15.7）的转移概率模型，有 $p_1'=p(\boldsymbol{x}_1' \mid \boldsymbol{x}_1,\boldsymbol{u}_3)=0.2$。相似地，对于 $p_1=0$，$p_1'=p(\boldsymbol{x}_1' \mid \boldsymbol{x}_1,\boldsymbol{u}_3)=0.8$。在两者之间，数学期望是线性的，有

$$
\begin{aligned}
p_1' &= E_x[p(\boldsymbol{x}_1' \mid \boldsymbol{x}_1,\boldsymbol{u}_3)] \\
&= \sum_{i=1}^{2} p(\boldsymbol{x}_1' \mid \boldsymbol{x}_1,\boldsymbol{u}_3)p_i \\
&= 0.2p_1 + 0.8(1-p_1) = 0.8 - 0.6p_1
\end{aligned} \tag{15.29}
$$

这个函数曲线如图 15.4a 所示。如果逆映射图 15.4b 所示的值函数，其与图 15.3f 所示的等效，可以得到图 15.4 c 所示的值函数。与预测前比，这个值函数比投影步骤前更扁平，反映了状态转移后的信息丢失。同时，它还是镜向的，也反映了执行 $\boldsymbol{u}_3$ 后状态期望的变化。

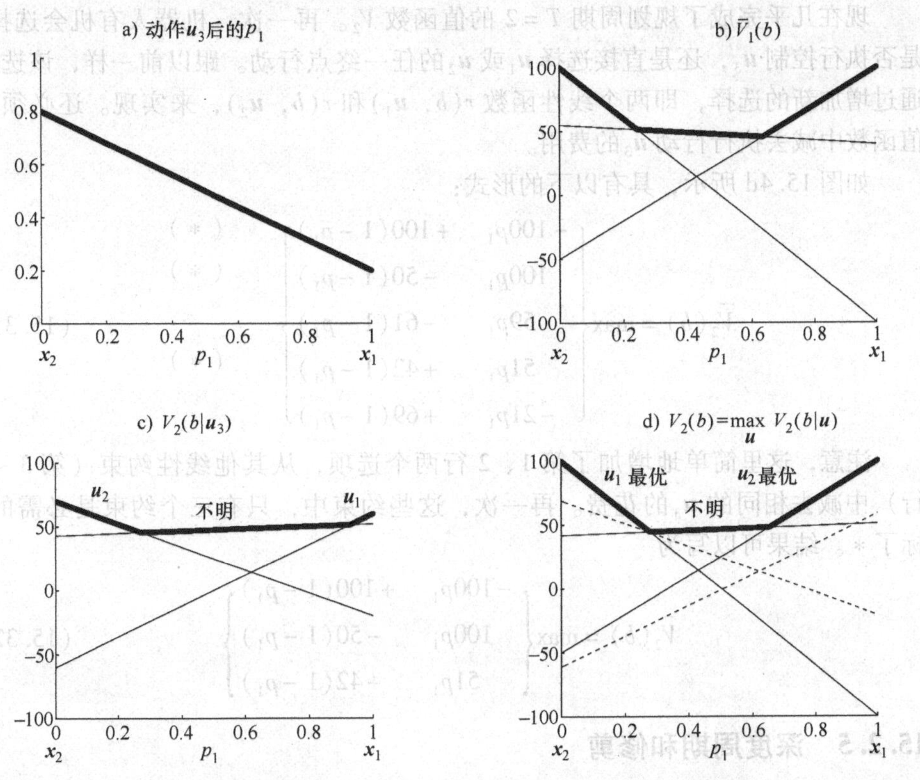

图 15.4　$\boldsymbol{u}_1$、$\boldsymbol{u}_2$ 和 $\boldsymbol{u}_3$ 置信值函数

a）执行行动 $\boldsymbol{u}_3$ 后的置信状态参数 p_1'（作为执行行动前参数 p_1 的函数）

b）置信值函数　c）图 b 所示的置信通过逆映射传播得的置信

d）通过最大化扩展置信函数和两剩余行动 $\boldsymbol{u}_1$、$\boldsymbol{u}_2$ 的报酬得到的值函数 V_2

数学上，这个值函数通过式（15.29）投影式（15.28）计算出来，即

$$\overline{V}_1(b \mid \boldsymbol{u}_3) = \max\left\{\begin{array}{ll} -100(0.8-0.6p_1) & +100(1-(0.8-0.6p_1)) \\ 40(0.8-0.6p_1) & +55(1-(0.8-0.6p_1)) \\ 100(0.8-0.6p_1) & -50(1-(0.8-0.6p_1)) \end{array}\right\}$$

$$= \max\left\{\begin{array}{ll} -100(0.8-0.6p_1) & +100(0.2+0.6p_1) \\ 40(0.8-0.6p_1) & +55(0.2+0.6p_1) \\ 100(0.8-0.6p_1) & -50(0.2+0.6p_1) \end{array}\right\}$$

$$= \max\begin{cases} 60p_1 & -60(1-p_1) \\ 52p_1 & +43(1-p_1) \\ -20p_1 & +70(1-p_1) \end{cases} \tag{15.30}$$

这些变换很容易手工核对。图 15.4c 给出了这个函数和最优控制行动。

现在几乎完成了规划周期 $T=2$ 的值函数 V_2。再一次，机器人有机会选择，是否执行控制 $\boldsymbol{u}_3$，还是直接选择 $\boldsymbol{u}_1$ 或 $\boldsymbol{u}_2$ 的任一终点行动。跟以前一样，该选择通过增加新的选择，即两个线性函数 $r(b,\ \boldsymbol{u}_1)$ 和 $r(b,\ \boldsymbol{u}_2)$，来实现。还必须从值函数中减去执行行动 $\boldsymbol{u}_3$ 的费用。

如图 15.4d 所示，具有以下的形式：

$$\overline{V}_2(b) = \max\begin{cases} -100p_1 & +100(1-p_1) & (*) \\ 100p_1 & -50(1-p_1) & (*) \\ 59p_1 & -61(1-p_1) & \\ 51p_1 & +42(1-p_1) & (*) \\ -21p_1 & +69(1-p_1) & \end{cases} \tag{15.31}$$

注意，这里简单地增加了第 1、2 行两个选项，从其他线性约束（第 3 ~ 5 行）中减去相同的 $\boldsymbol{u}_3$ 的花费。再一次，这些约束中，只有三个约束是必需的，标了 *。结果可以写为

$$\overline{V}_2(b) = \max\begin{cases} -100p_1 & +100(1-p_1) \\ 100p_1 & -50(1-p_1) \\ 51p_1 & +42(1-p_1) \end{cases} \tag{15.32}$$

15.2.5 深度周期和修剪

现在执行完整的置信空间备份步骤（backup step in belief space）。该算法非常容易递归，图 15.5 给出了周期 $T=10$ 和 $T=20$ 的值函数。这两个值函数看起

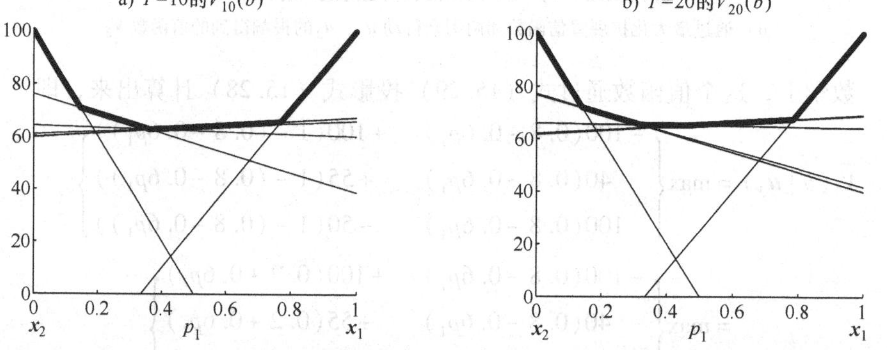

图 15.5 周期 $T=10$ 和 $T=20$ 的值函数（注意，两个图中垂直轴的比例不同于以前值函数的描述）

来是相似的。经过适当的修剪，V_{20}仅有 13 项，即

$$\overline{V}_{20}(b)=\max\begin{cases}-100p_1 & +100(1-p_1)\\ 100p_1 & -50(1-p_1)\\ 64.1512p_1 & +65.9454(1-p_1)\\ 64.1513p_1 & +65.9454(1-p_1)\\ 64.1531p_1 & +65.9442(1-p_1)\\ 68.7968p_1 & +62.0658(1-p_1)\\ 68.7968p_1 & +62.0658(1-p_1)\\ 69.0914p_1 & +61.5714(1-p_1)\\ 68.8167p_1 & +62.0439(1-p_1)\\ 69.0369p_1 & +61.6779(1-p_1)\\ 41.7249p_1 & +76.5944(1-p_1)\\ 39.8427p_1 & +77.1759(1-p_1)\\ 39.8334p_1 & +77.1786(1-p_1)\end{cases} \tag{15.33}$$

从上式顶部识别出两个熟悉的线性函数，所有其他函数与特定序列测量值和行动选择相对应。

简单的考虑表明了修剪是必须的。没有修剪，每一次更新带来两个新的线性约束（行动选择），然后是约束数目的二次方（测量）。因此，对于 $T=20$，未修剪的值函数有 $10^{547\,864}$ 个线性函数；在 $T=30$ 时，线性约束有 $10^{561\,012\,337}$ 个。相比之下，修剪后的值函数仅包含 13 项约束。

线性项爆炸式增加，是简单 POMDP 不能实现的主要原因。图 15.6 给出了一系列值函数 V_2的比较：左边一列给出了修剪了的函数；右边一列则保留了所有线性函数，没有修剪。尽管计算中仅有单个测量更新，但是未使用的函数数量仍然巨大。后面设计高效近似的 POMDP 算法时还会回来讨论这一点。

分析的最终结论是，对任意有限周期，最优值函数是连续的分段线性的凸函数；每个线性段与将来某点的不同的行动选择相对应。值函数的凸性是可以直觉观察的，即认知总是优于未知。给定两个置信状态 b 和 b'，置信状态混合值大于或等于被混合置信状态值，对某混合参数 β 满足 $0\leqslant\beta\leqslant1$，有

$$\beta V(b)+(1-\beta)V(b')\geqslant V(\beta b+(1-\beta)b') \tag{15.34}$$

这个特征仅适用于有限周期的情况。在无限周期的情况下，值函数是非连续和非线性的。

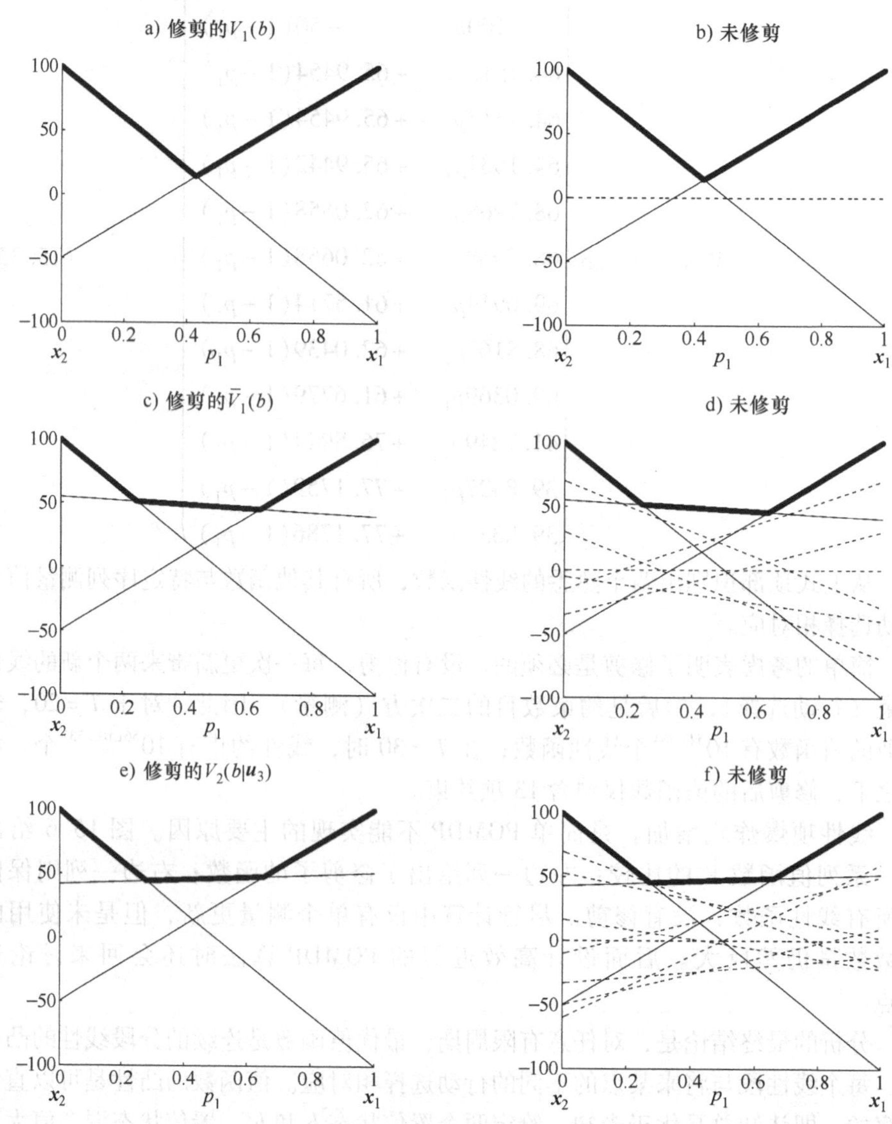

图 15.6 严格的修剪算法（左列）与非修剪 POMDP 算法（右列）比较（为 POMDP 规划算法的前几步骤；显然，如果不修剪，线性约束的数量会大大增加；在 $T=20$ 时，未修剪的值函数有 $10^{547\,864}$ 个线性函数，而修剪过的值函数仅有 13 个线性函数）

15.3 有限环境 POMDP 算法

前面使用示例介绍了如何计算有限环境的值函数。在从基本原则推导之前，这里简单讨论计算值函数的通用算法。

程序 15.1 给出了 POMDP 算法。这个算法以 POMDP 的规划周期 T 作为唯一

```
Algorithm POMDP(T):
    Υ = (0; 0, ..., 0)
    for τ = 1 to T do
        Υ' = ∅
        for all (u'; v_1^k, ..., v_N^k) in Υ do
            for all control actions u do
                for all measurements z do
                    for j = 1 to N do
                        v_{u,z,j}^k = \sum_{i=1}^{N} v_i^k p(z | x_i) p(x_i | u, x_j)
                    endfor
                endfor
            endfor
        endfor
        for all control actions u do
            for all k(1), ..., k(M) = (1, ..., 1) to (|Υ|, ..., |Υ|) do
                for i = 1 to N do
                    v_i' = γ [ r(x_i, u) + \sum_z v_{u,z,i}^{k(z)} ]
                endfor
                add (u; v_1', ..., v_N') to Υ'
            endfor
        endfor
        optional: prune Υ'
        Υ = Υ'
    endfor
    return Υ
```

程序 15.1 离散环境的 POMDP 算法（该算法通过一组线性约束表示最优值函数，并可递归计算）

的输入。它返回一组参数矢量，每一矢量形如

$$(v_1, \cdots, v_N) \tag{15.35}$$

这些参数的每一个指定了具有以下形式的置信空间上的一个线性函数：

$$\sum_i v_i p_i \tag{15.36}$$

实际值取决于所有线性函数的最大值（maximum of all these linear functions），即

$$\max_{(p_1, \cdots, p_N)} \quad \sum_i v_i p_i \tag{15.37}$$

```
1:   Algorithm policy_POMDP(Υ, b = (p_1, ..., p_N)):
2:       û = argmax_{(u; v_1^k, ..., v_N^k) ∈ Υ}  Σ_{i=1}^{N} v_i^k p_i
3:       return û
```

程序 15.2 为用一组线性函数Υ表达的策略确定最优行动的算法

POMDP 算法递归地计算这个值函数。对应伪周期 $T=0$ 的初始集合见程序 15.1 所示第 2 行的设置。然后，POMDP 算法在第 3 ~ 24 行的嵌套循环中递归地计算一个新集合。关键的计算步骤发生在第 9 行：计算线性约束的下一个集合所需要的线性函数系数 $v_{u,z,j}^k$。每个线性函数由执行控制 $\boldsymbol{u}$ 产生，接着是观测测量 z，然后执行控制 $\boldsymbol{u}'$。与 $\boldsymbol{u}'$对应的线性约束在以前较小的规划周期里递归地计算出来（第 5 行）。因此，直到第 14 行，算法为每一个控制行动、测量和以前值函数的线性约束组合产生出了一个线性函数。

新的值函数的线性约束由获取测量的期望得到，计算由第 14 ~ 21 行完成。对于每一个控制行动，算法第 15 行产生 K^M个这样的线性约束。这么巨大的数目基于这样的事实：每个期望取自 M 个可能的测量值，它可与包含在之前的值函数中的 K 个约束中的任意一个组合。第 17 行为每个这样的组合计算期望。在第 19 行，产生的约束加到的新的约束集合里。

寻找最优控制行动的算法如程序 15.2 所示。该算法的输入是一个置信状态与线性函数集合Υ。其中，置信状态由 $b=(p_1, \cdots, p_N)$ 参数化。最优行动，通过遍历所有的线性函数并且对于 b 最大化它的值，来确定。policy_POMDP 算法的第 3 行返回这个值，见程序 15.2。

15.4 POMDP 的数学推导

15.4.1 置信空间的值迭代

值函数通用更新由式（15.2）实现，为了方便起见，重写在这里：

$$V_T(b) = \gamma \max_{u}\left[r(b,\boldsymbol{u}) + \int V_{T-1}(b')p(b' \mid \boldsymbol{u},b)\,\mathrm{d}b'\right] \tag{15.38}$$

从将此等式转换为更实用的形式开始，这个更实用的形式避免了在所有可能置信的空间上进行积分。

更新的关键因子是条件概率 $p(b' \mid \boldsymbol{u},\ b)$。这个概率是概率分布上的分布。给定置信 b 和控制行动 $\boldsymbol{u}$，结果的确是分布上的分布。这是因为具体的置信 b' 是基于下一个测量的，而测量本身是随机产生的。处理分布的分布增加了不受欢迎的复杂元素。

如果固定测量，后验 b' 是唯一的，$p(b' \mid \boldsymbol{u},\ b)$ 退化为点质量分布。为什么是这样？这个答案可由贝叶斯滤波证明。根据行动执行前有置信 b、行动 $\boldsymbol{u}$、一系列观察值 z，贝叶斯滤波计算单一的唯一正确的后验置信 b'。因此，得出结论，如果仅知道 z，式（15.38）中所有置信上的积分将废弃。

该观点可以表达为

$$p(b' \mid \boldsymbol{u},b) = \int p(b' \mid \boldsymbol{u},b,z)p(z \mid \boldsymbol{u},b)\,\mathrm{d}z \tag{15.39}$$

式中，$p(b' \mid \boldsymbol{u},\ b,\ z)$ 为聚集于贝叶斯波所计算的唯一置信的点质量分布。将此积分代入式（15.38）有

$$V_T(b) = \gamma \max_{u}\left[r(b,\boldsymbol{u}) + \int\left[\int V_{T-1}(b')p(b' \mid \boldsymbol{u},b,z)\,\mathrm{d}b'\right]p(z \mid \boldsymbol{u},b)\,\mathrm{d}z\right] \tag{15.40}$$

内部积分为

$$\int V_{T-1}(b')p(b' \mid \boldsymbol{u},b,z)\,\mathrm{d}b' \tag{15.41}$$

它仅包含一个非零项。该项中的 b' 是用叶斯滤波由 b、$\boldsymbol{u}$、z 计算出的。把这个分布称为 $B(b,\ \boldsymbol{u},\ z)$，即

$$\begin{aligned} B(b,\boldsymbol{u},z)(\boldsymbol{x}') &= p(\boldsymbol{x}' \mid z,\boldsymbol{u},b) \\ &= \frac{p(z \mid \boldsymbol{x}',\boldsymbol{u},b)p(x \mid \boldsymbol{u},b)}{p(z \mid \boldsymbol{u},b)} \\ &= \frac{1}{p(z \mid \boldsymbol{u},b)}p(z \mid \boldsymbol{x}')\int p(\boldsymbol{x}' \mid \boldsymbol{u},b,s)p(\boldsymbol{x} \mid \boldsymbol{u},b)\,\mathrm{d}\boldsymbol{x} \end{aligned}$$

$$= \frac{1}{p(z \mid u,b)} p(z \mid x') \int p(x' \mid u,x) b(x) \mathrm{d}x \qquad (15.42)$$

读者应该已经分辨出这是本书介绍过的贝叶斯滤波推导。该推导已在本书第2章广泛讨论过，这一次用归一化形式使其表达更清楚。

现在重写式（15.40）如下，注意这个表示不再是在整个 b' 上的积分：

$$V_T(b) = \gamma \max_u \left[r(b,u) + \int V_{T-1}(B(b,u,z)) p(z \mid u,b) \mathrm{d}z \right] \qquad (15.43)$$

上式比最初的式（15.38）更方便，因为它只需要在所有可能的测量 z，而不是所有可能的置信分布 b' 上积分。前面的示例暗含使用了这个变换。前面的示例通过混合有限多个分段线性函数得到新的值函数。

下面，从积分中分出关于行动的最大值是很方便的。因此可以将式（15.43）写成以下两个等式：

$$V_T(b,u) = \gamma \left[r(b,u) + \int V_{T-1}(B(b,u,z)) p(z \mid u,b) \mathrm{d}z \right] \qquad (15.44)$$

$$V_T(b) = \max_u V_T(b,u) \qquad (15.45)$$

式中，$V_T(b, u)$ 为置信 b 上的周期为 T 的值函数，假定下一行动是 u。

15.4.2 值函数表示法

就这里的示例而言，使用了一系列线性函数的最大值来表示值函数。已经讨论过，单纯置信上的任一线性函数可以用一系列的系数 v_1，…，v_N来表示，有

$$V(b) = \sum_{i=1}^{N} v_i p_i \qquad (15.46)$$

式中，照例，p_1，…，p_N为置信分布 b 的参数。分段线性凸值函数 $V_T(b)$ 可以用有限多个线性函数的最大值表示：

$$V(b) = \max_k \sum_{i=1}^{N} v_i^k p_i \qquad (15.47)$$

式中，v_1^k，…，v_N^k为第 k 个线性函数的参数，读者应该迅速地让自己相信有限多个线性函数的最大值确实是凸的连续的分段线性函数。

15.4.3 计算值函数

现在，为计算值函数 $V_T(b)$ 推导递归方程。通过归纳，假设周期 $T-1$ 的值函数为 $V_{T-1}(b)$，可以用上面说明的分段线性函数表示。作为推导的一部分，这里要证明，如果 $V_{T-1}(b)$ 是分段线性凸函数，那么 $V_T(b)$ 也是分段线性凸函数。在规划周期 T 上的归纳可以证明，具有有限周期的所有值函数的确是分段线性凸函数。

从式（15.44）和式（15.45）开始，如果测量空间是有限的，就可以用有

限和代替整个 z 上的积分。

$$V_T(b,\boldsymbol{u}) = \gamma\left[r(b,\boldsymbol{u}) + \sum_z V_{T-1}(B(b,\boldsymbol{u},\boldsymbol{z}))p(\boldsymbol{z} \mid \boldsymbol{u},b)\right] \tag{15.48}$$

$$V_T(b) = \max_{\boldsymbol{u}} V_T(b,\boldsymbol{u}) \tag{15.49}$$

置信 $B(b,\boldsymbol{u},\boldsymbol{z})$ 由下面的表达式得到，将式（15.42）的积分以有限和代替就可得到

$$B(b,\boldsymbol{u},\boldsymbol{z})(\boldsymbol{x}') = \frac{1}{p(\boldsymbol{z} \mid \boldsymbol{u},b)}p(\boldsymbol{z} \mid \boldsymbol{x}') \sum_{\boldsymbol{x}} p(x' \mid \boldsymbol{u},\boldsymbol{x})b(\boldsymbol{x}) \tag{15.50}$$

如果置信 b 用参数 $\{p_1,\cdots,p_N\}$ 表示，那么置信 $B(b,\ \boldsymbol{u},\ \boldsymbol{z})$ 用 $\{p'_1,\cdots,p'_N\}$ 表示。由此得出结论，置信 b' 的第 j 个参数计算如下：

$$p'_j = \frac{1}{p(\boldsymbol{z} \mid \boldsymbol{u},b)}p(\boldsymbol{z} \mid \boldsymbol{x}_j) \sum_{i=1}^{N} p(\boldsymbol{x}_j \mid \boldsymbol{u},\boldsymbol{x}_i)p_i \tag{15.51}$$

为计算值函数，更新式（15.48），现在为项 $V_{T-1}(B(b,\boldsymbol{u},\boldsymbol{z}))$ 寻找更实用的表达，使用上面描述的有限和。推导从定义 V_{T-1} 开始，根据式（15.51）替换 p'_j：

$$\begin{aligned}
V_{T-1}(B(b,\boldsymbol{u},\boldsymbol{z})) &= \max_k \sum_{j=1}^{N} v_j^k p'_j \\
&= \max_k \sum_{j=1}^{N} v_j^k \frac{1}{p(\boldsymbol{z} \mid \boldsymbol{u},b)}p(\boldsymbol{z} \mid \boldsymbol{x}_j) \sum_{i=1}^{N} p(\boldsymbol{x}_j \mid \boldsymbol{u},\boldsymbol{x}_i)p_i \\
&= \frac{1}{p(\boldsymbol{z} \mid \boldsymbol{u},b)} \max_k \sum_{j=1}^{N} v_j^k p(\boldsymbol{z} \mid \boldsymbol{x}_j) \sum_{i=1}^{N} p(\boldsymbol{x}_j \mid \boldsymbol{u},\boldsymbol{x}_i)p_i \\
&= \frac{1}{p(\boldsymbol{z} \mid \boldsymbol{u},b)} \max_k \overbrace{\sum_{i=1}^{N} p_i \underbrace{\sum_{j=1}^{N} v_j^k p(\boldsymbol{z} \mid \boldsymbol{x}_j)p(\boldsymbol{x}_j \mid \boldsymbol{u},\boldsymbol{x}_i)}_{(*)}}^{(**)}
\end{aligned} \tag{15.52}$$

式中，标 * 的项独立于置信。因此，以置信空间 p_1，…，p_N 为参数。标 * * 的函数是线性函数。项 $1/p(\boldsymbol{z} \mid \boldsymbol{u},\ b)$ 既是非线性的，又难于计算，因为它包含了整个置信 b 作为条件变量。然而，POMDP 的动人之处就是可以抵消这个表示。具体做法是，将这表达式代入式（15.48）产生以下的更新等式：

$$V_T(b,\boldsymbol{u}) = \gamma\left[r(b,\boldsymbol{u}) + \sum_z \max_k \sum_{i=1}^{N} p_i \sum_{j=1}^{N} v_j^k p(\boldsymbol{z} \mid \boldsymbol{x}_j)p(\boldsymbol{x}_j \mid \boldsymbol{u},\boldsymbol{x}_i)\right] \tag{15.53}$$

因此，尽管非线性来源于测量值更新，但 $V_T(b,\boldsymbol{u})$ 还是分段线性的。

最后，$r(b,\ \boldsymbol{u})$ 由下式给出：

$$r(b,\boldsymbol{u}) = E_{\boldsymbol{x}}[r(\boldsymbol{x},\boldsymbol{u})] = \sum_{i=1}^{N} p_i r(\boldsymbol{x}_i,\boldsymbol{u}) \tag{15.54}$$

这里假定置信 b 由参数$\{p_1, \cdots, p_N\}$表示。

现在期望的值函数 V_T，由在所有行动 $\boldsymbol{u}$ 上最大化 $V_T(b, \boldsymbol{u})$ 得到，式(15.49) 也给出过，即

$$\begin{aligned}V_T(b) &= \max_{\boldsymbol{u}} V_T(b,\boldsymbol{u})\\ &= \gamma \max_{\boldsymbol{u}}\left(\left[\sum_{i=1}^{N} p_i r(\boldsymbol{x}_i,\boldsymbol{u})\right] + \sum_{z} \max_{k} \sum_{i=1}^{N} p_i \underbrace{\sum_{j=1}^{N} v_j^k p(\boldsymbol{z}\mid \boldsymbol{x}_j) p(\boldsymbol{x}_j \mid \boldsymbol{u},\boldsymbol{x}_i)}_{=:v_{\boldsymbol{u},z,i}^k}\right)\\ &= \gamma \max_{\boldsymbol{u}}\left(\left[\sum_{i=1}^{N} p_i r(\boldsymbol{x}_i,\boldsymbol{u})\right] + \underbrace{\sum_{z} \max_{k} \sum_{i=1}^{N} p_i v_{\boldsymbol{u},z,i}^k}_{(*)}\right)\end{aligned} \tag{15.55}$$

其中

$$v_{\boldsymbol{u},z,i}^k = \sum_{j=1}^{N} v_j^k p(\boldsymbol{z}\mid \boldsymbol{x}_j) p(\boldsymbol{x}_j \mid \boldsymbol{u},\boldsymbol{x}_i) \tag{15.56}$$

这个表达式还不是线性函数的最大值形式。具体来说，需要将式（15.55）中标 * 的“和-最大值-和”的形式改变为“最大值-和-和”的形式，这与线性函数集合的最大值形式类似。

15.2.3 节的示例利用了同样的变换。具体来说，假设可以计算最大值：

$$\max\{a_1(\boldsymbol{x}),\cdots,a_n(\boldsymbol{x})\} + \max\{b_1(\boldsymbol{x}),\cdots,b_n(\boldsymbol{x})\} \tag{15.57}$$

对在整个 $\boldsymbol{x}$ 上的一些函数 $a_1(\boldsymbol{x}),\cdots,a_n(\boldsymbol{x})$ 和 $b_1(\boldsymbol{x}),\cdots,b_n(\boldsymbol{x})$，可得到最大值：

$$\max_i \max_j [a_i(\boldsymbol{x}) + b_j(\boldsymbol{x})] \tag{15.58}$$

这是由于，每个 $a_i + b_j$确实是下界。而且，对任意 $\boldsymbol{x}$，一定存在一个 i 和 j，使 $a_i(\boldsymbol{x}) + b_j(\boldsymbol{x})$ 定义了最大值。通过包括式（15.58）所有潜在对，可得到紧下界，也就是解。

现在很容易推广到最大表示式的任意和：

$$\sum_{j=1}^{m} \max_{i=1}^{N} a_{i,j}(\boldsymbol{x}) = \max_{i(1)=1}^{N} \max_{i(2)=1}^{N} \cdots \max_{i(m)=1}^{N} \sum_{j=1}^{m} a_{i(j),j} \tag{15.59}$$

现在应用该“技巧”计算 POMDP 值函数，得到式（15.55）中标 * 的表达式。其中，M 为测量值的总数目。

$$\begin{aligned}\sum_{z} \max_{k} \sum_{i=1}^{N} p_i v_{\boldsymbol{u},z,i}^k &= \max_{k(1)} \max_{k(2)} \cdots \max_{k(M)} \sum_{z} \sum_{i=1}^{N} p_i v_{\boldsymbol{u},z,i}^{k(z)}\\ &= \max_{k(1)} \max_{k(2)} \cdots \max_{k(M)} \sum_{i=1}^{N} p_i \sum_{z} v_{\boldsymbol{u},z,i}^{k(z)}\end{aligned} \tag{15.60}$$

每个 $k(\ )$ 是独立的变量，每个变量具有左侧变量 k 的值。这样的变量数与测量值一样多。结果，期望的值函数由下式计算：

$$
\begin{aligned}
V_T(b) &= \gamma \max_u \Big[\sum_{i=1}^{N} p_i r(\boldsymbol{x}_i, \boldsymbol{u}) \Big] + \max_{k(1)} \max_{k(2)} \cdots \max_{k(M)} \sum_{i=1}^{N} p_i \sum_z v_{u,z,i}^{k(z)} \\
&= \gamma \max_u \max_{k(1)} \max_{k(2)} \cdots \max_{k(M)} \sum_{i=1}^{N} p_i \Big[r(\boldsymbol{x}_i, \boldsymbol{u}) + \sum_z v_{u,z,i}^{k(z)} \Big]
\end{aligned} \tag{15.61}
$$

换句话说，每个组合为

$$
\Big(\Big[r(\boldsymbol{x}_1, \boldsymbol{u}) + \sum_z v_{u,z,1}^{k(z)} \Big] \Big[r(\boldsymbol{x}_2, \boldsymbol{u}) + \sum_z v_{u,z,2}^{k(z)} \Big] \cdots \Big[r(\boldsymbol{x}_N, \boldsymbol{u}) + \sum_z v_{u,z,N}^{k(z)} \Big] \Big)
$$

在值函数 V_T中产生一个新的线性约束。

对变量 $k(1), k(2), \cdots, k(M)$ 的每个独特的联合，将有这样的约束。显然，这些线性函数最大值还是分段线性凸函数，这就证明了，上述表示法确实足以表达连续置信空间下的正确值函数。而且，线性段数目几倍指数于测量空间的尺寸，至少是对初级实现保留了所有这样的约束。

15.5 实际考虑

迄今为止讨论的值迭代算法是脱离实际的。对于确切的状态、测量和控制的任意合理数目，值函数的复杂性令人望而却步，即使对开始阶段的规划周期也是如此。

有许多机会实现更高效的算法。前面的示例已经讨论过，线性约束数目会迅速过分地增大。幸运的是，好多线性约束能被安全地忽略掉，因为它们没参与最大值定义。

值迭代算法的另一个缺点是，对所有置信状态计算值函数，而不只是相关的置信状态。当机器人从定义明确的置信状态开始时，可到达的置信状态的集合通常要小得多。例如，如果机器人试图穿过两道门，但不能确定这两道门是开着还是关着。当它到达第二道门时，确切地知道第一道门的状态。因此，第二道门状态已知而第一道门状态未知的置信状态在实际上不能到达的。在很多领域，置信空间的巨大的子空间是不能到达的。

即使对可到达的置信，有一些可能只以较小的概率到达，其他的可能是明显不合需要的，以致机器人通常避开它们。值迭代没有做如此的区别。事实上，值计算耗费的时间和资源，独立于置信状态实际相关的概率。

有一系列的算法，使关于置信状态子空间的值函数计算，有更多的选择性。其中之一是，基于点的值迭代（Point-Based Value Iteration，PBVI）算法。它是基于维持典型的置信状态集合的思想的，会限制值函数约束。对于至少一个置信状态，使其值最大化。更具体的，想象给定置信状态集合 $B = \{b_1, b_2, \cdots\}$，称为置信点（belief points）。于是，关于 B 的约简值函数（reduced value function）V

是约束条件 v 的集合，即 $v \in V$。能找到至少一个 $b_i \in B$，满足 $v(b_i) = V(b_i)$。换句话说，不符合 B 中离散置信点的任何线性段被丢弃。甚至通过不产生不被任意点支持的约束条件，最原始的 PBVI 算法能高效地计算值函数；然而，在标准 POMDP 支持的算法中，通过修剪产生的所有线性段，也能实现同样的思想。

维持置信点集合 B 的思想，能使值迭代明显更加高效。图 15.7a 给出了一个问题的值函数，其仅在一个方面区别于 15.2 节的示例：状态转换函数是确定的，即用 1.0 代替式（15.7）和式（15.8）中的 0.8。图 15.7a 所示的值函数，是关于周期 $T=30$ 最优的。小心地修剪以减少到 120 个约束，而不是原来非修剪实现的 $10^{561\,012\,337}$ 个约束，需要足够的耐心。应用简单点集合 $B=\{p_1=0.0, p_1=0.1, p_1=0.2, \cdots, p_1=1\}$，获得值的函数曲线如图 15.7b 右图所示。该值函数是近似的，它仅由 11 个线性函数组成。更重要的是，它的计算速度要快超过 1000 倍。

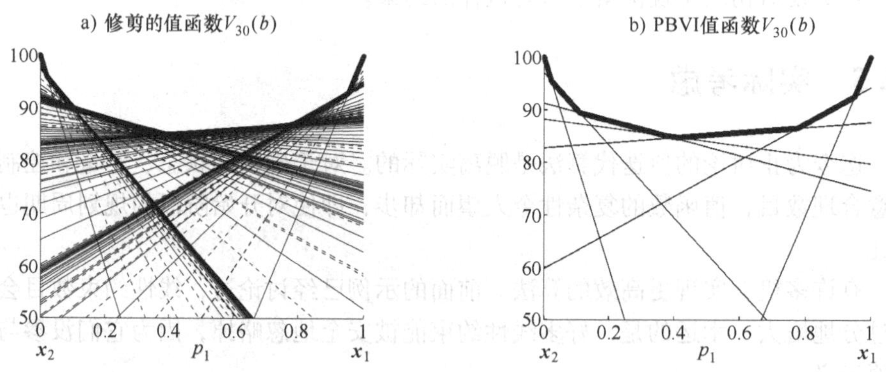

图 15.7 基于点值迭代相对一般值迭代值函数的优势（这两个函数在应用到实际控制时，结果几乎没有差别）
a）修剪的值函数（周期 $T=30$ 的精确值函数，修剪后由 120 个约束组成）
b）PBVI 值函数（仅保留 11 个线性函数）

置信点的使用有第二层的重要含义：问题求解程序能选择被认为与规划过程有重大关系的置信点。有一些决定置信点集合的启发式算法。这些算法主要是识别可达到的置信（如通过用 POMDP 仿真机器人），并发现合理的相差甚远的互相隔开的置信。这样做，得到快于 POMDP 算法几个数量级的算法通常是可能的。事实上，每当新置信点增加时，通过对所有值函数增加新的线性约束，可以增量地扩充集合 B，从而增量地建立值函数集 V_1，V_2，…，V_T。用这种方法，随着时间的推移，规划算法会产生出越来越好的结果。

机器人学中一个新兴的观点是，合理的置信状态数，胜过仅用一个常数因子的状态数。结果，在规划过程中，主动选择置信空间的适当区域更新的技术，与单调的不选择的值迭代方法相比，具有完全不同的特性。

PBVI 的一个典型机器人技术示例如图 15.8、15.9 所示。图 15.8a 给出了某室内环境的占用栅格地图，该室内环境由一个长走廊和一个房间构成。机器人开始位于右侧位置。它的任务是发现以布朗运动移动的入侵者。为了使这个任务可用于检验 PBVI 规划，需要低维状态空间。这里使用的状态空间如图 15.8b 所示。将栅格地图分成 22 个离散区域。区域粒度足以解决这个任务，而且使 PBVI 值函数在计算上是可行的。发现这样一个入侵者的任务，本质上是概率的。任何控制策略必须意识到环境的不确定性并寻求约简。而且，它具有内在的动态性。只移动到未覆盖的空间通常是不够的。图 15.9 给出了典型的 POMDP 规划结果。机器人确定控制顺序：首先探测相对小的房间，然后沿着走廊前进。这个控制策略利用了这个事实：当机器人扫描房间时，入侵者没有足够时间穿过走廊。因此，这个策略具有很高的成功率。

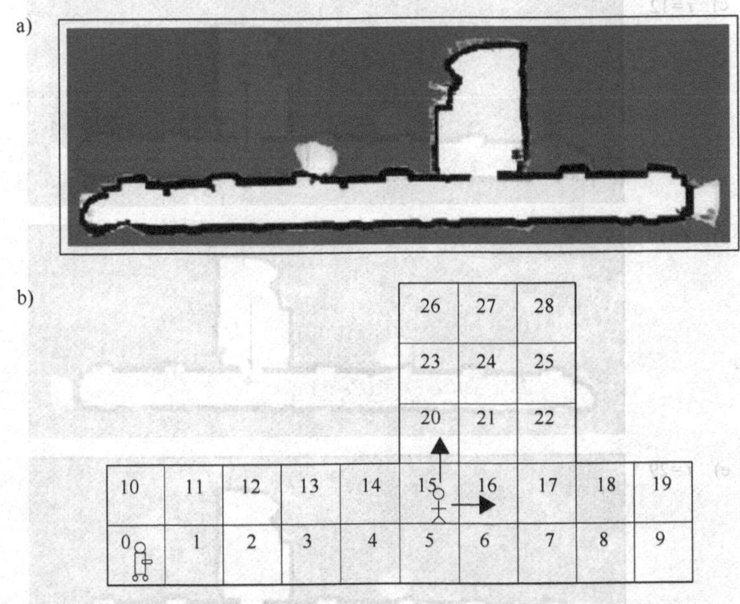

图 15.8　典型的 POMDP 规划结果（室内环境，寻找控制策略发现该环境内的移动的入侵者；机器人充分完美地循路而行，并忽略位姿的不确定性；剩余的不确定性是人的位置；由加拿大麦吉尔大学的 Joelle Pineau 提供）
a）占用栅格地图　b）POMDP 所使用的离散状态集合

这是把 POMDP 值迭代应用于实际控制机器人问题的范例。甚至当使用积极的修剪（如 PBVI）时，产生的值函数仍被限制在几十个状态。然而，如果能发现这样的低维状态表示法，通过适应机器人内在的不确定性，POMDP 技术能得到极好的结果。

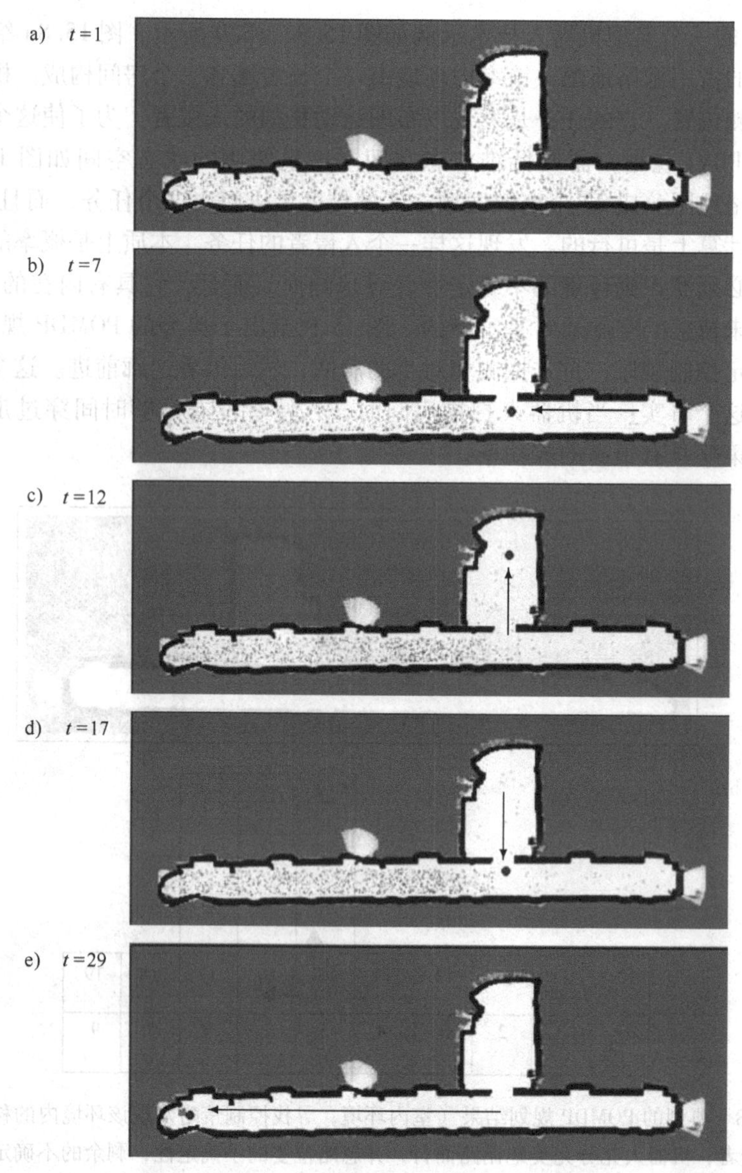

图 15.9 一个成功的搜索策略（通过粒子滤波实现追踪入侵者，然后投影为直方图表示方式以适合 POMDP 使用；机器人首先扫描上面的房间，然后沿着走廊行进；由加拿大麦吉尔大学的 Joelle Pineau 提供）

15.6 小结

本章介绍了不确定性下的机器人控制基本值迭代算法。

- POMDP 以多种不确定性为特征：控制效果的不确定性、感知的不确定性和关于环境动态的不确定性。然而，POMDP 会假设已给定行动和感知的概率模型。
- POMDP 值函数定义在置信空间上，该置信空间是机器人可能具有的关于环境状态的所有置信。对于 N 个状态的环境，这个置信通过 $N-1$ 维置信单纯形定义，以给 N 个状态的每一个分配概率为特征。
- 对于有限周期，值函数在置信空间参数里是分段线性的，同时也是连续函数和凸函数。因此，它可以由有限多个线性函数的最大值表示。并且，这些线性约束可容易计算出来。
- POMDP 规划算法对于不断增加的规划周期计算一系列的值函数。每次这样的计算都是递归的：给定周期 $T-1$ 的最优值函数，算法能够计算周期 T 的最优值函数。
- 每次递归迭代包含了多个元素：通过线性约束集合上的最大化实现行动选择，这里每个行动拥有自己的集合。通过使线性约束（与每个测量对应）联合而构成期望的测量。通过线性处理线性约束集来实现预测。通过计算期望将报酬推广到置信空间，报酬是线性于置信空间参数的。结果是处理线性约束的值备份程序。
- 基本更新会产生一些难以处理的线性约束。具体来说，在每次备份中，测量步骤以指数于可能的测量的数目为系数增加了约束数目。大多数约束通常是无用的，删除它们根本不改变值函数。
- 基于点的值迭代（PBVI）是近似算法，该算法只维持支持有限典型置信状态集合所必须的约束。为了做到这一点，约束的数目保持常数，而不是几倍指数级增长（最坏情况）。当选择的点是有代表性的，并且很好地分散在置信空间里时，经验上，PBVI 能给出好的结果。

在许多方面，本章提供的材料具有理论上的意义。值迭代算法定义了基本的更新机制，成为了大量高效决策算法的基础。然而，它本身在计算上不易处理。因此，高效地实现它要依赖近似，如前面讨论过的 PBVI 技术。

15.7 文献综述

不确定性下的决策主题，在统计学里已经被广泛研究，这就是著名的试验设计（experimental design）。这个领域的主要教材有 Winer 等（1971）与 Kirk 的和 Kirk（1995）的书，较新的文献由 Cohn（1994）撰写。

本章所描述的值迭代算法可以追溯到 Sondik（1971）、Smallwood 和 Sondik（1973），他们都是研究 POMDP 问题的首批学者。另外，早期的文献有 Monahan

(1982)，基于栅格近似的文献有 Lovejoy（1991）。由于涉及巨大的计算复杂度，为各 POMDP 寻找策略在很长一段时间里被认为是不可行的。这个问题由 Kaelbling 等（1998）引入人工智能领域。Cassandra 等（1997）和 Littman 等（1995）提出的修剪算法，比以前的算法有了明显的改进。随着计算机速度的显著增加与内存技术的发展，他们的工作使得 POMDP 发展成为解决小的人工智能问题的工具。Hauskrecht（1997）为解决 POMDP 问题的复杂性提供了边界。

最重要的发展潮流，是随着近似技术的到来而出现的，本书第 16 章将会讨论其中的一些技术。POMDP 置信空间改进的栅格近似由 Hauskrecht（2000）设计；变分辨率栅格由 Brafman（1997）引入。可达性分析开始在计算策略时起作用。Poon（2001）和 Zhang 与 Zhang（2001）开发了基于点的 POMDP 技术。在这个技术里，置信状态集是有限的。与 Hauskrecht（2000）的工作不同，这些技术依赖表示值函数的分段线性函数。Pineau 等（2003b）定义的基于点值迭代的算法使该工作达到顶点，他开发了新的任意时间技术来寻找解决 POMDP 的相关置信空间。他们的工作后来被扩展到使用基于树的表示法（Pineau 等，2003a）。

Geffner 和 Bonet（1998）将动态规划应用于离散置信空间，解决了一些具有挑战性的问题。这个工作由 Likhachev 等（2004）扩展，他将 A＊算法（Nilsson，1982）应用于 POMDP 受限类型。Fergusonet 等（2004）在动态环境中，将此算法扩展到 D＊规划（Stentz，1995）。

另一个技术家族使用粒子计算策略，使用粒子集合空间最近邻定义值函数近似值（Thrun，2000a）。粒子也被 Poupart 等（2001）应用于 POMDP 监控。Poupart 和 Boutilier（2000）使用对它自身值敏感的技术，为近似值函数设计了算法，这成为最新的研究成果。Dearden 和 Boutilier（1994）开发的技术通过交叉规划和执行部分策略获得了高效率。关于交叉启发式搜索类型规划和执行的进一步研究参见 Smith 和 Simmons（2004）的文献。利用区域信息由 Pineau 等（2003c）讨论，Washington（1997）提供了有界增量技术。Aberdeen（2002）、Murphy（2000b）讨论了关于近似 POMDP 解的进一步工作。由 POMDP 值迭代控制的少数野外系统是 CMU Nursebot，其高级控制器和会话管理者是 POMDP（Pineau 等，2003d；Roy 等，2000）。

寻找 POMDP 控制策略的另一种方法是直接搜索策略空间，无需计算值函数。这个思想可以追溯到 Williams（1992），他在 MDP 中发展了策略梯度搜索的思想。当代的策略梯度搜索技术由 Baxter 等（2001）、Ng 和 Jordan（2000）描述。Bagnell 和 Schneider（2001）、Ng 等（2003）成功地将该方法应用于控制自主直升机的盘旋；事实上，Ng 等（2003）报告说，设计这样一个使用 POMDP 技术和学习模型的控制器只用了 11 天。最近的工作里，Ng 等（2004）将这些技术应用于确保控制器能胜任维持反转直升机飞行，这在以前是一个悬而未决的问题。Roy 和 Thrun（2002）将策略搜索技术应用于移动机器人导航，并讨论了策略搜索和值迭代技术的组合。

学习 POMDP 模型的进展相对较小。早期尝试的与环境交互中学习 PODMP 的模型失败了（Lin 和 Mitchell，1992；Chrisman，1992），因为这个问题太困难了。关于学习分层模型一些较新的工作表明，这个方向的研究还是有前途的（Theocharous 等，2001）。较新的工作已从学习 HMM 式模型转向其他表示法。Jaeger（2000）、Littman 等（2001）、James 和 Singh（2004）、Rosencrantz 等（2004）发现了表示和学习部分能观测随机环境结构的技术。虽然，这些文献没有哪一篇能完全解决 POMDP 问题，但它们是理智切题的，并在概率机器人控制这一悬而未决的问题上给人希望。

15.8 习题

1. 这个问题也被称作老虎问题（tiger problem），起因于 Cassandra、Littman 和 Kaelbling（Cassandra 等，1994）。一个人面对两扇门。一扇门后面是老虎，另一扇门后面报酬为 +10。这个人或监听或打开其中一扇门。当打开有老虎的门时，这个人将被吃掉，附带花费为 -20。监听花费为 -1。当监听时，这个人将听到咆哮的声音，表明老虎的存在，但是此人仅有 0.85 的概率能正确定位这个声音。有 0.15 的概率这个声音听起来像是来自有报酬的门后。

问题如下：

（a）提供 POMDP 的正规模型，定义状态、行动和测量空间，花费函数和联合概率函数。

（b）开环行动序列“监听，监听，打开门 1”的期望累积报酬/花费是多少？解释给出的计算。

（c）开环行动序列“监听，然后打开一扇没有听到声音的门”的期望累积报酬/花费是多少？再次解释给出的计算。

（d）手工执行 POMDP 一步备份操作。画出结果产生的线性函数，像 15.2 节一样用图绘制。提供所有中间步骤的图，不要忘记在图中给出单位。

（e）手工执行第二步备份，并提供所有的图和说明。

（f）实现该问题，并计算规划周期 $T=1, 2, \cdots, 8$ 的解。确保修剪所有线性函数的空间。对什么样的测量值序列，一个人即使 8 个连续监听行为之后仍将选择监听？

2. 说明式（15.26）的正确性。

3. 单一 POMDP 值函数备份最坏情况下的计算复杂度是什么？使用 $O(\ )$ 给出答案，其中参数应该包含备份前在离散的 POMDP 里的线性函数的数目，以及状态、行动、测量值的数目。

4. POMDP 文献经常引入折扣因子（discount factor），它与前面章节讨论过的哪个折扣因子相似？证明即使有折扣因子，产生的值函数仍然是分段线性。

5. 考虑有限状态、行动和测量空间的 POMDP 问题，在周期 T 趋于无穷大时，那么

（a）值函数仍然是分段线性的吗？

（b）值函数仍然是连续的吗？

（c）值函数仍然是凸函数吗？

对上述三个问题，证明为什么答案是肯定的；或者假如答案是否定的，提供反例。

6. 本书 2.4.2 节给出了一个机器人感知和开门的示例。本习题要求将 POMDP 算法应用于最优控制策略。这个示例的大部分信息能在 2.4.2 节找到。为将其变为控制任务，假设机器人具有第三种行动——走（go）。当它“走（go）”时，如果门是打开的，它得到 +10 的报酬；如果门是关闭的，它得到 -100 的报酬。行动“走（go）”是终点事件。行动“什么也不做（do_ nothing）”使机器人花费 -1，并且“推（push）”使机器人花费 -5。绘制不同时间周期直到 $T=10$ 的值函数，并解释最优策略。

第16章 近似部分能观测马尔可夫决策过程技术

16.1 动机

前面的章节已研究了不确定性下行动选择的两种主要框架：马尔可夫决策过程（MDP）和部分能观测马尔可夫决策过程（POMDP）。这两种框架均专注于非确定行动结果，但是它们在适应传感器局限方面的能力不同。只有POMDP算法能处理感知的不确定性，而MDP算法假设状态是完全能观测的。然而，由于POMDP精确规划的计算花费高昂，使得精确方法几乎不适用于任何机器人技术的实际问题。

本章将介绍POMDP算法。本章将会讨论到，MDP和POMDP是一连串的概率规划和控制算法的极端。本章将综述一些介于MDP和POMDP之间的近似POMDP技术。这里讨论的算法与POMDP都使用置信空间值迭代。然而，它们以不同的方式近似值函数。这样做，它们就获得了巨大的加速来求全POMDP解。

之所以介绍这些技术，是因为它们具有不同的近似模式。具体来说，本章将讨论以下3种算法：

- QMDP是MDP和POMDP的混合体。这种算法，将定义在状态上的MDP最优值函数，推广到置信上的POMDP模式值函数。在常见的错误的假设（一步控制之后状态完全可观测）下，QMDP通常很精确。QMDP值迭代与MDP值迭代具有同样的复杂性。
- 增广的MDP（Augmented MDP，AMDP）。这种算法把置信状态映射到低维充分统计量，并在这个低维空间里执行值迭代。最基本的实现涉及联合了最可能状态和不确定度（用熵来衡量）的表示法。这个规划与MDP相比效率稍低，但是结果能得到很大提高。
- 蒙特卡罗POMDP（Monte Carlo MDP，MC-POMDP）。这是POMDP算法的粒子滤波版本，使用粒子近似置信。通过动态构建置信点集，正如本书第15章最后描述的PBVI算法一样，MC-POMDP能保持相对小的置信集合。MC-POMDP适用于连续值状态、行动和测量，但是这些算法受制于同样的近似。这是本书中所有粒子滤波应用都要面对的问题。对于MC-POMDP，还加上某些额外的独特的粒子。

这些算法是可用于新出现的关于概率规划和控制文献中的近似值函数的一些主要技术。

16.2　QMDP

QMDP 结合了 MDP 和 POMDP 最好的部分。MDP 值函数比 POMDP 更容易计算，但是 MDP 是依靠状态完全可观测的假设的。QMDP 与 MDP 计算上差不多同样高效，但是它会返回定义在置信状态上的策略。

数学“技巧”相对直观。本书第 14 章所讨论的 MDP 算法在状态完全能观测假设下，提供基于状态的最优值函数。产生的值函数 $\hat{V}$ 定义在环境状态上。通过数学期望，QMDP 将该值推广到置信空间：

$$\hat{V}(b) = E_x[\hat{V}(\boldsymbol{x})] = \sum_{i=1}^{N} p_i \hat{V}(\boldsymbol{x}_i) \tag{16.1}$$

式中，使用的熟悉的 $p_i = b(\boldsymbol{x}_i)$，因此值函数是线性的，具有如下参数：

$$\boldsymbol{u}_i = \hat{V}(\boldsymbol{x}_i) \tag{16.2}$$

该线性函数恰好具有 POMDP 值迭代算法所使用的形式。因此，整个置信空间上的值函数由线性式给出：

$$\hat{V}(b) = \sum_{i=1}^{N} p_i \boldsymbol{u}_i \tag{16.3}$$

MDP 值函数提供了置信空间单一线性约束。这使得可以应用程序 15.2 所示的具有单一线性约束的 policy_ POMD 算法。

下面介绍 QMDP 算法的最基本版本，如程序 16.1 所示。这里使用了与程序 15.2 所示稍有不同的符号：不是把每个行动 $\boldsymbol{u}$ 的线性函数隐藏起来，而是让 policy_POMDP 算法决定行动，QMDP 的算法通过函数 Q 直接计算最优值函数。程序 16.1 所示第 4 行计算出的值 $Q(\boldsymbol{x}_i, \boldsymbol{u})$ 是控制 $\boldsymbol{u}$ 在状态 $\boldsymbol{x}_i$ 的 MDP 值。向置信空间的推广见第 6 行，这里期望接管了置信状态。第 6 行也将所有行动最大化，并返回具有最高期望值的控制行动。

可以将 MDP 最优值函数推广到置信空间，从而使得可以任意结合 MDP 和 POMDP 备份。具体来说，MDP 最优值函数 $\hat{V}$ 能够用来作为程序 15.1 所示的 POMDP 算法的输入。随着 T 后的 POMDP 备份，产生的策略能直接参加信息收集，只要信息在下一个 T 时间步里有用。即使 T 的值很小，通常也能得到鲁棒的概率控制算法。该算法在计算上大大优于全 POMDP 解。

```
Algorithm QMDP(b = (p_1, ..., p_N)):
    V̂ = MDP_discrete_value_iteration() // see page 502
    for all control actions u do
        Q(x_i, u) = r(x_i, u) + Σ_{j=1}^{N} V̂(x_j) p(x_j | u, x_i)
    endfor
    return argmax_u Σ_{i=1}^{N} p_i Q(x_i, u)
```

程序 16.1　QMDP 算法（为每个控制行动 $\boldsymbol{u}$ 计算期望的返回值，然后选择产生最高值的行动 $\boldsymbol{u}$；这里使用的值函数是 MDP 最优的，因此不考虑 POMDP 的状态不确定性）

16.3　AMDP

16.3.1　增广的状态空间

AMDP，是 QMDP 算法的替代算法。它非常接近全 POMDP 值函数。然而，超过一个小的时间周期 T，AMDP 不是忽略状态不确定性，而是将置信状态压缩为更紧凑的表示，然后执行全 POMDP 模式的概率备份。

AMDP 的基本假设是，置信空间可以通过低维的足够的统计值 f 概括，这就将置信分布映射为低维空间。值和行动由统计数值 $f(b)$ 而不是最初的置信 b 计算。统计越简洁，产生的值迭代算法越高效。

在很多情况下，好的统计数值选择是数组。那么，有

$$\bar{b} = \begin{pmatrix} \arg\max_{\boldsymbol{x}} b(\boldsymbol{x}) \\ H_b(\boldsymbol{x}) \end{pmatrix} \tag{16.4}$$

式中，$\arg\max_{\boldsymbol{x}} b(\boldsymbol{x})$ 为置信分布 b 下最可能的状态，并且有

$$H_b(\boldsymbol{x}) = -\int b(\boldsymbol{x}) \log b(\boldsymbol{x})\,\mathrm{d}\boldsymbol{x} \tag{16.5}$$

它是置信的熵（entropy）。这个空间称为增广的状态空间（augmented state space），因为它通过单个值（即置信分布的熵）扩大了状态空间。在增广的状态空间而不是在置信空间上计算值函数，导致复杂性发生了巨大的变化。增广的状

态避免了置信空间的高维性，这就使得计算值函数节省巨大（从最坏的几倍指数变为低维度多项式）。

如果$f(b)$是关于值估计的 b 的充分统计，对机器人可能面对的所有置信 b，增广的状态表示在数学上是合理的：

$$V(b)=V(f(b)) \tag{16.6}$$

实际上，这个假设很少有效。然而，对于明智的控制选择，产生的值函数仍然可能足够好。

另外，可以考虑不同统计，如置信分布的矩（均值、方差、…）、特征值和协方差矢量等。

16.3.2 AMDP 算法

AMDP 算法在增广的状态空间上执行值迭代。为此需要克服两个障碍。首先，对于增广的状态表示，精确的值更新是非线性的。这是因为熵是置信参数的非线性函数。因此，近似值备份很有必要。AMDP 离散化增广状态，通过查表表示值函数 $\hat{V}$。讨论 MDP 时，已经遇到过这样的近似。在 AMDP 里，这个一维表比 MDP 使用的状态空间表大。

第二个障碍涉及增广的状态空间的转移概率和报酬函数。通常给定概率，如运动模型 $p(\boldsymbol{x}'\mid\boldsymbol{u},\boldsymbol{x})$、测量模型 $p(\boldsymbol{z}\mid\boldsymbol{x})$ 及报酬函数 $r(\boldsymbol{x},\boldsymbol{u})$。但是，对增广的状态空间的值迭代，需要在增广的状态空间定义相似的函数。

AMDP 使用某种“技巧”构建必需的函数。这个技巧是从仿真中获悉转换概率和报酬。学习算法基于频率统计，该频率统计计算在控制 $\boldsymbol{u}$ 下，增广的置信 $\bar{b}$ 转换成另一个置信 $\bar{b}'$的频率，以及因转换而引入的平均报酬是多少。

程序 16.2 给出了 AMDP_value_iteration 基本算法。该算法分解为两个阶段。第一个阶段（第 2 ~ 19 行），为从增广的状态 $\bar{b}$ 和控制行动 $\boldsymbol{u}$ 转换到可能的后续增广状态 $\bar{b}'$构建转移概率表$\hat{\mathcal{P}}$。它也构建了当增广状态为 $\bar{b}$ 时如果选择 $\boldsymbol{u}$，度量期望的瞬时报酬 r 的报酬函数$\hat{\mathcal{R}}$。

这些函数可以通过采样程序估算，程序为每个 $\bar{b}$ 和 $\boldsymbol{u}$ 的组合产生 n 个采样（第 8 行）。对每个蒙特卡罗仿真，算法首先产生置信 b，满足 $f(b)=\bar{b}$。这一步是棘手的（事实上，它是不明确的）：在最初的 AMDP 模型中，发明者简单选择将 b 设置为参数可与 $\bar{b}$ 匹配的对称高斯。接下来，AMDP 算法以显式采样：位姿 $\boldsymbol{x}$、后续位姿 $\boldsymbol{x}'$和测量 z。应用贝叶斯滤波产生了后验置信 $B(b,\boldsymbol{u},\boldsymbol{z})$，并为了计算增广统计（第 14 行）。在第 15、16 行更新表$\hat{\mathcal{P}}$和$\hat{\mathcal{R}}$，为实现蒙特卡罗采样，使用简单加权的频率计数（在报酬情况下）与实际报酬。

一旦完成学习，AMDP 继续进行值迭代，在第 20 ~ 26 行实现。通常，值函

1: **Algorithm AMDP_value_iteration( ):**
2:   for all $\bar{b}$ do　　// learn model
3:     for all u do
4:       for all $\bar{b}$ do　　// initialize model
5:         $\hat{\mathcal{P}}(\bar{b},u,\bar{b}')=0$
6:       endfor
7:       $\hat{\mathcal{R}}(\bar{b},u)=0$
8:       repeat n times　　// learn model
9:         generate b with $f(b)=\bar{b}$
10:         sample $x\sim b(x)$　　// belief sampling
11:         sample $x'\sim p(x'\mid u,x)$　　// motion model
12:         sample $z\sim p(z\mid x')$　　// measurement model
13:         calculate $b'=B(b,u,z)$　　// Bayes filter
14:         calculate $\bar{b}'=f(b')$　　// belief state statistic
15:         $\hat{\mathcal{P}}(\bar{b},u,\bar{b}')=\hat{\mathcal{P}}(\bar{b},u,\bar{b}')+\frac{1}{n}$　　// learn transitions prob's
16:         $\hat{\mathcal{R}}(\bar{b},u)=\hat{\mathcal{R}}(\bar{b},u)+\frac{r(u,s)}{n}$　　// learn payoff model
17:       endrepeat
18:     endfor
19:   endfor
20:   for all $\bar{b}$　　// initialize value function
21:   $\hat{V}(\bar{b})=r_{\min}$
22:   endfor
23:   repeat until convergence　　// value iteration
24:     for all $\bar{b}$ do
25:       $\hat{V}(\bar{b})=\gamma\max_u\left[\hat{\mathcal{R}}(u,\bar{b})+\sum_{\bar{b}'}\hat{V}(\bar{b}')\,\hat{\mathcal{P}}(\bar{b},u,\bar{b}')\right]$
26:   endfor
27:   return $\hat{V},\hat{\mathcal{P}},\hat{\mathcal{R}}$　　// return value fct & model

1: **Algorithm policy_AMDP($\hat{V}$, $\hat{\mathcal{P}}$, $\hat{\mathcal{R}}$, b):**
2:   $\bar{b}=f(b)$
3:   return $\underset{u}{\operatorname{argmax}}\left[\hat{\mathcal{R}}(u,\bar{b})+\sum_{\bar{b}'}\hat{V}(\bar{b}')\,\hat{\mathcal{P}}(\bar{b},u,\bar{b}')\right]$

程序 16.2　AMDP 值迭代算法（上）和选择控制行动的算法（下）

数用一个大的负值初始化。第 25 行的备份等式迭代获得了定义在增广状态空间的值函数。

当使用 AMDP 时，状态跟踪贯穿整个原始置信空间。例如，当对机器人运动使用 AMDP 时，可能使用 MCL 跟踪机器人位姿的置信。程序 16.2 所示的 policy_AMDP 算法说明了如何从 AMDP 值函数中提取策略行动。程序 16.2 所示的第 2 行，从完全置信提取增广的状态表示；然后，简单地选择能够最大化期望值的控制行动（第 3 行）。

16.3.3 AMDP 的数学推导

AMDP 的数学推导相对简单，假设 f 是置信状态 b 的充分统计。也就是说，环境与状态 $f(b)$ 马尔可夫相关。首先，对式（15.2）中的标准 POMDP 模式备份做适当的修改。令函数 f 从 b 提取统计 $\bar{b}$，对任意置信 b，有 $\bar{b}=f(b)$。假设 f 是一个充分的统计，POMDP 值迭代式（15.2）能够在 AMDP 状态空间上定义。那么，有

$$V_T(\bar{b}) = \gamma \max_{u}\left[r(\bar{b},\boldsymbol{u}) + \int V_{T-1}(\bar{b}')p(\bar{b}' \mid \boldsymbol{u},\bar{b})\,\mathrm{d}\,\bar{b}'\right] \tag{16.7}$$

式中，$\bar{b}$ 涉及式（16.4）定义的低维统计 b。$V_{T-1}(\bar{b}')$、$V_T(\bar{b})$ 通过查表实现。

这个等式包含概率 $p(\bar{b}' \mid \boldsymbol{u},\ \bar{b})$，该概率需要进一步说明。具体来说，有

$$\begin{aligned} p(\bar{b}' \mid \boldsymbol{u},\bar{b}) &= \int p(\bar{b}' \mid \boldsymbol{u},b)p(b \mid \bar{b})\,\mathrm{d}b \\ &= \iint p(\bar{b}' \mid \boldsymbol{z},\boldsymbol{u},b)p(\boldsymbol{z} \mid b)p(b \mid \bar{b})\,\mathrm{d}z\,\mathrm{d}b \\ &= \iint p(\bar{b}' = f(B(b,\boldsymbol{u},\boldsymbol{z})))p(\boldsymbol{z} \mid b)p(b \mid \bar{b})\,\mathrm{d}z\,\mathrm{d}b \\ &= \iint p(\bar{b}' = f(B(b,\boldsymbol{u},\boldsymbol{z})))\int p(z \mid x') \\ &\quad \int p(x' \mid \boldsymbol{u},\boldsymbol{x})b(\boldsymbol{x})\,\mathrm{d}\boldsymbol{x}\,\mathrm{d}\boldsymbol{x}'\mathrm{d}z\,p(b \mid \bar{b})\,\mathrm{d}b \end{aligned} \tag{16.8}$$

这个变换利用了如下事实：一旦知道先验置信 b，控制 $\boldsymbol{u}$ 和测量值 $\boldsymbol{z}$，后验置信 b'就是唯一确定的。相同的“技巧”也用在了 POMDP 的推导上。这就使得可以用贝叶斯滤波的结果 $B(b,\boldsymbol{u},z)$ 代替后验置信的分布。在增广状态空间中，可以用分布在 $f(B(b,\boldsymbol{u},z))$ 周围的点质量分布代替 $p(\bar{b}' \mid \boldsymbol{z},\boldsymbol{u},b)$。

程序 16.2 给出的学习算法通过蒙特卡罗采样来近似这个等式。用样本代替每个积分。读者应该花一些时间建立这个对应：式（16.8）中的每个嵌套积分直接与程序 16.2 所示的一个采样步骤相对应。

同样，可以得到期望报酬 $r(\bar{b},\boldsymbol{u})$ 表示式：

$$\begin{aligned} r(\bar{b},\boldsymbol{u}) &= \int r(b,\boldsymbol{u})p(b \mid \bar{b})\,\mathrm{d}b \\ &= \iint r(\boldsymbol{x},\boldsymbol{u})b(\boldsymbol{x})\,\mathrm{d}\boldsymbol{x}\,p(b \mid \bar{b})\,\mathrm{d}b \end{aligned} \tag{16.9}$$

再次声明，AMDP_value_iteration 算法用蒙特卡罗采样近似这个积分。得到

的学习的报酬函数存于$\hat{\mathcal{R}}$中。AMDP_ value_ iteration 算法的第 20 ~ 26 行的值迭代备份与 MDP 推导基本相同。

正如上面看到的那样，当$\bar{b}$是b的充分统计，并且系统与$\bar{b}$马尔可夫相关的情况下，这里的蒙特卡罗近似是唯一合理的。实际上，情况通常不是这样的，如果增广状态必须以过去行动或测量为条件，适当的采样是一个噩梦。AMDP 算法忽略了这一点，只是简单地使用$f(b)=\bar{b}$产生了b'。上面的示例涉及参数与$\bar{b}$相匹配的对称高斯。有另外一种算法，它背离了最初的 AMDP 算法，但是在数学上是更合理的，该算法使用运动和测量模型，专注于模拟置信状态的全轨迹，并利用后续仿真置信状态对，来获得$\hat{\mathcal{P}}$和$\hat{\mathcal{R}}$。在下面讨论 MC-POMDP 时，将面对这个技术。MC-POMDP 通过使用仿真产生合理的置信状态，来回避这一问题。

16.3.4　移动机器人导航应用

AMDP 算法高度实用。在移动机器人导航情况下，AMDP 使机器人能在行动选择时考虑其总的“困惑”水平。这不仅涉及瞬时不确定性，而且也涉及由机器人行动选择所带来的将来期望的不确定性。

这里的示例包含了在已知环境里的机器人导航。本书第 1 章已给出了相关示例，见本书第 1 章图 1.2。很明显，困惑的程度依赖机器人在哪里导航。机器人穿越一大片无特征的区域，很可能逐渐丢失它想在哪里的信息。这一点在条件概率$p(\bar{b}'\mid \boldsymbol{u},\bar{b})$中得到反映，该概率以高似然增加了这个区域的置信熵。在具有多个定位特征的区域中，如靠近有明显特征的墙，不确定性就可能减小。AMDP 预期这样的情况，并得到能够最小化到达时间、同时最大化在确定的时间内到达目标位置可能性的策略。不确定性是真实定位误差的估计，它也是实际到达预定位置可能性的良好度量。

图 16.1 给出了两组（两个不同的起点和目标位置）轨迹的示例。图 16.1a、c 所示对应 MDP 规划器，该规划器不考虑机器人的不确定性。增广的 MDP（AMDP）规划器产生的轨迹如图 16.1b、d 所示。图 16.1a、b 中，要求机器人穿过大片开放区域，该区域大约 40m 宽。MDP 算法并未考虑到在开放的区域中会增加迷路的风险，MDP 算法产生从起点到目标位置符合最短路径的策略。相反，AMDP 规划器，产生接近障碍物的策略，这样，机器人以增加行程时间为代价，增加了接收到传感器测量值的机会。同样地，图 16.1c、d 给出了考虑目标位置靠近无特征的中心开放区域的情境。AMDP 规划器识别路过的已知障碍物，以降低位姿的不确定性，增加成功到达目标位置的可能性。

图 16.2 给出了 AMDP 导航策略与 MDP 方法之间的性能比较。具体来说，它介绍了在目标位置的机器人置信b的熵，其为传感器特性的函数。图中，最大感

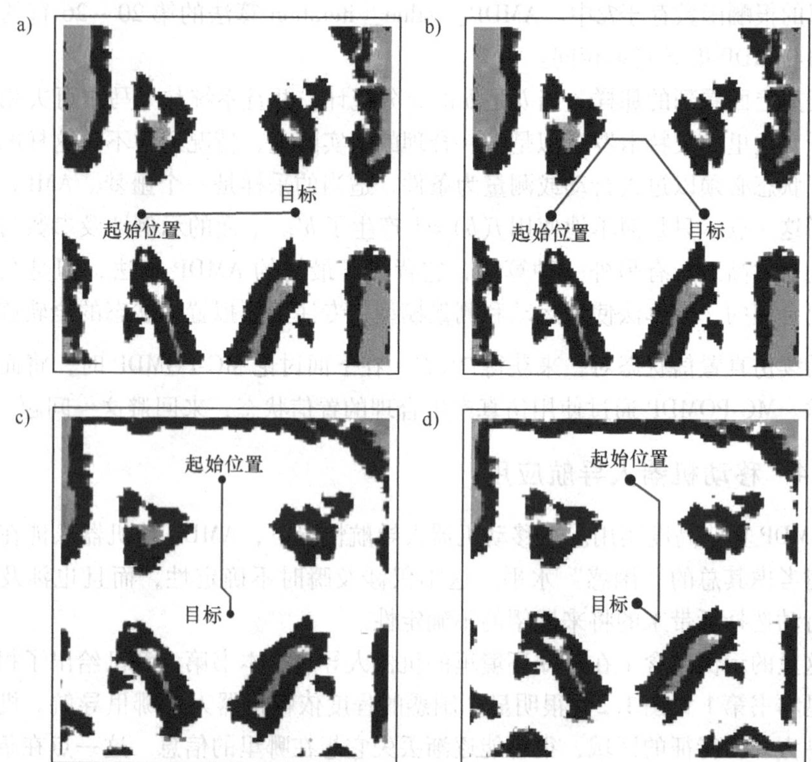

图 16.1 在大的开放环境中，两台不同配置的机器人路径的示例（图 a、b 所示为一台机器人的，图 c、d 所示为另一台机器人的；图 a、c 所示为由传统动态路径规划器所规划的路径，该规划器忽略了机器人感知的不确定；图 b、d 所示为通过应用 AMDP 规划器得到的路径，该规划器预期了不确定性，并避开了机器人可能迷路的区域；由美国麻省理工学院的 Nicholas Roy 提供）

知距离是不同的，并给出了对各种传感器影响的研究。如图 16.2 所示，AMDP 具有显著的更高的成功机会。如果传感器感知距离很短，则存在的差异很大。对可感知很长距离的传感器，差异最终消失。后者并不奇怪，因为对于长距离的传感器，能够感知大量的信息，就会较少依赖机器的特定位姿。

对于 AMDP 在机器人导航上的应用，其预期和避免不确定性的特性产生了海岸导航（coastal navigation）这一名称。这一名称表明机器人与轮船有相似性，在基于卫星的全球定位出现之前，轮船经常靠近海岸线以便确定其位置。

可以发现，由于统计值 f 的选择有些武断，那么就结束这里对 AMDP 的讨论。按需要增加更多的特征是可能的，但是很显然会增加计算复杂度。最近的文献推导出了一些学习算法来处理统计 f，这些算法使用了非线性降维技术。

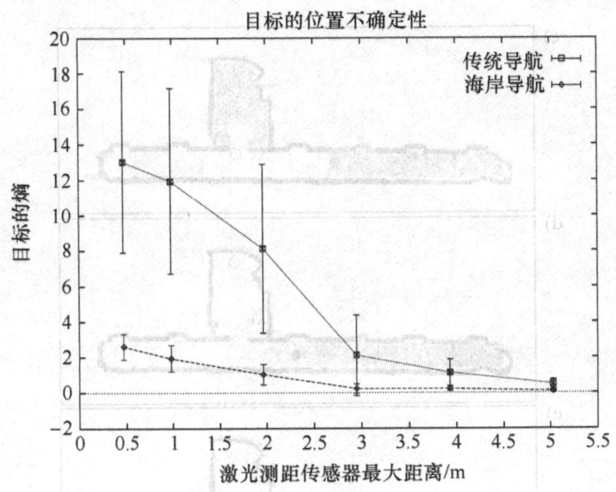

图 16.2　MDP 规划与 AMDP 规划的性能比较［给出了传感器距离的函数的目标位置不确定性（熵）；由美国麻省理工学院的 Nicholas Roy 提供］

图 16.3给出了这样的学习算法的结果，该算法用于清除建筑中的移动的入侵者这一问题。这里的学习算法识别六维状态表示，为任意合理的追踪策略捕捉机器人置信。灰色粒子代表关于入侵者位置的机器人置信。正如示例所阐述的，具有学习状态表示的 AMDP 成功地生成相当复杂的策略：机器人首先清理走廊的一部分，但是经常会足够接近上部的房间，使入侵者不能从这儿逃跑。然后，它以极短的时间清除房间，阻止入侵者经过未受保护的走廊。机器人最后在走廊中继续搜寻。

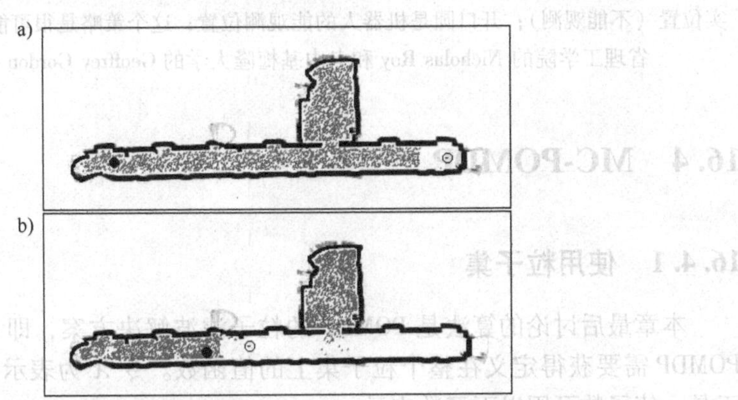

图 16.3　使用高级版本 ADMP 计算策略的示例［带有学习状态表示；任务是找到入侵者；灰色粒子由入侵者可能的位置分布提取，最初是图 a 所示的均匀分布；黑点是这个人的真实位置（不能观测）；开口圆是机器人的能观测位置；这个策略是很可能成功的；由美国麻省理工学院的 Nicholas Roy 和卡内基梅隆大学的 Geoffrey Gordon 提供］

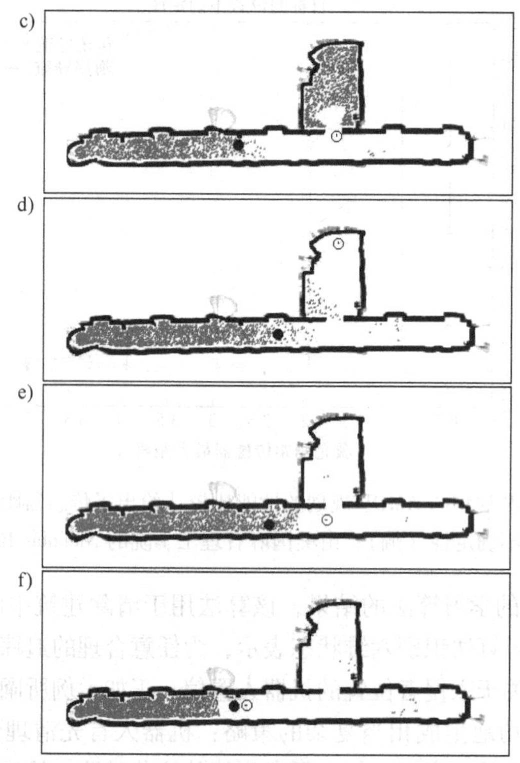

图 16.3 使用高级版本 ADMP 计算策略的示例［带有学习状态表示；任务是找到入侵者；灰色粒子由入侵者可能的位置分布提取，最初是图 a 所示的均匀分布；黑点是这个人的真实位置（不能观测）；开口圆是机器人的能观测位置；这个策略是很可能成功的；由美国麻省理工学院的 Nicholas Roy 和卡内基梅隆大学的 Geoffrey Gordon 提供］（续）

16.4 MC-POMDP

16.4.1 使用粒子集

本章最后讨论的算法是 POMDP 的粒子滤波解决方案，即 MC-POMDP。MC-POMDP 需要获得定义在整个粒子集上的值函数。令 $\mathcal{X}$ 为表示置信 b 的粒子集。于是，值函数可用以下函数表示：

$$V:\mathcal{X}\longrightarrow\mathcal{R} \tag{16.10}$$

这个表示有很多优点，但是它也带来了一些难题。一个主要优点是，能在任意状态空间里表示值函数。事实上，在迄今为止讨论过的所有算法中，MC-POMDP 是不需要有限状态空间的唯一的算法。而且，MC-POMDP 使用粒子滤波跟踪置信。到目前为止，已经看到了许多成功的粒子滤波应用。MC-POMDP 将粒子滤波扩展到了规划和控制问题中。

在 MC-POMDP 中使用粒子集的主要困难，涉及值函数的表示。给定大小 M 的所有粒子集的空间是 M 维的。而且，由于粒子产生的随机特性，任意粒子集被观察到两次的概率为零。因此，需要一个能用某粒子集更新的表示 V，并且该表示还为 MC-POMDP 算法之前从没看到过的其他粒子集提供了值。换句话说，这里需要学习算法（learning algorithm）。MC-POMDP 使用最近邻（nearest neighbor）算法，当在两不同置信之间做插值运算时，利用局部加权插值法。

16.4.2 MC-POMDP 算法

程序 16.3 给出了基本的 MC-POMDP 算法。MC-POMDP 算法需要一些嵌套循环。最里面的循环，如程序 16.3 所示的第 6 ~ 16 行，对特定置信 $\mathcal{X}$，更新值函数 V。通过对每个可应用的控制行动 $\boldsymbol{u}$、可能的继承置信集合的模拟，来进行更新。仿真发生在第 9 ~ 12 行。然后，为每个可应用的行动收集局部值（第 13 行）。值函数更新发生在第 16 行，这里 V 被设置为所有 $Q_{\boldsymbol{u}}$ 中最大的那个。

局部备份之后，是 MC-POMDP 仿真物理系统生成新粒子集 $\mathcal{X}$ 的一步。仿真发生在第 17 ~ 21 行。在本例中，更新通常选择贪婪行动（第 17 行）；然而，实际上，偶尔选择随机行动可能是有益的。通过转换到新置信 $\mathcal{X}$，MC-POMDP 值迭代为不同置信状态执行更新。通过反复运行整个这段程序（外层循环从第 2 ~ 5 行），值函数最终处处更新。

关键的悬而未决的问题涉及函数 V 的表示。MC-POMDP 利用局部学习算法联想最近邻。该算法形成与值 V_i 关联的参考置信 $\mathcal{X}_i$ 的集合。当查询随着以前没有看到过的粒子集合 $\mathcal{X}_{\text{query}}$ 到来时，MC-POMDP 识别出内存里的 K 个“最近的”粒子集合。为给粒子集合定义一个合适的概念，需要另外的假设。在最初的实现里，MC-POMDP 是每个粒子与高斯分布的卷积，其中的高斯分布具有小的固定协方差；然后，测算产生的高斯分布混合之间的 KL 散度。把细节放在一边，该步使确定 K 个最接近的参考粒子集合 $\mathcal{X}_1$，…，$\mathcal{X}_K$（具有对应的距离测量，记为 d_1，…，d_K）成为可能。注意，从技术上来说，KL-散度不是距离，因为它是不对称的。查询集合 $\mathcal{X}_{\text{query}}$ 的值，是通过以下公式得到的：

$$V(\mathcal{X}_{\text{query}}) = \eta \sum_{k=1}^{K} \frac{1}{d_k} V_k \tag{16.11}$$

式中，$\eta = \left[\sum_k \frac{1}{d_k}\right]^{-1}$。假设，$\mathcal{X}_k$ 为 K 个最近邻集合中的第 k 个参考置信；d_k 为到查询集合的关联距离。这个插值公式就是著名的 Shepard 插值（Shepard’s interpolation），如何计算 $V(\mathcal{X}')$ 见程序 16.3 第 13 行。

```
1:  Algorithm MC-POMDP(b_0, V):
2:      repeat until convergence
3:          sample x ~ b(x)                          // initialization
4:          initialize 𝒳 with M samples of b(x)
5:          repeat until episode over
6:              for all control actions u do         // update value function
7:                  Q(u) = 0
8:                  repeat n times
9:                      select random x ∈ 𝒳
10:                     sample x' ~ p(x' | u, x)
11:                     sample z ~ p(z | x')
12:                     𝒳' = Particle_filter(𝒳, u, z)
13:                     Q(u) = Q(u) + (1/n) γ [r(x, u) + V(𝒳')]
14:                 endrepeat
15:             endfor
16:             V(𝒳) = max_u Q(u)                    // update value function
17:             u* = argmax_u Q(u)                   // select greedy action
18:             sample x' ~ p(x' | u, x)             // simulate state transition
19:             sample z ~ p(z | x')
20:             𝒳' = Particle_filter(𝒳, u, z)        // compute new belief
21:             set x = x'; 𝒳 = 𝒳'                   // update state and belief
22:         endrepeat
23:     endrepeat
24:     return V
```

程序 16.3 MC-POMDP 算法

第 16 行的更新包含了隐函数微分。如果参考集合已经包括了距离低于用户定义的阈值的 K 个粒子集合，相应的 V 值就可以按照对插值贡献的比例简单地进行更新，即

$$V_k \leftarrow V_k + \alpha\eta \frac{1}{d_k}(\max_u Q(\boldsymbol{u}) - V_k) \tag{16.12}$$

式中，α 为学习率；$\max_u Q(\boldsymbol{u})$ 为函数 V 的目标值；$\eta \frac{1}{d_k}$为 Shepard 内插公式中第 k 个参考粒子集合的贡献。

如果距离低于阈值的粒子集合少于 K 个，查询粒子集被简单地增加进参考集，且其关联值为 $V = \max_u Q(\boldsymbol{u})$。这样，参考粒子集合随时间增长。$K$ 的值和用户指定的距离阈值决定了 MC-POMDP 值函数的平滑度。实际上，选择合适的值要花些心思，因为当阈值选择过分紧密时，很容易超过储存了参考集的普通计算机的内存。

16.4.3　MC-POMDP 的数学推导

MC-POMDP 算法依赖一些近似：粒子集合的使用构成这样的一个近似；另一个近似为用局部学习算法表示 V，这很明显是近似的；第三个近似是关于蒙特卡罗值函数的备份步骤。每种近似都会危害基本算法的收敛性。

使用粒子滤波的数学证明已在本书第 4 章给出。蒙特卡罗更新步骤遵循本书式（15.43）的通用 POMDP 更新方程，该方程重写如下：

$$V_T(b) = \gamma \max_u \left[r(b,\boldsymbol{u}) + \int V_{T-1}(B(b,\boldsymbol{u},z))p(z \mid \boldsymbol{u},b)\,\mathrm{d}z \right] \tag{16.13}$$

在某种程度上，蒙特卡罗近似的推导与 AMDP 推导完全类似。从测量概率 $p(z \mid \boldsymbol{u},b)$ 开始，分解如下：

$$p(z \mid \boldsymbol{u},b) = \iint p(z \mid \boldsymbol{x}')p(\boldsymbol{x}' \mid \boldsymbol{u},\boldsymbol{x})b(\boldsymbol{x})\,\mathrm{d}\boldsymbol{x}\mathrm{d}\boldsymbol{x}' \tag{16.14}$$

同样地，得到

$$r(b,\boldsymbol{u}) = \int r(\boldsymbol{x},\boldsymbol{u})b(\boldsymbol{x})\,\mathrm{d}\boldsymbol{x} \tag{16.15}$$

因此，可将式（16.13）重写如下：

$$\begin{aligned} V_T(b) &= \gamma \max_u \Big[\int r(\boldsymbol{x},\boldsymbol{u})b(\boldsymbol{x})\,\mathrm{d}\boldsymbol{x} \\ &\quad + \int V_{T-1}(B(b,\boldsymbol{u},z)) \Big[\iint p(z \mid \boldsymbol{x}')p(\boldsymbol{x}' \mid \boldsymbol{u},\boldsymbol{x})b(\boldsymbol{x})\,\mathrm{d}\boldsymbol{x}\,\mathrm{d}\boldsymbol{x}' \Big]\mathrm{d}z \Big] \\ &= \gamma \max_u \iiint [\, r(\boldsymbol{x},\boldsymbol{u}) + V_{T-1}(B(b,\boldsymbol{u},z))p(z \mid \boldsymbol{x}')p(\boldsymbol{x}' \mid \boldsymbol{u},\boldsymbol{x}) \,] \\ &\qquad b(\boldsymbol{x})\,\mathrm{d}\boldsymbol{x}\,\mathrm{d}\boldsymbol{x}'\,\mathrm{d}z \end{aligned} \tag{16.16}$$

该积分的蒙特卡罗近似是一个多变量采样算法，这需要采样 $\boldsymbol{x} \sim b(\boldsymbol{x})$，$\boldsymbol{x}' \sim p(\boldsymbol{x}' \mid \boldsymbol{u},\boldsymbol{x})$ 和 $z \sim p(z \mid \boldsymbol{x}')$。一旦有了 $\boldsymbol{x}$，$\boldsymbol{x}'$，z，通过贝叶斯滤波，就能计算 $B(b,\boldsymbol{u},z)$。然后，使用局部学习算法计算 $V_{T-1}(B(b,\boldsymbol{u},z))$，通过简单地查表得

到 $r(\boldsymbol{x},\boldsymbol{u})$。可以看到，所有这些步骤由程序 16.3 所示第 7 ~ 14 行实现，第 16 行实现最终的最大化。

在 MC-POMDP 中起了重要的作用的局部学习算法，可能很容易会破坏从其他蒙特卡罗算法得到的任何收敛性。这里，就不再试图努力说明在何种条件下，局部学习可能给出精确的近似，而是简单地提示必须小心设置它的各种参数。

16.4.4 实际考虑

从本章提供的三种 POMDP 近似算法来看，MC-POMDP 是最不成熟和最不高效的算法。它的近似要依赖学习算法表示值函数。所以，实现 MC-POMDP 算法比较棘手，需要很好地理解值函数的平滑度，对于采用的粒子数也是一样。

MC-POMDP 算法最初实现结果如图 16.4 所示。图 16.4a 所示的机器人被放置在靠近可被抓住的物体附近，这个物体与机器人位于同一块地板上，使用相机能发现这个物体。然而，物体最初放置在机器人感知范围以外。这里提出一个成功的三阶段策略：搜索阶段，机器人转动直到它感知到物体；运动阶段，机器人对准物体的中心走到它附近以抓住它；最后一步就是最终的抓取动作。主动感知

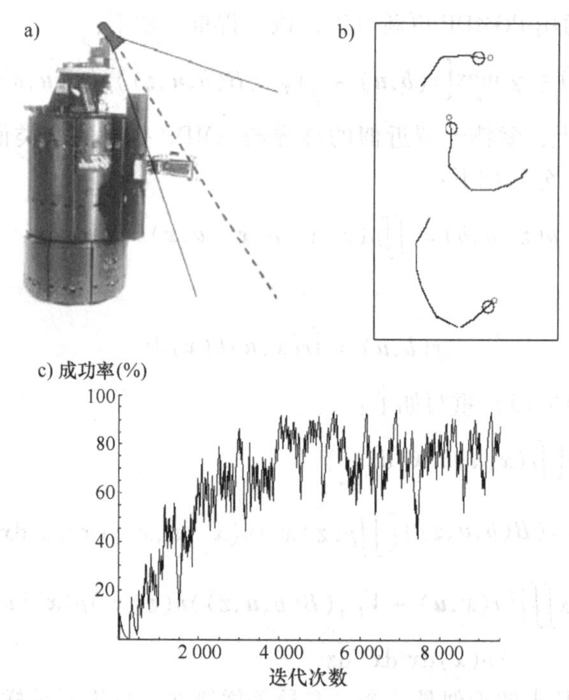

图 16.4 机器人寻找和抓捕任务

a）具有手爪和相机的移动机器人抓取目标物 b）三阶段成功策略执行的二维轨迹（执行过程中，机器人转动直到它看到物体，然后开始成功的抓取行动） c）成功率（是规划步骤数的函数，由仿真评估）

和有目的的行动的组合，使其成为一个有挑战性的概率控制问题。

在图 16.4b 给出的情境中有机器人旋转、移动和成功抓取三个阶段。轨迹是运动路径在二维上的投影。定量结果如图 16.4c 所示，成功率为 MC-POMDP 值迭代的更新迭代次数的函数。值备份的 4 000 次迭代大约需要低端计算机计算 2 个小时，此时其平均性能稳定在 80%。另外 20% 的失败主要原因在于配置，即机器人未能将自已置于适于抓取物体的位置，一部分原因在于 MC-POMDP 的一些近似。

16.5　小结

本章介绍了三种近似概率规划和控制算法，具有不同程度的实用性。这三种算法均依赖 POMDP 值函数的近似。然而，它们在近似性质方面存在不同。

- QMDP 框架仅针对单个行动选择，考虑不确定性。它基于下面的假设：下一个控制行动之后，环境的状态突然变得能观测。完全能观测性，使得利用 MDP 最优值函数成为可能。QMDP 通过数学期望算子，将 MDP 值函数推广到置信空间。结果，QMDP 规划与 MDP 规划一样高效，但是值函数通常高估了置信状态的真实值。

- QMDP 算法的扩展整合了 MDP 最优值函数和一系列的 POMDP 备份。当整合 T 个 POMDP 备份步骤时，产生的策略考虑周期 T 内的信息收集行动，然后依赖 QMDP 完全能观测状态的假设。周期 T 越大，产生的策略就越接近全 POMDP 解。

- AMDP 算法追求不同的近似。它把置信映射为低维表示，然后在此之上，执行准确的值迭代。“传统”的表示，由置信下最可能的状态和置信熵组成。在这种表示下，AMDP 与 MDP 很像，在状态表示上都有一个增加的维度来表示机器人的整体不确定程度。

- 为实现 AMDP，学习低维置信空间的状态变换和报酬函数已成为必要。通过初始阶段获得 AMDP，统计值缓存在查找表中，来表示状态变换和报酬函数。因此，AMDP 运行在学习模型上，并且与学习模型一样精确。

- 将 AMDP 应用于已知环境的移动机器人导航，称为海岸导航。这个导航技术预测了不确定性，并权衡沿着路径的总长和路径上积累的不确定性，来选择如何移动。产生的轨迹大大不同于任意非概率解。海岸导航机器人远离那些高永久迷路概率的区域。但是，如果机器人后来可以以充分高的概率重新定位，可接受暂时迷路。

- MC-POMDP 算法是 POMDP 的粒子滤波版本。在已定义的粒子集合上计算值函数。为实现这样的值函数，MC-POMDP 必须借助局部学习技术，该技术使用局部加权学习规则和基于 KL 散度的接近检测。MC-POMDP 应用蒙特卡罗采样实现近似值备份。产生的算法是成熟的 POMDP 算法，该算法的计算复杂度和精度都是学习算法参数的函数。

从本章得到的关键结论是，存在大量的近似算法，这些近似算法的计算复杂度与 MDP 很接近，但是仍要考虑状态不确定性。无论近似多么粗糙，与完全忽略状态不确定性的算法相比，考虑状态不确定性的算法具有明显更高的鲁棒性。即使在状态矢量中只有单一的新元素在一个维度上衡量全局不确定性，也可以使机器人的性能有巨大差异。

16.6 文献综述

关于求解近似 POMDP 问题的文献已经在本书 15.7 节广泛讨论过。本章介绍的 QDMP 算法起于 Littman 等（1995）。对于固定的增广状态表示的 AMDP 算法由 Roy 等（1999）开发。后来，Roy 等（2004）将其扩展为学习状态表示。Thrun（2000a）设计了 MC-POMDP 算法。

16.7 习题

1. 在这个问题里，要求设计 AMDP 算法程序来解决简单的导航问题。考虑下图具有 12 个离散状态的环境。

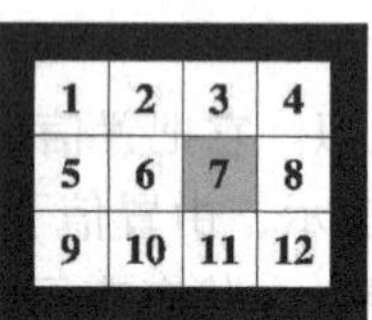

起初，机器人被放置在一个随机的位置，在所有 12 个状态中的任一个状态的机会均等。它的目标是前进到状态 7。在任意时间点，机器人向北、东、西或南行走。它唯一的传感器是缓冲器：当它撞上障碍物时，缓冲器触发，机器人不改变状态。机器人不能感知它处在什么状态，也不能感知缓冲器的方向。并且，没有噪声，只有初始位置的不确定（假设是均匀的）。

(a) AMDP 最低限度必须处理多少状态？请逐一说明。

(b) 从初始 AMDP 状态开始有多少状态是可达的？请逐一说明。

(c) 现在假设机器人从状态 2 开始（但是它仍然不知道，所以它的内部置信状态是不同的）。绘制四个行动之内能够到达的所有 AMDP 状态之间的状态转移图。

(d) 对这个特殊类型问题（无噪声的传感器和机器人运动，有限状态、行动和测量空间)，能否想到比 AMDP 所使用的表示更为紧凑的表示，并且仍足以找到最优解？

(e) 对这个特殊类型问题（无噪声的传感器和机器人运动，有限状态、行动和测量空间)，能否精巧制作状态空间，使得 AMDP 不能找到最优解？

2. 前面已经讨论了老虎问题（见本书 15.8 节习题 1）。对其做什么样的修正能使 QMDP 提出最优解？提示，有多个可能的答案。

3. 这个问题里，请确定置信状态空间的大小。考虑下表：

问题序号	状态的数量	传感器状态	状态转换	初始状态
#1	3	完美	无噪声	已知
#2	3	完美	有噪声	已知
#3	3	无噪声	无噪声	未知（均匀）
#4	3	有噪声	无噪声	已知
#5	3	有噪声	无噪声	未知（均匀）
#6	3	无传感器	无噪声	未知（均匀）
#7	3	无传感器	有噪声	已知
#8	1 维连续统	完美	有噪声	已知
#9	1 维连续统	有噪声	有噪声	已知
#10	2 维连续统	有噪声	有噪声	未知（均匀）

完美传感器总能提供全状态信息。无噪声传感器可以提供部分状态信息，但是没有任何随机性。噪声传感器可以提供部分信息并且也受到噪声限制。无噪声状态转移是确定的，而随机状态转移为有噪声的。最后，仅区分两种初始条件：一类初始条件是，初始状态已知，并且绝对确定；另一类初始条件是，初始状态完全未知，并且整个状态上的先验是均匀的。

问题：对上述 10 个问题，可到达置信空间的大小是多少？提示，它可能是有限或无限的，且在无限情况，应该能说明置信状态具有多少维度？

4. 关于 AMDP 规划器失效模式进行小组讨论。特别是 AMDP 学习状态转移和报酬函数。小组讨论：当这样的学习模式用于值迭代时，会出现什么错误？至少确定三类不同的问题，并详细讨论。

第 17 章 探　　测

17.1 介绍

本章专门研究机器人探测问题。探测问题，是控制机器人能最大化对外部世界的认识的问题。在很多机器人学应用中，机器人装置的主要目的是为用户提供信息。对于一些环境，人类显然是不可以到达的，就需要机器人。而对于另外一些环境，送人类去可能是不经济的，机器人可能是获取信息的最经济的方式。在机器人学里，探测问题很重要。机器人已经探测过废弃矿山、核灾难遗址等，甚至火星。

探测问题有很多不同的特点。例如，机器人要如何获取静态环境的地图。如果使用占用栅格地图表示环境，那么探测问题就是最大化每个栅格单元累积信息的问题。该问题的一个更动态的版本，可能包含移动的参与者。例如，机器人可能有这样一个任务——去寻找已知环境中的人，作为跟踪逃避问题（pursuit evasion problem）的一部分。目标可能是最大化这个人行踪的信息，找到一个人的任务可能就需要探测环境。然而，由于这个人可能在移动，探测策略可能不得不花几倍的时间来探测环境。第三个探测问题，是机器人在定位过程中试图确定它自己位姿时出现的。该问题通常被称为主动定位（active localization），其目标是最大化机器人自身的位姿信息。在机器人控制中，当装备了传感器的机器人面对未知物体时，就带来了探测问题。正如以上的简单讨论所表明的，探测问题在机器人学里几乎无处不在。

乍一看，可能得出这样一个结论：探测问题可以完全归入前面章节讨论过的 POMDP 框架。本书已经说明过，POMDP 专注于信息收集。为了将 POMDP 变为唯一目标，即最大化信息的算法，必需全力以赴进行的工作是给算法提供合适的报酬函数。一个合适的选择是信息增益。信息增益，是用来测量机器人置信熵的减少量。置信熵为机器人行动的函数。使用这样的报酬函数，POMDP 就可以解决探测问题。

然而，使用 POMDP 框架探测通常不是一个好的想法。这是因为在很多探测问题中，未知状态变量数目很大，可能要观测的数目也很大。例如，考虑未知行星的探测问题。描述行星表面所需要的变量的数目将是巨大的。所以，机器人需要获得一组可能的观测值。已经发现，通用 POMDP 框架规划复杂性与观测数呈双倍指数关系（在最坏情况下），因此计算值函数显然是不可行的。事实上，考虑到为探测未知状态变量产生的可能值的巨大数目，在所有这些可能值上积分的任何算法，必然不适用于高维探测问题，这仅是因为计算的问题。

本章将讨论能解决高维探测问题的实用算法家族。这里讨论的这些技术均是贪婪的。换句话说，它们的预测局限于一次探测行动。然而，一次探测行动可以包含一系列的控制行动。例如，将要讨论的算法是，选择地图中的任意位置进行探测；移动到该位置被认为是一次探测行动（exploration action）。这里讨论的算法，也将基于感知的信息增益近似，以降低计算复杂度。

本章内容如下：

• 在探测过程中，对于连续和离散的情况，将从信息增益的一般定义开始讨论。定义基本的贪婪探测算法，该算法会选择行动以最大化它的信息增益。

• 然后，分析机器人探测的第一个特殊情况——主动定位。当全局定位机器人时，主动定位涉及行动选择问题。在适当的行动空间定义下，应用贪婪探测算法，得到了解决该问题的实用解决方案。

• 本章也介绍考虑占用栅格地图构建的探测问题。本章讨论了被称为基于边界的探测（frontier-based exploration）的普及技术，即机器人移动到离它最近的边界。

• 此外，本章把探测算法扩展到多机器人系统，并说明如何控制一群机器人，以便高效地探测未知环境。

• 最后，本章研究探测技术在 SLAM 问题上的应用。作为 SLAM 方法的示例，使用 FastSLAM 来说明如何控制机器人，以便最小化不确定性。

下面将要介绍的探测技术已在各种文献和各类实际应用中广泛介绍和使用过。这些技术同样跨越各种不同表示法和机器人学问题。

17.2 基本探测算法

17.2.1 信息增益

探测的关键，是信息。本书已经介绍过概率机器人学的许多信息应用。在探测的情况下，定义概率分布 p 的熵 $H_p(\boldsymbol{x})$ 作为期望的信息（expected information）$E[-\log p]$，有

$$H_p(\boldsymbol{x}) = \int p(\boldsymbol{x})\log(\boldsymbol{x})\mathrm{d}\boldsymbol{x} \text{ 或 } -\sum_{\boldsymbol{x}} p(\boldsymbol{x})\log p(\boldsymbol{x}) \tag{17.1}$$

熵已经在本书 2.2 节简单讨论过，如果 p 是均匀分布的，则 $H_p(\boldsymbol{x})$ 为最大值。当 p 是点质量分布的，则它为最小值。然而，在某些连续情况下，如高斯分布，可能永远不能达到完全置信。

条件熵（Conditional entropy）定义为条件分布的熵。在探测中，执行行动后，希望最小化置信的期望熵。因此，以定义置信状态变换的测量 z 和控制 $\boldsymbol{u}$ 为

条件，是自然而然的事情。

采用以前引入 $B(b,\boldsymbol{u},z)$，为执行控制 $\boldsymbol{u}$ 之后的在置信 b 下观察 z 之后的置信。执行控制 $\boldsymbol{u}$ 和观察 z 之后，状态 $\boldsymbol{x}'$的条件熵由下式给出：

$$H_b(\boldsymbol{x}' \mid z,\boldsymbol{u}) = -\int B(b,z,\boldsymbol{u})(\boldsymbol{x}')\log B(b,z,\boldsymbol{u})(\boldsymbol{x}')\mathrm{d}\boldsymbol{x}' \tag{17.2}$$

这里，使用贝叶斯滤波计算 $B(b,\boldsymbol{u},z)$。在机器人学中，可以选择控制行动 $\boldsymbol{u}$，但不能挑选 z。因此认为控制行动 $\boldsymbol{u}$ 和测量 z 的条件熵可用积分求得：

$$\begin{aligned} H_b(\boldsymbol{x}' \mid \boldsymbol{u}) &\approx E_z[H_b(\boldsymbol{x}' \mid z,\boldsymbol{u})] \\ &= \iint H_b(\boldsymbol{x}' \mid z,\boldsymbol{u})p(z \mid \boldsymbol{x}')p(\boldsymbol{x}' \mid \boldsymbol{u},\boldsymbol{x})b(\boldsymbol{x})\mathrm{d}z\mathrm{d}\boldsymbol{x}'\mathrm{d}\boldsymbol{x} \end{aligned} \tag{17.3}$$

注意，这仅是近似，因为最终的表达式颠倒了求和与对数运算的顺序。置信 b 中与行动 $\boldsymbol{u}$ 有关的信息增益（information gain）由下式中的差值给出：

$$I_b(\boldsymbol{u}) = H_p(\boldsymbol{x}) - E_z[H_b(x' \mid z,\boldsymbol{u})] \tag{17.4}$$

17.2.2 贪婪技术

期望的信息增益，把探测问题表示为前面章节里介绍过的决策理论问题。具体来说，$r(\boldsymbol{x},\boldsymbol{u})$表示状态 $\boldsymbol{x}$ 控制行动 $\boldsymbol{u}$ 的花费；假定 $r(\boldsymbol{x},\boldsymbol{u})<0$，以保持符号一致；对置信 b 最优的贪婪探测最大化信息增益与花费之差，用因子 α 做权重。那么，有

$$\pi(b) = \underset{\boldsymbol{u}}{\operatorname{argmax}}\ \alpha \underbrace{(H_p(\boldsymbol{x}) - E_z[H_b(\boldsymbol{x}' \mid z,\boldsymbol{u})])}_{\text{期望的信息增益}} + \underbrace{\int r(\boldsymbol{x},\boldsymbol{u})b(\boldsymbol{x})\mathrm{d}\boldsymbol{x}}_{\text{期望的花费}} \tag{17.5}$$

因子，α 将执行 $\boldsymbol{u}$ 的花费与信息增益联系起来。它指定了机器人分配给信息的值，该值用来衡量愿意为获得信息所花费的成本。

$$\begin{aligned} \pi(b) &= \underset{\boldsymbol{u}}{\operatorname{argmax}} -\alpha E_z[H_b(\boldsymbol{x}' \mid z,\boldsymbol{u})] + \int r(\boldsymbol{x},\boldsymbol{u})b(\boldsymbol{x})\mathrm{d}\boldsymbol{x} \\ &= \underset{\boldsymbol{u}}{\operatorname{argmax}} \int [r(\boldsymbol{x},\boldsymbol{u}) - \alpha \iint H_b(\boldsymbol{x}' \mid z,\boldsymbol{u})p(z \mid \boldsymbol{x}')p(\boldsymbol{x}' \mid \boldsymbol{u},\boldsymbol{x})\mathrm{d}z\mathrm{d}\boldsymbol{x}']b(\boldsymbol{x})\mathrm{d}\boldsymbol{x} \end{aligned} \tag{17.6}$$

总之，为理解控制 $\boldsymbol{u}$ 的功用，需要计算执行 $\boldsymbol{u}$ 并观测后的期望熵。该期望熵通过对所有可能接收到的测量 z 积分，并乘以它们的概率得到。通过常数 α，它转换为效用，其后减去执行行动 r 的期望花费。

大多数探测技术使用贪婪策略，这在第一个周期的确是最优的。依赖贪婪技术的原因是，庞大的探测分支因子。它使得多步规划变得不现实。庞大的分支因子，是由探测问题的本质所决定的。探测的目标是获取新信息，但是一旦获取到这样的信息，机器人就处于一个新的置信状态，那么必须调整它的策略。因此，测量具有固有的不可预测性。

图 17. 1 给出了这样一个情境：这里的机器人已经构建了地图，包括两个房间和一条走廊的一部分。这时候，最优探测可能包括探测一个走廊，适当的行动序列可能与图 17. 1a 给出的行动对应。然而，这样一个行动序列是否可执行，是高度不可预测的。例如，机器人可能发现自己处在走廊尽头，如图 17. 1b 所示。在这里，预期行动序列不可用。

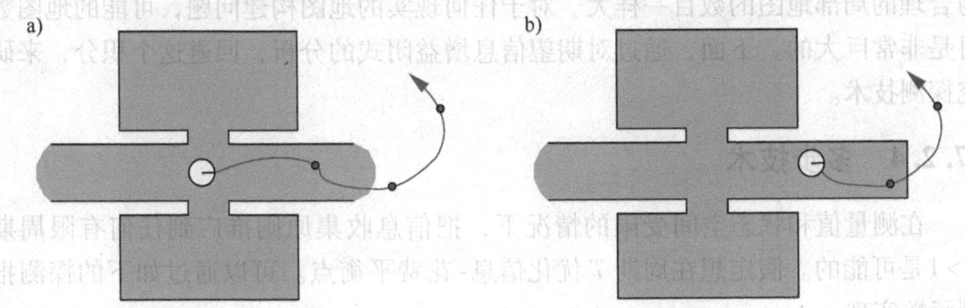

图 17. 1　探测问题的不可预测性（如图 a 所示，机器人可能预测了一个三步的控制序列，但是这个序列是否可行依赖机器人沿途发现的物体；探测策略必须具有高度的灵活性）

17. 2. 3　蒙特卡罗探测

程序 17. 1 给出的 Monte_Carlo_exploration 算法是简单的概率探测算法。程序 17. 1 给出了式（17. 6）的贪婪探测规则的蒙特卡罗近似。这个算法通过采样，简单代替了贪婪算法积分。第 4 行，它从瞬时置信 b 中采样状态 $\boldsymbol{x}$，接着采样下一个状态 $\boldsymbol{x}'$和相应的观测 $\boldsymbol{z}'$。新的后验置信在第 8 行计算，它的熵- 花费平衡点在第 9 行缓存，第 12 行返回行动。该行动的蒙特卡罗信息增益花费是最大的。

```
1:   Algorithm Monte_Carlo_exploration(b):
2:       set ρ_u = 0 for all actions u
3:       for i = 1 to N do
4:           sample x ~ b(x)
5:           for all control action u do
6:               sample x' ~ p(x' | u, x)
7:               sample z ~ p(z | x')
8:               b' = Bayes_filter(b, z, u)
9:               ρ_u = ρ_u + r(x, u) − α H_{b'}(x')
10:          endfor
11:      endfor
12:      return argmax_u ρ_u
```

程序 17. 1　贪婪探测算法的蒙特卡罗实现（通过将信息增益和花费的平衡最优化，来选择行动）

通常，贪婪蒙特卡罗算法可能仍需要大量时间，这一点使它变得不能实现。主要复杂性来自测量 z 的采样。当在地图构建过程中探测未知环境时，可能的测量的数目非常巨大。例如，对于装备了 24 个超声波传感器的机器人，它的每个传感器报告 1 个字节的距离数据，在特定位置上扫描获得的潜在声呐数据是 256^{24}。显然，并非所有的那些测量值都是可信的，但是合理的测量值数目至少与合理的局部地图的数目一样大。对于任何现实的地图构建问题，可能的地图数目是非常巨大的。下面，通过对期望信息增益闭式的分析，回避这个积分，来研究探测技术。

17.2.4 多步技术

在测量值和状态空间受限的情况下，把信息收集原则推广到任何有限周期 $T>1$是可能的。假定想在周期 T 优化信息-花费平衡点。可以通过如下的探测报酬函数实现：

$$r_{\exp}(b_t,\boldsymbol{u}_t) = \begin{cases}\int r(\boldsymbol{x}_t,\boldsymbol{u}_t)\,b(\boldsymbol{x}_t)\,\mathrm{d}\boldsymbol{x}_t & t<T \\ \alpha H_{b_t}(\boldsymbol{x}_t) & t=T\end{cases} \tag{17.7}$$

在这个报酬函数下，POMDP 规划器就找到一个控制策略。该控制策略使得最终置信 b_T的熵减去获得这个置信的花费，按适当比例达到最小化。那么，对以前讨论的所有 POMDP 技术都是适用的。

读者可能注意到，它与前面章节讨论过的 AMDP 的相似性。这里的区别是，仅指定报酬函数，而不指定置信状态表示。由于在通用 POMDP 模型下，大多数探测问题变得很难计算，本书就不再进一步探讨这种方法了。

17.3 主动定位

估计低维变量状态时，探测的最简单情况就会发生。主动定位是这样一个问题：寻找关于机器人位姿 $\boldsymbol{x}_t$的信息，但是给定了环境地图。在全局定位中，主动定位特别有趣，因为这里控制的选择对信息增益会有巨大的影响。在很多环境下，无目标徘徊使得全局定位比较困难，然而移动到恰当的位置能实现快速定位。

图 17.2a 给出了这样一个环境。机器人被放置在对称的走廊里，只要不离开走廊并穿过一扇打开着的门，无论探测多久，它都不能确定其位姿。因此，主动定位问题的任何解决方案，都必须最终控制机器人离开走廊，并进入其中的一个房间。

按照刚才提出的算法，主动定位能够以贪婪的方式解决。其关键点涉及如何选择行动表示。显然，如果定义低级别的控制行动，如同本书许多地方一样，在位姿的不确定性被解决之前，任意可行的探测规划必须包含一长串控制。为通过贪婪探测解决主动定位问题，需要定义行动，通过行动定义的机器人才能贪婪地收集位姿信息。

一个可能的解决方案是，通过目标位置定义探测行动（exploration action）。该目标位置在机器人局部坐标系中表示。例如，“移动到相对于机器人局部坐标系的点 $\Delta x = -9\text{m}$ 和 $\Delta y = 4\text{m}$ 处”可以被认为是一个行动，只要能设计低级别的导航模块，该模块把这个行动映射回低级别控制。图 17.2b 给出了在全局坐标系中这次行动的潜在影响。在这个示例里，后验拥有两个模式，因此这个行动能把机器人带到两个不同位置。

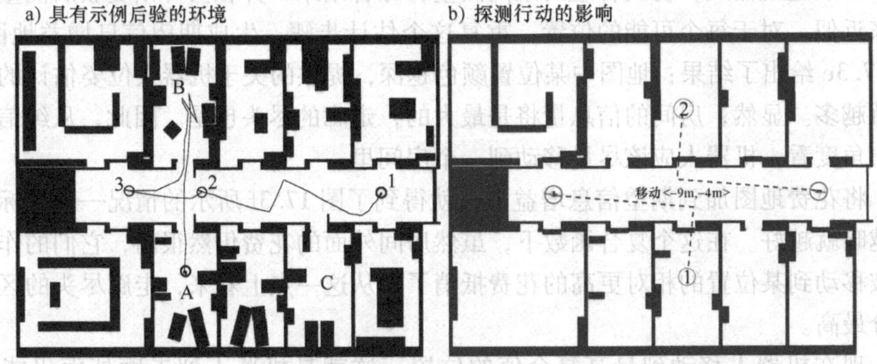

图 17.2　对称环境里的主动定位和探测行动的示例

a）对称环境里的主动定位（一个具有对称走廊的环境，但是房间的布置是非对称的，房间用 A 、B、C 标出；图中还给出了一条探测路径）

b）探测行动的示例（“后退 9m，左行 4m”，如果机器人位姿后验拥有两个不同的模式，全局坐标系中的控制行动可能将机器人引导到两个不同的地方）

利用相对运动行动的定义，使得可以通过与程序 17.1 所示贪婪探测算法本质上相同的算法来解决主动定位问题。下面举例说明这个算法。图 17.3a 给出了沿着若干标记地点的主动定位路径。定位从中间位置开始。图 17.3b 给出了从位置标记“1”移动到位置标记“2”以后的置信。该置信拥有 6 个模式，每个模式如图 17.3b 圆圈所示。对于这个置信，机器人坐标中的期望占用如图 17.3c 所示。这个图形通过对每个可能的机器人位姿，按各自的概率加权，叠加已知的占用栅格地图，而简单地得到。由于机器人并不确定地知道自己的位姿，所以不能知道位置的占用情况，因此存在期望花费地图的模糊性。然而，机器人处于可通过的走廊形状区域的可能性很高。

图 17.3c 给出了在目标位置的花费，这里还需要的是移动到这样一个目标位

置的花费。本书已介绍过计算这样的运动花费及最优路径的算法——值迭代（value iteration），见本书第 14 章。图 17.3d 给出了值迭代的结果，应用到图 17.3b所示作为花费函数的地图。这个值从机器人向外传播（与从目标往里相反，与本书第 14 章的定义相同）。这使得对移动到该地图任意潜在目标位置的花费进行计算是可能的。

如图 17.3 所示，机器人在附近的大片区域移动是安全的。事实上，无论机器人实际处在何位置，这个区域是走廊。由于这样的移动的正确性取决于机器人的准确位置，而机器人的准确位置是未知的，所以从这个区域移出进入其中一个房间会产生较高的期望花费。

对于贪婪探测，现在需要确定期望的信息增益。期望的信息增益可以通过在某位置放置机器人，仿真合理的距离测量，综合结果，并在贝叶斯更新后测量信息来近似。对于每个可能的位置，重复这个估计步骤，生成期望信息增益地图。图 17.3e 给出了结果：地图中某位置颜色越深，提供的关于机器人位姿估计的信息就越多。显然，房间的信息量将是最大的，走廊的尽头也是。因此，从纯信息收集角度看，机器人应该尽量移动到一个房间里。

将花费地图加到期望信息增益上，就得到了图 17.3f 所示的情况——目标位置越暗就越好。在这个复合函数下，虽然房间外面的花费仍然很高，它们的作用已被移动到某位置的相对更高的花费抵消了。从这一点上看来，走廊尽头的区域得分最高。

现在机器人移动到最高复合值的位置，这就是机器人到走廊外面仍能安全行进的区域。这就对应于从图 17.3a 所示的标识“2”走到标识“3”的位置。

现在，贪婪主动探测规则是重复的。位置“3”的置信如图 17.4a 所示。显然，前面的探测行动具有减少后验模式的效果，后验模式从 6 个变为 2 个。图 17.4b给出在以机器人为中心的坐标系中的新的占用地图。图 17.4c 给出了相应的值函数。现在，只有在各个房间里，期望的信息增益才一样高，如图 7.14d 所示。图 17.4e 给出了复合增益花费地图。这时候，走进对称的敞开的任意一个房间的花费是最低的，因此机器人移动到那里，在那里大大解决了不确定性。一个时间步后，又一轮考虑之后，最终的置信如图 17.4f 所示。

贪婪主动定位算法不是没有缺点。一个缺点来自它的贪婪性：它不能生成同时能最大化信息增益的多个探测行动。另一个缺点是行动定义的结果。算法未能考虑测量值，这些测量值是移动到目标位置过程中获得的。相反，该算法将每个这样的移动作为开环控制来处理，在该控制过程中，机器人不能对它的测量值做出反应。很明显，当面对一扇关着的门时，即使以前到达过该目标点，真实的机器人也能够抛弃该目标点。然而，在规划过程中没有考虑这些事情。这就是以前

a）定位机器人的路径

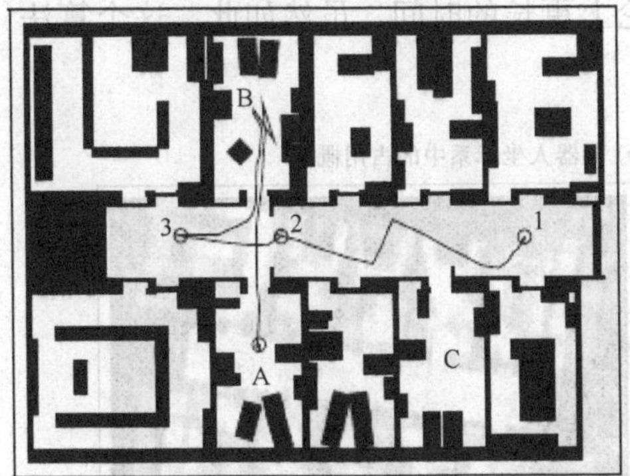

b）具有六个模式的早期置信分布

c）机器人坐标系中的占用概率

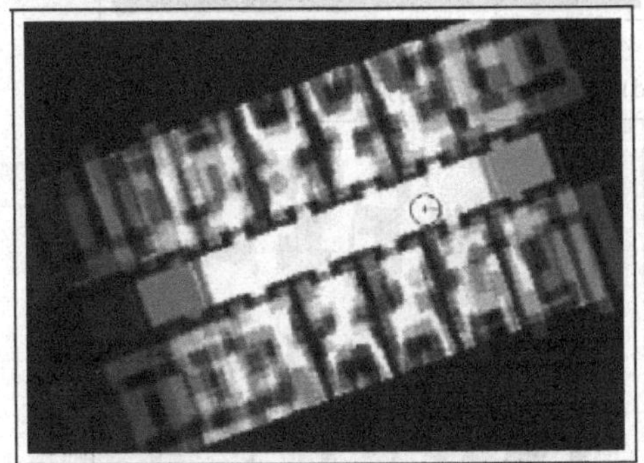

d）移动的期望花费

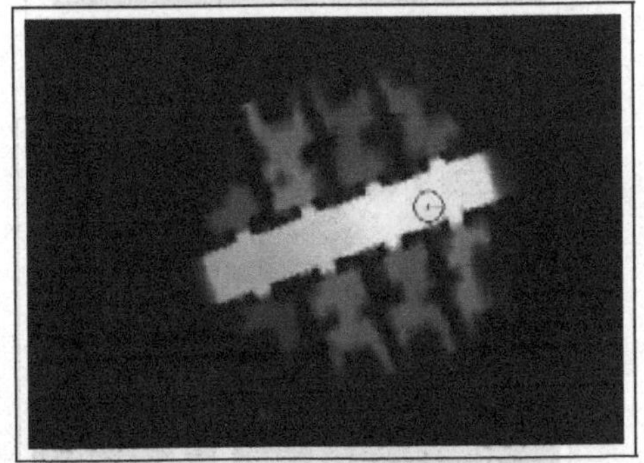

e）机器人坐标系中的期望信息增益

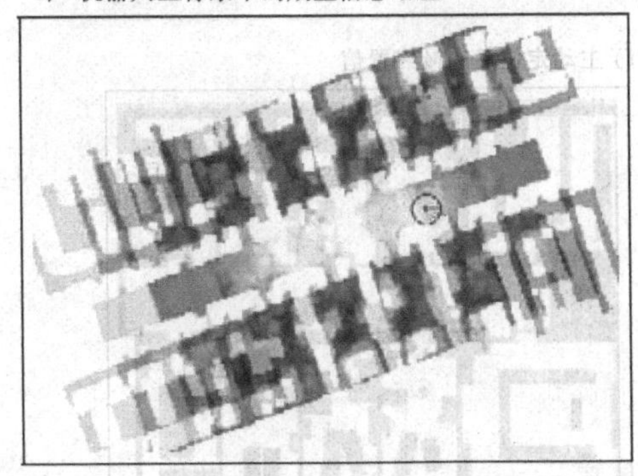

f）增益加上花费（颜色越深越好）

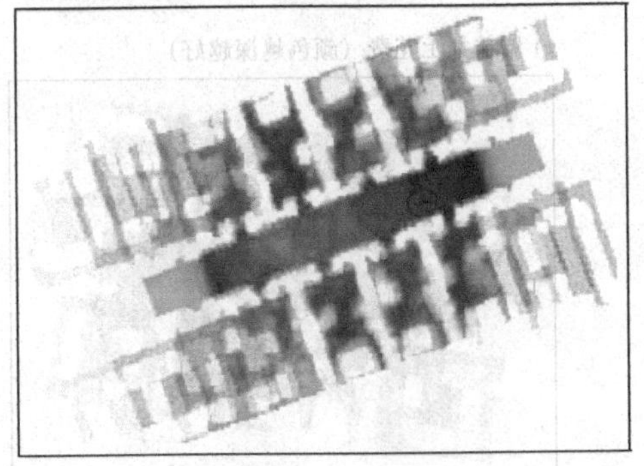

图 17.3 主动定位的示例（图中给出了对于多假设位姿分布，为计算最优行动的若干辅助函数）

a）定位机器人的路径 b）具有六个模式的早期置信分布 c）机器人坐标系中的占用概率 d）移动的期望花费 e）机器人坐标系中的期望信息增益 f）增益加上花费（颜色越深越好）

的示例中对次优选择的解释，在探测标注“A”的房间之前，机器人会探测标注“B”的房间。结果，定位常常花费比理论上更长的时间，虽然如此，这个算法在实际应用中工作得很好。

a) 置信分布

b) 机器人坐标系中的占用概率

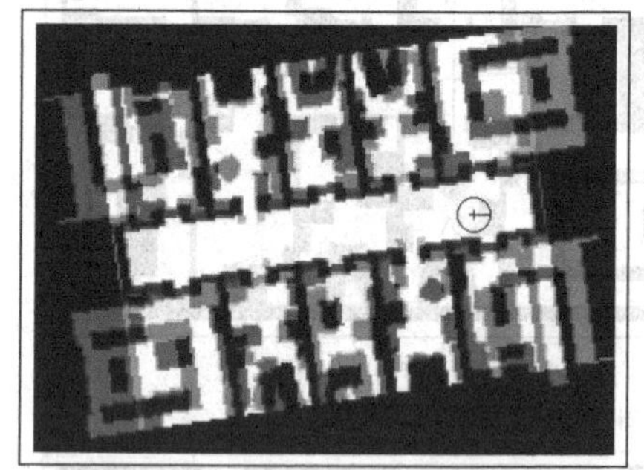

c) 移动的期望花费

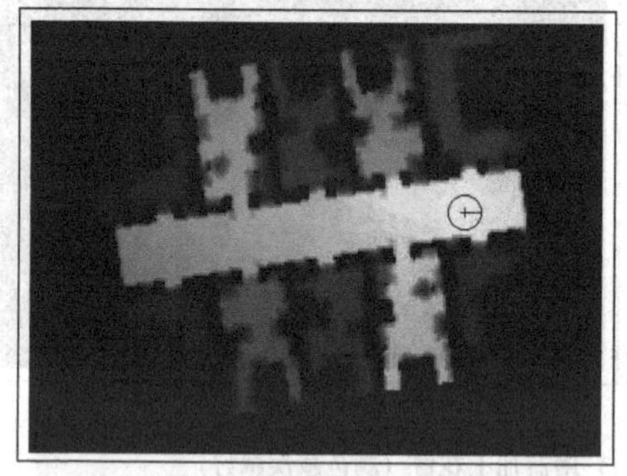

d) 机器人坐标系中的期望信息增益

e) 增益加上花费（颜色越深越好）

f) 主动定位后的最终置信

图 17.4 对具有两个不同模式的置信，若干后续时间点的主动定位示例

a）置信分布 b）机器人坐标系中的占用概率 c）移动的期望花费 d）机器人坐标系中的期望信息增益 e）增益加花费（颜色越深越好） f）主动定位后的最终置信

17.4 为获得占用栅格地图的探测

17.4.1 计算信息增益

贪婪探测也可以用于机器人地图构建。地图构建比机器人定位，包含了更多的未知变量。因此，需要一种与高维估计问题相匹配的技术，来计算期望信息增益。正如将要看到的，占用栅格地图里的探测“技巧”与定义占用栅格地图的高效更新算法的技巧完全相同——把不同栅格单元的信息增益视为是互相独立的。

首先，引入图 17.5a 所示的占用栅格地图。这个地图的某些部分是已探测的，如处于地图中心位置的大片未占用区域，又如位置已知的墙和障碍物。地图其他部分是未探测的，如外面的大量灰色区域。贪婪探测引领机器人去往最近的未探测区域，这里信息增益最大。这就带来了如何计算增益的问题。

下面讨论三个可能的技术。这三种方法同样都对每个栅格单元（per grid cell）计算信息增益，且都不是作为机器人行动的函数。这可以很方便地产生信息增益地图。信息增益地图是二维的，定义在与原始栅格地图相同的栅格上。这些技术之间的区别在于近似质量的不同。

• 熵。计算每个单元的熵是简单的。用 $\boldsymbol{m}_i$ 表示第 i 个单元，它的占用概率 $p_i = p(\boldsymbol{m}_i)$。其二值占用变量的熵由下式给出：

$$H_p(\boldsymbol{m}_i) = -p_i \log p_i - (1-p_i)\log(1-p_i) \tag{17.8}$$

图 17.5b 给出了图 17.5a 所示的地图中每个单元的熵。某位置越亮，熵就越大。除了一些附近的区域或内部障碍物，地图中心区域大部分呈现为低熵。这与研究人员的直觉一致，因为地图的大部分已经很好地探测过。外面区域呈现高熵，表明它们是应该探测的区域。因此，熵地图确实将高信息值分配给还未探测的区域。

• 期望信息增益。技术上，熵只能衡量当前信息。当在某单元附近时，它不能明确指出机器人通过它的传感器将获得的信息。期望信息增益的计算会更复杂，它需要关于机器人传感器所提供的信息性质的附加假设。

假定传感器以概率 p_{true} 测得正确的占用，测量错误的概率为 $1-p_{\text{true}}$。那么，期望测量“已占用”概率为

$$p^+ = p_{\text{true}}\, p_i + (1-p_{\text{true}})(1-p_i) \tag{17.9}$$

标准占用栅格更新将产生新的概率，这直接来自本书第 9 章所讨论的占用栅格地图构建算法：

a) 占用栅格地图

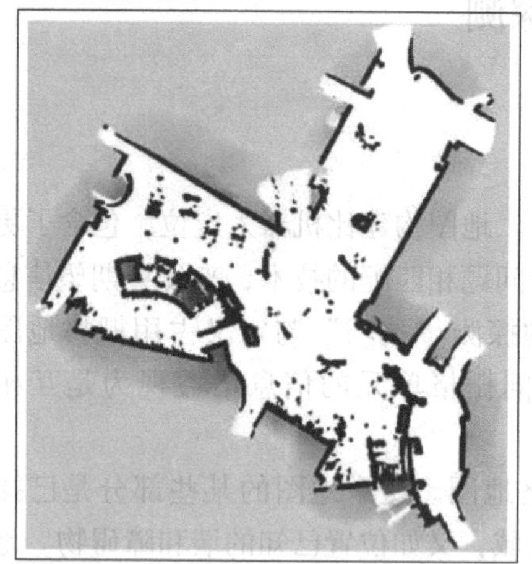

b) 单元熵

c) 已探测和未探测空间

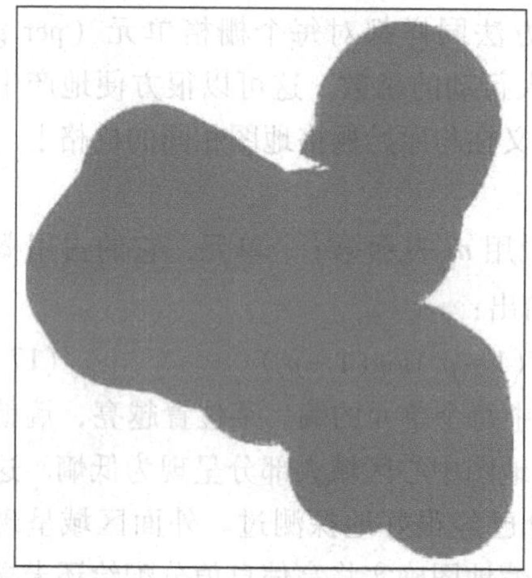

d) 探测的值函数

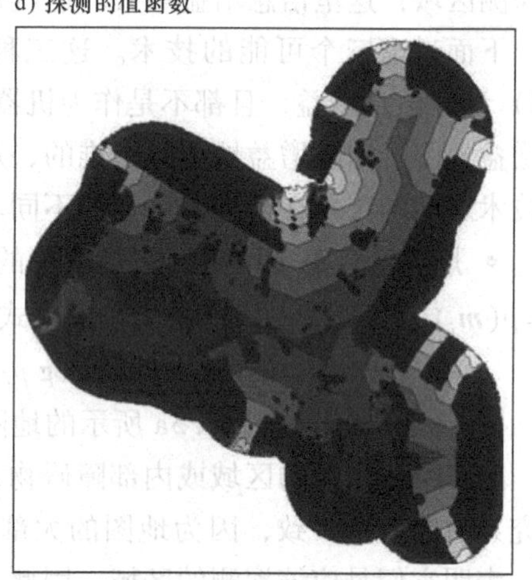

图 17.5 为地图构建探测的基本步骤的示例

a) 局部栅格地图 b) 地图熵 c) 零信息的空间 d) 最优探测的值函数

$$p_i' = \frac{p_{\text{true}}\, p_i}{p_{\text{true}}\, p_i + (1 - p_{\text{true}})(1 - p_i)} \tag{17.10}$$

现在这个后验的熵为

$$\begin{aligned} H_{p'}^{+}(\boldsymbol{m}_i) = & -\frac{p_{\text{true}}\, p_i}{p_{\text{true}}\, p_i + (1 - p_{\text{true}})(1 - p_i)} \log \frac{p_{\text{true}}\, p_i}{p_{\text{true}}\, p_i + (1 - p_{\text{true}})(1 - p_i)} \\ & -\frac{(1 - p_{\text{true}})(1 - p_i)}{p_{\text{true}}\, p_i + (1 - p_{\text{true}})(1 - p_i)} \log \frac{(1 - p_{\text{true}})(1 - p_i)}{p_{\text{true}}\, p_i + (1 - p_{\text{true}})(1 - p_i)} \end{aligned} \tag{17.11}$$

以此类推，传感器感知“未占用”的概率，即

$$p^- = p_{\text{true}}(1-p_i) + (1-p_{\text{true}})p_i \tag{17.12}$$

在这种情况下，后验将变为

$$p_i' = \frac{(1-p_{\text{true}})p_i}{p_{\text{true}}(1-p_i) + (1-p_{\text{true}})p_i} \tag{17.13}$$

这个后验的熵为

$$\begin{aligned} H_{p'}^-(\boldsymbol{m}_i) = &- \frac{(1-p_{\text{true}})p_i}{p_{\text{true}}(1-p_i) + (1-p_{\text{true}})p_i} \log \frac{(1-p_{\text{true}})p_i}{p_{\text{true}}(1-p_i) + (1-p_{\text{true}})p_i} \\ &- \frac{p_{\text{true}}(1-p_i)}{p_{\text{true}}(1-p_i) + (1-p_{\text{true}})p_i} \log \frac{p_{\text{true}}(1-p_i)}{p_{\text{true}}(1-p_i) + (1-p_{\text{true}})p_i} \end{aligned} \tag{17.14}$$

把以前的等式代入，得到感知后的期望熵为

$$\begin{aligned} E[H_{p'}(\boldsymbol{m}_i)] &= p^+ H_{p'}^+(\boldsymbol{m}_i) + p^- H_{p'}^-(\boldsymbol{m}_i) \\ &= -p_{\text{true}}\, p_i \log \frac{p_{\text{true}}\, p_i}{p_{\text{true}}\, p_i + (1-p_{\text{true}})(1-p_i)} \\ &\quad - (1-p_{\text{true}})(1-p_i) \log \frac{(1-p_{\text{true}})(1-p_i)}{p_{\text{true}}\, p_i + (1-p_{\text{true}})(1-p_i)} \\ &\quad - (1-p_{\text{true}})p_i \log \frac{(1-p_{\text{true}})p_i}{p_{\text{true}}(1-p_i) + (1-p_{\text{true}})p_i} \\ &\quad - p_{\text{true}}(1-p_i) \log \frac{(1-p_{\text{true}})p_i}{p_{\text{true}}(1-p_i) + (1-p_{\text{true}})p_i} \end{aligned} \tag{17.15}$$

根据式（17.4）的定义，感知栅格单元 $\boldsymbol{m}_i$ 的期望信息增益其实是 $H_p(\boldsymbol{m}_i) - E[H_{p'}(\boldsymbol{m}_i)]$ 的差值。

那么，期望信息增益比推导出它来的熵能好多少呢？回答是不多。图 17.6b 给出了熵的结果，图 17.6c 给出了期望信息增益的结果，均对应图 17.6a 所示的地图片段。尽管值是不同的，但是看起来熵和期望信息增益几乎没有不同。这就证明，用熵代替期望信息增益作为函数指导探测的习惯做法，是合理的。

- 二值增益。第三种方法是所有方法中最简单的，而且也是目前最常用的。期望信息增益的非常粗略的近似值，就是将至少更新过一次的单元标记为“已探测”，而所有其他的单元标记为“未探测”。因此，增益变为二值函数。

图 17.5c 给出了这样的二值地图。只有外面的白色区域表示有新的信息；地图内部认为已完全探测过。虽然，很明显，这个信息增益地图是这里讨论过的所有近似中最粗糙的一个，但是实际上它工作良好，因为它使探测机器人不断地进入未探测的区域。该二值地图是常用探测算法的核心，称为基于边缘的探测

a) 地图片段

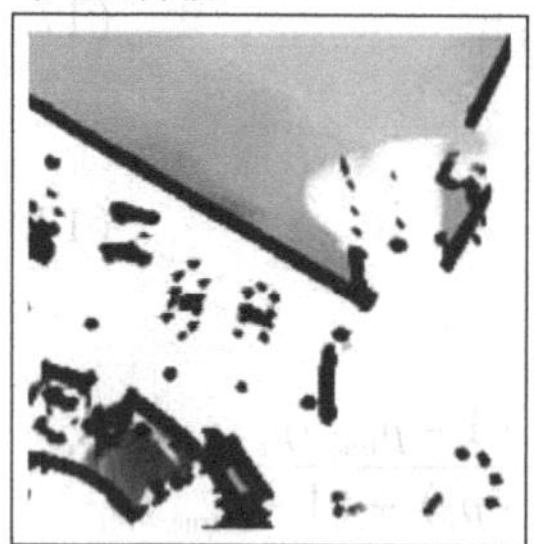

b) 熵

c) 期望的信息增益

图 17.6 地图、熵和期望的信息增益（以恰当的比例显示，熵和期望的信息增益几乎没有不同）

(frontier-based exploration)，机器人不断地移动到最近的已探测空间的未探测边缘。

17.4.2 传播增益

现在剩下的问题涉及利用这些地图开发贪婪探测技术。就主动定位示例而言，需要定义合适的探测行动。

简单但有效的探测行动（exploration action）的定义，包含这样的动作：沿着最小花费路径移动到 x-y 位置，然后在机器人周围的小直径圆上感知所有的栅格单元。这样，地图上的每个位置定义了潜在的探测行动。

现在使用值迭代就能很容易地完成最优贪婪探测行动的计算。图 17.5d 给出了图 17.5a 所示地图的值函数结果，二值信息增益地图如图 17.5c 所示。值迭代方法取得这样的二值增益地图——增益只能在未探测位置获得。

通过下面的递归，实现中心值更新：

$$V_T(\boldsymbol{m}_i)=\begin{cases}\max_j r(\boldsymbol{m}_i,\boldsymbol{m}_j)+V_{T-1}(\boldsymbol{m}_j) & I(\boldsymbol{m}_i)=0\\ I(\boldsymbol{m}_i) & I(\boldsymbol{m}_i)>0\end{cases}\tag{17.16}$$

式中，V 为值函数；j 为临近 $\boldsymbol{m}_i$ 的所有栅格单元的索引；r 为移动到那里的花费（通常为占用栅格地图的函数）；$I(\boldsymbol{m}_i)$为在单元 $\boldsymbol{m}_i$ 获得的信息。对于二值信息增益地图中的未探测的栅格单元，结束条件 $I(\boldsymbol{m}_i)>0$ 是唯一正确的。

图 17.5d 给出了一个收敛后的值函数。在地图中的开放区域里，该值最大，地图内部该值较低。现在，通过在这个地图里使用爬山算法，探测技术就能简单地确定最优路径。这条路径带领机器人直接走向最近的未探测边缘。

很明显，该探测技术仅是粗略近似。机器人向目标位置移动的过程中，它完

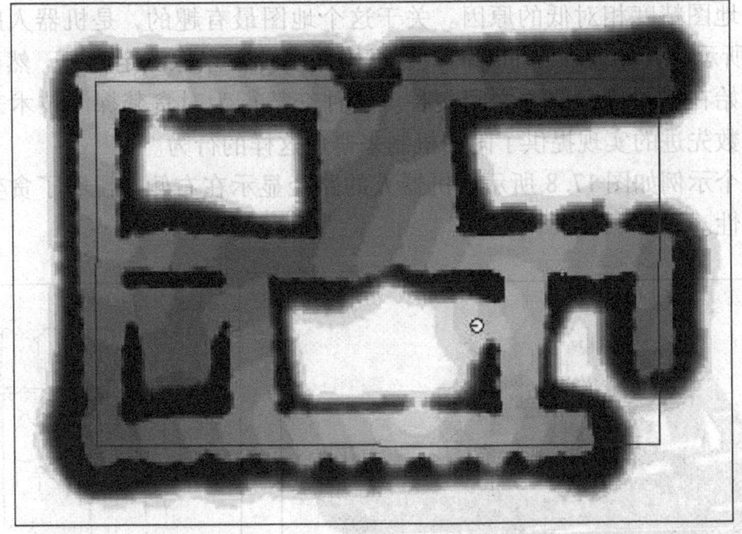

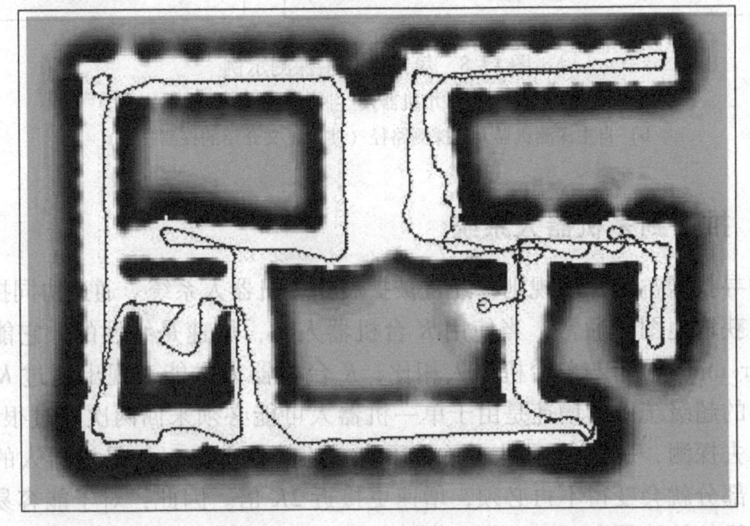

图 17.7 自主探测示例（如图 a 所示，探测值 V，通过值迭代计算；白色的区域是完全未探测的；沿着灰度梯度，顺着最小花费路径，机器人移动到下一个未探测区域；大的黑色矩形表示全局围墙方向 θ_{wall}。图 b 给出了在自主探测过程中经过的真实路径与产生的度量地图）

全忽略了获得的信息，因为它错误地假定，沿着这条路径没有感知发生。然而，实际应用中它工作良好。图 17.7 给出了探测机器人的值函数和地图。这个地图是基于这个事实：它来自 1994 年的 AAAI 移动机器人竞赛（Mobile Robot Competition)，该竞赛涉及高速获得环境地图。机器人装备了 24 声呐传感器阵列，这是为什么地图精度相对低的原因。关于这个地图最有趣的，是机器人路径。如图 17.7b所示，开始时探测非常高效，机器人漫游在未探测走廊中。然而，后来机器人开始在不同目标位置之间交替。这种交替行为对贪婪探测技术来说很常见，大多数先进的实现提供了附加机制来避免这样的行为。

第二个示例如图 17.8 所示。机器人的路径显示在右侧，说明了贪婪探测算法的高效性。

a) 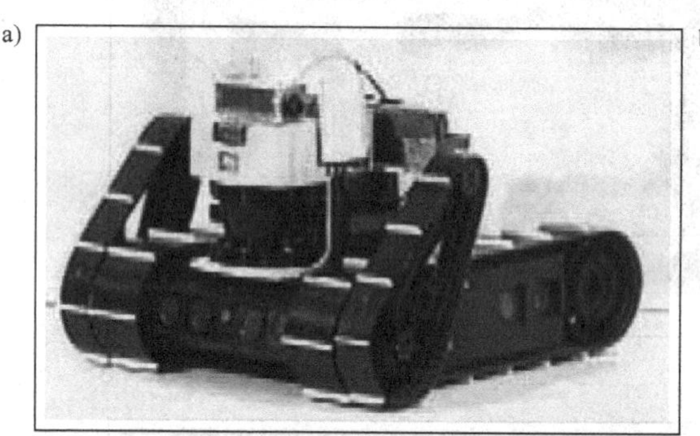 b) 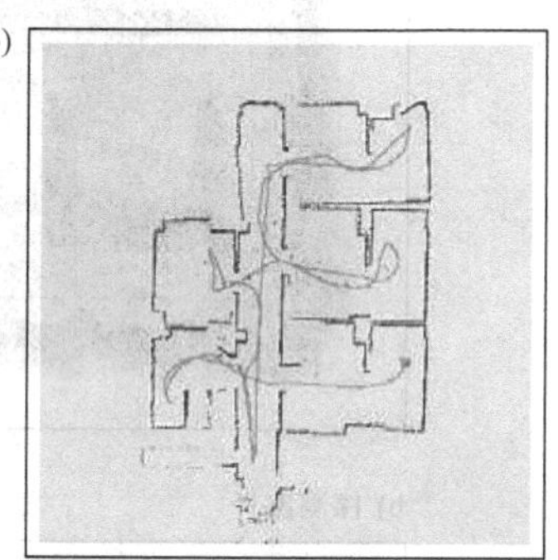

图 17.8 第二个自主探测示例

a）探测室内和室外的城市机器人（该城市机器人里程计欠佳）

b）自主探测机器人的探测路径（使用正文介绍的探测技术）

17.4.3 推广到多机器人系统

这种寻找增益的探测规则，经常被扩展到多机器人系统。通过协同探测，机器人试图获取地图。通常，当使用 K 台机器人时，增速是线性的。它能超级统一（super-unitary)：与单台机器人相比，K 台机器人常能表现出超过 K 倍的增速。这样的超级统一的增速是由于单一机器人可能必须来回两次穿过很多区域：一次是出去探测，一次是返回来探测环境中的其他部分。如果机器人的数目合适，返回部分就会变得不再必须，增速更接近 $2K$ 倍。因此，对于能容易地在所有方向上导航的机器人，$2K$ 倍是上限。

对于多机器人探测，关键是协调。在静态探测中，通过贪婪任务分配技术很容易做到。考虑这样的情况：K 台机器人被放置在部分已探测的地图里。目前的设置是有一些边缘地带需要探测，并且需要一个分派这些机器人到这些地方的算法，要求贪婪地最大化整个探测效果。

程序 17.2 给出的 multi_ robot_ exploration 算法是个非常简单的该类算法。该算法计算 K 台机器人向着 K 个探测目标运动进行协同探测的问题。

1: **Algorithm multi_robot_exploration**($m, x_1, \ldots, x_K$):

2: *for each robot* $k = 1$ *to* K *do*

3: *Let* $\mathbf{m}_k$ *be the grid cell that contains* x_k

4: $V_k(\mathbf{m}_i) = \begin{cases} \infty & \text{if } \mathbf{m}_i \neq \mathbf{m}_k \\ 0 & \text{if } \mathbf{m}_i = \mathbf{m}_k \end{cases}$

5: *do until* V_k *converged*

6: *for all* i *do*

7: $V_k(\mathbf{m}_i) \longleftarrow \min_j \{V_k(\mathbf{m}_i), r(\mathbf{m}_i, \mathbf{m}_j) + V_k(\mathbf{m}_j)\}$

8: *endfor*

9: *endwhile*

10: *endfor*

11: *compute the binary gain map* $\bar{m}$ *from the map* m

12: *for each robot* $k = 1$ *to* K *do*

13: *set* $\text{goal}_k = \underset{i \text{ such that } \bar{\mathbf{m}}_i = 1}{\text{argmin}} V_k(\mathbf{m}_i)$

14: *for all cells* $\bar{\mathbf{m}}_j$ *in* ε*-neighborhood of* goal_k

15: *set* $\bar{\mathbf{m}}_j = 0$

16: *endfor*

17: *endfor*

18: *return* $\{\text{goal}_1, \text{goal}_2, \ldots, \text{goal}_K\}$

程序 17.2 多机器人探测算法

算法首先为每台机器人计算值函数 V_k（第 2 ~ 10 行）。然而，这些值函数的定义不同于迄今为止遇到过的值函数：最小值在机器人的位姿处获得。单元离得越远，值就越高。图 17.9 和图 17.10 给出了该值函数的几个示例。在每种情况下，机器人的位置处拥有最小值，在整个可到达的空间中，该值增加。

很容易发现这些值函数衡量了移动到任何可能的栅格单元的花费。对于每台机器人，要探测的最优边界单元通过第 13 行计算出来。根据第 11 行计算出的二值增益地图，它是未探测的单元 V_k 中的最小花费单元。该单元用作目标点。然而，为阻止其他机器人使用同样的或附近的目标位置，算法在已选择的目标位置附近，将增益地图重置为零。这发生在第 14 ~ 16 行。

multi_robot_exploration 算法的协同机制（coordination mechanism）概述如下：每台机器人贪婪地挑选最有效的探测目标点，然后阻止其他机器人选择同样的或附近的目标点。图 17.9 和图 17.10 给出了这种协同的效果。如图 17.9 所示，两

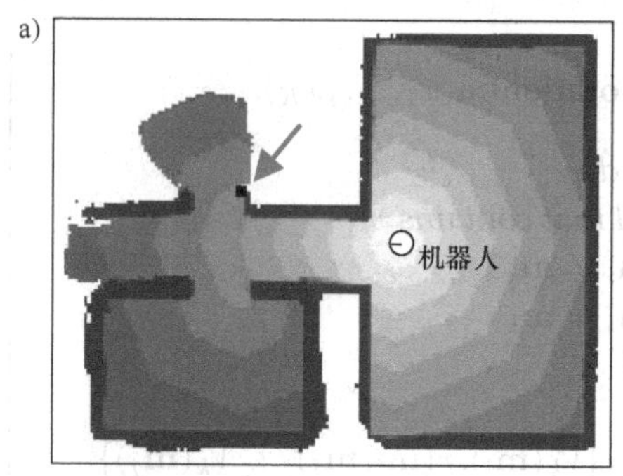

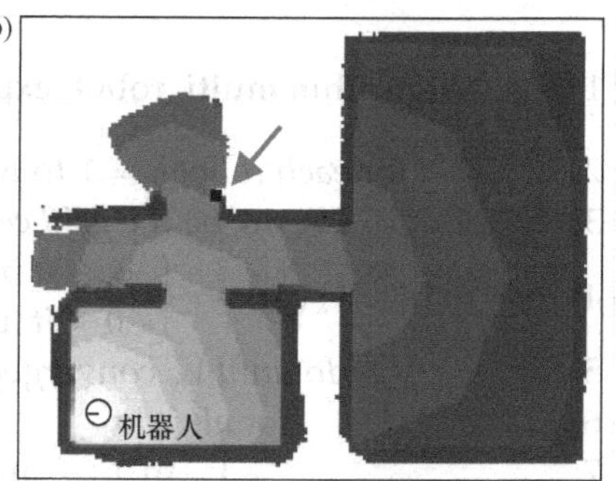

图 17.9 两台机器人探测环境（没有任何协同，两台机器人决定接近同一目标位置；图 a、b 都给出了机器人、地图和它的值函数；黑色矩形表示最小花费的目标点）

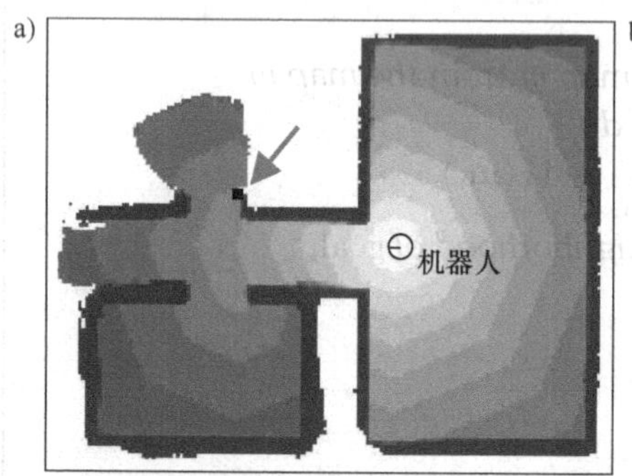

图 17.10 利用协同方法得到的目标位置（第二台机器人的目标点在走廊左侧）

台机器人，尽管位于不同地方，但是它们为了探测而识别同样的边界单元。因此，当没有协同探测时，它们都瞄准同一区域探测。图 17.10 所示与此不同。第一台机器人首先做出它的选择，并将此位置划出来使之不能被第二台机器人选择。之后，第二台机器人选择一个更好的位置。因此，联合探测行动避免了冲突，结果探测更高效。

显然，协同机制显得过于简单了，它很容易陷入局部最小。如图 17.10 所示，如果让第二台机器人首先选择将会发生什么？那么第一台机器人就不得不选择较远的目标位置，两台机器人的路径会在路上交叉。很明显，对次优任务，好的标准是具有路径交叉。然而，这样缺乏路径交叉的情况是不能保证最优任务的。

改进的协同技术考虑了这样的冲突，并能使机器人可以互相交换目标点。如果这能降低总体探测花费，一类流行的技术使机器人可互相交换目标点。这样的算法通常被描述为拍卖机制（auction mechanisms）。由此产生的算法往往被称为基于市场的算法（market-based algorithms）。

图 17.11 给出了 multi_ robot_ exploration 算法应用在真实环境里的示例。其中的三台机器人探测一个未知环境。左图给出了所有机器人处在开始位置。另外三图给出了协同探测过程中的不同情景。图 17.12 给出了同样的几台机器人在另外的运行情况中构建的地图。可以看出，事实上，机器人被巧妙地分布在整个环境里。

图 17.11　用一组移动机器人协同探测（机器人在环境中分布）

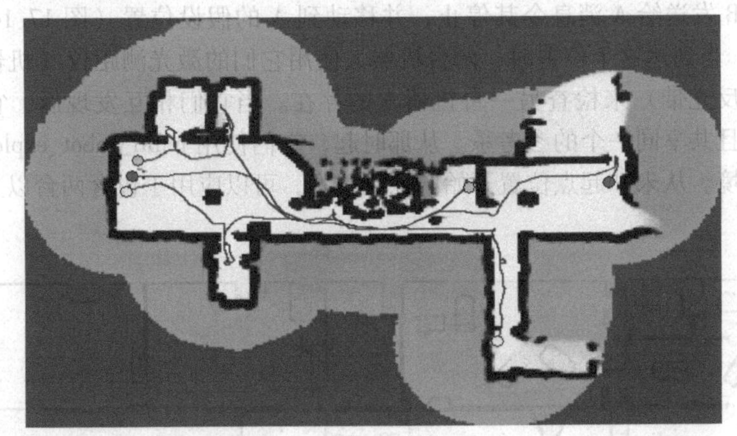

图 17.12　3 台机器人用 8min 构建 62m × 43m 大的环境地图

图 17.13 给出了这个算法的性能，并将其与没有任何协同、所有机器人均应用 Monte_Carlo_exploration 算法的一队机器人进行比较。水平坐标轴表示队里的机器人数目，垂直坐标轴表示完成探测任务所需要的时间。在这些实验中，假定机器人总是能共享它们的局部地图。此外假定所有机器人开始时互相靠近。结果是很明显的。显然，未协同的机器人队与协同队相比明显效率低下。

迄今为止讨论的协同策略，都假定机器人共享地图，并知道它们的相对位置。考虑到机器人相对位置的不确定性，多机器人探测可以推广到当机器人从不同的未知的位置开始探测的情况。

图 17.14 给出了使用这样的扩展的协同技术的探测。对于两台机器人 A 和 B，它们的相对起始位置都未知。最初，机器人彼此独立地探测。随着它们开展探测，每台机器人使用改进的 MCL 来定位估计另一台机器人相对于它自己地图

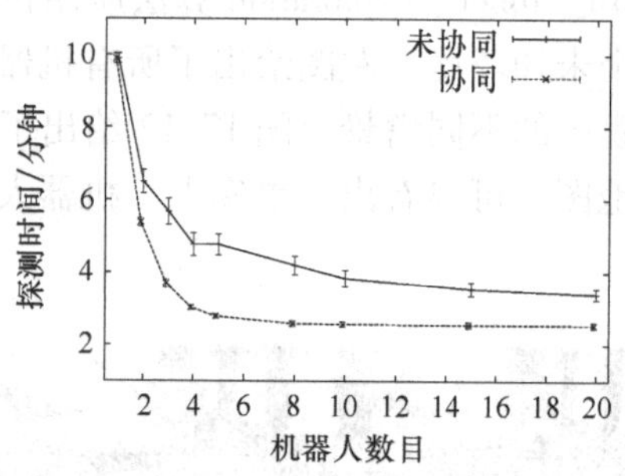

图 17.13　仿真环境中不同大小的机器人队伍探测环境所花费的时间

的位置。当决定下一步移动到何处时，A 和 B 都会考虑是运动到未探测区域更好，还是去验证另一台机器人位置的假设更好。在某一点，B 决定去验证 A 的位置假设。B 发送给 A 消息令其停止，并移动到 A 的假设位置（图 17.14 所示的会合点）。当到达这个位置时，两台机器人使用它们的激光测距仪（机器人均贴有高强度反光带）来检查另一台机器人的存在。当它们相互发现后，它们的地图融合并且共享同一个的参考系。从那时起，它们使用 multi_robot_exploration 算法探测环境。从未知起点位置开始的探测技术，可以应用于包含两台以上机器人的情境。

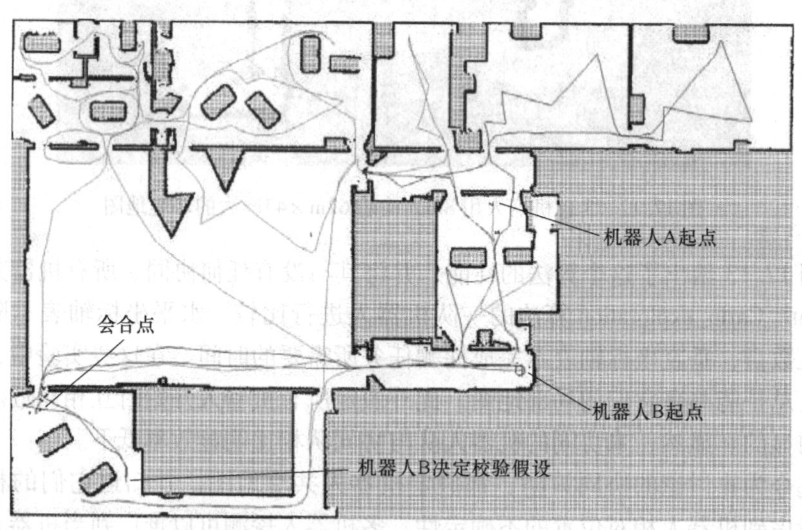

图 17.14　从未知起点位置开始的协同探测（使用会合方法评估和验证它们的相对位置；两台机器人建立起一个共同的参考系；一旦相遇，它们就能共享地图并协同它们的探测；由 Jonathan Ko 和 Benson Limketkai 提供）

17.5 SLAM 探测

本书最后的算法将贪婪探测思想应用到全 SLAM 算法中。在前面的章节中，通常假定地图或机器人位姿已知。然而，在 SLAM 问题中，两者都未知。于是，当选择如何探测时，必须考虑地图和机器人位姿的不确定性，从而获得或失去两者的信息。显然，如果没有关于机器人位姿的信息，那么传感器信息融入地图就会导致严重的误差。另一方面，由于只专注于降低位姿不确定性的机器人就不会移动，因此它就永远不能获得超出初始传感器半径的环境的任何信息。

17.5.1 SLAM 熵分解

对 SLAM 最优探测的关键思考是，SLAM 后验的熵能分解为两项：一项涉及位姿后验的熵，一项涉及地图的期望熵。用这种方法，SLAM 探测机器人会权衡机器人位姿不确定性与地图不确定性。控制行动侧重于只降低两个不确定性中的一个：当闭合一个循环时，机器人主要降低位姿不确定性。当移动进入开放的未探测区域时，机器人主要将降低它的地图不确定性。综合考虑两者，无论谁降低较大都将能成功，机器人有时移动进入开放区域，有时返回已知区域进行重新定位。

事实上，对全 SLAM 问题，熵分解是普遍的。考虑如下全 SLAM 后验：

$$p(\boldsymbol{x}_{1:t}, \boldsymbol{m} \mid z_{1:t}, \boldsymbol{u}_{1:t}) \tag{17.17}$$

该后验可以分解如下：

$$p(\boldsymbol{x}_{1:t}, \boldsymbol{m} \mid z_{1:t}, \boldsymbol{u}_{1:t}) = p(\boldsymbol{x}_{1:t} \mid z_{1:t}, \boldsymbol{u}_{1:t}) p(\boldsymbol{m} \mid \boldsymbol{x}_{1:t}, z_{1:t}, \boldsymbol{u}_{1:t}) \tag{17.18}$$

该式是不重要的，并且已经在介绍本书式（13.2）时讨论过了。该式不如下式重要：

$$\begin{aligned} &H[p(\boldsymbol{x}_{1:t}, \boldsymbol{m} \mid z_{1:t}, \boldsymbol{u}_{1:t})] \\ &\quad = H[p(\boldsymbol{x}_{1:t} \mid z_{1:t}, \boldsymbol{u}_{1:t})] + E[H[p(\boldsymbol{m} \mid \boldsymbol{x}_{1:t}, z_{1:t}, \boldsymbol{u}_{1:t})]] \end{aligned} \tag{17.19}$$

这里，期望换成了后验概率 $p(\boldsymbol{x}_{1:t} \mid z_{1:t}, \boldsymbol{u}_{1:t})$。

用缩写 $p(\boldsymbol{x}, \boldsymbol{m})$ 代替全后验概率 $p(\boldsymbol{x}_{1:t} \mid z_{1:t}, \boldsymbol{u}_{1:t})$，从第一基本原理导出加性分解：

$$\begin{aligned} H(\boldsymbol{x}, \boldsymbol{m}) &= E_{\boldsymbol{x},\boldsymbol{m}}[-\log p(\boldsymbol{x}, \boldsymbol{m})] \\ &= E_{\boldsymbol{x},\boldsymbol{m}}[-\log(p(\boldsymbol{x}) p(\boldsymbol{m} \mid \boldsymbol{x}))] \\ &= E_{\boldsymbol{x},\boldsymbol{m}}[-\log p(\boldsymbol{x}) - \log p(\boldsymbol{m} \mid \boldsymbol{x})] \\ &= E_{\boldsymbol{x},\boldsymbol{m}}[-\log p(\boldsymbol{x})] + E_{\boldsymbol{x},\boldsymbol{m}}[-\log p(\boldsymbol{m} \mid \boldsymbol{x})] \\ &= E_{\boldsymbol{x}}[-\log p(\boldsymbol{x})] + \int_{\boldsymbol{x},\boldsymbol{m}} -p(\boldsymbol{x}, \boldsymbol{m}) \log p(\boldsymbol{m} \mid \boldsymbol{x}) \, \mathrm{d}\boldsymbol{x} \, \mathrm{d}\boldsymbol{m} \end{aligned}$$

$$
\begin{aligned}
&= E_x[-\log p(\boldsymbol{x})] + \int_{x,m} -p(\boldsymbol{m} \mid \boldsymbol{x})p(\boldsymbol{x})\log p(\boldsymbol{m} \mid \boldsymbol{x})\mathrm{d}\boldsymbol{x}\ \mathrm{d}\boldsymbol{m} \\
&= E_x[-\log p(\boldsymbol{x})] + \int_x p(\boldsymbol{x})\int_m -p(\boldsymbol{m} \mid \boldsymbol{x})\log p(\boldsymbol{m} \mid \boldsymbol{x})\mathrm{d}\boldsymbol{x}\ \mathrm{d}\boldsymbol{m} \\
&= H(\boldsymbol{x}) + \int_x p(\boldsymbol{x})H(\boldsymbol{m} \mid \boldsymbol{x})\mathrm{d}\boldsymbol{x} \\
&= H(\boldsymbol{x}) + E_x[H(\boldsymbol{m} \mid \boldsymbol{x})]
\end{aligned} \tag{17.20}
$$

这个变换直接意味着式（17.19）的分解。它证明了 SLAM 熵是路径熵与地图期望熵之和。

17.5.2 FastSLAM 探测

现在熵分解已经影响到实际的 SLAM 探测算法。方法基于本书第 13 章介绍过的 FastSLAM 算法。更具体地说，是本书 13.10 节介绍的基于栅格的 FastSLAM 算法。回忆一下，FastSLAM 通过粒子集合表示 SLAM 后验。每个粒子包含一条机器人路径。在基于栅格的实现下，每个粒子也包含一个占用栅格地图。这使得可以用熵来衡量占用栅格地图是否可用，正如前面章节刚讨论过的。

程序 17.3 给出了确定探测行动序列的算法。该算法并未解决一些重要的实现问题，因此在这里仅作为示例。然而，它包括了 SLAM 探测思想实际实现的所有主要步骤。

FastSLAM 探测算法本质上是一种试验-评价算法。它提出探测行动方案。然后，通过测量剩余熵评价这些行动。建立在上述讨论的基本思考之上，用两项之和来计算熵：一项对应提出的探测序列结束时的机器人位姿，另一项涉及期望的地图熵。然后探测算法选择能最小化结果熵的控制。

具体来说，FastSLAM_exploration 算法以粒子集为输入，返回提出的探测控制序列为输出。程序 17.3 所示第 4 行提出了潜在的控制序列。对控制序列的评价发生在第 5 ~16 行。它由三部分组成。首先，机器人仿真基于粒子集合里的随机粒子。这个仿真使用了机器人和它的环境的随机模型。结果是一系列的粒子集合，表示所有的控制轨迹。该仿真发生在第 5 ~9 行。

接下来，计算最终粒子集合的熵。通过式（17.19）声明的数学分解，熵分为两项：一项与在时间 T 的机器人位姿估计的熵有关，另一项与期望的地图不确定性有关。第 1 项在第 11、12 行计算，它的正确性由高斯熵计算得到，见程序 17.4。

第 2 个熵在第 13 ~16 行计算。注意，第 2 项的计算涉及地图 $\boldsymbol{m}$ 的熵。对占用栅格地图，这个计算与前面章节讨论过的计算类似。第 13 ~16 行计算地图的平均熵，这里平均熵被时间 T 的所有粒子代替。结果是值 h。它衡量时间 T 的期望熵，以提出的控制序列为条件。然后，第 17 ~20 行选择能最小化这个期望熵

1: **Algorithm FastSLAM_exploration(Y_t):**
2: *initialize* $\hat{h} = \infty$
3: *repeat*
4:   *propose an exploration control sequence* $u_{t+1:T}$
5:   *select a random particle* $y_t \in Y_t$
6:   *for* $\tau = t+1$ *to* T
7:    *draw* $x_\tau \sim p(x_\tau \mid u_\tau, x_{\tau-1})$
8:    *draw* $z_\tau \sim p(z_\tau \mid x_\tau)$
9:    *compute* $Y_\tau =$ **FastSLAM**$(z_\tau, u_\tau, Y_{\tau-1})$
10:   *endfor*
11:   *fit a Gaussian* μ_x, Σ_x *to all pose particles* $\{x_T^{[k]}\} \in Y_T$
12:   $h = \frac{1}{2} \log \det(\Sigma_x)$
13:   *for particles* $k = 1$ *to* M *do*
14:    *let* m *be the map* $m_T^{[k]}$ *from the* k*-th particle in* Y_T
15:    *update* $h = h + \frac{1}{M} H[m]$
16:   *endfor*
17:   *if* $h < \hat{h}$ *then*
18:    *set* $\hat{h} = h$
19:    *set* $\hat{u}_{t+1:T} = u_{t+1:T}$
20:   *endif*
21: *until convergence*
22: *return* $\hat{u}_{t+1:T}$

程序 17.3 基于栅格的 FastSLAM 探测算法（以粒子集 $\boldsymbol{Y}_t$ 为输入，每个粒子 $\boldsymbol{y}_t^{[k]}$ 包含采样的机器人路径 $\boldsymbol{x}_{1:t}^{[k]}$ 和对应的占用栅格地图 $\boldsymbol{m}^{[k]}$；它输出探测路径，探测路径用相对运动控制来表达）

的行动序列，最终在第 22 行返回该值。

注意，该算法在第 11 行使用近似来计算轨迹的后验熵。该算法仅基于最后的位姿 $\boldsymbol{x}_T^{[k]}$，而不是用高斯拟合所有轨迹粒子 $\boldsymbol{y}_T^{[k]}$ 来进行计算。该近似实际上工

Lemma. The *entropy of a multivariate Gaussian* of d dimensions and covariance Σ is given by

$$H = \frac{d}{2}(1+\log 2\pi)+\frac{1}{2}\log\det(\Sigma)$$

Proof. With

$$p(x) = (2\pi)^{-\frac{d}{2}}\ \det(\Sigma)^{-\frac{1}{2}}\ \exp\left\{-\frac{1}{2}\,x^T\,\Sigma^{-1}\,x + x^T\,\Sigma^{-1}\,\mu - \frac{1}{2}\,\mu^T\,\Sigma^{-1}\,\mu\right\}$$

we get

$$\begin{aligned} H_p[x] &= E[-\log p(x)] \\ &= \frac{1}{2}\left(d\log 2\pi + \log\det(\Sigma) + E[x^T\,\Sigma^{-1}\,x] - 2E[x^T]\,\Sigma^{-1}\,\mu + \mu^T\,\Sigma^{-1}\,\mu\right) \end{aligned}$$

Here $E[x^T]=\mu^T$, and $E[x^T\ \Sigma^{-1}\ x]$ resolve as follows (where "$\cdot$" denotes the dot product)

$$\begin{aligned} E[x^T\,\Sigma^{-1}\,x] &= E[x\,x^T\cdot\Sigma^{-1}] \\ &= E[x\,x^T]\cdot\Sigma^{-1} \\ &= \mu\,\mu^T\cdot\Sigma^{-1}+\Sigma\cdot\Sigma^{-1} \\ &= \mu^T\Sigma^{-1}\mu + d \end{aligned}$$

It follows that

$$\begin{aligned} H_p[x] &= \frac{1}{2}\left(d\log 2\pi + \log\det(\Sigma) + \mu^T\Sigma^{-1}\mu + d - 2\mu^T\Sigma^{-1}\mu + \mu^T\Sigma^{-1}\mu\right) \\ &= \frac{d}{2}(1+\log 2\pi)+\frac{1}{2}\log\det(\Sigma) \end{aligned}$$

程序 17.4 多变量高斯熵

作良好，它与探测行动近似的概念极为相似。

总之，FastSLAM 探测算法本质上是程序 17.1 所示的蒙特卡罗探测算法的扩展。这里，有两点思考：第一，它应针对整个控制序列，而不只是单个控制；第二，更重要的是，FastSLAM 探测算法计算两类熵，一类涉及机器人路径，另一类涉及地图。

17.5.3 实验描述

探测算法带来了适当的探测行为，特别是在循环的环境里。图 17.15 给出了这样一个情境：机器人探测包含回路（loop）的循环环境（cyclic environment）。机器人从回路右下角开始，该位置已标注“开始”。在第 35 个时间步，经过机器人深思熟虑而确定的行动，带领其穿过起点标识左边的未知区域回到起始位置。返回起始位置所获得的信息预期远高于进入未知区域，因为除了新的地图信息之外，位姿的不确定性将降低。因此，探测机器人主动决定闭合回路，并朝着以前探测过的区域移动。

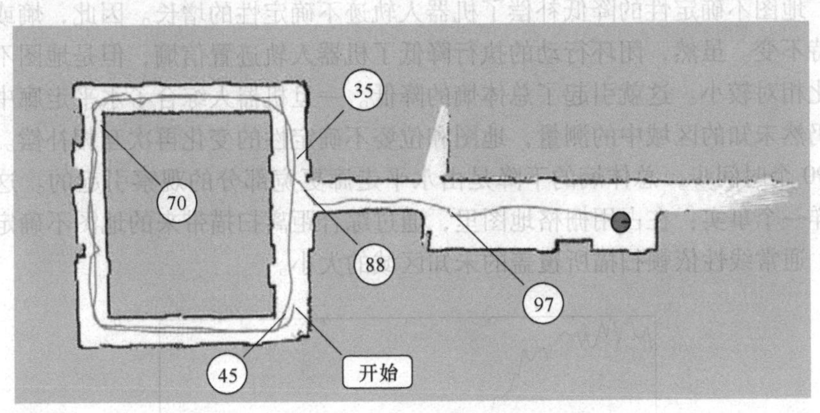

图 17.15 移动机器人探测具有回路的环境（机器人从回路的右下角开始；走过该回路之后，机器人决定沿着以前的轨迹再走一次，以减少它的不确定性；然后它继续探测走廊；由德国弗莱堡大学的 Cyrill Stachniss 提供）

图 17.16 给出了成本效益权衡闭合器，有 8 个不同的行动。行动 1 的效用恰巧是最高的，它超过了行动 4（和其他的非闭环行动）的效用。其中行动 4 的效用显著地低。

在第 45 个时间步，机器人闭合了这个回路，如图 17.15 所示。在这个点上，

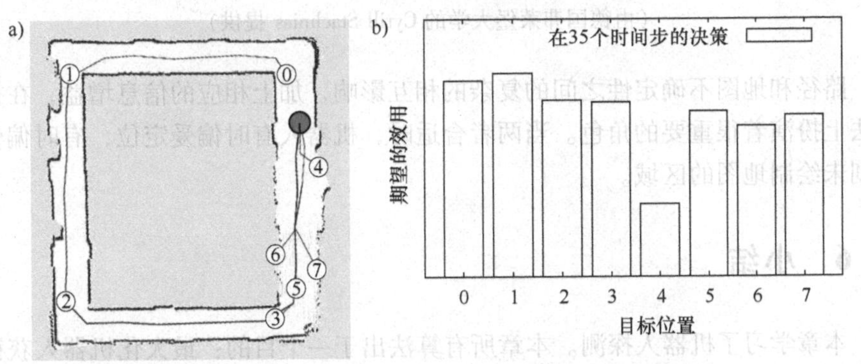

图 17.16 机器人确定可能的行动的期望效用的示例（由德国弗莱堡大学 Cyrill Stachniss 提供）

a）机器人深思熟虑所确定的探测行动 b）每个行动的期望效用（选择行动 1 是因为它能最大化期望效用）

位姿的不确定性很小，地图不确定性开始占主要地位。因此，回路闭合行动变得不重要。在第 88 个时间步，机器人选择探测未知区域，然后继续前进，如图 17.15所示。

图 17.17 给出了在试验过程中随着时间推移总体熵的演变。直到第 30 个时间步，地图不确定性的降低补偿了机器人轨迹不确定性的增长。因此，熵或多或少保持不变。虽然，闭环行动的执行降低了机器人轨迹置信熵，但是地图不确定性变化相对较小。这就引起了总体熵的降低。一旦机器人综合了水平走廊中迄今为止仍然未知的区域中的测量，地图和位姿不确定性的变化再次互相补偿。在大约第 90 个时间步，总体熵的下降是由水平走廊更宽部分的观察引起的。这是基于这样一个事实：在占用栅格地图里，通过综合距离扫描带来的地图不确定性的降低，通常线性依赖扫描所覆盖的未知区域的大小。

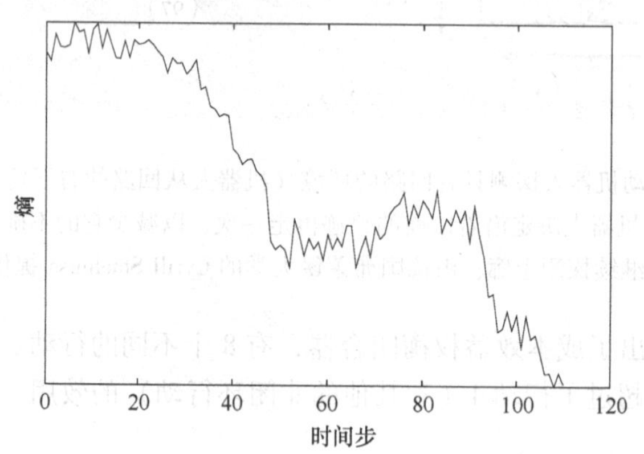

图 17.17　图 17.15 所示探测实验过程中熵的演化

（由德国弗莱堡大学的 Cyrill Stachniss 提供）

路径和地图不确定性之间的复杂的相互影响，加上相应的信息增益，在探测方法上扮演着很重要的角色。当两者合适时，机器人有时偏爱定位，有时偏爱移动到未绘制地图的区域。

17.6　小结

本章学习了机器人探测。本章所有算法出于一个目的：最大化机器人获得的信息。通过直接控制行动以最大化信息增益，使机器人有效地进行探测。

这个思想被应用到以下若干不同的探测问题中：

- 主动定位，机器人致力于最大化自己相对于已知地图的位姿信息。本章设计了算法来计算移动到任意相应机器人位姿的期望信息增益。它可以权衡增益与移动到那里的最小花费。设计的算法运行良好，选择了引起高信息增益的位置。

• 在地图构建探测中，机器人始终知道自己的位姿。相反，机器人必须收集它的环境信息。建立在占用栅格地图构建基础上，能够发现信息增益可以在地图里对每个栅格单元独立地计算。为计算信息增益，对比若干不同的技术，能够发现，简单的技术，如熵，工作很好。然后，本章设计出了动态规划算法以移动到附近的点，该算法优化了信息增益和移动到邻近点花费两者之间的权衡。

• 将信息增益探测技术推广到多机器人的情况。这种扩展其实非常简单。这是因为动态规划示例的简单变型，使得计算移动到任意位置的花费，并将之与信息增益进行权衡，成为可能。通过对不同目标位置花费和信息增益进行比较，多台机器人能协同它们的探测任务以减少整个探测的时间。

• 最后，讨论了全 SLAM 问题的探测技术。这里，机器人的位姿和环境地图两者都是未知的。该方法将熵分解为两项：一项涉及路径的不确定性，另一项涉及地图的不确定性（在整个路径上平均）。这个思想运用到探测的生成和测试算法中，该算法产生控制序列、计算将来估计值，并在评估这样一个控制序列时，会权衡路径不确定性与地图不确定性。结果，得到这样的探测技术，有时引导机器人进入未知区域以改进地图，有时是返回到以前曾绘制的地图区域以改进位姿估计。

本章大部分探测技术是贪婪的，从这个意义上说，机器人在其探测决策中只考虑单一的行动选择。该贪婪性是大多数探测问题中数量庞大的分支因子的结果，这就使得多步规划难以实现。但是，选择正确的探测行动需要仔细思考。

本章介绍的算法将移动到机器人局部坐标系中的一点看作一个探测行动。因此，这里考虑的基本行动单元大大超过了本书第 5 章所定义的基本机器人控制行动。正是这个行动的定义，使得简单的探测技术表面上看起来适用于复杂的多机器人探测问题。

可以发现，探测也能用通用 POMDP 问题来描述，并使用报酬函数获得信息增益。当分支因子很小并且可能的观测的数目受限时，POMDP 是最好的。由于探测问题以庞大的状态和观测空间为特征，因此，通过贪婪技术直接最大化信息增益，可以最好地解决它们。

17.7 文献综述

探测已经成为机器人技术系统开发的主要应用领域之一，这些应用远至火山探测（Bares 和 Wettergreen，1999；Wettergreen 等，1999）、行星和月球探测

(Gat 等，1994；Holerer 等，1999；Krotkov 等，1999；Matthies 等，1995；Li 等，2000)、搜索与营救（Murphy，2004)、废弃矿山地图构建（Madhavan 等，1999；Thrun 等，2004c；Baker 等，2004)、南极洲陨石搜索（Urmson 等，2001；Apostolopoulos 等，2001)、沙漠探测（Bapna 等，1998）和水下探测（Ballard，1987；Sandwell，1997；Smith 和 Dunn，1995；Whitcomb，2000)。

本书第15、16 章所参考的机器人探测算法涉及的文献植根于信息收集和决策理论的各领域。机器人早期探测方法由 Kuipers 和 Byun（1990)、Kuipers 和 Byun（1991）描述，另外参见 Pierce 和 Kuipers（1994）的文献。在该方法中，机器人识别所谓局部可辨识的地方，允许它把已经访问过和迄今为止未探测的区域区分开。类似有巨大影响的文献是由 Dudek 等（1991）撰写的，为探测未知的图形化环境开发了探测策略。他们的算法没有考虑距离度量，是专门为感知能力非常有限的机器人设计的。

用移动机器人获得拓扑地图的早期探测技术是由 Koenig 和 Simmons（1993）提出的。运用动态规划主动探测以构建占用栅格地图的思想可以追溯到 Moravec（1988）和 Thrun（1993)。Tailor 和 Kriegman（1993）描述了访问环境中的所有地标以获得基于特征的地图的方法。在该系统中，机器人维持环境中所有未访问的地标的列表。使用统计学公式以最大化探测信息的思想由 Kaelbling 等（1996）发现。Yamauchi 等（1999）引入了基于边界的移动机器人探测方法，具体来说，就是搜寻出已探测和未探测区域间的边界以指导机器人行动。最近，González-Baños 和 Latombe（2001）提出了如下探测策略：位于合适的观察点，机器人可能看得见尚未看见区域的数量，以决定下一步的行动。相似的探测策略已经在三维对象模型领域广泛流行。例如，Whaite 和 Ferrie（1997）研究了扫描物体的问题，并考虑模型参数的不确定性，以决定下一个最优观测点。

探测方法已经扩展到合作探测机器人团队。Burgard 等（2000）和 Simmons 等（2000a）将贪婪探测框架扩展到机器人团队，以联合探测和最大化它们的地图信息；另外参见 Burgard 等（2004)。这个方法与 Howard 等（2002）引入的增量部署技术类似，也与 Stroupe（2004）提出的算法类似。基于市场的协调探测技术由 Zlot 等（2002）研究。Dias 等（2004）分析了多机器人协同下的潜在失败问题，并提出了改进算法。Singh 和 Fujimura（1993）提出了处理异构团队的方法。Ko 等（2003）引入了从多个未知的起始位置开始的协同探测扩展应用，Konolige 等（2005）完全地验证了这种扩展方法。这种方法使用环境结构估计和改进的 MCL 定位，估计相对机器人位置（Fox 等，2005)。Rekleitis 等（2001b）提出了一台机器人观察另一台机器人的探测技术，从而降低其位置不确定性。本章提到的一些多机器人探测试验由 Thrun（2001）首先发表。

在一些文献中，地图探测问题被当做覆盖问题（coverage problem）研究。

该问题将算法设计问题，表达为尽量覆盖未知环境。Choset（2001）的最近文章给出了这个领域的综合调查。较新的技术（Acar 和 Choset，2002；Acar 等，2003）已经从统计学技术上着手处理这个问题，所使用的算法与这里讨论的算法并无不同。

对于 SLAM，几个作者已经设计了能联合优化地图覆盖和主动定位的探测技术。Makarenko 等（2002）描述了确定执行行动的方法：基于通过重复观察地标（更精确地确定它们的位置或机器人位姿）和探测未知区域而获得的期望信息增益来确定。类似地，Newman 等（2003）为高效的 SLAM 描述了在阿特拉斯框架（Bosse 等，2003）下的探测方法。这里，机器人建立图形结构表示已访问过的区域。Sim 等（2004）明确地解决了 SLAM 中的轨迹规划的问题。他考虑了一个参数化螺旋轨迹等级策略，用基于 EKF 的方法解决 SLAM 问题。本章描述的 FastSLAM 探测技术起始于 Stachniss 和 Burgard（2003，2004）。通过机器人丢下标记以帮助定位问题的 SLAM 探测技术由 Batalin 和 Sukhatme（2003）描述过。

机器人探测策略的性能分析已经成为相当受关注的主题。一些作者提出了对不同探测策略的复杂度的数学分析或实验分析（Albers 和 Henzinger，2000；Deng 和 Papadimitriou，1998；Koenig 和 Tovey，2003；Lumelsky 等，1990；Rao 等，1993）。例如，Lee 和 Recce（1997）提出了一个实验研究，他们对单台机器人比较了不同探测策略的性能。

移动机器人主动技术首先由 Burgard 等（1997）和 Fox 等（1998）发表。Jensfelt 和 Christensen（2001a）提出了一个系统，该系统使用高斯混合表示机器人位姿的后验，并描述在给定这个表示上如何执行主动定位。主动定位问题已经被从理论上进行了研究，如 Kleinberg（1994）在完美传感器假设开展了工作。

一些作者已经研究了动态环境下的机器人探测策略。特别有趣的是追逃对策，该问题已在大量文献里作为微分策略讨论过（Isaacs，1965；Bardi 等，1999）。室内移动机器人的追逃技术起始于 LaValle 等（1997）和 Guibas 等（1999），最近由 Gerkey 等（2004）扩展。

最后，探测问题已在自动机理论中被深入研究。当它进行试验时，学习者接受报酬；最初序贯决策范式已在研究中；在简单有限状态自动机的情况下被认为是赌博机；参见 Feldman（1962）、Berry 和 Fristedt（1985）、Robbins（1952）的文献。学习有限状态机结构的技术，可以追溯到 Rivest 和 Schapire（1987a，b）与 Mozer 和 Bachrach（1989），他们开发了产生测试序列以区分 FSA 不同状态的技术。探测确定性环境的复杂度的基于状态的界限已由 Koenig、Simmons（1993）和 Thrun（1992）设计，后来被 Kearns 和 Singh（2003）扩展到随机环境。

17.8 习题

1. 考虑机器人运行在三角形环境里，该环境中具有三类地标：

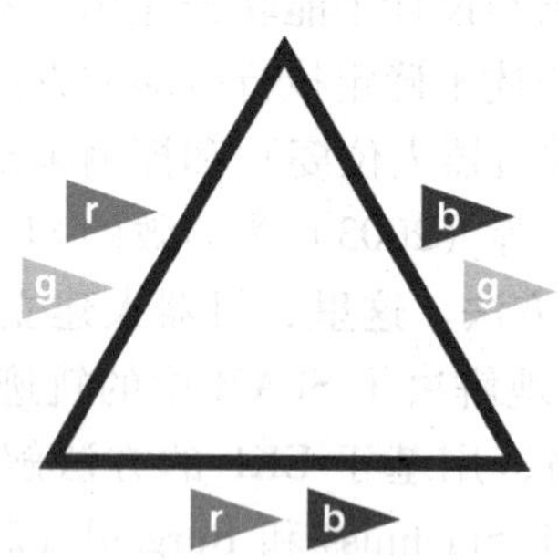

每个位置有两个不同的地标，每一个具有不同颜色。假设每一圈机器人仅能询问一个地标的类型：这个地标标注为“r”，还是“g”，还是“b”呢？假设机器人的探测器首先瞄准“b”地标，并顺时针移动到下一段。接下来使用的下一个最优地标探测器是哪个？如果机器人没有移动或者机器人逆时针移动到下一段，答案如何变化？

2. 假设给定 K 台全向机器人，在本习题中，该机器人能够在任意时间向任意方向移动及感知；并且，想要看见每个可见的位置一次，而不关心将某些位置看见多次的好处。

本章介绍过，使用多台机器人可以通过更多的而不是单一的因素加速探测（意思是 K 台机器人可以比 1 台机器人快不止 K 倍）。

（a）与单一探测机器人相比，K 台机器人的团队能快多少？

（b）给出示例环境，在该环境中，对于 $K=4$ 台机器人，能最大化加速，并讨论引起加速的探测策略。

3. 假设正在已知的有界的环境追捕一个活动的入侵者。能否画出这样的环境，在该环境中，K 台机器人能在有限时间内成功找到入侵者，但是 $K-1$ 台机器人不能？对 $K=2$，$K=3$，$K=4$ 台机器人，画出这样的环境。注意结果可能没有对入侵者的移动策略做出假设，除了如果入侵者在视野里会看到入侵者的情况。

4. 一个非常简单的探测问题称为 K 臂赌博机问题（K-arm bandit problem）。在这个问题中，将面对有 K 个手臂的老虎机。每个手臂以概率 p_K 提供 \$1 的报酬，这里 p_K 是固定，但是是未知的。这里的任务是如何选择手臂去玩，以达到综合报酬最大？

（a）证明贪婪探测策略是次优的，这里“贪婪”被定义为对于概率 p_k 的最大似然估计器为最优行动选择。（手臂 k 的 n 次赌博之后，p_k 的最大似然估计由 n_k/n 给出，这里 n_k 是收到 $1 报酬的次数）。

（b）证明最优探测策略可能从不放弃任何一个手臂。

（c）实现 $K=2$ 的 K 臂赌博机问题，分别以概率 p_1 和 p_2 从区间[0，1]中均匀选择。实现能想到的最好的探测策略。探测策略可能仅依赖变量 n_i，$i=1$，2。解释所采用策略，并测算 1000 次游戏的总体收益，每次游戏持续 100 步。

5. 在 17.4 节，用实验比较了两种不同的计算栅格单元的信息增益的方法：熵和期望熵增益。基于本章声明的假设，请给出这两者之间误差的数学边界。哪个地图占用值使得这个误差最大？哪个值使得误差最小？

6. 本章给出了高斯分布的熵的表示。对于简单高斯更新，请计算期望的信息增益。假设估计未知状态变量 $\boldsymbol{x}$，现在的最大似然估计是 $\boldsymbol{\mu}$ 和 $\boldsymbol{\Sigma}$。进一步假设传感器能测量 $\boldsymbol{x}$，但是该测量值受到协方差为 $\boldsymbol{Q}_t$ 的高斯噪声的破坏。通过获得一个传感器测量，请给出期望信息增益的表达式。提示，请关注协方差而不是均值。

参考文献

[1] Aberdeen, D. 2002. A survey of approximate methods for solving partially observable Markov decision processes. Technical report, Australia National University.

[2] Acar, E. U., and H. Choset. 2002. Sensor-based coverage of unknown environments. *International Journal of Robotic Research* 21: 345-366.

[3] Acar, E. U., H. Choset, Y. Zhang, and M. J. Schervish. 2003. Path planning for robotic demining: Robust sensor-based coverage of unstructured environments and probabilistic methods. *International Journal of Robotic Research* 22: 441-466.

[4] Albers, S., and M. R. Henzinger. 2000. Exploring unknown environments. *SIAM Journal on Computing* 29: 1164-1188.

[5] Anguelov, D., R. Biswas, D. Koller, B. Limketkai, S. Sanner, and S. Thrun. 2002. Learning hierarchical object maps of non-stationary environments with mobile robots. *In Proceedings of the 17th Annual Conference on Uncertainty in AI (UAI)*.

[6] Anguelov, D., D. Koller, E. Parker, and S. Thrun. 2004. Detecting and modeling doors with mobile robots. In *Proceedings of the International Conference on Robotics and Automation (ICRA)*.

[7] Apostolopoulos, D., L. Pedersen, B. Shamah, K. Shillcutt, M. D. Wagner, and W. R. Whittaker. 2001. Robotic antarctic meteorite search: Outcomes. *In Proceedings of the International Conference on Robotics and Automation (ICRA)*, pp. 4174-4179.

[8] Araneda, A. 2003. Statistical inference in mapping and localization for a mobile robot. In J. M. Bernardo, M. J. Bayarri, J. O. Berger, A. P. Dawid, D. Heckerman, A. F. M. Smith, and M. West (eds.), *Bayesian Statistics 7*. Oxford, UK: Oxford University Press.

[9] Arkin, R. 1998. *Behavior-Based Robotics*. Cambridge, MA: MIT Press. Arras, K. O., and S. J Vestli. 1998. Hybrid, high-precision localisation for the mail distributing mobile robot system MOPS. In *Proceedings of the International Conference on Robotics and Automation (ICRA)*.

[10] Astrom, K. J. 1965. Optimal control of Markov decision processes with incomplete state estimation. *Journal of Mathematical Analysis and Applications* 10: 174-205.

[11] Austin, D. J., and P. Jensfelt. 2000. Using multiple Gaussian hypotheses to represent probability-distributions for mobile robots. In *Proceedings of the IEEE International Conference on Robotics and Automation (ICRA)*.

[12] Avots, D., E. Lim, R. Thibaux, and S. Thrun. 2002. A probabilistic technique for simultaneous localization and door state estimation with mobile robots in dynamic environments. In *Proceedings of the IEEE/RSJ Int. Conf. on Intelligent Robots and Systems (IROS)*.

[13] B, Triggs, McLauchlan P, Hartley R, and Fitzgibbon A. 2000. Bundle adjustment- A modern synthesis. In W. Triggs, A. Zisserman, and R. Szeliski (eds.), *Vision Algorithms: Theory and Practice*, LNCS, pp. 298-375. Springer Verlag.

[14] Bagnell, J., and J. Schneider. 2001. Autonomous helicopter control using reinforcement

learning policy search methods. In *Proceedings of the International Conference on Robotics and Automation* (*ICRA*).

[15] Bailey, T. 2002. *Mobile Robot Localisation and Mapping in Extensive Outdoor Environments*. PhD thesis, University of Sydney, Sydney, NSW, Australia.

[16] Baker, C., A. Morris, D. Ferguson, S. Thayer, C. Whittaker, Z. Omohundro, C. Reverte, W. Whittaker, D. Hahnel, and S. Thrun. 2004. A campaign in autonomous mine mapping. In *Proceedings of the International Conference on Robotics and Automation* (*ICRA*).

[17] Ballard, R. D. 1987. *The Discovery of the Titanic*. New York, NY: Warner/Madison Press. Bapna, D., E. Rollins, J. Murphy, M. Maimone, W. L. Whittaker, and D. Wettergreen. 1998. The Atacama Desert trek: Outcomes. In *Proceedings of the International Conference on Robotics and Automation* (*ICRA*), volume 1, pp. 597-604.

[18] Bar-Shalom, Y., and T. E. Fortmann. 1988. *Tracking and Data Association*. Academic Press.

[19] Bar-Shalom, Y., and X.-R. Li. 1998. *Estimation and Tracking: Principles, Techniques, and Software*. Danvers, MA: YBS.

[20] Bardi, M., Parthasarathym T., and T. E. S. Raghavan. 1999. *Stochastic and Differential Games: Theory and Numerical Methods*. Boston: Birkhauser.

[21] Bares, J., and D. Wettergreen. 1999. Dante Ⅱ: Technical description, results and lessons learned. *International Journal of Robotics Research* 18: 621-649.

[22] Barniv, Y. 1990. Dynamic programming algorithm for detecting dim moving targets. In Y. Bar-Shalom (ed.), *Multitarget-Multisensor Tracking: Advanced Applications*, pp. 85-154. Boston: Artech House.

[23] Barto, A. G., S. J. Bradtke, and S. P. Singh. 1991. Real-time learning and control using asynchronous dynamic programming. Technical Report COINS 91-57, Departmentof Computer Science, University of Massachusetts, MA.

[24] Batalin, M., and G. Sukhatme. 2003. Efficient exploration without localization. In *Proceedings of the International Conference on Robotics and Automation* (*ICRA*).

[25] Baxter, J., L. Weaver, and P. Bartlett. 2001. Infinite-horizon gradient-based policy search: Ⅱ. Gradient ascent algorithms and experiments. *Journal of Artificial Intelligence Research*. To appear.

[26] Bekker, G. 1956. *Theory of Land Locomotion*. University of Michigan.

[27] Bekker, G. 1969. *Introduction to Terrain-Vehicle Systems*. University of Michigan.

[28] Bellman, R. E. 1957. *Dynamic Programming*. Princeton, NJ: Princeton University Press.

[29] Berry, D., and B. Fristedt. 1985. *Bandit Problems: Sequential Allocation of Experiments*. Chapman and Hall.

[30] Bertsekas, Dimitri P., and John N. Tsitsiklis. 1996. *Neuro-Dynamic Programming*. Belmont, MA: Athena Scientific.

[31] Besl, P., and N. McKay. 1992. A method for registration of 3d shapes. *Transactions on Pattern Analysis and Machine Intelligence* 14: 239-256.

[32] Betge-Brezetz, S., R. Chatila, and M. Devy. 1995. Object-based modelling and localiza-

tion in natural environments. *In Proceedings of the International Conference on Robotics and Automation (ICRA)*.

[33] Betge-Brezetz, S., P. Hebert, R. Chatila, and M. Devy. 1996. Uncertain map making in natural environments. *In Proceedings of the IEEE International Conference on Robotics and Automation (ICRA)*, Minneapolis.

[34] Betke, M., and K. Gurvits. 1994. Mobile robot localization using landmarks. *In Proceedings of the IEEE International Conference on Robotics and Automation (ICRA)*, pp. 135-4142.

[35] Biswas, R., B. Limketkai, S. Sanner, and S. Thrun. 2002. Towards object mapping in dynamic environments with mobile robots. In *Proceedings of the IEEE/RSJ Int. Conf. on Intelligent Robots and Systems (IROS)*.

[36] Blackwell, D. 1947. Conditional expectation and unbiased sequential estimation. *Annals of Mathematical Statistics* 18: 105-110.

[37] Blahut, R. E., W. Miller, and C. H. Wilcox. 1991. *Radar and Sonar: Parts I& II*. New York, NY: Springer-Verlag.

[38] Borenstein, J., B. Everett, and L. Feng. 1996. *Navigating Mobile Robots: Systems and Techniques*. Wellesley, MA: A. K. Peters, Ltd.

[39] Borenstein, J., and Y. Koren. 1991. The vector field histogram- fast obstacle avoidance for mobile robots. *IEEE Transactions on Robotics and Automation* 7: 278-288.

[40] Bosse, M., P. Newman, J. Leonard, M. Soika, W. Feiten, and S. Teller. 2004. Simultaneous localization and map building in large- scale cyclic environments using the atlas framework. *International Journal of Robotics Research* 23: 1113-1139.

[41] Bosse, M., P. Newman, M. Soika, W. Feiten, J. Leonard, and S. Teller. 2003. An atlas framework for scalable mapping. *In Proceedings of the International Conference on Robotics and Automation (ICRA)*.

[42] Bouguet, J. -Y., and P. Perona. 1995. Visual navigation using a single camera. *In Proceedings of the International Conference on Computer Vision (ICCV)*, pp. 645-652.

[43] Boutilier, C., R. Brafman, and C. Geib. 1998. Structured reachability analysis for Markov decision processes. *In Proceedings of the Conference on Uncertainty in AI (UAI)*, pp. 24-32.

[44] Brafman, R. I. 1997. A heuristic variable grid solution method for POMDPs. *In Proceedingsof the AAAI National Conference on Artificial Intelligence*.

[45] Brooks, R. A. 1986. A robust layered control system for a mobile robot. *IEEE Journal of Robotics and Automation* 2: 14-23.

[46] Brooks, R. A. 1990. Elephants don't play chess. *Autonomous Robots* 6: 3-15.

[47] Brooks, R. A., and T. Lozano-Perez. 1985. A subdivision algorithm in configuration space for findpath with rotation. *IEEE Transactions on Systems, Man, and Cybernetics* 15: 224-233.

[48] Bryson, A. E., and H. Yu-Chi. 1975. *Applied Optimal Control*. Halsted Press, JohnWiley & Sons.

[49] Bulata, H., and M. Devy. 1996. Incremental construction of a landmark-based and topological model of indoor environments by a mobile robot. In *Proceedings of the International Conference on Robotics and Automation (ICRA)*, Minneapolis, USA.

[50] Burgard, W., A. B. Cremers, D. Fox, D. Hahnel, G. Lakemeyer, D. Schulz, W.

Steiner, and S. Thrun. 1999a. Experiences with an interactive museum tour-guide robot. *Artificial Intelligence* 114: 3-55.

[51] Burgard, W., A. Derr, D. Fox, and A. B. Cremers. 1998. Integrating global position estimation and position tracking for mobile robots: the Dynamic Markov Localization approach. *In Proceedings of the IEEE/RSJ Int. Conf. on Intelligent Robots and Systems (IROS)*.

[52] Burgard, W., D. Fox, D. Hennig, and T. Schmidt. 1996. Estimating the absolute position of a mobile robot using position probability grids. In *Proceedings of the National Conference on Artificial Intelligence (AAAI)*.

[53] Burgard, W., D. Fox, H. Jans, C. Matenar, and S. Thrun. 1999b. Sonar-based mapping of large-scale mobile robot environments using EM. In *Proceedings of the International Conference on Machine Learning*, Bled, Slovenia.

[54] Burgard, W., D. Fox, M. Moors, R. G. Simmons, and S. Thrun. 2000. Collaborative multi-robot exploration. In *Proceedings of the International Conference on Robotics and Automation (ICRA)*.

[55] Burgard, W., D. Fox, and S. Thrun. 1997. Active mobile robot localization. *In Proceedings of the Fourteenth International Joint Conference on Artificial Intelligence (IJCAI)*, San Mateo, CA. Morgan Kaufmann.

[56] Burgard, W., M. Moors, C. Stachniss, and F. Schneider. 2004. Coordinated multi-robot exploration. *IEEE Transactions on Robotics and Automation*. To appear.

[57] Canny, J. 1987. *The Complexity of Robot Motion Planning*. Cambridge, MA: MIT Press.

[58] Casella, G. C., and R. L. Berger. 1990. *Statistical Inference*. Pacific Grove, CA: Wadsworth & Brooks.

[59] Cassandra, A. R., L. P. Kaelbling, and M. L. Littman. 1994. Acting optimally in partially observable stochastic domains. *In Proceedings of the AAAI National Conference on Artificial Intelligence*, pp. 1023-1028.

[60] Cassandra, A., M. Littman, and N. Zhang. 1997. Incremental pruning: A simple, fast, exact method for partially observable Markov decision processes. In *Proceedings of the Conference on Uncertainty in AI (UAI)*.

[61] Castellanos, J. A., J. M. M. Montiel, J. Neira, and J. D. Tardos. 1999. The SPmap: A probabilistic framework for simultaneous localization and map building. *IEEE Transactions on Robotics and Automation* 15: 948-953.

[62] Castellanos, J. A., J. Neira, and J. D. Tardos. 2001. Multisensor fusion for simultaneous localization and map building. *IEEE Transactions on Robotics and Automation* 17: 908-914.

[63] Castellanos, J. A., J. Neira, and J. D. Tardos. 2004. Limits to the consistency of the EKFbased SLAM. In M. I. Ribeiro and J. Santos-Victor (eds.), *Proceedings of Intelligent Autonomous Vehicles (IAV-2004)*, Lisboa, PT. IFAC/EURON and IFAC/Elsevier.

[64] Chatila, R., and J. -P. Laumond. 1985. Position referencing and consistent world modeling for mobile robots. In *Proceedings of the International Conference on Robotics and Automation (ICRA)*, pp. 138-145.

[65] Cheeseman, P., and P. Smith. 1986. On the representation and estimation of spatial uncer-

tainty. *International Journal of Robotics* 5: 56-68.

[66] Choset, H. 1996. *Sensor Based Motion Planning: The Hierarchical Generalized Voronoi Graph*. PhD thesis, California Institute of Technology.

[67] Choset, H. 2001. Coverage for robotics—a survey of recent results. *Annals of Mathematical Artificial Intelligence* 31: 113-126.

[68] Choset, H., K. Lynch, S. Hutchinson, G. Kantor, W. Burgard, L. Kavraki, and S. Thrun. 2004. *Principles of Robotic Motion: Theory, Algorithms, and Implementation*. Cambridge, MA: MIT Press.

[69] Chown, E., S. Kaplan, and D. Kortenkamp. 1995. Prototypes, location, and associative networks (plan): Towards a unified theory of cognitive mapping. *Cognitive Science* 19: 1-51.

[70] Chrisman, L. 1992. Reinforcement learning with perceptual aliasing: The perceptual distinction approach. In *Proceedings of 1992 AAAI Conference*, Menlo Park, CA. AAAI Press / The MIT Press.

[71] Cid, R. M., C. Parra, and M. Devy. 2002. Visual navigation in natural environments: from range and color data to a landmark-based model. *Autonomous Robots* 13: 143-168.

[72] Cohn, D. 1994. Queries and exploration using optimal experiment design. In J. D.

[73] Cowan, G. Tesauro, and J. Alspector (eds.), *Advances in Neural Information Processing Systems 6*, San Mateo, CA. Morgan Kaufmann.

[74] Connell, J. 1990. *Minimalist Mobile Robotics*. Boston: Academic Press.

[75] Coppersmith, D., and S. Winograd. 1990. Matrix multiplication via arithmetic progressions. *Journal of Symbolic Computation* 9: 251-280.

[76] Cover, T. M., and J. A. Thomas. 1991. *Elements of Information Theory*. Wiley.

[77] Cowell, R. G., A. P. Dawid, S. L. Lauritzen, and D. J. Spiegelhalter. 1999. *Probabilistic Networks and Expert Systems*. Berlin, New York: Springer Verlag.

[78] Cox, I. J. 1991. Blanche—an experiment in guidance and navigation of an autonomous robot vehicle. *IEEE Transactions on Robotics and Automation* 7: 193-204.

[79] Cox, I. J., and J. J. Leonard. 1994. Modeling a dynamic environment using a Bayesian multiple hypothesis approach. *Artificial Intelligence* 66: 311-344.

[80] Cox, I. J., and G. T. Wilfong (eds.). 1990. *Autonomous Robot Vehicles*. Springer Verlag.

[81] Craig, J. J. 1989. *Introduction to Robotics: Mechanics and Control (2nd Edition)*. Reading, MA: Addison-Wesley Publishing, Inc. 3rd edition.

[82] Crowley, J. 1989. World modeling and position estimation for a mobile robot using ultrasonic ranging. In *Proceedings of the International Conference on Robotics and Automation (ICRA)*, pp. 674-680.

[83] Csorba, M. 1997. *Simultaneous Localisation and Map Building*. PhD thesis, University of Oxford. Oxford, UK.

[84] Davison, A. 1998. *Mobile Robot Navigation Using Active Vision*. PhD thesis, University of Oxford, Oxford, UK.

[85] Davison, A. 2003. Real time simultaneous localisation and mapping with a single camera. In *Proceedings of the International Conference on Computer Vision (ICCV)*, Nice, France.

[86] Dean, L. P. Kaelbling, J. Kirman, and A. Nicholson. 1995. Planning under time constraints in stochastic domains. *Artificial Intelligence* 76: 35-74.

[87] Deans, M., and M. Hebert. 2000. Invariant filtering for simultaneous localization and mapping. In *Proceedings of the International Conference on Robotics and Automation (ICRA)*, pp. 1042-1047.

[88] Deans, M. C., and M. Hebert. 2002. Experimental comparison of techniques for localization and mapping using a bearing-only sensor. *In Proceedings of the International Symposium on Experimental Robotics (ISER)*, Sant' Angelo d' Ischia, Italy.

[89] Dearden, R., and C. Boutilier. 1994. Integrating planning and execution in stochastic domains. In *Proceedings of the AAAI Spring Symposium on Decision Theoretic Planning*, pp. 55-61, Stanford, CA.

[90] Dedeoglu, G., and G. Sukhatme. 2000. Landmark-based matching algorithm for cooperative mapping by autonomous robots. In *Proceedings of the International Symposium on Distributed Autonomous Robotic Systems (DARS 2000)*, Knoxville, Tenneessee.

[91] DeGroot, Morris H. 1975. *Probability and Statistics*. Reading, MA: Addison-Wesley.

[92] Dellaert, F. 2005. Square root SAM. In S. Thrun, G. Sukhatme, and S. Schaal (eds.), *Proceedings of the Robotics Science and Systems Conference*. Cambridge, MA: MIT Press.

[93] Dellaert, F., D. Fox, W. Burgard, and S. Thrun. 1999. Monte Carlo localization for mobile robots. In *Proceedings of the International Conference on Robotics and Automation (ICRA)*.

[94] Dellaert, F., S. M. Seitz, C. Thorpe, and S. Thrun. 2003. EM, MCMC, and chain flipping for structure from motion with unknown correspondence. *Machine Learning* 50: 45-71.

[95] Dempster, A. P., A. N. Laird, and D. B. Rubin. 1977. Maximum likelihood from incomplete data via the EM algorithm. *Journal of the Royal Statistical Society, Series B* 39: 1-38.

[96] Deng, X., and C. Papadimitriou. 1998. How to learn in an unknown environment: The rectilinear case. *Journal of the ACM* 45: 215-245.

[97] Devroye, L., L. Gyorfi, and G. Lugosi. 1996. *A Probabilistic Theory of Pattern Recognition*. New York, NY: Springer-Verlag.

[98] Devy, M., and H. Bulata. 1996. Multi-sensory perception and heterogeneous representations for the navigation of a mobile robot in a structured environment. *In Proceedings of the Symposium on Intelligent Robot Systems*, Lisboa.

[99] Devy, M., and C. Parra. 1998. 3-d scene modelling and curve-based localization in natural environments. In *Proceedings of the International Conference on Robotics and Automation (ICRA)*.

[100] Dias, M. B., M. Zinck, R. Zlot, and A. Stentz. 2004. Robust multirobot coordination in dynamic environments. *In Proceedings of the International Conference on Robotics and Automation (ICRA)*.

[101] Dickmanns, E. D. 2002. Vision for ground vehicles: history and prospects. *International Journal of Vehicle Autonomous Systems* 1: 1-44.

[102] Dickmanns, E. D., and V. Graefe. 1988. Application of monocular machine vision. *Machine Vision and Applications* 1: 241-261.

[103] Diebel, J., K. Reutersward, J. Davis, and S. Thrun. 2004. Simultaneous localization and mapping with active stereo vision. *In Proceedings of the IEEE/RSJ Int. Conf. on Intelligent Robots and Systems (IROS)*.

[104] Dietterich, T. G. 2000. Hierarchical reinforcement learning with the MAXQ value function decomposition. *Journal of Artificial Intelligence Research* 13: 227-303.

[105] Dissanayake, G., P. Newman, S. Clark, H. F. Durrant-Whyte, and M. Csorba. 2001. A solution to the simultaneous localisation and map building (SLAM) problem. *IEEE Transactions on Robotics and Automation* 17: 229-241.

[106] Dissanayake, G., S. B. Williams, H. Durrant-Whyte, and T. Bailey. 2002. Map management for efficient simultaneous localization and mapping (SLAM). *Autonomous Robots* 12: 267-286.

[107] Dorf, R. C., and R. H. Bishop. 2001. *Modern Control Systems (Ninth Edition)*. Englewood Cliffs, NJ: Prentice Hall.

[108] Doucet, A. 1998. On sequential simulation-based methods for Bayesian filtering. Technical Report CUED/F-INFENG/TR 310, Cambridge University, Department of Engineering, Cambridge, UK.

[109] Doucet, A., J. F. G. de Freitas, and N. J. Gordon (eds.). 2001. *Sequential Monte Carlo Methods In Practice*. New York: Springer Verlag.

[110] Driankov, D., and A. Saffiotti (eds.). 2001. *Fuzzy Logic Techniques for Autonomous Vehicle Navigation*, volume 61 of *Studies in Fuzziness and Soft Computing*. Berlin, Germany: Springer-Verlag.

[111] Duckett, T., S. Marsland, and J. Shapiro. 2000. Learning globally consistent maps by relaxation. In *Proceedings of the International Conference on Robotics and Automation (ICRA)*, pp. 3841-3846.

[112] Duckett, T., S. Marsland, and J. Shapiro. 2002. Fast, on-line learning of globally consistent maps. *Autonomous Robots* 12: 287-300.

[113] Duckett, T., and U. Nehmzow. 2001. Mobile robot self-localisation using occupancy histograms and a mixture of Gaussian location hypotheses. *Robotics and Autonomous Systems* 34: 119-130.

[114] Duda, R. O., P. E. Hart, and D. Stork. 2000. *Pattern classification and scene analysis (2nd edition)*. New York: John Wiley and Sons.

[115] Dudek, G., and D. Jegessur. 2000. Robust place recognition using local appearance based methods. In *Proceedings of the International Conference on Robotics and Automation (ICRA)*, pp. 466-474.

[116] Dudek, G., and M. Jenkin. 2000. *Computational Principles of Mobile Robotics*. Cambridge CB2 2RU, UK: Cambridge University Press.

[117] Dudek, G., M. Jenkin, E. Milios, and D. Wilkes. 1991. Robotic exploration as graph construction. *IEEE Transactions on Robotics and Automation* 7: 859-865.

[118] Durrant-Whyte, H. F. 1988. Uncertain geometry in robotics. *IEEE Transactions on Robotics and Automation* 4: 23-31.

[119] Durrant-Whyte, H. F. 1996. Autonomous guided vehicle for cargo handling applications.

International Journal of Robotics Research 15.

[120] Durrant-Whyte, H., S. Majumder, S. Thrun, M. de Battista, and S. Scheding. 2001. A Bayesian algorithm for simultaneous localization and map building. *In Proceedings of the 10th International Symposium of Robotics Research (ISRR'01)*, Lorne, Australia.

[121] Elfes, A. 1987. Sonar-based real-world mapping and navigation. *IEEE Transactions on Robotics and Automation* pp. 249-265.

[122] Eliazar, A., and R. Parr. 2003. DP-SLAM: Fast, robust simultaneous localization and mapping without predetermined landmarks. *In Proceedings of the Sixteenth International Joint Conference on Artificial Intelligence (IJCAI)*, Acapulco, Mexico. IJCAI.

[123] Eliazar, A., and R. Parr. 2004. DP-SLAM 2.0. *In Proceedings of the International Conference on Robotics and Automation (ICRA)*, New Orleans, USA.

[124] Elliott, R. J., L. Aggoun, and J. B. Moore. 1995. *Hidden Markov Models: Estimation and Control*. New York, NY: Springer-Verlag.

[125] Engelson, S., and D. McDermott. 1992. Error correction in mobile robot map learning. *In Proceedings of the International Conference on Robotics and Automation (ICRA)*, pp. 2555-2560.

[126] Etter, P. C. 1996. *Underwater Acoustic Modeling: Principles, Techniques and Applications*. Amsterdam: Elsevier.

[127] Featherstone, R. 1987. *Robot Dynamics Algorithms*. Boston, MA: Kluwer Academic Publishers.

[128] Feder, H. J. S., J. J. Leonard, and C. M. Smith. 1999. Adaptive mobile robot navigation and mapping. *International Journal of Robotics Research* 18: 650-668.

[129] Feldman, D. 1962. Contributions to the two-armed bandit problem. *Ann. Math. Statist* 33: 847-856.

[130] Feller, W. 1968. *An Introduction To Probability Theory And Its Applications* (*3rd edition*) *x*. Quinn-Woodbine.

[131] Feng, L., J. Borenstein, and H. R. Everett. 1994. "Where am I?" Sensors and methods for autonomous mobile robot positioning. Technical Report UM-MEAM-94-12, University of Michigan, Ann Arbor, MI.

[132] Fenwick, J., P. Newman, and J. Leonard. 2002. Collaborative concurrent mapping and localization. *In Proceedings of the International Conference on Robotics and Automation (ICRA)*.

[133] Ferguson, D., T. Stentz, and S. Thrun. 2004. PAO* for planning with hidden state. *In Proceedings of the International Conference on Robotics and Automation (ICRA)*.

[134] Fischler, M. A., and R. C. Bolles. 1981. Random sample consensus: A paradigm for model fitting with applications to image analysis and automated cartography. *Communications of the ACM* 24: 381-395.

[135] Folkesson, J., and H. I. Christensen. 2003. Outdoor exploration and SLAM using a compressed filter. *In Proceedings of the IEEE International Conference on Robotics and Automation (ICRA)*, pp. 419-427.

[136] Folkesson, J., and H. I. Christensen. 2004a. Graphical SLAM: A self-correcting map.

In Proceedings of the International Conference on Robotics and Automation (ICRA).

[137] Folkesson, J., and H. I. Christensen. 2004b. Robust SLAM. *In Proceedings of the International Symposium on Autonomous Vehicles*, Lisboa, PT.

[138] Fox, D. 2003. Adapting the sample size in particle filters through KLD-sampling. *International Journal of Robotics Research* 22: 985-1003.

[139] Fox, D., W. Burgard, F. Dellaert, and S. Thrun. 1999a. Monte Carlo localization: Efficient position estimation for mobile robots. *In Proceedings of the National Conference on Artificial Intelligence (AAAI)*, Orlando, FL. AAAI.

[140] Fox, D., W. Burgard, H. Kruppa, and S. Thrun. 2000. A probabilistic approach to collaborative multi-robot localization. *Autonomous Robots* 8.

[141] Fox, D., W. Burgard, and S. Thrun. 1998. Active Markov localization for mobile robots. *Robotics and Autonomous Systems* 25: 195-207.

[142] Fox, D., W. Burgard, and S. Thrun. 1999b. Markov localization for mobile robots in dynamic environments. *Journal of Artificial Intelligence Research (JAIR)* 11: 391-427.

[143] Fox, D., W. Burgard, and S. Thrun. 1999c. Markov localization for mobile robots in dynamic environments. *Journal of Artificial Intelligence Research* 11: 391-427.

[144] Fox, D., J. Ko, K. Konolige, and B. Stewart. 2005. A hierarchical Bayesian approach to mobile robot map structure learning. In P. Dario and R. Chatila (eds.), *Robotics Research: The Eleventh International Symposium*, Springer Tracts in Advanced Robotics (STAR). Springer Verlag.

[145] Freedman, D., and P. Diaconis. 1981. On this histogram as a density estimator: L_2 theory. *Zeitschrift für Wahrscheinlichkeitstheorie und verwandte Gebiete* 57: 453-476.

[146] Frese, U. 2004. *An* O (logn) *Algorithm for Simultaneous Localization and Mapping of Mobile Robots in Indoor Environments.* PhD thesis, University of Erlangen-Nurnberg, Germany.

[147] Frese, U., and G. Hirzinger. 2001. Simultaneous localization and mapping—a discussion. *In Proceedings of the IJCAI Workshop on Reasoning with Uncertainty in Robotics*, pp. 17-26, Seattle, WA.

[148] Frese, U., P. Larsson, and T. Duckett. 2005. A multigrid algorithm for simultaneous localization and mapping. *IEEE Transactions on Robotics.* To appear.

[149] Frueh, C., and A. Zakhor. 2003. Constructing 3d city models by merging groundbased and airborne views. *In Proceedings of the IEEE Computer Society Conference on Computer Vision and Pattern Recognition (CVPR)*, Madison, Wisconsin.

[150] Gat, E. 1998. Three-layered architectures. In D. Kortenkamp, R. P. Bonasso, and R. Murphy (eds.), *AI-based Mobile Robots: Case Studies of Successful Robot Systems*, pp. 195-210. Cambridge, MA: MIT Press.

[151] Gat, E., R. Desai, R. Ivlev, J. Loch, and D. P. Miller. 1994. Behavior control for robotic exploration of planetary surfaces. *IEEE Transactions on Robotics and Automation* 10: 490-503.

[152] Gauss, K. F. 1809. *Theoria Motus Corporum Coelestium (Theory of the Motion of the Heavenly Bodies Moving about the Sun in Conic Sections).* Republished in 1857, and by Dover in 1963: Little, Brown, and Co.

[153] Geffner, H., and B. Bonet. 1998. Solving large POMDPs by real time dynamic programming. In *Working Notes Fall AAAI Symposium on POMDPs*, Stanford, CA.

[154] Gerkey, B., S. Thrun, and G. Gordon. 2004. Parallel stochastic hill-climbing with small teams. In L. Parker, F. Schneider, and A. Schultz (eds.), *Proceedings of the 3rd International Workshop on Multi-Robot Systems*, Amsterdam. NRL, Kluwer Publisher.

[155] Gilks, W. R., S. Richardson, and D. J. Spiegelhalter (eds.). 1996. *Markov Chain Monte Carlo in Practice*. Chapman and Hall/CRC.

[156] Goldberg, K. 1993. Orienting polygonal parts without sensors. *Algorithmica* 10: 201-225.

[157] Golfarelli, M., D. Maio, and S. Rizzi. 1998. Elastic correction of dead-reckoning errors in map building. *In Proceedings of the IEEE/RSJ Int. Conf. on Intelligent Robots and Systems (IROS)*, pp. 905-911.

[158] Golub, G. H., and C. F. Van Loan. 1986. *Matrix Computations*. North Oxford Academic.

[159] Gonzalez-Banos, H. H., and J. C. Latombe. 2001. Navigation strategies for exploring indoor environments. *International Journal of Robotics Research*.

[160] Gordon, G. J. 1995. Stable function approximation in dynamic programming. In A. Prieditis and S. Russell (eds.), *Proceedings of the Twelfth International Conference on Machine Learning*. Also appeared as Technical Report CMU-CS-95-103, Carnegie Mellon University, School of Computer Science, Pittsburgh, PA.

[161] Greiner, R., and R. Isukapalli. 1994. Learning to select useful landmarks. *In Proceedings of 1994 AAAI Conference*, pp. 1251-1256, Menlo Park, CA. AAAI Press / The MIT Press.

[162] Grunbaum, F. A., M. Bernfeld, and R. E. Blahut (eds.). 1992. *Radar and Sonar: Part II*. New York, NY: Springer-Verlag.

[163] Guibas, L. J., D. E. Knuth, and M. Sharir. 1992. Randomized incremental construction of Delaunay and Voronoi diagrams. *Algorithmica* 7: 381-413. See also *17th Int. Coll. on Automata, Languages and Programming*, 1990, pp. 414-431.

[164] Guibas, L. J., J.-C. Latombe, S. M. LaValle, D. Lin, and R. Motwani. 1999. A visibilitybased pursuit-evasion problem. *International Journal of Computational Geometry and Applications* 9: 471-493.

[165] Guivant, J., and E. Nebot. 2001. Optimization of the simultaneous localization and map building algorithm for real time implementation. *IEEE Transactions on Robotics and Automation* 17: 242-257. In press.

[166] Guivant, J., and E. Nebot. 2002. Improving computational and memory requirements of simultaneous localization and map building algorithms. *In Proceedings of the International Conference on Robotics and Automation (ICRA)*, pp. 2731-2736.

[167] Guivant, J., E. Nebot, and S. Baiker. 2000. Autonomous navigation and map building using laser range sensors in outdoor applications. *Journal of Robotics Systems* 17: 565-583.

[168] Guivant, J. E., E. M. Nebot, J. Nieto, and F. Masson. 2004. Navigation and mapping in large unstructured environments. *International Journal of Robotics Research* 23.

[169] Gutmann, J. S., and D. Fox. 2002. An experimental comparison of localization methods continued. *In Proc. of the IEEE/RSJ International Conference on Intelligent Robots and Systems (IROS)*.

[170] Gutmann, J. -S., W. Burgard, D. Fox, and K. Konolige. 1998. An experimental comparison of localization methods. In *Proceedings of the IEEE/RSJ Int. Conf. on Intelligent Robots and Systems* (*IROS*).

[171] Gutmann, J. -S., and K. Konolige. 2000. Incremental mapping of large cyclic environments. In *Proceedings of the IEEE International Symposium on Computational Intelligence in Robotics and Automation* (*CIRA*).

[172] Gutmann, J. -S., and B. Nebel. 1997. Navigation mobiler roboter mit laserscans. *In Autonome Mobile Systeme*. Berlin: Springer Verlag. In German.

[173] Gutmann, J. -S., and C. Schlegel. 1996. AMOS: Comparison of scan matching approaches for self-localization in indoor environments. *In Proc. of the 1st Euromicro Workshop on Advanced Mobile Robots*. IEEE Computer Society Press.

[174] Hahnel, D., W. Burgard, B. Wegbreit, and S. Thrun. 2003a. Towards lazy data association in SLAM. *In Proceedings of the 11th International Symposium of Robotics Research* (*ISRR'03*), Sienna, Italy. Springer.

[175] Hahnel, D., D. Fox, W. Burgard, and S. Thrun. 2003b. A highly efficient FastSLAM algorithm for generating cyclic maps of large-scale environments from raw laser range measurements. *In Proceedings of the IEEE/RSJ Int. Conf. on Intelligent Robots and Systems* (*IROS*).

[176] Hahnel, D., D. Schulz, and W. Burgard. 2003c. Mobile robot mapping in populated environments. *Autonomous Robots* 17: 579-598.

[177] Hartley, R., and A. Zisserman. 2000. *Multiple View Geometry in Computer Vision*. Cambridge University Press.

[178] Hauskrecht, M. 1997. Incremental methods for computing bounds in partially observable Markov decision processes. *In Proceedings of the AAAI National Conference on Artificial Intelligence*, pp. 734-739, Providence, RI.

[179] Hauskrecht, M. 2000. Value-function approximations for partially observable Markov decision processes. *Journal of Artificial Intelligence Research* 13: 33-94.

[180] Hayet, J. B., F. Lerasle, and M. Devy. 2002. A visual landmark framework for indoor mobile robot navigation. *In Proceedings of the International Conference on Robotics and Automation* (*ICRA*), Washington, DC.

[181] Hertzberg, J., and F. Kirchner. 1996. Landmark-based autonomous navigation in sewerage pipes. In *Proc. of the First Euromicro Workshop on Advanced Mobile Robots*.

[182] Hinkel, R., and T. Knieriemen. 1988. Environment perception with a laser radar in a fast moving robot. *In Proceedings of Symposium on Robot Control*, pp. 68. 1-68. 7, Karlsruhe, Germany.

[183] Hoey, J., R. St-Aubin, A. Hu, and C. Boutilier. 1999. SPUDD: Stochastic planning using decision diagrams. In *Proceedings of the Conference on Uncertainty in AI* (*UAI*), pp. 279-288.

[184] Hollerer, T., S. Feiner, T. Terauchi, G. Rashid, and D. Hallaway. 1999. Exploring MARS: Developing indoor and outdoor user interfaces to a mobile augmented reality system. *Computers and Graphics* 23: 779-785.

[185] Howard, A. 2004. Multi-robot mapping using manifold representations. *In Proceedings of the International Conference on Robotics and Automation* (*ICRA*), pp. 4198-4203.

[186] Howard, A., M. J. Matarić, and G. S. Sukhatme. 2002. An incremental deployment algorithm for mobile robot teams. *In Proceedings of the IEEE/RSJ Int. Conf. on Intelligent Robots and Systems* (*IROS*).

[187] Howard, A., M. J. Matarić, and G. S. Sukhatme. 2003. Cooperative relative localization for mobile robot teams: An ego-centric approach. *In Proceedings of the Naval Research Laboratory Workshop on Multi-Robot Systems*, Washington, D. C.

[188] Howard, A., L. E. Parker, and G. S. Sukhatme. 2004. The SDR experience: Experiments with a large-scale heterogenous mobile robot team. *In Proceedings of the 9th International Symposium on Experimental Robotics 2004*, Singapore.

[189] Howard, R. A. 1960. *Dynamic Programming and Markov Processes*. MIT Press andWiley.

Iagnemma, K., and S. Dubowsky. 2004. *Mobile Robots in Rough Terrain: Estimation, Motion Planning, and Control with Application to Planetary Rovers*. Springer.

[190] Ilon, B. E., 1975. Wheels for a course stable selfpropelling vehicle movable in any desired direction on the ground or some other base. United States Patent #3, 876, 255.

[191] Iocchi, L., K. Konolige, and M. Bajracharya. 2000. Visually realistic mapping of a planar environment with stereo. *In Proceesings of the 2000 International Symposium on Experimental Robotics*, Waikiki, Hawaii.

[192] IRobots Inc., 2004. Roomba robotic floor vac. On the Web at http: //www. irobot. com/consumer/.

[193] Isaacs, R. 1965. *Differential Games-A Mathematical Theory with Applications to Warfare and Pursuit, Control and Optimization*. John Wiley and Sons, Inc.

[194] Isard, M., and A. Blake. 1998. CONDENSATION: conditional density propagation for visual tracking. *International Journal of Computer Vision* 29: 5-28.

[195] Jaeger, H. 2000. Observable operator processes and conditioned continuation representations. *Neural Computation* 12: 1371-1398.

[196] James, M., and S. Singh. 2004. Learning and discovery of predictive state representations in dynamical systems with reset. *In Proceedings of the Twenty-First International Conference on Machine Learning* (*ICML*), pp. 417-424.

[197] Jazwinsky, A. M. 1970. *Stochastic Processes and Filtering Theory*. New York: Academic.

[198] Jensfelt, P., D. Austin, O. Wijk, and M. Andersson. 2000. Feature based condensation for mobile robot localization. *In Proceedings of the International Conference on Robotics and Automation* (*ICRA*), pp. 2531-2537.

[199] Jensfelt, P., and H. I. Christensen. 2001a. Active global localisation for a mobile robot using multiple hypothesis tracking. *IEEE Transactions on Robotics and Automation* 17: 748-760.

[200] Jensfelt, P., and H. I. Christensen. 2001b. Pose tracking using laser scanning and minimalistic environmental models. *IEEE Transactions on Robotics and Automation* 17: 138-147.

[201] Jensfelt, P., H. I. Christensen, and G. Zunino. 2002. Integrated systems for mapping and localization. *In Proceedings of the International Conference on Robotics and Automation*

(*ICRA*).

[202] Julier, S., and J. Uhlmann. 1997. A new extension of the Kalman filter to nonlinear systems. In *International Symposium on Aerospace/Defense Sensing, Simulate and Controls*, Orlando, FL.

[203] Julier, S. J., and J. K. Uhlmann. 2000. Building a million beacon map. *In Proceedings of the SPIE Sensor Fusion and Decentralized Control in Robotic Systems IV, Vol. #4571.*

[204] Jung, I. K., and S. Lacroix. 2003. High resolution terrain mapping using low altitude aerial stereo imagery. *In Proceedings of the International Conference on Computer Vision (ICCV)*, Nice, France.

[205] Kaelbling, L. P., A. R. Cassandra, and J. A. Kurien. 1996. Acting under uncertainty: Discrete Bayesian models for mobile-robot navigation. *In Proceedings of the IEEE/RSJ Int. Conf. on Intelligent Robots and Systems (IROS)*.

[206] Kaelbling, L. P., M. L. Littman, and A. R. Cassandra. 1998. Planning and acting in partially observable stochastic domains. *Artificial Intelligence* 101: 99-134.

[207] Kaelbling, L. P., and S. J. Rosenschein. 1991. Action and planning in embedded agents. *In Designing Autonomous Agents*, pp. 35-48. Cambridge, MA: The MIT Press (and Elsevier).

[208] Kalman, R. E. 1960. A new approach to linear filtering and prediction problems. *Trans. ASME, Journal of Basic Engineering* 82: 35-45.

[209] Kanazawa, K., D. Koller, and S. J. Russell. 1995. Stochastic simulation algorithms for dynamic probabilistic networks. *In Proceedings of the 11th Annual Conference on Uncertainty in AI*, Montreal, Canada.

[210] Kavraki, L., and J.-C. Latombe. 1994. Randomized preprocessing of configuration space for fast path planning. *In Proceedings of the International Conference on Robotics and Automation (ICRA)*, pp. 2138-2145.

[211] Kavraki, L., P. Svestka, J.-C. Latombe, and M. Overmars. 1996. Probabilistic roadmaps for path planning in high-dimensional configuration spaces. *IEEE Transactions on Robotics and Automation* 12: 566-580.

[212] Kearns, M., and S. Singh. 2003. Near-optimal reinforcement learning in polynomial time. *Machine Learning* 49: 209-232.

[213] Khatib, O. 1986. Real-time obstacle avoidance for robot manipulator and mobile robots. *The International Journal of Robotics Research* 5: 90-98.

[214] Kirk, R. E., and P. Kirk. 1995. *Experimental Design: Procedures for the Behavioral Sciences*. Pacific Grove, CA: Brooks/Cole.

[215] Kitagawa, G. 1996. Monte Carlo filter and smoother for non-Gaussian nonlinear state space models. *Journal of Computational and Graphical Statistics* 5: 1-25.

[216] Kleinberg, J. 1994. The localization problem for mobile robots. *In Proc. of the 35th IEEE Symposium on Foundations of Computer Science.*

[217] Ko, J., B. Stewart, D. Fox, K. Konolige, and B. Limketkai. 2003. A practical, decisiontheoretic approach to multi-robot mapping and exploration. *In Proc. of the IEEE/RSJ International Conference on Intelligent Robots and Systems (IROS)*, pp. 3232-3238.

[218] Koditschek, D. E. 1987. Exact robot navigation by means of potential functions: Some topological considerations. *In Proceedings of the International Conference on Robotics and Automation* (*ICRA*), pp. 1-6.

[219] Koenig, S., and R. G. Simmons. 1993. Exploration with and without a map. *In Proceedings of the AAAIWorkshop on Learning Action Models at the Eleventh National Conference on Artificial Intelligence* (*AAAI*), pp. 28-32. Also available as AAAI Technical Report WS-93-06.

[220] Koenig, S., and R. Simmons. 1998. A robot navigation architecture based on partially observable Markov decision process models. In Kortenkamp et al. (1998).

[221] Koenig, S., and C. Tovey. 2003. Improved analysis of greedy mapping. *In Proceedings of the IEEE/RSJ Int. Conf. on Intelligent Robots and Systems* (*IROS*).

[222] Konecny, G. 2002. *Geoinformation: Remote Sensing, Photogrammetry and Geographical Information Systems*. Taylor & Francis.

[223] Konolige, K. 2004. Large-scale map-making. *In Proceedings of the AAAI National Conference on Artificial Intelligence*, pp. 457-463, San Jose, CA. AAAI.

[224] Konolige, K., and K. Chou. 1999. Markov localization using correlation. *In Proceedings of the International Joint Conference on Artificial Intelligence* (*IJCAI*).

[225] Konolige, K., D Fox, C. Ortiz, A. Agno, M. Eriksen, B. Limketkai, J. Ko, B. Morisset, D. Schulz, B. Stewart, and R. Vincent. 2005. Centibots: Very large scale distributed robotic teams. In M. Ang and O. Khatib (eds.), *Experimental Robotics: The 9th International Symposium*, Springer Tracts in Advanced Robotics (STAR). Springer Verlag.

[226] Konolige, K., J.-S. Gutmann, D. Guzzoni, R. Ficklin, and K. Nicewarner. 1999. A mobile robot sense net. *In Proceedings of SPIE 3839 Sensor Fusion and Decentralized Control in Robotic Systmes* Ⅱ, Boston.

[227] Korf, R. E. 1988. Real-time heuristic search: New results. *In Proceedings of the sixth National Conference on Artificial Intelligence* (*AAAI-88*), pp. 139-143, Los Angeles, CA 90024. Computer Science Department, University of California, AAAI Press/MIT Press.

[228] Kortenkamp, D., R. P. Bonasso, and R. Murphy (eds.). 1998. *Artificial Intelligence and Mobile Robots: Case Studies of Successful Robot Systems*. Cambridge, MA: MIT/AAAI Press.

[229] Kortenkamp, D., and T. Weymouth. 1994. Topological mapping for mobile robots using a combination of sonar and vision sensing. *In Proceedings of the Twelfth National Conference on Artificial Intelligence*, pp. 979-984, Menlo Park. AAAI, AAAI Press/MIT Press.

[230] Krose, B., N. Vlassis, and R. Bunschoten. 2002. Omnidirectional vision for appearance-based robot localization. In G. D. Hagar, H. I. Cristensen, H. Bunke, and R. Klein (eds.), *Sensor Based Intelligent Robots* (*Lecture Notes in Computer Science #2238*), pp. 39-50. Springer Verlag.

[231] Krotkov, E., M. Hebert, L. Henriksen, P. Levin, M. Maimone, R. G. Simmons, and J. Teza. 1999. Evolution of a prototype lunar rover: Addition of laser-based hazard detection, and results from field trials in lunar analog terrain. *Autonomous Robots* 7: 119-130.

[232] Kuipers, B., and Y.-T. Byun. 1990. A robot exploration and mapping strategy based on a semantic hierarchy of spatial representations. Technical report, Department of Computer Sci-

ence, University of Texas at Austin, Austin, Texas 78712.

[233] Kuipers, B., and Y. -T. Byun. 1991. A robot exploration and mapping strategy based on a semantic hierarchy of spatial representations. *Robotics and Autonomous Systems* pp. 47-63.

[234] Kuipers, B. J., and T. S. Levitt. 1988. Navigation and mapping in large-scale space. *AI Magazine*.

[235] Kuipers, B., J. Modayil, P. Beeson, M. MacMahon, and F. Savelli. 2004. Local metrical and global topological maps in the hybrid spatial semantic hierarchy. *In Proceedings of the International Conference on Robotics and Automation (ICRA)*.

[236] Kushmerick, N., S. Hanks, and D. S. Weld. 1995. An algorithm for probabilistic planning. *Artificial Intelligence* 76: 239-286.

[237] Kwok, C. T., D. Fox, and M. Meilˇa. 2004. Real-time particle filters. *Proceedings of the IEEE* 92: 469-484. Special Issue on Sequential State Estimation.

[238] Latombe, J. -C. 1991. *Robot Motion Planning*. Boston, MA: Kluwer Academic Publishers.

[239] LaValle, S. M., H. Gonzalez-Banos, C. Becker, and J. C. Latombe. 1997. Motion strategies for maintaining visibility of a moving target. *In Proceedings of the International Conference on Robotics and Automation (ICRA)*.

[240] Lawler, E. L., and D. E. Wood. 1966. Branch-and-bound methods: A survey. *Operations Research* 14: 699-719.

[241] Lebeltel, O., P. Bessiere, J. Diard, and E. Mazer. 2004. Bayesian robot programming. *Autonomous Robots* 16: 49-97.

[242] Lee, D., and M. Recce. 1997. Quantitative evaluation of the exploration strategies of a mobile robot. *International Journal of Robotics Research* 16: 413-447.

[243] Lenser, S., and M. Veloso. 2000. Sensor resetting localization for poorly modelled mobile robots. *In Proceedings of the International Conference on Robotics and Automation (ICRA)*.

[244] Leonard, J. J., and H. F. Durrant-Whyte. 1991. Mobile robot localization by tracking geometric beacons. *IEEE Transactions on Robotics and Automation* 7: 376-382.

[245] Leonard, J. J., and H. J. S. Feder. 1999. A computationally efficient method for large-scale concurrent mapping and localization. In J. Hollerbach and D. Koditschek (eds.), *Proceedings of the Ninth International Symposium on Robotics Research*, Salt Lake City, Utah.

[246] Leonard, J. J., and H. J. S. Feder. 2001. Decoupled stochastic mapping. *IEEE Journal of Ocean Engineering* 26: 561-571.

[247] Leonard, J., and P. Newman. 2003. Consistent, convergent, and constant-time SLAM. *In Proceedings of the IJCAI Workshop on Reasoning with Uncertainty in Robot Navigation*, Acapulco, Mexico.

[248] Leonard, J. J., R. J. Rikoski, P. M. Newman, and M. Bosse. 2002a. Mapping partially observable features from multiple uncertain vantage points. *International Journal of Robotics Research* 21: 943-975.

[249] Leonard, J., J. D. Tardos, S. Thrun, and H. Choset (eds.). 2002b. *Workshop Notes of the ICRAWorkshop on Concurrent Mapping and Localization for Autonomous Mobile Robots (W4)*. Washington, DC: ICRA Conference.

[250] Levenberg, K. 1944. A method for the solution of certain problems in least squares. *Quar-*

terly Applied Mathematics 2: 164-168.

[251] Li, R., F. Ma, F. Xu, L. Matthies, C. Olson, and Y. Xiong. 2000. Large scale mars mapping and rover localization using descent and rover imagery. *In Proceedings of the ISPRS 19th Congress*, *IAPRS Vol. XXXIII*, Amsterdam.

[252] Likhachev, M., G. Gordon, and S. Thrun. 2004. Planning for Markov decision processes with sparse stochasticity. In L. Saul, Y. Weiss, and L. Bottou (eds.), *Proceedings of Conference on Neural Information Processing Systems (NIPS)*. Cambridge, MA: MIT Press.

[253] Lin, L.-J., and T. M. Mitchell. 1992. Memory approaches to reinforcement learning in non-Markovian domains. Technical Report CMU-CS-92-138, Carnegie Mellon University, Pittsburgh, PA.

[254] Littman, M. L., A. R. Cassandra, and L. P. Kaelbling. 1995. Learning policies for partially observable environments: Scaling up. In A. Prieditis and S. Russell (eds.), *Proceedings of the Twelfth International Conference on Machine Learning*.

[255] Littman, M. L., R. S. Sutton, and S. Singh. 2001. Predictive representations of state. *In Advances in Neural Information Processing Systems* 14.

[256] Liu, J., and R. Chen. 1998. Sequential Monte Carlo methods for dynamic systems. *Journal of the American Statistical Association* 93: 1032-1044.

[257] Liu, Y., and S. Thrun. 2003. Results for outdoor-SLAM using sparse extended information filters. *In Proceedings of the International Conference on Robotics and Automation (ICRA)*.

[258] Lovejoy, W. S. 1991. A survey of algorithmic methods for partially observable Markov decision processes. *Annals of Operations Research* 28: 47-65.

[259] Lozano-Perez, T. 1983. Spatial planning: A configuration space approach. *IEEE Transactions on Computers* pp. 108-120.

[260] Lu, F., and E. Milios. 1994. Robot pose estimation in unknown environments by matching 2d range scans. *In IEEE Computer Vision and Pattern Recognition Conference (CVPR)*.

[261] Lu, F., and E. Milios. 1997. Globally consistent range scan alignment for environment mapping. *Autonomous Robots* 4: 333-349.

[262] Lu, F., and E. Milios. 1998. Robot pose estimation in unknown environments by matching 2d range scans. *Journal of Intelligent and Robotic Systems* 18: 249-275.

[263] Lumelsky, S., S. Mukhopadhyay, and K. Sun. 1990. Dynamic path planning in sensor-based terrain acquisition. *IEEE Transactions on Robotics and Automation* 6: 462-472.

[264] MacDonald, I. L., andW. Zucchini. 1997. *Hidden Markov and Other Models for Discrete-Valued Time Series*. London, UK: Chapman and Hall.

[265] Madhavan, R., G. Dissanayake, H. Durrant-Whyte, J. Roberts, P. Corke, and J. Cunningham. 1999. Issues in autonomous navigation of underground vehicles. *Journal of Mineral Resources Engineering* 8: 313-324.

[266] Mahadevan, S., and L. Kaelbling. 1996. The NSF workshop on reinforcement learning: Summary and observations. *AI Magazine* Winter: 89-97.

[267] Mahadevan, S., and N. Khaleeli. 1999. Robust mobile robot navigation using partially-observable semi-Markov decision processes. Internal report.

[268] Makarenko, A. A., S. B. Williams, F. Bourgoult, and F. Durrant-Whyte. 2002. An

experiment in integrated exploration. *In Proceedings of the IEEE/RSJ Int. Conf. on Intelligent Robots and Systems* (*IROS*).

[269] Marquardt, D. 1963. An algorithm for least-squares estimation of nonlinear parameters. *SIAM Journal of Applied Mathematics* 11: 431-441.

[270] Mason, M. T. 2001. *Mechanics of Robotic Manipulation*. Cambridge, MA: MIT Press.

[271] Matarić, M. J. 1990. A distributed model for mobile robot environment-learning and navigation. Master's thesis, MIT, Cambridge, MA. Also available as MIT Artificial Intelligence Laboratory Tech Report AITR-1228.

[272] Matthies, L., E. Gat, R. Harrison, B. Wilcox, R. Volpe, and T. Litwin. 1995. Mars microrover navigation: Performance evaluation and enhancement. *Autonomous Robots* 2: 291-311.

[273] Maybeck, P. S. 1990. The Kalman filter: An introduction to concepts. In I. J. Cox and G. T. Wilfong (eds.), *Autonomous Robot Vehicles*. Springer Verlag.

[274] Metropolis, N., and S. Ulam. 1949. The Monte Carlo method. *Journal of the American Statistical Association* 44: 335-341.

[275] Mikhail, E. M., J. S. Bethel, and J. C. McGlone. 2001. *Introduction to Modern Photogrammetry*. JohnWiley and Sons, Inc.

[276] Mine, H., and S. Osaki. 1970. *Markovian Decision Processes*. American Elsevier.

[277] Minka, T. 2001. *A family of algorithms for approximate Bayesian inference*. PhD thesis, MIT Media Lab, Cambridge, MA.

[278] Monahan, G. E. 1982. A survey of partially observable Markov decision processes: Theory, models, and algorithms. *Management Science* 28: 1-16.

[279] Montemerlo, M., N. Roy, and S. Thrun. 2003a. Perspectives on standardization in mobile robot programming: The Carnegie Mellon navigation (CARMEN) toolkit. *In Proceedings of the Conference on Intelligent Robots and Systems* (*IROS*). Software package for download at www.cs.cmu.edu/~carmen.

[280] Montemerlo, M., and S. Thrun. 2004. Large-scale robotic 3-d mapping of urban structures. *In Proceedings of the International Symposium on Experimental Robotics* (*ISER*), Singapore. Springer Tracts in Advanced Robotics (STAR).

[281] Montemerlo, M., S. Thrun, D. Koller, and B. Wegbreit. 2002a. FastSLAM: A factored solution to the simultaneous localization and mapping problem. *In Proceedings of the AAAI National Conference on Artificial Intelligence*, Edmonton, Canada. AAAI.

[282] Montemerlo, M., S. Thrun, D. Koller, and B. Wegbreit. 2003b. FastSLAM 2.0: An improved particle filtering algorithm for simultaneous localization and mapping that provably converges. *In Proceedings of the Sixteenth International Joint Conference on Artificial Intelligence* (*IJCAI*), Acapulco, Mexico. IJCAI.

[283] Montemerlo, M., W. Whittaker, and S. Thrun. 2002b. Conditional particle filters for simultaneous mobile robot localization and people-tracking. *In Proceedings of the International Conference on Robotics and Automation* (*ICRA*).

[284] Moore, A. W. 1991. Variable resolution dynamic programming: Efficiently learning action maps in multivariate real-valued state-spaces. *In Proceedings of the Eighth International Work-

shop on Machine Learning, pp. 333-337.

[285] Moravec, H. P. 1988. Sensor fusion in certainty grids for mobile robots. *AI Magazine* 9: 61-74.

[286] Moravec, H. P., and M. C. Martin, 1994. Robot navigation by 3D spatial evidence grids. Mobile Robot Laboratory, Robotics Institute, Carnegie Mellon University.

[287] Moutarlier, P., and R. Chatila. 1989a. An experimental system for incremental environment modeling by an autonomous mobile robot. *In 1st International Symposium on Experimental Robotics*, Montreal.

[288] Moutarlier, P., and R. Chatila. 1989b. Stochastic multisensory data fusion for mobile robot location and environment modeling. *In 5th Int. Symposium on Robotics Research*, Tokyo.

[289] Mozer, M. C., and J. R. Bachrach. 1989. Discovering the structure of a reactive environment by exploration. Technical Report CU-CS-451-89, Dept. of Computer Science, University of Colorado, Boulder.

[290] Murphy, K. 2000a. Bayesian map learning in dynamic environments. *In Advances in Neural Information Processing Systems (NIPS)*. Cambridge, MA: MIT Press.

[291] Murphy, K. 2000b. A survey of POMDP solution techniques. Technical report, UC Berkeley, Berkeley, CA.

[292] Murphy, K., and S. Russell. 2001. Rao-Blackwellized particle filtering for dynamic Bayesian networks. In A. Doucet, N. de Freitas, and N. Gordon (eds.), *Sequential Monte Carlo Methods in Practice*, pp. 499-516. Springer Verlag.

[293] Murphy, R. 2000c. *Introduction to AI Robotics*. Cambridge, MA: MIT Press.

[294] Murphy, R. 2004. Human- robot interaction in rescue robotics. *IEEE Systems, Man and Cybernetics Part C: Applications and Reviews* 34.

[295] Narendra, P. M., and K. Fukunaga. 1977. A branch and bound algorithm for feature subset selection. *IEEE Transactions on Computers* 26: 914-922.

[296] Neira, J., M. I. Ribeiro, and J. D. Tardos. 1997. Mobile robot localisation and map building using monocular vision. *In Proceedings of the International Symposium On Intelligent Robotics Systems*, Stockholm, Sweden.

[297] Neira, J., and J. D. Tardos. 2001. Data association in stochastic mapping using the joint compatibility test. *IEEE Transactions on Robotics and Automation* 17: 890-897.

[298] Neira, J., J. D. Tardos, and J. A. Castellanos. 2003. Linear time vehicle relocation in SLAM. In *Proceedings of the International Conference on Robotics and Automation (ICRA)*.

[299] Nettleton, E. W., P. W. Gibbens, and H. F. Durrant-Whyte. 2000. Closed form solutions to the multiple platform simultaneous localisation and map building (slam) problem. In Bulur V. Dasarathy (ed.), *Sensor Fusion: Architectures, Algorithms, and Applications IV*, volume 4051, pp. 428-437, Bellingham.

[300] Nettleton, E., S. Thrun, and H. Durrant- Whyte. 2003. Decentralised slam with low-bandwidth communication for teams of airborne vehicles. *In Proceedings of the International Conference on Field and Service Robotics*, Lake Yamanaka, Japan.

[301] Newman, P. 2000. *On the Structure and Solution of the Simultaneous Localisation and Map Building Problem*. PhD thesis, Australian Centre for Field Robotics, University of Sydney,

Sydney, Australia.

[302] Newman, P. , M. Bosse, and J. Leonard. 2003. Autonomous feature-based exploration. *In Proceedings of the International Conference on Robotics and Automation (ICRA)*.

[303] Newman, P. M. , and H. F. Durrant-Whyte. 2001. A new solution to the simultaneous and map building (SLAM) problem. *In Proceedings of SPIE*.

[304] Newman, P. , and J. L. Rikoski. 2003. Towards constant-time slam on an autonomous underwater vehicle using synthetic aperture sonar. *In Proceedings of the International Symposium of Robotics Research*, Sienna, Italy.

[305] Neyman, J. 1934. On the two different aspects of the representative model: the method of stratified sampling and the method of purposive selection. *Journal of the Royal Statistical Society* 97: 558-606.

[306] Ng, A. Y. , A. Coates, M. Diel, V. Ganapathi, J. Schulte, B. Tse, E. Berger, and E. Liang. 2004. Autonomous inverted helicopter flight via reinforcement learning. *In Proceedings of the International Symposium on Experimental Robotics (ISER)*, Singapore. Springer Tracts in Advanced Robotics (STAR).

[307] Ng, A. Y. , and M. Jordan. 2000. PEGASUS: a policy search method for large MDPs and POMDPs. *In Proceedings of Uncertainty in Artificial Intelligence*.

[308] Ng, A. Y. , J. Kim, M. I. Jordan, and S. Sastry. 2003. Autonomous helicopter flight via reinforcement learning. In S. Thrun, L. Saul, and B. Scholkopf (eds.), *Proceedings of Conference on Neural Information Processing Systems (NIPS)*. Cambridge, MA: MIT Press.

[309] Nieto, J. , J. E. Guivant, and E. M. Nebot. 2004. The hybrid metric maps (HYMMs): A novel map representation for dense SLAM. *In Proceedings of the International Conference on Robotics and Automation (ICRA)*.

[310] Nilsson, N. J. 1982. *Principles of Artificial Intelligence*. Berlin, New York: Springer Publisher.

[311] Nilsson, N. 1984. Shakey the robot. Technical Report 323, SRI International, Menlo Park, CA.

[312] Nourbakhsh, I. 1987. *Interleaving Planning and Execution for Autonomous Robots*. Boston, MA: Kluwer Academic Publishers.

[313] Nourbakhsh, I. , R. Powers, and S. Birchfield. 1995. DERVISH an office-navigating robot. *AI Magazine* 16.

[314] Nuchter, A. , H. Surmann, K. Lingemann, J. Hertzberg, and S. Thrun. 2004. 6D SLAM with application in autonomous mine mapping. *In Proceedings of the International Conference on Robotics and Automation (ICRA)*.

[315] Oore, S. , G. E. Hinton, and G. Dudek. 1997. A mobile robot that learns its place. *Neural Computation* 9: 683-699.

[316] Ortin, D. , J. Neira, and J. M. Montiel. 2004. Relocation using laser and vision. *In Proceedings of the International Conference on Robotics and Automation (ICRA)*, New Orleans.

[317] Park, S. , F. Pfenning, and S. Thrun. 2005. A probabilistic progamming language based upon sampling functions. *In Proceedings of the ACM Symposium on Principles of Programming*

Languages (*POPL*), Long Beach, CA. ACM SIGPLAN-SIGACT.

[318] Parr, R., and S. Russell. 1998. Reinforcement learning with hierarchies of machines. *In Advances in Neural Information Processing Systems* 10. Cambridge, MA: MIT Press.

[319] Paskin, M. A. 2003. Thin junction tree filters for simultaneous localization and mapping. *In Proceedings of the Sixteenth International Joint Conference on Artificial Intelligence* (*IJCAI*), Acapulco, Mexico. IJCAI.

[320] Paul, R. P. 1981. *Robot Manipulators: Mathematics, Programming, and Control.* Cambridge, MA: MIT Press.

[321] Pearl, J. 1988. *Probabilistic reasoning in intelligent systems: networks of plausible inference.* San Mateo, CA: Morgan Kaufmann.

[322] Pierce, D., and B. Kuipers. 1994. Learning to explore and build maps. *In Proceedings of the Twelfth National Conference on Artificial Intelligence*, pp. 1264-1271, Menlo Park. AAAI, AAAI Press/MIT Press.

[323] Pineau, J., G. Gordon, and S. Thrun. 2003a. Applying metric trees to belief-point POMDPs. In S. Thrun, L. Saul, and B. Scholkopf (eds.), *Proceedings of Conference on Neural Information Processing Systems* (*NIPS*). Cambridge, MA: MIT Press.

[324] Pineau, J., G. Gordon, and S. Thrun. 2003b. Point-based value iteration: An anytime algorithm for POMDPs. *In Proceedings of the Sixteenth International Joint Conference on Artificial Intelligence* (*IJCAI*), Acapulco, Mexico. IJCAI.

[325] Pineau, J., G. Gordon, and S. Thrun. 2003c. Policy-contingent abstraction for robust robot control. *In Proceedings of the Conference on Uncertainty in AI* (*UAI*), Acapulco, Mexico.

[326] Pineau, J., M. Montemerlo, N. Roy, S. Thrun, and M. Pollack. 2003d. Towards robotic assistants in nursing homes: challenges and results. *Robotics and Autonomous Systems* 42: 271-281.

[327] Pitt, M., and N. Shephard. 1999. Filtering via simulation: auxiliary particle filter. *Journal of the American Statistical Association* 94: 590-599.

[328] Poon, K.-M. 2001. A fast heuristic algorithm for decision-theoretic planning. Master's thesis, The Hong Kong University of Science and Technology.

[329] Poupart, P., and C. Boutilier. 2000. Value-directed belief state approximation for POMDPs. In *Proceedings of the Conference on Uncertainty in AI* (*UAI*), pp. 279-288.

[330] Poupart, P., L. E. Ortiz, and C. Boutilier. 2001. Value-directed sampling methods for monitoring POMDPs. *In Proceedings of the 17th Annual Conference on Uncertainty in AI* (*UAI*).

[331] Procopiuc, O., P. K. Agarwal, L. Arge, and J. S. Vitter. 2003. Bkd-tree: A dynamic scalable kd-tree. In T. Hadzilacos, Y. Manolopoulos, J. F. Roddick, and Y. Theodoridis (eds.), *Advances in Spatial and Temporal Databases*, Santorini Island, Greece. Springer Verlag.

[332] Rabiner, L. R., and B. H. Juang. 1986. An introduction to hidden Markov models. *IEEE ASSP Magazine* 3: 4-16.

[333] Raibert, M. H. 1991. Trotting, pacing, and bounding by a quadruped robot. *Journal of*

Biomechanics 23: 79-98.

[334] Raibert, M. H., M. Chepponis, and H. B. Brown Jr. 1986. Running on four legs as though they were one. *IEEE Transactions on Robotics and Automation* 2: 70-82.

[335] Rao, C. R. 1945. Information and accuracy obtainable in estimation of statistical parameters. *Bulletin of the Calcutta Mathematical Society* 37: 81-91.

[336] Rao, N., S. Hareti, W. Shi, and S. Iyengar. 1993. Robot navigation in unknown terrains: Introductory survey of non-heuristic algorithms. Technical Report ORNL/TM-12410, Oak Ridge National Laboratory.

[337] Reed, M. K., and P. K. Allen. 1997. A robotic system for 3-d model acquisition from multiple range images. *In Proceedings of the International Conference on Robotics and Automation (ICRA)*.

[338] Rees, W. G. 2001. *Physical Principles of Remote Sensing (Topics in Remote Sensing)*. Cambridge, UK: Cambridge University Press.

[339] Reif, J. H. 1979. Complexity of the mover's problem and generalizations. *In Proceedings of the 20th IEEE Symposium on Foundations of Computer Science*, pp. 421-427.

[340] Rekleitis, I. M., G. Dudek, and E. E. Milios. 2001a. Multi-robot collaboration for robust exploration. *Annals of Mathematics and Artificial Intelligence* 31: 7-40.

[341] Rekleitis, I., R. Sim, G. Dudek, and E. Milios. 2001b. Collaborative exploration for map construction. *In IEEE International Symposium on Computational Intelligence in Robotics and Automation*.

[342] Rencken, W. D. 1993. Concurrent localisation and map building for mobile robots using ultrasonic sensors. *In Proceedings of the IEEE/RSJ Int. Conf. on Intelligent Robots and Systems (IROS)*, pp. 2129-2197.

[343] Reuter, J. 2000. Mobile robot self-localization using PDAB. *In Proceedings of the International Conference on Robotics and Automation (ICRA)*.

[344] Rikoski, R., J. Leonard, P. Newman, and H. Schmidt. 2004. Trajectory sonar perception in the ligurian sea. *In Proceedings of the International Symposium on Experimental Robotics (ISER)*, Singapore. Springer Tracts in Advanced Robotics (STAR).

[345] Rimon, E., and D. E. Koditschek. 1992. Exact robot navigation using artificial potential functions. *IEEE Transactions on Robotics and Automation* 8: 501-518.

[346] Rivest, R. L., and R. E. Schapire. 1987a. Diversity-based inference of finite automata. *In Proceedings of Foundations of Computer Science*.

[347] Rivest, R. L., and R. E. Schapire. 1987b. A new approach to unsupervised learning in deterministic environments. In P. Langley (ed.), *Proceedings of the Fourth International Workshop on Machine Learning*, pp. 364-375, Irvine, California.

[348] Robbins, H. 1952. Some aspects of the sequential design of experiments. *Bulletin of the American Mathemtical Society* 58: 529-532.

[349] Rosencrantz, M., G. Gordon, and S. Thrun. 2004. Learning low dimensional predictive representations. *In Proceedings of the Twenty-First International Conference on Machine Learning*, Banff, Alberta, Canada.

[350] Roumeliotis, S. I., and G. A. Bekey. 2000. Bayesian estimation and Kalman filtering: A

unified framework for mobile robot localization. *In Proceedings of the International Conference on Robotics and Automation* (*ICRA*), pp. 2985-2992.

[351] Rowat, P. F. 1979. *Representing the Spatial Experience and Solving Spatial problems in a Simulated Robot Environment*. PhD thesis, University of British Columbia, Vancouver, BC, Canada.

[352] Roy, B. V., and J. N. Tsitsiklis. 1996. Stable linear approximations to dynamic programming for stochastic control problems with local transitions. In D. Touretzky, M. Mozer, and M. E. Hasselmo (eds.), *Advances in Neural Information Processing Systems* 8. Cambridge, MA: MIT Press.

[353] Roy, N., W. Burgard, D. Fox, and S. Thrun. 1999. Coastal navigation: Robot navigation under uncertainty in dynamic environments. *In Proceedings of the International Conference on Robotics and Automation* (*ICRA*).

[354] Roy, N., and G. Dudek. 2001. Collaborative exploration and rendezvous: Algorithms, performance bounds and observations. *Autonomous Robots* 11: 117-136.

[355] Roy, N., G. Gordon, and S. Thrun. 2004. Finding approximate POMDP solutions through belief compression. *Journal of Artificial Intelligence Research*. To appear.

[356] Roy, N., J. Pineau, and S. Thrun. 2000. Spoken dialogue management using probabilistic reasoning. *In Proceedings of the 38th Annual Meeting of the Association for Computational Linguistics* (*ACL-2000*), Hong Kong.

[357] Roy, N., and S. Thrun. 2002. Motion planning through policy search. *In Proceedings of the IEEE/RSJ Int. Conf. on Intelligent Robots and Systems* (*IROS*).

[358] Rubin, D. B. 1988. Using the SIR algorithm to simulate posterior distributions. In M. H. Bernardo, K. M. an DeGroot, D. V. Lindley, and A. F. M. Smith (eds.), *Bayesian Statistics 3*. Oxford, UK: Oxford University Press.

[359] Rubinstein, R. Y. 1981. *Simulation and the Monte Carlo Method*. John Wiley and Sons, Inc.

[360] Russell, S., and P. Norvig. 2002. *Artificial Intelligence: A Modern Approach*. Englewood Cliffs, NJ: Prentice Hall.

[361] Saffiotti, A. 1997. The uses of fuzzy logic in autonomous robot navigation. *Soft Computing* 1: 180-197.

[362] Sahin, E., P. Gaudiano, and R. Wagner. 1998. A comparison of visual looming and sonar as mobile robot range sensors. *In Proceedings of the Second International Conference on Cognitive And Neural Systems*, Boston, MA.

[363] Salichs, M. A., J. M. Armingol, L. Moreno, and A. Escalera. 1999. Localization system for mobile robots in indoor environments. *Integrated Computer-Aided Engineering* 6: 303-318.

[364] Salichs, M. A., and L. Moreno. 2000. Navigation of mobile robots: Open questions. *Robotica* 18: 227-234.

[365] Sandwell, D. T., 1997. Exploring the ocean basins with satellite altimeter data. http://julius.ngdc.noaa.gov/mgg/bathymetry/predicted/explore.HTML.

[366] Saranli, U., and D. E. Koditschek. 2002. Back flips with a hexapedal robot. *In Proceed-*

ings of the International Conference on Robotics and Automation (ICRA), volume 3, pp. 128-134.

[367] Schiele, B., and J. L. Crowley. 1994. A comparison of position estimation techniques using occupancy grids. *In Proceedings of the International Conference on Robotics and Automation (ICRA)*.

[368] Schoppers, M. J. 1987. Universal plans for reactive robots in unpredictable environments. In J. McDermott (ed.), *Proceedings of the Tenth International Joint Conference on Artificial Intelligence (IJCAI-87)*, pp. 1039-1046, Milan, Italy. Morgan Kaufmann.

[369] Schulz, D., W. Burgard, D. Fox, and A. B. Cremers. 2001a. Tracking multiple moving objects with a mobile robot. *In Proceedings of the IEEE Computer Society Conference on Computer Vision and Pattern Recognition (CVPR)*, Kauai, Hawaii.

[370] Schulz, D., W. Burgard, D. Fox, and A. B. Cremers. 2001b. Tracking multiple moving targets with a mobile robot using particle filters and statistical data association. *In Proceedings of the International Conference on Robotics and Automation (ICRA)*.

[371] Schulz, D., and D. Fox. 2004. Bayesian color estimation for adaptive vision-based robot localization. *In Proceedings of the IEEE/RSJ Int. Conf. on Intelligent Robots and Systems (IROS)*.

[372] Schwartz, J. T., M. Scharir, and J. Hopcroft. 1987. *Planning, Geometry and Complexity of Robot Motion*. Norwood, NJ: Ablex Publishing Corporation.

[373] Scott, D. W. 1992. *Multivariate density estimation: theory, practice, and visualization*. John Wiley and Sons, Inc.

[374] Shaffer, G., J. Gonzalez, and A. Stentz. 1992. Comparison of two range-based estimators for a mobile robot. *In SPIE Conf. on Mobile Robots VII*, pp. 661-667.

[375] Sharma, R. 1992. Locally efficient path planning in an uncertain, dynamic environment using a probabilistic model. *T-RA* 8: 105-110.

[376] Shatkay, H, and L. Kaelbling. 1997. Learning topological maps with weak local odometric information. In *Proceedings of IJCAI-97*. IJCAI, Inc.

[377] Siegwart, R., K. O. Arras, S. Bouabdallah, D. Burnier, G. Froidevaux, X. Greppin, B. Jensen, A. Lorotte, L. Mayor, M. Meisser, R. Philippsen, R. Piguet, G. Ramel, G. Terrien, and N. Tomatis. 2003. A large scale installation of personal robots.

[378] Special issue on socially interactive robots. *Robotics and Autonomous Systems* 42: 203-222.

[379] Siegwart, R., and I. Nourbakhsh. 2004. *Introduction to Autonomous Mobile Robots*. Cambridge, MA: MIT Press.

[380] Sim, R., G. Dudek, and N. Roy. 2004. Online control policy optimization for minimizing map uncertainty during exploration. *In Proceedings of the International Conference on Robotics and Automation (ICRA)*.

[381] Simmons, R. G., D. Apfelbaum, W. Burgard, D. Fox, M. Moors, S. Thrun, and H. Younes. 2000a. Coordination for multi-robot exploration and mapping. *In Proc. of the National Conference on Artificial Intelligence (AAAI)*.

[382] Simmons, R. G., J. Fernandez, R. Goodwin, S. Koenig, and J. O'Sullivan. 2000b. Lessons learned from Xavier. *IEEE Robotics and Automation Magazine* 7: 33-39.

[383] Simmons, R. G., and S. Koenig. 1995. Probabilistic robot navigation in partially observable environments. *In Proceedings of the International Joint Conference on Artificial Intelligence (IJCAI)*.

[384] Simmons, R. G, S. Thrun, C. Athanassiou, J. Cheng, L. Chrisman, R. Goodwin, G.-T. Hsu, and H. Wan. 1992. Odysseus: An autonomous mobile robot. *AI Magazine*. extended abstract.

[385] Singh, K., and K. Fujimura. 1993. Map making by cooperating mobile robots. *In Proceedings of the International Conference on Robotics and Automation (ICRA)*, pp. 254-259.

[386] Smallwood, R. W., and E. J. Sondik. 1973. The optimal control of partially observable Markov processes over a finite horizon. *Operations Research* 21: 1071-1088.

[387] Smith, A. F. M., and A. E. Gelfand. 1992. Bayesian statistics without tears: a samplingresampling perspective. *American Statistician* 46: 84-88.

[388] Smith, R. C., and P. Cheeseman. 1986. On the representation and estimation of spatial uncertainty. *International Journal of Robotics Research* 5: 56-68.

[389] Smith, R., M. Self, and P. Cheeseman. 1990. Estimating uncertain spatial relationships in robotics. In I. J. Cox and G. T. Wilfong (eds.), *Autonomous Robot Vehicles*, pp. 167-193. Springer-Verlag.

[390] Smith, S. M., and S. E. Dunn. 1995. The ocean explorer AUV: A modular platform for coastal sensor deployment. *In Proceedings of the Autonomous Vehicles in Mine Countermeasures Symposium*. Naval Postgraduate School.

[391] Smith, T., and R. G. Simmons. 2004. Heuristic search value iteration for POMDPs. *In Proceedings of the 20th Annual Conference on Uncertainty in AI (UAI)*.

[392] Soatto, S., and R. Brockett. 1998. Optimal structure from motion: Local ambiguities and global estimates. *In Proceedings of the Conference on Computer Vision and Pattern Recognition (CVPR)*, pp. 282-288.

[393] Sondik, E. 1971. *The Optimal Control of Partially Observable Markov Processes*. PhD thesis, Stanford University.

[394] Stachniss, C., and W. Burgard. 2003. Exploring unknown environments with mobile robots using coverage maps. *In Proceedings of the Sixteenth International Joint Conference on Artificial Intelligence (IJCAI)*, Acapulco, Mexico. IJCAI.

[395] Stachniss, C., and W. Burgard. 2004. Exploration with active loop-closing for Fast-SLAM. *In Proceedings of the IEEE/RSJ Int. Conf. on Intelligent Robots and Systems (IROS)*.

[396] Steels, L. 1991. Towards a theory of emergent functionality. In J-A. Meyer and R. Wilson (eds.), *Simulation of Adaptive Behavior*. Cambridge, MA: MIT Press.

[397] Stentz, A. 1995. The focussed D* algorithm for real-time replanning. *In Proceedings of IJCAI-95*.

[398] Stewart, B., J. Ko, D. Fox, and K. Konolige. 2003. The revisiting problem in mobile robot map building: A hierarchical Bayesian approach. *In Proceedings of the Conference on Uncertainty in AI (UAI)*, Acapulco, Mexico.

[399] Strassen, V. 1969. Gaussian elimination is not optimal. *Numerische Mathematik* 13:

354-356.

[400] Stroupe, A. W. 2004. Value-based action selection for exploration and mapping with robot teams. *In Proceedings of the International Conference on Robotics and Automation* (*ICRA*).

[401] Sturges, H. 1926. The choice of a class-interval. *Journal of the American Statistical Association* 21: 65-66.

[402] Subrahmaniam, K. 1979. *A Primer In Probability*. New York, NY: M. Dekker.

[403] Swerling, P. 1958. A proposed stagewise differential correction procedure for satellite tracking and prediction. Technical Report P-1292, RAND Corporation. Tailor, C. J., and D. J. Kriegman. 1993. Exloration strategies for mobile robots. *In Proceedings of the International Conference on Robotics and Automation* (*ICRA*), pp. 248-253.

[404] Tanner, M. A. 1996. *Tools for Statistical Inference*. New York: Springer Verlag. 3rd edition.

[405] Tardos, J. D., J. Neira, P. M. Newman, and J. J. Leonard. 2002. Robust mapping and localization

[406] in indoor environments using sonar data. *International Journal of Robotics Research* 21: 311-330.

[407] Teller, S., M. Antone, Z. Bodnar, M. Bosse, S. Coorg, M. Jethwa, and N. Master. 2001. Calibrated, registered images of an extended urban area. *In Proceedings of the Conference on Computer Vision and Pattern Recognition* (*CVPR*).

[408] Theocharous, G., K. Rohanimanesh, and S. Mahadevan. 2001. Learning hierarchical partially observed Markov decision process models for robot navigation. *In Proceedings of the International Conference on Robotics and Automation* (*ICRA*).

[409] Thorp, E. O. 1966. *Elementary Probability*. R. E. Krieger.

[410] Thrun, S. 1992. Efficient exploration in reinforcement learning. Technical Report CMU-CS-92-102, Carnegie Mellon University, Computer Science Department, Pittsburgh, PA.

[411] Thrun, S. 1993. Exploration and model building in mobile robot domains. In E. Ruspini (ed.), *Proceedings of the IEEE International Conference on Neural Networks*, pp. 175-180, San Francisco, CA. IEEE Neural Network Council.

[412] Thrun, S. 1998a. Bayesian landmark learning for mobile robot localization. *Machine Learning* 33.

[413] Thrun, S. 1998b. Learning metric-topological maps for indoor mobile robot navigation. *Artificial Intelligence* 99: 21-71.

[414] Thrun, S. 2000a. Monte Carlo POMDPs. In S. A. Solla, T. K. Leen, and K.-R. Muller (eds.), *Advances in Neural Information Processing Systems* 12, pp. 1064-1070. Cambridge, MA: MIT Press.

[415] Thrun, S. 2000b. Towards programming tools for robots that integrate probabilistic computation and learning. *In Proceedings of the IEEE International Conference on Robotics and Automation* (*ICRA*), San Francisco, CA. IEEE.

[416] Thrun, S. 2001. A probabilistic online mapping algorithm for teams of mobile robots. *International Journal of Robotics Research* 20: 335-363.

[417] Thrun, S. 2002. Robotic mapping: A survey. In G. Lakemeyer and B. Nebel (eds.),

Exploring Artificial Intelligence in the New Millenium. Morgan Kaufmann.

[418] Thrun, S. 2003. Learning occupancy grids with forward sensor models. *Autonomous Robots* 15: 111-127.

[419] Thrun, S., M. Beetz, M. Bennewitz, W. Burgard, A. B. Cremers, F. Dellaert, D. Fox, D. Hahnel, C. Rosenberg, N. Roy, J. Schulte, and D. Schulz. 2000a. Probabilistic algorithms and the interactive museum tour-guide robot minerva. *International Journal of Robotics Research* 19: 972-999.

[420] Thrun, S., A. Bucken, W. Burgard, D. Fox, T. Frohlinghaus, D. Henning, T. Hofmann, M. Krell, and T. Schmidt. 1998a. Map learning and high-speed navigation in RHINO. In D. Kortenkamp, R. P. Bonasso, and R. Murphy (eds.), *AI-based Mobile Robots: Case Studies of Successful Robot Systems*, pp. 21-52. Cambridge, MA: MIT Press.

[421] Thrun, S., W. Burgard, and D. Fox. 2000b. A real-time algorithm for mobile robot mapping with applications to multi-robot and 3D mapping. *In Proceedings of the International Conference on Robotics and Automation (ICRA)*.

[422] Thrun, S., M. Diel, and D. Hahnel. 2003. Scan alignment and 3d surface modeling with a helicopter platform. *In Proceedings of the International Conference on Field and Service Robotics*, Lake Yamanaka, Japan.

[423] Thrun, S., D. Fox, and W. Burgard. 1998b. A probabilistic approach to concurrent mapping and localization for mobile robots. *Machine Learning* 31: 29-53. Also appeared in Autonomous Robots 5, 253-271 (joint issue).

[424] Thrun, S., D. Fox, and W. Burgard. 2000c. Monte Carlo localization with mixture proposal distribution. *In Proceedings of the AAAI National Conference on Artificial Intelligence*, Austin, TX. AAAI.

[425] Thrun, S., D. Koller, Z. Ghahramani, H. Durrant-Whyte, and A. Y. Ng. 2002. Simultaneous mapping and localization with sparse extended information filters. In J.-D. Boissonnat, J. Burdick, K. Goldberg, and S. Hutchinson (eds.), *Proceedings of the Fifth International Workshop on Algorithmic Foundations of Robotics*, Nice, France.

[426] Thrun, S., and Y. Liu. 2003. Multi-robot SLAM with sparse extended information filers. *In Proceedings of the 11th International Symposium of Robotics Research (ISRR'03)*, Sienna, Italy. Springer.

[427] Thrun, S., Y. Liu, D. Koller, A. Y. Ng, Z. Ghahramani, and H. Durrant-Whyte. 2004a. Simultaneous localization and mapping with sparse extended information filters. *International Journal of Robotics Research* 23.

[428] Thrun, S., C. Martin, Y. Liu, D. Hahnel, R. Emery-Montemerlo, D. Chakrabarti, and W. Burgard. 2004b. A real-time expectation maximization algorithm for acquiring multiplanar maps of indoor environments with mobile robots. *IEEE Transactions on Robotics* 20: 433-443.

[429] Thrun, S., S. Thayer, W. Whittaker, C. Baker, W. Burgard, D. Ferguson, D. Hahnel, M. Montemerlo, A. Morris, Z. Omohundro, C. Reverte, and W. Whittaker. 2004c. Autonomous exploration and mapping of abandoned mines. *IEEE Robotics and Automation Magazine*. Forthcoming.

[430] Tomasi, C., and T. Kanade. 1992. Shape and motion from image streams under orthography: A factorization method. *International Journal of Computer Vision* 9: 137-154.

[431] Tomatis, N., I. Nourbakhsh, and R. Siegwart. 2002. Hybrid simultaneous localization and map building: closing the loop with multi-hypothesis tracking. *In Proceedings of the International Conference on Robotics and Automation (ICRA)*.

[432] Uhlmann, J., M. Lanzagorta, and S. Julier. 1999. The NASA mars rover: A testbed for evaluating applications of covariance intersection. *In Proceedings of the SPIE 13th Annual Symposium in Aerospace/Defence Sensing, Simulation and Controls*.

[433] United Nations, and International Federation of Robotics. 2004. *World Robotics 2004*. New York and Geneva: United Nations.

[434] Urmson, C., B. Shamah, J. Teza, M. D. Wagner, D. Apostolopoulos, and W. R. Whittaker. 2001. A sensor arm for robotic antarctic meteorite search. *In Proceedings of the 3rd International Conference on Field and Service Robotics*, Helsinki, Finland.

[435] Vaganay, J., J. Leonard, J. A. Curcio, and J. S. Willcox. 2004. Experimental validation of the moving long base-line navigation concept. *In Proceedings of the IEEE Conference on Autonomous Underwater Vehicles*.

[436] van der Merwe, R. 2004. *Sigma-Point Kalman Filters for Probabilistic Inference in Dynamic State-Space Models*. PhD thesis, OGI School of Science & Engineering.

[437] van der Merwe, R., N. de Freitas, A. Doucet, and E. Wan. 2001. The unscented particle filter. In *Advances in Neural Information Processing Systems 13*.

[438] Vlassis, N., B. Terwijn, and B. Krose. 2002. Auxiliary particle filter robot localization from high-dimensional sensor observations. *In Proceedings of the International Conference on Robotics and Automation (ICRA)*.

[439] Vukobratović, M. 1989. *Introduction to Robotics*. Berlin, New York: Springer Publisher.
Wang, C.-C., C. Thorpe, and S. Thrun. 2003. Online simultaneous localization and mapping with detection and tracking of moving objects: Theory and results from a ground vehicle in crowded urban areas. *In Proceedings of the International Conference on Robotics and Automation (ICRA)*.

[440] Washington, R. 1997. BI-POMDP: Bounded, incremental, partially-observable Markov-model planning. *In Proceedings of the European Conference on Planning (ECP)*, Toulouse, France.

[441] Watkins, C. J. C. H. 1989. *Learning from Delayed Rewards*. PhD thesis, King's College, Cambridge, England.

[442] Weiss, G., C. Wetzler, and E. von Puttkamer. 1994. Keeping track of position and orientation of moving indoor systems by correlation of range-finder scans. *In Proceedings of the International Conference on Intelligent Robots and Systems*, pp. 595-601.

[443] Wesley, M. A., and T. Lozano-Perez. 1979. An algorithm for planning collision-free paths among polyhedral objects. *Communications of the ACM* 22: 560-570.

[444] West, M., and P. J. Harrison. 1997. *Bayesian Forecasting and Dynamic Models*, 2nd edition. New York: Springer-Verlag.

[445] Wettergreen, D., D. Bapna, M. Maimone, and H. Thomas. 1999. Developing Nomad

for robotic exploration of the Atacama Desert. *Robotics and Autonomous Systems* 26: 127-148.

[446] Whaite, P., and F. P. Ferrie. 1997. Autonomous exploration: Driven by uncertainty. *IEEE Transactions on Pattern Analysis and Machine Intelligence* 19: 193-205.

[447] Whitcomb, L. 2000. Underwater robotics: out of the research laboratory and into the field. In *Proceedings of the International Conference on Robotics and Automation (ICRA)*, pp. 85-90.

[448] Williams, R. J. 1992. Simple statistical gradient-following algorithms for connectionist reinforcement learning. *Machine Learning* 8: 229-256.

[449] Williams, S. B. 2001. *Efficient Solutions to Autonomous Mapping and Navigation Problems*. PhD thesis, ACFR, University of Sydney, Sydney, Australia.

[450] Williams, S. B., G. Dissanayake, and H. F. Durrant-Whyte. 2001. Constrained initialization of the simultaneous localization and mapping algorithm. *In Proceedings of the Symposium on Field and Service Robotics*. Springer Verlag.

[451] Williams, S. B., G. Dissanayake, and H. Durrant-Whyte. 2002. An efficient approach to the simultaneous localisation and mapping problem. *In Proceedings of the International Conference on Robotics and Automation (ICRA)*, pp. 406-411.

[452] Winer, B. J., D. R. Brown, and K. M. Michels. 1971. *Statistical Principles in Experimental Design*. New York: Mc-Graw-Hill.

[453] Winkler, G. 1995. *Image Analysis, Random Fields, and Dynamic Monte Carlo Methods*. Berlin: Springer Verlag.

[454] Wolf, D. F., and G. S. Sukhatme. 2004. Mobile robot simultaneous localization and mapping in dynamic environments. *Autonomous Robots*.

[455] Wolf, J., W. Burgard, and H. Burkhardt. 2005. Robust vision-based localization by combining an image retrieval system with Monte Carlo localization. *IEEE Transactions on Robotics and Automation*.

[456] Wong, J. 1989. *Terramechanics and Off-Road Vehicles*. Elsevier. Yamauchi, B., and P. Langley. 1997. Place recognition in dynamic environments. *Journal of Robotic Systems* 14: 107-120.

[457] Yamauchi, B., A. Schultz, and W. Adams. 1999. Integrating exploration and localization for mobile robots. *Adaptive Systems* 7.

[458] Yoshikawa, T. 1990. *Foundations of Robotics: Analysis and Control*. Cambridge, MA: MIT Press.

[459] Zhang, N. L., and W. Zhang. 2001. Speeding up the convergence of value iteration in partially observable Markov decision processes. *Journal of Artificial Intelligence Research* 14: 29-51.

[460] Zhao, H., and R. Shibasaki. 2001. A vehicle-borne system of generating textured CAD model of urban environment using laser range scanner and line cameras. *In Proc. International Workshop on Computer Vision Systems (ICVS)*, Vancouver, Canada.

[461] Zlot, R., A. T. Stenz, M. B. Dias, and S. Thayer. 2002. Multi-robot exploration controlled by a market economy. *In Proceedings of the International Conference on Robotics and Automation (ICRA)*.